W0403500

Savia

física y química

sm

4 ESO

Entrar en Saviadigital es fácil:

1. Escribe en internet la siguiente dirección: **smsaviadigital.com**
2. Regístrate e introduce el número de licencia que encontrarás en la página anterior.
3. Como solo debes registrarte una vez, anota tu **identificador** y **contraseña**.

CONOCE TU LIBRO

Entrada de la unidad

Empieza la unidad disfrutando de un texto relacionado con los contenidos que contextualiza la imagen y... **Abre tu mirada**.

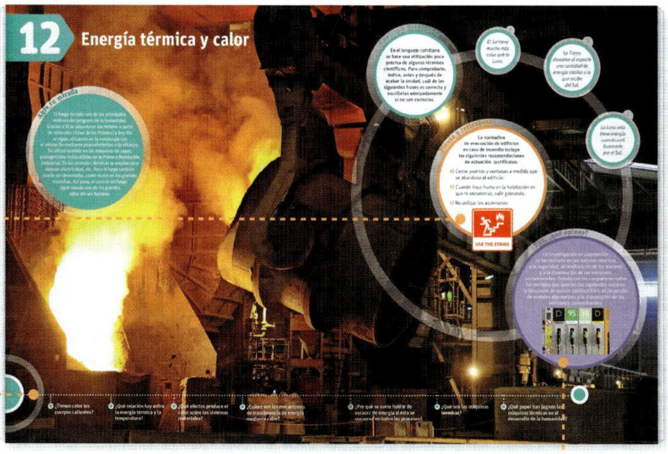

Propuestas de actividades
Sirven para motivar, detectar lagunas, dificultades y conocimientos previos.

Ruta de aprendizaje
Cuestiones que te indican qué vas a aprender en la unidad.

Y tú, ¿qué opinas?
Cuestiones para promover tu opinión, el pensamiento crítico o la conciencia social.

Epígrafes

Los contenidos se exponen de manera ordenada y concisa, partiendo de un **contexto inicial** con situaciones reales y cercanas, para concluir con las ideas principales en un cuadro de color.

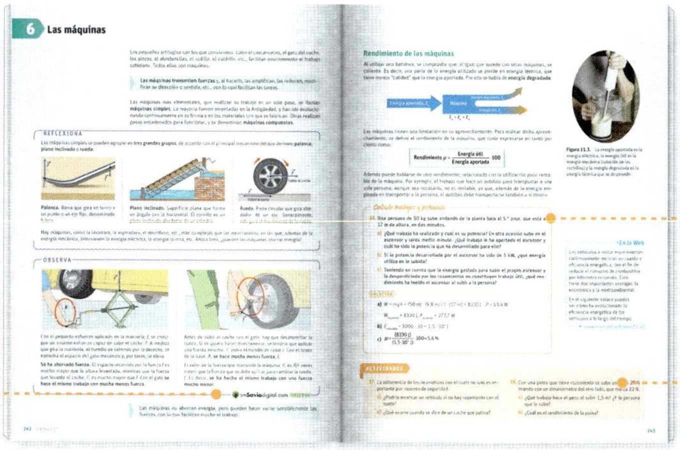

Mediante el icono **Savia**digital.com podrás acceder a vídeos, animaciones, actividades interactivas y enlaces web que te facilitarán la comprensión de los contenidos.

Dispones de **ejercicios resueltos** contextualizados que facilitan tu comprensión de los contenidos.

Actividades propuestas al final de cada epígrafe para que afiances los contenidos.

Repasa lo aprendido

Aquí encontrarás las respuestas a las cuestiones planteadas en la **ruta de aprendizaje** de la entrada.

Procedimientos de la ciencia

Explicación, paso a paso, de las técnicas más habituales de **trabajo en el laboratorio**.

Actividades finales

Para terminar la unidad cuentas con cuatro páginas de **ejercicios y problemas contextualizados** para profundizar y trabajar lo aprendido.

Se intercalan **ejercicios resueltos** que te facilitarán la resolución de las actividades.

Los ejercicios están organizados por los **contenidos** desarrollados y clasificados por **nivel de dificultad**.

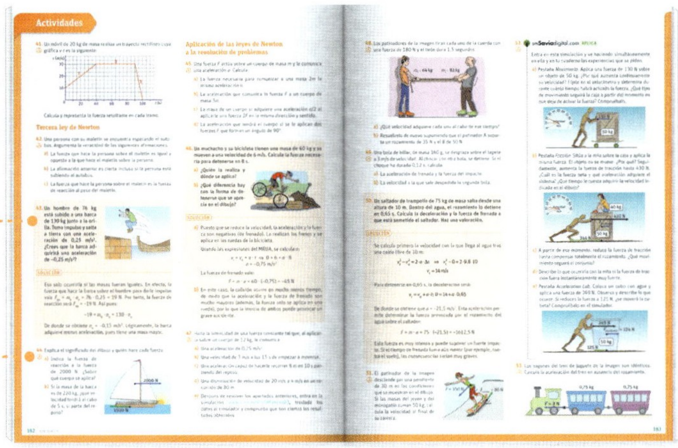

Ponte a prueba

Problemas y actividades PISA

Problemas presentados desde un contexto, extraídos de las pruebas PISA o inspirados en ellas.

Autoevaluación

Cuestiones para que evalúes los conocimientos adquiridos al finalizar la unidad. Dispones de las soluciones en las páginas finales del libro.

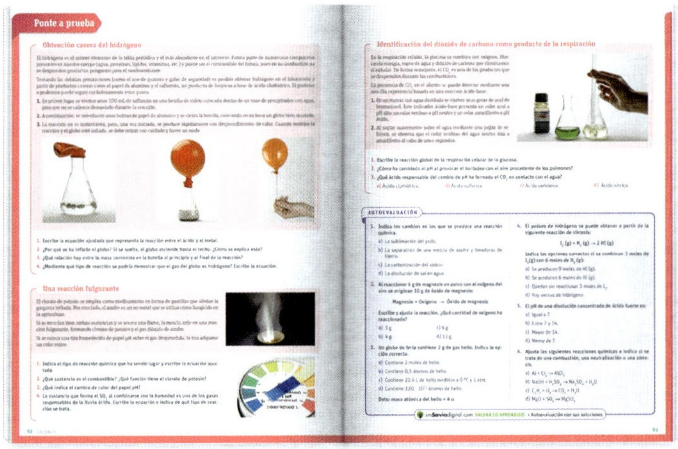

CONOCE **Savia**digital www.sm**Savia**digital.com

Saviadigital te ofrece más recursos y actividades para aprender y profundizar en los contenidos.

OBSERVA	Vídeos y animaciones para facilitarte la comprensión de los contenidos.
PRACTICA	Animaciones que te ayudan a entender el significado de algunas leyes o teorías.
APLICA	Actividades interactivas con las que resolverás ejercicios de una manera diferente.
INVESTIGA	Enlaces externos en los que ampliarás la información.
VALORA LO APRENDIDO	Resumen y autoevaluación de la unidad.

En tu libro aparecen llamadas para que sepas qué recursos hay en **Savia**digital.

sm**Savia**digital.com
APLICA Ajusta las ecuaciones químicas que se proponen

Para acceder a **Savia**digital, sigue los pasos que encontrarás al abrir este libro.

ÍNDICE

1 El trabajo científico

Abre tu mirada

La ciencia intenta entender el mundo físico que nos rodea y explicar los fenómenos naturales que en él se presentan. El científico, trabajando en equipo, tiene que diseñar experimentos, realizar medidas, emitir hipótesis, elaborar modelos, argumentar a partir de los datos obtenidos, sacar conclusiones y comunicar al resto de la comunidad científica los resultados alcanzados.

- ¿Qué es la ciencia?
- ¿Qué estudian la física y la química?
- ¿En qué consiste medir? ¿Qué unidades de medida emplea el SI?
- ¿Es lo mismo exactitud y precisión?

Observa y decide

Las ciencias físicas se ocupan del estudio de los fenómenos físicos y químicos.

a) ¿Qué caracteriza el trabajo de la física? ¿Y el de la química?

b) Pregunta a algún físico o químico por su trabajo.

c) ¿Te gustaría trabajar como científico? ¿Por qué?

a

b

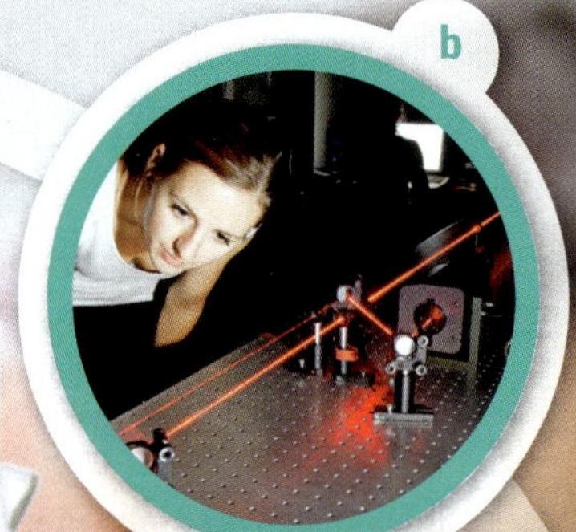

c

Analiza y determina

La ciencia sigue una metodología.

a) ¿En qué consiste? ¿Es la misma para todas las ciencias?

b) ¿Por qué es importante "medir"?

c) ¿Qué es "emitir una hipótesis"?

d) ¿Para qué sirven los modelos científicos?

Y tú, ¿qué opinas?

Comprender el universo que habitamos es el objetivo teórico de la ciencia. Gracias a ella, nuestro conocimiento del mundo físico es cada vez más profundo y exacto, pero ¿crees que la ciencia ofrece respuestas definitivas? ¿Qué le queda a la ciencia por saber?

La ciencia ha permitido desarrollos tecnológicos que, bien empleados, nos ayudan a diario en todas nuestras actividades y nos ofrecen mayor calidad de vida. Pero estas aplicaciones no están exentas de peligros cuando las manejamos de forma inadecuada. ¿Qué usos de la ciencia han resultado positivos para el progreso de la humanidad? ¿Cuáles han sido perjudiciales?

- ¿Con cuántas cifras debemos expresar un resultado?
- ¿Qué diferencia hay entre magnitudes escalares y vectoriales?
- ¿Cómo se investiga la relación entre variables?

1 La ciencia y la metodología científica

En ciencia no existe un único método universal válido para todas las disciplinas, sino un conjunto de diversos procedimientos que constituyen la **metodología científica**.

EXPERIMENTA

¿Qué ocurrirá si colocas una vela encendida en un plato con agua y, a continuación, la tapas con un vaso?

- Realiza este experimento y observa lo que pasa.
- Plantea una hipótesis, es decir, una posible explicación de lo sucedido.
- Discute y argumenta con tus compañeros las diferentes hipótesis propuestas.
- Defiende o rechaza cada una de ellas a partir de lo que has observado.
- Propón nuevas experiencias que permitan confirmar o refutar las hipótesis.

- Un **experimento** es la reproducción de un fenómeno natural o la producción de uno nuevo; se hace de manera controlada y en él se realizan ciertas **medidas**.
- Una **hipótesis** es la explicación tentativa de un fenómeno, una suposición acerca de las relaciones que pudieran existir entre las variables involucradas.
- Las **pruebas experimentales** obtenidas validan o refutan las hipótesis emitidas.
- Una **argumentación** es la justificación de una hipótesis en función de las pruebas experimentales halladas.
- Un **modelo** es cierta representación mental o material de la estructura o el funcionamiento de un objeto o de un fenómeno.
- Una **ley experimental** es la generalización de una serie de observaciones realizadas bajo las mismas condiciones experimentales.
- Una **teoría científica** es un conjunto coherente de hipótesis capaz de explicar muchos fenómenos relacionados y las leyes experimentales que los describen.

ACTIVIDADES

1. Pon ejemplos de experimento, hipótesis, pruebas experimentales, modelo, ley experimental y teoría científica.

La teoría del flogisto y la teoría de Lavoisier de la combustión

Cuando se quema la cera de una vela, esta desaparece. Otras observaciones similares hicieron pensar a los científicos de la segunda mitad del siglo XVIII que los materiales perdían al arder algún tipo de sustancia: el "flogisto".

La **teoría del flogisto** era errónea, pues no podía explicar el incremento de masa de los metales cuando eran calcinados o quemados: si este proceso implicara la eliminación de flogisto, el producto resultante debería pesar menos, no más.

Lavoisier propuso entonces una nueva **teoría de la combustión**.

EXPERIMENTA

Reproduce por ti mismo la experiencia de Lavoisier:

- Coloca lana de acero en un plato y pésala con una balanza electrónica.
- Quema la lana mediante el paso de corriente eléctrica.
- Pesa de nuevo tras la combustión.
- Interpreta qué ha sucedido.

Para probar que la oxidación de un metal es un proceso que implica la reacción de este con el oxígeno del aire, puedes realizar la siguiente experiencia:

Lana de acero · Lana de acero oxidada

- Introduce lana de acero en el fondo de un tubo de ensayo y coloca el tubo invertido en un vaso con agua.
- Espera al día siguiente y verás que el nivel de agua en el tubo ha ascendido. ¿Por qué ha ocurrido tal cosa?
- ¿Por qué este experimento sí permite concluir que la oxidación del hierro implica su reacción con el oxígeno del aire?
- ¿Se puede estimar a partir de esta experiencia la proporción de oxígeno que hay en el aire?

Toda investigación científica se caracteriza por una serie de procesos, resumidos en las siguientes etapas:

1. **Identificación de un problema y formulación de preguntas de carácter científico**, lo cual da lugar al inicio de una investigación.
2. **Planteamiento de hipótesis y construcción de modelos explicativos**, que intentan dar una respuesta al problema previamente detectado.
3. **Contrastación experimental de las hipótesis y de los modelos propuestos.** La manera de probar si una hipótesis o un modelo son correctos es buscar pruebas experimentales de su validez.
4. **Análisis, discusión y evaluación de los resultados.** El análisis de los resultados implica argumentar si los datos obtenidos confirman o no las hipótesis emitidas y el modelo propuesto.
5. **Comunicación de los resultados.** Los resultados obtenidos se comunican al resto de la comunidad científica internacional para que puedan ser conocidos, estudiados y validados por otros científicos.

ACTIVIDADES

2. Explica mediante la teoría del flogisto por qué se apaga la vela al taparla con el vaso.
3. Investiga acerca de la teoría de la combustión de Lavoisier: ¿qué hipótesis realizó?, ¿con qué evidencias y pruebas experimentales contaba?

smSaviadigital.com **OBSERVA**

En este vídeo puedes ver los tres experimentos de esta doble página.

2 La física y la química

Las **ciencias de la naturaleza** tienen por objeto el estudio del mundo físico o natural; entre ellas están las **ciencias físicas** (física y química) y las **ciencias naturales** (biología y geología).

Las **ciencias sociales** (historia, sociología, antropología, geografía humana, economía, derecho, etc.) se ocupan de la cultura y la sociedad.

IDENTIFICA

Observa las siguientes imágenes e indica qué ámbitos de la física o de la química están implicados en ellas.

Física

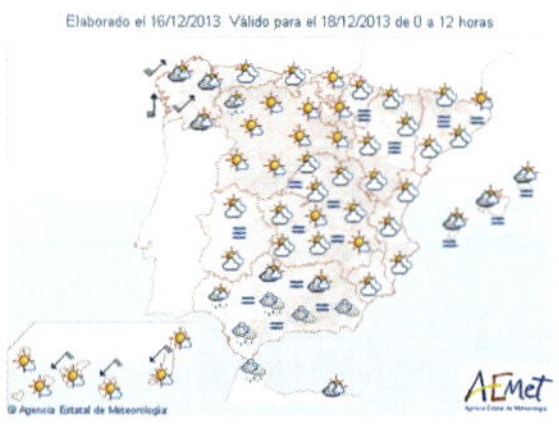

Química

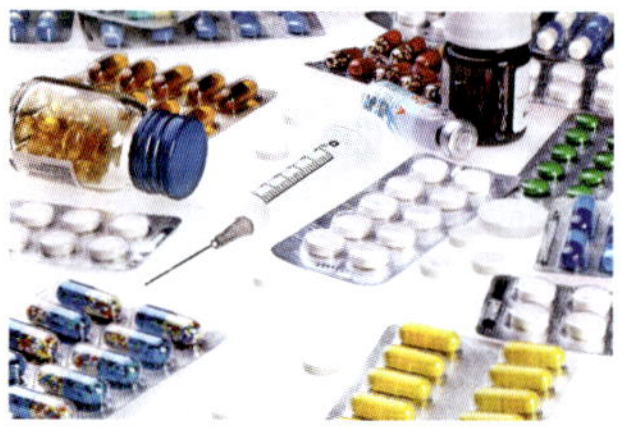

La **física** estudia los constituyentes íntimos de la materia (átomos, partículas subatómicas y elementales), las fuerzas fundamentales de la naturaleza (gravitatoria, electromagnética y nuclear), el movimiento, la energía y el universo.

La **química** estudia las propiedades, la composición, la estructura y el cambio químico de las sustancias, interpretándolo en función del comportamiento de los átomos, moléculas e iones que las constituyen.

Estas ciencias no tienen solo un objetivo teórico, sino también práctico, ya que han permitido **desarrollos tecnológicos**.

La física ha revolucionado, por ejemplo, el transporte, las comunicaciones, la óptica y la electrónica.

La química ha permitido la síntesis de muchas sustancias, desde plásticos y fertilizantes hasta medicamentos para tratar la tuberculosis, el cáncer o el sida.

ACTIVIDADES

4. Buscad, por grupos, información en internet acerca de las actividades principales desarrolladas por los investigadores en las disciplinas de la física y la química. Realizad una presentación para comunicarlo al resto de la clase.

3 La medida: magnitudes y unidades

El estudio de los fenómenos físicos y químicos implica elaborar experimentos en los que se realizan medidas con los instrumentos adecuados.

Una **magnitud** es cualquier propiedad que puede ser medida; la longitud, el volumen, la masa o el tiempo son ejemplos de magnitudes.

La **medida** de una magnitud es el resultado de comparar esta con cierta cantidad de la misma magnitud que se toma como patrón o unidad de medida.

La medida de cualquier magnitud siempre viene dada por un **número** y una **unidad**.

Por ejemplo, si la longitud, L, de una mesa es de 1,52 metros, significa que es 1,52 veces mayor que la unidad patrón de longitud, el metro (m); se expresa así: $L = 1{,}52$ m.

Magnitudes fundamentales y magnitudes derivadas

Las **magnitudes fundamentales** son las que no se pueden expresar en función de otras magnitudes, como, por ejemplo, la longitud, L, la masa, m, o el tiempo, t.

Las **magnitudes derivadas** son las que se pueden expresar a partir de las fundamentales; la superficie, el volumen o la velocidad son magnitudes derivadas:

- La superficie, S, de un rectángulo de lados a y b se expresa como: $S = ab$.
- El volumen, V, de un cubo de arista L se halla así: $V = L^3$.
- La velocidad, v, de un móvil se calcula según la expresión:

$$v = \frac{e}{\Delta t}$$

donde e es la distancia recorrida y t, el tiempo empleado.

Las **unidades** también se pueden clasificar en **fundamentales** y **derivadas**:

- El metro, el kilogramo y el segundo son unidades fundamentales.
- El metro por segundo (m/s), el metro cuadrado (m^2) o el metro cúbico (m^3) son unidades derivadas.

Recuerda

El m^3 es una unidad derivada que equivale al volumen de un cubo de 1 m de arista.

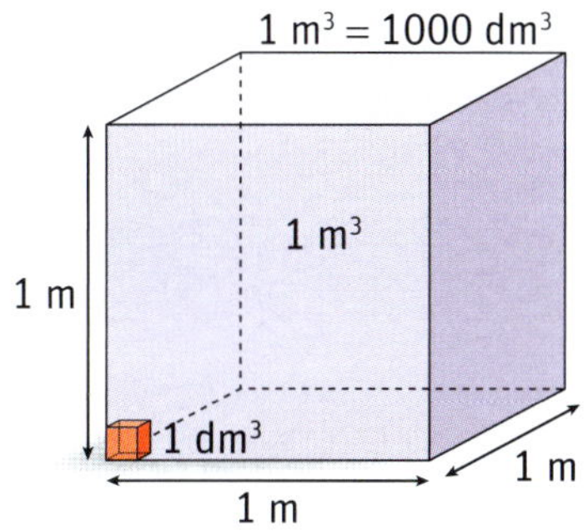

ACTIVIDADES

5. ¿Por qué la expresión “masa = 4,5” no informa sobre el resultado de una medida?
6. Explica qué se entiende por magnitud.
7. Haz una lista de las magnitudes que conozcas e indica cuáles son fundamentales y cuáles derivadas. Expresa las magnitudes derivadas en función de las fundamentales.

En la Web

Practica con magnitudes y unidades.

www.e-sm.net/svfq4eso01_01

Te interesa saber

Los **símbolos de las magnitudes** se escriben siempre en cursiva.

Los **símbolos de las unidades** siempre se escriben en redonda, minúscula y sin punto. No obstante, si provienen del nombre propio de un científico, se escriben en mayúscula; por ejemplo, K (de lord Kelvin) y A (de Ampère).

El sistema internacional de unidades

Para facilitar su trabajo, los científicos han convenido usar el **sistema internacional de unidades (SI)**, que emplea siete magnitudes fundamentales y sus unidades:

Sistema internacional de unidades

Magnitud física	Símbolo de la magnitud	Unidad	Símbolo de la unidad
longitud	L	metro	m
masa	m	kilogramo	kg
tiempo	t	segundo	s
temperatura absoluta	T	kelvin	K
intensidad de corriente	I	amperio	A
cantidad de sustancia	n	mol	mol
intensidad luminosa	I_v	candela	cd

Múltiplos y submúltiplos de las unidades del SI

En ocasiones, la cantidad medida es mucho más grande o mucho más pequeña que la unidad básica del SI; se emplean entonces múltiplos y submúltiplos del SI:

Múltiplos

	Notación exponencial	Prefijo	Símbolo
1 000 000 000 000	10^{12}	tera-	T
1 000 000 000	10^{9}	giga-	G
1 000 000	10^{6}	mega-	M
1000	10^{3}	kilo-	k
100	10^{2}	hecto-	h
10	10^{1}	deca-	da

Submúltiplos

	Notación exponencial	Prefijo	Símbolo
0,1	10^{-1}	deci-	d
0,01	10^{-2}	centi-	c
0,001	10^{-3}	mili-	m
0,000 001	10^{-6}	micro-	μ
0,000 000 001	10^{-9}	nano-	n
0,000 000 000 001	10^{-12}	pico-	p

Notación exponencial o científica

Permite expresar cómodamente cantidades muy grandes o muy pequeñas mediante un coeficiente y una potencia de 10. Por ejemplo:

$$4\,320\,000 = 4{,}32 \cdot 10^{6} \qquad 0{,}008\,350 = 8{,}350 \cdot 10^{-3}$$

Factores de conversión

Cuando se quiere convertir una cantidad expresada en una unidad del SI en otra múltiplo o submúltiplo de esta, se emplean factores de conversión.

Un **factor de conversión** es una fracción que expresa la equivalencia entre dos unidades de una misma magnitud. Por ejemplo:

$$(6530\ \text{m})(1\ \text{km}/1000\ \text{m}) = 6{,}530\ \text{km}$$

ACTIVIDADES

8. Convierte las cantidades siguientes utilizando factores de conversión.
   a) 83 500 m en km
   b) 432 mg en g
   c) 5,4 m en cm
   d) 1,6 h en s

4 Errores en la medida

Siempre que realizamos una medida cometemos algún **error**; es decir, siempre hay alguna diferencia entre el valor medido y el valor real de la magnitud que medimos.

El **error aleatorio o accidental** se debe a múltiples factores incontrolables que provocan variaciones entre una medición y la siguiente. Para minimizarlo, se repite la medida varias veces y se toma el valor medio como una estimación del valor real.

El **error sistemático** se debe a imperfecciones en los aparatos de medida, y siempre alteran la medición de la misma manera. Se corrige calibrando correctamente el instrumento o empleando otro más exacto.

PON EN VALOR

Actualmente, con el empleo de sensores calibrados, se han detectado fraudes en las emisiones de CO_2 producidas por los coches. ¿Cómo han logrado hasta hoy burlar las inspecciones?
www.e-sm.net/svfq4eso01_02

Exactitud, precisión y sensibilidad

La **exactitud** de una medida es la coincidencia entre el valor medido y el valor real: un instrumento es **exacto** si al medir con él obtenemos un valor muy próximo al real.

La **precisión** de una medida es la proximidad de los valores obtenidos al repetirla: un instrumento es **preciso** si al repetir una medida arroja valores muy parecidos.

La **sensibilidad** o **resolución** de un instrumento es la mínima cantidad que permite apreciar; por ejemplo, en la balanza de la derecha la sensibilidad es de 0,01 g.

Recuerda

No confundas precisión con exactitud. Una balanza puede ser muy precisa, pero tener un defecto de construcción que dé lugar a un error sistemático. Con esta balanza conseguiremos medidas muy precisas, pero poco exactas.

Error absoluto y error relativo

La sensibilidad de un instrumento da una idea del **error absoluto,** ε_a, que, como máximo, cometemos. Así, utilizando una regla graduada en milímetros, ε_a será como máximo ± 1 mm.

La importancia de este error depende de lo grande que sea en relación con la cantidad, x, que se mide. Por ello, se define el **error relativo**, ε_r:

$$\varepsilon_r = \frac{\varepsilon_a}{x} \cdot 100\,\%$$

Calcula el error relativo

1. **Se mide la longitud de un lápiz con una regla graduada en mm y se obtiene un valor de 7,2 cm. Expresa el resultado de la medida, indica su error absoluto y calcula el error relativo.**

SOLUCIÓN

Estamos cometiendo como máximo un error absoluto ε_a = ± 0,1 cm, así que la longitud se expresará como:

$$L = 7{,}2 \pm 0{,}1 \text{ cm}$$

y el error relativo será:

$$\varepsilon_r = \frac{\varepsilon_a}{L} \cdot 100\,\% = \frac{(0{,}1\,\text{cm})}{(7{,}2\,\text{cm})} \cdot 100\,\% = 1{,}4\,\%$$

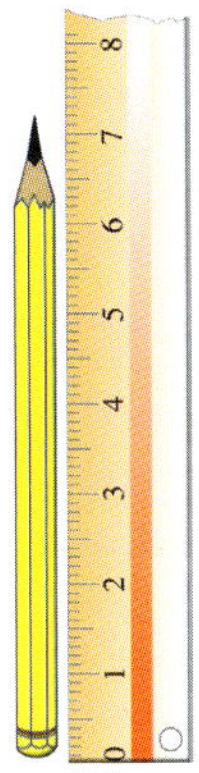

ACTIVIDADES

9. Los siguientes dibujos muestran los resultados de cuatro tiradores de dardos. ¿Cómo calificarías a cada uno de ellos?

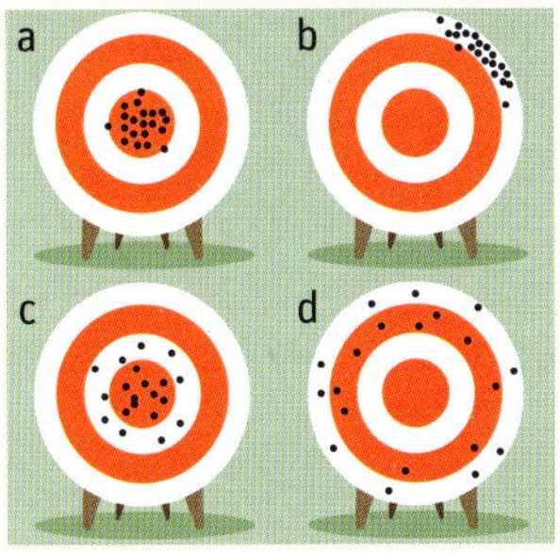

- preciso e inexacto
- impreciso e inexacto
- preciso y exacto
- exacto e impreciso

10. Al medir la masa de una sustancia con una balanza de sensibilidad 0,01 g se obtiene el valor de 3,46 g. Determina el error absoluto y relativo de la medida.

5 Cifras significativas

smSaviadigital.com PRACTICA

Juego de acierto y error en medidas.

La sensibilidad de un instrumento determina también el número de **cifras significativas** con que se puede expresar el resultado de una medida.

El termómetro de la figura marca una temperatura entre 18,6 °C y 18,7 °C, pero como no facilita el valor de la centésima, la lectura solo tendrá tres cifras significativas.

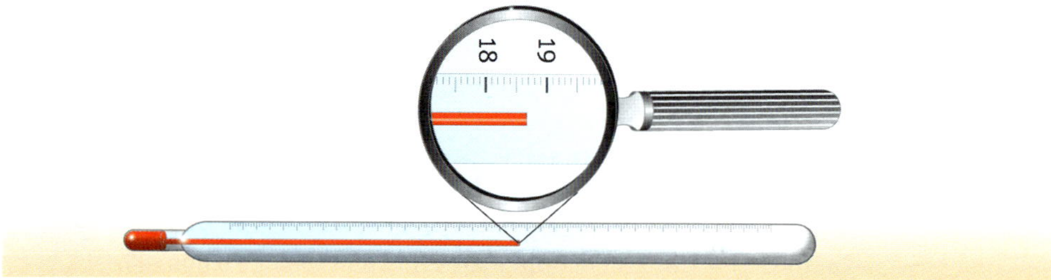

INTERPRETA

Las fotografías muestran la medida de la masa de una sustancia y del volumen de un líquido.

Lee estas cantidades y exprésalas con las cifras significativas adecuadas.

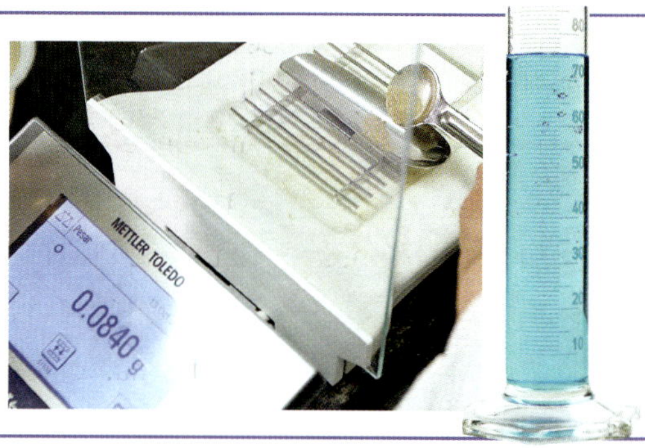

Te interesa saber

El número de **cifras significativas** de un resultado no puede ser nunca mayor que el del dato con menor número de ellas.

Al escribir un número con la cantidad correcta de cifras significativas, se debe redondear la última cifra de dicho número, sumando 1 si la cifra siguiente es mayor o igual que 5, o dejándolo igual si es menor.

Selecciona el número de cifras significativas adecuado

2. **Para determinar la densidad de un material se ha tomado una muestra de él y se ha medido su masa (m = 1,436 g) y su volumen (V = 0,80 cm³). Calcula su densidad con el número correcto de cifras significativas.**

SOLUCIÓN

Al hacer la división con la calculadora obtenemos:

$$d = \frac{m}{V} = \frac{(1{,}436\ \text{g})}{(0{,}80\ \text{cm}^3)} = 1{,}795\ \frac{\text{g}}{\text{cm}^3}$$

Como la masa se ha medido con cuatro cifras significativas y el volumen con dos, el resultado no puede tener más de dos cifras significativas:

$$d = 1{,}8\ \frac{\text{g}}{\text{cm}^3}$$

ACTIVIDADES

11. ¿Cuántas cifras significativas tienen las siguientes cantidades?

a) 0,005 kg b) $2{,}4 \cdot 10^3$ K c) 2,56 mol d) 3000 s e) 24,0 m³ f) 12,36 A

12. Redondea cada uno de estos números a cuatro cifras significativas.

a) 46,536 6 b) 46,532 7 c) 46,535 0 d) 46,545 8 e) 46,542 9 f) 46,527 1

13. Calcula la densidad de un trozo de metal cuya masa es de 15,6 g y que ocupa un volumen de 2,0 cm³.

6 Magnitudes escalares y vectoriales

Las magnitudes físicas pueden ser escalares o vectoriales:

Magnitudes escalares	Magnitudes vectoriales
Definidas mediante un número y su unidad correspondiente. Son escalares: distancia, tiempo, masa, volumen, temperatura...	Requieren un número, una dirección y un sentido. Son vectoriales: desplazamiento, velocidad, aceleración, fuerza...
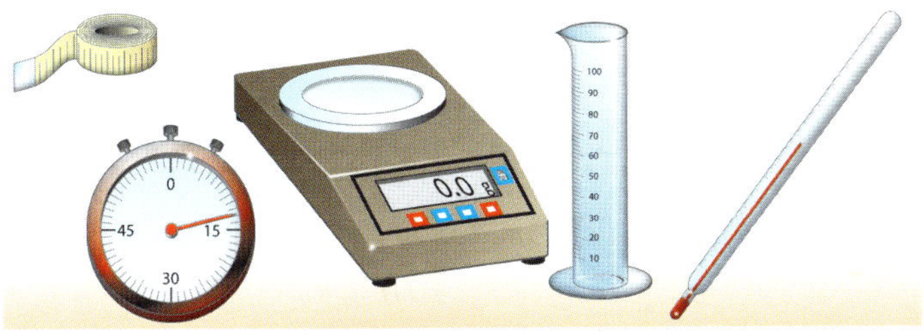	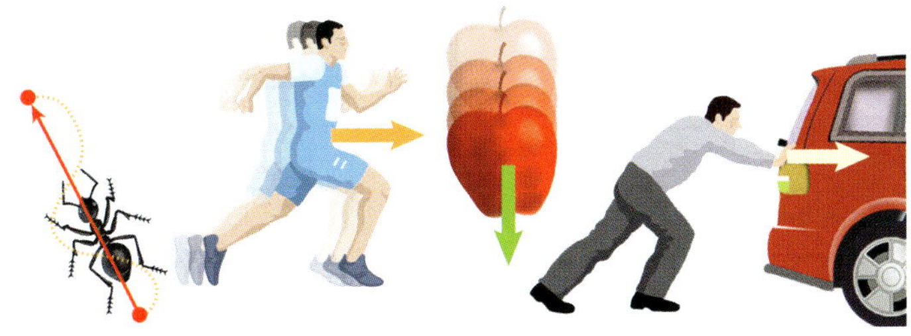

Las magnitudes vectoriales se representan mediante un **vector**, es decir, una flecha o segmento orientado, con los siguientes elementos (fig. 1.1):

- **Origen** o **punto de aplicación:** donde comienza o se aplica el vector.
- **Extremo:** la punta de la flecha.
- **Módulo** o **intensidad:** su longitud, con las unidades adecuadas.
- **Dirección:** la recta sobre la que se sitúa el vector.
- **Sentido:** hacia dónde apunta la flecha.

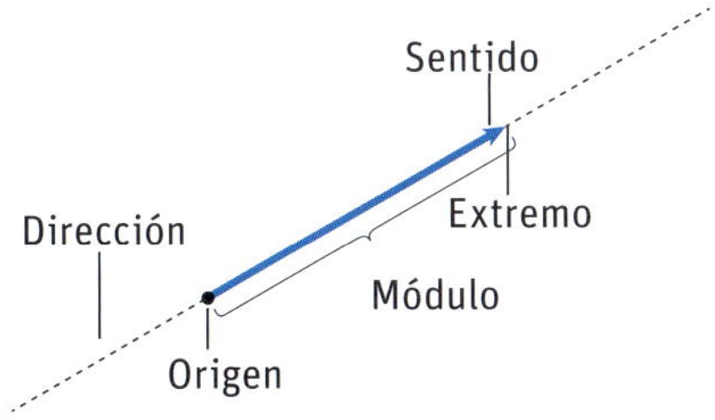

Figura 1.1. Elementos de un vector.

Suma vectorial

Las magnitudes vectoriales se suman mediante la **regla del paralelogramo** (fig. 1.2).

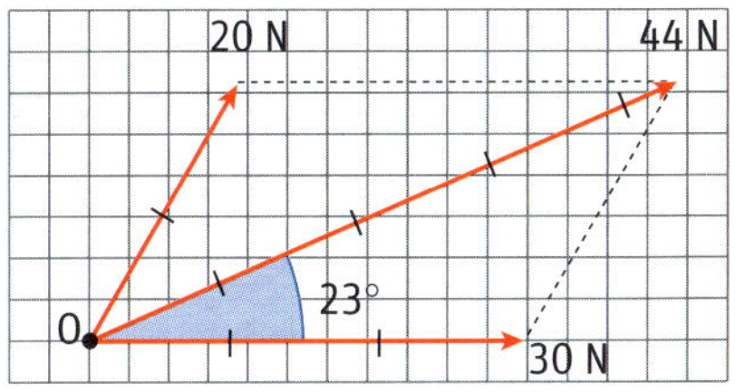

Figura 1.2. Suma vectorial.

Suma fuerzas de diferente dirección o sentido

3. Determina gráficamente la fuerza resultante en cada caso.

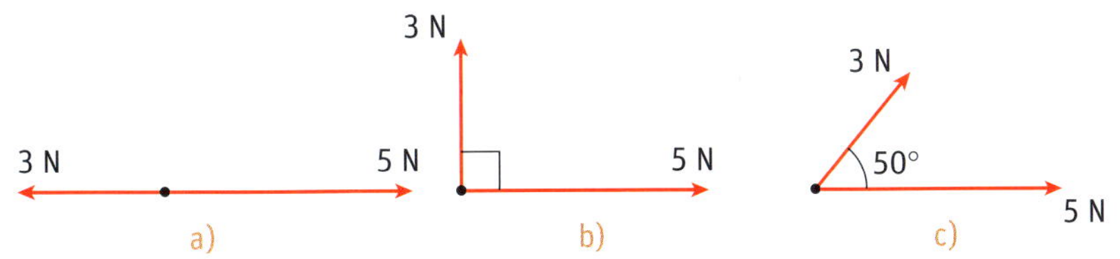

SOLUCIÓN

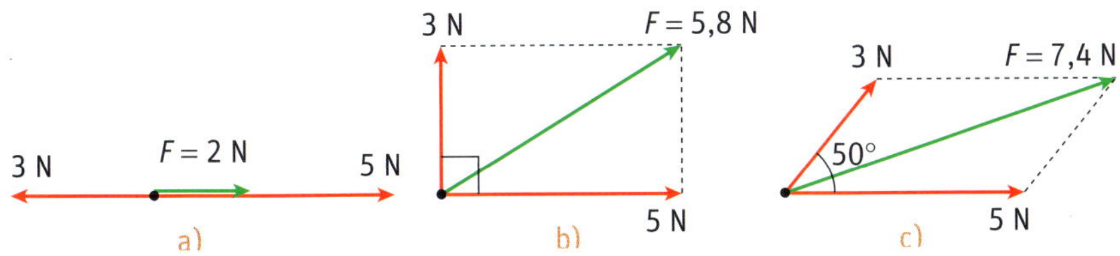

Recuerda

La **distancia recorrida** es una magnitud escalar, pero el **desplazamiento** realizado es un vector.

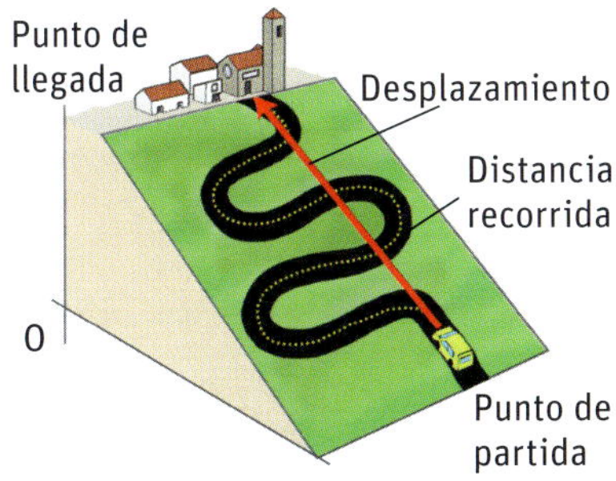

ACTIVIDADES

14. Clasifica las siguientes magnitudes en escalares o vectoriales: distancia recorrida, desplazamiento, aceleración, peso, fuerza, presión, densidad, temperatura, cantidad de sustancia. Justifica tu respuesta.

15. Un piloto dirige su avión hacia el este a 100 m/s y el viento sopla hacia el norte con una velocidad de 25 m/s. Calcula el módulo de la velocidad del avión y determina su dirección y sentido.

7 Investigar la relación entre variables

En la Web

Observa este sencillo experimento acerca de la ley de Boyle.

www.e-sm.net/svfq4eso01_03

El objetivo de muchas investigaciones es determinar la relación que existe entre dos magnitudes que se pueden medir y que reciben el nombre de **variables**. Por ejemplo, imaginemos que queremos hallar la relación que existe entre la presión y el volumen de un gas según el montaje de la figura.

Ten en cuenta

El manómetro de la figura mide la diferencia entre la presión del aire en el interior de la jeringa y la presión atmosférica. Por ello, para conocer el valor absoluto de la presión del aire hay que sumar la presión atmosférica a la presión relativa medida.

Planificación del experimento

Para determinar qué relación cuantitativa existe entre estas dos variables, debemos planificar un experimento:

1. Escoge la **variable independiente** (en este caso, el volumen), que podrás variar a voluntad, y decide cómo vas a medirla.

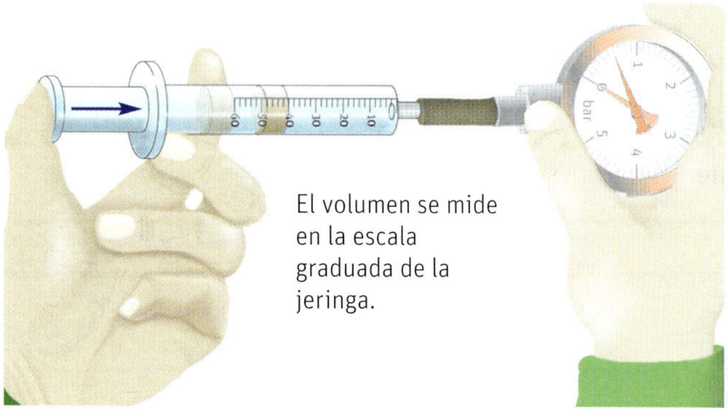

2. Determina cómo vas a medir la **variable dependiente** (en este caso, la presión).

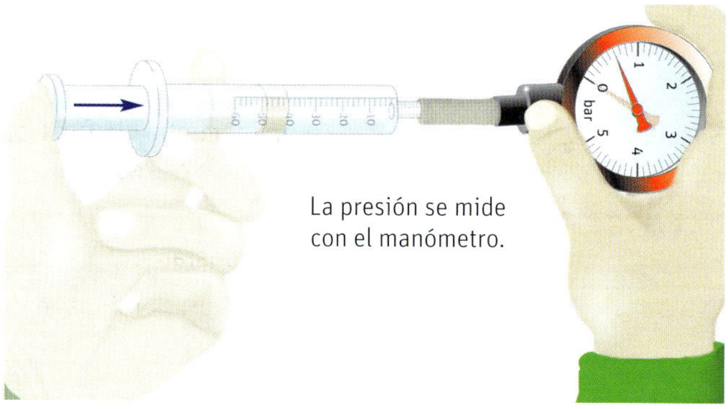

3. Realiza un **control de variables**: identifica y mantén fijas otras variables que puedan influir (temperatura y cantidad de aire).

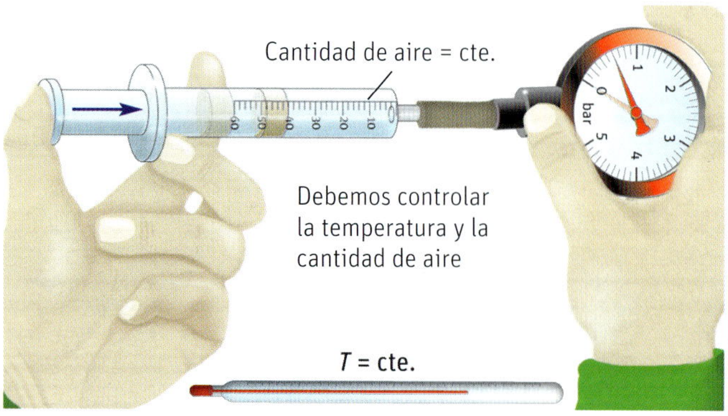

4. Decide el **número de medidas** que vas a realizar (en este caso, cuántos pares de valores volumen-presión mediremos).

ACTIVIDADES

16. Define los conceptos de variable dependiente, variable independiente y variables de control. Propón una investigación y especifica cada una de estas variables.

Realización del experimento

1. Recoge los datos experimentales en una **tabla** con el nombre o símbolo de las variables y las unidades empleadas.

Volumen (cm^3)	Presión (bar)
60	1,0
50	1,1
40	1,6
30	2,1
20	2,9

2. Realiza una **representación gráfica** de los datos experimentales:
   - Elige un **título** adecuado.
   - Rotula los **ejes** con su magnitud y unidad correspondiente.
   - Escoge las **escalas** que más convengan.
   - Marca claramente los **puntos**.
   - Ajusta una recta o una **curva** a los puntos.

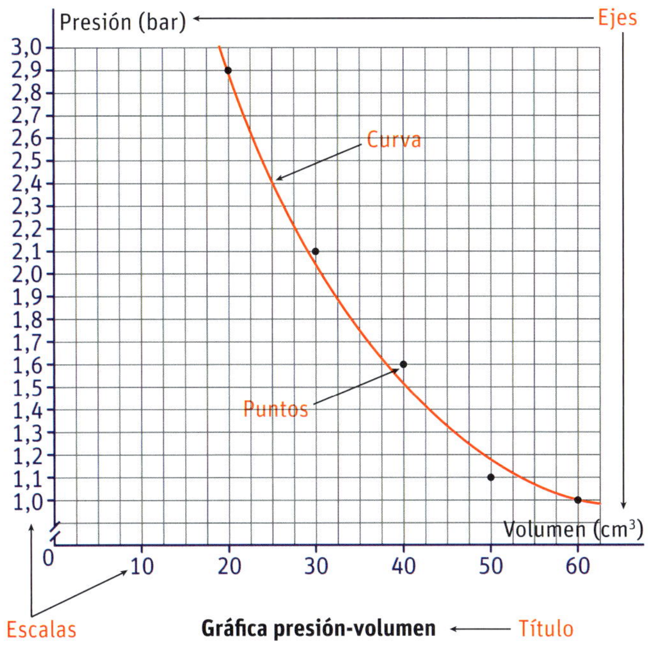

Análisis de los datos

Si analizas los datos experimentales para encontrar la **función matemática** que relaciona ambas variables, verás que el producto de la presión, p, y el volumen, V, arroja siempre el mismo valor:

$$pV = \text{constante}$$

Existe, por tanto, una relación inversamente proporcional entre ellas:

$$p = \frac{\text{constante}}{V}$$

El valor de la constante se obtiene multiplicando cualquiera de los pares p y V. Como este producto, debido a pequeños errores experimentales, no es siempre el mismo, los calculamos todos y tomamos su valor medio:

$$pV = 60 \text{ bar cm}^3$$

Recuerda

La ecuación $p \cdot V$ = constante se conoce como **ley de Boyle**, en honor del científico británico Robert Boyle (1627-1691), quien fue el primero en enunciarla.

En la Web

Juega con este interactivo sobre la ley de Boyle.

www.e-sm.net/svfq4eso01_04

Calcula el valor de la constante en unidades SI

4. **En la ecuación $p \cdot V$ = constante, el valor de esta depende de las unidades empleadas. Calcula, mediante los factores de conversión adecuados, el valor de la constante en las unidades básicas del SI.**

SOLUCIÓN

Las unidades básicas del SI para la presión y el volumen son, respectivamente, el Pascal (1 Pa = 10^{-5} bar) y el m^3 (1 m^3 = 10^6 cm^3). Si realizamos la conversión de estas unidades, obtenemos el valor de la constante en el SI:

$$pV = 60 \text{ bar cm}^3 = (60 \text{ bar cm}^3)\frac{(10^5 \text{ Pa})}{(1 \text{ bar})} \cdot \frac{(1 \text{ m}^3)}{(10^6 \text{ cm}^3)} = 6{,}0 \text{ Pa m}^3$$

ACTIVIDADES

17. El valor de la constante de la ecuación pV = constante para una muestra de gas depende de dos variables.

a) ¿Cuáles son?

b) ¿Cómo tendrían que variar para que la constante fuera mayor?

Repasa lo aprendido

1 ¿Qué es la ciencia?

La **ciencia** es un conjunto de conocimientos que se obtienen mediante la investigación científica.

La **metodología científica** consiste en hacer preguntas, emitir hipótesis, elaborar modelos, contrastarlos experimentalmente, realizar medidas, argumentar a partir de los datos obtenidos, sacar conclusiones y comunicar los resultados.

2 ¿Qué estudian la física y la química?

La **física** estudia la materia, las fuerzas y la energía; es decir, el mundo físico en general, desde las partículas fundamentales hasta el universo como un todo.

La **química** estudia la composición, la estructura y las propiedades de las sustancias, así como las reacciones que transforman unas sustancias en otras.

3 ¿En qué consiste medir? ¿Qué unidades de medida emplea el SI?

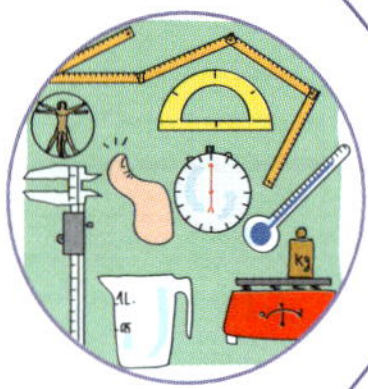

Medir una magnitud es compararla con una cantidad de esa misma magnitud que se toma como **patrón** o unidad de medida.

El **sistema internacional de unidades (SI)** consta de siete unidades fundamentales, con sus respectivos nombres, símbolos, múltiplos y submúltiplos.

4 ¿Es lo mismo exactitud y precisión?

La **exactitud** de una medida se refiere a la coincidencia entre el valor medido y el valor real de la magnitud medida.

La **precisión** de una medida se refiere al grado de proximidad de las medidas cuando estas se repiten.

5 ¿Con cuántas cifras debemos expresar un resultado?

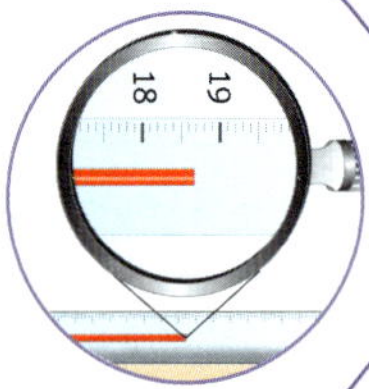

El número de **cifras significativas** del resultado de una operación no puede ser nunca mayor que el del dato con menor número de ellas.

La cantidad resultante se redondea sumando 1 al último dígito si la cifra siguiente es mayor o igual que 5.

6 ¿Qué diferencia hay entre magnitudes escalares y vectoriales?

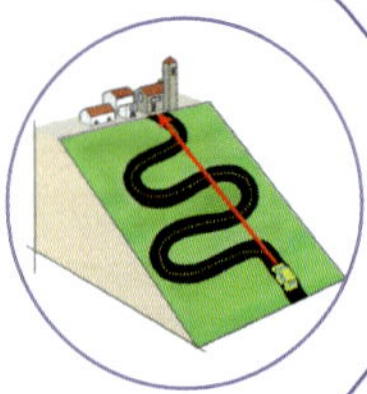

Las **magnitudes escalares** son aquellas que se definen por medio de un valor numérico y su correspondiente unidad.

Las **magnitudes vectoriales** son aquellas que requieren, además de un número y su unidad, especificar una dirección y un sentido.

7 ¿Cómo se investiga la relación entre variables?

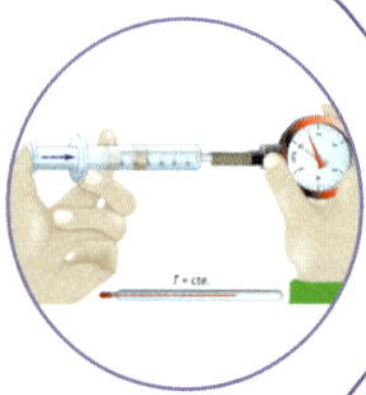

Para investigar la **relación cuantitativa** entre dos variables es preciso planificar un experimento con control de variables, efectuarlo, tomar medidas, recoger los datos en una tabla, realizar una representación gráfica de los puntos obtenidos y analizar el resultado.

smSaviadigital.com VALORA LO APRENDIDO > Resumen de la unidad

¿Cómo llevar a cabo una investigación?

Planteamiento del problema

En un partido de *squash* podrás observar que, a medida que jugamos, el rebote de la pelota se produce cada vez de manera más enérgica, más rápida. ¿A qué crees que se debe este curioso comportamiento de la pelota?

1 EMISIÓN DE HIPÓTESIS

Lo más probable es que este aumento de la elasticidad de la pelota sea debido a los múltiples choques que esta sufre contra las raquetas, el suelo y las paredes. Las colisiones calientan la pelota y el incremento de su temperatura provoca un aumento en la elasticidad del material que la compone. En consecuencia, el rebote es cada vez mayor. De hecho, los jugadores de *squash* que buscan un mayor rebote de la pelota la calientan antes de empezar el partido.

2 PREGUNTA DE INVESTIGACIÓN: ¿CÓMO VARÍA LA ELASTICIDAD DE UNA PELOTA DE *SQUASH* CON LA TEMPERATURA?

Queremos saber si, en efecto, la elasticidad aumenta con la temperatura y, en tal caso, cuál es la relación cuantitativa que hay entre elasticidad y temperatura.

3 PLANIFICACIÓN DE LA INVESTIGACIÓN

Debemos planificar un experimento que consista en variar y medir la temperatura (variable independiente) de la pelota y medir su elasticidad (variable dependiente) para cada una de esas temperaturas.

- ¿Cómo podemos variar y medir la temperatura de la pelota? Podemos sumergir la pelota de *squash* en un recipiente con agua y calentarlo a diferentes temperaturas, que mediremos con un termómetro digital. Con la pelota sumergida en el agua el suficiente tiempo, podremos considerar que su temperatura es la misma que la del baño de agua en el que se halla.
- ¿Cómo podemos medir la elasticidad de la pelota? Una forma indirecta de medir la elasticidad de la pelota consiste en dejarla caer desde una altura determinada y medir la altura del rebote: cuanto más alto rebote la pelota, mayor elasticidad tendrá.

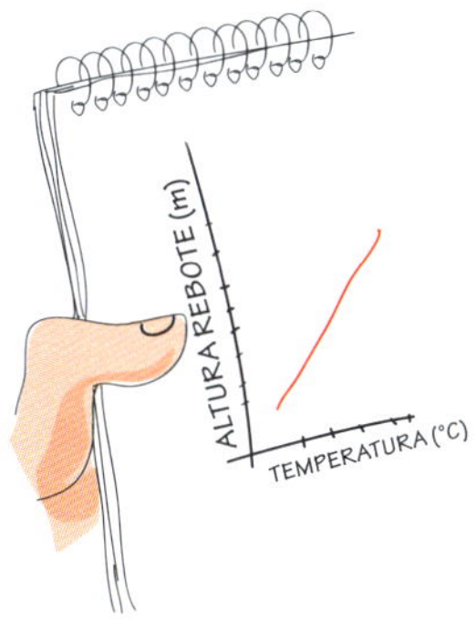

ACTIVIDADES

18. ¿Qué variables se han de controlar en este experimento? ¿Cuántas medidas deben realizarse? ¿Qué temperaturas se podrían utilizar en el experimento? ¿Desde qué altura mínima sería conveniente dejar caer la pelota?

19. Una vez realizadas las medidas y recogidas en una tabla de altura del rebote y temperatura, ¿qué podrías hacer para descifrar la relación que existe entre ambas variables?

20. Haz una relación del material y los instrumentos que necesitarías para llevar a cabo esta investigación.

21. Realiza la investigación y escribe un informe en el que expliques el problema planteado, las hipótesis efectuadas, el procedimiento experimental, los resultados obtenidos y las conclusiones a las que has llegado.

Actividades

La ciencia y la metodología científica

22. Una de las características de la ciencia es su capacidad para plantear preguntas a las que se puede responder con la metodología científica. Algunos interrogantes a los que la ciencia ha encontrado respuestas, aunque no definitivas, son:

a) ¿De qué está hecho el universo?

b) ¿Cómo se formaron las primeras estrellas?

c) ¿Qué cambios genéticos nos hacen humanos?

d) ¿Cómo funciona el interior de la Tierra?

e) ¿Qué alternativas hay a los combustibles fósiles?

Busca información sobre estos temas, añade otros que te parezcan de interés para la ciencia actual y construye un mapa mental para alguno de estos asuntos.

23. Cuando calentamos un matraz de Erlenmeyer con un globo en su boca, observamos que este se hincha debido al aumento de volumen del aire que hay en el interior. Explica este fenómeno mediante el modelo cinético-molecular de los gases y resume sus características principales.

La física y la química

24. Cita cinco problemas que investigue la física y otros cinco que estudie la química. Asocia cada uno de estos fenómenos al ámbito de la física o de la química que se ocupe de ellos.

La medida: magnitudes y unidades

25. Copia y completa esta tabla en tu cuaderno:

Magnitud	Unidad	Símbolo
longitud	●●●	●●●
●●●	●●●	kg
tiempo	●●●	●●●
●●●	kelvin	●●●
●●●	●●●	mol
intensidad de corriente	●●●	●●●

26. La medición de la longitud. En junio de 1792, dos astrónomos partían de París en sentidos opuestos. Su misión era medir un arco de meridiano terrestre comprendido entre Dunkerque y Barcelona. Los dos albergaban la esperanza de que todos los países utilizaran a partir de entonces el metro como patrón para medir longitudes. El metro iba a ser eterno porque había sido tomado de la Tierra, que también era eterna, y pertenecería por igual a todos los habitantes del planeta. El "sistema métrico decimal" había de ser "para todos los pueblos y para siempre".

a) ¿Por qué se denominó "sistema métrico decimal"? ¿Se consiguió que todos los países lo adoptaran?

b) ¿Qué unidades de longitud se empleaban antes del metro? ¿Eran las mismas en todo lugar?

c) ¿Por qué era preciso medir un sector de meridiano terrestre? ¿Cómo fue definido el metro?

d) Las medidas de distancias se realizaban mediante triangulación. ¿En qué consiste este método?

e) ¿Cuál es la definición actual del metro?

27. La medición del tiempo. Desde siempre, el ser humano se ha valido de movimientos periódicos de origen astronómico para medir el tiempo:

acontecimiento	movimiento periódico	unidad de tiempo
salida y puesta de sol	rotación de la Tierra sobre sí misma	día
fases de la Luna	traslación de la Luna alrededor de la Tierra	mes
ciclos de las estaciones	traslación de la Tierra alrededor del Sol	año

A través de la historia, el tiempo se ha medido con relojes de sol, de agua (clepsidras) o de arena, relojes mecánicos y cronómetros. Un día se divide en 24 horas, cada hora en 60 minutos y cada minuto en 60 segundos: el segundo se definió como la fracción 1/86 400 de la duración media de un día. Pero el día solar medio no se mantiene constante, así que en 1940 el tiempo pasó a medirse mediante relojes. Hasta el siglo XX, los relojes más precisos usaban péndulos como osciladores. Actualmente se utilizan relojes de cuarzo y el segundo se define en función de relojes atómicos de gran precisión.

a) Busca información en internet acerca de la evolución y el funcionamiento de los relojes.

b) ¿Cuál es la definición actual de segundo?

c) Indica qué sensibilidad tiene el reloj de tu móvil.

28. **La medición de la masa.** La masa es una medida de la cantidad de materia de un cuerpo. La acción de medir la masa se denomina pesar, ya que una balanza compara pesos. El peso de un cuerpo es proporcional a su masa, es decir, cuanto más pesa un cuerpo, más masa tiene; por tanto, dos cuerpos con el mismo peso tienen la misma masa.

a) ¿Cómo se definió el kilogramo en el SI?

b) ¿Cómo se materializa el kilogramo patrón? ¿Dónde se conserva?

c) ¿Y el patrón nacional de masa en España?

d) ¿Por qué es tan importante la exactitud con que se determina la masa del kilogramo patrón?

29. Algunas unidades derivadas tienen un nombre y un símbolo propio; otras, no. Completa en tu cuaderno la tabla siguiente.

Magnitud derivada	Definición	Unidad derivada	Nombre y símbolo
fuerza	$F = m a$	kg m s^{-2}	newton, N
trabajo	$W = F d$	●●●	julio, J
energía cinética	$E_c = ½\, m v^2$	●●●	●●●
cantidad de movimiento	$p = m v$	●●●	●●●
carga eléctrica	$Q = I t$	●●●	●●●

30. Escribe en notación científica (exponencial) las cantidades siguientes y exprésalas empleando los múltiplos y submúltiplos adecuados.

a) 4500 g   b) 0,005 3 s   c) 6500 K   d) 0,003 g   e) 0,005 6 kg   f) 35 100 m   g) 0,062 m   h) 0,002 A

31. La notación exponencial facilita la conversión de una magnitud en sus múltiplos o submúltiplos más adecuados. Compruébalo con las siguientes cantidades.

a) $3,4 \cdot 10^3$ m   b) $1,52 \cdot 10^3$ g   c) $5,32 \cdot 10^3$ dm^3 d) $6,42 \cdot 10^{-6}$ s   e) $8,2 \cdot 10^{-2}$ m   f) $3,4 \cdot 10^{-3}$ L

32. Otra de las ventajas de la notación exponencial es que permite estimar rápidamente el **orden de magnitud** de una cantidad, es decir, la potencia de 10 más próxima. ¿Cuál es el orden de magnitud de las siguientes cantidades?

a) $3,4 \cdot 10^6$ m   b) $6,7 \cdot 10^9$ m   c) $2,5 \cdot 10^{-6}$ m   d) $7,8 \cdot 10^{-4}$ m

SOLUCIÓN

a) 6   b) 10   c) −6   d) −3

Fíjate en que cuando el coeficiente es mayor o igual que 5 se debe incrementar en una unidad el exponente para obtener la potencia de 10 más próxima.

33. A continuación te damos algunos ejemplos de longitudes y masas. Busca la información que necesites en cada caso y estima su orden de magnitud.

Longitudes:

a) universo
b) galaxia
c) distancia Tierra-Sol
d) distancia Tierra-Luna
e) diámetro de la Tierra
f) campo de fútbol
g) cinta métrica
h) ancho del dedo índice
i) célula
j) bacteria
k) virus
l) átomo

Masas:

m) Sol
n) Tierra
ñ) montaña
o) coche
p) paquete de azúcar
q) manzana
r) billete
s) cabello humano

34. Realiza las conversiones siguientes mediante el factor de conversión adecuado.

a) 0,003 2 m en milímetros
b) 5,4 Mg en kilogramos
c) $5,80 \cdot 10^{-5}$ m en micrómetros
d) 4500 mg en gramos
e) $3,4 \cdot 10^{-8}$ g en nanogramos

35. Un camión pesa 12 400 kg. Expresa su peso en toneladas (t). (Recuerda: 1 t = 10^3 kg)

36. Una persona ha estado caminando durante 1 h 35 min. Calcula este tiempo en segundos.

37. Una persona tiene 80 pulsaciones por minuto. ¿Cuánto tiempo dura, en segundos, una pulsación?

38. El volumen de cierto líquido es de 32 cm^3. Expresa el resultado en mL y en L.

39. Una piscina contiene 200 m^3 de agua. ¿Cuántos litros de agua son? (Recuerda: 1 m^3 = 10^3 dm^3)

40. La capacidad del depósito de un coche es de 60 L. Expresa esta capacidad en dm^3 y en m^3.

41. En la botella de un refresco se indica que su volumen es de 33 cL. ¿Cuántos cm^3 contiene?

42. Las dimensiones de un tablero son 1,6 m × 0,90 m.

a) Calcula la superficie del tablero en m^2.
b) Expresa el resultado en dm^2 y en cm^2.

(Recuerda: 1 m^2 = 10^2 dm^2 = 10^4 cm^2)

43. La masa de una molécula de agua es de 18 u (unidades de masa atómica). Si la densidad del agua en estado líquido es de 1000 kg/m^3 y suponemos que las moléculas están prácticamente en contacto, ¿qué volumen ocuparía una molécula de agua? (Dato: 1 u = $1,660\,4 \cdot 10^{-27}$ kg).

Actividades

Errores en las medidas

44. La masa de una sustancia, obtenida mediante una balanza electrónica con una sensibilidad de décimas de gramo, es de 12,5 g. Expresa el resultado con su límite de error absoluto y calcula el error relativo.

45. Se ha medido el diámetro de un alambre a lo largo de su longitud con un micrómetro, obteniendo los valores (en mm):

1,26; 1,26; 1,29; 1,31; 1,28; 1,27; 1,25

a) Halla la media de estas medidas para estimar el valor más probable del diámetro del alambre.

b) Calcula el error cometido en cada medida a partir de la diferencia absoluta entre dicha medida y la media de todas las medidas.

c) Estima el error absoluto como la media de los errores cometidos en cada una de las medidas.

d) Halla el error relativo.

e) Expresa el resultado de la medida con su error absoluto.

46. Alrededor del 200 a. C., Eratóstenes de Alejandría ideó una manera de calcular el radio de la Tierra. Trabajando en la biblioteca, leyó que en la ciudad de Siena (la actual Asuán, situada en el sur de Egipto) existía un pozo que el Sol iluminaba verticalmente el día del solsticio de verano. Ese mismo día, en la ciudad de Alejandría el Sol formaba un ángulo de 7° 12' con el cénit. Por las caravanas de los comerciantes que viajaban entre ambas ciudades, Eratóstenes conocía que las separaba una distancia de 5000 estadios (6 estadios de aquella época equivalían a 1 km, aproximadamente).

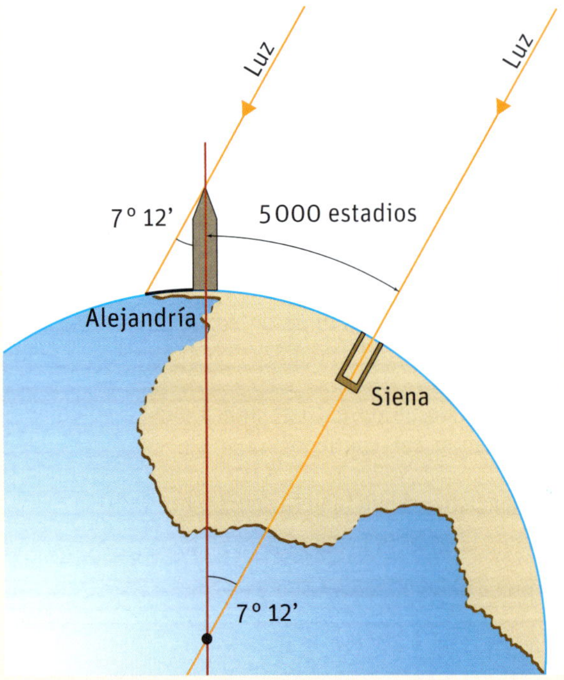

a) Emplea los datos que manejó Eratóstenes para deducir el radio terrestre.

b) Calcula el error relativo cometido por Eratóstenes en su cálculo. (Dato: el radio medio de la Tierra es de 6378 km).

SOLUCIÓN

a) Si te fijas en la figura, verás que con una simple proporción puede obtenerse la longitud de la circunferencia terrestre:

$$\frac{7{,}2^\circ}{360^\circ} = \frac{833{,}3\ \text{km}}{L_{\text{circunferencia terrestre}}} \Rightarrow L_{\text{circ. T}} = 41665\ \text{km} \Rightarrow R = 6631\ \text{km}$$

b) A partir del radio estimado por Eratóstenes (6631 km) y del radio real de la Tierra (6378 km), se determinan los errores:

$$\varepsilon_a = 253 \text{ y } \varepsilon_r = 0{,}04\ (4\ \%)$$

Cifras significativas

47. Indica cuántas cifras significativas tienen los siguientes datos experimentales.

a) 0,006 2 g

b) $2{,}4 \cdot 10^6$ s

c) $3{,}43 \cdot 10^3$ m

d) 4500 kg

48. Redondea a tres cifras significativas los siguientes datos experimentales.

a) 156 300 J b) 1006 s c) 20,06 s d) 0,345 9 g

49. Se ha medido el contorno de un campo rectangular de la siguiente forma: la longitud, con una cinta graduada en decímetros, obteniéndose 52,4 m, y la anchura, con una cinta métrica graduada en centímetros, obteniéndose 10,42 m. Calcula el perímetro del campo, expresando el resultado con el número adecuado de cifras significativas.

Magnitudes escalares y vectoriales

50. Un hombre tira de una maleta con una fuerza de 50 N que forma un ángulo de 60° con la horizontal, pero no toda esta fuerza es útil para desplazar el equipaje hacia delante. Encuentra de forma gráfica el valor de la fuerza que esta persona ejerce en la dirección horizontal.

51. Determina gráficamente la resultante de las fuerzas que aparecen en la figura.

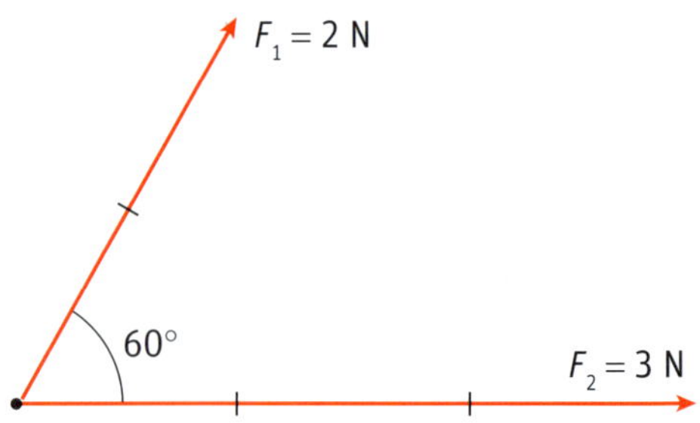

Investigación sobre la relación entre variables

52. No podemos medir el espesor de una hoja de papel directamente porque es una longitud muy pequeña. ¿Se te ocurre algún método indirecto para hacerlo?

SOLUCIÓN

Podríamos, por ejemplo, medir el grosor de un taco de 100 hojas y dividir entre el número de estas para obtener el de una sola hoja. Supongamos, por ejemplo, que el espesor del taco es de 12,0 mm; entonces el de una hoja sería:

$$\frac{(12{,}0\ \text{mm})}{(100\ \text{hojas})} = \frac{(1{,}2 \cdot 10^{-2}\ \text{m})}{(100\ \text{hojas})} = 1{,}2 \cdot 10^{-4}\ \text{m}$$

53. Construimos un péndulo simple como el de la fotografía. Queremos investigar si el período de oscilación del péndulo depende o no de los siguientes factores:

- la masa de la bola
- la longitud del péndulo

En caso de encontrar una dependencia, desearíamos determinar la relación que existe entre ambas variables.

Planifica un proyecto de investigación para dar respuesta a las siguientes cuestiones:

a) ¿Qué masas conviene escoger para las bolas?

b) ¿Cómo podemos medir el tiempo de oscilación de la bola con el menor error posible?

c) ¿Qué variables debemos controlar?

d) ¿Cómo podemos medir la longitud del péndulo?

SOLUCIÓN

- *Investigación sobre el efecto de la masa*

a) Para saber si la masa afecta o no al período de oscilación, basta con elegir dos bolas de un tamaño similar pero de masas muy diferentes; por ejemplo, una de acero y otra de madera. Como solo queremos saber si la masa influye sobre el período de oscilación, no es necesario realizar medidas cuantitativas de la masa de las bolas.

b) El período de oscilación puede medirse con un cronómetro. Para reducir el error, medimos el tiempo que tarda la bola en realizar 10 oscilaciones y lo dividimos entre 10.

c) Debemos controlar que la longitud del péndulo y la amplitud de oscilación (es decir, la desviación angular con que se pone a oscilar la bola respecto de la vertical) sean exactamente las mismas en los dos casos. Conviene que el péndulo sea suficientemente largo y que la amplitud no supere los 15°.

d) La longitud del péndulo es la distancia que existe hasta el centro de masas de la bola; así que a la longitud del hilo hay que añadir el radio de la bola esférica (de este modo, la situación es equivalente a otra en que la masa de la bola estuviera concentrada en su centro de masas).

La investigación permite concluir que el período de oscilación no depende de la masa.

- *Investigación sobre el efecto de la longitud*

Podemos realizar varias medidas del período de oscilación para péndulos de distinta longitud, variando la longitud del hilo (por ejemplo, de 10 en 10 cm), pero manteniendo constante la bola (su masa) y la amplitud de oscilación. Comprobaremos cómo el período de oscilación aumenta con la longitud del hilo. Si recoges los pares de valores obtenidos en una tabla de longitud (en cm) y período de oscilación (en s) y los representas en una gráfica, llegarás a unos resultados similares a los que muestra esta figura:

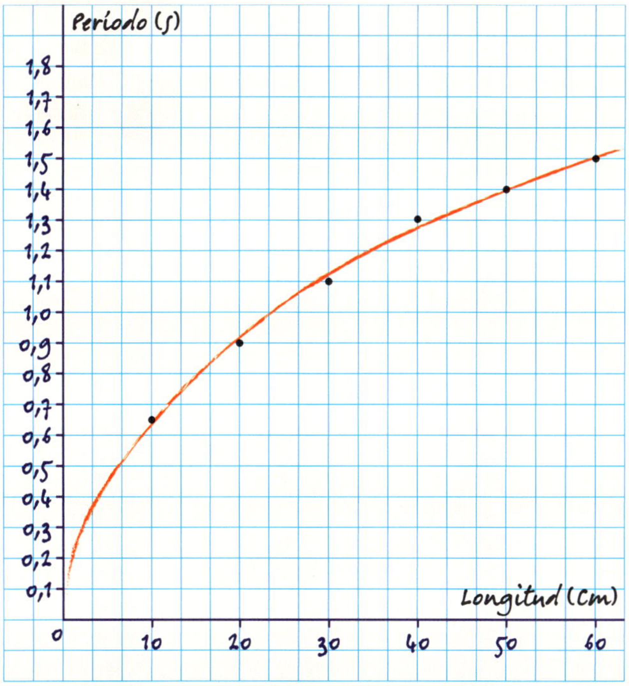

Para conocer la función matemática que relaciona ambas variables hemos de probar con distintas funciones, comenzando con las más sencillas (lineal, cuadrática, raíz cuadrada,...). Está claro que no existe una relación lineal ni cuadrática, pero si probamos con la raíz cuadrada y representamos el período, *T*, frente a la raíz cuadrada de la longitud, *L*, del péndulo, los puntos se ajustarán muy bien a una línea recta. Por tanto, la relación entre el período y la longitud es $T \propto \sqrt{L}$.

Ponte a prueba

Análisis dimensional

Una de las condiciones que ha de cumplir cualquier fórmula o ecuación física es que sea dimensionalmente homogénea, es decir, que las dimensiones o unidades a la izquierda y a la derecha de la ecuación sean las mismas. Una manera de representar las dimensiones es utilizar el símbolo de la magnitud en mayúsculas. Así, la longitud se representa por L; la masa, por M; el tiempo, por T, etc. Aquí tienes las ecuaciones dimensionales de algunas unidades físicas derivadas:

volumen: $[V] = L^3$ velocidad: $[v] = LT^{-1}$ aceleración: $[a] = LT^{-2}$ fuerza: $[F] = MLT^{-2}$

1. Escribe la ecuación de dimensiones de las siguientes magnitudes: densidad, presión, trabajo y potencia.

2. Comprueba que las siguientes ecuaciones son dimensionalmente homogéneas.

a) $F\,t = m(v_f - v_i)$ b) $F\,d = \frac{1}{2}m(v_f^2 - v_i^2)$ c) $E_p = mgh$

Distingue los cuatro niveles de representación en química

La química explica los fenómenos macroscópicos (lo que vemos a simple vista) mediante modelos o representaciones de lo que ocurre en el mundo submicroscópico (moléculas y átomos). También se usan símbolos y fórmulas químicas para representar los átomos y moléculas. Distinguir los niveles de representación en química es importante. Completa esta tabla en tu cuaderno.

Macroscópico	Multimolecular	Molecular	Simbólico
Dióxido de carbono (g) Gas incoloro que se produce en las oxidaciones de combustibles fósiles.	Diagrama multimolecular 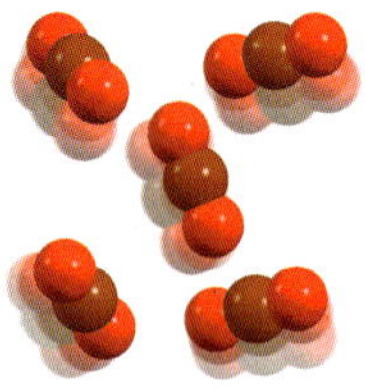	Modelo molecular del dióxido de carbono 	Fórmula de la molécula de dióxido de carbono •••
Agua (l) Líquido incoloro e insípido que se congela a 0 °C.	Diagrama multimolecular del agua líquida •••	Modelo molecular del agua 	Fórmula de la molécula de agua •••

Determina la relación matemática entre dos variables

Para estudiar la aceleración de un móvil, se mide la distancia, *x*, recorrida desde el origen en cierto tiempo, *t*:

Tiempo, *t* (s)	0	1	2	3	4	5
Distancia, *x* (m)	0	2	8	18	32	50

1. Representa los datos de esta tabla en una gráfica. ¿Qué tipo de movimiento crees que sigue el automóvil?

2. Determina la ecuación que relaciona la posición del móvil en función del tiempo. Para ello, calcula primero el cuadrado de los tiempos, t^2, y representa gráficamente los pares de valores *x* y t^2. Si obtienes una línea recta, es que la función es $x = kt^2$, siendo *k* la pendiente de la recta. Determina el valor de *k* y di qué información proporciona.

Explica y predice a partir de un modelo

En el epígrafe 7 de esta unidad descubrimos una ley experimental: que la presión y el volumen de un gas son inversamente proporcionales: $p \cdot V$ = constante. Para explicar el comportamiento de los gases precisamos disponer de un modelo sobre su estructura interna. El modelo cinético-molecular supone que los gases están formados por partículas muy pequeñas (moléculas) que se encuentran en constante movimiento y que chocan entre sí y contra las paredes del recipiente que las contiene.

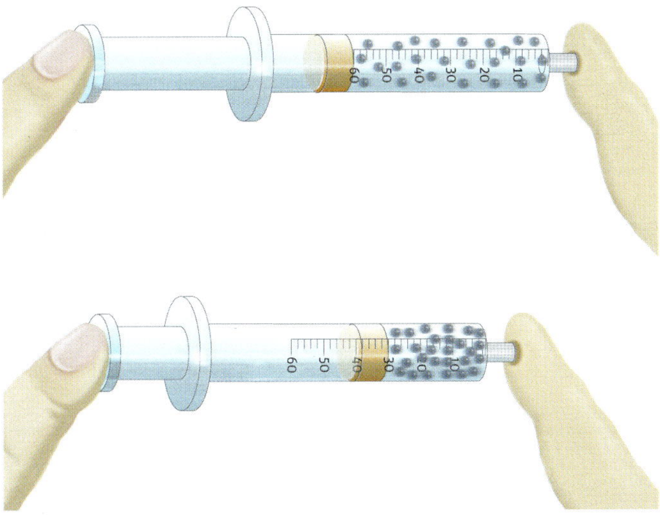

1. **Explica mediante el modelo cinético-molecular los siguientes hechos.**

a) Un gas ejerce presión sobre las paredes del recipiente en el que está encerrado.

b) La presión del gas se duplica cuando reducimos a la mitad su volumen.

2. **El modelo cinético-molecular también supone que la velocidad con que se mueven las moléculas de un gas aumenta con la temperatura. De acuerdo con esta hipótesis, predice cómo variará la presión de un gas, contenido en un recipiente de paredes rígidas, si aumentamos su temperatura. Justifica tu respuesta.**

En la Web

Interactivo sobre la ley de Boyle y el modelo cinético-molecular de los gases.

www.e-sm.net/svfq4eso01_05

AUTOEVALUACIÓN

1. **Razona si estas afirmaciones son verdaderas o falsas.**

a) Existe un método científico que es válido para todas las ciencias.

b) Un modelo es una representación mental o material de la estructura o el funcionamiento de un objeto o fenómeno.

c) Una hipótesis es una suposición sobre la relación entre dos variables o la explicación tentativa de un fenómeno.

d) Las pruebas experimentales permiten la validación de las hipótesis.

2. **De entre las siguientes expresiones, justifica cuáles son correctas y cuáles son incorrectas.**

a) $m = 20$ **c)** m = 40 Kg **e)** t = 1 h 30' 20"

b) 30 mts **d)** T = 30 ºK **f)** $F = ma$

3. **Razona si estas afirmaciones son verdaderas o falsas.**

a) Exactitud y precisión son lo mismo.

b) La exactitud de una medida tiene que ver con su proximidad al valor real.

c) La precisión de una medida tiene que ver con la reproducibilidad de las medidas.

d) Cuanto mayor es la sensibilidad de un instrumento, mayor es su exactitud.

4. **Indica cuántas cifras significativas tienen los siguientes datos experimentales.**

a) 0,005 6 g **c)** 3,00 N **e)** 3200 kg

b) 2,45 s **d)** $5{,}4 \cdot 10^2$ kg **f)** 2,725 48 K

5. **Clasifica las siguientes magnitudes según sean escalares o vectoriales.**

a) fuerza

b) presión

c) concentración

d) momento de una fuerza

e) intensidad de corriente

6. **Razona si las siguientes afirmaciones relativas a una investigación experimental son verdaderas o falsas.**

a) La variable independiente es aquella que variamos.

b) La variable dependiente es aquella que varía en función de la independiente.

c) Las variables de control son aquellas que también influyen en la variable dependiente y deben mantenerse constantes durante las mediciones.

d) Las variables dependientes e independientes siempre son variables cuantitativas.

smSaviadigital.com VALORA LO APRENDIDO > Autoevaluación con sus soluciones

2 El átomo

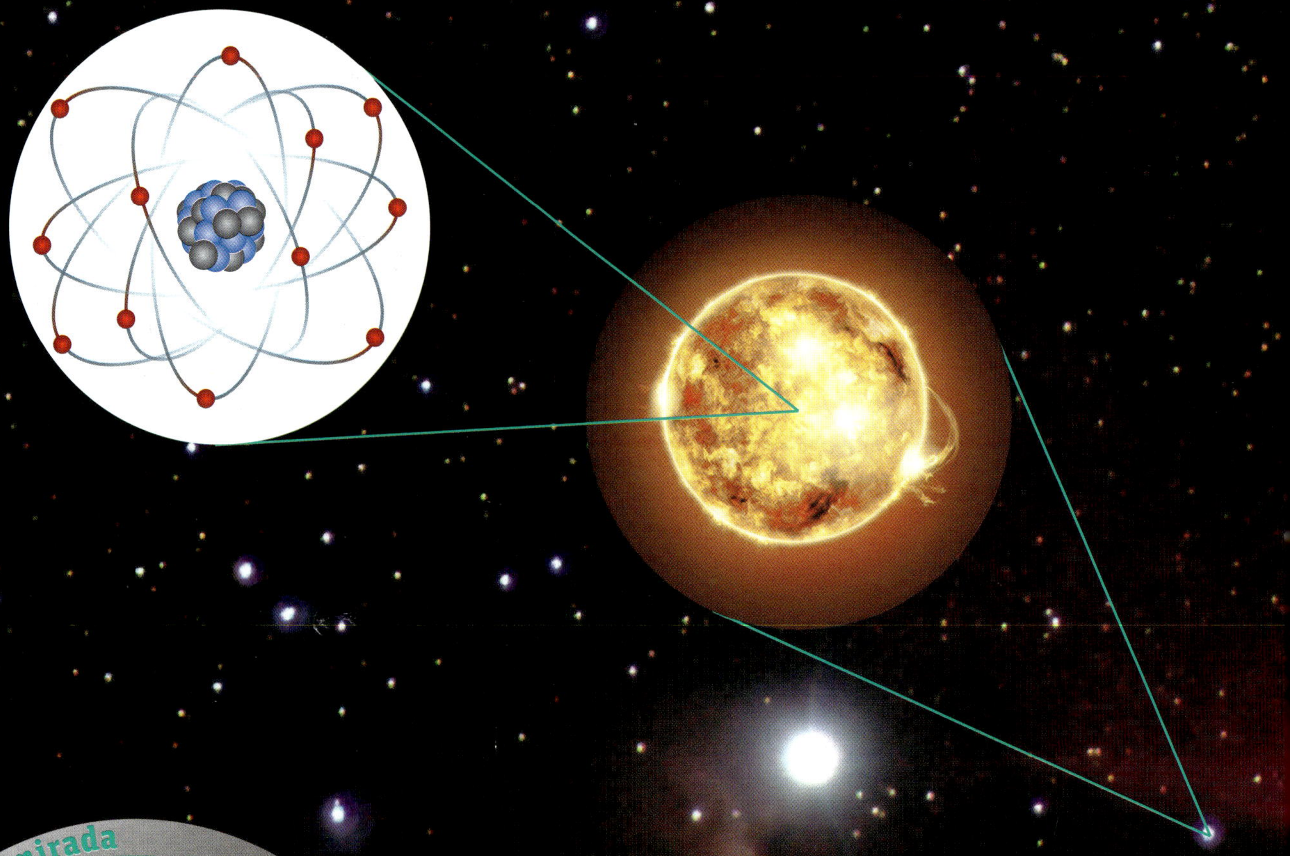

Abre tu mirada

Desde la Antigüedad, grandes pensadores y científicos han sentido curiosidad por conocer de qué está hecho el cosmos, cuál es la estructura íntima de la materia.

Numerosas investigaciones han intentado dar respuesta a esta cuestión, y se han desarrollado diferentes teorías y modelos sobre el interior del átomo.

Ello ha posibilitado un mayor conocimiento acerca del origen y evolución del universo y, también, de nuestra historia.

- **¿En qué consiste la teoría atómica de Dalton?**
- **¿Qué proponen los modelos atómicos de Thomson y de Rutherford?**
- **¿Qué aporta el modelo atómico de Bohr? ¿Cómo es el átomo según la teoría cuántica?**

a

¿Cuántos años tiene una momia si su contenido en C-14 se ha reducido a la cuarta parte?

b

¿Qué proporción quedará de C-14 en un cuerpo después de 4 · 5730 años?

c

¿En qué se diferencia el isótopo C-14 del isótopo C-12?

Piensa y reflexiona

Tutankamón vivió hace 3350 años, pero ¿cómo podemos saberlo?

smSaviadigital.com PRACTICA

Descúbrelo en este interactivo.

Al morir, un ser vivo deja de absorber átomos del isótopo de carbono-14 del CO_2 atmosférico, y estos se van desintegrando a un ritmo conocido sin ser remplazados: tras 5730 años, solo quedará la mitad. Si se compara el porcentaje de los que le quedan con el que tiene una persona viva, se puede estimar la antigüedad de los restos.

Observa y decide

Los científicos saben que el Sol y otras estrellas contienen ciertos elementos (H, He, O, C, N, Ne, Fe, Si, Mg, S,...). ¿Cómo se ha obtenido esta información?

El análisis de la luz procedente del Sol revela determinadas líneas en su espectro de emisión, propias de dichos elementos. Así, al compararlas con las de estos elementos conocidos, es posible deducir cuáles se hallan presentes en el Sol.

¿Sabrías identificar el elemento desconocido?

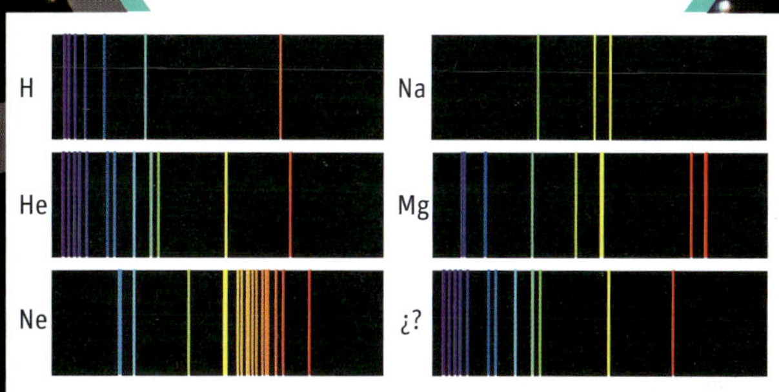

Y tú, ¿qué opinas?

Entre los numerosos logros realizados por la ciencia durante el siglo XX se encuentra el hallazgo de los átomos radiactivos, de la radiactividad artificial y de las reacciones nucleares.

a) ¿Qué aplicaciones de estos avances han resultado beneficiosas para la humanidad? ¿Cuáles no lo han sido?

b) ¿Es el progreso científico peligroso en sí, o el peligro radica en su uso inadecuado?

- **¿A qué se denomina configuración electrónica?**
- **¿Cómo están ordenados los elementos en el sistema periódico?**
- **¿Qué son las propiedades periódicas?**

1 La teoría atómica

Ya desde el siglo V a. C., los filósofos griegos especulaban sobre la constitución de la materia, planteándose algunas cuestiones de interés.

REFLEXIONA

Un bloque de hierro puede partirse un gran número de veces y seguir siendo hierro, pero ¿podría el bloque ser dividido, una y otra vez, sin límite?

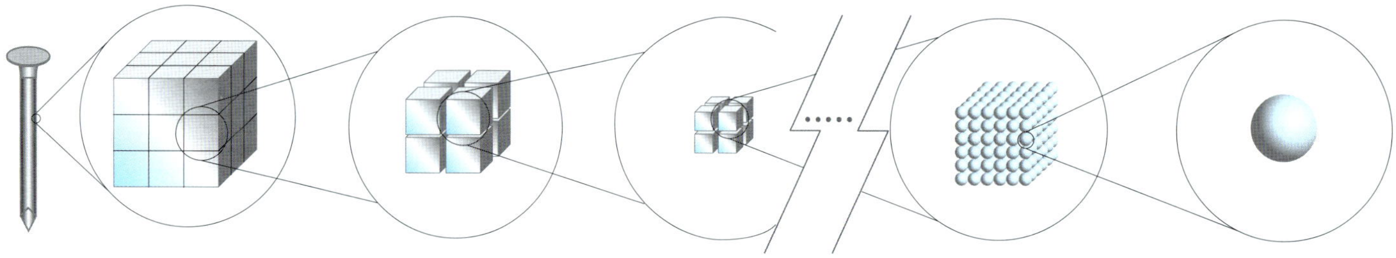

Los filósofos de la escuela atomista, **Leucipo** y **Demócrito**, conjeturaban que, tras múltiples divisiones, llegaríamos a la última partícula de hierro. Así pues, la materia debía ser discontinua y admitir tan solo un número finito de divisiones.

Leucipo y Demócrito postularon entonces que la materia debía estar formada por partículas muy pequeñas e indivisibles, a las que llamaron **átomos**, que en griego significa "sin partes" o "indivisible".

Otros filósofos griegos, como Platón y Aristóteles, pensaban, en cambio, que la materia era continua; es decir, que se podía dividir de manera indefinida y que, por tanto, no existía ninguna partícula indivisible.

La discusión sobre la existencia de los átomos se mantuvo más de dos mil años, hasta que, a principios del siglo XIX, el científico inglés **John Dalton** estableció una teoría atómica de la materia sustentada en ciertas evidencias experimentales acerca de las reacciones químicas.

La teoría atómica de Dalton			
La materia está constituida por partículas diminutas, esféricas, compactas e indivisibles, los átomos.	Todos los átomos de un mismo elemento son iguales entre sí y diferentes de los de otros elementos.	Los átomos se combinan según relaciones numéricas constantes y sencillas para formar compuestos.	En los procesos químicos, los átomos no se pueden crear, destruir ni transformar en otros átomos.

Representación de un cambio químico según Dalton

En su teoría, Dalton no describe el interior de los átomos, pues estos, al postularse indivisibles, carecerían de estructura o composición interna.

Investigaciones posteriores demostraron que los átomos no eran indivisibles, sino que estaban constituidos por varios tipos de partículas con diferentes propiedades físicas. Estos descubrimientos acerca de la estructura interna de los átomos propiciaron el desarrollo de los primeros modelos atómicos.

2 La naturaleza eléctrica del átomo

A finales del siglo XIX, el físico inglés **J. J. Thomson** experimentaba con un tubo de descarga. Este consistía en un tubo de vidrio cerrado con dos placas metálicas insertadas y un gas a muy baja presión en su interior. Cuando las placas eran conectadas a una fuente de alimentación de alto voltaje, la placa negativa, o cátodo, emitía hacia la placa positiva, o ánodo, unos rayos invisibles. Estos rayos atravesaban el ánodo, que estaba perforado, y producían un punto brillante en una sustancia fosforescente situada en el extremo del tubo.

Experimento

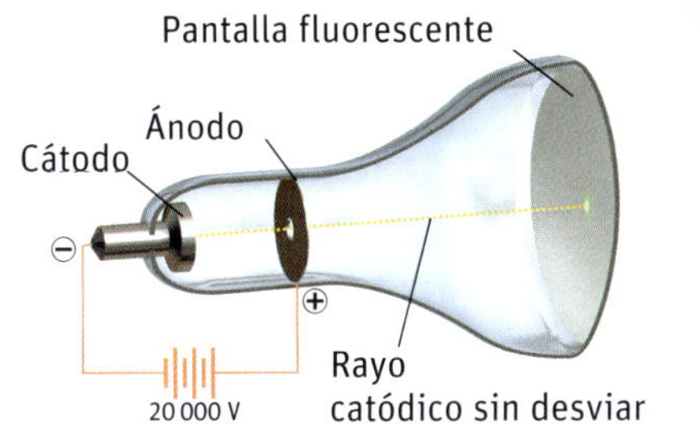

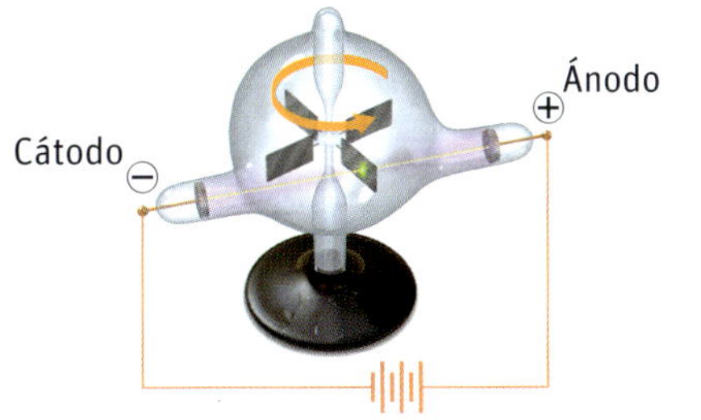

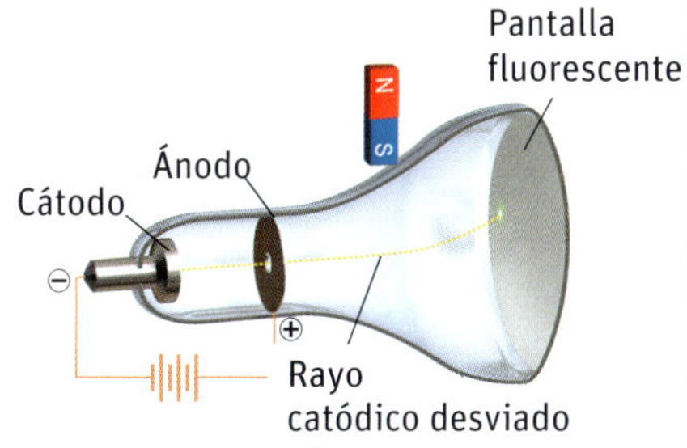

Observaciones		
Los rayos salen del cátodo, viajan hacia el ánodo y prosiguen su camino hasta el otro extremo del tubo.	Los rayos catódicos hacen girar las palas de un molinillo interpuesto en su trayectoria.	Un imán o un campo eléctrico desvían con facilidad la trayectoria de los rayos catódicos.
Conclusiones		
Los rayos catódicos portan carga eléctrica negativa.	Los rayos catódicos poseen una masa...	... muy pequeña en comparación con su carga.

Así pues, Thomson concluyó que los rayos catódicos eran partículas muy ligeras con carga eléctrica negativa que provenían del interior de los átomos del cátodo. Se había descubierto la primera partícula subatómica: el **electrón**. Los átomos, por tanto, eran divisibles.

En 1904, Thomson propone que el átomo es una esfera uniforme y difusa, con carga eléctrica positiva, donde están los electrones, con carga eléctrica negativa, en posiciones fijas, como las pasas en un pastel. Dado que la materia es neutra, la carga positiva de la esfera ha de ser igual a la carga negativa de los electrones.

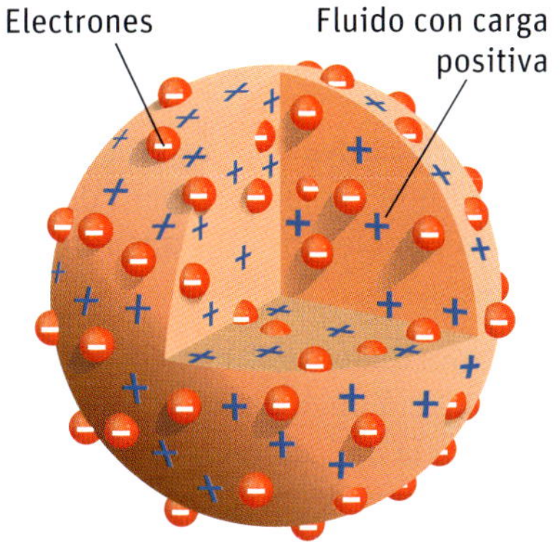

Joseph John Thomson (1856-1940)

ACTIVIDADES

1. En sus experiencias, Thomson dedujo que la relación entre la carga y la masa de un electrón es de $1{,}76 \cdot 10^{11}$ C/kg. Más tarde, el físico estadounidense R. A. Millikan determinó que el electrón tiene una carga de $-1{,}6 \cdot 10^{-19}$ C, lo cual le permitió deducir su masa. Calcula la masa del electrón a partir de estos datos.

El átomo de Rutherford

Para explorar el interior del átomo, al científico neozelandés **Ernest Rutherford**, ayudante de Thomson, se le ocurrió bombardear una lámina muy delgada de oro con partículas positivas (rayos o partículas alfa, es decir, átomos de helio sin electrones) procedentes de una fuente radiactiva, como el polonio o el radio.

La lámina estaba rodeada de una pantalla fosforescente para saber dónde llegaban las partículas alfa después de atravesarla. Rutherford esperaba que las partículas alfa atravesaran la lámina sin desviarse, o con una desviación mínima, pues, según el modelo de Thomson, la carga positiva del átomo estaba distribuida por igual.

En la Web

En esta simulación puedes recrear el experimento de Rutherford.

www.e-sm.net/svfq4eso02_01

Experimento	Observaciones	Conclusiones
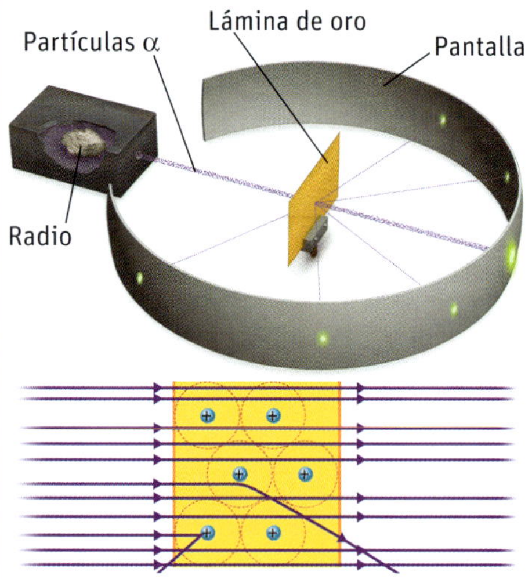	• La mayoría de las partículas alfa atraviesan la lámina de oro sin alterar su trayectoria, o bien se desvían un ángulo muy pequeño (1° o 2°). • De vez en cuando, algunas partículas alfa (cerca del 1 %) son desviadas bastante de su trayectoria, con un ángulo considerable. • En algunos casos (aproximadamente, una de cada 20 000), las partículas alfa se desvían 180°; es decir, rebotan hacia atrás cuando chocan con la lámina de oro.	• El átomo debe estar en su mayor parte vacío, pues casi todas las partículas alfa no encuentran obstáculo alguno y lo atraviesan sin apenas desviarse. • El átomo tiene concentrada toda la carga positiva en un pequeño punto muy denso cerca del cual las partículas alfa se desvían mucho. • Cuando las partículas alfa impactan contra ese punto de carga positiva, la repulsión entre cargas del mismo signo hace que reboten hacia atrás.

Para Rutherford, el resultado del experimento fue tan sorprendente como si al disparar una bala contra una hoja de papel, aquella rebotase. Como consecuencia de sus experimentos, presentó en 1911 un nuevo modelo para el átomo (figura 2.1), que perfeccionaba el anterior de Thomson.

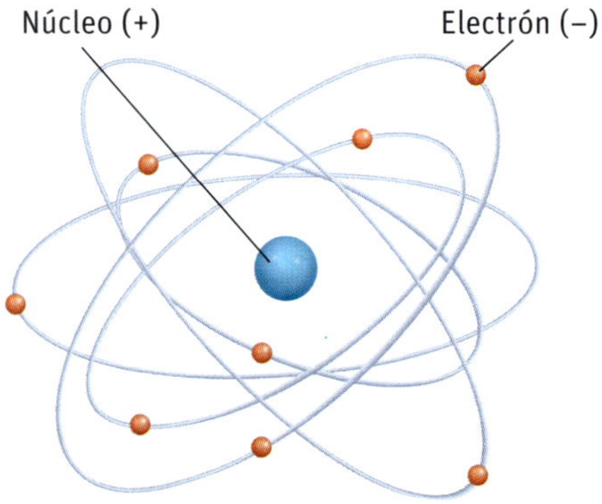

Figura 2.1. El modelo atómico de Rutherford, o modelo planetario del átomo.

> En el modelo atómico de Rutherford, la carga positiva del átomo y casi toda su masa están concentradas en un pequeño volumen central, el **núcleo**, y los electrones, a una gran distancia de este, orbitan muy rápido a su alrededor.

Rutherford descubrió que la carga positiva del núcleo se debía a una nueva partícula, el **protón**, que tiene la misma carga que el electrón, pero de signo opuesto, siendo neutra la carga total del átomo; dedujo también que la masa del protón es unas 1840 veces mayor que la masa del electrón.

Por último, para evitar la desintegración del núcleo por la fuerte repulsión eléctrica entre los protones, Rutherford sugirió que debía existir otra partícula en su interior, sin carga eléctrica y de masa similar a la del protón, a la que llamó **neutrón**, descubierto en 1932 por el físico inglés **James Chadwick**.

ACTIVIDADES

2. Explica por qué Rutherford esperaba realizar las siguientes observaciones:

a) Todas las partículas alfa atravesarán la lámina de oro.

b) La mayor parte de ellas pasarán sin desviarse.

Las partículas subatómicas y el átomo

Electrones, protones y neutrones son, por tanto, las partículas que constituyen el átomo. Como el átomo es neutro, el número de protones del núcleo ha de ser igual al número de electrones de la corteza.

Los neutrones contribuyen a reducir la repulsión entre los protones y a estabilizar el núcleo atómico; ambos tipos de partículas se denominan **nucleones** y, al contrario que los electrones, no son indivisibles.

Partícula	Carga eléctrica relativa al protón	Carga eléctrica (C)	Masa (u)	Masa (kg)
Protón (p^+)	+1	$+1{,}6 \cdot 10^{-19}$	1,0073	$1{,}6726 \cdot 10^{-27}$
Neutrón (n)	0	0	1,0087	$1{,}6749 \cdot 10^{-27}$
Electrón (e^-)	–1	$-1{,}6 \cdot 10^{-19}$	$5{,}49 \cdot 10^{-4}$	$9{,}1 \cdot 10^{-31}$

El número de protones del núcleo atómico determina la identidad química de un átomo; se llama **número atómico**, y es característico de cada elemento:

> El número atómico, *Z*, es el número de protones e identifica el elemento químico.

Para caracterizar la masa de un átomo se utiliza el **número másico**, *A*, que es el número total de protones, *Z*, y de neutrones, *N*, contenidos en su núcleo.

> El número másico, *A*, es la suma de protones y neutrones: $A = Z + N$.
>
> Un átomo de cierto elemento, X, se identifica según la expresión $^{A}_{Z}X$.

Conoce la representación de los átomos

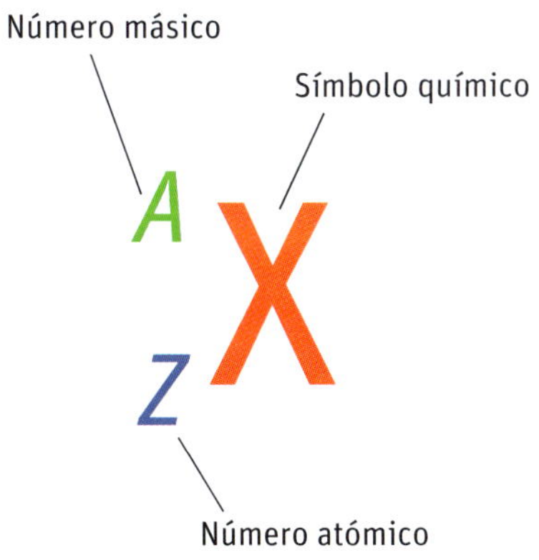

1. Indica el número másico y el número atómico del átomo de litio $^{7}_{3}Li$. ¿Cuántas partículas subatómicas de cada tipo lo componen?

SOLUCIÓN

El superíndice y el subíndice de la izquierda nos dicen, respectivamente, el número másico, $A = 7$, y el número atómico, $Z = 3$. Por tanto, este átomo tiene tres protones, tres electrones (por ser neutro) y cuatro neutrones, pues $N = A - Z = 7 - 3 = 4$.

ACTIVIDADES

3. ¿Por qué al caracterizar la masa de un átomo mediante el número másico solo se consideran los nucleones (protones y neutrones) y no los electrones?

4. Indica el número másico y el número atómico de los siguientes átomos. ¿Cuántos protones, neutrones y electrones tiene cada uno de ellos?

a) $^{23}_{11}Na^{1+}$ c) $^{236}_{92}U$ e) $^{56}_{26}Fe^{2+}$ g) $^{196}_{79}Au^{3+}$

b) $^{5}_{2}He$ d) $^{31}_{15}P^{3-}$ f) $^{2}_{1}H^{1+}$ h) $^{14}_{6}C$

Ten en cuenta

En la naturaleza, la mayoría de los elementos presentan **isótopos**: átomos que pertenecen al mismo elemento, es decir, que tienen el mismo número de protones, *Z*, pero que difieren en el número de neutrones, *N*, y, por tanto, en su número másico, *A*.

ISÓTOPOS DEL CARBONO

Carbono-12 Carbono-14

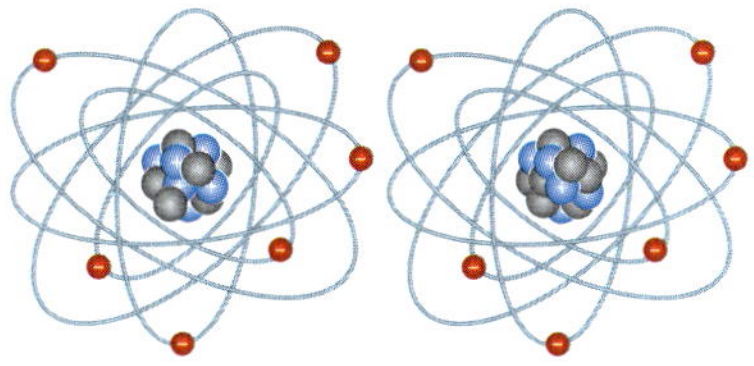

6 electrones, 6 protones, 6 neutrones | 6 electrones, 6 protones, 8 neutrones

Recuerda

Hay átomos que tienden a captar electrones y convertirse en **iones negativos** o **aniones**:

$$X + 1\,e^- \rightarrow X^{1-}$$

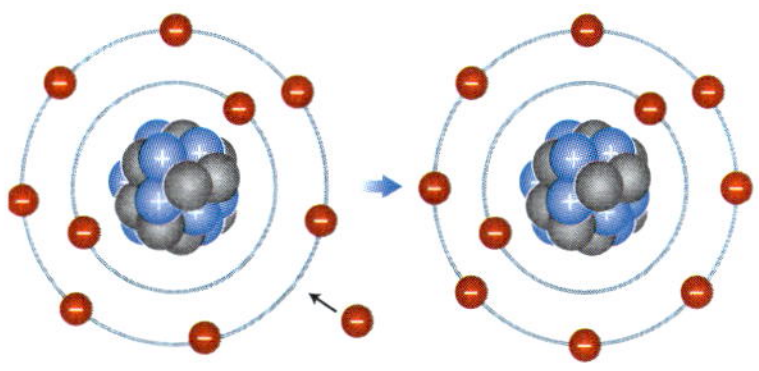

Átomo neutro + electrón = ion negativo

Otros átomos tienden a ceder electrones y transformarse en **iones positivos** o **cationes**:

$$Y \rightarrow Y^{1+} + 1\,e^-$$

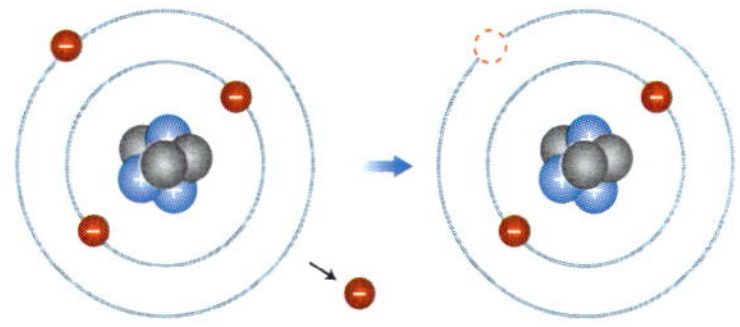

Átomo neutro – electrón = ion positivo

En la Web

¿Sabes deducir cuántos protones, neutrones y electrones tiene cierto átomo o ion?

www.e-sm.net/svfq4eso02_02

3 El modelo atómico actual

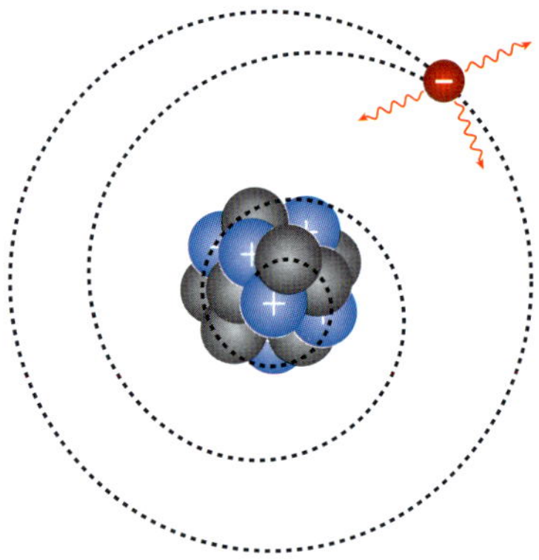

Figura 2.2. Inestabilidad del átomo de Rutherford.

El modelo atómico de Rutherford era inestable: toda partícula cargada que gira debe emitir energía en forma de ondas electromagnéticas, así que un electrón en órbita alrededor del núcleo perdería energía, caería rápidamente en espiral hacia este y el átomo colapsaría (figura 2.2).

Para resolver tal situación, el físico danés **Niels Bohr**, discípulo de Rutherford, propuso en 1913 un nuevo modelo atómico que revolucionó el conocimiento sobre la estructura del átomo.

Modelo atómico de Bohr

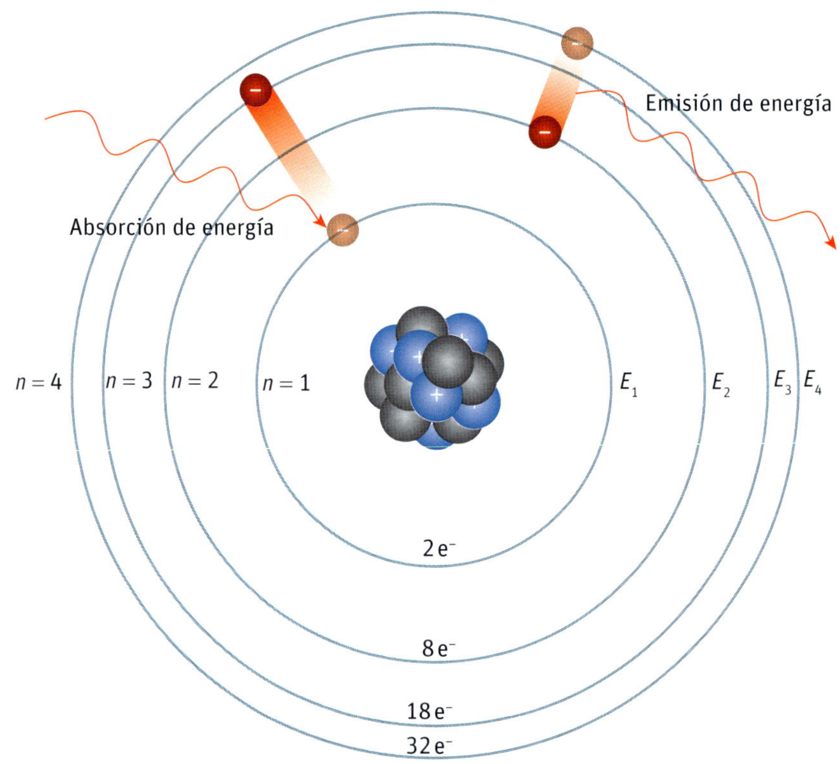

- **Niveles de energía:** un electrón solo puede girar a determinadas distancias del núcleo, en ciertas órbitas permitidas, estados estacionarios, capas o niveles de energía, caracterizados por un número entero $n = 1, 2, 3,...$, en los cuales el electrón mantiene su energía constante e igual a $E_1, E_2, E_3,...$, respectivamente.
- **Transición entre niveles:** un electrón puede pasar desde un nivel n de energía E_n hasta otro nivel m de energía E_m mediante la emisión o absorción de una cantidad de energía $\Delta E_{n \to m}$ igual a la diferencia de energía entre dichos niveles:

$$\Delta E_{n \to m} = E_m - E_n$$

- **Ocupación de niveles:** el número máximo de electrones que puede haber en cada nivel es igual a $2n^2$.

Ten en cuenta

La transición cuantizada de un electrón al pasar de un nivel a otro es análoga al tránsito de una pelota hacia arriba o hacia abajo en una escalera.

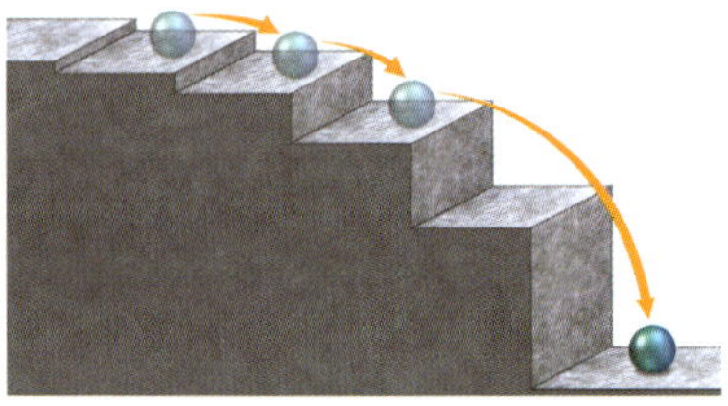

La pelota puede ir desde un peldaño hacia cualquier otro al absorber o ceder cierta energía, en función del escalón al cual vaya, pero no puede permanecer entre dos peldaños.

ACTIVIDADES

5. Si el Sol ejerce una atracción sobre la Tierra, de forma análoga a lo que sucede entre el núcleo y los electrones, ¿por qué no cae la Tierra sobre el Sol? ¿Qué sucedería si los cuerpos que giran alrededor de otro, como los electrones en un átomo o los planetas del sistema solar, se detuvieran un instante?

6. Distribuye por capas los electrones de un átomo neutro de litio ($Z = 3$), flúor ($Z = 9$), magnesio ($Z = 12$) y azufre ($Z = 16$).

smSaviadigital.com OBSERVA

En este vídeo puedes ver la evolución de los modelos atómicos.

Subniveles de energía y orbitales

El físico alemán Arnold Sommerfeld perfeccionó en 1915 el modelo de Bohr y propuso que en una misma capa podían existir diferentes órbitas (la circular de Bohr y otras elípticas de distinta excentricidad y energía), subcapas o subniveles de energía, que se representaron por las letras *s*, *p*, *d*, *f*, *g*,...

De esta forma, los electrones podían ahora hallarse en *n* diferentes subniveles de energía dentro de una misma capa *n*, según el siguiente esquema:

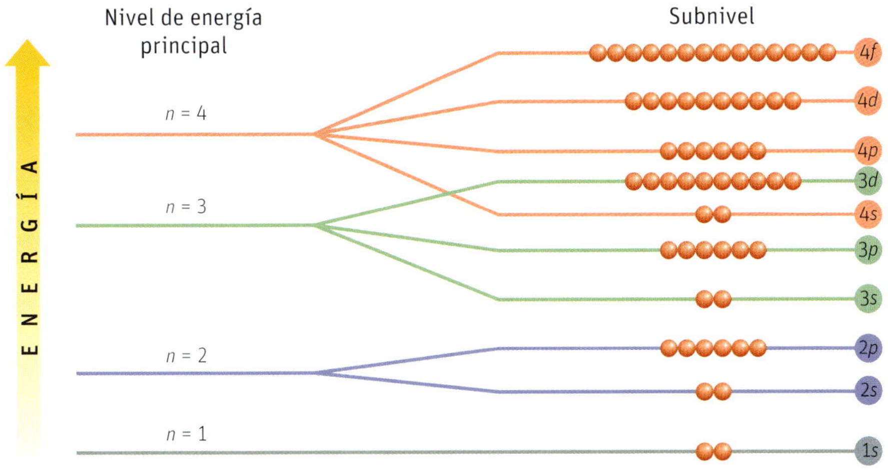

La teoría cuántica desarrollada poco después alumbró el modelo atómico actual y remplazó las órbitas de los subniveles *s*, *p*, *d*,..., por distintos tipos de **orbitales**: regiones del espacio en torno al núcleo atómico en las cuales existe mayor probabilidad de encontrar un electrón con cierta energía.

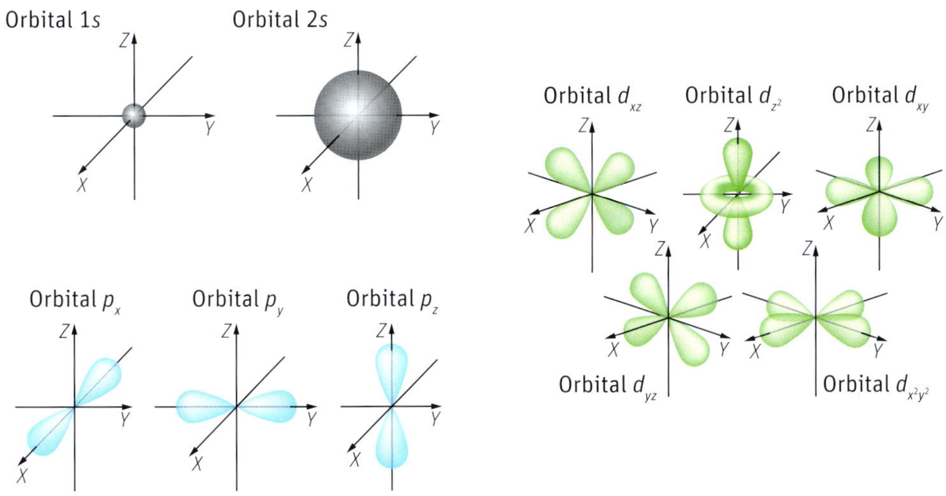

Te interesa saber

El **estado fundamental** del electrón en el átomo de hidrógeno (su estado de menor energía y, por tanto, más estable) es el correspondiente a la primera órbita, donde siente mayor atracción por el núcleo al hallarse más cerca de este.

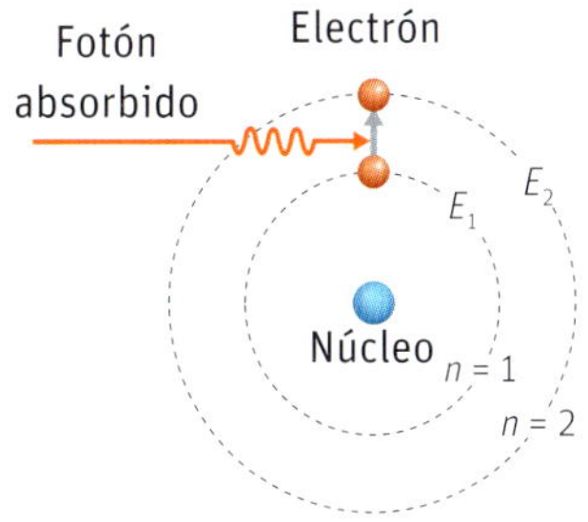

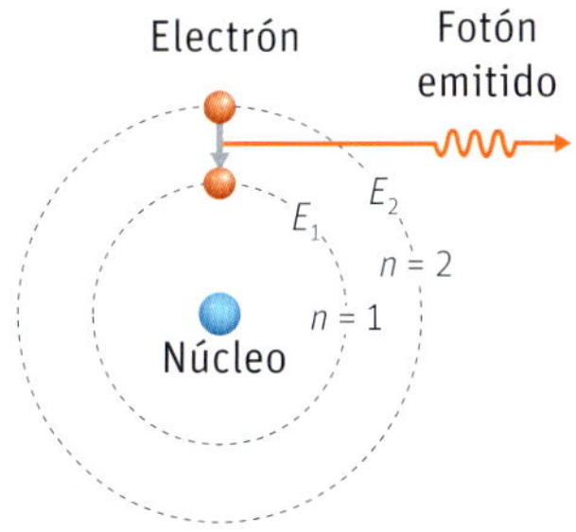

Acceder a cualquier nivel superior requiere absorber energía, y el electrón se hallará entonces en un **estado excitado** (inestable, por estar más lejos del núcleo y ser más energético) que abandonará de manera espontánea emitiendo el exceso de energía.

En la Web

Animaciones tridimensionales de los orbitales de tipo *s*, *p* y *d*.

www.e-sm.net/svfq4eso02_03

ACTIVIDADES

7. Busca información acerca de las siguientes cuestiones y realiza una presentación ante la clase basada en las causas y las evidencias de los fenómenos observados.

a) ¿Por qué se introdujeron los subniveles de energía?

b) ¿Por qué se sustituyó el concepto de órbita por el de orbital?

4 Configuración electrónica

Conocer la manera en la que se distribuyen los electrones alrededor del núcleo, es decir, su configuración electrónica, permite predecir las propiedades de los elementos.

El número atómico nos dice la cantidad de electrones del átomo neutro, y a partir de aquí podemos construir su configuración electrónica teniendo en cuenta que:

- El número de electrones que puede haber en las capas o niveles está limitado, y es igual a $2n^2$: **2** para $n = 1$, **8** para $n = 2$, **18** para $n = 3$, **32** para $n = 4$,...

Número máximo de electrones en una capa o nivel			
$n = 1$	$n = 2$	$n = 3$	$n = 4$
2	8	18	32

- El número de electrones que puede haber en las subcapas o subniveles también está limitado: **2** en la subcapa *s*, **6** en la *p*, **10** en la *d* y **14** en la *f*.

Número máximo de electrones en una subcapa o subnivel			
s	*p*	*d*	*f*
2	6	10	14

- Como resultado, el reparto de electrones por capas y subcapas es:

Capa o nivel	Subcapa o subnivel	Número total de electrones
$n = 1$	$1s^2$	2
$n = 2$	$2s^2\ 2p^6$	8
$n = 3$	$3s^2\ 3p^6\ 3d^{10}$	18
$n = 4$	$4s^2\ 4p^6\ 4d^{10}\ 4f^{14}$	32

- Los electrones de un átomo en el estado fundamental se van colocando de acuerdo a un principio de construcción en orden creciente de energía, que es:

1*s* 2*s* 2*p* 3*s* 3*p* 4*s* 3*d* 4*p* 5*s* 4*d* 5*p* 6*s* 4*f* 5*d* 6*p* 7*s* 5*f* 6*d* 7*p*...

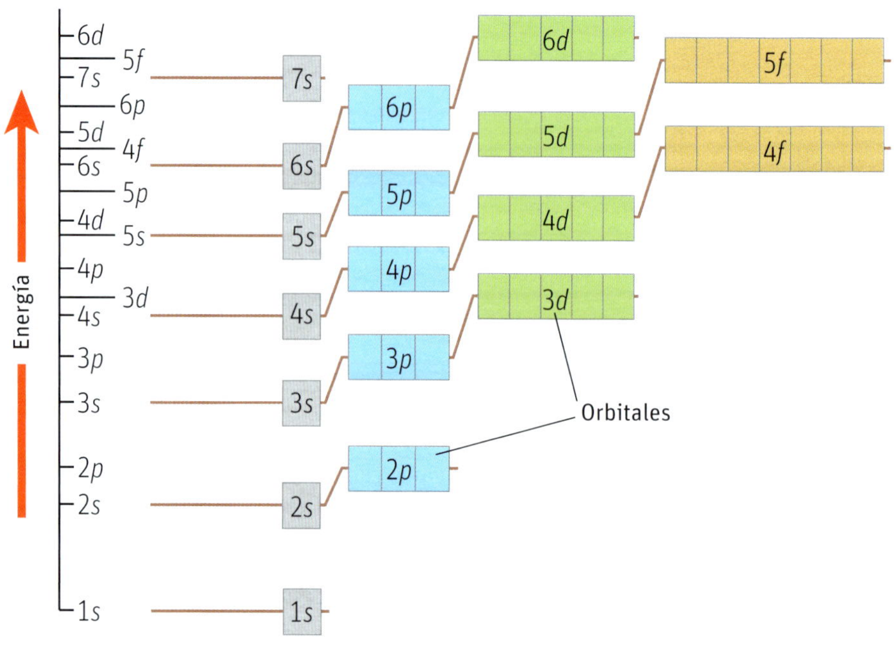

Te interesa saber

Toda regla tiene sus excepciones; las configuraciones electrónicas, también.

Por ejemplo, cuando el subnivel *d* se encuentra semilleno (d^5) o lleno (d^{10}) adquiere mayor estabilidad y tal configuración es favorecida.

Así, se ha comprobado de forma experimental que la configuración electrónica de un elemento de transición que termina en $ns^2\ (n-1)d^4$, como el cromo ($4s^2\ 3d^4$), es, en realidad, $4s^1\ 3d^5$; y la terminada en $ns^2\ (n-1)d^9$, como el cobre ($4s^2\ 3d^9$), resulta ser $4s^1\ 3d^{10}$.

Regla de las diagonales

Para recordar el orden energético al que responde el llenado de las subcapas se recurre al **diagrama de Möller**, o **regla de las diagonales**: los electrones se han de colocar desde arriba hacia abajo siguiendo la dirección marcada por las flechas diagonales.

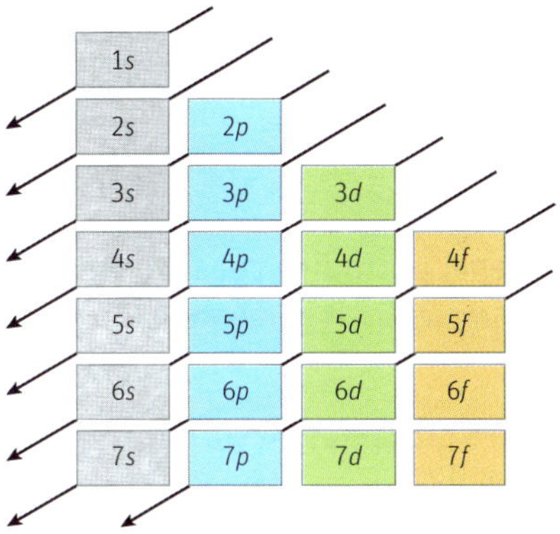

Ten en cuenta

Si has de realizar la configuración electrónica de un ion (para el cual no coincide el número de protones con el número de electrones), debes deducir antes el número de electrones del átomo neutro del que procede.

- Cada subcapa está formada por un número concreto de orbitales. En cada orbital solo caben 2 electrones con su giro o **espín** opuesto; siempre que sea posible, los electrones ocuparán orbitales distintos dentro del subnivel.

Subcapa	*s*	*p*	*d*	*f*
Número de orbitales	1	3	5	7
Colocación de los electrones	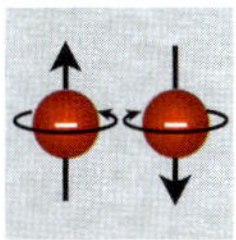	↑↓ ↑↓ ↑↓	↑↓ ↑↓ ↑↓ ↑↓ ↑↓	↑↓ ↑↓ ↑↓ ↑↓ ↑↓ ↑↓ ↑↓

Realiza configuraciones electrónicas

2. Halla las configuraciones electrónicas de estos átomos:

a) Li (Z = 3) **c)** N (Z = 7) **e)** Mg (Z = 12) **g)** Ar (Z = 18) **i)** Ti (Z = 22)

b) B (Z = 5) **d)** F (Z = 9) **f)** S (Z = 16) **h)** Ca (Z = 20) **j)** Se (Z = 34)

SOLUCIÓN

Solo hemos de tener en cuenta la capacidad de cada nivel y subnivel e ir llenándolos según su orden creciente de energía, de acuerdo a la regla de las diagonales:

a) $1s^2\ 2s^1$

b) $1s^2\ 2s^2\ 2p^1$

c) $1s^2\ 2s^2\ 2p^3$

d) $1s^2\ 2s^2\ 2p^5$

e) $1s^2\ 2s^2\ 2p^6\ 3s^2$

f) $1s^2\ 2s^2\ 2p^6\ 3s^2\ 3p^4$

g) $1s^2\ 2s^2\ 2p^6\ 3s^2\ 3p^6$

h) $1s^2\ 2s^2\ 2p^6\ 3s^2\ 3p^6\ 4s^2$

i) $1s^2\ 2s^2\ 2p^6\ 3s^2\ 3p^6\ 4s^2\ 3d^2$

j) $1s^2\ 2s^2\ 2p^6\ 3s^2\ 3p^6\ 4s^2\ 3d^{10}\ 4p^4$

• En la Web

Comprueba la configuración electrónica de cualquier átomo, con sus capas, subcapas y orbitales.

• www.e-sm.net/svfq4eso02_04

ACTIVIDADES

8. Realiza la configuración electrónica de los siguientes átomos neutros e iones.

a) C **b)** Fe^{3+} **c)** Na^{1+} **d)** P **e)** Al **f)** Br^{1-} **g)** Ag **h)** Ca

9. Corrige las configuraciones electrónicas incorrectas.

a) $1s^2\ 1p^2$ **b)** $1s^2\ 2s^2\ 2p^6\ 2d^5$ **c)** $1s^2\ 2s^3\ 2p^5$ **d)** $1s^2\ 2s^2\ 2p^8$

• En la Web

Juega a construir átomos pieza a pieza: añade capas, orbitales y electrones.

• www.e-sm.net/svfq4eso02_05

5 El sistema periódico

Dimitri Ivanovich Mendeleiev (1834-1907)

El sistema periódico actual tiene su origen en el propuesto por **Dimitri Mendeleiev** en 1870, quien colocó los elementos en orden creciente de **masa atómica**, además de formar grupos de ellos con propiedades comunes.

Como el sistema presentaba algunas irregularidades, en 1914 **Henry Moseley** reordenó los elementos en función del **número atómico**: ahora quedaba claro que sus propiedades químicas dependían de este y no de la masa atómica.

> El **sistema periódico** consiste en la organización de los elementos químicos por orden creciente de su número atómico (número de protones en el núcleo).

En él se hallan presentes, hasta hoy, **118 elementos** dispuestos en **18 grupos** (columnas) y **7 períodos** (filas):

Clave: Número atómico: 1 · Masa atómica (u)*: 1,01 · Símbolo: H · Nombre: Hidrógeno

Símbolo → **Negro** - sólido · **Azul** - líquido · **Rojo** - gas · **Violeta** - artificial

Metales · Semimetales · No metales · Gases nobles

*Entre paréntesis se indica la masa atómica del isótopo conocido de vida media más larga.

Grupo / Período	1	2	3	4	5	6	7	8	9	10	11	12	13	14	15	16	17	18
1																		2 4,00 He Helio
2	3 6,94 Li Litio	4 9,01 Be Berilio											5 10,81 B Boro	6 12,01 C Carbono	7 14,01 N Nitrógeno	8 16,00 O Oxígeno	9 19,00 F Flúor	10 20,18 Ne Neón
3	11 22,99 Na Sodio	12 24,31 Mg Magnesio											13 26,98 Al Aluminio	14 28,09 Si Silicio	15 30,97 P Fósforo	16 32,07 S Azufre	17 35,45 Cl Cloro	18 39,95 Ar Argón
4	19 39,10 K Potasio	20 40,08 Ca Calcio	21 44,96 Sc Escandio	22 47,87 Ti Titanio	23 50,94 V Vanadio	24 52,00 Cr Cromo	25 54,94 Mn Manganeso	26 55,85 Fe Hierro	27 58,93 Co Cobalto	28 58,69 Ni Níquel	29 63.55 Cu Cobre	30 65,41 Zn Cinc	31 69,72 Ga Galio	32 72,64 Ge Germanio	33 74,92 As Arsénico	34 78,96 Se Selenio	35 79,90 Br Bromo	36 83,80 Kr Kriptón
5	37 85,47 Rb Rubidio	38 87,62 Sr Estroncio	39 88,91 Y Itrio	40 91,22 Zr Circonio	41 92,91 Nb Niobio	42 95,94 Mo Molibdeno	43 (98) Tc Tecnecio	44 101,07 Ru Rutenio	45 102,91 Rh Rodio	46 106,42 Pd Paladio	47 107,87 Ag Plata	48 112,41 Cd Cadmio	49 114,82 In Indio	50 118,71 Sn Estaño	51 121,76 Sb Antimonio	52 127,60 Te Teluro	53 126,90 I Yodo	54 131,29 Xe Xenón
6	55 132,91 Cs Cesio	56 137,33 Ba Bario	57-71 *	72 178,49 Hf Hafnio	73 180,95 Ta Tantalio	74 183,84 W Wolframio	75 186,21 Re Renio	76 190,23 Os Osmio	77 192,22 Ir Iridio	78 195,08 Pt Platino	79 196,97 Au Oro	80 200,59 Hg Mercurio	81 204,38 Tl Talio	82 207,19 Pb Plomo	83 208,98 Bi Bismuto	84 (209) Po Polonio	85 (210) At Astato	86 (222) Rn Radón
7	87 (223) Fr Francio	88 (226) Ra Radio	89-103 **	104 (261) Rf Rutherfordio	105 (262) Db Dubnio	106 (266) Sg Seaborgio	107 (264) Bh Bohrio	108 (277) Hs Hassio	109 (268) Mt Meitnerio	110 (271) Ds Darmstadtio	111 (272) Rg Roentgenio	112 (285) Cn Copernicio	113 (286) Nh Nihonio	114 (289) Fl Flerovio	115 (288) Mc Moscovio	116 (293) Lv Livermorio	117 (294) Ts Tennesso	118 (294) Og Oganessón

*	Lantánidos 6	57 138,91 La Lantano	58 140,12 Ce Cerio	59 140,91 Pr Praseodimio	60 144,24 Nd Neodimio	61 (145) Pm Prometio	62 150,36 Sm Samario	63 151,96 Eu Europio	64 157,25 Gd Gadolinio	65 158,93 Tb Terbio	66 162,50 Dy Disprosio	67 164,93 Ho Holmio	68 167,26 Er Erbio	69 168,93 Tm Tulio	70 173,04 Yb Iterbio	71 174,97 Lu Lutecio
**	Actínidos 7	89 (227) Ac Actinio	90 232,04 Th Torio	91 231,04 Pa Protactinio	92 238,03 U Uranio	93 (237) Np Neptunio	94 (242) Pu Plutonio	95 (243) Am Americio	96 (247) Cm Curio	97 (247) Bk Berkelio	98 (251) Cf Californio	99 (252) Es Einstenio	100 (257) Fm Fermio	101 (258) Md Mendelevio	102 (259) No Nobelio	103 (262) Lr Lawrencio

ACTIVIDADES

10. Localiza en el sistema periódico:

a) Los no metales gaseosos.

b) El gas noble empleado para elevar globos.

c) El metal alcalino-térreo necesario para los huesos.

d) Algunos metales nobles, que apenas se oxidan.

- Los elementos pertenecientes a un mismo grupo poseen propiedades físico-químicas semejantes; por ello, estos grupos reciben una denominación específica: alcalinos (grupo 1), alcalino-térreos (grupo 2), metales de transición (grupos 3 al 12), térreos (grupo 13), carbonoideos (grupo 14), nitrogenoideos (grupo 15), anfígenos (grupo 16), halógenos (grupo 17) y gases nobles (grupo 18).
- A lo largo de un mismo **período**, las propiedades físico-químicas de los elementos varían de forma gradual.
- Los elementos pueden ser clasificados en cuatro categorías principales: **metales** (zona izquierda y central de la tabla), **no metales** (zona derecha), **semimetales** (entre los metales y los no metales) y **gases nobles** (última columna de la derecha, es decir, el grupo 18).

Sistema periódico y configuración electrónica

Dentro de un determinado grupo, se observa que la configuración electrónica externa es semejante.

Por ejemplo, los metales alcalinos (grupo 1) tienen un solo electrón externo (s^1) y todos reaccionan de manera muy activa. En cambio, los gases nobles (grupo 18) cuentan con ocho electrones en su última capa ($s^2\ p^6$), salvo el helio ($1s^2$); todos ellos son muy estables y apenas reaccionan con ningún otro elemento.

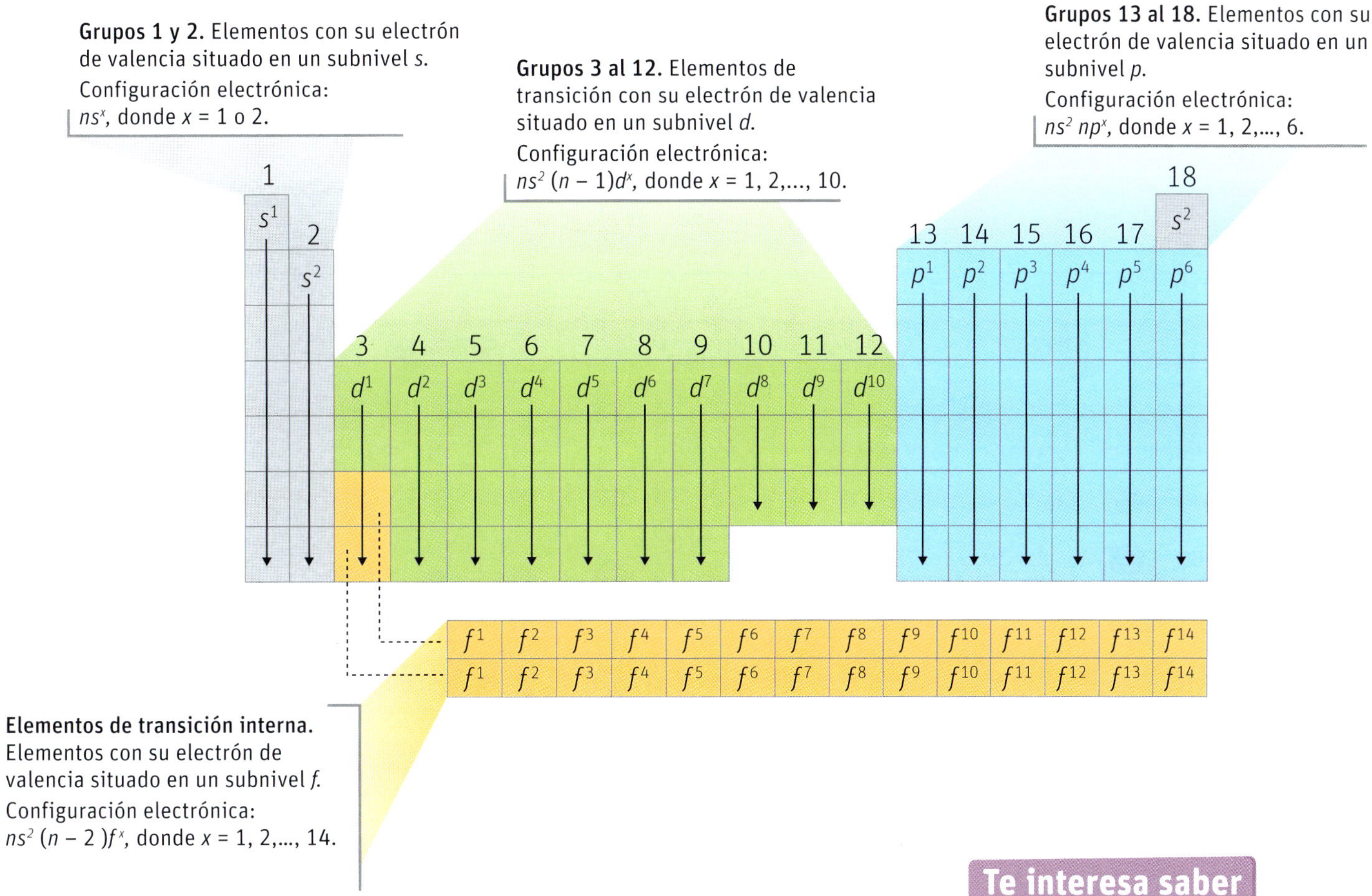

Esto explica que, en general, los elementos de un mismo grupo posean propiedades químicas análogas.

Así, dada la configuración electrónica de la última capa, o **capa de valencia**, de un elemento, es posible deducir el grupo al que pertenece y sus propiedades químicas.

> Los electrones situados en la capa de valencia determinan las propiedades químicas de los elementos.

ACTIVIDADES

11. Identifica el grupo y el período en los cuales se halla cada uno de los elementos cuya configuración se muestra a continuación. ¿Qué elementos pertenecen al mismo grupo? ¿Y al mismo período?

a) $1s^2$
b) $1s^2\ 2s^2\ 2p^6\ 3s^2\ 3p^3$
c) $1s^2\ 2s^1$
d) $1s^2\ 2s^2\ 2p^6\ 3s^2\ 3p^5$
e) $1s^2\ 2s^2\ 2p^3$
f) $1s^2\ 2s^2\ 2p^6\ 3s^2\ 3p^6\ 4s^2$

En la Web

Observa la elevada actividad química del cesio con el agua.

• www.e-sm.net/svfq4eso02_06

Te interesa saber

El elemento más abundante del universo es el hidrógeno, seguido por el helio (74 % y 24 % en masa, respectivamente).

Los átomos del resto de elementos que hay en tu organismo, como el carbono, el oxígeno, el hierro, etc., fueron creados en los núcleos de las estrellas mediante reacciones de fusión nuclear a partir del hidrógeno.

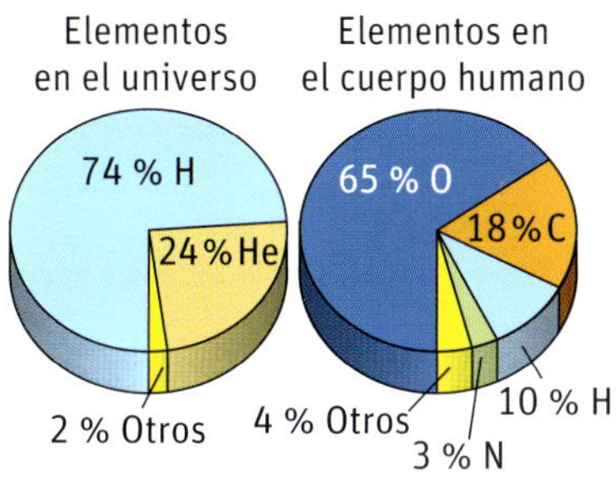

6 Propiedades periódicas de los elementos

Ten en cuenta

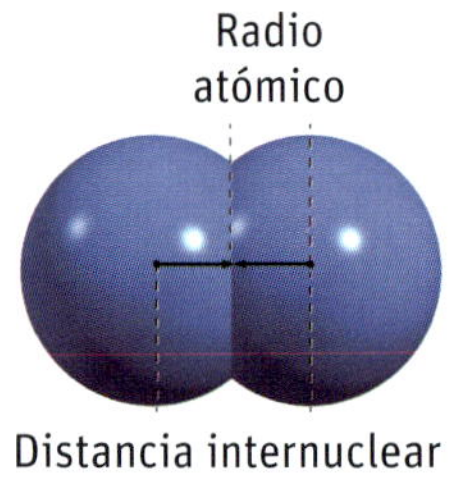

El radio atómico se suele medir en ángstroms (1 Å = 10^{-10} m) o en picómetros (1 pm = 10^{-12} m).

Dado que la configuración electrónica de los elementos muestra una variación periódica al aumentar el número atómico, las propiedades físicas y químicas de los elementos presentan también variaciones periódicas.

Radio atómico

Los átomos de los distintos elementos químicos tienen diferente tamaño. Aunque la nube de electrones que rodea a un núcleo no tiene un contorno preciso, se establece un radio atómico para cuantificar el tamaño de un átomo.

> El **radio atómico** se define como la mitad de la distancia que hay entre los centros de dos átomos iguales que forman una molécula.

Algunas propiedades físicas, como la densidad, el punto de fusión y el punto de ebullición, están relacionadas con el radio atómico.

OBSERVA

Variación del radio atómico

En un grupo

Elemento	Radio (pm)	Período	Capa de valencia
Be	112	2	$2s^2$
Mg	160	3	$3s^2$
Ca	197	4	$4s^2$
Sr	215	5	$5s^2$
Ba	222	6	$6s^2$

En un período

Elemento	Li	Be	B	C	N	O	F
Radio (pm)	152	112	88	77	70	66	64
Grupo	1	2	13	14	15	16	17
Capa de valencia	$2s^1$	$2s^2$	$2s^22p^1$	$2s^22p^2$	$2s^22p^3$	$2s^22p^4$	$2s^22p^5$

El radio atómico aumenta a medida que se desciende en el grupo y crece el número atómico.

Ello se debe a que los electrones de valencia se sitúan en niveles cada vez más alejados del núcleo, lo que hace aumentar el tamaño del átomo, es decir, su radio.

El radio atómico disminuye al avanzar a lo largo de un período y crecer el número atómico.

Esto es así porque aumenta la carga positiva del núcleo y, por tanto, la fuerza con que este atrae a los electrones de la capa más externa, que es la misma en todos ellos, reduciéndose así el tamaño del átomo.

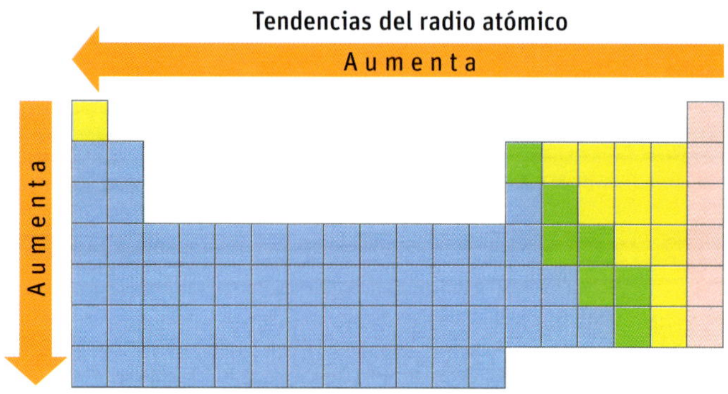

> Por lo general, el radio atómico aumenta al descender en un mismo grupo y disminuye al avanzar a lo largo de un período.

Reactividad química

Un elemento químico es tanto más activo cuanto más fácilmente intercambia electrones para formar compuestos en las reacciones químicas.

La **reactividad química** es una propiedad que mide la mayor o menor actividad con la que un elemento participa en una reacción.

Para comparar la reactividad entre los elementos representativos (bloques *s* y *p*) se utiliza la **regla del octeto**, basada en la gran estabilidad de los gases nobles:

Los átomos tienden a formar enlaces que les proporcionen ocho electrones en su capa de valencia y adquirir así la configuración del gas noble más cercano ($s^2 p^6$), salvo los elementos próximos al helio, que tienden a alcanzar la configuración $1s^2$.

Recuerda

Los elementos metálicos tienden a ceder electrones.

Los elementos no metálicos tienden a captar electrones.

Los gases nobles no suelen intercambiar electrones.

Variación de la reactividad en un período	
Metales	**No metales**
Cuantos menos electrones excedan de ocho, con mayor facilidad se cederán y más activo será el elemento. Así, los metales más activos son aquellos que tienen un único electrón en su capa de valencia, como los metales alcalinos (s^1). La reactividad de los metales disminuye al avanzar en un período, siendo máxima en los alcalinos.	Cuantos menos electrones falten para completar ocho, con mayor facilidad se aceptarán y más activo será el elemento. Así, los no metales más activos son los que necesitan un solo electrón para completar su capa de valencia, como los halógenos ($s^2 p^7$). La reactividad de los no metales aumenta al avanzar en un período y es máxima en los halógenos.

Variación de la reactividad en un grupo	
Metales	**No metales**
Cuantas más capas electrónicas internas tenga el átomo, más débil será la atracción del núcleo sobre los electrones más externos y estos se cederán con mayor facilidad. Por ejemplo, el cesio es el más activo del grupo de los alcalinos. La reactividad de los metales aumenta al descender en un grupo.	Cuantas menos capas electrónicas internas tenga el átomo, más fuerte será la atracción del núcleo sobre los electrones más externos y estos se captarán con mayor facilidad. Por ejemplo, el flúor es el más activo del grupo de los halógenos. La reactividad de los no metales disminuye al descender en un grupo.

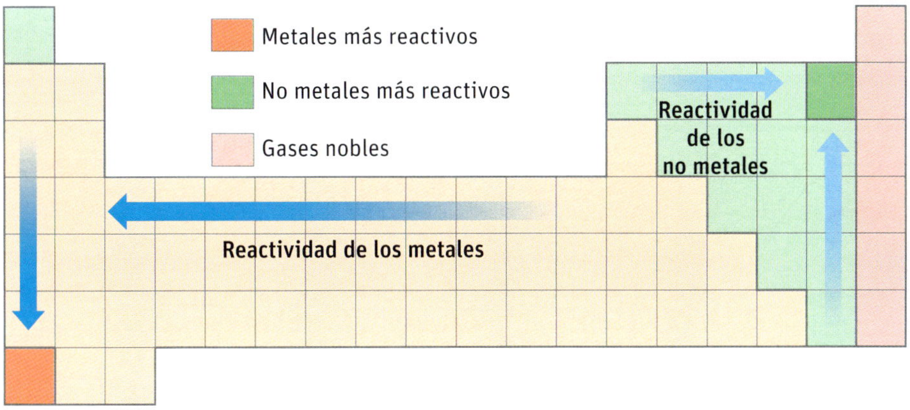

ACTIVIDADES

12. En cada caso, razona qué elemento tendrá mayor radio y cuál será más activo.
    a) Al, Mg, Na
    b) Cl, P, S
    c) Ca, Sr, Mg
    d) S, Se, O

Repasa lo aprendido

1 ¿En qué consiste la teoría atómica de Dalton?

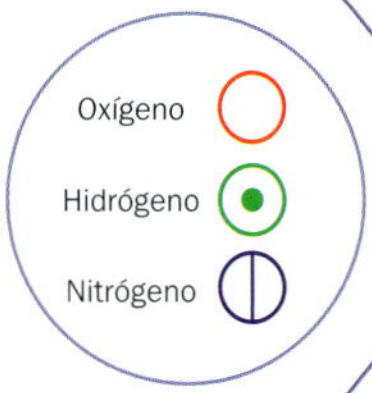

Para Dalton, la materia está constituida por átomos: partículas diminutas, esféricas, compactas e indivisibles. Cada elemento tiene un átomo característico.

En los procesos químicos, los átomos no se crean ni se destruyen, tan solo se combinan entre sí según relaciones numéricas constantes y sencillas para formar compuestos.

2 ¿Qué proponen los modelos atómicos de Thomson y de Rutherford?

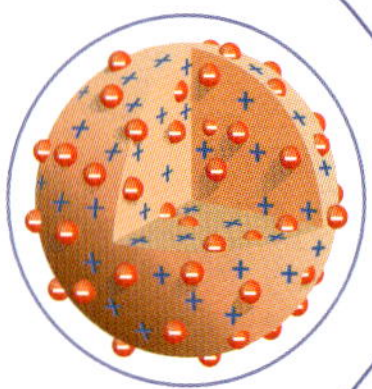

Según Thomson, el átomo es una esfera uniforme y difusa, con carga eléctrica positiva, con electrones de carga eléctrica negativa repartidos por su interior en posiciones fijas.

Rutherford sitúa la carga positiva del átomo y casi toda su masa en un pequeño núcleo de protones y neutrones, en torno al cual orbitan los electrones a una gran distancia.

3 ¿Qué aporta el modelo atómico de Bohr? ¿Cómo es el átomo según la actual teoría cuántica?

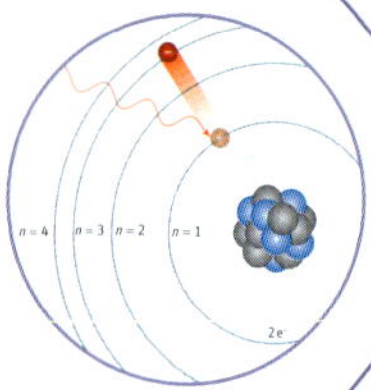

Bohr postula que los electrones solo pueden permanecer en determinadas órbitas o niveles de energía constante, pasando de un nivel a otro al absorber o emitir energía.

La teoría cuántica asigna a los electrones niveles, subniveles y orbitales, es decir, regiones en las que hay gran probabilidad de encontrar un electrón con cierta energía.

4 ¿A qué se denomina configuración electrónica?

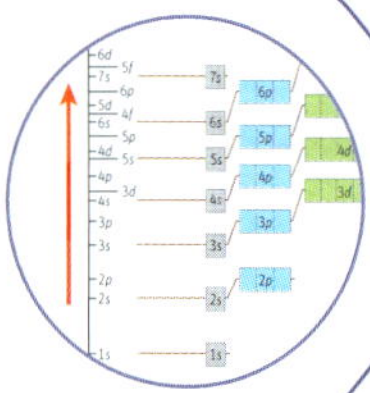

La configuración electrónica de un átomo es la distribución de sus electrones en los distintos niveles, subniveles y orbitales alrededor del núcleo, según la capacidad de cada uno de ellos y en orden creciente de energía.

5 ¿Cómo están ordenados los elementos en el sistema periódico?

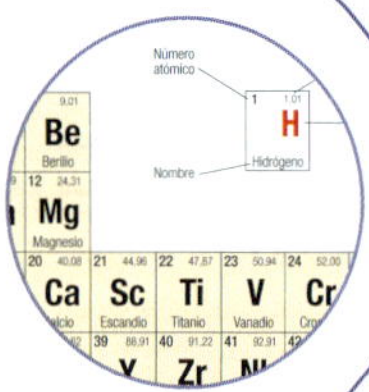

El sistema periódico coloca los elementos químicos en orden creciente de su número atómico.

Consta de 118 elementos dispuestos en 18 grupos (columnas) y 7 períodos (filas).

6 ¿Qué son las propiedades periódicas?

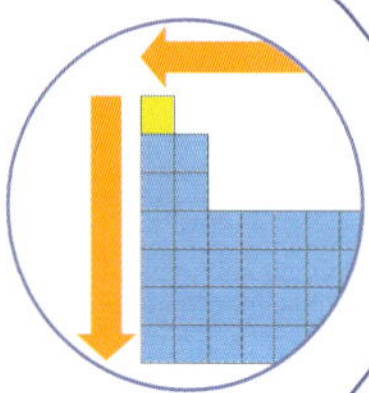

Las propiedades periódicas de los elementos son aquellas que dependen de su posición en el sistema periódico: el carácter metálico, el radio atómico o la reactividad química son algunas de ellas.

smSaviadigital.com VALORA LO APRENDIDO > Resumen de la unidad

Procedimientos de la ciencia

Espectroscopía atómica

Los químicos analistas de laboratorio y los físicos astrónomos que observan el cielo a través de grandes telescopios emplean la técnica de la espectroscopía para descubrir la composición química de la materia que estudian.

Este método se basa en la absorción o emisión de energía electromagnética en forma de fotones por parte de los átomos y moléculas que componen ciertos objetos, ya sea un tubo de descarga de gases o una sustancia incandescente como, por ejemplo, los fuegos artificiales o una estrella remota.

1 FUNDAMENTO TEÓRICO

Cuando los electrones de los átomos absorben energía electromagnética, ascienden a niveles superiores más energéticos y se alejan del núcleo.

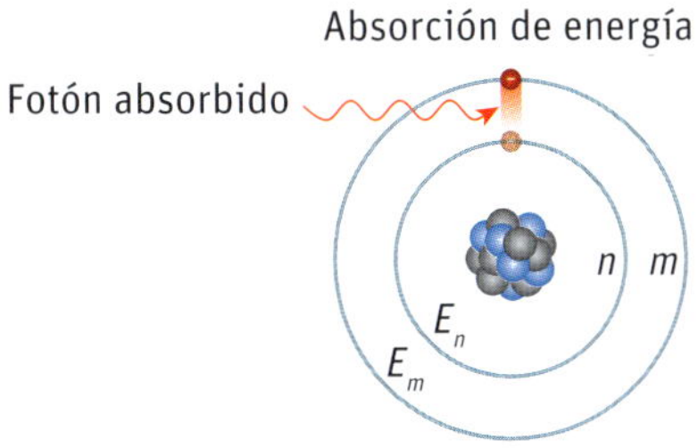

Tal estado excitado es inestable, así que los electrones promocionados regresarán al nivel energético inicial emitiendo el exceso de energía.

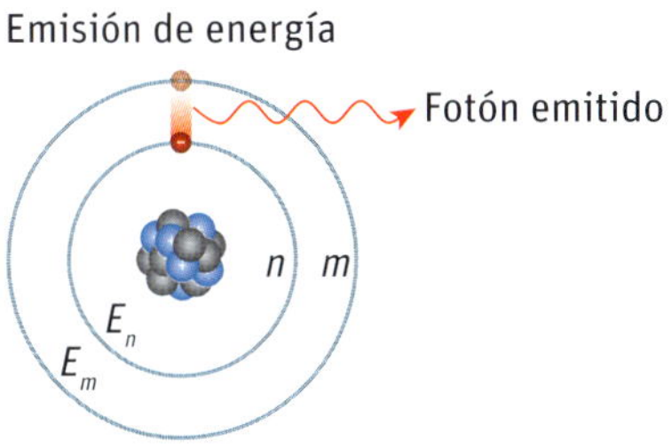

Los colores observados se deben a la presencia de ciertos elementos cuyos átomos pueden emitir energía luminosa dentro del espectro visible, desde el rojo (poca energía) hasta el violeta (mucha energía).

Cu Sr Ca Na Ba K

2 ESPECTROS DE EMISIÓN Y DE ABSORCIÓN

Como cada átomo tiene una configuración electrónica particular con cantidades de energía concretas para cada posible transición, cada elemento químico posee un espectro de emisión y de absorción característico; algo así como su "huella dactilar".

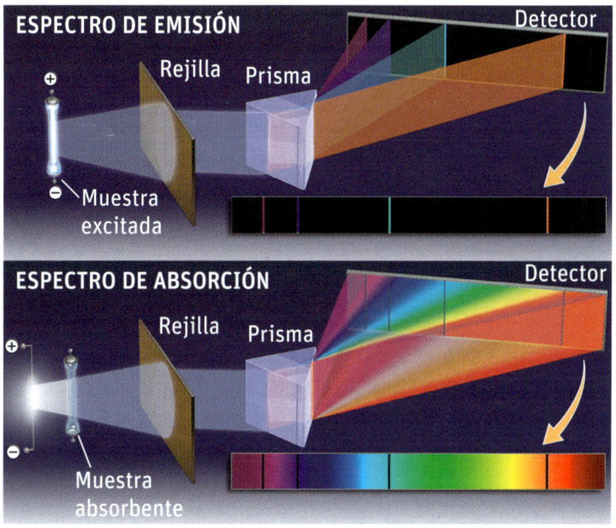

La espectroscopía permite identificar los elementos de cualquier muestra que emita o absorba luz, por lejos que se encuentre, y obtener una medida de la cantidad en la que estos se hallan presentes.

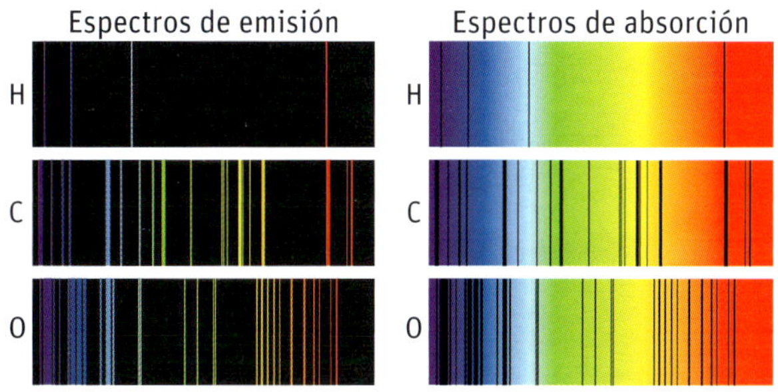

ACTIVIDADES

13. ¿Qué es un espectro de emisión? ¿En qué se diferencia de un espectro de absorción?

14. Investiga acerca de cómo influyó la información proporcionada por la espectroscopía a comienzos del siglo XX en el desarrollo de los modelos atómicos y en la formulación de la teoría cuántica. Construye un mapa mental sobre este tema.

Actividades

Modelos atómicos

15. Los antiguos atomistas griegos defendían la discontinuidad de la materia y, por tanto, que esta era indivisible. ¿Qué querían decir con tal afirmación?

a) Que la materia no se puede dividir en partes más pequeñas.

b) Que la materia solo se puede dividir un número finito de veces.

c) Que la materia es divisible de manera indefinida.

16. Según decía Demócrito, "solo existen los átomos y el vacío, el resto es opinión". ¿Qué quiere decir hoy día la física con el término "vacío"? ¿En qué se diferencia del significado que se le da en el lenguaje cotidiano?

17. Un clavo de hierro contiene seiscientos mil trillones de átomos de hierro (6×10^{23}).

a) ¿Cuántas veces se podría dividir de manera que los trozos resultantes siguieran siendo de hierro?

b) ¿Es correcto afirmar que el hierro, o cualquier otro elemento químico, es indivisible?

18. ¿Se consideran correctas en la actualidad las siguientes hipótesis de Dalton?

a) La materia está formada por átomos indivisibles.

b) Todos los átomos de un mismo elemento son iguales.

19. Investiga: según el significado de la palabra "átomo", ¿qué partículas podríamos considerar hoy como los auténticos átomos de la materia?

20. El modelo de Rutherford es conocido también como modelo planetario. ¿Por qué?

21. El radio del átomo es unas 10 000 veces mayor que el del núcleo: si aumentáramos un átomo hasta el tamaño de un campo de fútbol, el núcleo sería una pequeña canica colocada en el centro. ¿Qué tamaño tendría el núcleo de un átomo de kriptón si aumentásemos su radio atómico hasta 100 m?

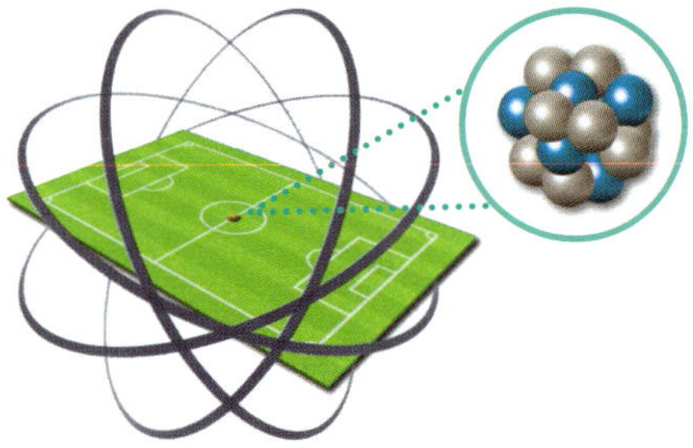

22. Deduce el número de partículas subatómicas de cada tipo que poseen los siguientes átomos e iones.

a) $^{40}_{20}Ca$ **c)** $^{75}_{33}As$

b) $^{40}_{20}Ca^{2+}$ **d)** $^{75}_{33}As^{3-}$

SOLUCIÓN

a) Las lecturas del subíndice y el superíndice de la izquierda nos informan, respectivamente, acerca del número atómico, $Z = 20$, y del número másico, $A = 40$. Por tanto, el calcio tiene 20 protones (con carga positiva) y, como el átomo es neutro, otros 20 electrones (con carga negativa). El número másico nos dice la cantidad total de nucleones (protones más neutrones), así que el número de neutrones es $N = A - Z = 40 - 20 = 20$.

b) El superíndice de la derecha indica ahora la carga del ion: +2. Es decir, el átomo de calcio ha sido doblemente ionizado al perder dos electrones. Le quedan, por tanto, 20 − 2 = 18 electrones.

c) Razonando como en el apartado a), concluimos que este átomo posee $Z = 33$ protones, 33 electrones (por ser neutro), $A = 75$ nucleones y $N = A - Z = 75 - 33 = 42$ neutrones.

d) Razonando como en el apartado b), sabemos que la carga del ion es −3; es decir, el arsénico ha captado tres electrones. Ahora tiene, por tanto, 33 + 3 = 36 electrones.

23. Completa en tu cuaderno la siguiente tabla e indica el número de partículas subatómicas que tiene cada átomo e ion.

	Z	A	Protones	Electrones	Neutrones
$^{9}_{4}Be$	●●●	●●●	●●●	●●●	●●●
$^{20}_{10}Ne$	●●●	●●●	●●●	●●●	●●●
$^{32}_{16}S^{2-}$	●●●	●●●	●●●	●●●	●●●
$^{27}_{13}Al^{3+}$	●●●	●●●	●●●	●●●	●●●

24. Identifica las afirmaciones que consideres incorrectas.

a) Dos átomos del mismo elemento pueden tener el mismo número de protones.

b) Dos átomos del mismo elemento pueden tener diferente número de neutrones.

c) Dos átomos de diferentes elementos pueden tener el mismo número de electrones.

d) Cuando un átomo cede electrones, adquiere carga negativa y se transforma en un anión.

25. Completa en tu cuaderno la siguiente tabla acerca del número de partículas de los átomos en su estado fundamental.

	Z	*A*	N.° de protones	N.° de electrones	N.° de neutrones
$^{4}_{2}He$	●●●	●●●	●●●	●●●	●●●
$^{...}_{...}Si$	14	28	●●●	●●●	●●●
$^{...}_{...}Fe$	●●●	●●●	26	●●●	28
$^{...}_{...}Au$	●●●	●●●	●●●	79	118

26. Los isótopos son átomos de un mismo elemento con diferente número másico. Completa en tu cuaderno esta tabla e indica los átomos que son isótopos.

	Z	*A*	N.° de protones	N.° de neutrones
Átomo 1	8	16	●●●	●●●
Átomo 2	●●●	●●●	8	9
Átomo 3	●●●	●●●	9	9
Átomo 4	●●●	18	8	●●●

27. Identifica las representaciones atómicas de los isótopos que no son posibles.

a) $^{12}_{6}C$, $^{6}_{13}C$ y $^{14}_{6}C$

b) $^{1}_{1}H$, $^{2}_{1}H$ y $^{3}_{1}He$

c) $^{35}_{17}Cl$, $^{37}_{17}Cl$ y $^{36}_{18}Cl$

d) $^{238}_{92}U$, $^{235}_{90}U$ y $^{235}_{92}U$

28. ¿En qué se transformará el átomo de calcio, $^{40}_{20}Ca$, en cada uno de los siguientes casos?

a) Cede 2 electrones.

b) Se le añaden 2 neutrones.

c) Aumenta 1 protón y 4 neutrones.

d) Pierde 2 protones y 2 neutrones.

29. Investiga en internet cuáles son las masas y abundancias relativas de los isótopos naturales más estables del plomo y calcula a partir de estas la masa atómica media de dicho elemento.

30. El agua que bebemos del grifo ha sido tratada con cloro para desinfectarla y purificarla. Representa el átomo de cloro $^{35}_{17}Cl$ según el modelo atómico propuesto por Bohr, incluyendo el número de partículas subatómicas y los niveles de energía.

SOLUCIÓN

Los índices de la izquierda representan el número atómico, $Z = 17$, y el número másico, $A = 35$. En consecuencia, el cloro posee 17 protones (carga positiva) y, como el átomo es neutro, otros 17 electrones (carga negativa). El número másico es la cantidad de nucleones (protones más neutrones), por lo que habrá $N = A - Z = 35 - 17 = 18$ neutrones.

Según la capacidad de cada capa, alrededor del núcleo se encuentran distribuidos los 17 electrones de la siguiente forma: 2 en el primer nivel, 8 en el segundo y 7 en el tercero.

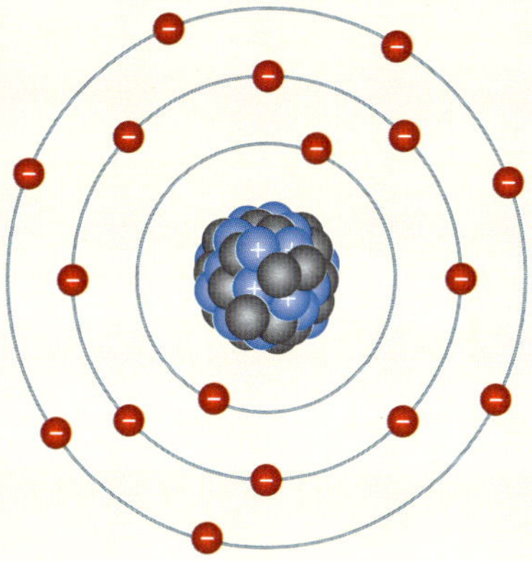

31. Representa los átomos de los siguientes elementos según el modelo de Bohr.

a) $^{11}_{5}B$

b) $^{14}_{7}N$

c) $^{24}_{12}Mg$

d) $^{31}_{15}P$

32. Razona si las siguientes afirmaciones sobre el modelo de Bohr son verdaderas o falsas.

a) Los electrones pueden girar a cualquier distancia alrededor del núcleo.

b) Mientras un electrón gira alrededor del núcleo, no emite energía.

c) Los electrones se sitúan en las diversas órbitas por orden decreciente de energía.

d) En cada órbita solo puede haber un número limitado de electrones.

Actividades

Configuración electrónica

33. Escribe en orden creciente de energía los niveles y subniveles de cada apartado.

a) 3*s*, 1*s*, 2*s*
b) 3*s*, 3*p*, 3*d*
c) 4*p*, 3*d*, 3*p*
d) 4*p*, 4*d*, 5*s*

34. De acuerdo con las reglas establecidas, escribe el número máximo de electrones que caben en cada uno de los cuatro primeros niveles: $n = 1$, $n = 2$, $n = 3$ y $n = 4$.

35. La configuración electrónica de un átomo neutro que tiene 24 neutrones en el núcleo es: $1s^2\ 2s^2\ 2p^6\ 3s^2\ 3p^6\ 4s^2\ 3d^1$. Indica cuántos electrones y protones tiene, así como su número atómico y su número másico.

36. Copia en tu cuaderno la siguiente tabla y complétala.

	Z	*A*	N.º de electrones	Configuración electrónica
$^{35}_{17}Cl$	●●●	●●●	●●●	●●●
$^{39}_{19}K$	●●●	●●●	●●●	●●●
$^{48}_{22}Ti$	●●●	●●●	●●●	●●●
$^{108}_{47}Ag$	●●●	●●●	●●●	●●●

37. Escribe las configuraciones electrónicas de los átomos e iones.

a) $^{27}_{13}Al$ y $^{27}_{13}Al^{3+}$
b) $^{88}_{38}Sr$ y $^{88}_{38}Sr^{2+}$
c) $^{75}_{33}As$ y $^{75}_{33}As^{3-}$
d) $^{80}_{35}Br$ y $^{80}_{35}Br^{1-}$

38. Las configuraciones electrónicas del estado fundamental de los elementos que se muestran a continuación son incorrectas. Explica qué errores se han cometido en cada una y subsánalos:

a) $^{9}_{4}Be$: $1s^2\ 1p^2$

b) $^{25}_{12}Mg$: $1s^2\ 2s^2\ 2p^8$

c) $^{59}_{28}Ni$: $1s^2\ 2s^2\ 2p^6\ 3s^2\ 3p^6\ 3d^{10}$

d) $^{55}_{25}Mn$: $1s^2\ 2s^2\ 2p^6\ 2d^{10}\ 3s^2\ 3p^3$

Sistema periódico y configuración electrónica

39. Para cada una de las siguientes representaciones atómicas, $^{19}_{9}X$ y $^{39}_{19}Y$, indica:

a) El número atómico y el número de electrones.

b) Su configuración electrónica.

c) El grupo, período, familia, nombre y símbolo.

SOLUCIÓN

a) El átomo X ($Z = 9$) tiene 9 protones y, por ser neutro, 9 electrones. El átomo Y ($Z = 19$) tiene 19 protones y 19 electrones, pues también es neutro.

b) La configuración electrónica se realiza a partir del número de electrones, según la regla de las diagonales:

X: $1s^2\ 2s^2\ 2p^5$

Y: $1s^2\ 2s^2\ 2p^6\ 3s^2\ 3p^6\ 4s^1$

c) Como la capa de valencia del átomo X es $2p^5$, se deduce que el elemento pertenece al período 2 (coincide con el nivel) y al grupo 17 (termina en p^5), que es la familia de los halógenos (no metal). Se trata del flúor y su símbolo es F.

Como la capa de valencia del átomo Y es $4s^1$, se deduce que corresponde al cuarto período (nivel 4) y al grupo 1 (por terminar en s^1), que es la familia de los metales alcalinos. Es el potasio y su símbolo es K.

40. Para cada uno de los átomos $^{20}_{10}X$, $^{7}_{3}Y$ y $^{14}_{7}Z$:

a) Deduce el número de partículas subatómicas.

b) Realiza su configuración electrónica.

c) Localiza el grupo y el período a los que pertenece.

d) Identifica su nombre y símbolo.

e) Clasifícalo como metal, no metal o gas noble.

Sistema periódico y propiedades químicas

41. Agrupa las siguientes configuraciones electrónicas por parejas que puedan representar átomos con propiedades químicas semejantes. ¿A qué familia pertenece cada una de las parejas formadas?

a) $1s^2\ 2s^2\ 2p^6\ 3s^2$

b) $1s^2\ 2s^2\ 2p^3$

c) $1s^2\ 2s^2\ 2p^6\ 3s^2\ 3p^6\ 4s^2\ 3d^{10}\ 4p^6$

d) $1s^2\ 2s^2$

e) $1s^2\ 2s^2\ 2p^6$

f) $1s^2\ 2s^2\ 2p^6\ 3s^2\ 3p^3$

42. Justifica las siguientes afirmaciones.

a) El radio atómico disminuye al avanzar en un período.

b) La reactividad de un metal crece al descender en un grupo.

c) Los halógenos son los no metales más reactivos.

43. Razona si las siguientes afirmaciones sobre el sistema periódico son verdaderas o falsas.

a) Los elementos se encuentran ordenados de menor a mayor masa atómica.

b) Los elementos pertenecientes al mismo grupo tienen propiedades químicas semejantes.

c) La mayoría de los elementos del sistema periódico son no metales.

d) Los gases nobles y los elementos no metálicos tienen propiedades químicas semejantes.

44. La sal común es el condimento y conservante (salazón) más utilizado en alimentación; antaño tuvo tal importancia que fue usada como moneda de cambio (de ahí la palabra *salario*). Está formada por dos elementos cuyos números atómicos son 11 y 17.

a) Identifica sus nombres y símbolos.

b) Escribe sus configuraciones electrónicas.

c) Deduce el grupo, el período y la familia de ambos.

d) ¿Cuál tiene mayor radio atómico?

45. Indica algunas diferencias en la configuración electrónica y en las propiedades de los metales, no metales, semimetales y gases nobles.

46. Observa la situación en el sistema periódico de los elementos X, Y, Z y J:

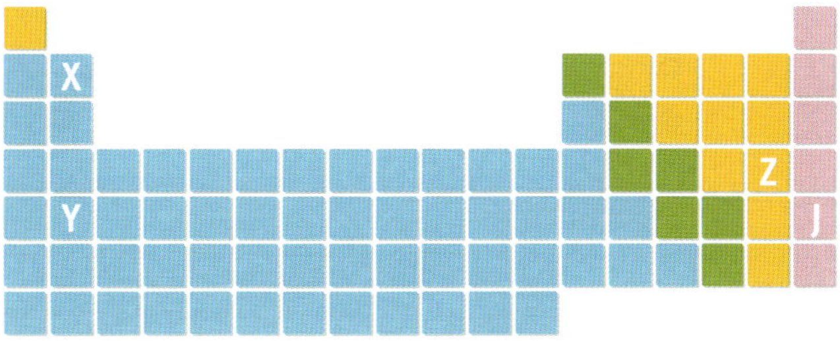

a) Identifica cada elemento, su grupo, período, familia, símbolo y nombre.

b) ¿Qué elemento tiene menor radio atómico, el X o el Y?, ¿el Y o el J?

c) Clasifícalos como metales, no metales o gases nobles.

d) ¿Qué elemento es más reactivo, el X o el Y?, ¿el Z o el J?

47. Las configuraciones electrónicas de tres átomos neutros, A, B y C, son:

A: $1s^2\ 2s^2\ 2p^6\ 3s^2\ 3p^3$

B: $1s^2\ 2s^2\ 2p^6\ 3s^2\ 3p^6\ 4s^2\ 3d^{10}\ 4p^6$

C: $1s^2\ 2s^2\ 2p^6\ 3s^2\ 3p^6\ 4s^2\ 3d^{10}\ 4p^6\ 5s^2\ 4d^{10}\ 5p^6\ 6s^1$

a) Si el núcleo del átomo A contiene 16 neutrones; el del átomo B, 48, y el del C, 78, ¿cuántos protones y electrones posee cada átomo?, ¿qué números másicos tienen?

b) A partir de la configuración electrónica, deduce sus grupos, períodos y familias.

c) Según la regla del octeto, ¿qué tendencia presenta cada uno de los átomos a captar o ceder electrones y en qué cantidad lo hará?

d) ¿A qué elementos corresponden? ¿Qué símbolos tienen?

48. La siguiente gráfica muestra la variación del radio atómico, *r* (en Å), de los elementos del sistema periódico con respecto al número atómico (*Z*).

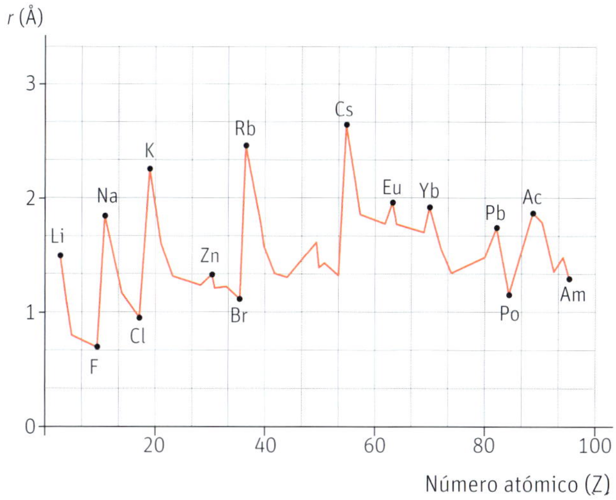

a) ¿Qué metal alcalino presenta mayor radio atómico? ¿Cómo se explica este hecho?

b) ¿Qué halógeno tiene un menor valor del radio atómico? ¿Por qué razón?

c) ¿Qué elemento tiene mayor radio atómico, el sodio o el cloro? Razona tu respuesta.

d) ¿A qué crees que se deben las variaciones bruscas del radio atómico?

49. El electrón de valencia de dos elementos, X e Y, en su estado fundamental, se encuentra en el subnivel $4s^1$ y $2p^3$, respectivamente. Indica de forma razonada:

a) El período, el grupo y la familia a los que pertenecen.

b) El nombre y el símbolo de cada elemento.

c) ¿Qué elemento presenta las propiedades características de los metales?

d) ¿Qué elemento posee mayor radio atómico?

Ponte a prueba

Experimenta el tamaño del átomo

Puedes hacerte una idea de lo minúsculo que es un átomo al cortar de forma reiterada un trocito de papel:

- Prepara una tira de papel de 28 cm de largo y 3 cm de ancho.
- Realiza un primer corte por la mitad de la tira.
- Corta uno de los trozos otra vez por la mitad y continúa el proceso.

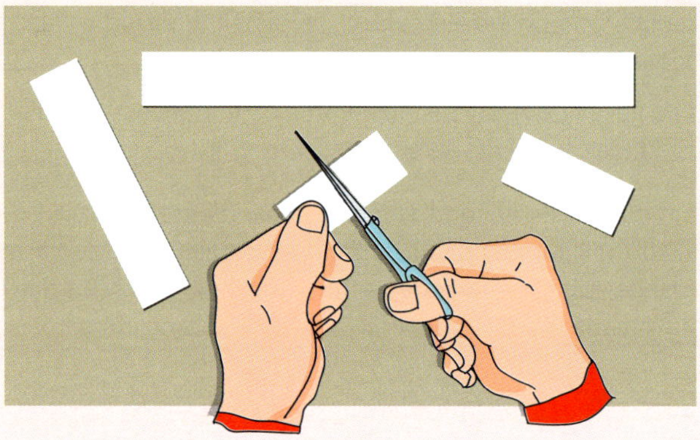

1. ¿Cuántos cortes has sido capaz de realizar?

2. Si has conseguido cortar el papel hasta alcanzar un trozo de 1 mm y quisieras seguir cortándolo hasta que este fuese tan diminuto como un átomo (10^{-10} m), ¿cuántos cortes más deberías completar?

3. Teniendo en cuenta que el tamaño de un átomo es unas diez mil veces mayor que el de su núcleo, ¿qué dimensiones tendría un átomo si su núcleo midiese un centímetro de radio?

Conviértete en detective atómico

Si conoces el número atómico de un elemento, podrás determinar su configuración electrónica y, a partir de esta, localizar dicho elemento en el sistema periódico; identificar su nombre y su símbolo; dar con su grupo, familia y período, y averiguar algunas de sus propiedades.

Observa los siguientes átomos neutros representados según el modelo atómico de Bohr.

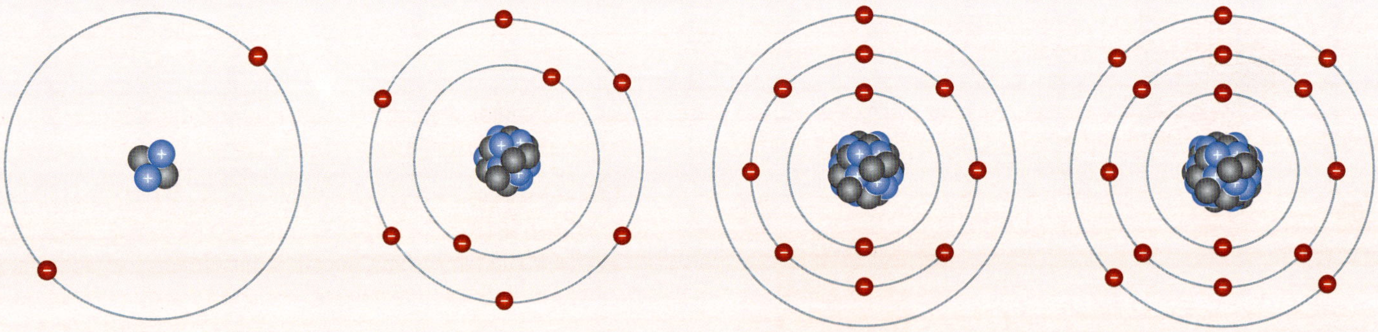

1. Para cada uno de ellos, indica:
   a) El número de partículas subatómicas de cada tipo que lo componen (puedes usar el sistema periódico).
   b) Su número atómico y su número másico.
   c) La configuración electrónica.
   d) Su nombre y símbolo, así como el grupo, el período y la familia a los que pertenece.

2. De los cuatro elementos, ¿cuál es un metal buen conductor de la electricidad?

Disecciona la materia

Según el actual modelo estándar, existen 12 partículas elementales (es decir, las que no están formadas por otras partículas):

- Seis quarks: constituyen los protones, los neutrones y otras muchas partículas llamadas, todas ellas, hadrones.
- Seis leptones: tres tienen carga eléctrica negativa (electrón, muón y tauón); los otros tres no tienen carga (neutrinos).

Solo a partir de dos tipos de quark (el up, con carga +2/3, y el down, con carga −1/3) y de electrones se puede formar toda la materia que observamos en el universo, desde nuestro propio cuerpo hasta las galaxias más alejadas.

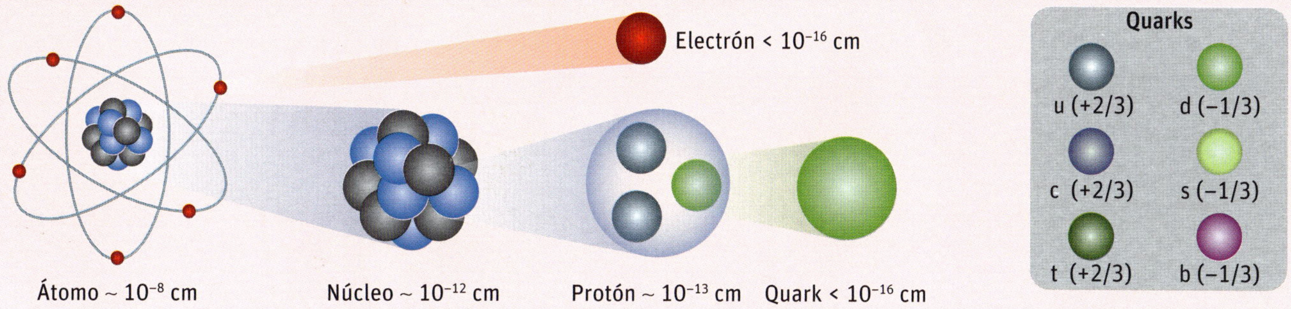

1. Busca información acerca de la combinación de tres quarks que formarán un protón y un neutrón. Realiza un esquema de ambos nucleones con sus quarks constituyentes en el interior.

2. En equipo, buscad información acerca de todas las partículas elementales del modelo estándar actual. Haced una tabla que resuma sus principales propiedades (carga, masa, etc.) y el papel que desempeña cada una de ellas.
   a) ¿Cuáles forman la materia? ¿Cuáles transmiten las fuerzas? ¿Cuál es la función de la partícula de Higgs?
   b) ¿Crees que este modelo es completo y definitivo, o puede verse modificado en el futuro?

AUTOEVALUACIÓN

1. **¿Quién propuso el modelo atómico con partículas de carga positiva (los protones) en el núcleo del átomo?**
   a) Demócrito
   b) Thomson
   c) Rutherford
   d) Bohr

2. **Corrige las afirmaciones que no sean correctas.**
   a) El número atómico es igual al número de electrones.
   b) El número de protones en un átomo neutro es igual al número de neutrones.
   c) El número de protones más el número de electrones es igual al número másico.
   d) Si dos átomos tienen el mismo número de protones, significa que corresponden al mismo elemento químico.

3. **Relaciona cada elemento químico con su familia.**

a) Potasio	1. Anfígeno
b) Helio	2. Halógeno
c) Oxígeno	3. Gas noble
d) Cloro	4. Alcalino

4. **Identifica las afirmaciones que consideres incorrectas y corrígelas.**
   a) En el nivel 4 puede haber hasta 32 electrones.
   b) En el subnivel *p* puede haber hasta 8 electrones.
   c) Los electrones se distribuyen según el orden siguiente:
   $$1s\ 2s\ 2p\ 3s\ 3p\ 3d$$
   d) La configuración electrónica del kriptón es:
   $$1s^2\ 2s^2\ 2p^6\ 3s^2\ 3p^6\ 4s^2\ 3d^{10}\ 4p^6$$

5. **Relaciona cada elemento químico con su grupo y período.**

a) Calcio ($Z = 20$)	1. Grupo 1, período 3
b) Neón ($Z = 10$)	2. Grupo 17, período 2
c) Flúor ($Z = 9$)	3. Grupo 2, período 4
d) Sodio ($Z = 11$)	4. Grupo 18, período 2

6. **Indica qué afirmaciones son correctas y justifícalo.**
   a) El litio tiene mayor radio atómico que el cesio.
   b) El cloro tiene menor radio atómico que el sodio.
   c) El nitrógeno es más reactivo que el flúor.
   d) El magnesio es más reactivo que el bario.

smSaviadigital.com VALORA LO APRENDIDO > Autoevaluación con sus soluciones

3 El enlace químico

Abre tu mirada

Andre Geim y Konstantin Novoselov, premios Nobel de Física en 2010, consiguieron aislar una capa del grafito de una mina de un lápiz arrancándola mediante papel celofán. Este nuevo material, llamado grafeno, está compuesto por hexágonos de átomos de carbono, unidos mediante enlaces covalentes, formando una capa bidimensional de un átomo de espesor, con asombrosas propiedades que han revolucionado el mundo de la tecnología.

- ¿Qué es un enlace químico? ¿Por qué se enlazan los átomos?
- ¿Qué tipos de sólidos conoces?
- ¿Por qué se disuelve bien la sal común en agua?

Analiza y determina

Observa la estructura del grafito y del diamante de las imágenes. Ambas son sustancias elementales formadas por átomos de carbono unidos entre sí de distintas formas, por lo que tienen propiedades muy diferentes.

a ¿Con cuántos átomos de carbono está enlazado cada carbono en el grafito y en el diamante?

b El grafeno también es una estructura formada por átomos de carbono. ¿Qué diferencias muestra con el grafito y el diamante?

c ¿Qué otras estructuras cristalinas conoces?

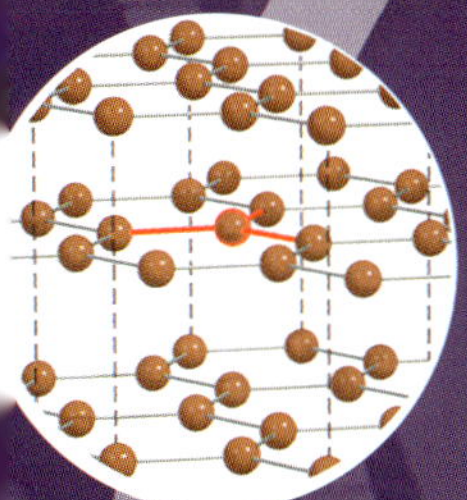

Grafito

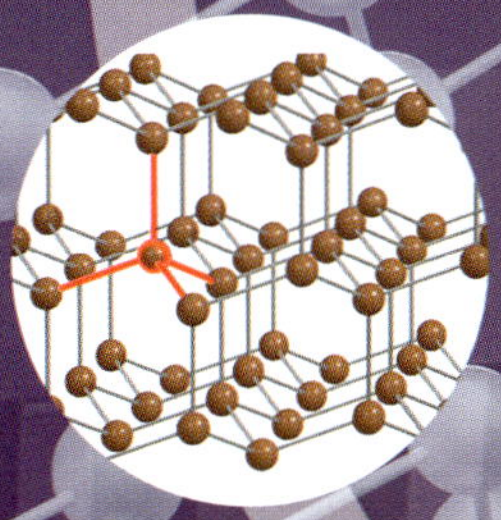

Diamante

Piensa y reflexiona

El comportamiento de las sustancias es diferente en función del tipo de enlace que presentan.

a) ¿Por qué se puede doblar un alambre de cobre mientras que una tiza se quiebra o un cristal se rompe?

b) ¿Por qué la sal se disuelve bien en agua mientras que otras sustancias, como el diamante, son insolubles en agua?

c) ¿Por qué unas sustancias conducen la corriente eléctrica y otras no?

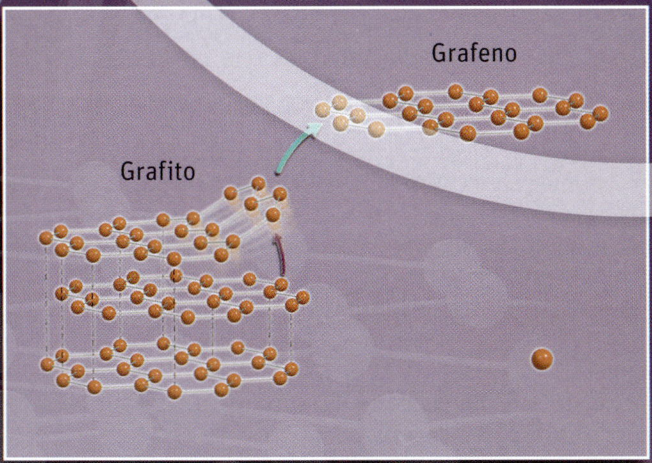

Y tú, ¿qué opinas?

El grafeno abre un amplio abanico de sorprendentes y revolucionarias utilidades. Algunas de las posibles aplicaciones de este material están relacionadas con telemetría corporal, estudio de señales eléctricas neuronales, aprovechamiento de energía solar, toma de imágenes atómicas, transporte de fármacos con usos médicos, transmisión de datos a velocidades vertiginosas... Escoge una de las posibles aplicaciones del grafeno, estúdiala y expón tus conclusiones en clase.

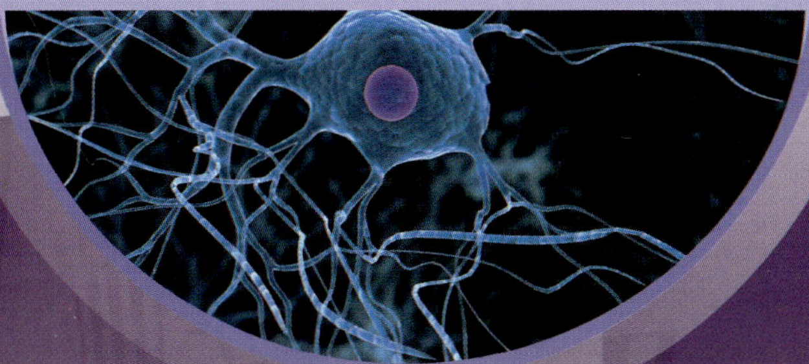

- **¿Qué tipos de sustancias covalentes existen?**
- **¿Por qué es tan alta la temperatura de ebullición del agua?**
- **¿Por qué los metales son conductores de la electricidad?**

1 Concepto de enlace químico

El comportamiento de las sustancias es muy diferente en función del tipo de enlace químico que presentan. A la hora de investigar cómo se enlazan los átomos, los gases nobles dieron la pista. El químico **Gilbert N. Lewis** (1875-1946) atribuyó el carácter poco reactivo de los gases nobles a su gran estabilidad energética por tener la última capa llena de electrones: $_{2}$He: $1s^2$; $_{10}$Ne: $1s^2\ 2s^2\ 2p^6$; $_{18}$Ar: $1s^2\ 2s^2\ 2p^6\ 3s^2\ 3p^6$.

Cuando los átomos se unen, tienden a ganar o perder electrones de su capa más externa, **electrones de valencia**, para adquirir estructura de gas noble. Esta regla se conoce como **regla del octeto** y se puede conseguir por transferencia o por compartición de electrones.

Transferencia de electrones	Compartición de electrones
Se produce una **transferencia de electrones** entre átomos, con formación de iones. Por ejemplo, para formar el NaCl: Na: $1s^2\ 2s^2\ 2p^6\ 3s^1$ Cl: $1s^2\ 2s^2\ 2p^6\ 3s^2\ 3p^5$ 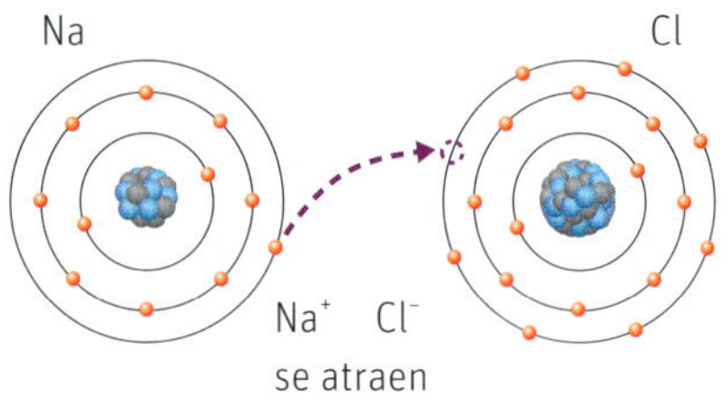 Na^+: $1s^2\ 2s^2\ 2p^6$ Cl^-: $1s^2\ 2s^2\ 2p^6\ 3s^2\ 3p^6$	Los átomos comparten electrones para conseguir la estabilidad de gas noble. Así, por ejemplo, dos átomos de hidrógeno se enlazarían formando una molécula de H_2: 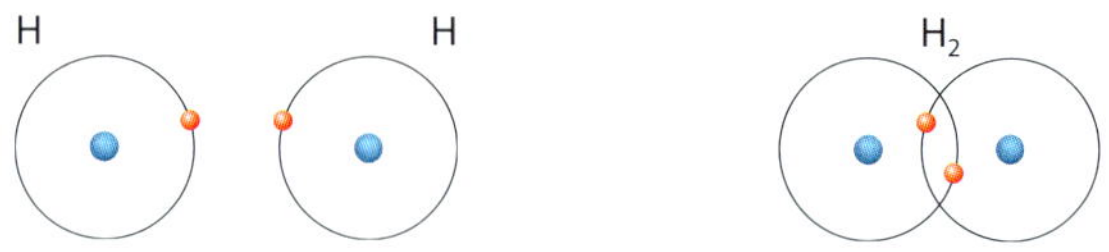 En el caso del H_2, al compartir electrones, ambos átomos obtienen la configuración del gas noble He: $1s^2$.

Enlace químico y energía

El **enlace químico** es la unión de átomos para formar un sistema estable. La energía desprendida en el proceso se llama **energía de enlace** y es igual en valor absoluto a la energía necesaria para separar los átomos unidos.

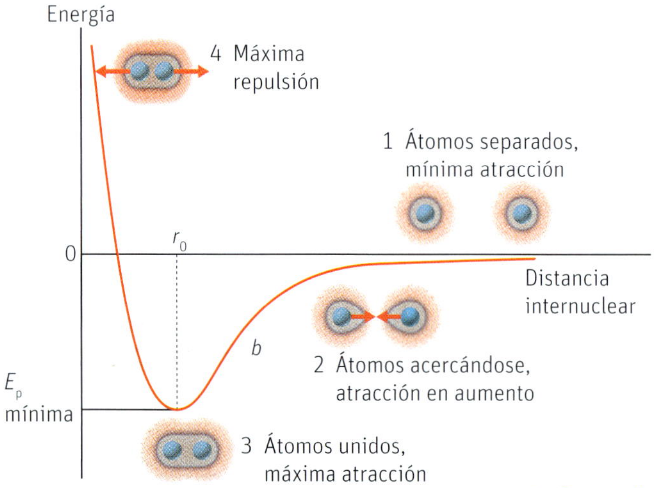

Figura 3.1. A la distancia de enlace r_0, la energía potencial es mínima y el sistema alcanza la estabilidad.

Al aproximarse dos átomos, se producen varios tipos de interacciones: atracción entre cada núcleo y los electrones del otro átomo, repulsión entre núcleos y repulsión entre nubes electrónicas (fig. 3.1):

1. Cuando los átomos están muy alejados, apenas hay interacciones entre ellos y la energía potencial es cero.
2. Al aproximarse los átomos, la energía potencial disminuye por las atracciones entre los electrones de uno y el núcleo del otro.
3. A la distancia r_0 se produce el enlace, una situación de equilibrio (entre las fuerzas repulsivas y de atracción), con energía potencial mínima.
4. A distancias inferiores a la distancia de enlace, las fuerzas repulsivas entre las nubes de electrones de ambos átomos son muy altas, por lo que la energía aumenta hasta hacerse positiva.

Interpretación de la gráfica de energía potencial

1. La gráfica de la figura 3.1 representa la energía potencial de dos átomos de hidrógeno en función de la distancia entre los núcleos. ¿Qué energía sería necesaria para separar los dos átomos enlazados?

SOLUCIÓN

Para separar dos átomos necesitamos aportar energía hasta que la energía potencial del sistema sea cero o positiva. Por tanto, una energía igual o superior a la E_p mínima.

Enlace químico en los sólidos

OBSERVA

Los sólidos tienen propiedades muy diferentes. Por ejemplo, el cloruro de sodio es duro, quebradizo y soluble en agua; el diamante es duro y brillante; el cobre es maleable y conductor de la electricidad, y el azufre es blando, insoluble en agua y tiene temperatura de fusión baja. Sin embargo, tanto el diamante como el cloruro de sodio y el cobre tienen puntos de fusión altos. ¿A qué crees que se deben estas propiedades tan dispares?

Cloruro de sodio

Diamante

Cobre

Azufre

Estos materiales tienen distintas formas de unir sus partículas, mediante diferentes tipos de enlaces e interacciones:

Enlace iónico

Los **iones sodio** (Na^+) y los **iones cloruro** (Cl^-) están unidos entre sí mediante fuerzas electrostáticas. Forman una **estructura gigante iónica**.

La *T* de fusión es alta por las intensas fuerzas de atracción entre los iones.

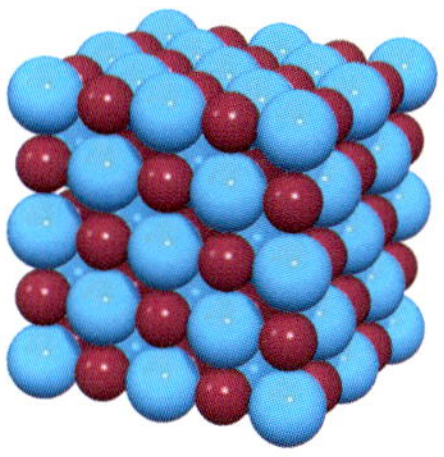

Cloruro de sodio

Enlace covalente

Átomos de carbono (C) unidos entre sí por enlaces covalentes. Cada átomo está unido a otros cuatro. Forman una **estructura gigante covalente**.

La elevada *T* de fusión es consecuencia de la gran fortaleza de los enlaces.

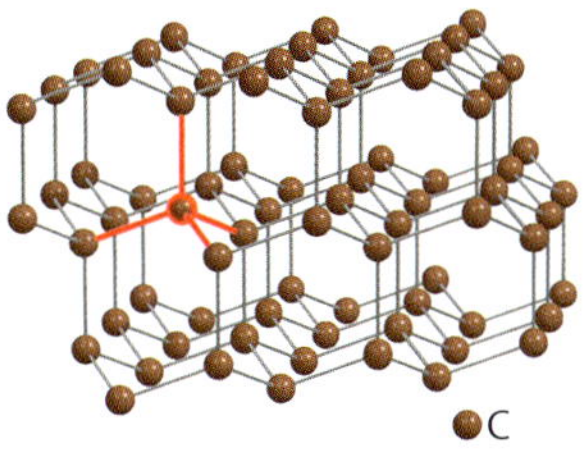

Diamante

Enlace metálico

Iones cobre (Cu^{2+}) rodeados de una nube de electrones de valencia, unidos por fuerzas electrostáticas. Forman una **estructura gigante metálica**.

Es un excelente conductor eléctrico por la gran movilidad de la nube electrónica.

Cobre

Fuerzas intermoleculares

Moléculas de ocho átomos de azufre, S_8, cada una de ellas unida a las otras moléculas por fuerzas intermoleculares. Forman una **estructura multimolecular**.

Su temperatura de fusión es baja pues las fuerzas entre moléculas son débiles.

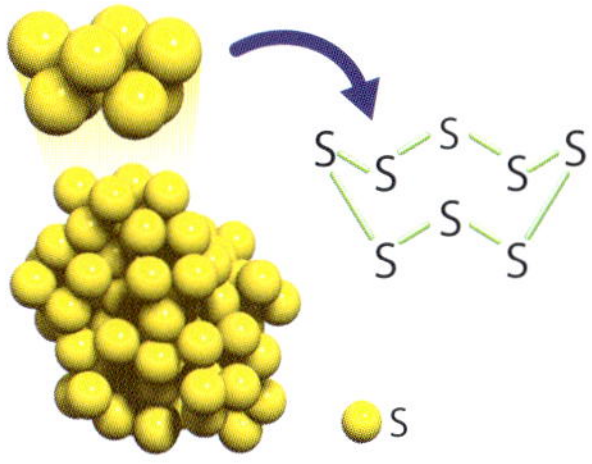

Azufre

ACTIVIDADES

1. Un cristal de azufre está formado por moléculas octoatómicas de azufre (S_8).
   a) ¿Cuáles son más intensas, las fuerzas intramoleculares (entre los átomos que forman la molécula) o las intermoleculares (entre moléculas)?
   b) ¿Por qué crees que no se puede denominar estructura gigante a la estructura multimolecular del azufre?
2. Analiza los modelos que sirven para representar las estructuras microscópicas del cloruro de sodio, el diamante, el cobre y el azufre. ¿En qué casos los enlaces están representados por rayas y en cuáles no? ¿A qué crees que se debe?
3. El azufre tiene una baja temperatura de fusión, mientras que el diamante, el cloruro de sodio y el cobre tienen temperaturas de fusión altas. ¿Qué podemos deducir sobre la intensidad de las fuerzas o los enlaces que unen las partículas que los constituyen?
4. El cobre, como otros metales, conduce la corriente eléctrica.
   a) ¿Qué nos dice este hecho sobre la movilidad de los electrones de valencia según el modelo del enlace metálico?
   b) ¿Por qué crees que el cloruro de sodio no es conductor, a pesar de que está constituido por partículas cargadas eléctricamente, como son los iones?

2 Enlace iónico

Figura 3.2. Cristales de cloruro de sodio.

Muchos compuestos químicos son sales. La sal común es el **cloruro de sodio** y está compuesta por iones Na^+ e iones Cl^-, que se unen mediante enlace iónico y forman cristales (fig 3.2).

Formación del cristal iónico

Cuando átomos de sodio y átomos de cloro se aproximan en estado gaseoso, tiene lugar una transferencia de electrones desde los átomos de sodio a los de cloro y, a continuación, la formación del cristal iónico, el cloruro de sodio:

OBSERVA

1. Formación del ion cloruro.

El cloro (Cl), con una configuración de $1s^2\ 2s^2\ 2p^6\ 3s^2\ 3p^5$, al ganar 1 e^- se transforma en Cl^-, con la configuración electrónica del Ar: $1s^2\ 2s^2\ 2p^6\ 3s^2\ 3p^6$.

2. Formación del ion sodio.

El sodio (Na), con una configuración de $1s^2\ 2s^2\ 2p^6\ 3s^1$, al perder 1 e^- se transforma en Na^+, con la configuración electrónica del Ne: $1s^2\ 2s^2\ 2p^6$.

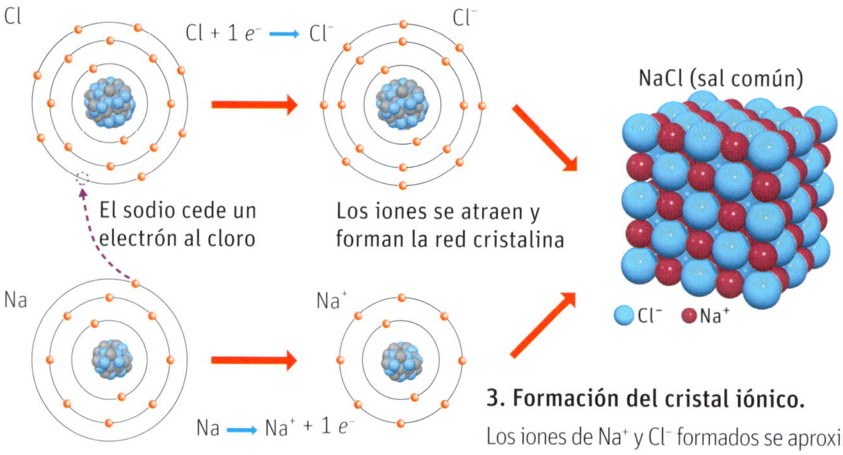

3. Formación del cristal iónico.

Los iones de Na^+ y Cl^- formados se aproximan creando una estructura de muchos iones Na^+ y Cl^- alternados.

$$Na^+(g) + Cl^-(g) \longrightarrow Na^+\,Cl^-(s)$$

El **enlace iónico** es una consecuencia de **las fuerzas electrostáticas** que ejercen los iones de carga opuesta en el cristal iónico.

Ten en cuenta

La fuerza que mantiene intensamente unidos los iones se determina por la **ley de Coulomb**:

$$F = k\frac{qq'}{r^2}$$

Esta fuerza, llamada electrostática, depende de la carga de los iones, q y q', y de la distancia entre los mismos, r.

Cuando los iones se unen para formar el cristal iónico, se libera la denominada **energía reticular**. Los iones se colocan tan próximos como les es posible e interaccionan con todos los iones vecinos. El número de iones de un signo que rodea a un ion de signo contrario recibe el nombre de índice de coordinación. En el caso del NaCl, el índice de coordinación del Na^+ es 6 y el del Cl^- también es 6.

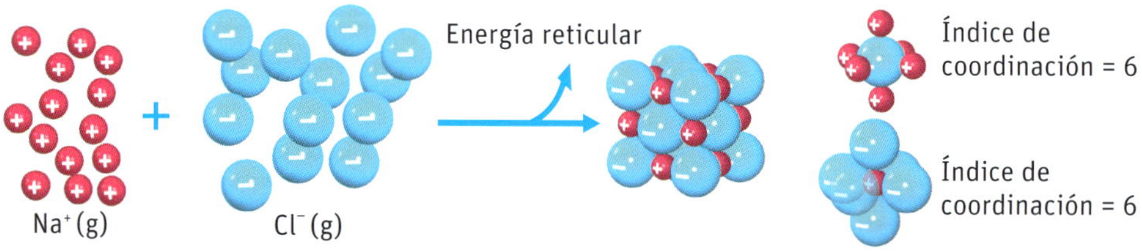

El proceso de formación del ion Na^+ requiere aportar energía para extraer el electrón; el proceso de formación del ion Cl^- desprende energía, aunque menos que la absorbida por el átomo de sodio. Por tanto, el proceso de transferencia solo puede producirse gracias a la energía liberada cuando se aproximan los iones formados y se forma el cristal iónico.

ACTIVIDADES

5. Representa las etapas de formación del óxido de aluminio a partir de los átomos de O (Z = 8) y de Al (Z = 13).

a) Formación de los iones Al^{3+} y de los iones O^{2-}.

b) Formación del cristal iónico Al_2O_3(s), ($2\,Al^{3+}$, $3\,O^{2-}$)(s).

Propiedades de los cristales iónicos

Las propiedades de los **compuestos iónicos** se explican en función de su estructura y de las intensas fuerzas eléctricas existentes entre los iones positivos y los negativos.

Propiedades	Justificación
Temperatura de fusión y ebullición	A temperatura ambiente, los compuestos iónicos son sólidos. Sus temperaturas de fusión y ebullición son **altas** o **muy altas**, debido a la gran intensidad de las fuerzas electrostáticas entre iones de carga opuesta.
Dureza	Los cristales iónicos suelen ser **duros** (cuesta rayarlos) debido a la gran intensidad de las fuerzas electrostáticas de atracción.
Fragilidad 	Los sólidos iónicos son **frágiles**. Si se aplica una fuerza sobre el material, las capas de los iones se deslizan y los de igual signo quedan enfrentados y se repelen, de modo que el cristal se rompe (no puede deformarse). 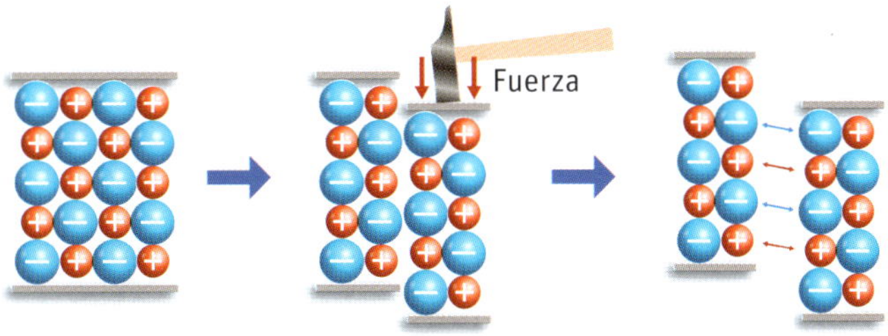
Solubilidad 	Muchos compuestos iónicos son **solubles en disolventes polares** como el agua. Las moléculas polares presentan separación de cargas, de forma que una parte de ellas es positiva y otra negativa. De este modo, en presencia de una sal, las moléculas polares del agua se disponen alrededor de los iones de la sal (proceso de solvatación) y ayudan a su dispersión. 
Conductividad eléctrica 	Los compuestos iónicos no conducen la electricidad en estado sólido debido a que los iones no pueden desplazarse, al ocupar posiciones fijas en la red. Por el contrario, sí conducen la electricidad en estado líquido o en disolución, pues en esos casos los iones tienen libertad para desplazarse. 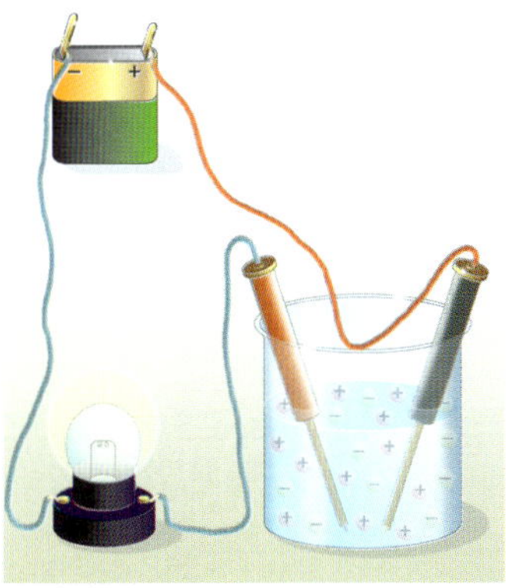

smSaviadigital.com **PRACTICA** › Propiedades de los compuestos iónicos

Te interesa saber

La **temperatura de fusión** del MgO (2852 °C) es muy superior a la del NaCl (801 °C), a pesar de que tienen la misma estructura cristalina y la distancia entre iones es similar en ambos.

Esto se debe a que cada ion del MgO (Mg^{2+} O^{2-}) tiene el doble de carga que los del NaCl (Na^{+} Cl^{-}). Entonces, tal como establece la **ley de Coulomb**:

$$F\,(\text{MgO}) = k\,\frac{qq'}{r^2} = k\,\frac{2e\cdot 2e}{r^2} = k\,\frac{4ee}{r^2}$$

$$F\,(\text{NaCl}) = k\,\frac{qq'}{r^2} = k\,\frac{ee}{r^2}$$

La fuerza de atracción será aproximadamente el cuádruple en el óxido de magnesio. En consecuencia, su temperatura de fusión será mayor.

ACTIVIDADES

6. Discute la veracidad o falsedad de las siguientes afirmaciones.

a) Los cristales iónicos conducen la electricidad.

b) Los compuestos iónicos forman moléculas.

c) Las temperaturas de fusión de los compuestos iónicos generalmente son elevadas.

7. ¿Qué expresa la fórmula del cristal iónico NaCl?

8. Indica cuál de las siguientes sustancias es previsible que tenga una mayor temperatura de fusión: CaO o K_2O. Justifica la respuesta en función del modelo electrostático de enlace iónico.

Nota: El ion calcio es más pequeño (r = 100 pm) que el ion potasio (r = 138 pm).

3 Enlace covalente

Figura 3.3. El hidrógeno es el combustible del futuro.

Hay moléculas, como la de H_2 (H: $1s^1$), en las que no sirve la explicación del modelo iónico para la formación de la molécula. Al combinarse dos átomos de hidrógeno, la cesión de un electrón de un átomo al otro no sería favorable energéticamente.

Modelo de Lewis

En 1916, Lewis sugirió que la molécula de H_2 podría formarse gracias a la compartición de un electrón de valencia de cada átomo (**modelo de Lewis**), completando así ambos su capa de valencia. Este es el modelo del **enlace covalente**.

H: $1s^1$

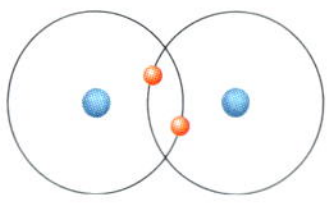

H_2

F: $1s^2\ 2s^2\ 2p^5$

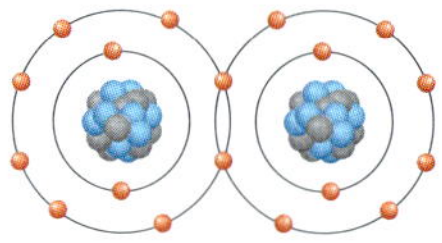

F_2

Para simplificar la representación, Lewis propuso esta notación (**diagrama de Lewis**), en la que se representa el símbolo del elemento y alrededor de este se dibujan sus electrones de valencia, en pareja o aislados, mediante puntos o guiones (solo para parejas):

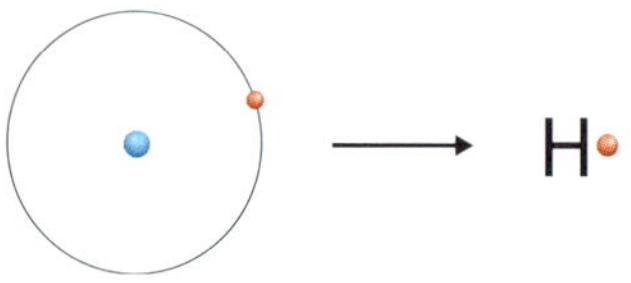

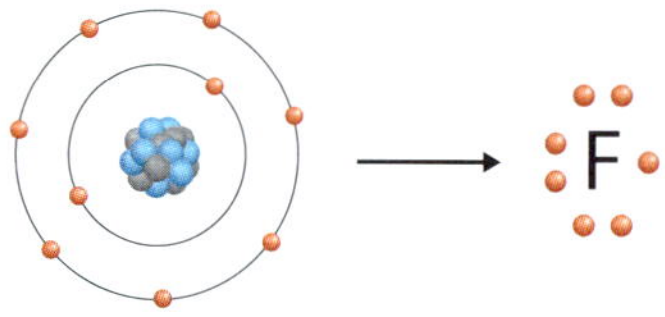

El **enlace covalente** entre dos átomos se origina cuando estos comparten electrones, completando su capa de valencia a 2 o a 8 e^- (**regla del octeto**). Cada par de electrones compartido se considera un **enlace** y se representa con un guión largo.

Dibuja los diagramas de Lewis

2. Dibuja los diagramas de Lewis de las siguientes moléculas.

a) Cl_2 b) H_2O c) NH_3

SOLUCIÓN

a) El Cl tiene 7 e^- en su última capa. Cada átomo de Cl comparte 1 e^- con el otro, alcanzando así ambos un octeto.

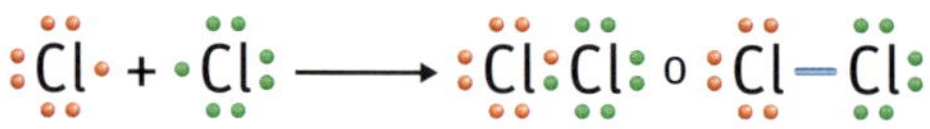

b) El O tiene 6 e^- en su última capa, mientras que el H tiene 1 e^-. El O comparte 1 e^- con cada átomo de H y así queda rodeado de 8 e^- y cada H de 2 e^-.

c) El N tiene 5 e^- en su última capa, de modo que compartiendo 1 e^- con cada átomo de H, consigue completar su octeto y cada H se rodea de 2 e^-.

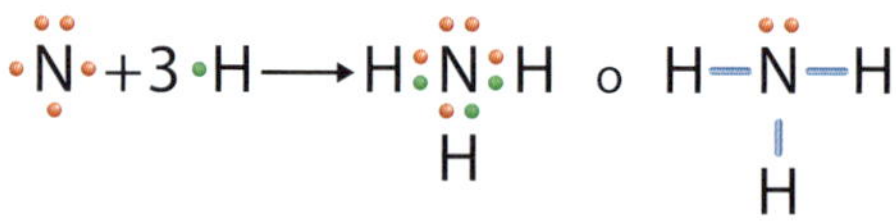

Para saber más

Los pares de e^- que forman un enlace se denominan **pares compartidos** o **enlazantes**, y los que no forman enlace, pares solitarios o **no enlazantes**.

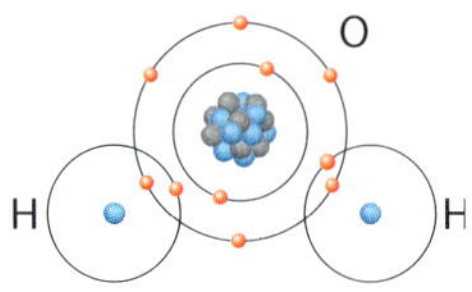

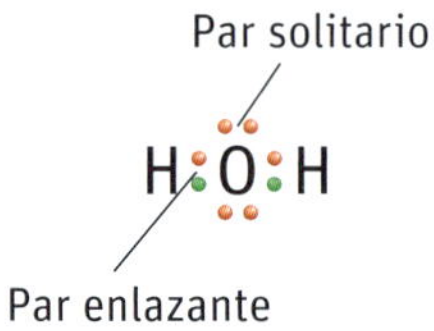

ACTIVIDADES

9. La siguiente estructura corresponde a un halógeno:

$1s^2\ 2s^2\ 2p^5$

a) ¿De qué elemento se trata?

b) ¿Cuántos electrones ha de ganar o perder para cumplir la regla del octeto? ¿A qué ion dará lugar?

c) ¿Cuál es la configuración electrónica del elemento que lo precede en la tabla periódica? ¿Cuál es la configuración del elemento que tiene debajo?

Enlaces sencillos, dobles y triples

En algunos casos, para conseguir un octeto, es preciso que los átomos compartan más de un par de electrones, originando enlaces dobles o triples.

Tipo de enlace	N.° de pares de e^- compartidos	Ejemplo
Sencillo	1	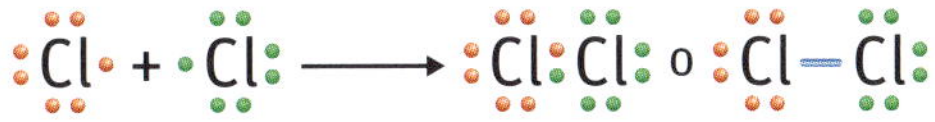
Doble	2	
Triple	3	

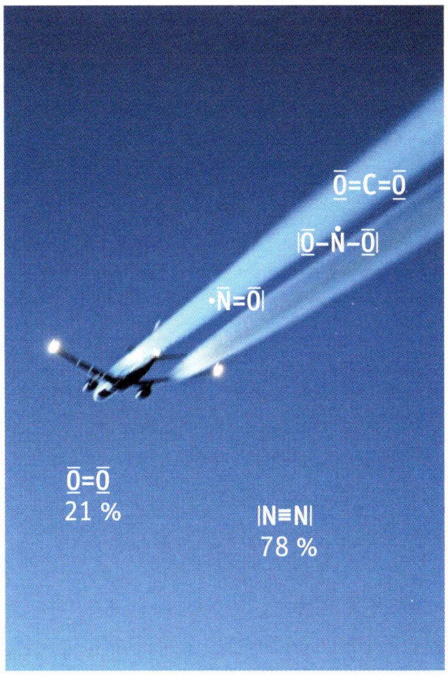

Figura 3.4. Estamos rodeados de moléculas con dobles y triples enlaces en el aire.

Excepciones a la regla del octeto

No todos los átomos que establecen enlaces covalentes entre ellos, formando moléculas, cumplen la regla del octeto.

Ejemplos de moléculas que no cumplen la regla		
Átomos de los elementos del segundo período, como el Be y el B, no completan sus octetos y forman moléculas deficitarias en electrones, como el $BeCl_2$ o el BF_3. 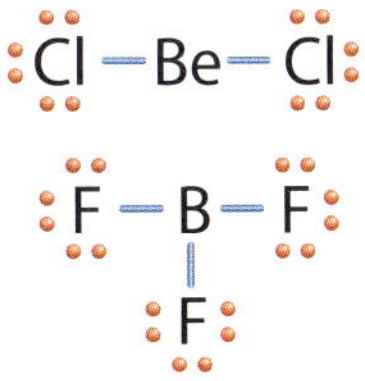	Átomos de los elementos del tercer período y posteriores se pueden rodear de más de 8 electrones (octetos expandidos). Así, en el PF_5, el P queda rodeado de 10 electrones. 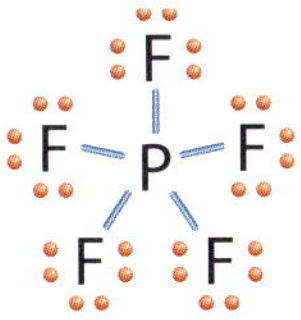	No se completan algunos octetos en moléculas con un número impar de electrones. Se trata de **radicales**, como las moléculas de NO y NO_2. Suelen ser especies muy reactivas. 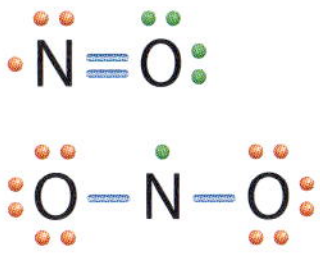

En la Web

Construye una molécula.

www.e-sm.net/svfq4eso03_01

Dibuja los diagramas de Lewis de moléculas con enlaces dobles y triples

3. **Dibuja los diagramas de Lewis de las siguientes moléculas.**

a) CO_2 b) HCN

SOLUCIÓN

a) El C tiene 4 e^- en su última capa y el O tiene 6. Por tanto, el C puede establecer dos enlaces dobles, uno con cada átomo de O. El C ocupará la posición central:

Observa este otro modo de representar los pares de electrones no enlazantes.

|O=C=O|

b) Se escoge el C como átomo central porque es el que más cantidad de enlaces covalentes puede formar. Por tanto, una estructura que satisface la regla del octeto es:

H−C≡N|

ACTIVIDADES

10. Dibuja y explica el diagrama de Lewis para las moléculas H_2S y CH_4. Indica qué pares de electrones son enlazantes y cuáles solitarios.

11. Represente el diagrama de Lewis del SF_6 y justifica si se cumple la regla del octeto en esta molécula.

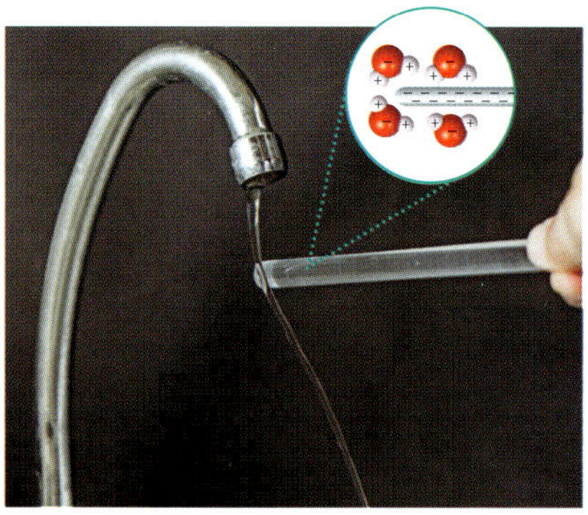

Figura 3.5. Moléculas del agua atraídas por la varilla.

Polaridad del enlace covalente

EXPERIMENTA

Si acercamos a un chorro de agua una barra de vidrio cargada eléctricamente (fig. 3.5), observamos cómo el chorro se acerca a la barra, es decir, las moléculas de agua son atraídas por la varilla. ¿A qué crees que es debido?

Las moléculas de agua son polares (tienen exceso de carga + en un extremo y de carga – en el otro, a pesar de ser globalmente neutras). Así, las moléculas de agua se orientan de tal forma que su parte positiva es atraída por la varilla, cargada negativamente.

Enlace covalente polar

Si en un enlace uno de los átomos es más electronegativo que el otro, el par de e^- compartido es atraído por el átomo más electronegativo, generándose así un dipolo. En el ejemplo, el cloro desplaza hacia sí los e^- compartidos y adquiere un exceso de carga negativa, $\delta-$, mientras que el hidrógeno adquiere un exceso de carga positiva, $\delta+$.

Figura 3.6. Enlace covalente polar de una molécula de HCl.

Enlace covalente apolar

Al formarse un enlace entre átomos iguales, como el Cl–Cl, el par de e^- es compartido de forma equivalente, ya que ambos átomos presentan la misma electronegatividad. En este caso, la distribución de e^- es simétrica y no hay polaridad.

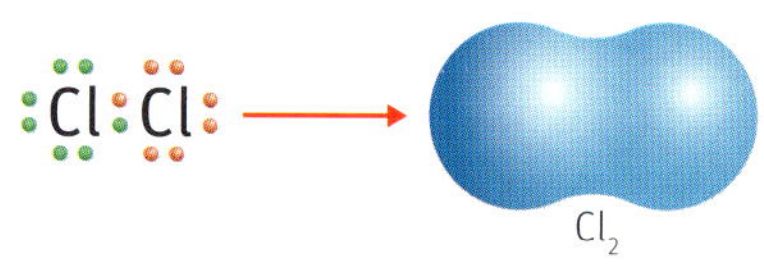

Figura 3.7. Enlace covalente apolar de una molécula de Cl_2.

A medida que se incrementa la diferencia de electronegatividad de los átomos enlazados, aumenta la **polaridad del enlace**. El caso extremo sucede cuando la transferencia del electrón es total y se produce el enlace iónico.

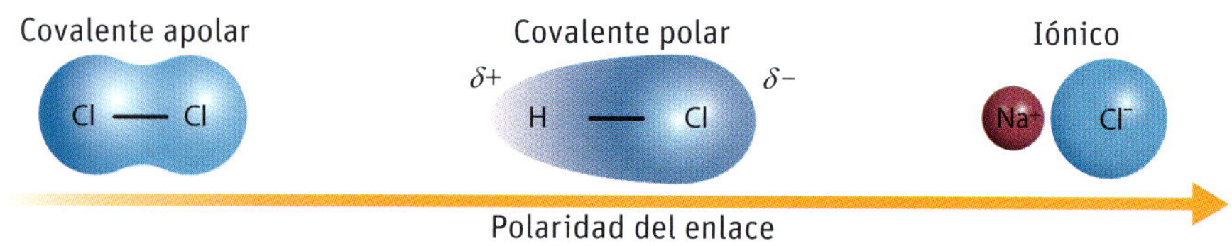

Figura 3.8. En el enlace iónico, los e^- del enlace pertenecen al átomo más electronegativo.

Ten en cuenta

La **electronegatividad** es la tendencia que tiene un átomo a atraer hacia sí los electrones del enlace que está formando con otro. Si los átomos fueran dos chicos que tiran de una cuerda, esta representaría los electrones de enlace.

Generalmente, la electronegatividad crece al avanzar hacia la derecha en un período de la tabla periódica y decrece al bajar en un grupo. Así, el cloro es más electronegativo que el hidrógeno y "tiraría más de la cuerda".

Predice la geometría de las moléculas

4. **Predice la geometría de las siguientes moléculas atendiendo a la polaridad.**

a) H_2O (polar) b) CO_2 (apolar)

SOLUCIÓN

a) La molécula de H_2O es polar. Al oxígeno le quedan dos pares de e^- solitarios. La repulsión entre ellos y con los pares enlazantes hace que su geometría sea angular.

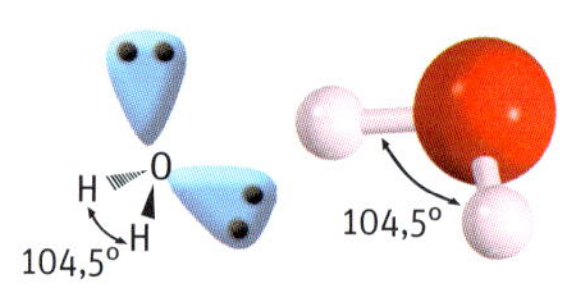

b) La composición de la molécula de CO_2 es parecida a la del H_2O. Sin embargo, al átomo de carbono no le quedan pares de e^- solitarios, por lo que la molécula es lineal y, debido a su simetría, apolar.

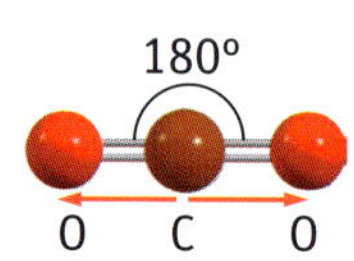

Propiedades de las sustancias moleculares y covalentes reticulares

Las sustancias que presentan enlaces covalentes pueden tener estructura molecular o reticular. La mayoría de los compuestos con enlaces covalentes son moleculares, es decir, los átomos se combinan formando moléculas. Sin embargo, los sólidos covalentes atómicos, también denominados sólidos covalentes reticulares, forman estructuras gigantes.

Sustancias moleculares	Sólidos covalentes reticulares	
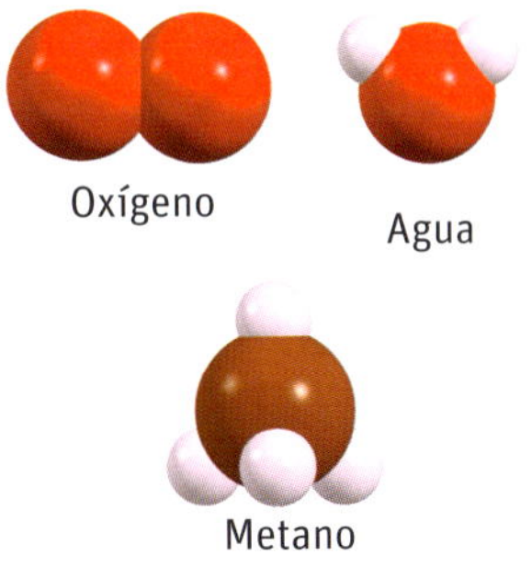	El grafito y el diamante están formados por átomos de carbono, pero tienen propiedades muy diferentes.	
	 Blando y conduce	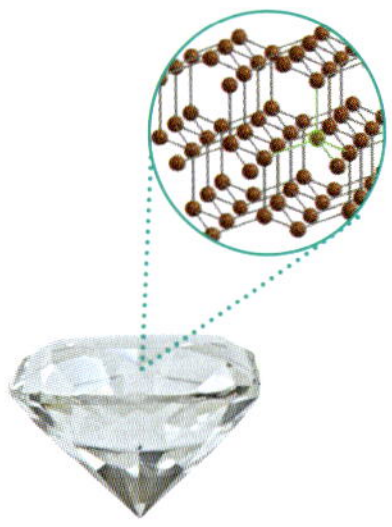 Duro y no conduce
En las sustancias moleculares, los enlaces intramoleculares son muy fuertes, ya que son covalentes, mientras que las interacciones entre moléculas (fuerzas intermoleculares) son menos intensas. Ejemplos: O_2, H_2O, CH_4.	En el **grafito**, cada carbono establece tres enlaces covalentes, formando capas bidimensionales. El cuarto e^- es el responsable de la unión entre capas y de la conductividad eléctrica. Cada una de estas capas forma el **grafeno**.	En el **diamante**, cada carbono se une a otros cuatro mediante enlaces covalentes, con geometría tetraédrica, formando una estructura tridimensional. Al no tener electrones libres, no conduce la electricidad.

smSaviadigital.com PRACTICA
Propiedades de los compuestos moleculares.

Las propiedades de estos tipos de sustancias son muy diferentes.

Propiedades	Sustancias moleculares	Sólidos covalentes reticulares (excepto grafito)
Temperatura de fusión	Las temperaturas de fusión son **bajas** porque las fuerzas intermoleculares son débiles. Crecen al aumentar el número de electrones o la polaridad de las moléculas.	Son **altas** debido a que hay que romper los enlaces covalentes, que son muy fuertes.
Dureza	Son sustancias **blandas** (se pueden rayar fácilmente).	Son **muy duros**, por la gran fuerza de los enlaces covalentes, que hace muy difícil separar los átomos.
Fragilidad	Son **frágiles** (se rompen fácilmente con los golpes), puesto que las moléculas se pueden separar fácilmente.	Presentan **alta fragilidad**, por el carácter direccional del enlace covalente.
Conductividad eléctrica	**No son conductores** al no tener cargas que puedan desplazarse, pues los electrones están fuertemente unidos a los núcleos.	La conductividad es **baja**, debido a la nula movilidad de los electrones de valencia localizados en los enlaces covalentes.

ACTIVIDADES

12. En 1985 se descubrió una nueva estructura de carbono similar a un balón de fútbol, el C_{60}. A esta estructura y sus derivadas se les dio el nombre de fullerenos, en honor del arquitecto Richard B. Fuller.

Busca información sobre los fullerenos y los nanotubos.

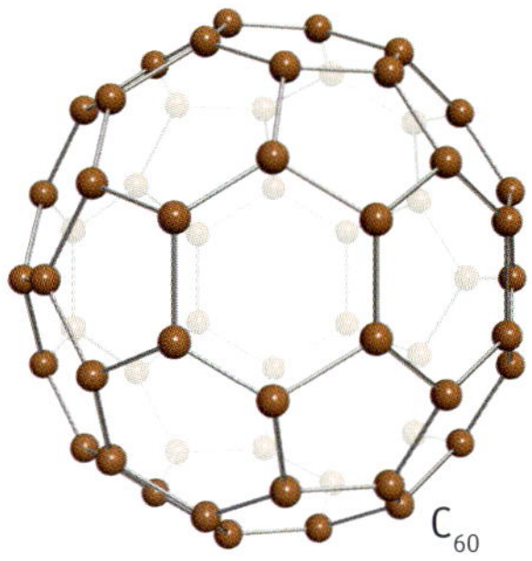
C_{60}

4 Fuerzas intermoleculares y enlaces de hidrógeno

Figura 3.9. La condensación y la congelación de las sustancias muestran que existen fuerzas entre las moléculas.

En muchas ocasiones, los cristales se empañan cuando baja la temperatura (fig. 3.9). Este efecto está provocado porque el vapor de agua, al enfriarse, se condensa (pasa a estado líquido) sobre la superficie fría del cristal, lo que pone de manifiesto la existencia de fuerzas atractivas entre sus moléculas, llamadas **fuerzas intermoleculares**.

Existen dos tipos fundamentales de fuerzas intermoleculares: las **fuerzas dipolo-dipolo** y las **fuerzas de dispersión**. Además, determinadas moléculas pueden establecer entre ellas **enlaces de hidrógeno**.

Fuerzas dipolo-dipolo

Se producen entre moléculas polares y se deben a la atracción entre los dipolos eléctricos que constituyen estas moléculas. La parte positiva ($\delta+$) de una de ellas debe estar próxima a la parte negativa ($\delta-$) de otra.

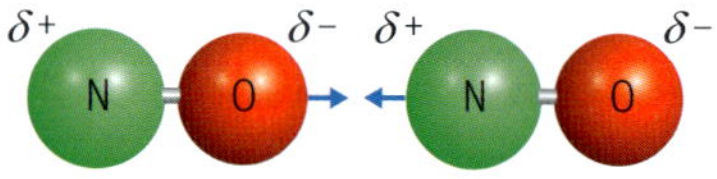

Figura 3.10. Fuerzas dipolo-dipolo entre moléculas de NO.

> Las **fuerzas dipolo-dipolo** son fuerzas intermoleculares que se establecen entre la parte positiva del dipolo de una molécula y la parte negativa del dipolo de otra.

Fuerzas de dispersión

Hay moléculas que, a pesar de no ser polares, presentan un desplazamiento instantáneo de la carga eléctrica que rodea los núcleos positivos de la molécula, convirtiendo esta momentáneamente en polar y formando un dipolo instantáneo (fig. 3.12). Este es el caso de moléculas apolares como $F_2(g)$, $H_2(g)$, $O_2(g)$,...

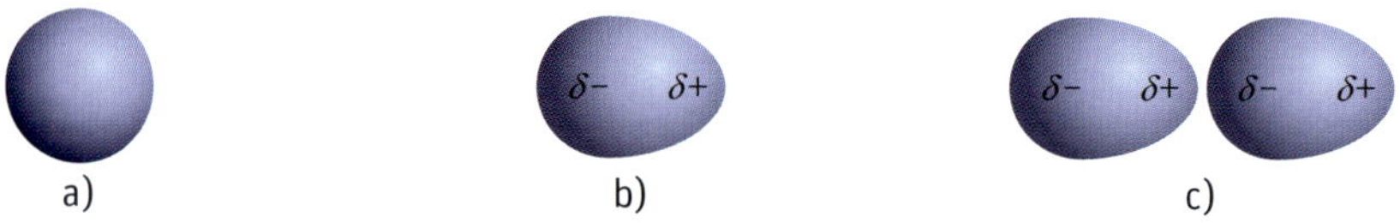

Figura 3.12. a) Una molécula no polar que tiene distribución de carga simétrica. **b)** Como consecuencia del movimiento incesante de la carga electrónica, se produce un dipolo instantáneo. **c)** El dipolo instantáneo de la izquierda induce una separación de carga en la otra molécula y produce una atracción dipolo-dipolo instantáneo.

Las fuerzas de dispersión se dan tanto en moléculas apolares como en polares; en cambio, las fuerzas dipolo-dipolo se dan solo en las polares.

> Las **fuerzas de dispersión** se deben al desplazamiento que sufren los electrones. Su intensidad depende del tamaño de la nube electrónica (número de e^-), ya que cuanto mayor sea esta, mayor será la separación de cargas y, en consecuencia, mayor será la temperatura de ebullición de la sustancia.

Comparación de puntos de ebullición

5. Predice qué sustancia tendrá la temperatura de ebullición más alta, el Kr (Z = 36) o el Ne (Z = 10).

SOLUCIÓN

Estos elementos son gases nobles y, por tanto, apolares. Por eso no presentan fuerzas dipolo-dipolo. Como las fuerzas de dispersión son más intensas al aumentar el número de e^-, el Kr (Z = 36) tendrá una T de ebullición mayor que el Ne (Z = 10).

Ten en cuenta

Las fuerzas intermoleculares dan lugar a gases, a líquidos o a sólidos de bajos puntos de fusión. Así, en condiciones ambientales, el F_2 y el Cl_2 se presentan en estado gaseoso, mientras que el Br_2 es líquido y el I_2 es sólido. Esto se debe a que las fuerzas intermoleculares crecen al aumentar el número de electrones de las moléculas de las sustancias.

Figura 3.11. Muestras de cloro, bromo y yodo.

ACTIVIDADES

13. Clasifica las siguientes sustancias en orden creciente de temperatura de ebullición. Justifica en cada caso tu respuesta.

a) $N_2(g)$, $NO(g)$, $O_2(g)$

b) $CCl_4(l)$, $Cl_2(g)$, $HCl(g)$, $N_2(g)$

14. ¿Por qué la temperatura de ebullición del oxígeno líquido (−183 °C) es más alta que la del nitrógeno líquido (−196 °C)?

Enlaces de hidrógeno

Los **enlaces de hidrógeno** se forman cuando un átomo de H está unido a un átomo muy electronegativo y de pequeño tamaño como F, O o N.

Un átomo de H que está polarizado positivamente (δ+) por un átomo de F, O o N (con el que forma enlace covalente en una molécula) y es atraído simultáneamente por un átomo de F (δ−), O (δ−) o N (δ−) de una molécula vecina, establece con este último una interacción más fuerte que las del tipo dipolo-dipolo, el enlace de hidrógeno. Esto explica el elevado punto de ebullición de estos compuestos en comparación con los de compuestos análogos.

En la Web
Enlaces de hidrógeno.
www.e-sm.net/svfq4eso03_02

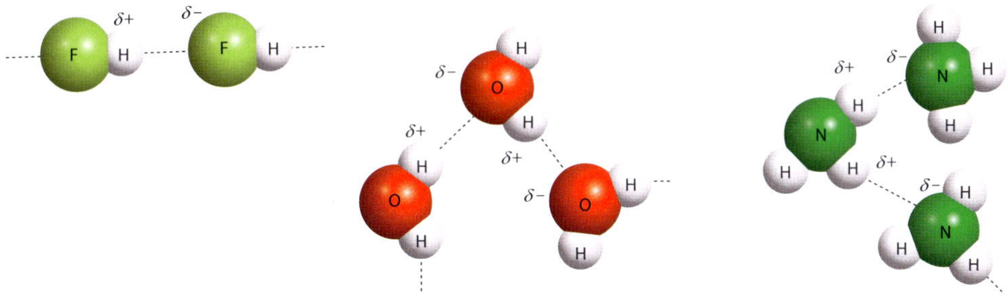

Figura 3.13. Enlaces de hidrógeno en el HF, H_2O y NH_3, representados por una línea de puntos.

OBSERVA

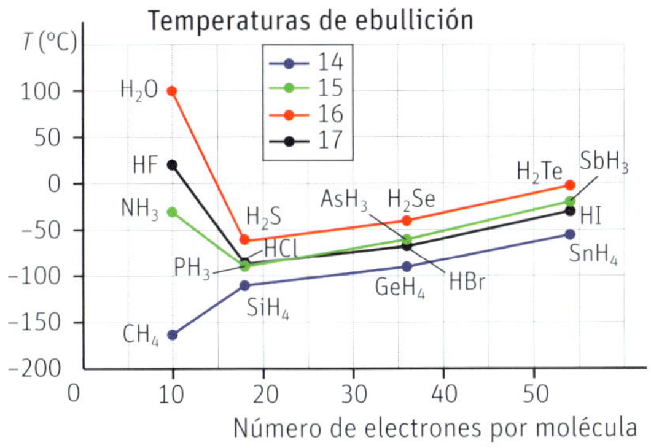

En la gráfica se representan los puntos de ebullición de los compuestos formados por el H y los elementos de los grupos 14, 15, 16 y 17 de la tabla periódica. En la serie del grupo 14, el punto de ebullición aumenta con el número de e^- de la molécula, tal y como cabría esperar.

En las otras series, el H_2O, el HF y el NH_3 presentan una *T* de ebullición muy superior a la que les correspondería. Esto se debe a que en estas tres moléculas interviene un tipo especial de interacción intermolecular, el enlace de hidrógeno.

El hielo es un sólido molecular muy especial. Cuando una sustancia pasa de estado líquido a sólido, las moléculas se agrupan más, por lo que la densidad aumenta. Sin embargo, en el agua no ocurre lo mismo. Por eso, el hielo flota por encima del agua líquida.

ACTIVIDADES

15. ¿Por qué el etanol (CH_3CH_2OH) es soluble en agua?

16. La temperatura de ebullición del etano (CH_3CH_3) es de −89 °C, mientras que la del etanol (CH_3CH_2OH) es de 78,4 °C. ¿Cuál de los dos presenta enlaces de hidrógeno?

17. Clasifica por orden creciente de temperatura de ebullición las sustancias NH_3, H_2O, HF y CH_4. Justifica tu respuesta.

5 Enlace metálico

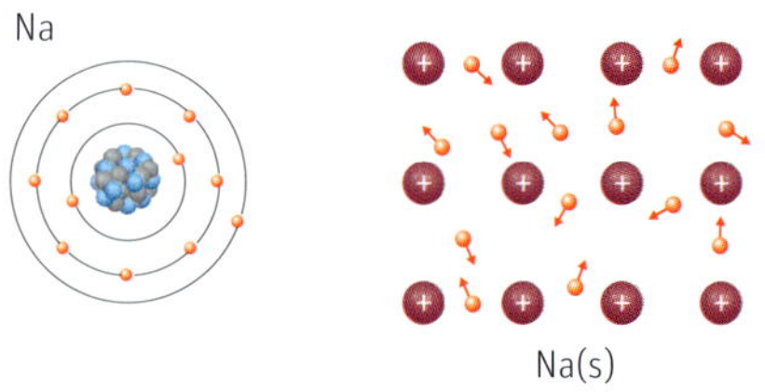

Figura 3.14. Los **electrones de valencia** del metal son los electrones libres que se sitúan alrededor de los iones de forma deslocalizada.

Los metales se caracterizan por estar formados por átomos con pocos electrones de valencia (fig. 3.14). ¿Cómo puede explicarse entonces que puedan formar un enlace tan fuerte con tan pocos electrones? ¿Cómo pueden ser tan buenos conductores?

El modelo de la nube electrónica

El **modelo de la nube electrónica** del enlace metálico describe el metal sólido como una red cristalina de iones positivos inmersos en un "mar" de electrones de valencia.

Los electrones están deslocalizados por el cristal formando una nube (fig. 3.14). La intensa **atracción electrostática** entre los iones positivos y los electrones genera un enlace fuerte. Además, la **movilidad** de los electrones de valencia hace de los metales excelentes conductores del calor y la electricidad.

Ten en cuenta

Los metales sólidos se encuentran formando cristales metálicos, es decir, redes en las que cada punto reticular está ocupado por un átomo del mismo metal.

Figura 3.15. Estructura cristalina de los metales.

Propiedades de los metales

Propiedades	Justificación
Densidad	Excepto los alcalinos, presentan **alta densidad**, debido al eficaz empaquetamiento de los átomos en su estructura.
Temperatura de fusión	Excepto los alcalinos, tienen una **temperatura de fusión alta**, debido a la fuerte atracción entre los iones positivos y los electrones de valencia deslocalizados, que mantiene unidos los iones.
Dureza	La dureza es variable (baja en los alcalinos y alta en el hierro y otros).
Ductilidad y maleabilidad	Son **muy dúctiles y maleables**, ya que no existen enlaces rígidos o direccionales, de modo que al deformar el metal, los electrones libres se recolocan con facilidad. 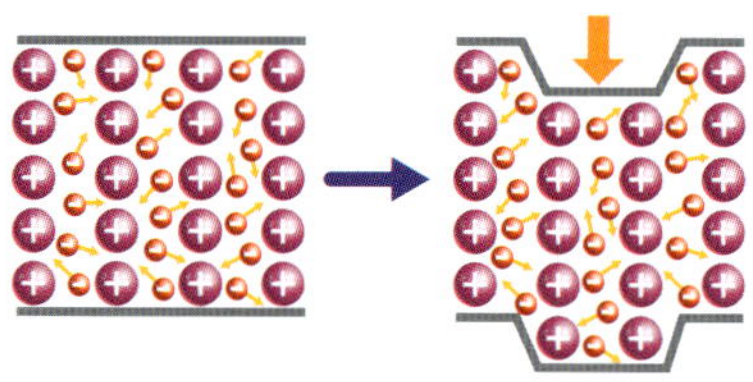
Conductividad eléctrica	Presentan una **alta conductividad eléctrica**, debido a la gran movilidad de los electrones externos. 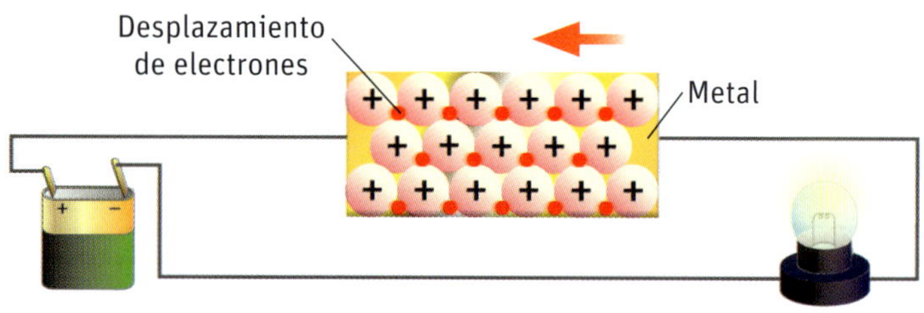
Solubilidad	Son **insolubles**, ya que la alta intensidad del enlace metálico impide la separación de los átomos en contacto con las moléculas del disolvente.
Aspecto	Presentan **brillo metálico** por su gran capacidad de reflejar la luz, debido a la deslocalización y movilidad de los electrones.

ACTIVIDADES

18. Justifica el hecho de que, en general, la resistencia eléctrica de un conductor metálico aumente con la temperatura.

smSaviadigital.com PRACTICA > Propiedades de los metales

6 Las sustancias y sus enlaces

La naturaleza del enlace puede ser iónica, covalente (en moléculas o en estructuras reticulares) o metálica. También puede ser debida a fuerzas intermoleculares o enlaces de hidrógeno.

Tipo de sustancia		Partículas estructurales	Interacción entre partículas	Propiedades de las sustancias en estado sólido	Ejemplos de sustancia
Iónica 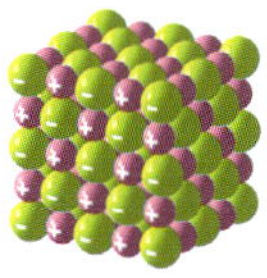		Cationes y aniones	Enlace iónico	• Duros pero frágiles. • Temperaturas de fusión altas o muy altas. • No conducen la electricidad en estado sólido, pero sí en estado líquido. • Muchos son solubles en disolventes polares.	NaCl, MgO 
Molecular	No polar 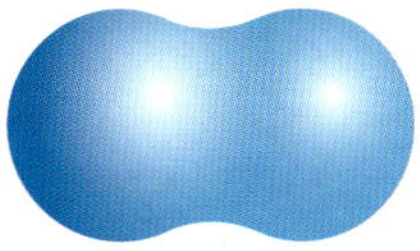	Átomos o moléculas no polares	Fuerzas de dispersión	• Blandos. • Temperaturas de fusión extremadamente bajas o moderadas (dependiendo del número de electrones). En algunos casos, subliman. • Solubles en algunos disolventes no polares.	Ar, O_2, I_2, S_8, CO_2, CCl_4 
	Polar 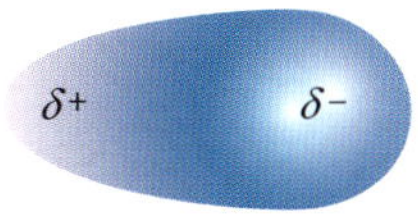	Moléculas polares	Fuerzas de dispersión y fuerzas dipolo-dipolo	• Blandos. • Temperaturas de fusión bajas o moderadas. • Solubles en algunos disolventes polares.	HCl, $CHCl_3$, H_2SO_4 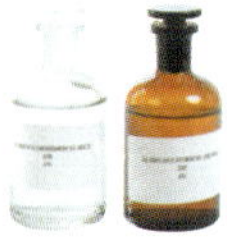
	Enlace de hidrógeno 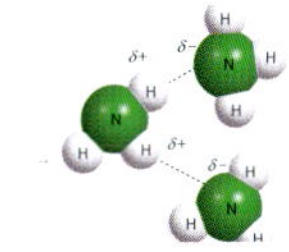	Moléculas con un átomo de H interaccionando con N, O o F de otra molécula	Fuerzas de dispersión, fuerzas dipolo-dipolo y enlaces de hidrógeno	• Blandos. • Temperaturas de fusión bajas o moderadas. • Solubles en algunos disolventes polares.	H_2O, NH_3, HF 
Covalente reticular 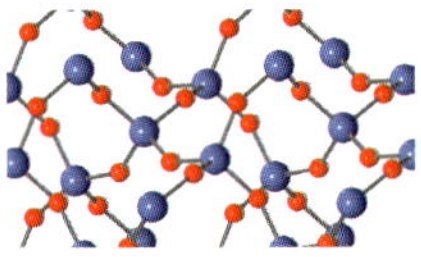		Átomos	Enlaces covalentes	• Muy duros (menos el grafito) pero frágiles. • Temperaturas de fusión muy altas. • Excepto el grafito, no conducen la electricidad. • Insolubles en todo tipo de disolventes.	diamante, grafito, SiO_2 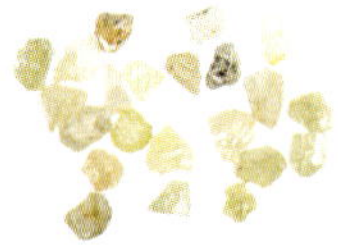
Metálica 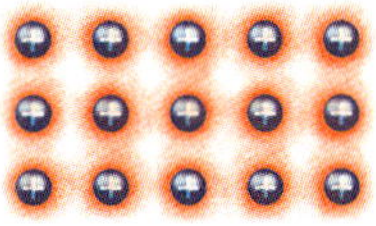		Cationes con electrones deslocalizados	Enlace metálico	• La dureza varía de baja (metales alcalinos) a alta. • Las temperaturas de fusión varían de bajas (alcalinos) a muy altas. • Dúctiles y maleables. • Conducen muy bien el calor y la electricidad. • Insolubles en todo tipo de disolventes.	Na, Mg, Al, Fe, Ag, Au 

ACTIVIDADES

19. ¿A qué tipo de sustancia pertenece cada una de las descritas a continuación?

Sustancia	Temperatura de fusión	Conductividad eléctrica	
		en estado sólido	en estado líquido
A	600 °C	Sí	Sí
B	800 °C	No	Sí

En la Web

La estructura de los cristales.

www.e-sm.net/svfq4eso03_03

Repasa lo aprendido

1 ¿Qué es un enlace químico? ¿Por qué se enlazan los átomos?

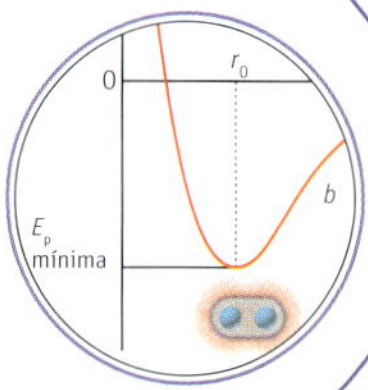

- El **enlace químico** es la unión de átomos para formar un sistema estable.
- La energía desprendida en el proceso de formación se llama **energía de enlace** y es igual en valor absoluto a la energía necesaria para separar los átomos unidos.

2 ¿Qué tipos de sólidos conoces?

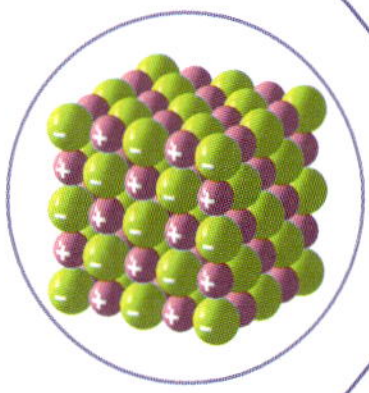

- Los **sólidos** tienen propiedades muy diferentes según el **tipo de interacción** que presentan sus partículas.
- Así, en el cloruro de sodio, el diamante, el cobre y el azufre, los átomos, iones o moléculas se mantienen unidos de formas muy distintas, lo que confiere propiedades muy diferentes a estos sólidos.

3 ¿Por qué se disuelve bien la sal común en agua?

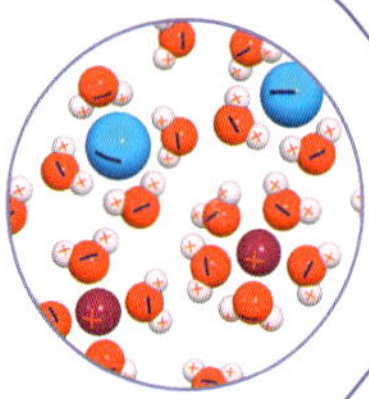

- Muchos compuestos iónicos son **solubles en disolventes polares** como el agua.
- Las moléculas polares presentan separación de cargas (tienen una parte positiva y otra negativa).
- En presencia de una sal, las moléculas polares del agua se disponen alrededor de los iones de esta (proceso de solvatación).

4 ¿Qué tipos de sustancias covalentes existen?

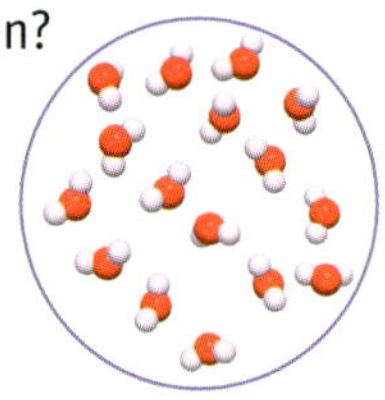

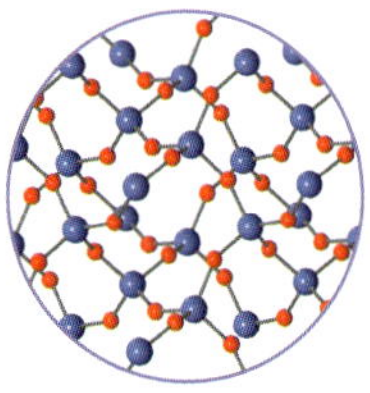

- Las **sustancias con enlaces covalentes** pueden presentar **estructura molecular** o **reticular**.
- La mayoría de las sustancias con enlaces covalentes son moleculares, es decir, los átomos se combinan formando moléculas.
- Sin embargo, los sólidos covalentes atómicos, también denominados sólidos covalentes reticulares, son estructuras gigantes.

5 ¿Por qué es tan alta la temperatura de ebullición del agua?

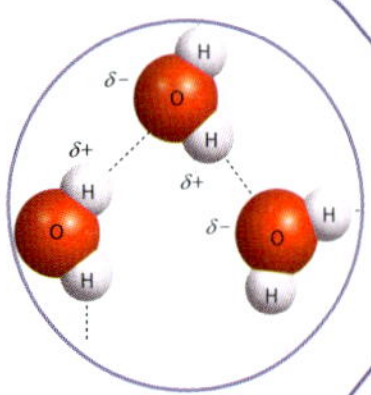

- El H_2O, el HF y el NH_3 (entre otras sustancias) tienen temperaturas de ebullición muy superiores a las que les corresponderían.
- Esto se debe a que en estas tres moléculas interviene un tipo especial de interacción intermolecular, el **enlace de hidrógeno**.

6 ¿Por qué los metales son conductores de la electricidad?

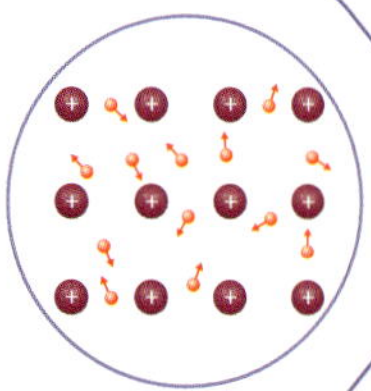

- Los metales presentan una **alta conductividad eléctrica** debido a la gran movilidad de los electrones externos.

smSaviadigital.com VALORA LO APRENDIDO > Resumen de la unidad

Procedimientos de la ciencia

Clasificación de las sustancias en función de su conductividad eléctrica

La clasificación de las sustancias en función de su conductividad se basa en estudiar su comportamiento frente a la corriente eléctrica. En estado sólido, solo conducen la corriente los metales y el grafito; en estado líquido, los metales y las sustancias iónicas en disolución, los electrolitos, que son las sustancias que producen iones al disolverse.

Vamos a evaluar la conductividad de diferentes sólidos, así como de ciertos líquidos. Después prepararemos algunas mezclas y observaremos si son conductoras. De este modo podremos determinar el carácter metálico, iónico o molecular de los sólidos, así como si se comportan como electrolitos en disolución.

1 TOMA DE DATOS

1. **Sólidos.** Sitúa porciones de los siguientes sólidos en cápsulas de porcelana y ponlos en contacto con los electrodos del conductímetro. Anota si hay paso de corriente.

Sal común	Azúcar	Azufre	Cobre	Sulfato de cobre(II)
●●●	●●●	●●●	●●●	●●●

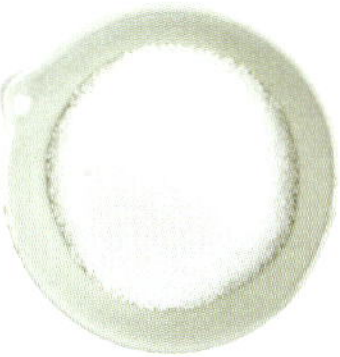

2. **Líquidos.** Pon agua destilada y etanol en vasos de 100 mL y comprueba si conducen la corriente o no. Después añade unas gotas de HCl (aq, 1 mol/L) a los dos vasos y comprueba su conductividad. Anota en tu cuaderno los datos.

Agua destilada	Etanol	Agua + HCl (aq)	Etanol + HCl (aq)
●●●	●●●	●●●	●●●

3. **Sólidos + líquidos.** Prepara nuevamente vasos de 100 mL con las mezclas que se proponen a continuación y comprueba su conductividad. Anota tus observaciones en tu cuaderno.

Sal + agua	Azúcar + agua	Sulfato de cobre(II) + agua	Azufre + etanol
●●●	●●●	●●●	●●●

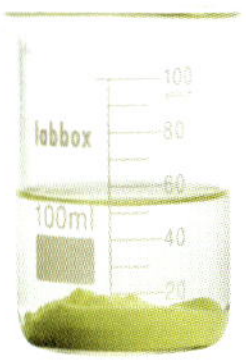

2 TRATAMIENTO DE LOS RESULTADOS

A partir de la investigación realizada, clasifica en tu cuaderno las sustancias estudiadas en los siguientes grupos (algunas pueden aparecer en varios grupos):

Metales	Sólidos iónicos	Sólidos moleculares	Electrolitos	No electrolitos
●●●	●●●	●●●	●●●	●●●

ACTIVIDADES

20. ¿Por qué conducen la corriente eléctrica los electrolitos? ¿Y los metales?

21. ¿Qué tipo de interacciones presentan las partículas de cada uno de los sólidos estudiados en esta experiencia?

22. ¿Por qué la bombilla del montaje se ilumina fuertemente en el agua con HCl(aq) y débilmente en el etanol con HCl(aq)? Describe qué ocurre en cada uno de los vasos de precipitados con mezclas de sólidos y líquidos cuando se introducen los electrodos cargados.

Actividades

Enlace químico

23. ¿Qué tipo de sólidos pueden formar las sustancias en función de las interacciones que presentan sus átomos o sus moléculas? Justifica tu respuesta.

24. El enlace covalente en la molécula de nitrógeno, N_2, es mucho más fuerte que en la molécula de oxígeno, O_2.

Dibuja de forma aproximada la gráfica de energía potencial frente a la distancia entre átomos para cada molécula e indica en cada gráfica la energía potencial mínima y la longitud de enlace.

25. La siguiente estructura corresponde a un elemento alcalino.

n	1	2		3		
X	$1s^2$	$2s^2$	$2p^6$	$3s^1$		

a) ¿De qué elemento se trata?

b) ¿Cumplirá la regla del octeto ganando o perdiendo electrones? ¿A qué ion dará lugar?

Enlace iónico

26. Realiza las siguientes acciones.

a) Según la posición de los elementos en la tabla periódica, dibuja el diagrama de Lewis de cada uno de los átomos marcados en rojo.

b) Basándote en la regla del octeto, predice la carga del ion más probable de cada elemento.

c) Escribe la fórmula de cada ion y nómbralo.

d) Representa el diagrama de Lewis de cada uno de los iones anteriores.

27. ¿En cuáles de las siguientes especies químicas los elementos se encuentran en forma de iones? Justifica tu respuesta.

$KCl(s)$ $CO(g)$ $F_2(g)$ $Ne(g)$ $MgO(s)$

28. Predice razonadamente la fórmula del compuesto iónico que forma cada uno de los pares de elementos siguientes.

a) Na y F

b) Ca y O

c) Al y O

d) Na y S

29. Explica la frase: "La fórmula LiCl no representa una unidad molecular, sino que la proporción de iones cloruro a iones litio en el compuesto es 1:1".

30. Los diagramas de Lewis de cuatro átomos A, B, C y D son los siguientes:

a) Indica a qué grupo de la tabla periódica pertenece cada uno de los elementos.

b) ¿Cuáles de ellos es frecuente que formen iones? En estos casos, ¿cuál será la carga del ion correspondiente?

c) ¿Qué tipo de compuesto cabe esperar que formen los elementos A y C?

d) ¿Cuál sería la fórmula de ese compuesto?

31. ¿Cuáles de las siguientes especies químicas están presentes en un cristal de $CaCl_2$? Explica por qué.

a) Iones Ca^+

b) Moléculas $CaCl_2$

c) Iones Ca^{2+}

d) Iones Cl_2^-

e) Iones Cl^-

32. El cloruro de potasio funde a 770 °C, hierve a 1437 °C, es duro pero frágil, es soluble en agua y no conduce la corriente eléctrica en estado sólido, pero sí en estado líquido. ¿Qué tipo de sólido es?

Justifica sus propiedades en función del modelo de sólido escogido.

33. Describe mediante ecuaciones químicas la formación del fluoruro de calcio, $CaF_2(s)$, a partir de los átomos de calcio y de flúor, a través de las siguientes etapas:

I) Formación de los iones Ca^{2+}.

II) Formación de los iones fluoruro.

III) Formación del cristal iónico de fluoruro de calcio, $CaF_2(s)$.

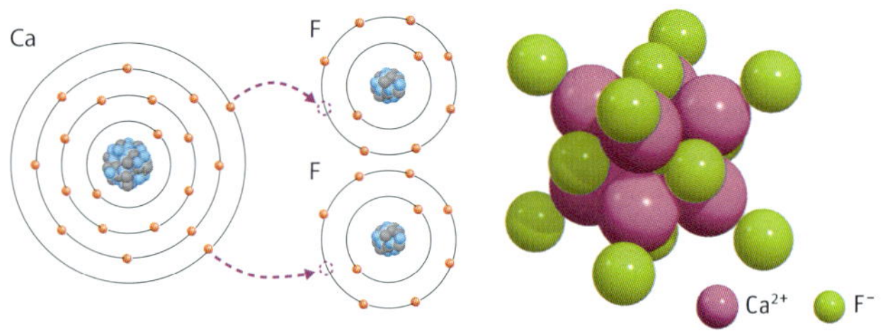

34. Escribe la configuración electrónica del segundo elemento alcalino y del tercer halógeno del sistema periódico.

a) ¿Qué iones forman ambos elementos en el compuesto?

b) ¿Qué tipo de compuesto forman? Escribe su fórmula y explica el significado de la misma.

c) El compuesto que forman ¿es duro o blando?

d) ¿Es buen conductor de la corriente eléctrica?

Enlace covalente

35. Representa los diagramas de Lewis de estas moléculas.

a) BF_3 c) CH_3CH_3 e) C_2H_2

b) H_2Se d) HCN f) CH_3CH_2OH

36. ¿En cuáles de estas moléculas no se cumple la regla del octeto?

a) SF_6 c) NO e) BCl_3

b) PCl_3 d) PCl_5 f) N_2

37. Consulta en internet la geometría de estas moléculas y justifica por qué en cada caso una de ellas es polar y la otra apolar.

a) HI y I_2 c) BCl_3 y NCl_3

b) CCl_4 y $CHCl_3$ d) H_2O y BeH_2

38. Entre los halógenos hay una única sustancia que es líquida a temperatura ambiente.

a) ¿Cuál es ese halógeno?

b) Escribe su configuración electrónica y describe la molécula X_2 mediante diagramas de Lewis.

c) ¿Qué propiedades pueden predecirse para este halógeno?

SOLUCIÓN

a) Consultando la tabla periódica, se ve que el único halógeno en estado líquido (color azul) es el bromo.

b) Su configuración electrónica es:

n	1	2		3			4			
Br	$1s^2$	$2s^2$	$2p^6$	$3s^2$	$3p^6$	$3d^{10}$	$4s^2$	$4p^5$		

La molécula puede representarse como:

c) Las de una sustancia molecular.

39. ¿Por qué el diamante es muy duro y aislante térmico mientras que el grafito se separa en láminas y presenta cierta conductividad eléctrica?

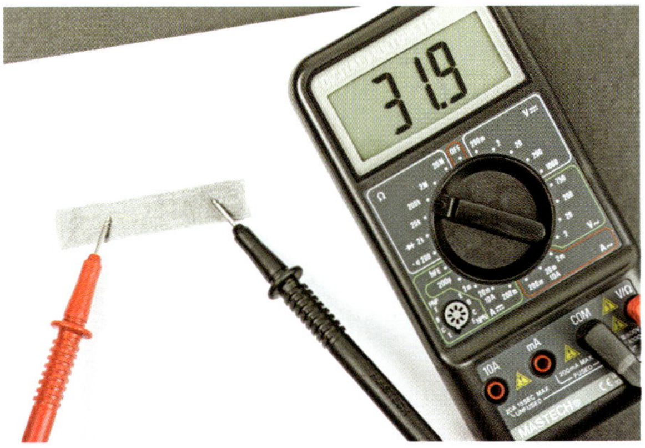

40. Justifica por qué el agua disuelve la sal. Haz un dibujo para explicarlo.

41. ¿Cuáles de las siguientes afirmaciones son ciertas?

a) Cuando los átomos se combinan, lo hacen de modo que siempre quedan sus capas externas completas.

b) Algunos átomos se pueden rodear de más de ocho electrones en su última capa.

c) Algunos átomos pueden enlazarse y quedar con la última capa incompleta.

d) En el enlace covalente los electrones de enlace están deslocalizados.

42. La molécula de la figura está formada por los elementos de la tabla.

	1	2		3		
A (verde)	$1s^2$	$2s^2$	$2p^6$	$3s^2$	$3p^5$	
B (amarillo)	$1s^2$	$2s^2$	$2p^6$	$3s^2$	$3p^4$	

a) ¿De qué elementos se trata? Escribe sus estructuras de Lewis.

b) ¿Cuáles de las siguientes afirmaciones pueden ser verdaderas y cuáles resultan imposibles?

– La sustancia es el sulfuro de cloro(II).

– Su punto de ebullición es de 59 °C.

– La distancia interatómica A–B es de 0,002 mm.

– No es conductor en estado sólido, pero sí fundido o disuelto.

SOLUCIÓN

a) La configuración electrónica de A corresponde al cloro, ya que está en el tercer período del sistema periódico y tiene 7 electrones de valencia. El elemento amarillo es el azufre.

La estructura de Lewis es la siguiente:

b) Es el dicloruro de azufre o cloruro de azufre(II).

Su punto de ebullición es bajo, como el de las sustancias moleculares, luego puede tener el valor indicado.

La distancia interatómica no puede ser de ese orden de magnitud, ya que el radio atómico es del orden de décimas de 1 nm. En este caso, la distancia interatómica es de 0,201 nm = $2{,}01 \cdot 10^{-10}$ m.

No es conductor en ningún caso, ni sólido ni disuelto, ya que es molecular.

Actividades

43. El enlace iónico y el covalente son dos modelos extremos del enlace químico. En realidad, la mayoría de los enlaces están en un punto intermedio entre el puramente iónico y el puramente covalente. El carácter parcialmente iónico de un enlace covalente depende de la diferencia de electronegatividad entre los átomos.

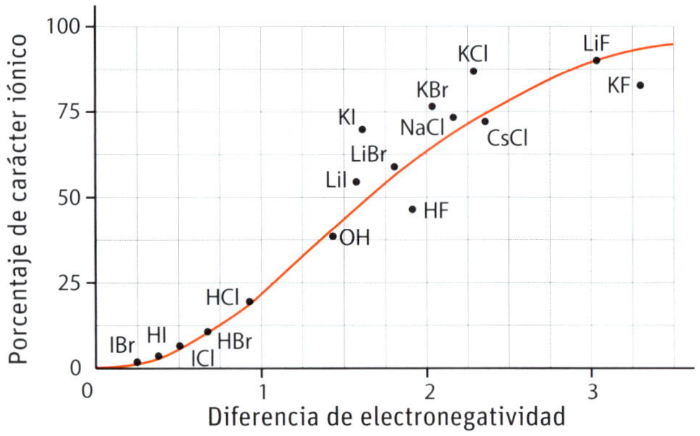

a) ¿Qué enlace es más polar, el H–Cl o el O–H?

b) ¿A partir de qué diferencia de electronegatividades se puede considerar que el enlace es fundamentalmente iónico?

c) Deduce el porcentaje de carácter iónico de los enlaces H–Cl y O–H a partir de la gráfica adjunta. ¿Cómo crees que se ha calculado el porcentaje de carácter iónico de cada enlace?

Fuerzas intermoleculares y enlaces de hidrógeno

44. El neón (Ne) y el fluoruro de hidrógeno (HF) tienen el mismo número de electrones. Explica por qué la temperatura de ebullición del HF es 19,5 °C y la del Ne –246 °C.

45. La tabla siguiente muestra la temperatura de ebullición de los gases nobles y el número de electrones de cada uno de ellos.

	He	Ne	Ar	Kr	Xe	Rn
$T_{ebullición}$ (°C)	–269	–246	–188	–153	–108	–62
N.° de e^-	2	10	18	36	54	86

a) Representa la temperatura de ebullición en función del número de electrones de cada elemento. ¿Qué relación encuentras?

b) Explica por qué la temperatura de ebullición aumenta con el número de electrones.

46. Predice los tipos de fuerzas intermoleculares presentes en cada una de las sustancias siguientes y justifica el estado físico de las mismas.

a) CO_2(g)

b) CH_3OH(l)

c) HF(g)

d) HCl(g)

47. Considera la representación de la figura.

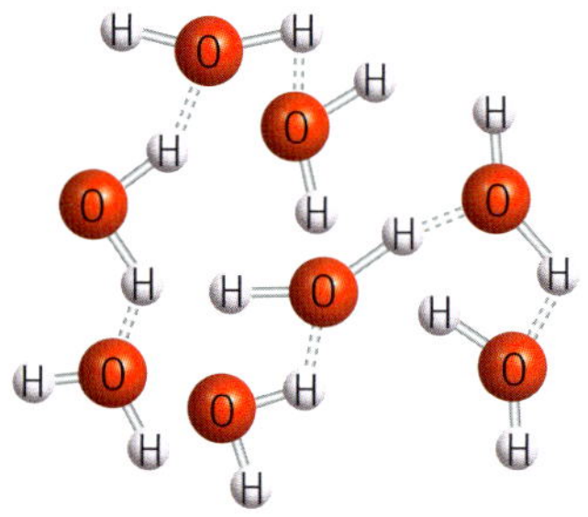

a) ¿De qué sustancia se trata?

b) ¿Qué representan las líneas de puntos?

48. La gráfica siguiente representa los puntos de fusión de los haluros de hidrógeno (HF, HCl, HBr, HI) según el período del halógeno.

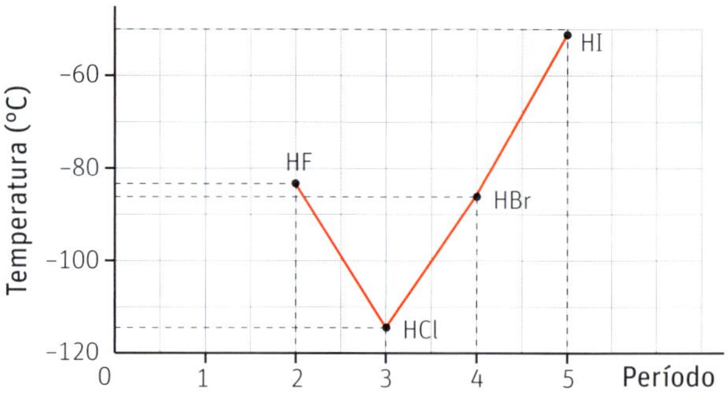

a) Explica el aumento de temperatura de fusión que se observa del HCl al HI.

b) Explica el comportamiento anómalo del HF, que tiene una temperatura de fusión más alta de la que le correspondería.

49. Justifica por qué en condiciones ambientales el CCl_4 es un líquido mientras que el CBr_4 y el CI_4 son sólidos.

50. Justifica qué sustancia tendrá mayor punto de ebullición, el Ar (18 electrones) o el H_2O (18 electrones).

Enlace metálico

51. ¿Cuáles de estas propiedades corresponden a los metales?

a) Tienen altos puntos de fusión y son muy frágiles.

b) Generalmente son duros y buenos conductores eléctricos.

c) Tienen bajos puntos de fusión y buena conductividad térmica.

d) Tienen un brillo característico y son aislantes térmicos.

Las sustancias y sus enlaces

52. El carbono y el silicio forman óxidos de fórmulas similares: CO_2 y SiO_2. El CO_2(s) sublima a –78 °C y el SiO_2(s) funde aproximadamente a 1610 °C y hierve a 2230 °C. ¿Cómo explicas la gran diferencia entre sus propiedades?

53. Un sólido funde a 98 °C, es blando, deformable y conduce la corriente eléctrica. Justifica qué tipo de sólido será.

54. Explica qué tipos de sustancias son buenas conductoras de la electricidad.

55. Clasifica en tu cuaderno como molecular, covalente atómica (reticular), iónica o metálica las sustancias A, B, C, D, E y F.

Molecular	Covalente atómica	Iónica	Metálica
●●●	●●●	●●●	●●●

A. funde a temperatura muy alta, es insoluble en agua y no conduce la electricidad.

B. funde por encima de 800 °C, se disuelve en agua y conduce la electricidad fundida y en disolución acuosa.

C. funde por debajo de 200 °C, se disuelve en agua y no conduce la electricidad ni sólida ni disuelta en agua.

D. funde por debajo de 200 °C, se disuelve en agua y no conduce la electricidad ni sólida ni fundida, pero sí en disolución acuosa.

E. tiene bajo punto de fusión, es insoluble en agua y no conduce la electricidad en estado sólido ni en estado líquido.

F. funde a 600 °C y conduce la electricidad en los estados sólido y líquido.

56. Responde a las siguientes preguntas, justificando tus respuestas.

a) ¿Qué diferencia hay entre los cristales covalentes reticulares, iónicos, metálicos y moleculares? Identifica a qué tipo pertenece cada uno de los cristales representados.

b) ¿Qué tipo de partículas constituye cada tipo de cristal?, ¿qué tipos de interacciones mantienen unidos los átomos o las moléculas en cada tipo de sólido?

c) ¿Crees que es correcto hablar de estructura gigante en cada uno de estos casos?

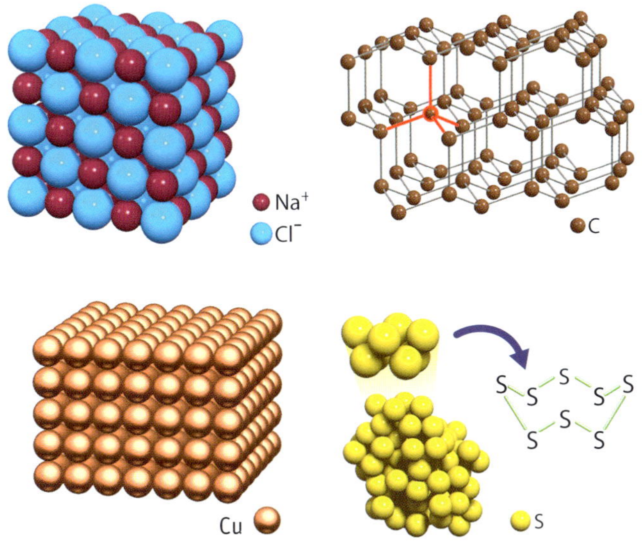

57. Considera los elementos del sistema periódico cuyas configuraciones electrónicas terminan en $2s^1$ o en $3p^5$.

a) ¿De qué elementos se trata?

b) ¿Cuál es el compuesto que se origina cuando enlazan?

c) Indica qué tipo de compuesto es y explica las propiedades generales de este tipo de compuestos.

58. La tabla recoge características de las sustancias *A*, *B* y *C*.

	T_f (°C)	Densidad (kg/m^3)	Solubilidad en agua (g/L)	Conduce electricidad	
				Sólido	Líquido
A	648	1740	Nula	Sí	Sí
B	−101	3,2	7,2	No	No
C	714	2320	469	No	Sí

a) Describe las propiedades de las sustancias *A*, *B* y *C* e identifica el tipo de enlace entre las partículas de cada una de ellas.

b) Las sustancias $MgCl_2(s)$, $Mg(s)$ y $Cl_2(g)$ cumplen las condiciones estipuladas para *A*, *B* y *C*. ¿Cuál es cada una?

c) Representa el diagrama de Lewis del Cl_2.

d) Describe las etapas de formación del compuesto $MgCl_2$.

e) ¿Qué volumen ocupará una pieza de magnesio de 12 g?

59. Discute a qué se deben las diferencias en los puntos de ebullición normales de las sustancias de la siguiente tabla. Indica cuál es el estado físico de cada sustancia a temperatura ambiente.

Sustancia	$T_{ebullición}$ (°C)
$CH_3–CH_3$	−88
$CH_3–O–CH_3$	−25
$CH_3–CH_2OH$	78
$CuCl_2$	620
Cu	2567

60. Cierto elemento X tiene la siguiente estructura electrónica:

$$X\text{: } 1s^2\ 2s^2\ 2p^6\ 3s^2\ 3p^6\ 4s^2$$

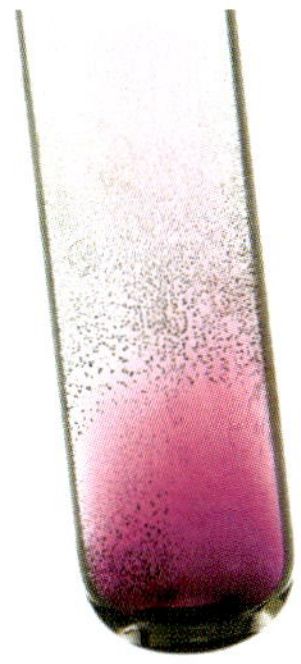

a) ¿Cuál es su número atómico? ¿Cuál es su ion más estable?

b) ¿Cuál es la estructura electrónica de $_{53}Y$? ¿Qué ion forma? ¿Qué tipo de enlace formará X con Y?

c) Describe el tipo de sustancia que formarán X e Y y predice sus propiedades.

d) Describe el tipo de sustancia que formará X y predice sus propiedades.

e) Describe el tipo de sustancia que formará Y_2 y predice sus propiedades.

61. Relaciona los puntos de fusión de las sustancias de la tabla con su estructura. ¿Cuáles conducen la electricidad en estado sólido?

Sustancia	Fructosa	Sal común	Grafito	Oro
T_f (°C)	120	801	3652	1063

Ponte a prueba

Preparación de una bebida isotónica casera

Las bebidas isotónicas contienen azúcares y sales minerales con la misma presión osmótica que la sangre. Normalmente también tienen vitaminas, edulcorantes, aromatizantes... Estas bebidas ayudan a reponer el agua y las sustancias perdidas en la sudoración producida por el ejercicio.

Podemos preparar nuestra propia bebida isotónica en casa para rehidratarnos después de hacer ejercicio.

- Vierte un litro de agua en una jarra. Añádele una cucharada pequeña de sal, otra de bicarbonato sódico y tres cucharadas grandes de azúcar.
- Añádele el zumo de dos naranjas o de dos limones.
- Puedes añadir también un poco de miel para endulzarlo.
- Agita la mezcla y viértela en una botella.

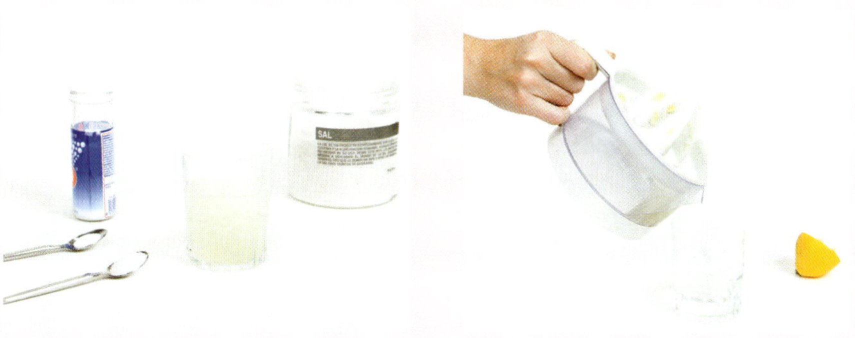

1. ¿Cuál es la fórmula química de la sal común? ¿Cuál es su significado? ¿Existen moléculas de NaCl? ¿Cuál es la estructura del cloruro de sodio?
2. Define qué es la presión osmótica de una disolución. Busca información en internet.
3. La presión osmótica de una disolución depende de la concentración de partículas que hay disueltas. Cuando se disuelve 1 mol de cloruro de sodio en 1 L de agua, ¿cuántos moles de iones se encuentran disueltos?
4. ¿Qué disolución acuosa tendrá mayor presión osmótica, una de sacarosa 1 mol/L o una de cloruro de sodio 1 mol/L? Justifica la respuesta.

¿Freír la clara de huevo, mezclarla con etanol o batirla?

La forma de una molécula de proteína se debe en gran parte a los enlaces de hidrógeno entre átomos de distintas zonas de la molécula; cuando estos enlaces se rompen, la molécula pierde su función.

Cuando freímos un huevo, por ejemplo, la albúmina que forma la clara adquiere un color blanco lechoso porque el calor rompe los enlaces de hidrógeno de sus moléculas proteicas, que pierden su estructura, adquiriendo una al azar.

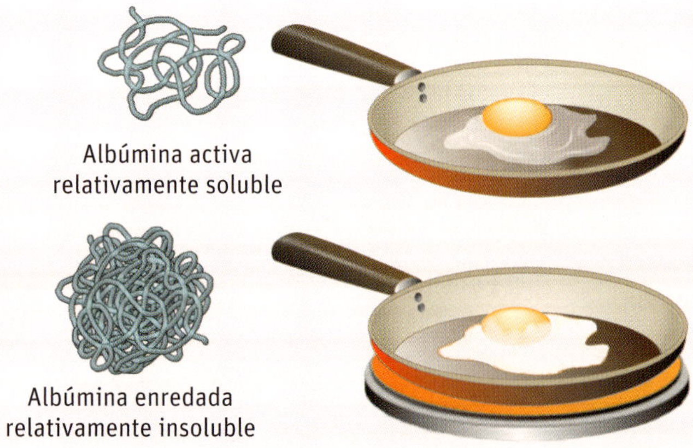

Estructura terciaria de la ovoalbúmina

1. ¿Cómo se llama el proceso que sufre la albúmina de un huevo cuando se fríe? ¿Que crees que ocurre a escala microscópica?
2. Este mismo proceso en la albúmina puede también producirse vertiendo etanol sobre la clara del huevo. Explica por qué el etanol puede provocar ese efecto en la albúmina.
3. Una tercera forma de lograr ese efecto sobre la albúmina de la clara del huevo es batirla hasta convertirla en un merengue. Explica en este caso cómo tiene lugar el proceso a escala microscópica.

Azufre, azúcar y cloruro de sodio: ¿solubles o insolubles en agua?

En la fotografía de la izquierda se puede ver que el azufre, un sólido con moléculas no polares, no se disuelve en agua (vaso de la izquierda), pero sí en disulfuro de carbono (vaso de la derecha). Por otro lado, el azúcar y el cloruro de sodio se disuelven en agua (fotografía de la derecha).

1. Explica por qué se disuelve el azufre en disulfuro de carbono y no en agua.
2. Explica por qué se disuelve el azúcar (sacarosa) en agua.
3. Explica por qué se disuelve el cloruro de sodio en agua. Ayúdate de un dibujo para explicar el proceso de disolución. Observa la simulación que puedes encontrar en www.e-sm.net/svfq4eso03_04.

AUTOEVALUACIÓN

1. ¿Cuáles de las siguientes afirmaciones son ciertas?
   a) Las sustancias elementales solo pueden presentar estructuras atómicas, moleculares o metálicas.
   b) Las sustancias elementales nunca pueden ser iónicas.
   c) Los compuestos solo pueden ser iónicos o moleculares.
   d) Tanto las sustancias elementales como los compuestos pueden ser moleculares o covalentes reticulares.
2. La formación de un cristal iónico del tipo A^+B^- a partir de los átomos A y B tiene lugar a través de distintas etapas. ¿Cuáles de las siguientes afirmaciones son ciertas?
   a) La pérdida de 1 e^- del átomo A para formar un catión A^+ con 8 e^- es la última etapa del proceso.
   b) El conjunto de las etapas (formación del catión, formación del anión y formación del cristal iónico a partir de los iones) es un proceso que requiere energía para que suceda.
   c) La estructura de AB es molecular.
   d) El índice de coordinación de A es el número de e^- que pierde A para convertirse en el catión que forma parte del cristal.
3. ¿Cuál es la fórmula de un compuesto iónico formado por cationes del metal A y aniones del no metal B, si el índice de coordinación de A es 8 y el de B es 4?
   a) A_2B b) AB_2 c) AB d) A_2B_2
4. ¿Cuáles de las siguientes afirmaciones son ciertas?
   a) Las moléculas polares solo presentan fuerzas intermoleculares del tipo dipolo-dipolo.
   b) Toda molécula con enlaces covalentes polares es polar.
   c) Los enlaces de hidrógeno se establecen entre un átomo de H y cualquier otro átomo con gran electronegatividad.
   d) Las fuerzas de dispersión dependen del número de electrones que tiene la molécula.
5. ¿Cuáles de las siguientes afirmaciones son ciertas?
   a) Los sólidos moleculares son duros.
   b) Los compuestos iónicos conducen la corriente eléctrica en estado sólido.
   c) Los sólidos covalentes reticulares son frágiles.
   d) Los sólidos metálicos tienen temperaturas de fusión altas.
6. ¿Cuáles de estas afirmaciones son ciertas?
   a) Un alambre no se puede doblar.
   b) Si una tiza se cae al suelo, se fragmenta.
   c) Si golpeamos un cristal, no se rompe.
   d) Una de las principales aplicaciones industriales de los diamantes es la fabricación de troqueles para pulir herramientas.

4 Cambios físicos y químicos

Abre tu mirada

Las Fallas son un gran espectáculo de arte y fuego que corona las fiestas de la Comunidad Valenciana. Gigantescas figuras construidas con materiales combustibles, como madera, cartón y papel, arden en presencia de oxígeno y de una fuente de calor, originando luminosas llamaradas de fuego y provocando el asombro de multitud de personas llegadas de todas partes del mundo.

- **¿Qué se mantiene constante en una transformación química?**
- **¿Cómo se produce una reacción química?**
- **¿Qué es la concentración molar?**
- **¿Qué indica una ecuación química ajustada?**

Observa y decide

Para que se produzca el fuego es preciso que intervengan tres elementos: el combustible, el comburente y una fuente de calor, elementos que se representan en el denominado *triángulo del fuego*.

a En una fogata, ¿la madera es el combustible o el comburente?

b En unas Fallas, ¿el oxígeno es el combustible, el comburente o la fuente de calor?

c En un mechero, ¿cuál es la fuente de calor y cuál el combustible?

Piensa y reflexiona

Mientras arden las Fallas es obligatorio que estén presentes los bomberos, pues algunas figuras pueden caer y originar un incendio. ¿Qué sustancias pueden utilizarse para extinguir un fuego? Razona tu elección.

a) Dióxido de carbono.

b) Hidrógeno.

c) Oxígeno.

d) Agua.

Y tú, ¿qué opinas?

Las reacciones de combustión proporcionan energía de muy diversos tipos. La quema de combustibles fósiles vierte a la atmósfera grandes cantidades de dióxido de carbono. Este gas, que no es tóxico, se añade a las bebidas carbonatadas. Sin embargo, su exceso en la atmósfera causa problemas medioambientales. Debate con tus compañeros las alternativas a la quema de combustibles fósiles.

- **¿En qué se diferencian los ácidos de las bases? ¿Qué es la neutralización de un ácido?**
- **¿Qué productos se originan en la combustión de un hidrocarburo?**
- **¿Qué son las reacciones de síntesis?**

1 Cambios físicos y químicos

Las sustancias presentes en la naturaleza experimentan continuamente transformaciones. Pero no todos los cambios son del mismo tipo.

Cambios físicos

OBSERVA

La fusión de la nieve en las montañas y del hielo en los glaciares es una transformación que se produce en primavera y verano como consecuencia del aumento de temperatura. Se trata de un fenómeno cíclico y estacional que se produce cada año.

La fusión del hielo en los glaciares se ha agudizado en los últimos años a causa del recalentamiento del planeta, como consecuencia de los cambios climáticos provocados, al menos en parte, por la emisión a la atmósfera de gases de efecto invernadero.

En la red cristalina del hielo, las moléculas de agua ocupan posiciones ordenadas. Al aumentar la temperatura hasta el punto de fusión, dichas moléculas se desordenan y pasan al estado líquido, pero siguen siendo moléculas de agua. Algo semejante sucede cuando se evapora el agua líquida y pasa a estado gaseoso.

Todos los cambios de estado, la separación de sustancias que forman una mezcla y los procesos de disolución son *cambios físicos* porque las sustancias que intervienen no se transforman en otras diferentes.

En los **cambios físicos**, las sustancias iniciales son las mismas que las finales; es decir, no se producen sustancias nuevas.

Los cambios físicos se pueden simbolizar mediante sencillas ecuaciones. Así, por ejemplo, la fusión del hielo se representa indicando la fórmula y el estado inicial de agregación del agua entre paréntesis; después, una flecha que indica el sentido del proceso, y, por último, el estado final:

$$H_2O(s) \rightarrow H_2O(l)$$

Los símbolos utilizados para los diferentes estados son: (s) para estado sólido, (l) para estado líquido, (g) para estado gaseoso y (aq) para disoluciones acuosas.

ACTIVIDADES

1. Indica si los siguientes cambios son físicos y explica por qué:
   a) Se modifica la forma de un trozo de plastilina.
   b) Se calienta un vaso de leche en una cazuela.
   c) Se corta una cartulina con unas tijeras.
   d) Se quema un papel.

Cambios químicos

En otros casos, y a diferencia de los cambios físicos, las sustancias pueden experimentar transformaciones en las que se producen nuevas sustancias.

OBSERVA

Durante millones de años se han producido múltiples transformaciones causadas por incendios de origen natural, que han servido para la regeneración de bosques y montes. Sin embargo, los incendios forestales provocados por el ser humano se han convertido en una grave amenaza que destruye la capa forestal y favorece la erosión del terreno. Este proceso no es reversible, pues son necesarios muchos años para restituir los ecosistemas destruidos por un incendio.

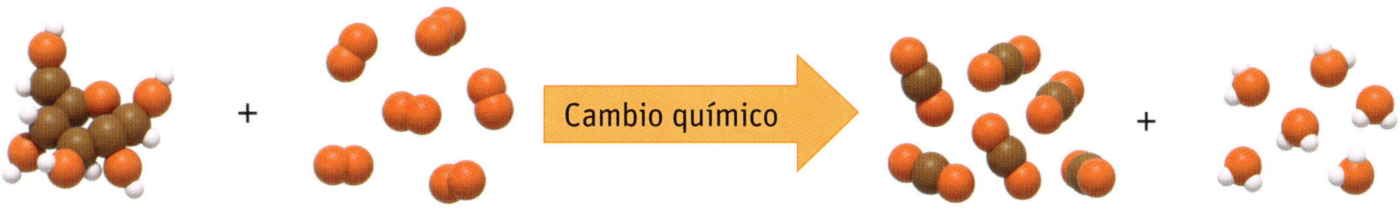

El principal componente estructural de la madera es la celulosa, $(C_6H_{10}O_5)_n$, que es un biopolímero de la glucosa, $C_6H_{12}O_6$. Al arder en presencia de oxígeno, se descompone desprendiendo dióxido de carbono y vapor de agua.

Los cambios químicos se denominan *reacciones químicas*. En ellas, las sustancias iniciales se transforman en otras diferentes. Sin embargo, los elementos químicos siguen siendo los mismos, no han cambiado, solo se han recombinado formando nuevos enlaces distintos a los iniciales.

Las **reacciones químicas** son cambios en los que unas sustancias, denominadas **reactivos**, se transforman en otras diferentes, denominadas **productos**.

$$\text{Reactivos} \rightarrow \text{Productos}$$

Para representar lo que sucede en las reacciones químicas se utilizan las **ecuaciones químicas**. Así, la obtención del sulfuro de hierro(II) al reaccionar el azufre y el hierro en polvo se puede expresar por la siguiente ecuación:

$$S(s) + Fe(s) \rightarrow FeS(s)$$

Los elementos químicos que forman los reactivos y los productos son los mismos (azufre y hierro), pero se ha generado una nueva sustancia, el sulfuro de hierro(II).

ACTIVIDADES

2. Cuando se cocinan, los alimentos experimentan cambios tanto físicos como químicos. ¿Sabrías identificarlos?

3. Expresa el significado de las siguientes ecuaciones químicas.

a) $S(s) + H_2(g) \rightarrow H_2S(g)$

b) $H_2(g) + O_2(g) \rightarrow H_2O_2(l)$

c) $CaCO_3(s) \rightarrow CaO(s) + CO_2(g)$

2 Ley de conservación de la masa

Las ecuaciones que representan cambios físicos o químicos establecen una relación cualitativa entre los estados inicial y final de una transformación. Ahora bien, ¿se podrá establecer también alguna relación cuantitativa entre ambos estados?

EXPERIMENTA

Deposita unos trozos de carbonato de calcio (mármol) en el interior de un globo de plástico.

Vierte en un matraz Erlenmeyer unos 75 cm³ de ácido clorhídrico y tápalo con el globo de plástico sin que se vierta su contenido.

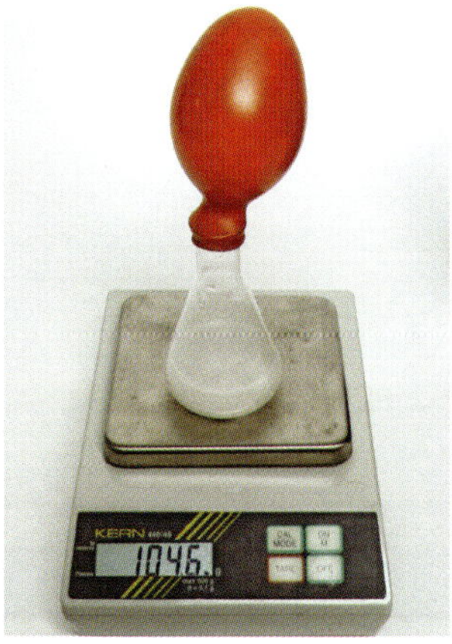

Mide la masa total en una balanza, vierte el contenido del globo en el matraz y vuelve a medir la masa con el globo hinchado.

Se observa que se desprende un gas (CO_2) que infla el globo. Sin embargo, la masa total que indica la balanza sigue siendo la misma.

smSaviadigital.com **OBSERVA**
Ley de conservación de la masa.

El uso de la balanza en el estudio de las reacciones químicas permitió al químico francés **Antoine Lavoisier** (1743-1794) establecer una relación cuantitativa. Descubrió que en los procesos químicos, aunque varíe la clase de sustancia, la cantidad de masa se conserva constante. Es decir, la masa ni se crea ni se destruye.

La relación determinada por Lavoisier se convirtió en la primera ley fundamental de la química.

La **ley de la conservación de la masa** establece que, en todas las reacciones químicas, la suma de las masas de las sustancias que intervienen en una reacción es igual a la suma de las masas de las sustancias que se originan:

masa de los reactivos = masa de los productos

La ley de Lavoisier se puede justificar a escala atómica si se tiene en cuenta que la materia está formada por átomos que no cambian durante la reacción química; solo se recombinan de forma diferente para formar nuevas sustancias. Puesto que los átomos tienen una masa invariable, se deduce que la masa total debe mantenerse constante en todas las reacciones químicas.

ACTIVIDADES

4. Experimentalmente se sabe que 73 g de ácido clorhídrico reaccionan exactamente con 100 g de carbonato de calcio. ¿Cuál es la masa total antes de la reacción? ¿Y al final de la misma?

   Indica la masa del CO_2 desprendido si la masa del resto de productos es de 129 g.

Interpretación de una reacción química a escala molecular

Uno de los reactivos más utilizados en un laboratorio, y que también se encuentra en productos de limpieza y en el jugo gástrico de nuestro cuerpo, es el **ácido clorhídrico**. Consiste en una disolución acuosa del gas cloruro de hidrógeno.

El cloruro de hidrógeno se puede obtener a partir de la reacción entre el gas cloro y el gas hidrógeno. Las teorías cinético-molecular y de colisiones explican cualitativamente cómo tienen lugar este tipo de reacciones químicas.

Teoría cinético-molecular	Teoría de colisiones	Reacción química
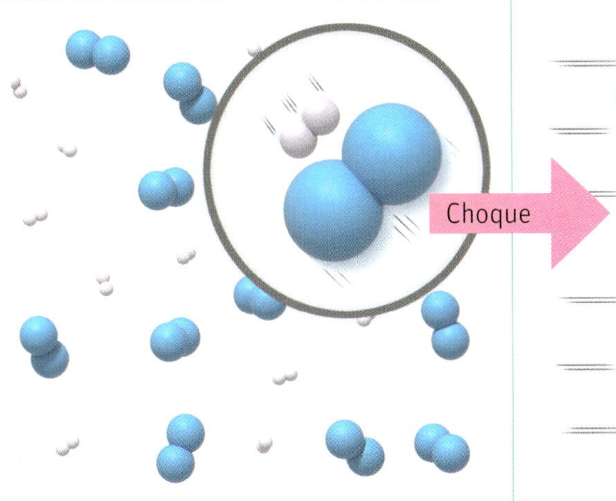	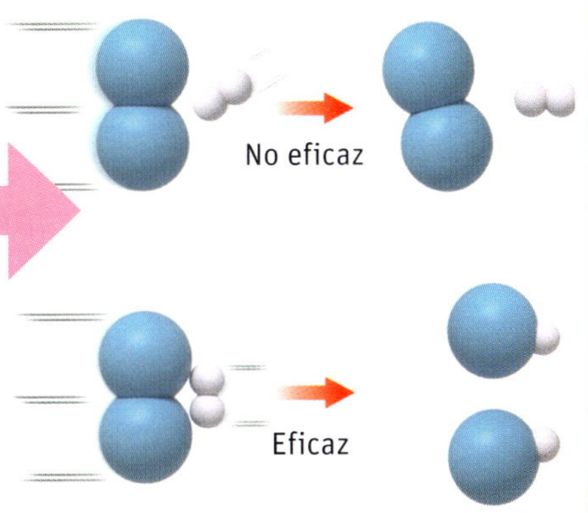	**No hay reacción química.** Sigue habiendo Cl_2 y H_2. **Sí hay reacción química:** $Cl_2 + H_2 \rightarrow 2\,HCl$ Se ha formado una nueva sustancia, el HCl, cloruro de hidrógeno.
Las moléculas de los reactivos (hidrógeno y cloro) se encuentran en continuo movimiento. Como resultado de dicho movimiento, todas las moléculas poseen energía cinética. Cuando aumenta la temperatura, aumenta la energía y la velocidad de las moléculas.	Las moléculas de los reactivos colisionan unas con otras. Las moléculas que chocan con la **energía suficiente** y la **orientación adecuada** rompen los enlaces hidrógeno-hidrógeno y cloro-cloro.	Los átomos de cloro e hidrógeno se reorganizan, forman nuevos enlaces y dan lugar a una nueva sustancia, el HCl. Para que se formen dos moléculas de HCl, deben chocar una molécula de H_2 y una de Cl_2.

Según la teoría de colisiones, no todos los choques son **eficaces**, es decir, no sucede que en todos los choques se rompan los enlaces de los reactivos. Para que los choques sean eficaces y se produzca una reacción química, se deben cumplir dos condiciones:

- Las moléculas deben poseer una energía igual o superior a la energía de activación para que, al chocar, rompan sus enlaces y formen otros nuevos.
- Las moléculas han de tener una orientación espacial adecuada al colisionar; de lo contrario, los choques no son eficaces y no se rompen los enlaces.

smSaviadigital.com **PRACTICA**

Dispara al Cl_2 con H_2 y consigue HCl.

ACTIVIDADES

5. ¿Todos los choques entre moléculas producen la rotura de sus enlaces?

6. ¿Qué relación hay entre la energía de las moléculas y el número de choques eficaces?

7. La figura muestra una molécula de oxígeno y dos de hidrógeno que están colisionando. Dibuja el esquema en tu cuaderno y representa lo que sucederá cuando el choque sea eficaz y cuando sea ineficaz.

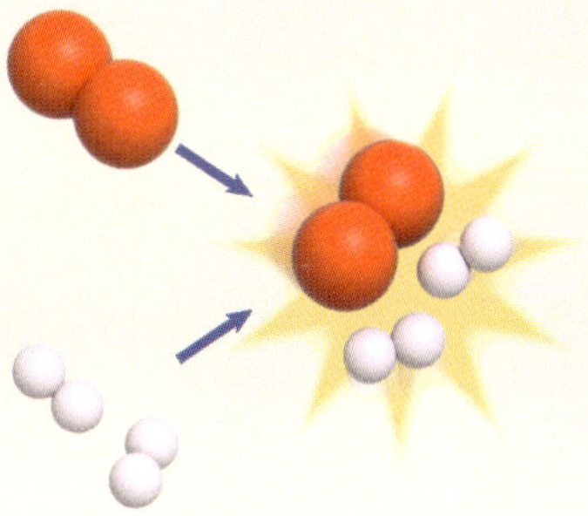

3 Cantidad de sustancia: el mol

Las relaciones cuantitativas de la química se basan en el conocimiento de las masas de los átomos y las moléculas. Pero estas masas son tan pequeñas que no es posible construir una balanza para medirlas. Por esta razón, se estableció el *mol* como unidad de cantidad de sustancia en el sistema internacional.

Ten en cuenta

La definición de mol permite relacionar el mundo a escala atómica con el mundo a escala macroscópica.

El **mol** se define como la cantidad de una sustancia que contiene tantas unidades (de átomos, moléculas, iones, etc.) como átomos hay en 12 g del isótopo de C-12.

El número de partículas por mol se denomina **constante de Avogadro** (N_A) y tiene un valor igual a $6{,}02 \cdot 10^{23}$ mol^{-1}.

La constante N_A permite calcular el número de átomos y moléculas que hay en una cantidad determinada de materia.

Número de átomos en un mol	Número de moléculas en un mol
Un mol de átomos de cualquier elemento contiene igual número de átomos. Así, un mol de átomos de hierro, un mol de átomos de oro y un mol de átomos de helio contienen $6{,}02 \cdot 10^{23}$ átomos.	Un mol de cualquier sustancia molecular contiene el mismo número de moléculas. Por ejemplo, un mol de moléculas de sacarosa, un mol de moléculas de agua y un mol de moléculas de oxígeno contienen $6{,}02 \cdot 10^{23}$ moléculas.
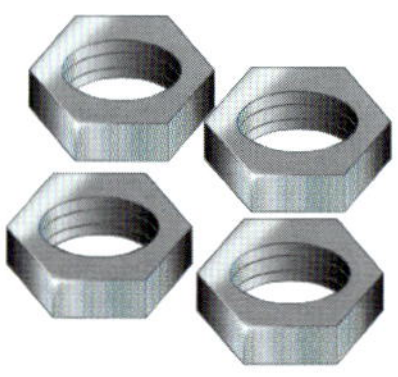 1 mol de átomos de hierro  1 mol de átomos de oro  1 mol de átomos de helio	 1 mol de moléculas de sacarosa 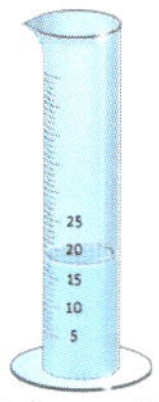 1 mol de moléculas de agua  1 mol de moléculas de oxígeno

El siguiente paso es relacionar el número de partículas con su masa:

La **masa molar, *M***, es la masa de un mol de átomos o de moléculas de una sustancia. Se mide en g/mol.

Su valor numérico coincide con el de la masa atómica o la masa molecular expresada en unidades de masa atómica.

Las masas atómicas del hierro, del oro y del helio son, respectivamente, de 56 u, 197 u y 4 u. Por tanto, sus masas molares serán de 56 g/mol, 197 g/mol y 4 g/mol:	Las masas moleculares de la sacarosa, el agua y el oxígeno gaseoso son, respectivamente, de 342 u, 18 u y 32 u. Por tanto, sus masas molares serán de 342 g/mol, 18 g/mol y 32 g/mol:
1 mol de Fe → 56 g → $6{,}02 \cdot 10^{23}$ átomos de Fe	1 mol de sacarosa → 342 g → $6{,}02 \cdot 10^{23}$ moléculas de $C_{12}H_{22}O_{11}$
1 mol de Au → 197 g → $6{,}02 \cdot 10^{23}$ átomos de Au	1 mol de agua → 18 g → $6{,}02 \cdot 10^{23}$ moléculas de H_2O
1 mol de He → 4 g → $6{,}02 \cdot 10^{23}$ átomos de He	1 mol de oxígeno gaseoso → 32 g → $6{,}02 \cdot 10^{23}$ moléculas de O_2

ACTIVIDADES

8. Calcula la masa molar del agua oxigenada (H_2O_2), el amoniaco (NH_3) y el carbonato de calcio ($CaCO_3$). Masas atómicas: H = 1 u; O = 16 u; N = 14 u; C = 12 u; Ca = 40 u

9. Calcula el número de moléculas y de átomos totales que hay en:

a) 10 moles de agua oxigenada.

b) 77 g de tetracloruro de carbono.

c) 2 moles y 54 g de silano.

smSaviadigital.com **PRACTICA**

Calcula la masa de distintas sustancias a partir del número de moles.

¿Cuánto ocupa un mol de un gas?

Experimentalmente se comprueba que, cuando las sustancias químicas se encuentran en estado gaseoso, un mol de cualquier gas ocupa 22,4 litros a 1 atm de presión y a 0 °C. Así, 1 mol de oxígeno, 1 mol de helio o 1 mol de hidrógeno ocupan un volumen de 22,4 L a 0 °C y 1 atm. Y si se tienen 2 moles, ocuparán 44,8 L.

La IUPAC define como **condiciones estándar** para los gases la temperatura de 0 °C y una presión de 1 bar = 0,986 atm. En estas condiciones, el volumen molar es de 22,7 L.

En resumen, a partir del número de moles de una sustancia, se puede conocer su masa, el número de moléculas y/o átomos que contiene y el volumen que ocupa cuando se encuentra en estado gaseoso.

Número de moléculas de NH_3
$6{,}02 \cdot 10^{23}$ moléculas

Masa en gramos de NH_3
17 g

Cantidad de sustancia
1 mol de moléculas de amoniaco, NH_3

Número de átomos
$3 \cdot 6{,}02 \cdot 10^{23}$ átomos de H
$6{,}02 \cdot 10^{23}$ átomos de N

Volumen en estado gaseoso
(T = 0 °C, p = 1 atm)
22,4 L

Te interesa saber

La cantidad de sustancia (número de moles) se puede calcular a partir de la masa, del volumen, del número de moléculas o del número de átomos:

$$\text{n.º de moles} = \frac{\text{masa (g)}}{\text{masa molar (g/mol)}}$$

$$\text{n.º de moles} = \frac{\text{volumen (L)}}{\text{volumen molar (L/mol)}}$$

$$\text{n.º de moles} = \frac{\text{n.º de moléculas}}{N_A}$$

$$\text{n.º de moles} = \frac{\text{n.º de átomos}}{N_A}$$

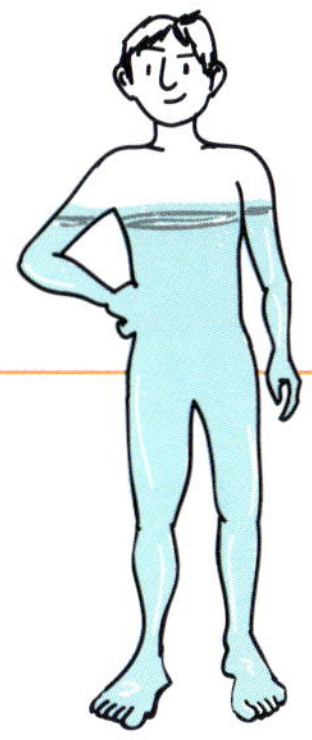

Calcula el número de moles, moléculas y átomos

1. El agua es el principal componente del cuerpo humano y un recurso indispensable para la vida. ¿Cuántos moles y cuántas moléculas de agua hay en el cuerpo de un estudiante que contiene 45 kg de agua? ¿Cuántos átomos totales contiene este agua?

SOLUCIÓN

A partir de los datos de las masas atómicas del oxígeno y el hidrógeno, se calcula la masa molecular del agua: $m\,(H_2O) = 2 \cdot 1$ u + + $1 \cdot 16$ u = 18 u. Es decir, la masa molar del agua es de 18 g/mol. Conocida la masa molar, se calcula:

$$(45\,000 \text{ g de } H_2O) \cdot \frac{(1 \text{ mol de } H_2O)}{(18 \text{ g de } H_2O)} = 2500 \text{ mol de } H_2O$$

$$(2500 \text{ mol de } H_2O) \cdot \frac{(6{,}02 \cdot 10^{23} \text{ moléculas de } H_2O)}{(1 \text{ mol de } H_2O)} = 1{,}5 \cdot 10^{27} \text{ moléculas de } H_2O$$

Una molécula de agua contiene dos átomos de H y un átomo de O; en total, tres átomos. Por tanto:

$$(1{,}5 \cdot 10^{27} \text{ moléculas de } H_2O) \cdot (3 \text{ átomos/molécula}) = 4{,}5 \cdot 10^{27} \text{ átomos de H y de O}$$

ACTIVIDADES

10. La lejía es una disolución de hipoclorito de sodio, NaClO, utilizada por su gran poder desinfectante. Si una botella contiene 300 g de NaClO, calcula el número de moles y moléculas de NaClO y el de átomos de Na. Masas atómicas: O = 16 u; Na = 23 u; Cl = 35,5 u

4 Concentración molar

Recuerda

Las disoluciones son mezclas homogéneas, es decir, su composición es la misma en toda la muestra. Están formadas por un soluto (componente que se encuentra en menor proporción) y un disolvente (componente en mayor proporción).

En las reacciones químicas es frecuente que los reactivos y los productos no se encuentren puros, sino disueltos en un disolvente como el agua. Para indicar la cantidad de sustancia que contiene una disolución se utiliza la *concentración molar*.

La **concentración molar**, *c*, se define como la cantidad de soluto por litro de disolución. Se calcula dividiendo los moles de soluto entre los litros de disolución. Su unidad es mol/L.

$$c = \frac{\text{moles de soluto}}{\text{volumen (L) de disolución}}$$

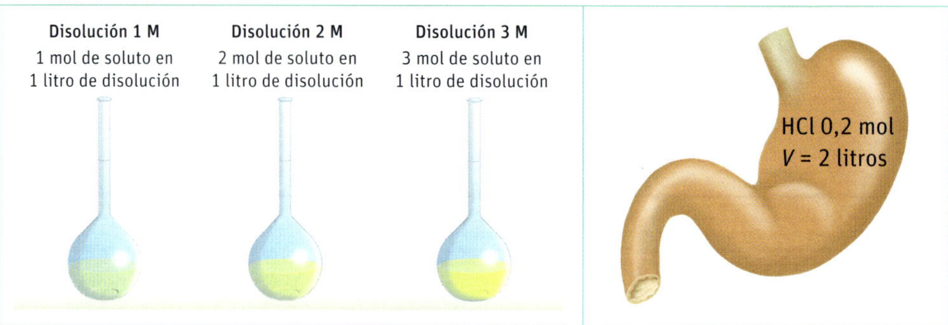

Así, si un estómago contiene 0,2 moles de ácido clorhídrico (HCl) en 2 L de jugo gástrico, la concentración es:

$$c = \frac{(0{,}2 \text{ mol HCl})}{(2 \text{ L de disolución})} = 0{,}1 \text{ mol/L}$$

Este resultado indica que cada litro de jugo gástrico contiene 0,1 moles de HCl. En química analítica se solía utilizar la notación M (molar) en lugar de mol/L. Actualmente dicha notación está en desuso.

Calcula el número de moles y la concentración molar

2. **Una botella de 500 mL de bebida refrescante contiene 30 g de glucosa, $C_6H_{12}O_6$. Calcula la concentración molar de la disolución. Si queremos tomar 5 g de glucosa, ¿qué cantidad de disolución tenemos que beber?**

SOLUCIÓN

Se calcula la masa molecular de la glucosa (soluto) a partir de los datos de las masas atómicas:

$$m\,(C_6H_{12}O_6) = 6 \cdot 12 \text{ u} + 12 \cdot 1 \text{ u} + 6 \cdot 16 \text{ u} = 180 \text{ u}$$

Por tanto, la masa molar de la glucosa es de 180 g/mol. Conocida la masa molar, se calcula el número de moles:

$$(30 \text{ g de } C_6H_{12}O_6) \cdot \frac{(1 \text{ mol de } C_6H_{12}O_6)}{(180 \text{ g de } C_6H_{12}O_6)} = 0{,}167 \text{ mol de } C_6H_{12}O_6$$

A partir de los moles y el volumen se obtiene la concentración:

$$c = \frac{(0{,}167 \text{ mol de } C_6H_{12}O_6)}{(0{,}5 \text{ L})} = 0{,}334 \text{ mol/L}$$

Puesto que 5 g de glucosa equivalen a 0,028 mol de glucosa, mediante la concentración se obtiene el volumen de disolución:

$$(0{,}028 \text{ mol de } C_6H_{12}O_6) \cdot \frac{(1 \text{ L de disolución})}{(0{,}334 \text{ mol de } C_6H_{12}O_6)} = 0{,}084 \text{ L} = 84 \text{ mL}$$

smSaviadigital.com PRACTICA

5 Cálculos estequiométricos

Uno de los aspectos más importantes de la química es la posibilidad de establecer relaciones cuantitativas, o estequiométricas, entre los reactivos y los productos que participan en una reacción química. La **estequiometría**, o cálculo de estas relaciones, resulta esencial en la investigación y la industria.

Para escribir correctamente una ecuación química hay que introducir las fórmulas de los reactivos y los productos, incluyendo su estado. Además, se debe cumplir la ley de conservación de la masa: el número de átomos de cada elemento ha de ser el mismo a ambos lados de la ecuación. Esto se consigue ajustándola.

REFLEXIONA

Los transbordadores espaciales utilizan hidrógeno y oxígeno para propulsar sus cohetes. La reacción se representa mediante la siguiente ecuación química:

$$H_2(g) + O_2(g) \rightarrow H_2O(g)$$

¿Está ajustada la reacción? Si no es así, ¿cómo se puede ajustar?

smSaviadigital.com PRACTICA

Ajustar una ecuación consiste en igualar el número de átomos de cada elemento en los reactivos y en los productos. Se consigue añadiendo, cuando sea necesario, el número adecuado, o **coeficiente**, delante de la fórmula de cada sustancia.

	H_2	+	O_2	→	H_2O
Ajuste del oxígeno			2 átomos de oxígeno		1 átomo de oxígeno
Solución	Se ajusta el oxígeno poniendo un 2 delante de H_2O.				
	H_2	+	O_2	→	$2\ H_2O$
Ajuste del hidrógeno	2 átomos de hidrógeno				4 átomos de hidrógeno
Solución	Se ajusta el hidrógeno poniendo un 2 delante de H_2.				
	$2\ H_2$	+	O_2	→	$2\ H_2O$
	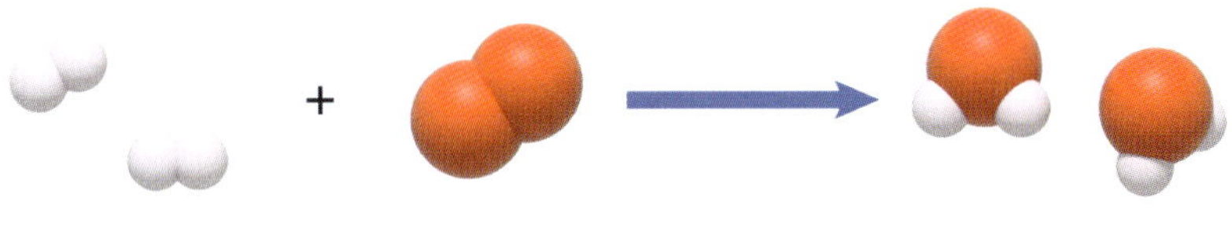				

La ecuación ajustada proporciona relaciones cuantitativas entre las moléculas, los moles, la masa y el volumen (en el caso de que sean gases) de los reactivos y los productos:

Relaciones	$2\ H_2(g)$	+	$O_2(g)$	→	$2\ H_2O(g)$
Moléculas	2		1		2
	$2 \cdot 6{,}02 \cdot 10^{23}$		$6{,}02 \cdot 10^{23}$		$2 \cdot 6{,}02 \cdot 10^{23}$
Moles	2 mol		1 mol		2 mol
Masa (g)	4 g		32 g		36 g
Volumen (L) a 0 °C y 1 atm	$2 \cdot 22{,}4$ L		22,4 L		$2 \cdot 22{,}4$ L

Te interesa saber

En la ecuación ajustada, las relaciones entre las moléculas son las mismas que las relaciones entre los moles o entre los volúmenes de las sustancias gaseosas (en iguales condiciones de *p* y *T*).

ACTIVIDADES

11. Ajusta las siguientes ecuaciones químicas.

a) $H_2(g) + I_2(g) \rightarrow HI(g)$

b) $P_4(s) + O_2(g) \rightarrow P_2O_5(s)$

c) $C_7H_{16}(g) + O_2(g) \rightarrow$
$\rightarrow CO_2(g) + H_2O(g)$

12. Realiza un esquema de las relaciones cuantitativas (moles y masa) entre las sustancias que intervienen en la oxidación del fósforo (P_4 y O_2) para formar P_4O_{10}.

Cálculos estequiométricos con masas

En los laboratorios y en la industria química, las sustancias que intervienen en una reacción se miden, tanto al principio como al final, en unidades de masa. A partir de la masa de una de las sustancias que intervienen en una reacción, es posible calcular la masa de las demás. Consideremos, por ejemplo, la oxidación del hierro:

$$\underbrace{2\,Fe}_{\text{Sustancia A}} + \frac{3}{2}\,O_2 \rightarrow \underbrace{Fe_2O_3}_{\text{Sustancia B}}$$

En presencia de exceso de oxígeno, vamos a calcular cuánto Fe_2O_3 se puede obtener a partir de 112 g de Fe, mediante tres pasos:

CALCULA

Masa conocida de A: 112 g de Fe

Factor de conversión: Masa molar de A

$$112 \text{ g de Fe} \cdot \frac{1 \text{ mol de Fe}}{56 \text{ g de Fe}} = 2 \text{ mol de Fe}$$

1. Con el dato de la masa de una de las sustancias y de su masa molar, se obtienen sus moles.

Factor de conversión: Estequiometría de A y B

$$2 \text{ mol de Fe} \cdot \frac{1 \text{ mol de } Fe_2O_3}{2 \text{ mol de Fe}} = 1 \text{ mol de } Fe_2O_3$$

2. A partir de las relaciones que indica la estequiometría, se calculan los moles de otros reactivos o productos.

Factor de conversión: Masa molar de B

$$1 \text{ mol de } Fe_2O_3 \cdot \frac{160 \text{ g de } Fe_2O_3}{1 \text{ mol de } Fe_2O_3} = 160 \text{ g de } Fe_2O_3$$

Masa desconocida de B

3. Obtenidos dichos moles, se expresan en unidades de masa mediante la masa molar.

Es decir, a partir de 112 g de Fe se obtienen 160 g de Fe_2O_3.

Calcula la masa y los moles de un producto

3. Los encendedores de magnesio se utilizan para hacer fuego en condiciones climáticas adversas. Para conseguir las chispas hay que frotar la barra que contiene magnesio con una cuchilla de acero. ¿Cuántos moles y gramos de oxígeno reaccionarán con 6 g de magnesio? Masas atómicas: O = 16 u; Mg = 24 u

SOLUCIÓN

La ecuación ajustada entre el magnesio y el oxígeno es: $2\,Mg(s) + O_2(g) \rightarrow 2\,MgO(s)$

1. Con la masa de una de las sustancias y su masa molar, se obtienen sus moles.			2. A partir de la estequiometría, se calculan los moles de otros reactivos o productos.	3. Los moles se expresan en unidades de masa mediante la masa molar.		
Masa de Mg		Moles de Mg	Para 2 mol de Mg se necesita 1 mol de O_2 (factor de conversión 2:1).	Moles de O_2		Masa de O_2
6 g	: 24 g/mol	**0,25 mol**	Con 0,25 mol de Mg se necesitarán 0,125 mol de O_2.	**0,125 mol**	· 32 g/mol	**4 g**
	Masa molar del Mg				Masa molar del O_2	

Es decir, reaccionan 0,125 mol de O_2, que corresponden a 4 g de O_2.

ACTIVIDADES

13. El sodio (Na) es un metal muy activo que se oxida muy rápidamente en presencia de oxígeno (O_2) formando óxido de sodio. Escribe y ajusta la ecuación química. Si se han formado 248 g de Na_2O, calcula los moles y las masas iniciales de los reactivos.

Cálculos con sustancias en disolución

Muchas reacciones químicas tienen lugar en disolución. En estos casos el número de moles se calcula a partir de la concentración de la disolución y del volumen.

Calcula el número de moles de un producto

4. Nunca se deben mezclar productos de limpieza, como la lejía y el amoniaco. Ambas sustancias reaccionan liberando una sustancia peligrosa para la salud, la cloramina (NH_2Cl), según se indica en la siguiente ecuación:

$$NH_3(aq) + NaClO(aq) \rightarrow NaOH(aq) + NH_2Cl(g)$$

Si se mezclan 100 mL de una disolución 2 M de amoniaco con exceso de lejía, ¿qué cantidad de cloramina se obtendrá?

SOLUCIÓN

La ecuación se encuentra ya ajustada, lo que indica que tanto los reactivos como los productos están en la misma proporción: mol a mol. A partir de los datos del volumen y la concentración, se obtienen los moles de amoniaco:

$$n\,(NH_3) = c\,V = (2\text{ mol/L})\,(0{,}1\text{ L}) = 0{,}2\text{ mol de }NH_3$$

Por cada mol de NH_3 se produce un mol de NH_2Cl. En consecuencia, a partir de 0,2 mol de NH_3 se formarán 0,2 mol de NH_2Cl.

Cálculos con volúmenes de gases

En reacciones químicas en que intervienen gases, si las condiciones de presión y temperatura son constantes, las relaciones entre volúmenes y entre los moles son las mismas. Para calcular el volumen de un gas a partir de los moles, hay que recordar que, a 0 °C y 1 atm, un mol de cualquier gas ocupa 22,4 L.

Calcula la cantidad y el volumen de un producto

5. El amoniaco, NH_3, es una sustancia muy utilizada en los hogares para limpiar la grasa. Industrialmente se obtiene por reacción directa entre el nitrógeno y el hidrógeno. Calcula los moles y el volumen de amoniaco que se pueden obtener a partir de 56 g de nitrógeno, a 1 atm de presión y 0 °C de temperatura. Masas atómicas: H = 1 u; N = 14 u

SOLUCIÓN

La ecuación ajustada de la síntesis del amoniaco es: $N_2(g) + 3\,H_2(g) \rightarrow 2\,NH_3(g)$

1. Con la masa de una de las sustancias y su masa molar, se obtienen sus moles.			2. A partir de la estequiometría, se calculan los moles de otros reactivos o productos.	3. Dichos moles se expresan en litros, mediante la relación entre moles y volumen.		
Masa de N_2		Moles de N_2	Con 1 mol de N_2 se obtienen 2 mol de NH_3 (factor de conversión: 1:2). Con 2 mol de N_2 se obtendrán 4 mol de NH_3.	Moles de NH_3		Volumen de NH_3
56 g	: 28 g/mol	**2 mol**		**4 mol**	· 22,4 L/mol	**89,6 L**
	Masa molar del N_2				Volumen molar	

Es decir, se pueden obtener 4 mol de NH_3, que corresponden a 89,6 L de NH_3.

ACTIVIDADES

14. El carbonato de calcio, principal componente de la cáscara de huevo, reacciona con HCl para formar $CaCl_2$, CO_2 y H_2O. Escribe la ecuación ajustada e indica qué volumen de una disolución 4 mol/L de HCl se necesita para disolver 10 g de $CaCO_3$.

6 Ácidos y bases. Neutralización

Los ácidos y las bases son sustancias que forman parte de nuestra vida cotidiana. Tienen múltiples utilidades y, además, están presentes en nuestro organismo.

ANALIZA

Propiedades de los ácidos	Propiedades de las bases
 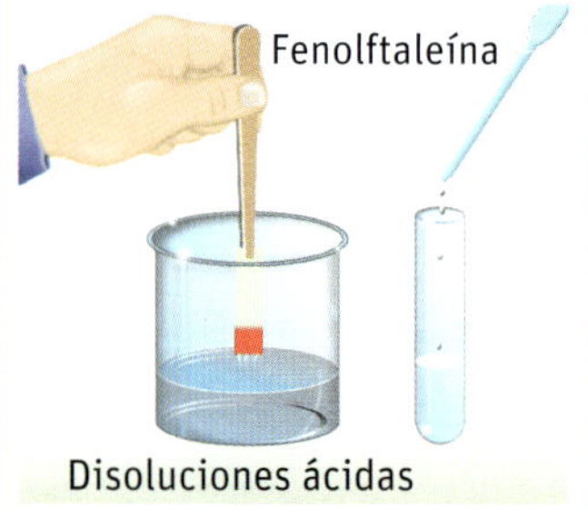	 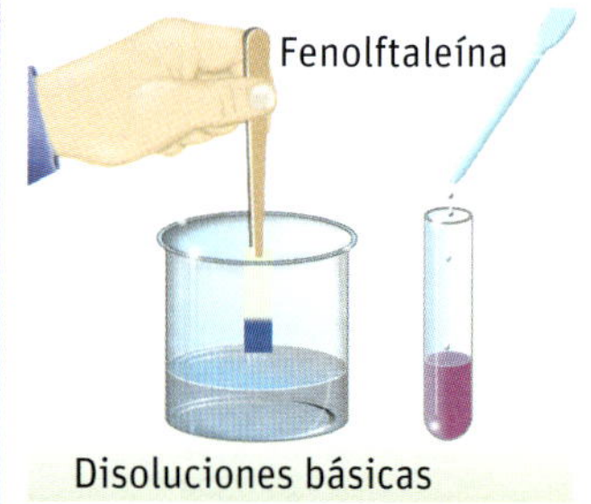
• Tienen sabor agrio y son corrosivos. • Reaccionan con ciertos metales desprendiendo hidrógeno: $Mg(s) + 2\ HCl(aq) \rightarrow MgCl_2(aq) + H_2(g)$ • Reaccionan con los carbonatos para producir CO_2 gaseoso: $CaCO_3(s) + 2\ HCl(aq) \rightarrow CaCl_2(aq) + CO_2(g) + H_2O(l)$ • Colorean de rojo el papel indicador tornasol y no cambian el color de las disoluciones de fenolftaleína.	• Tienen sabor amargo, son cáusticas y producen quemaduras. • Son suaves al tacto; su sensación táctil es jabonosa. • Colorean de azul el papel indicador tornasol y originan un color violeta en las disoluciones de fenolftaleína. • Al igual que los ácidos, sus disoluciones acuosas conducen la electricidad. • Reaccionan con los ácidos, dando lugar a una sal más agua.
Ejemplos: acido acético del vinagre, ácido cítrico del limón, ácido clorhídrico del aguafuerte, ácido acetilsalicílico de la aspirina, ácido láctico de la leche, etc.	**Ejemplos:** amoniaco de los limpiadores, hidróxido de sodio de la sosa cáustica, bicarbonato de sodio de los antiácidos, hipoclorito de sodio de la lejía, etc.

Las primeras definiciones de ácido y base se deben al químico **Svante Arrhenius** (1880):

Definición de ácido	Definición de base
Un ácido es una sustancia que **en disolución acuosa se disocia cediendo iones** H^+, como el ácido clorhídrico: $HCl(aq) \rightarrow H^+(aq) + Cl^-(aq)$	Una base es una sustancia que **en disolución acuosa se disocia y cede iones hidróxido,** OH^-, como el hidróxido de sodio: $NaOH(aq) \rightarrow (OH)^-(aq) + Na^+(aq)$

Un ácido o una base es **fuerte** cuando en disolución acuosa se encuentra totalmente disociado, y es **débil** cuando está poco disociado. Para establecer el carácter ácido, básico o neutro de una disolución, **Soren Sorensen** propuso en 1909 una escala de **pH**, que va del 0 al 14. Los valores próximos al 0 indican ácidos fuertes, y los próximos a 14 indican bases fuertes. El pH se puede medir de forma aproximada utilizando el **papel pH** indicador universal, que toma un color característico según la acidez o basicidad de la disolución. Si se necesitan medidas precisas, hay que emplear un pH-metro digital.

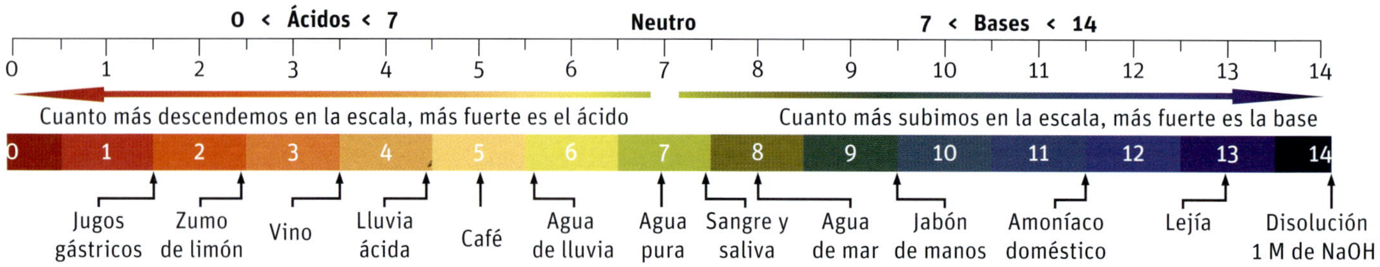

Reacciones de neutralización

Si se junta un ácido fuerte, como el HCl, con una base fuerte, como el NaOH, ¿aumentará la peligrosidad de las sustancias? Sorprendentemente, se obtiene sal común y agua, dos sustancias inocuas y fundamentales para la vida. ¿Qué es lo que ha ocurrido?

Lo que ha sucedido se denomina **neutralización** y consiste en lo siguiente: los iones H^+ procedentes del ácido se han combinado con los iones OH^- procedentes de la base para formar agua. A su vez, los iones Cl^- y Na^+ se han combinado para formar cloruro de sodio:

$$\text{HCl(aq)} + \text{NaOH(aq)} \rightarrow \text{NaCl(aq)} + \text{H}_2\text{O(l)}$$

En general, la neutralización entre un ácido y una base se expresa por la ecuación:

ácido + base → sal + agua

Esta reacción es el fundamento de una técnica de análisis químico cuantitativo denominada **volumetría de neutralización**, cuyo objetivo es determinar la concentración de un ácido o de una base.

¿Sabías qué?

Para neutralizar la acidez del estómago causada por el exceso de **ácidos gástricos**, los médicos recetan antiácidos, que contienen sustancias básicas como el $Mg(OH)_2$ y el $Al(OH)_3$.

VOLUMETRÍA DE NEUTRALIZACIÓN

Montaje

En un matraz Erlenmeyer se introducen 20 mL de la disolución de ácido, de concentración desconocida, y unas gotas del indicador fenolftaleína (incolora en disoluciones ácidas).

En una bureta se introduce la disolución de hidróxido de sodio de concentración 0,1 M. La bureta permite la adición gradual de disolución.

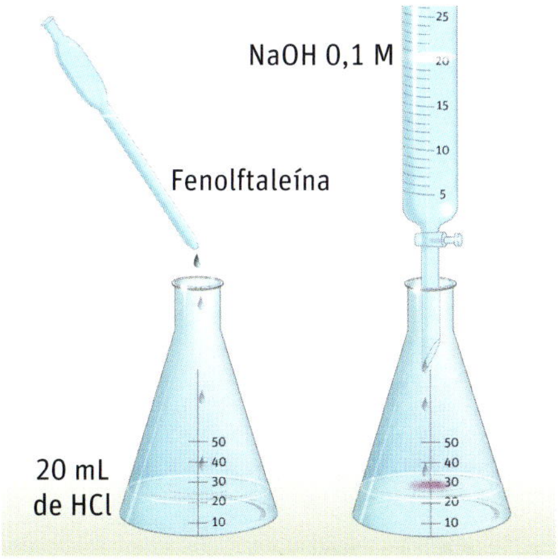

Detección del punto de equivalencia

Al abrir un poco la bureta, la disolución de la base cae gota a gota. Cuando el número de moles de iones H^+ que aporta el ácido es igual al número de moles de iones OH^- que aporta la base, se alcanza el punto de equivalencia, o neutralización, que se detecta porque la disolución incolora pasa a violeta. En este instante se debe cerrar la bureta y anotar el volumen de base añadida.

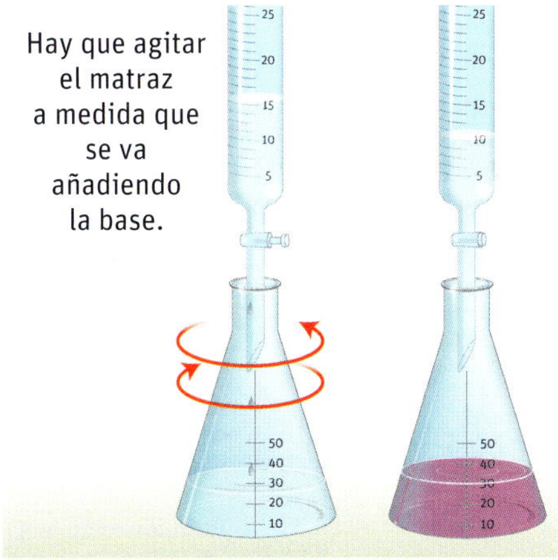

Cálculo de la concentración

La ecuación de neutralización es:

$$\text{HCl(aq)} + \text{NaOH(aq)} \rightarrow \text{NaCl(aq)} + \text{H}_2\text{O(l)}$$

Por tanto, el número de moles reaccionantes del ácido coincide con el número de moles reaccionantes de la base. Por otro lado, el número de moles se puede expresar así:

$$n = c\,V$$

Con el volumen del ácido y el volumen y la concentración de la base, se puede calcular la concentración del ácido. En este caso, al reaccionar 1 mol de HCl con 1 mol de NaOH:

$$V_{\text{ácido}}\, c_{\text{ácido}} = V_{\text{base}}\, c_{\text{base}}$$

$$c_{\text{ácido}} = \frac{V_{\text{base}}\, c_{\text{base}}}{V_{\text{ácido}}}$$

En el ejemplo, el volumen de NaOH añadido ha sido de 10 mL, luego la concentración del HCl sería:

$$c_{\text{ácido}} = \frac{(10\text{ mL})(0{,}1\text{ mol/L})}{(20\text{ mL})} = 0{,}05\text{ mol/L}$$

smSaviadigital.com OBSERVA

Las reacciones de neutralización tienen una gran importancia en biología y en el ámbito industrial. Así, por ejemplo, se utilizan para reducir la acidez estomacal, para neutralizar la acidez de los lagos y suelos causada por la lluvia ácida, para contrarrestar el efecto de los vertidos industriales (aguas residuales y gases contaminantes), para regular la acidez de ciertos productos alimentarios, etc.

También se emplean para sintetizar algunos productos químicos, como el fertilizante sulfato de amonio, que se obtiene neutralizando el ácido sulfúrico con amoniaco.

ACTIVIDADES

15. Escribe ajustada la ecuación de neutralización entre el HCl y un antiácido que contiene $Mg(OH)_2$.

7 Reacciones de combustión

Ten en cuenta

Las combustiones incompletas por falta de oxígeno desprenden **monóxido de carbono**, un gas que puede causar la muerte. Se pueden detectar porque producen una llama anaranjada.

La reacción química más utilizada a lo largo de la historia de la humanidad es la *combustión*. Esta reacción se aprovecha para calentar e iluminar las casas, cocinar los alimentos, hacer funcionar los motores de los vehículos, generar electricidad, obtener sustancias químicas (destilación fraccionada del petróleo), etc.

Los compuestos que contienen energía química almacenada en sus enlaces se llaman *combustibles*. Durante la reacción de combustión, la energía que contienen se libera rápidamente en forma de calor, como consecuencia de la formación de nuevos enlaces con el oxígeno (comburente).

> La **combustión** es una reacción química entre un **combustible** –sustancia que contiene energía y arde– y un **comburente** –como el oxígeno–. Se caracteriza porque se desprende energía en forma de luz y calor.

Los animales adquieren la energía que necesitan para vivir de los alimentos, que contienen sustancias químicas que actúan como combustibles (glúcidos, lípidos, proteínas...).

OBSERVA Y ANALIZA

Combustión de hidrocarburos (con llama)

El principal hidrocarburo componente del **gas natural**, utilizado en muchos hogares para cocinar y calentar, es el **metano**.

En general, en la combustión completa de los hidrocarburos se forman como productos finales dióxido de carbono y vapor de agua:

$$CH_4(g) + 2\ O_2(g) \rightarrow CO_2(g) + 2\ H_2O(g)$$

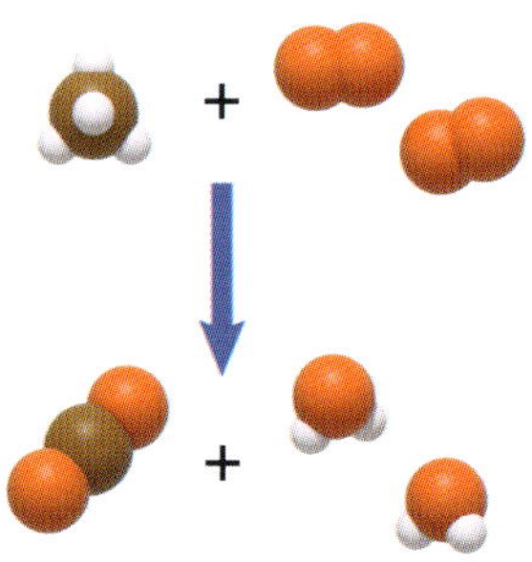

Respiración celular (sin llama)

Los alimentos que ingerimos son metabolizados con el fin de liberar la energía necesaria para el organismo. En la lenta metabolización de la glucosa con oxígeno se desprende también energía y se forman los mismos productos que en la rápida combustión de los hidrocarburos:

$$C_6H_{12}O_6(s) + 6\ O_2(g) \rightarrow 6\ CO_2(g) + 6\ H_2O(g)$$

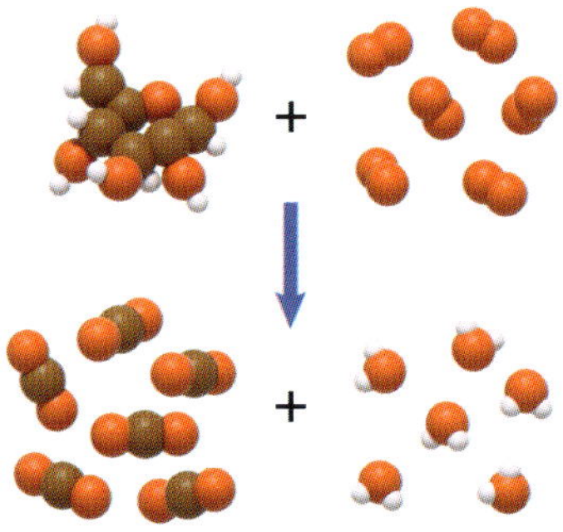

Centrales térmicas convencionales

En las centrales térmicas, el calor desprendido durante la combustión de los combustibles fósiles (carbón y gas natural) se emplea en calentar el agua contenida en una caldera y transformarla en vapor a alta presión.

Ese vapor se conduce hasta una turbina, hace mover sus aspas y pone en marcha un generador de corriente instalado en el mismo eje. El alternador transforma así la energía cinética del eje en energía eléctrica (corriente alterna), que llega hasta nuestros hogares y hace funcionar los electrodomésticos y los aparatos eléctricos, como el frigorífico, el televisor o el teléfono móvil.

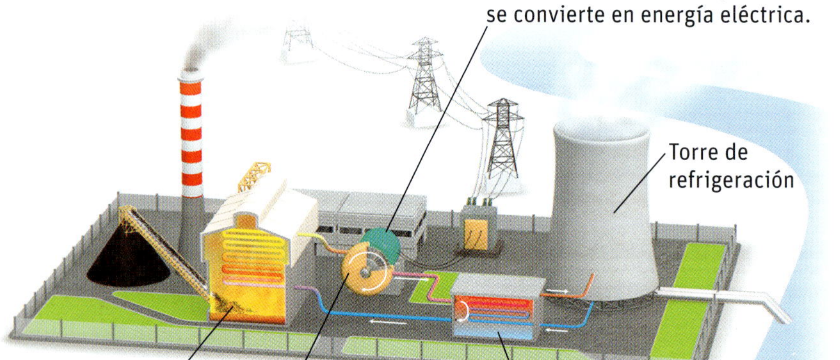

smSaviadigital.com OBSERVA

8 Reacciones de síntesis

Las reacciones químicas más utilizadas en las industrias química y farmacéutica para obtener productos químicos son las *reacciones de síntesis*.

Las **reacciones de síntesis** son combinaciones entre dos o más sustancias, ya sean elementos y/o compuestos, que se unen para formar un solo compuesto.

$$A + B \rightarrow AB$$

Dos de los productos más importantes de la industria química, el **amoniaco** y el **ácido sulfúrico**, se obtienen mediante este tipo de reacciones.

OBSERVA Y ANALIZA

Síntesis del amoniaco

Industrialmente, el NH_3 se obtiene por el **método de Haber**, que consiste en la reacción directa entre el nitrógeno y el hidrógeno gaseosos, a alta presión (500-1000 atm) y a unos 500 °C.

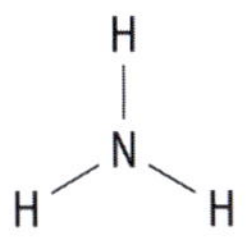

El nitrógeno procede del aire de la atmósfera. El hidrógeno se obtiene al hacer pasar vapor de agua sobre carbono calentado, según la reacción $C(s) + H_2O(g) \rightarrow H_2(g) + CO(g)$.

La síntesis de Haber se puede resumir en la siguiente reacción:

$$N_2(g) + 3\,H_2(g) \rightarrow 2\,NH_3(g)$$

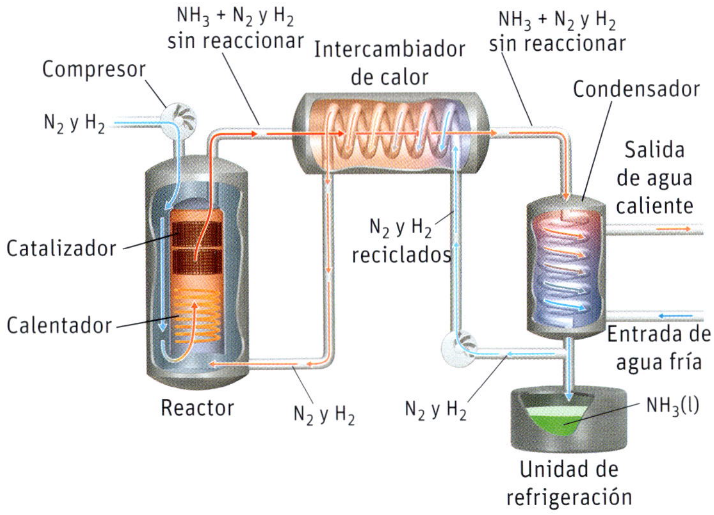

Síntesis del ácido sulfúrico

En la síntesis industrial del H_2SO_4 se utilizan como materias primas el azufre, el oxígeno y el agua.

El proceso de obtención del ácido sulfúrico se realiza en tres etapas consecutivas:

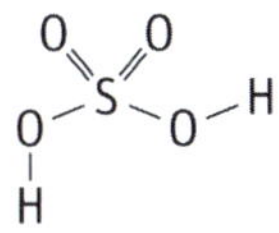

- Primera etapa: $S(s) + O_2(g) \rightarrow SO_2(g)$
- Segunda etapa: $SO_2(g) + \frac{1}{2}\,O_2(g) \rightarrow SO_3(g)$
- Tercera etapa: $SO_3(g) + H_2O(l) \rightarrow H_2SO_4(l)$

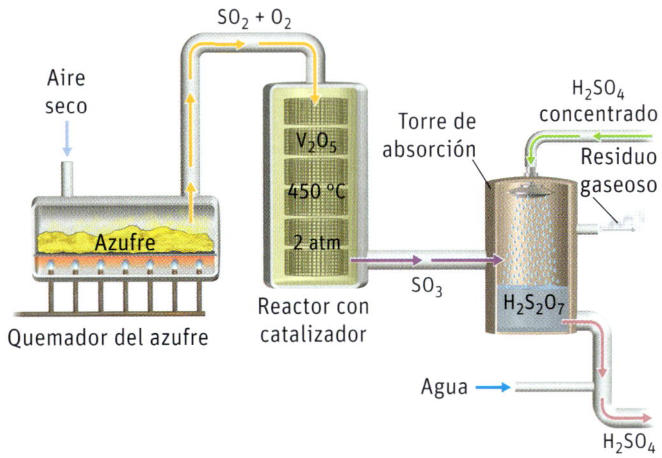

Aplicaciones del amoniaco

La mayor parte del amoniaco industrial se utiliza en la producción de fertilizantes agrícolas como el sulfato de amonio y el nitrato de amonio. También se utiliza en la elaboración de otro tipo de sustancias, como las siguientes:

- Productos químicos, como el ácido nítrico o la urea.
- Pesticidas y explosivos.
- Desengrasantes y disolventes.

Aplicaciones del ácido sulfúrico

El ácido sulfúrico se utiliza en el refinado del petróleo para eliminar impurezas, en las baterías de los automóviles, en la obtención de productos químicos (HCl, HNO_3) y en los procesos de elaboración de muchos otros productos, como los siguientes:

- Fertilizantes y explosivos.
- Colorantes y blanqueadores textiles.
- Detergentes y desinfectantes.

Repasa lo aprendido

1 ¿Qué se mantiene constante en una transformación química?

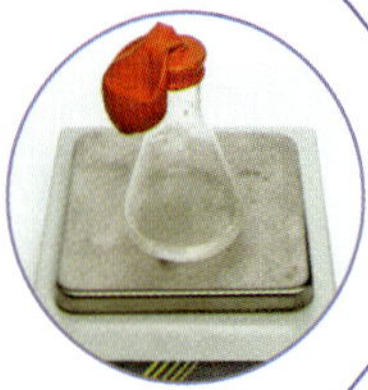

El número y la clase de átomos que participan en una reacción química son los mismos durante todo el proceso.

Como resultado, la masa se conserva constante en las reacciones.

2 ¿Cómo se produce una reacción química?

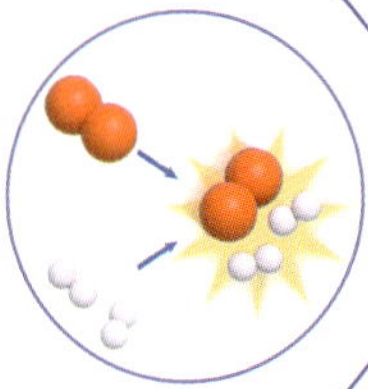

Para que se produzca una reacción química se tienen que romper los enlaces entre los átomos de los reactivos. Esto se consigue cuando las moléculas de los reactivos chocan con la energía suficiente y la orientación adecuada, en lo que se denomina **choque eficaz**.

3 ¿Qué es la concentración molar?

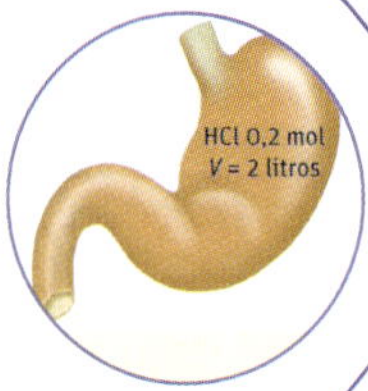

La **concentración molar**, *c*, es una forma de expresar la composición de una disolución. Indica los moles de soluto contenidos en un litro de disolución. Se expresa, por tanto, en mol/L.

4 ¿Qué indica una ecuación química ajustada?

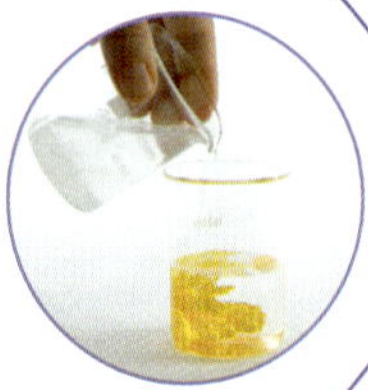

A escala atómica, una ecuación química indica la relación entre las moléculas o unidades fórmula que intervienen en la reacción.

A escala macroscópica, indica la relación entre los moles de reactivos y de productos.

5 ¿En qué se diferencian los ácidos de las bases? ¿Qué es la neutralización de un ácido?

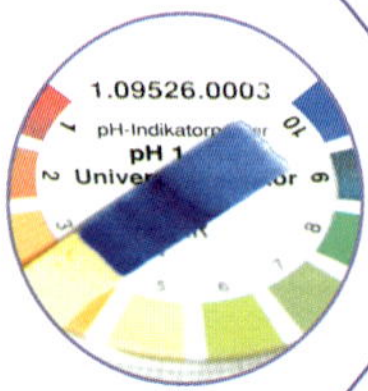

Según la **teoría de Arrhenius**, **ácidos** son las sustancias que en disolución acuosa se disocian cediendo iones H^+, y **bases** son las sustancias que en disolución acuosa se disocian cediendo iones OH^-.

En las **neutralizaciones** entre un ácido y una base se forma una sal y agua:

$$\text{ácido} + \text{base} \rightarrow \text{sal} + \text{agua}$$

6 ¿Qué productos se originan en la combustión de un hidrocarburo?

En la combustión de un hidrocarburo como el butano se forma vapor de agua y dióxido de carbono, y se desprende energía:

$$C_4H_{10}(g) + \frac{13}{2}\,O_2(g) \rightarrow 4\,CO_2(g) + 5\,H_2O(l)$$

7 ¿Qué son las reacciones de síntesis?

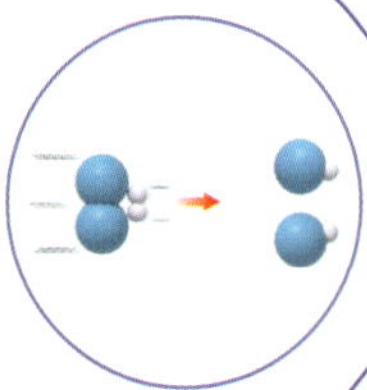

Las reacciones de síntesis son combinaciones entre dos o más sustancias, ya sean elementos y/o compuestos, que se unen para formar un solo compuesto.

$$A + B \rightarrow AB$$

smSaviadigital.com VALORA LO APRENDIDO › Resumen de la unidad

Análisis cualitativo: identificación de los productos de una combustión

El análisis químico cualitativo se basa en un conjunto de métodos que tienen como objetivo determinar la presencia de un elemento o de un compuesto en una muestra de sustancia. En contraste, el análisis cuantitativo busca determinar la cantidad de un elemento o compuesto presente en la muestra.

Por ejemplo, en la combustión de una vela de parafina (que es una mezcla de hidrocarburos sólidos) se originan vapor de agua y dióxido de carbono como productos de la combustión. Mediante técnicas y pruebas de análisis cualitativo es posible identificar ambos productos.

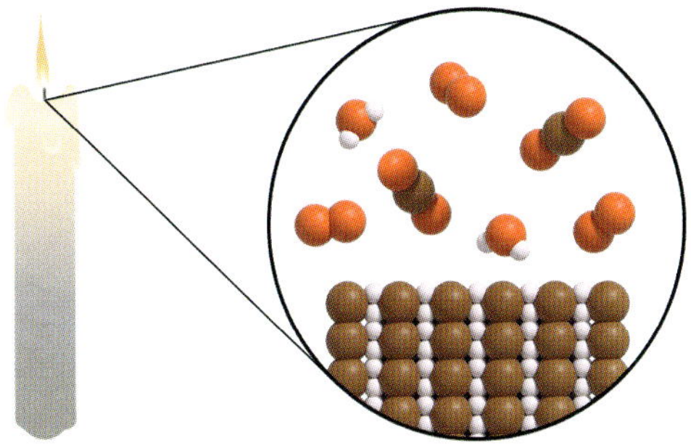

hidrocarburo + oxígeno → dióxido de carbono + agua

1 PROCEDIMIENTO

Una vez encendida la vela, los hidrocarburos sólidos que contiene arden al combinarse con el oxígeno del aire.

Los productos de la combustión (agua y dióxido de carbono) se hacen pasar a través de un tubo en U con sulfato de cobre(II), situado dentro de un vaso con agua. A continuación se hacen burbujear en un frasco con agua de cal (disolución saturada de hidróxido de calcio).

Para favorecer la circulación de los gases formados, se acopla al final del montaje una bomba de vacío conectada a un grifo (trompa de agua).

2 IDENTIFICACIÓN DEL H_2O

Al circular el agua por la trompa se produce un efecto de succión por el tubo de la derecha. Cuando el vapor de agua pasa por el tubo en U, se enfría y condensa, formando gotitas que van cayendo sobre el sulfato de cobre (II).

El agua es identificada si se produce un cambio de color de la forma anhidra $CuSO_4$ (color blanco) a la forma hidratada $CuSO_4 \cdot 5\,H_2O$ (color azul).

La reacción de hidratación es:

$$\underbrace{CuSO_4}_{\text{blanco}} + 5\,H_2O \rightarrow \underbrace{CuSO_4 \cdot 5\,H_2O}_{\text{azul}}$$

3 IDENTIFICACIÓN DEL CO_2

Los gases producidos en la combustión salen por el tubo y producen un burbujeo en la transparente e incolora agua de cal. Si el líquido se enturbia, indica la presencia de dióxido de carbono. Este reacciona con el $Ca(OH)_2$ disuelto en el agua de cal y forma $CaCO_3$, un sólido de color blanco, según la reacción:

$$CO_2(g) + Ca(OH)_2(aq) \rightarrow$$
$$\rightarrow CaCO_3(s)\downarrow + H_2O(l)$$

Al ser el carbonato de calcio una sustancia insoluble en agua, forma un precipitado que causa la turbidez de la disolución.

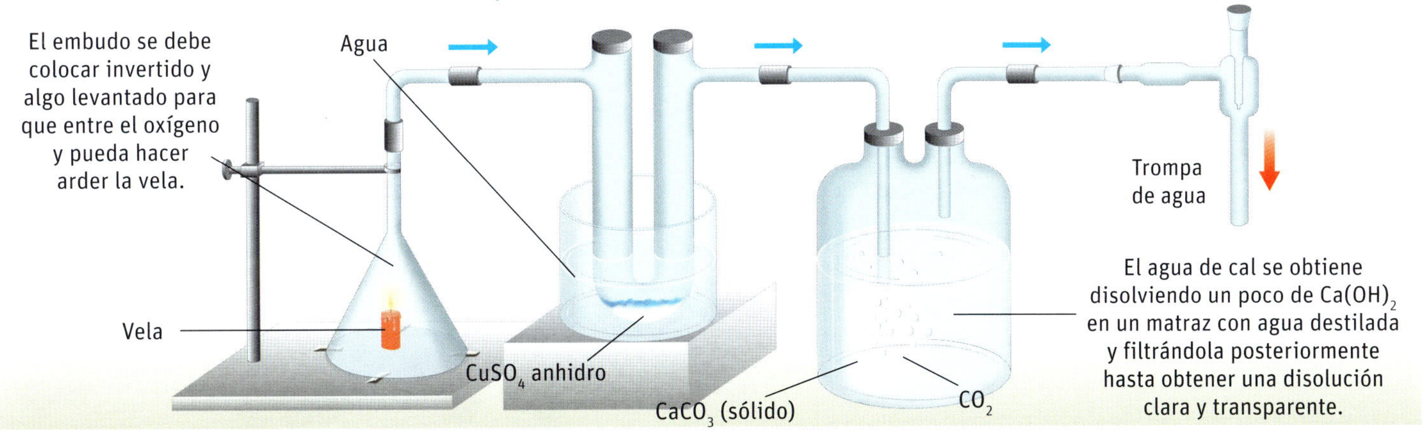

ACTIVIDADES

16. ¿Por qué debe colocarse el embudo ligeramente elevado sobre la vela?

17. ¿Para qué se introduce el tubo en U en el interior de un vaso con agua?

18. ¿Por qué no se apaga la vela si se forman CO_2 y vapor de agua?

19. Indica algunas utilidades y aplicaciones del CO_2.

20. Comprueba si se puede aplicar el test de reconocimiento de CO_2 al aire espirado, soplando con una pajita en un vaso que contenga agua de cal.

Actividades

Reacciones y ecuaciones químicas

21. Ajusta las siguientes ecuaciones químicas.

a) $Fe + O_2 \rightarrow Fe_2O_3$

b) $HCl + Na_2CO_3 \rightarrow NaCl + CO_2 + H_2O$

c) $Al + H_2SO_4 \rightarrow Al_2(SO_4)_3 + H_2$

d) $C_2H_5OH + O_2 \rightarrow CO_2 + H_2O$

e) $NaN_3 \rightarrow Na + N_2$

22. Escribe las ecuaciones químicas que se describen y ajústalas.

a) El óxido de mercurio(II) se descompone por el calor en mercurio y oxígeno.

b) El gas propano C_3H_8 arde con el oxígeno del aire formando dióxido de carbono y vapor de agua.

c) El cinc reacciona con el ácido clorhídrico originando dicloruro de cinc e hidrógeno gaseoso.

d) El metal sodio en contacto con el agua origina hidróxido de sodio e hidrógeno.

Ley de conservación de la masa

23. ¿Se conserva el número de átomos en una reacción química? ¿Y la masa? ¿Y el número de moléculas?

24. El calcio reacciona con el oxígeno para formar óxido de calcio. En la tabla se indican las masas de las sustancias que intervienen en tres experimentos distintos.

Masa de calcio (g)	Masa de oxígeno (g)	Masa de óxido de calcio (g)
5,0	2,0	7,0
7,5	3,0	●●●
20,0	●●●	28,0

a) **Razona si se cumple la ley de Lavoisier en el primer experimento.**

b) **¿Qué masa de óxido de calcio se formará en la segunda experiencia?**

c) **Deduce la masa de oxígeno que reacciona en el tercer experimento.**

SOLUCIÓN

a) Como la suma de las masas de los reactivos es de 7,0 g, igual a la masa del producto, se cumple la ley de conservación de la masa (Lavoisier).

b) La masa de los reactivos es de 10,5 g. Por tanto, la del producto será también de 10,5 g.

c) Si la masa del producto final es de 28,0 g, la masa inicial de los reactivos debe ser también de 28,0 g. En consecuencia, los 20,0 g de calcio tendrán que combinarse con 8,0 g de oxígeno.

Cantidad de sustancia

25. Calcula la cantidad de oxígeno que reacciona completamente con 10 g de hidrógeno si se obtienen 90 g de agua.

26. El azufre reacciona con el hidrógeno para formar sulfuro de hidrógeno. Completa los datos que faltan en la tabla e indica la ley en que te has basado.

Masa de azufre (g)	Masa de hidrógeno (g)	Masa de sulfuro de hidrógeno (g)
32,0	2,0	●●●
●●●	1,0	17,0
8,0	0,5	●●●
48,0	●●●	51,0

27. Observa el dibujo de una vela en el interior de una campana de vidrio colocada sobre una balanza electrónica. ¿Qué indicará la balanza cuando la vela se apague?

a) La balanza indicará una masa menor porque la masa de la vela disminuye un poco.

b) Según Lavoisier, la masa total se conserva constante. Por tanto, la balanza marcará lo mismo.

c) Al arder la vela se forman nuevos productos, luego la balanza indicará una masa mayor.

28. Observa los diagramas moleculares que simbolizan dos situaciones diferentes al chocar las moléculas de NO y de O_3.

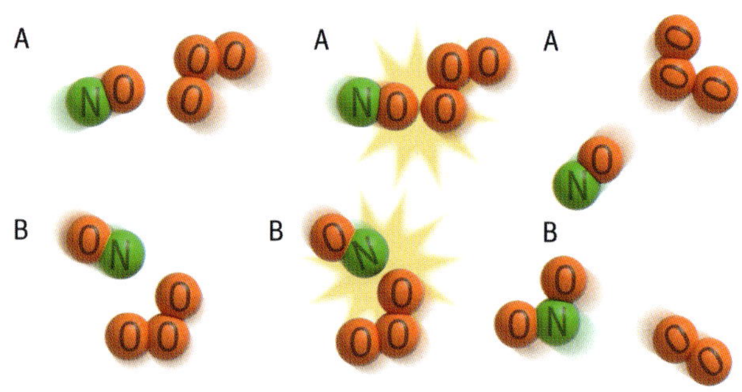

a) ¿En qué situación se produce una reacción química? Escribe la ecuación química que representa la reacción.

b) Interpreta los dos diagramas moleculares a partir de la teoría de colisiones.

29. **Ordena de menor a mayor los moles contenidos en los siguientes recipientes.**

a) Un matraz que contiene 1 g de helio.

b) Una botella con 9 L de hidrógeno a 0 °C y 1 atm.

c) Un tubo de ensayo con 10^{23} moléculas de agua oxigenada.

Masas atómicas: H = 1 u; He = 4 u; O = 16 u

SOLUCIÓN

a) $n(\text{He}) = \dfrac{\text{masa}}{\text{masa molar}} = \dfrac{(1\text{ g})}{(4\text{ g/mol})} = 0{,}25\text{ mol}$

b) En las condiciones indicadas, resulta:

$$n(H_2) = (9\text{ L}) \cdot \frac{(1\text{ mol})}{(22{,}4\text{ L})} = 0{,}4\text{ mol}$$

c) A partir de la definición de la constante de Avogadro:

$$n(H_2O_2) = (10^{23}\text{ moléc.}) \cdot \frac{(1\text{ mol})}{(6{,}02 \cdot 10^{23}\text{ moléc.})} = 0{,}166\text{ mol}$$

Por orden creciente de moles, resulta c < a < b.

30. Completa la tabla, que incluye diferentes formas de expresar la materia contenida en distintos gases.

Sustancia	Mol	Masa (g)	*V* (L) (0 °C, 1 atm)
Oxígeno, O_2	0,5	●●●	●●●
Metano, CH_4	●●●	64	●●●
Neón, Ne	●●●	●●●	224

31. Un sobre de azúcar común contiene 5 g de sacarosa, $C_{12}H_{22}O_{11}$.

a) Calcula el número de moléculas de sacarosa.

b) Determina el número de átomos totales y el número de átomos de cada clase.

32. Para que emitan luz, los tubos fluorescentes contienen 5 mg de vapor de mercurio. Al ser un metal tóxico, se recomienda evitar su rotura y depositarlos en un punto limpio. Calcula el número de moles de Hg que hay en un tubo fluorescente. Dato: Masa atómica del Hg = 201 u

33. La densidad del hierro es de 7,8 g/cm³ y la del aluminio es de 2,7 g/cm³. Deduce qué cubo metálico de 1 m de arista contiene más moles, un cubo de hierro o un cubo de aluminio.

34. Las bebidas deportivas reponen las sales minerales perdidas durante el ejercicio. Una botella de 1000 mL de esta bebida contiene 1,2 g de sal, NaCl. Calcula el número de moles de soluto, la concentración de la bebida y el volumen de bebida que contiene 0,5 g de soluto.

35. Para preparar una disolución se disuelven en agua 4 g de cloruro de calcio, $CaCl_2$, hasta alcanzar un volumen de 250 mL.

a) Calcula la concentración de la disolución.

b) En 100 mL de disolución, ¿cuántos moles y gramos de soluto habrá?

36. **Indica cómo prepararías en el laboratorio un litro de disolución 0,5 mol/L de sacarosa, $C_{12}H_{22}O_{11}$.**

a) En 250 mL de la disolución preparada, ¿cuántos gramos habrá de sacarosa?

b) ¿Qué volumen de disolución contiene 0,1 mol de sacarosa?

SOLUCIÓN

La concentración 0,5 mol/L indica que 1 L de disolución contiene 0,5 mol de sacarosa, que equivalen a 171 g. Primero se pesa la sacarosa. A continuación se introduce con un embudo en un matraz aforado de 1 L. Seguidamente, se disuelve totalmente en agua. Por último, se añade más agua hasta llegar a la línea de enrase que indica un litro de disolución.

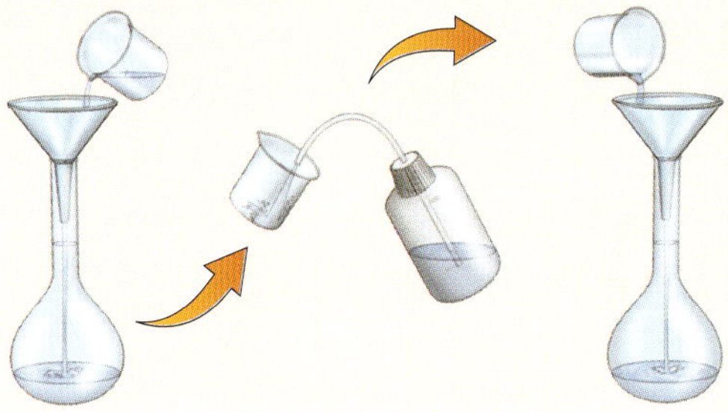

a) $m = (0{,}25\text{ L}) \cdot \dfrac{(0{,}5\text{ mol})}{(1\text{ L})} \cdot \dfrac{(342\text{ g de }C_{12}H_{22}O_{11})}{(1\text{ mol})} =$
$= 42{,}8\text{ g de }C_{12}H_{22}O_{11}$

b) $V = (0{,}1\text{ mol de }C_{12}H_{22}O_{11}) \cdot \dfrac{(1\text{ L de disolución})}{(0{,}5\text{ mol de }C_{12}H_{22}O_{11})} =$
$= 0{,}2\text{ L de disolución}$

37. Indica la disolución que contiene mayor número de moles de soluto.

a) 500 mL de disolución 2 mol/L.

b) 2 L de disolución 1 mol/L.

c) 1500 mL de disolución 0,5 mol/L.

38. Indica qué disolución contiene más gramos de soluto:

a) 250 mL de disolución 2 mol/L de NaCl.

b) 500 mL de disolución 1 mol/L de NaOH.

Cálculos estequiométricos

39. El cesio es un metal que reacciona violentamente con el agua formando hidróxido de cesio e hidrógeno gaseoso.

a) Escribe la reacción ajustada.

b) Calcula el volumen de hidrógeno que se desprenderá al añadir un trozo de 9,5 g de cesio a un litro de agua.

c) ¿Cuál será la concentración molar del hidróxido de cesio al finalizar la reacción?

40. La glucosa es un glúcido (hidrato de carbono) presente en las frutas y en la miel. Algunas bacterias anaerobias (es decir, que no necesitan oxígeno) pueden descomponer la glucosa en metano y en dióxido de carbono.

a) Escribe la ecuación química ajustada.

b) Calcula la cantidad de metano que se puede obtener a partir de 36 g de glucosa.

c) ¿Qué cantidad de glucosa se necesita para que se desprendan 22,4 L de CO_2 a 0 °C y 1 atm?

SOLUCIÓN

a) $C_6H_{12}O_6\,(s) \rightarrow 3\,CH_4\,(g) + 3\,CO_2\,(g)$

La ecuación indica que un mol de glucosa se descompone para producir tres moles de metano y tres moles de dióxido de carbono.

b) Se calculan los moles que hay en los 36 g de glucosa a partir de su masa molar (180 g/mol). Como la ecuación ajustada indica que por cada mol de glucosa se producen tres de metano, resulta:

$$n(CH_4) = (36\text{ g } C_6H_{12}O_6)\cdot\frac{(1\text{ mol de } C_6H_{12}O_6)}{(180\text{ g de } C_6H_{12}O_6)}\cdot\frac{(3\text{ mol de } CH_4)}{(1\text{ mol de } C_6H_{12}O_6)} = 0{,}6\text{ mol de } CH_4$$

c) La ecuación indica que por cada mol de glucosa se forman tres moles de CO_2; por tanto, como 22,4 L de CO_2 equivalen a 1 mol de CO_2 a 0 °C y 1 atm, se pueden establecer estas relaciones:

$$n(C_6H_{12}O_6) = (22{,}4\text{ L de } CO_2)\cdot\frac{(1\text{ mol de } CO_2)}{(22{,}4\text{ L de } CO_2)}\cdot\frac{(1\text{ mol de } C_6H_{12}O_6)}{(3\text{ mol de } CO_2)} = 0{,}33\text{ mol de } C_6H_{12}O_6$$

41. Los socorristas que mantienen las piscinas saben que no debe mezclarse ácido clorhídrico con hipoclorito de sodio, porque se libera cloro (un gas tóxico), junto a NaCl y agua.

¿Qué volumen de una disolución 3 mol/L de HCl reaccionará con 1500 mL de una disolución 2 mol/L de NaClO? ¿Cuánto cloro se libera?

42. Se hacen reaccionar 500 L de nitrógeno con hidrógeno en exceso para producir amoniaco. Si todos los gases se encuentran a 1 atm y 273 K, halla los litros de amoniaco que se han formado.

43. Durante la fotosíntesis de las plantas verdes, el dióxido de carbono de la atmósfera y el agua reaccionan para formar glucosa y oxígeno.

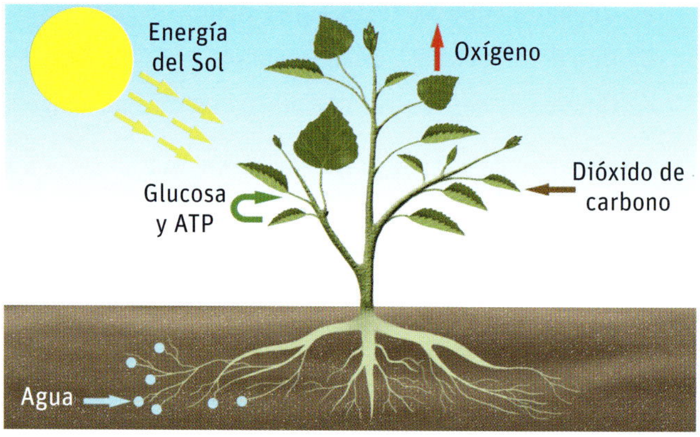

a) Escribe la ecuación ajustada.

b) ¿Cuántos moles de glucosa se obtendrán con tres moles de agua?

c) ¿Cuántos moles de reactivos necesita absorber la planta para formar 18 g de glucosa?

d) A partir de 10 L de dióxido de carbono, ¿qué cantidad de oxígeno se formará a 0 °C y 1 atm de presión?

44. Cuando el aluminio reacciona con el ácido clorhídrico, el cloro se separa del hidrógeno uniéndose con el aluminio, y el hidrógeno se libera en forma de gas.

a) Escribe la ecuación química ajustada.

b) ¿Cuántos moles y moléculas de hidrógeno se podrán formar a partir de 17 g de aluminio?

c) ¿Qué volumen de hidrógeno se desprenderá a 0 °C y 1 atm de presión?

45. La fermentación alcohólica de la glucosa, $C_6H_{12}O_6$, es un proceso anaeróbico que realizan algunos microorganismos en ausencia de oxígeno, y que da lugar a etanol (C_2H_5OH) y dióxido de carbono.

a) Escribe la ecuación ajustada de la fermentación alcohólica.

b) A partir de 18 g de glucosa, ¿qué cantidad de etanol se producirá?

c) Si se han desprendido 50 L de CO_2 a 0 °C y 1 atm de presión, ¿cuántos moles de glucosa han fermentado?

46. Los astronautas llevan unos trajes espaciales con un filtro de hidróxido de litio que elimina el dióxido de carbono desprendido al respirar. Como productos de la reacción se forman carbonato de litio y agua.

a) Escribe la ecuación ajustada.

b) Calcula el volumen de CO_2 que puede absorber, a 0 °C y 1 atm de presión, un depósito con 120 g de LiOH.

Ácidos y bases. Neutralización

47. Indica si se producirá reacción entre el ácido clorhídrico y los siguientes reactivos. En caso afirmativo, escribe la ecuación química correspondiente.

a) Cinc.
b) Hidróxido de sodio.
c) Carbonato de calcio.
d) Agua.

48. Escribe las definiciones de ácidos y bases según la teoría de Arrhenius y pon algunos ejemplos de cada uno.

49. Indica cuáles de estas afirmaciones son incorrectas.

a) El pH de una sustancia ácida puede ser mayor que 7.
b) Una disolución de hidróxido de potasio tiene un pH menor que 7.
c) El agua tiene un pH igual a 7.
d) El ácido sulfúrico neutraliza el ácido clorhídrico.

50. Escribe los productos que se forman en estas neutralizaciones y ajusta las ecuaciones.

a) Ácido clorhídrico + Hidróxido de potasio
b) Ácido nítrico + Hidróxido de sodio
c) Ácido sulfúrico + Hidróxido de calcio
d) Ácido carbónico + Hidróxido de aluminio

51. Calcula el volumen de una disolución 3 M de ácido sulfúrico que neutralizará 500 mL de una disolución 2 M de hidróxido de sodio.

a) ¿Cuál será el pH después de la reacción entre el ácido y la base?
b) Si se añaden unas gotas del indicador fenolftaleína, ¿qué color tomará al principio y al final de la reacción?

52. Describe el procedimiento de una volumetría de neutralización entre el HCl y el KOH.

Si se han empleado 10 mL de HCl 2 mol/L en neutralizar 50 mL de KOH, ¿cuál será la concentración de la base?

53. La cal apagada, $Ca(OH)_2$, se utiliza para neutralizar la acidez de los lagos causada por la lluvia ácida. Supón que la acidez está originada por el ácido sulfúrico.

a) Escribe la reacción de neutralización.
b) Con una tonelada de cal apagada, ¿qué cantidad de ácido sulfúrico se podría neutralizar?

Reacciones de combustión y de síntesis

54. Interpreta el siguiente esquema molecular y escribe la ecuación química que representa. ¿Cómo se llama esta clase de reacciones?

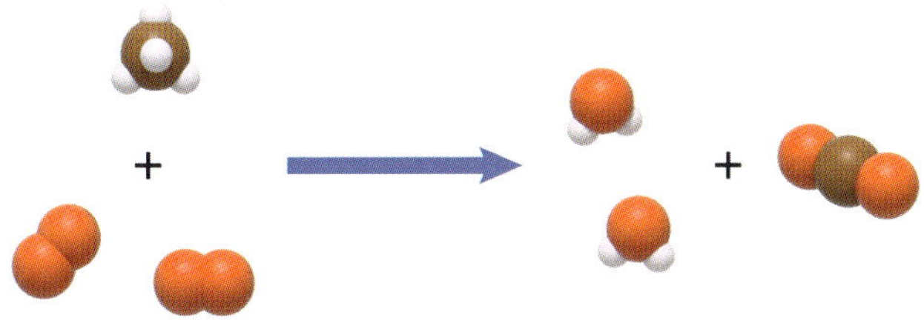

Código de colores
Bolas blancas: H   Bolas rojas: O   Bolas marrones: C

55. Completa y ajusta las ecuaciones de combustión de los siguientes combustibles: hidrógeno (H_2), butadieno (C_4H_6), butano (C_4H_{10}), propano (C_3H_8), hexano (C_6H_{14}) y acetileno (C_2H_2).

a) H_2 + ●●● → H_2O
b) $C_4H_6 + O_2$ → ●●● + H_2O
c) C_4H_{10} + ●●● → ●●● + H_2O
d) $C_3H_8 + O_2$ → ●●● + ●●●
e) C_6H_{14} + ●●● → CO_2 + ●●●
f) C_2H_2 + ●●● → ●●● + ●●●

56. Para calentar una *fondue* de queso se utiliza un infiernillo que contiene 112 g de metanol, CH_3OH.

a) Escribe la ecuación de combustión ajustada.
b) Calcula las cantidades de productos que se forman al quemar el metanol.

57. Indica en qué combustión de las siguientes se desprenderá menos dióxido de carbono a la atmósfera.

a) 1 g de propano, C_3H_8.
b) 1 g de hidrógeno, H_2.
c) 1 g de metano, CH_4.
d) 1 g de butano, C_4H_{10}.

58. ¿Qué es una reacción de síntesis? Completa en tu cuaderno las siguientes ecuaciones de síntesis.

a) $2\,H_2 + O_2$ → ●●●
b) $Cl_2 + H_2$ → ●●●
c) KCl + ●●● → $KClO_3$

59. Calcula las cantidades de nitrógeno e hidrógeno necesarias para obtener 1000 L de amoniaco medidos a 1 atm y 0 °C.

Ponte a prueba

Obtención casera del hidrógeno

El hidrógeno es el primer elemento de la tabla periódica y el más abundante en el universo. Forma parte de numerosos compuestos presentes en nuestro cuerpo (agua, proteínas, lípidos, vitaminas, etc.) y puede ser el combustible del futuro, pues en su combustión no se desprenden productos peligrosos para el medioambiente.

Tomando las debidas precauciones (como el uso de guantes y gafas de seguridad) es posible obtener hidrógeno en el laboratorio a partir de productos caseros como el papel de aluminio y el salfumán, un producto de limpieza a base de ácido clorhídrico. El profesor o profesora puede seguir cuidadosamente estos pasos:

- En primer lugar se vierten unos 100 mL de salfumán en un Erlenmeyer o en una botella de vidrio colocada dentro de un vaso de precipitados con agua, para que no se caliente demasiado durante la reacción.
- A continuación, se introducen unas bolitas de papel de aluminio y se cierra la botella, colocando en su boca un globo bien ajustado.
- La reacción no es instantánea, pero, una vez iniciada, se produce rápidamente con desprendimiento de calor. Cuando termine la reacción y el globo esté inflado, se debe retirar el mismo con cuidado y hacer un nudo.

1. Escribe la ecuación ajustada que representa la reacción entre el ácido y el metal.
2. ¿Por qué se ha inflado el globo? Si se suelta, el globo asciende hasta el techo. ¿Cómo se explica esto?
3. ¿Qué relación hay entre la masa contenida en la botella al principio y al final de la reacción?
4. ¿Mediante qué tipo de reacción se podría demostrar que el gas del globo es hidrógeno? Escribe la ecuación.

Una reacción fulgurante

El clorato de potasio se emplea como medicamento en forma de pastillas que alivian la garganta irritada. Por otro lado, el azufre es un no metal que se utiliza como fungicida en la agricultura.

Si se mezclan ambas sustancias y se acerca una llama, la mezcla arde rápidamente en una reacción fulgurante, formando cloruro de potasio y el gas dióxido de azufre.

Si se coloca una tira humedecida de papel pH sobre el gas desprendido, la tira adquiere un color rojizo.

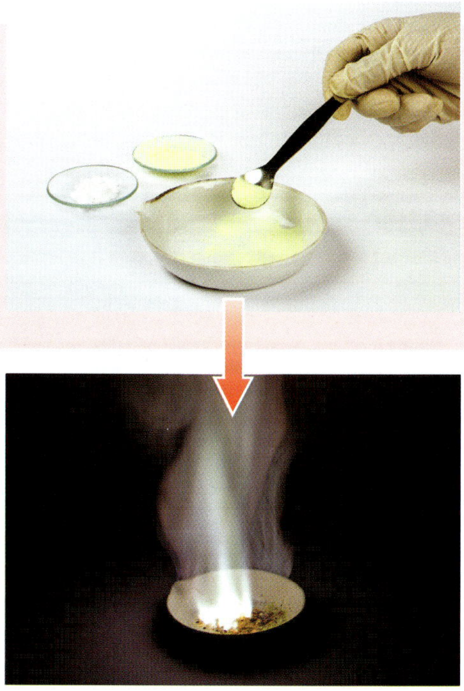

1. Indica el tipo de reacción química que ha tenido lugar y escribe la ecuación ajustada.
2. ¿Qué sustancia es el combustible? ¿Qué función tiene el clorato de potasio?
3. ¿Qué indica el cambio de color del papel pH?
4. La sustancia que forma el SO_2 al combinarse con la humedad es uno de los gases responsables de la lluvia ácida. Escribe la ecuación e indica de qué tipo de reacción se trata.

Identificación del dióxido de carbono como producto de la respiración

En la respiración celular, la glucosa se combina con oxígeno, liberando energía, vapor de agua y dióxido de carbono que eliminamos al exhalar. De forma semejante, el CO_2 es uno de los productos que se desprenden durante las combustiones.

La presencia de CO_2 en el aliento se puede detectar mediante una sencilla experiencia basada en una reacción ácido-base:

- En un matraz con agua destilada se vierten unas gotas de azul de bromotimol. Este indicador ácido-base presenta un color azul a pH alto, un color verdoso a pH neutro y un color amarillento a pH ácido.
- Al soplar suavemente sobre el agua mediante una pajita de refresco, se observa que el color verdoso del agua neutra vira a amarillento al cabo de unos segundos.

1. Escribe la reacción global de la respiración celular de la glucosa.
2. ¿Cómo ha cambiado el pH al provocar el burbujeo con el aire procedente de los pulmones?
3. ¿Qué ácido responsable del cambio de pH ha formado el CO_2 en contacto con el agua?
   a) Ácido clorhídrico. b) Ácido sulfúrico. c) Ácido carbónico. d) Ácido nítrico.

AUTOEVALUACIÓN

1. Indica los cambios en los que se produce una reacción química.
   a) La sublimación del yodo.
   b) La separación de una mezcla de azufre y limaduras de hierro.
   c) La carbonización del azúcar.
   d) La disolución de sal en agua.

2. Al reaccionar 6 g de magnesio en polvo con el oxígeno del aire se originan 10 g de óxido de magnesio:

   Magnesio + Oxígeno → Óxido de magnesio

   Escribe y ajusta la reacción. ¿Qué cantidad de oxígeno ha reaccionado?
   a) 3 g
   b) 4 g
   c) 6 g
   d) 12 g

3. Un globo de feria contiene 2 g de gas helio. Indica la opción correcta.
   a) Contiene 2 moles de helio.
   b) Contiene 0,5 átomos de helio.
   c) Contiene 22,4 L de helio medidos a 0 °C y 1 atm.
   d) Contiene $3{,}01 \cdot 10^{23}$ átomos de helio.

   Dato: Masa atómica del helio = 4 u

4. El yoduro de hidrógeno se puede obtener a partir de la siguiente reacción de síntesis:

   $$I_2(g) + H_2(g) \rightarrow 2\,HI(g)$$

   Indica las opciones correctas si se combinan 3 moles de $I_2(g)$ con 6 moles de $H_2(g)$:
   a) Se producen 9 moles de HI(g).
   b) Se producen 6 moles de HI(g).
   c) Quedan sin reaccionar 3 moles de I_2.
   d) Hay exceso de hidrógeno.

5. El pH de una disolución concentrada de ácido fuerte es:
   a) Igual a 7.
   b) Entre 7 y 14.
   c) Mayor de 14.
   d) Menor de 7.

6. Ajusta las siguientes reacciones químicas e indica si se trata de una combustión, una neutralización o una síntesis.
   a) $Al + Cl_2 \rightarrow AlCl_3$
   b) $NaOH + H_2SO_4 \rightarrow Na_2SO_4 + H_2O$
   c) $C_2H_2 + O_2 \rightarrow CO_2 + H_2O$
   d) $MgO + SO_3 \rightarrow MgSO_4$

smSaviadigital.com VALORA LO APRENDIDO > Autoevaluación con sus soluciones

5 Aspectos energéticos y cinéticos de las reacciones químicas

$$2\,H_2 + O_2 \rightarrow 2\,H_2O + \text{Energía}$$

Abre tu mirada

De las reacciones químicas se obtienen productos, materias primas y energía, que se libera durante la ruptura y formación de los enlaces químicos. Esta energía se aprovecha para propulsar vehículos espaciales, transportar bienes y personas por todo el mundo, obtener electricidad y almacenarla en baterías, calentar hogares y edificios, cocinar, etc. Millones de máquinas en todo el mundo se mueven y funcionan gracias a la energía liberada en las reacciones químicas.

- **¿Qué indica una ecuación termoquímica?**
- **¿Cómo se determina la velocidad de una reacción química?**
- **¿Qué factores modifican la velocidad de una reacción?**

Analiza y determina

Todas las reacciones químicas liberan o absorben energía. ¿Cuáles de las siguientes reacciones desprenden energía?

a) Combustión de la gasolina.

b) Electrólisis del agua.

c) Fotosíntesis de las plantas.

d) Metabolismo de un alimento.

a

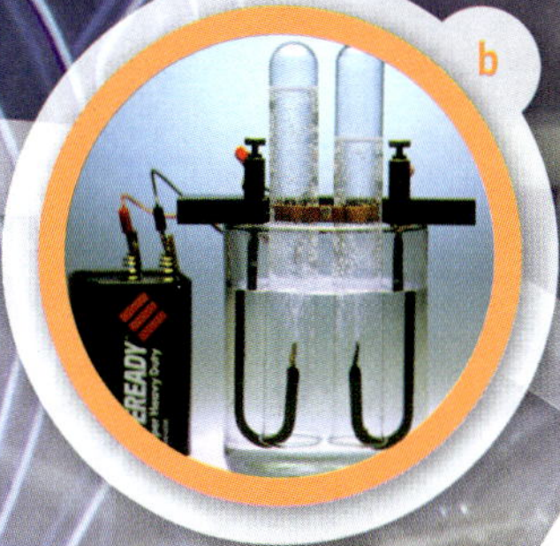
b

c

d

Observa y decide

Algunas reacciones se producen muy lentamente, como la formación del carbón; otras liberan rápidamente gran cantidad de energía, de forma explosiva, como ocurre con la nitroglicerina.

a) ¿Qué factores influyen para que una reacción sea explosiva?

b) ¿Cómo se explica el peligro explosivo de la nitroglicerina?

c) ¿Por qué en las minas de carbón pueden producirse grandes explosiones?

d) ¿Cómo medirías la velocidad de combustión de una vela?

Y tú, ¿qué opinas?

Los automóviles que emplean combustibles fósiles son responsables de gran parte de la contaminación urbana y del incremento del efecto invernadero. Las tecnologías alternativas, como los vehículos eléctricos, tienen un menor impacto en el medioambiente.

a) Compara la eficacia energética y la contaminación de un motor eléctrico y de un motor de combustión.

b) Infórmate sobre los inconvenientes que presentan los coches eléctricos.

c) Teniendo en cuenta sus ventajas e inconvenientes, ¿comprarías un coche eléctrico?

- **¿Cómo influyen la concentración, el grado de división y la temperatura en la velocidad de reacción?**
- **¿Cómo actúan los catalizadores e inhibidores en la velocidad de una reacción?**
- **¿Qué problemas medioambientales originan algunas reacciones químicas?**

1 La energía de las reacciones

En las reacciones químicas cambia la naturaleza de las sustancias y la cantidad de energía contenida en ellas, que será diferente para los reactivos y los productos.

En muchos casos, la principal aplicación de las reacciones no está relacionada con los productos que se obtienen, sino con la producción de energía, problema de candente actualidad y origen de conflictos mundiales.

Comprueba algunas de las formas en que se pone de manifiesto la liberación de la energía química almacenada en las sustancias:

Ten en cuenta

Todas las reacciones químicas obedecen a dos leyes fundamentales: la ley de conservación de la masa y la ley de conservación de la energía.

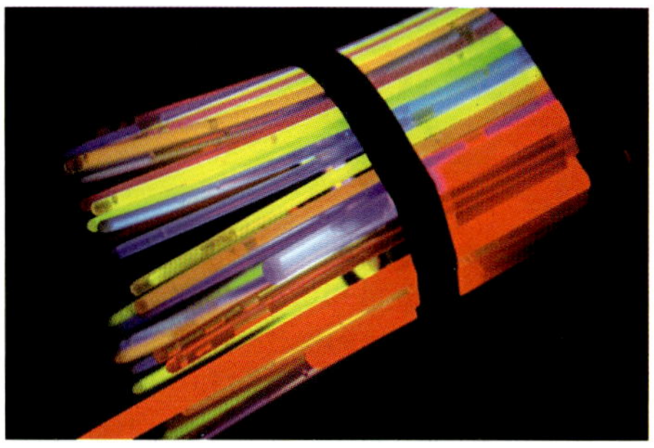	Al activar una barrita de *luz fría* se genera una intensa luz que brilla en la oscuridad durante horas. Ello se debe a que la barrita contiene dos reactivos químicos separados que, al mezclarse, producen una reacción química con emisión de luz fluorescente que no calienta. Este fenómeno se conoce como ***quimioluminiscencia***.
	Si disuelves óxido de calcio en un poco de agua dentro de un vaso de precipitados e introduces un termómetro, comprobarás cómo sube la temperatura. Lo que ocurre es que el óxido de calcio reacciona con el agua formando hidróxido de calcio, a la vez que se desprende calor. El proceso se llama ***apagado de la cal***.
	Tras frotar la cabeza de una cerilla contra el raspador de la caja, se forma una pequeña llama que ilumina y calienta. La madera de la cerilla se combina con el oxígeno del aire, formándose dióxido de carbono y agua. Esta reacción de ***combustión*** emite luz y calor.
	Clava un electrodo de cobre y otro de cinc en un limón y conéctalos mediante dos cables a un polímetro. Detectarás el paso de una corriente eléctrica de bajo voltaje causada por la transferencia de electrones entre el cinc y el cobre. Se trata de una reacción de ***oxidación-reducción***.

En este vídeo te mostramos reacciones químicas sorprendentes.

Las sustancias químicas almacenan energía, que puede liberarse de diferentes formas: luminosa, térmica, eléctrica, mecánica, etc.

De todas las reacciones químicas, aquellas en las que se desprende energía resultan imprescindibles para el desarrollo social e industrial de un país.

Origen de la variación de energía de una reacción

En el transcurso de una reacción química se rompen unos enlaces y se forman otros diferentes. Cada enlace contiene una determinada cantidad de energía, llamada energía de enlace, tanto mayor cuanto más fuerte es el enlace.

Para calcular la variación total de energía en una reacción, ten en cuenta que:

- Romper los enlaces de los reactivos requiere aportar energía.
- Al formarse nuevos enlaces en los productos se libera energía.

La **energía de una reacción** es igual a la suma de las energías de los enlaces que se rompen menos la suma de las energías de los enlaces que se forman:

$$E_{total} = E_{enlaces\ rotos} - E_{enlaces\ formados}$$

Ten en cuenta

Combustibles y alimentos almacenan energía química que puede desprenderse en las reacciones, al igual que un muelle comprimido almacena energía potencial elástica que se libera al estirarse.

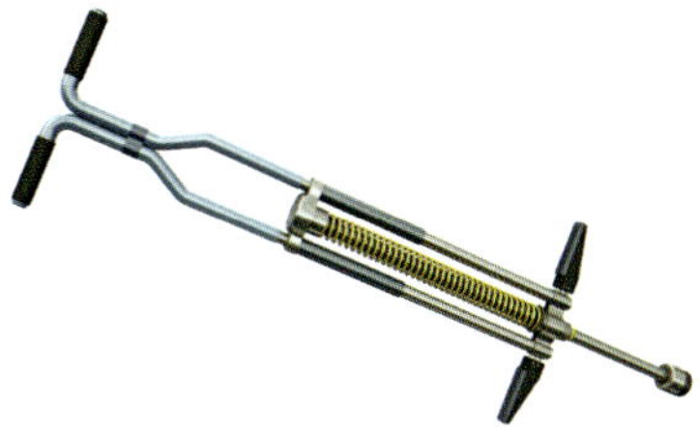

La energía de una reacción puede ser positiva o negativa:

Combustión del hidrógeno

$$2\ H_2(g) + O_2(g) \rightarrow 2\ H_2O(g)$$

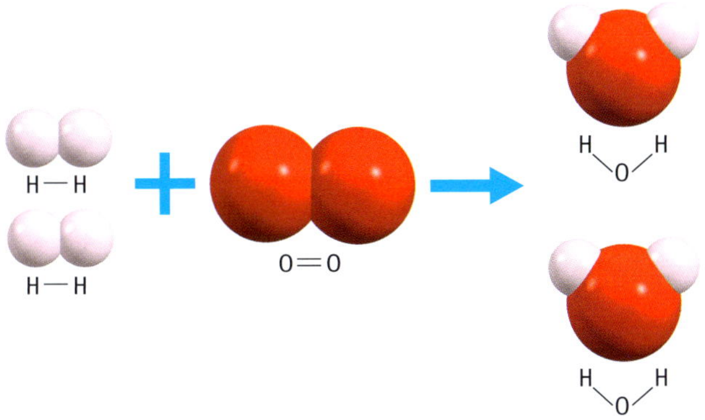

- En los reactivos se rompen dos enlaces sencillos entre los átomos de hidrógeno (H–H) y un enlace doble entre los átomos de oxígeno (O=O), cuyas energías son:

$$E_{H-H} = 436\ kJ/mol \qquad E_{O=O} = 494\ kJ/mol$$

La energía consumida en romper estos enlaces es:

$$E_{enlaces\ rotos} = (2\ mol) \cdot (436\ kJ/mol) + (1\ mol) \cdot (494\ kJ/mol) = 1366\ kJ$$

- En los productos se forman dos enlaces entre el oxígeno y el hidrógeno (O–H) por cada molécula de agua, cuya energía es:

$$E_{O-H} = 463\ kJ/mol$$

La energía liberada al formar estos enlaces es:

$$E_{enlaces\ formados} = (2\ enlaces) \cdot (2\ mol) \cdot (463\ kJ/mol) = 1852\ kJ$$

Por tanto, la variación de energía en esta reacción es:

$$\Delta E = 1366\ kJ - 1852\ kJ = -486\ kJ$$

- La diferencia de energía se desprende al entorno.

Se **desprende energía** en aquellas reacciones que liberan más energía al formar nuevos enlaces de la que consumen al romper los enlaces existentes:

$$E_{enlaces\ formados} > E_{enlaces\ rotos} \Rightarrow \Delta E < 0$$

Formación del óxido de nitrógeno(II)

$$N_2(g) + O_2(g) \rightarrow 2\ NO(g)$$

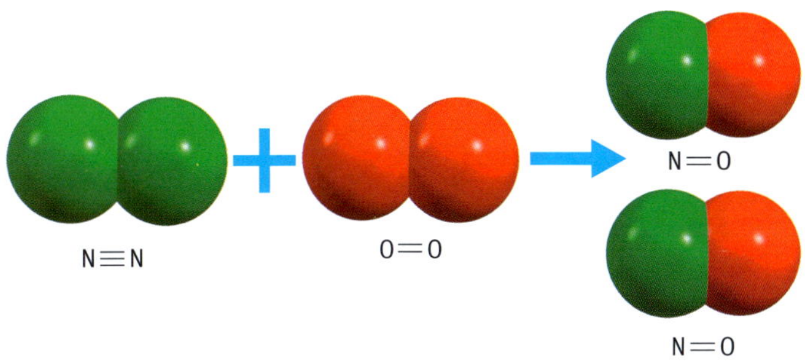

- En los reactivos se rompen un enlace doble entre los átomos de oxígeno (O=O) y un enlace triple entre los átomos de nitrógeno (N≡ N), cuyas energías son:

$$E_{O=O} = 494\ kJ/mol \qquad E_{N\equiv N} = 946\ kJ/mol$$

La energía consumida en romper estos enlaces es:

$$E_{enlaces\ rotos} = (1\ mol) \cdot (494\ kJ/mol) + (1\ mol) \cdot (946\ kJ/mol) = 1440\ kJ$$

- En los productos se forma un enlace doble entre el nitrógeno y el oxígeno (N=O) por cada molécula de NO, cuya energía es:

$$E_{N=O} = 630\ kJ/mol$$

La energía liberada al formar estos enlaces es:

$$E_{enlaces\ formados} = (2\ mol) \cdot (630\ kJ/mol) = 1260\ kJ$$

Por tanto, la variación de energía en esta reacción es:

$$\Delta E = 1440\ kJ - 1260\ kJ = 180\ kJ$$

- La diferencia de energía se toma del entorno.

Se **absorbe energía** en aquellas reacciones que liberan menos energía al formar nuevos enlaces de la que consumen al romper los enlaces existentes:

$$E_{enlaces\ formados} < E_{enlaces\ rotos} \Rightarrow \Delta E > 0$$

2 Reacciones endotérmicas y exotérmicas

Aunque la energía transferida en un proceso químico puede darse en forma de luz, electricidad o energía mecánica, lo habitual es que se manifieste como energía térmica.

Se llama **calor de reacción** a la cantidad de energía intercambiada con el exterior durante un proceso químico.

Una **ecuación termoquímica** es una ecuación química ajustada que incluye la cantidad de energía transferida durante el proceso químico.

El hidrógeno podría resolver los problemas energéticos y de polución. Se trata de un combustible limpio que proporciona energía sin desprender contaminantes, ya que su combustión genera vapor de agua como único producto.

Al reaccionar 2 mol de hidrógeno con 1 mol de oxígeno para formar 2 mol de agua se desprenden 486 kJ:

$$2\ H_2\ (g) + O_2\ (g) \rightarrow 2\ H_2O\ (g) + 486\ kJ$$

Esta ecuación termoquímica indica que por cada mol de agua formado se desprenden 243 kJ.

En una **reacción exotérmica** se desprende energía:

Reactivos → Productos + Energía

El óxido de nitrógeno(II) se forma en los motores, diésel o gasolina, y en las centrales térmicas. Es un gas contaminante peligroso para la salud y el medioambiente, por lo que es necesario reducir su emisión a la atmósfera.

Al reaccionar 1 mol de nitrógeno con 1 mol de oxígeno para formar 2 moles de óxido de nitrógeno(II) se absorben 180 kJ:

$$N_2\ (g) + O_2\ (g) + 180\ kJ \rightarrow 2\ NO\ (g)$$

Esta ecuación termoquímica indica que por cada mol de óxido de nitrógeno(II) formado se absorben 90 kJ.

En una **reacción endotérmica** se absorbe energía:

Reactivos + Energía → Productos

ACTIVIDADES

1. Interpreta estas ecuaciones termoquímicas y clasifícalas como exotérmicas o endotérmicas:

a) $C\ (s) + O_2\ (g) \rightarrow CO_2\ (g) + 393\ kJ$

b) $6\ CO_2\ (g) + 6\ H_2O + 2800\ kJ \rightarrow C_6H_{12}O_6\ (s) + 6\ O_2\ (g)$

2. A partir del ejercicio anterior:

a) Calcula la cantidad de energía que se desprenderá durante la combustión de cinco moles de carbono.

b) Calcula la cantidad de glucosa que podrá formarse en la fotosíntesis al absorber 140 kJ de energía.

smSaviadigital.com OBSERVA

Vídeo de la descomposición térmica del dicromato de amonio, $(NH_4)_2Cr_2O_7$, y de la combustión del hidrógeno.

Diagramas energéticos

Como la energía se conserva en las reacciones químicas, lo que esta varíe entre dos estados indicará la cantidad de energía absorbida o cedida en el proceso.

La **variación de energía**, ΔE, de una reacción química se obtiene de la diferencia entre la energía final de los productos y la energía inicial de los reactivos:

$$\Delta E = E_{productos} - E_{reactivos}$$

Los **diagramas de niveles de energía** o diagramas energéticos son una forma gráfica de representar la variación de energía que se produce en el transcurso de una reacción:

Proceso exotérmico	Proceso endotérmico
En los procesos exotérmicos se desprende energía. Por tanto, la energía de los productos tiene que ser menor que la de los reactivos. $E_{productos} < E_{reactivos}$ $\Delta E < 0$ Es decir, los **productos** son **más estables** que los reactivos.	En los procesos endotérmicos se absorbe energía. Por tanto, la energía de los productos tiene que ser mayor que la de los reactivos. $E_{productos} > E_{reactivos}$ $\Delta E > 0$ Es decir, los **reactivos** son **más estables** que los productos.
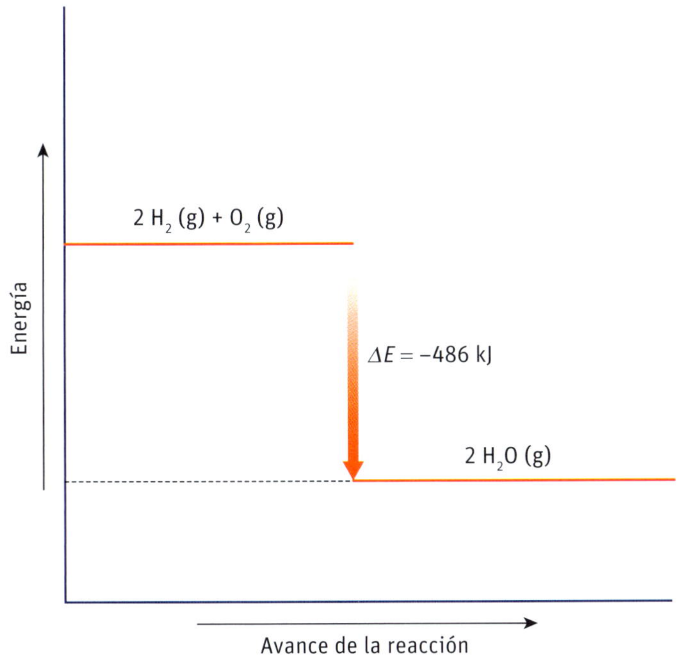	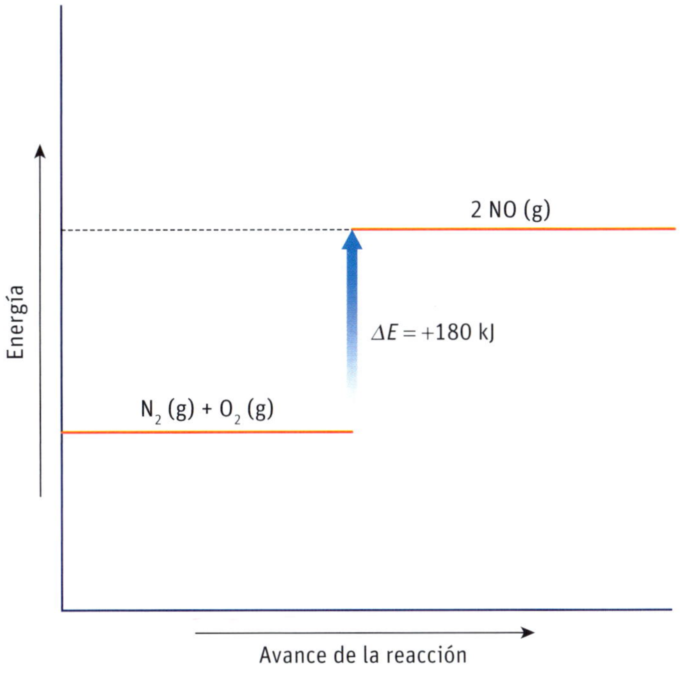

ACTIVIDADES

3. En la combustión de un mol de metano, CH_4, se desprenden 890 kJ.

a) Escribe la ecuación termoquímica correspondiente.

b) Dibuja el diagrama energético de esta reacción.

c) ¿Cuántos moles de CH_4 se deben quemar para obtener 100 kJ?

4. A partir de la ecuación termoquímica:

$$2\ CO_2(g) + 1132\ kJ \rightarrow 2\ CO(g) + O_2(g)$$

a) Indica si la reacción es exotérmica o endotérmica.

b) Dibuja el diagrama energético.

c) Calcula la energía necesaria para formar 10 g de CO.

3 Velocidad de reacción

En la Web

Explosión de la nitroglicerina.

www.e-sm.net/svfq4eso05_01

Además de conocer la cantidad de sustancias que intervienen en una reacción química y la energía intercambiada, es necesario saber también la velocidad con la que transcurre todo el proceso.

Descomposición de la nitroglicerina

$4\ C_3H_5(NO_3)_3\ (l) \rightarrow 12\ CO_2\ (g) + 10\ H_2O\ (g) + 6\ N_2\ (g) + O_2\ (g)$

El peligro de los explosivos se debe a la elevada rapidez de su descomposición: a temperatura ambiente, la nitroglicerina puede explotar a partir de un pequeño golpe.

Transformación del grafito en diamante

C (grafito) $\rightarrow$ C (diamante)

Para que el grafito se transforme en diamante son necesarios millones de años bajo condiciones extremas de presión y temperatura: el valor de un diamante proviene de su lenta formación.

En el transcurso de una reacción, los reactivos se van consumiendo para formar los productos. Es posible seguir el progreso de una reacción química si medimos la variación de la cantidad de reactivos o de productos con el tiempo.

EXPERIMENTA

Las pastillas efervescentes de vitamina C contienen bicarbonato de sodio y ácidos orgánicos, como el ascórbico y el cítrico, que en estado sólido no reaccionan entre sí.

Al disolverlos en agua, el bicarbonato genera aniones HCO_3^- (hidrogenocarbonato), y los ácidos, cationes H^+. Estos iones se combinan entre sí y originan burbujas de CO_2:

$$HCO_3^-(aq) + H^+(aq) \rightarrow CO_2(g) + H_2O(l)$$

Mide con un cronómetro el tiempo que transcurre desde que se introduce la pastilla hasta que se disuelve totalmente y deja de burbujear.

Si, por ejemplo, la pastilla contiene 2 g de bicarbonato y emplea medio minuto en disolverse, la reacción habrá transcurrido a una velocidad media de 4 g/min.

La **velocidad de reacción** determina la rapidez de una reacción. Se define como la cantidad o concentración de reactivo que se consume, o de producto que se forma, en la unidad de tiempo. Puede expresarse en mol/s, mol/(L s) o g/s.

ACTIVIDADES

5. Calcula en mol/s y en mol/(L s) la velocidad media de la descomposición del bicarbonato de sodio (84 g/mol) del experimento anterior en un volumen de disolución de 500 mL.

6. Calcula la velocidad media de la descomposición del agua oxigenada, en oxígeno y agua, sabiendo que en 5 min se desprenden 0,1 moles de oxígeno.

La importancia de la velocidad de reacción

En una sencilla reacción del tipo A $\rightarrow$ B, la velocidad de reacción, v_r, expresada como una **variación de la concentración respecto al tiempo**, se puede referir al aumento de la concentración de B o a la disminución de concentración de A:

$$v_r = -\frac{\Delta[A]}{\Delta t} = \frac{\Delta[B]}{\Delta t}$$

donde $\Delta[A]$ y $\Delta[B]$ son los cambios en las concentraciones ocurridos durante el intervalo de tiempo Δt. Se trata, por tanto, de una **velocidad media**.

Con frecuencia, en la industria es más importante modificar la velocidad de una reacción que mejorar su rendimiento:

OBSERVA

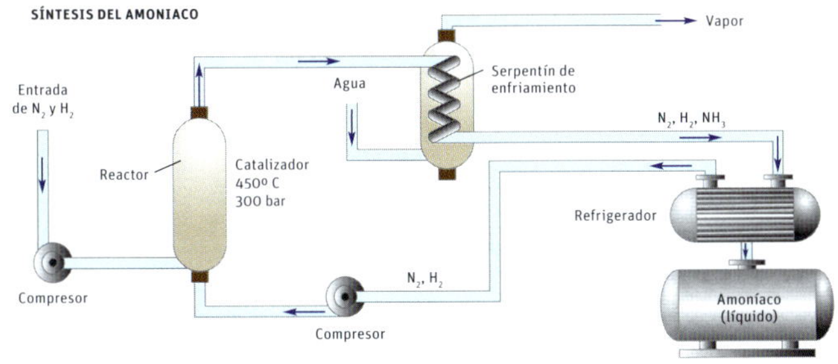

Obtener materias primas en el menor tiempo posible, reduciendo así el consumo energético y los costes de producción.

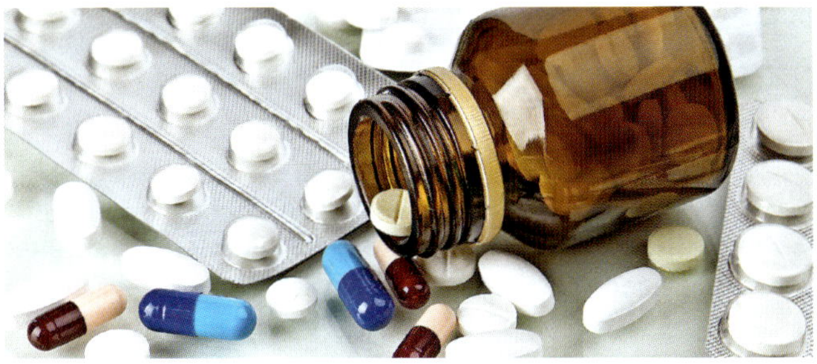

Elaborar fármacos que, según los casos, o bien se metabolicen con lentitud o bien se absorban muy rápido.

Conservar los alimentos durante el mayor tiempo posible sin que pierdan sus propiedades nutritivas.

Disminuir la producción de gases contaminantes procedentes de los combustibles fósiles mediante otras reacciones.

Calcula la velocidad de una reacción

1. En la imagen se indican las variaciones de concentración, respecto al tiempo, del reactivo A y del producto B para una reacción del tipo A $\rightarrow$ B. Calcula, a través de las concentraciones de A y de B, la velocidad de reacción:

   a) Durante el primer minuto.

   b) Durante los dos últimos minutos.

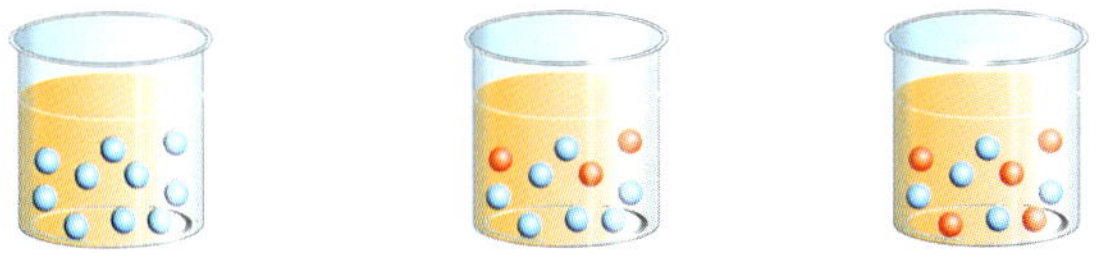

t_0 = 0 min; $[A]_0$ = 10 mol/L; $[B]_0$ = 0 mol/L

t_1 = 1 min; $[A]_1$ = 7 mol/L; $[B]_1$ = 3 mol/L

t_2 = 3 min; $[A]_2$ = 5 mol/L; $[B]_2$ = 5 mol/L

SOLUCIÓN

a) $v_r = -\frac{\Delta[A]}{\Delta t} = -\frac{(7-10)\,(\text{mol/L})}{(60\ \text{s})} = 5 \cdot 10^{-2}$ mol/(L s), o bien $v_r = \frac{\Delta[B]}{\Delta t} = \frac{(3-0)\,(\text{mol/L})}{(60\ \text{s})} = 5 \cdot 10^{-2}$ mol/(L s)

b) $v_r = -\frac{\Delta[A]}{\Delta t} = -\frac{(5-7)\,(\text{mol/L})}{(120\ \text{s})} = 1{,}67 \cdot 10^{-2}$ mol/(L s), o bien $v_r = \frac{\Delta[B]}{\Delta t} = \frac{(5-3)\,(\text{mol/L})}{(120\ \text{s})} = 1{,}67 \cdot 10^{-2}$ mol/(L s)

4 Factores que influyen en la velocidad de reacción

smSaviadigital.com OBSERVA

¿Conoces los factores que influyen en la velocidad de una reacción?

La velocidad de una reacción es directamente proporcional al número de **colisiones moleculares** que se producen en la unidad de tiempo. En consecuencia, la velocidad de reacción se verá afectada por cualquier factor que lo modifique.

Concentración

Veamos cómo afecta la concentración de los reactivos a la velocidad de una reacción química.

EXPERIMENTA

$$Zn(s) + 2\,HCl(aq) \rightarrow H_2(g) + ZnCl_2(aq)$$

Haz reaccionar la misma cantidad de cinc con dos concentraciones diferentes de ácido clorhídrico y anota, en cada caso, el tiempo que tarda el cinc en consumirse por completo (lo notarás porque cesa el burbujeo de hidrógeno):

- Introduce un trozo de granalla de cinc en un tubo de ensayo con 10 mL de una disolución de ácido clorhídrico diluido (1 mol/L). El hidrógeno se desprende lentamente y la reacción finaliza al cabo de varios minutos.
- Introduce otro trozo de granalla de cinc de igual masa en otro tubo con 10 mL de una disolución de HCl concentrado (12 mol/L). El burbujeo es muy intenso y en pocos segundos el metal ha reaccionado completamente con el ácido.

Al aumentar la concentración de los reactivos se incrementa el número de partículas contenidas en un volumen determinado. En consecuencia, se producen más choques eficaces por segundo y la velocidad de reacción crece.

La velocidad de una reacción química aumenta cuando aumenta la **concentración** de los reactivos.

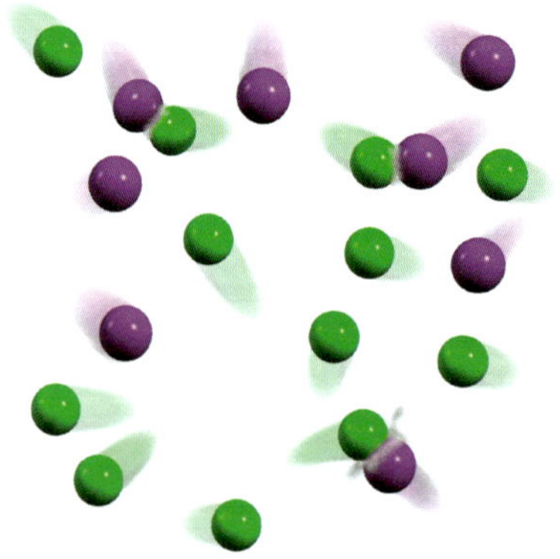

Baja concentración ⟹ Pocas colisiones

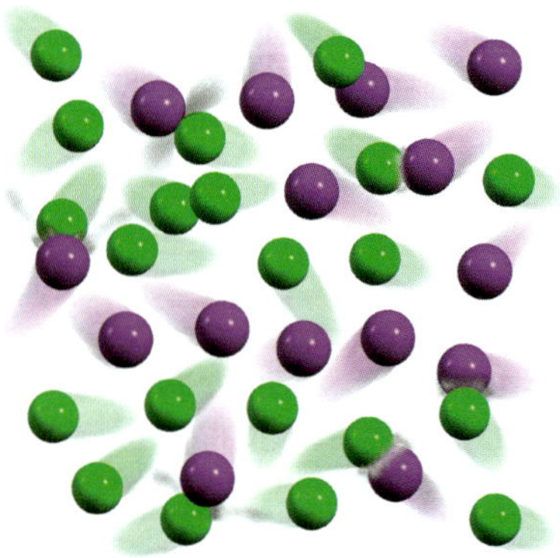

Alta concentración ⟹ Muchas colisiones

Ten en cuenta

La naturaleza de los reactivos determina también la velocidad de reacción.

Los metales, por ejemplo, aunque tienen propiedades semejantes, reaccionan de forma muy diferente con el agua: el sodio explota en contacto con ella; el oro, en cambio, ni siquiera se oxida, permanece inalterable.

ACTIVIDADES

7. ¿Qué importancia puede tener para la industria química aumentar la velocidad de una reacción?

Grado de división

Algunas sustancias aparentemente inocuas, como la harina o el azúcar, pulverizadas en el aire pueden reaccionar de forma rápida y explosiva en presencia de una llama.

Analicemos la relación que existe entre el grado de división de los reactivos y la velocidad de reacción.

EXPERIMENTA

$$CaCO_3\ (s) + 2\ HCl\ (aq) \rightarrow CaCl_2\ (aq) + H_2O\ (l) + CO_2\ (g)$$

Haz reaccionar una disolución de ácido clorhídrico con la misma cantidad de carbonato de calcio en dos formas diferentes: pulverizado y sin pulverizar. Anota, en cada caso, el tiempo que tarda el carbonato de calcio en consumirse por completo (lo notarás porque cesa el burbujeo de CO_2):

- Introduce **un trozo** de unos 3 g de $CaCO_3$ en 50 mL de disolución de HCl concentrado. El burbujeo de CO_2 es lento y se prolonga durante unos minutos.
- Introduce 3 g de $CaCO_3$ **pulverizado** en otros 50 mL de disolución de HCl concentrado. En pocos segundos, todo el CO_2 se ha desprendido y la reacción finaliza.

Al aumentar el grado de división de los reactivos, la superficie de contacto entre estos es mayor. Por tanto, hay más choques eficaces entre las moléculas y la velocidad de reacción aumenta.

La velocidad de una reacción química aumenta con el **grado de división** de los reactivos.

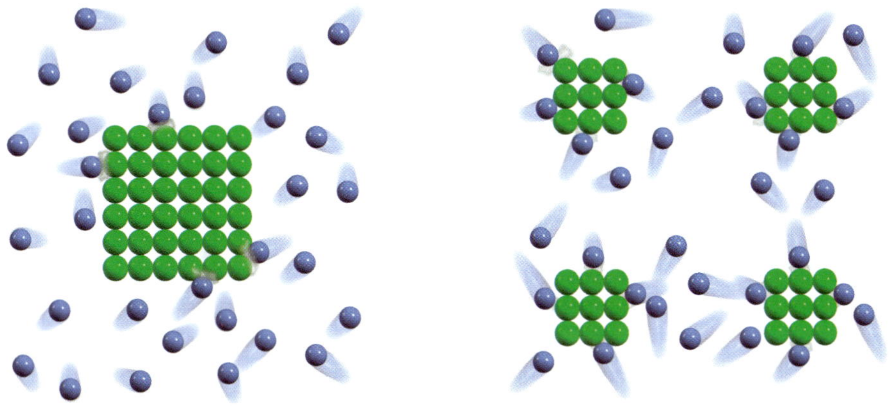

Bajo grado de división ⇒ Pocas colisiones — Alto grado de división ⇒ Muchas colisiones

Cuando los reactivos se encuentran en estado gaseoso o en disolución, su "grado de división" es máximo y las reacciones transcurren más rápido.

ACTIVIDADES

8. Razona en qué caso se producirá a mayor velocidad una reacción: cuando los reactivos están en estado sólido o cuando se encuentran en disolución.

¿Sabías que...?

Los componentes de un artefacto pirotécnico (carbón, azufre, sales metálicas...) están pulverizados.

Así, la superficie de contacto es mucho mayor y la reacción es tan rápida que resulta explosiva.

Temperatura

Cuando queremos conservar alimentos, como la carne y el pescado, durante mucho tiempo, los congelamos. De esta forma, se ralentizan las reacciones químicas que causan su descomposición. Así pues, parece que modificar la temperatura influye en la velocidad con la que transcurre una reacción.

OBSERVA

Corta una manzana por la mitad, deja una parte de ella a temperatura ambiente y la otra en el interior del frigorífico.

Al cabo de cierto tiempo, podrás comprobar cómo la disminución de temperatura ha ralentizado el proceso de oxidación.

EXPERIMENTA

Comprueba cómo varía la velocidad de una reacción con la temperatura: coge un vaso de agua, un termómetro, un cronómetro y tres pastillas efervescentes con una cantidad de bicarbonato de sodio conocida.

Para cada una de las siguientes experiencias, anota la temperatura del agua y mide el tiempo que tarda la pastilla en disolverse por completo. Después, calcula la velocidad de la reacción.

Introduce la pastilla en un vaso con agua tibia: el burbujeo es normal y la reacción transcurre al ritmo habitual.

Agua tibia

Introduce la pastilla en un vaso con agua muy fría: el burbujeo es menos intenso y aquella se disuelve despacio.

Agua fría

Introduce la pastilla en un vaso con agua caliente: el burbujeo es más intenso y aquella se disuelve muy rápido.

Agua caliente

Al aumentar la temperatura, se incrementa la velocidad media de las moléculas y, por tanto, su energía cinética. En consecuencia, la frecuencia de las colisiones eficaces es mayor, ya que habrá más moléculas con la energía suficiente para que los choques tengan efecto. Como resultado, la reacción química es más rápida.

> La velocidad de una reacción química aumenta con la **temperatura**.

La velocidad de reacción suele duplicarse cada 10 °C de aumento en la temperatura.

ACTIVIDADES

9. ¿En qué zonas crecerá más rápido la vegetación, en las regiones cálidas tropicales o en las frías de la tundra?

Catalizadores e inhibidores

En nuestro cuerpo existen reacciones bioquímicas que, aunque son muy lentas, son aceleradas por ciertas proteínas: las enzimas.

Por el contrario, para ralentizar la oxidación de los alimentos y conservarlos durante más tiempo se añaden algunos aditivos alimentarios: los antioxidantes.

La sustancia que, en pequeñas cantidades, es capaz de alterar la velocidad de cierta reacción, sin transformarse ni consumirse durante el proceso, se denomina **catalizador** (si la acelera) o **inhibidor** (si la ralentiza).

Por ejemplo, al verter agua oxigenada en una herida, la catalasa presente en la sangre acelera su descomposición en agua y oxígeno, que actúa como antiséptico.

En la Web

Observa el efecto de los catalizadores sobre la descomposición del agua oxigenada.

www.e-sm.net/svfq4eso05_02

EXPERIMENTA

$$H_2O_2\ (l) \rightarrow H_2O\ (l) + 1/2\ O_2\ (g) + 196\ kJ$$

Vierte 2 mL de lavavajillas (para detectar el gas) en una probeta con 50 mL de agua oxigenada concentrada (30 % de masa).

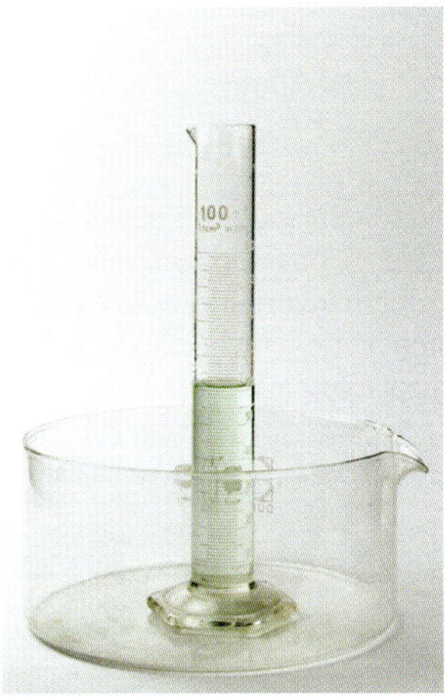

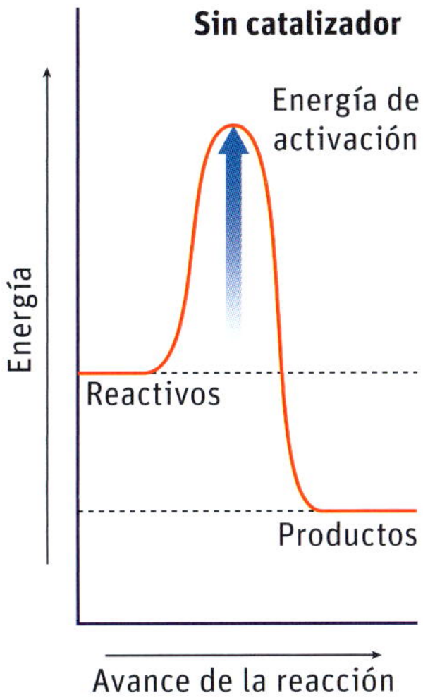

Tras varios minutos, no se aprecia la formación de burbujas de oxígeno: la reacción es muy lenta o ya no se produce.

Haz lo mismo que antes, pero añade esta vez 10 mL de disolución de yoduro de potasio (catalizador).

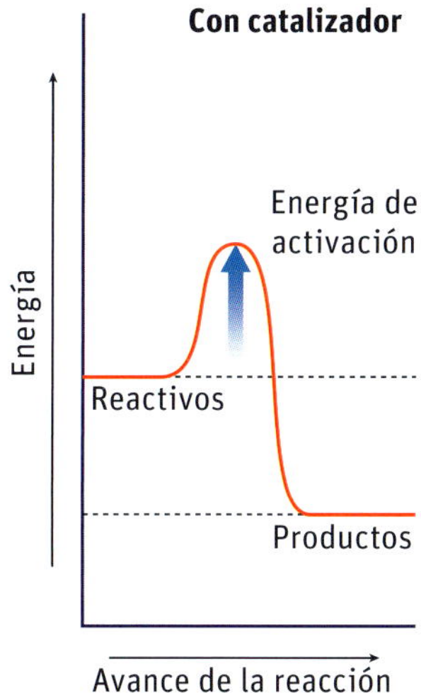

El agua oxigenada se descompone rápidamente en presencia del catalizador y el oxígeno liberado generará mucha espuma.

Para que se produzca una reacción, las moléculas deben chocar con una energía cinética por encima de cierta barrera mínima de energía, llamada **energía de activación**.

Superada tal barrera, se debilitan los enlaces de los reactivos y se forman los enlaces de los productos. Los catalizadores reducen la energía de activación, aumentando así el número de choques eficaces; por el contrario, los inhibidores incrementan dicha energía.

Por ejemplo, la energía de activación en la descomposición del agua oxigenada es de 75 kJ/mol sin catalizador; sin embargo, en presencia del catalizador disminuye hasta 23 kJ/mol, lo cual facilita que se formen los productos con mayor celeridad.

En presencia del catalizador adecuado, la reacción transcurre mucho más rápidamente, ya que el catalizador disminuye la energía de activación de la reacción, con lo que aumenta el número de choques eficaces.

5 Repercusiones medioambientales de las reacciones químicas

Las reacciones químicas nos proporcionan energía y materias primas. Pero la actividad industrial, los medios de transporte y las centrales energéticas originan residuos y gases contaminantes, lo cual constituye uno de los principales problemas medioambientales del planeta.

Aumento del efecto invernadero

El dióxido de carbono, CO_2, es un gas presente de manera natural en la atmósfera que genera un efecto invernadero moderado sin el cual la Tierra se congelaría.

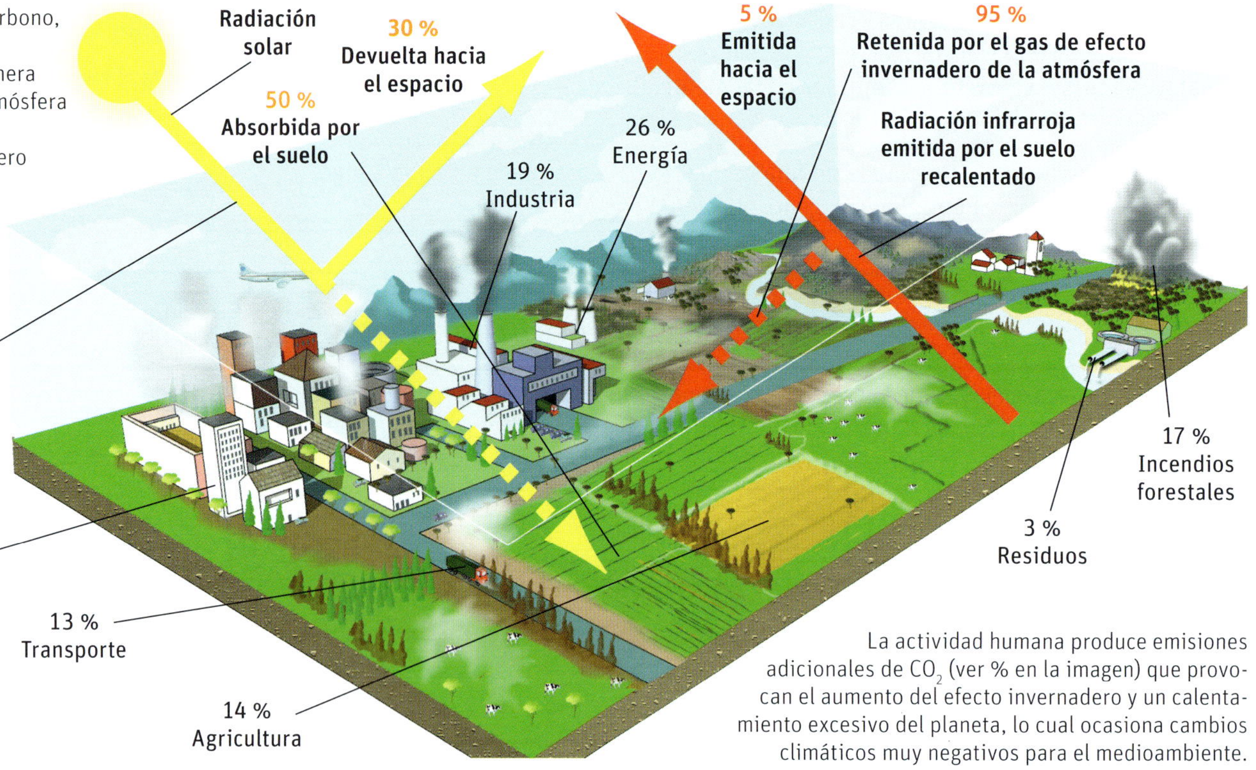

La actividad humana produce emisiones adicionales de CO_2 (ver % en la imagen) que provocan el aumento del efecto invernadero y un calentamiento excesivo del planeta, lo cual ocasiona cambios climáticos muy negativos para el medioambiente.

Lluvia ácida

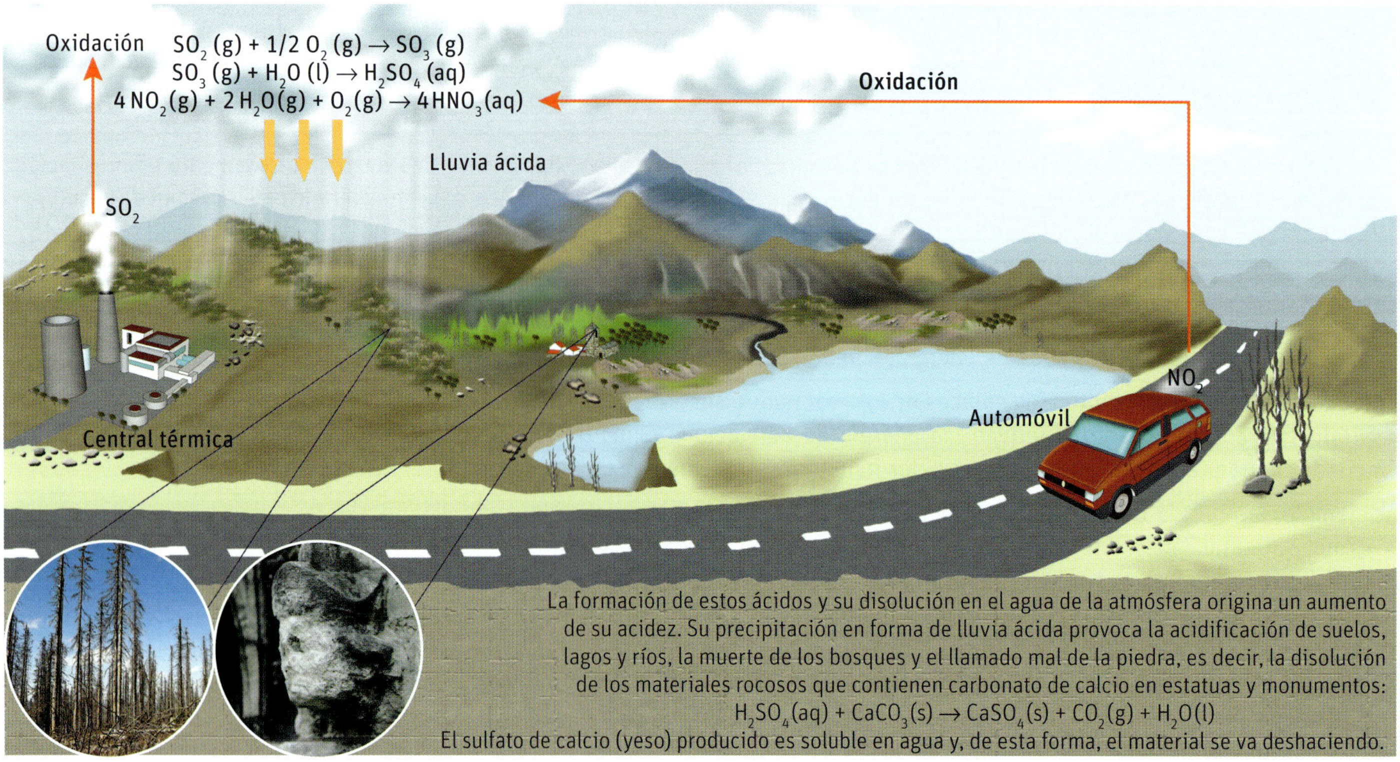

La formación de estos ácidos y su disolución en el agua de la atmósfera origina un aumento de su acidez. Su precipitación en forma de lluvia ácida provoca la acidificación de suelos, lagos y ríos, la muerte de los bosques y el llamado mal de la piedra, es decir, la disolución de los materiales rocosos que contienen carbonato de calcio en estatuas y monumentos:

$$H_2SO_4(aq) + CaCO_3(s) \rightarrow CaSO_4(s) + CO_2(g) + H_2O(l)$$

El sulfato de calcio (yeso) producido es soluble en agua y, de esta forma, el material se va deshaciendo.

Reducir el impacto

Para solucionar los graves problemas de contaminación que sufre nuestro planeta se requieren medidas globales como, por ejemplo:

- Emplear sistemas que reduzcan y depuren las emisiones contaminantes producidas por industrias, máquinas y vehículos.
- Invertir en la investigación y el desarrollo de energías alternativas limpias y eficientes.

Fábricas menos contaminantes

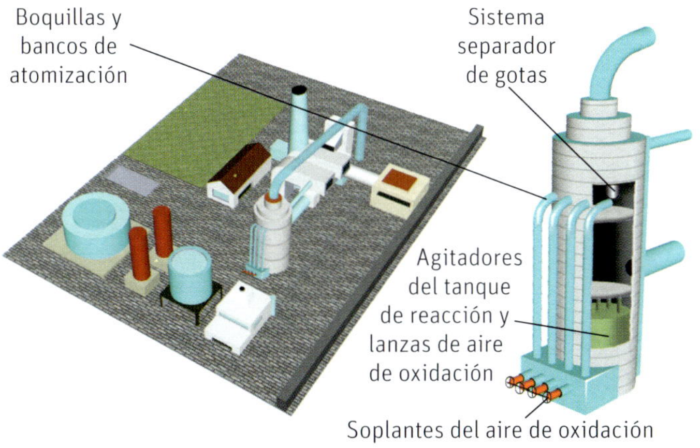

Las industrias reducen su contaminación con depuradores de gases, instalados en las chimeneas, en los que el gas contaminante se transforma en un producto no contaminante.

Por ejemplo, para retirar el dióxido de azufre se coloca óxido de calcio en el filtro, sustancia que al reaccionar con aquel gas produce sulfato de calcio (yeso) en dos etapas:

$$CaO(s) + SO_2(g) \rightarrow CaSO_3(s)$$

$$2\ CaSO_3(s) + O_2(g) \rightarrow 2\ CaSO_4(s)$$

Vehículos más limpios

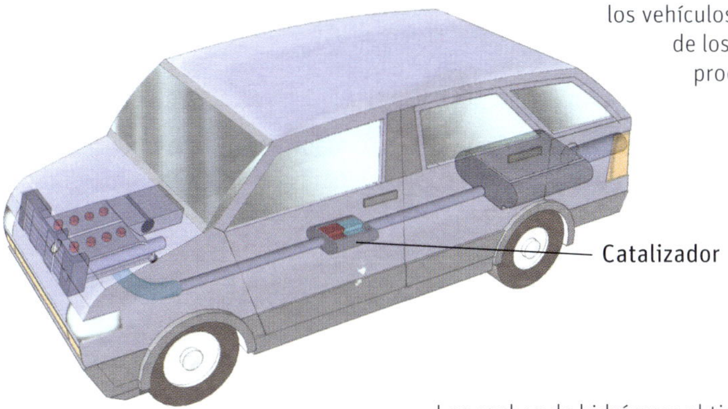

Los catalizadores disminuyen las emisiones de los vehículos al favorecer la transformación de los gases contaminantes en productos menos nocivos.

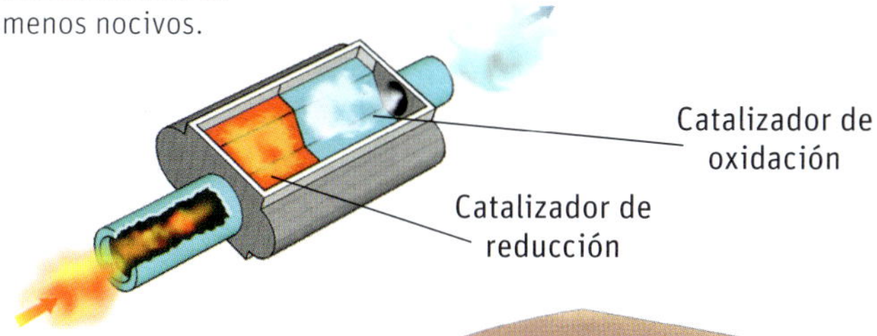

Los coches de hidrógeno obtienen energía eléctrica de una pila de combustible:

$$2\ H_2(g) + O_2(g) \rightarrow 2\ H_2O(l) + \text{Energía}$$

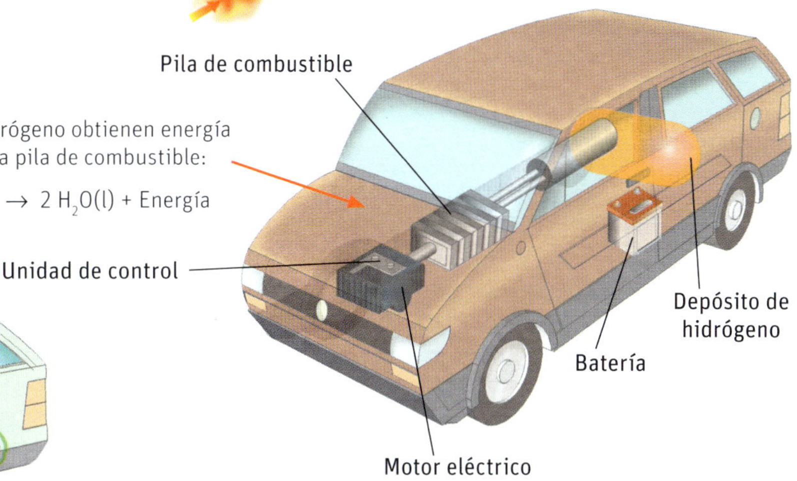

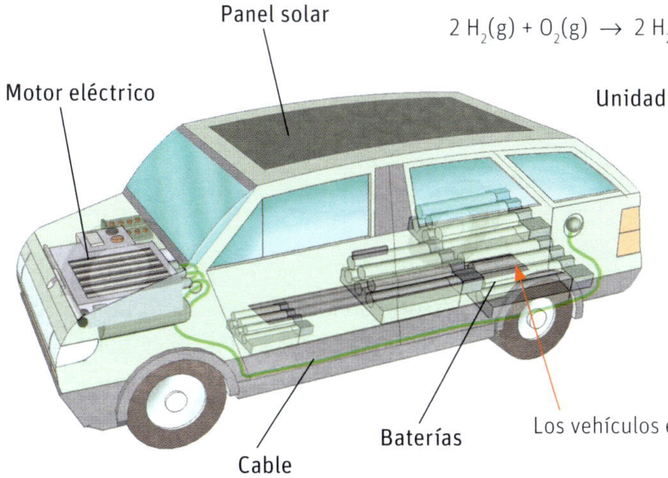

Los vehículos eléctricos funcionan con motores que se mueven mediante la electricidad acumulada en las baterías.

Repasa lo aprendido

1 ¿Qué indica una ecuación termoquímica?

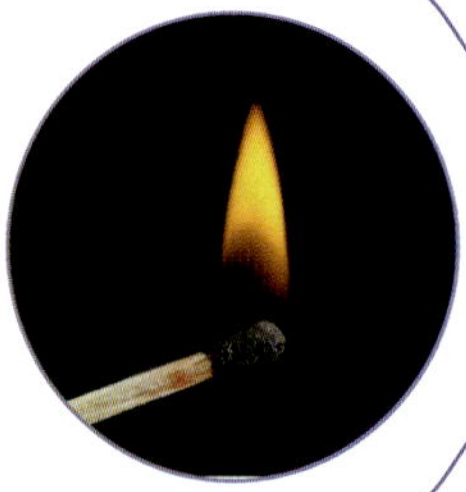

Una ecuación termoquímica señala, además de la cantidad de reactivos, A, y productos, B, que intervienen en una reacción química, la energía, *E*, absorbida o cedida durante el proceso:

Reacción exotérmica: $A \longrightarrow B + E$

Reacción endotérmica: $A + E \longrightarrow B$

2 ¿Cómo se determina la velocidad de una reacción química?

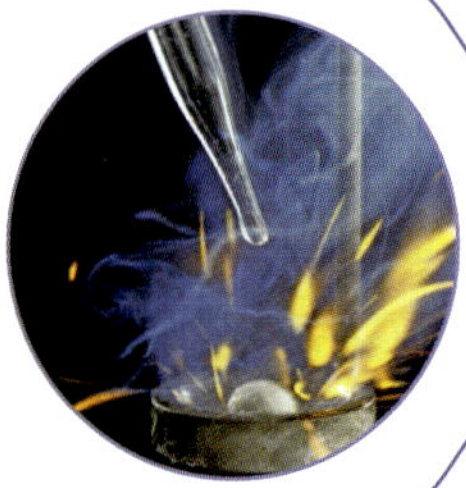

La velocidad, v_r, de una sencilla reacción del tipo $A \longrightarrow B$ es la variación en la concentración del producto que se forma, $\Delta[B]$, o del reactivo que se consume, $\Delta[A]$, en un intervalo de tiempo, Δt:

$$v_r = -\frac{\Delta[A]}{\Delta t} = \frac{\Delta[B]}{\Delta t}$$

3 ¿Qué factores modifican la velocidad de una reacción?

La velocidad de una reacción depende de la naturaleza, la concentración y el grado de división de los reactivos, así como de la temperatura y de la presencia de catalizadores o de inhibidores.

4 ¿Cómo influyen la concentración, el grado de división y la temperatura en la velocidad de reacción?

Según la teoría de colisiones, al aumentar la concentración, el grado de división o la temperatura de los reactivos, el número de choques eficaces es mayor y, como consecuencia, aumenta la velocidad de la reacción.

5 ¿Cómo actúan los catalizadores e inhibidores en la velocidad de una reacción?

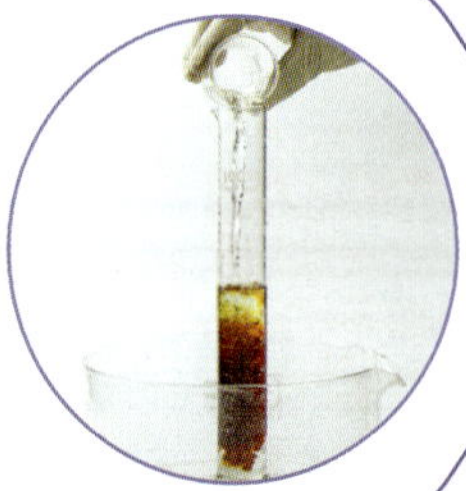

Un catalizador es una sustancia que acelera la velocidad de una reacción química, al disminuir la energía de activación de esta.

Por el contrario, un inhibidor ralentiza la velocidad de reacción, al elevar su energía de activación.

6 ¿Qué problemas medioambientales originan algunas reacciones químicas?

Quemar combustibles fósiles proporciona energía, pero al hacerlo se desprenden algunos productos gaseosos contaminantes que originan problemas medioambientales, como la lluvia ácida y el incremento del efecto invernadero.

smSaviadigital.com VALORA LO APRENDIDO > Resumen de la unidad

Procedimientos de la ciencia

Análisis de los factores que influyen en la velocidad de una reacción

La cinética química se ocupa del estudio de la velocidad de reacción y de los factores que pueden alterarla, acelerando o ralentizando las reacciones químicas.

Para investigar cómo varía la velocidad de reacción al modificar factores como la concentración de los reactivos, su grado de división o la temperatura, haremos reaccionar una misma masa de magnesio con ácido clorhídrico:

$$Mg\ (s) + 2\ HCl\ (aq) \rightarrow MgCl_2\ (aq) + H_2\ (g)$$

Como en la reacción se desprende hidrógeno en estado gaseoso, el tiempo de burbujeo del gas servirá para estimar la velocidad con la que ha transcurrido la reacción.

smSaviadigital.com PRACTICA

1 DISEÑO DE LA INVESTIGACIÓN

Las variables independientes son la concentración, el grado de división y la temperatura; la variable dependiente es la velocidad de reacción. En cada experiencia modificaremos una sola de las variables independientes y mantendremos fijas las demás, para examinar su efecto sobre la velocidad de reacción:

Preparación de los reactivos

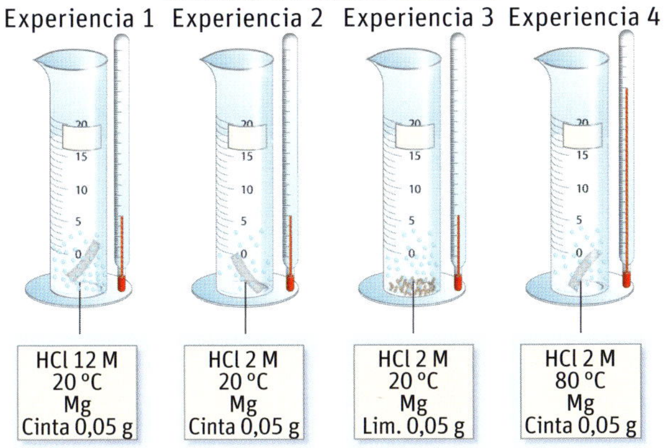

Experiencia	[HCl] (15 mL)	Mg (0,05 g)	Temperatura (°C)
1	12 M	Cinta	20
2	2 M	Cinta	20
3	2 M	Limaduras	20
4	2 M	Cinta	80

2 OBTENCIÓN DE RESULTADOS

Medimos con un cronómetro el tiempo que tarda el magnesio en reaccionar totalmente en cada caso, de donde podemos obtener la velocidad de cada reacción, que indicamos en una tabla:

Experiencia	Tiempo (s)	Velocidad (g/s)
1	5	●●●
2	70	●●●
3	10	●●●
4	35	●●●

3 ANÁLISIS DE RESULTADOS

El control de variables permite examinar la influencia de cada factor en la velocidad de reacción, pues para cada una de las experiencias hemos mantenido el resto de factores constantes:

- **Experiencias 1 y 2:** al mantener constantes el grado de división del magnesio y la temperatura, analizamos la influencia de la concentración del ácido clorhídrico.
- **Experiencias 2 y 3:** al mantener constantes la concentración del ácido clorhídrico y la temperatura, analizamos la influencia del grado de división del magnesio.
- **Experiencias 2 y 4:** al mantener constantes la concentración del ácido clorhídrico y el grado de división del magnesio, analizamos la influencia de la temperatura.

ACTIVIDADES

10. Determina la velocidad de reacción del magnesio (en g/s) para cada experiencia.

11. Escribe las conclusiones sobre la influencia de cada factor en la velocidad de reacción al comparar las experiencias:

a) 1 y 2 b) 2 y 3 c) 2 y 4

12. Explica las conclusiones obtenidas a partir de la teoría de colisiones.

Actividades

Energía de las reacciones químicas

13. Clasifica las siguientes reacciones como exotérmicas o endotérmicas.

a) $C_2H_2(g) + 5/2\ O_2(g) \rightarrow 2\ CO_2(g) + H_2O(l) + 1300\ kJ$

b) $\frac{1}{2}\ N_2(g) + O_2(g) + 33\ kJ \rightarrow NO_2(g)$

c) $CH_3OH(l) + 3/2\ O_2(g) \rightarrow CO_2(g) + 2\ H_2O(l) + 726\ J$

d) $2\ NH_3(g) + 92\ kJ \rightarrow N_2(g) + 3\ H_2(g)$

14. Interpreta el siguiente diagrama energético de una reacción.

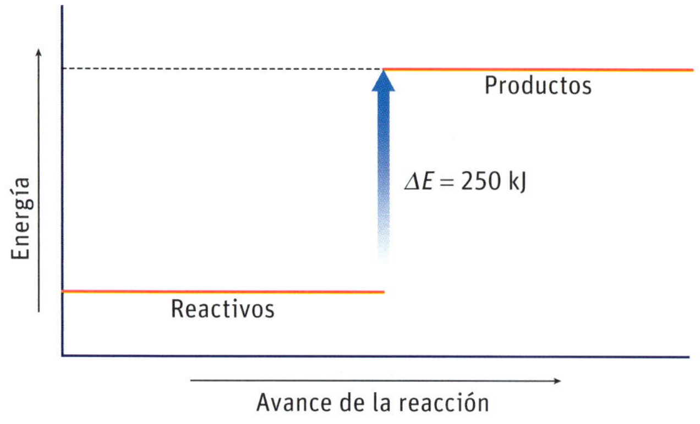

a) ¿Representa una reacción exotérmica o endotérmica?

b) ¿Qué variación de energía se produce en la reacción?

c) Dibuja el diagrama energético de la reacción inversa.

15. Dibuja el diagrama energético de cada una de las reacciones.

a) $SO_3(g) + 99\ kJ \rightarrow SO_2(g) + 1/2\ O_2(g)$

b) $N_2(g) + 3\ H_2(g) \rightarrow 2\ NH_3(g) + 92\ kJ$

c) $CaCO_3(s) + 1207\ kJ \rightarrow CaO(s) + CO_2(g)$

d) $P_4(s) + 5\ O_2(g) \rightarrow P_4O_{10}(s) + 3013\ kJ$

16. Observa el diagrama energético de la formación del cloruro de hidrógeno a partir de sus elementos.

a) Escribe la ecuación representada y clasifica la reacción.

b) Indica la variación de energía producida al formarse un mol de HCl.

c) Calcula la energía necesaria para que se formen 146 g de HCl.

d) Si se liberan 23 kJ, ¿cuántos moles de HCl se habrán formado?

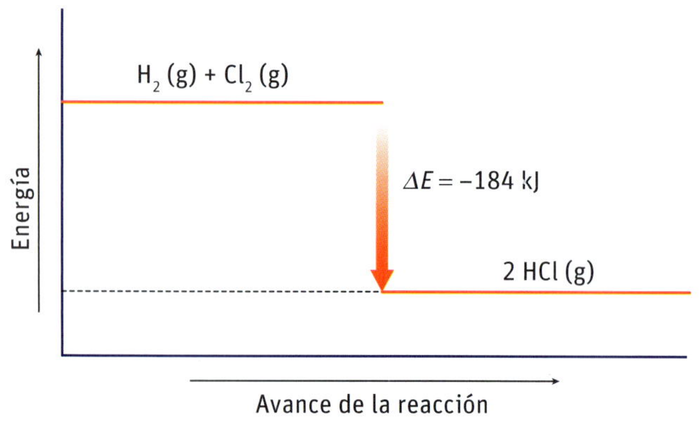

17. El cloruro de hidrógeno se puede sintetizar a partir de las moléculas de cloro e hidrógeno:

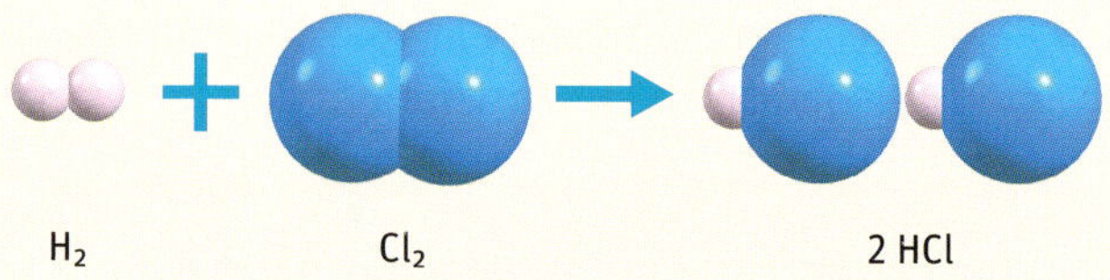

a) Indica qué enlaces se rompen y cuáles se forman.

b) Calcula la variación de energía que se produce en la reacción a partir de las energías de los enlaces.

Datos: Las energías de los enlaces Cl–Cl, H–H y H–Cl son, respectivamente, 242 kJ/mol, 436 kJ/mol y 431 kJ/mol.

SOLUCIÓN

a) Se rompe un enlace entre los átomos de hidrógeno (H–H) y otro enlace entre los átomos de cloro (Cl–Cl). Se forman dos enlaces entre el cloro y el hidrógeno (H–Cl).

b) De las energías de enlace y los coeficientes estequiométricos obtenemos:

$$\Delta E = E_{\text{enlaces rotos}} - E_{\text{enlaces formados}} = E_{H-H} + E_{Cl-Cl} - 2\ E_{H-Cl} =$$

$$= (1\ mol)\ (436\ kJ/mol) + (1\ mol)\ (242\ kJ/mol) -$$

$$- (2\ mol)\ (431\ kJ/mol) = -184\ kJ$$

Por tanto, se desprenden 92 kJ por cada mol de HCl.

18. El hidrógeno reacciona con el oxígeno para formar agua, según la reacción:

a) Indica qué enlaces se rompen y cuáles se forman.

b) Calcula la energía de la reacción.

Datos: Las energías de los enlaces H–H, O=O y O–H son, respectivamente, 436 kJ/mol, 498 kJ/mol y 463 kJ/mol.

19. En la formación de dos moles de amoniaco a partir de sus elementos se liberan 86 kJ.

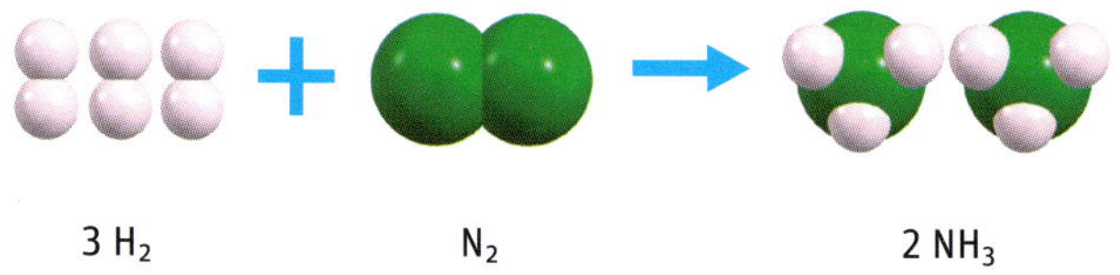

a) Indica qué enlaces se rompen y cuáles se forman.

b) Calcula el valor de la energía del enlace N–H.

Datos: Las energías de los enlaces H–H y N≡N son, respectivamente, 436 kJ/mol y 944 kJ/mol.

20. **El carbón es la fuente de energía más utilizada en el mundo para obtener electricidad. En un futuro podría ser remplazado por otros combustibles, como el hidrógeno. El carbono desprende en su combustión 394 kJ/mol; el hidrógeno, 286 kJ/mol.**

a) **Escribe y ajusta las ecuaciones termoquímicas de ambos combustibles.**

b) **Calcula la energía liberada por cada gramo de combustible quemado.**

c) **¿Qué combustible libera más dióxido de carbono por gramo quemado?**

SOLUCIÓN

a) $C(s) + O_2(g) \rightarrow CO_2(g) + 394\ kJ$

$H_2(g) + 1/2\ O_2(g) \rightarrow H_2O(l) + 286\ kJ$

b) Primero se calculan los moles contenidos en 1 g de cada combustible:

$$\text{n.}^{\text{o}}\ \text{de moles de C} = \frac{1\ \text{g}}{12\ \text{g/mol}} = 0{,}083\ \text{mol}$$

$$\text{n.}^{\text{o}}\ \text{de moles de H}_2 = \frac{1\ \text{g}}{2\ \text{g/mol}} = 0{,}5\ \text{mol}$$

A continuación, hallamos la energía desprendida por gramo de combustible quemado en ambos casos:

ΔE_C: (0,083 mol) (394 kJ/mol) = 32,8 kJ

ΔE_{H_2}: (0,5 mol) (286 kJ/mol) = 143 kJ

c) A partir de 0,083 mol de C se liberan 0,083 mol de CO_2.

En la combustión del hidrógeno no se genera dióxido de carbono, tan solo se forma agua.

21. El etanol ($CH_3{-}CH_2OH$) es un combustible alternativo a los combustibles fósiles. La energía que se desprende en la combustión de un mol de etanol es de 1367 kJ.

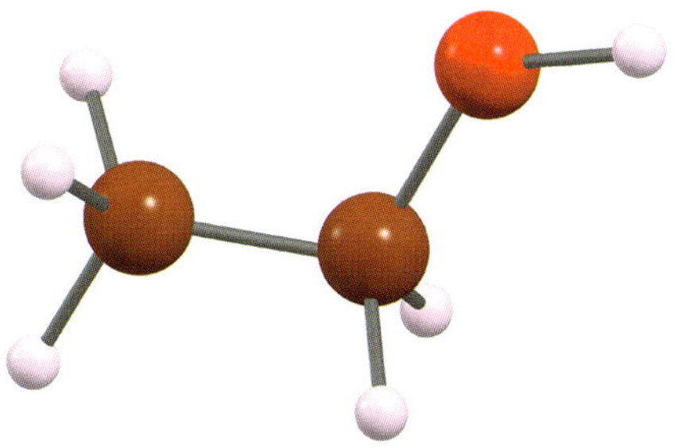

a) Calcula la energía liberada en la combustión de 1 L de etanol. (Dato: Densidad del etanol = 791 kg/m³)

b) ¿Qué volumen de dióxido de carbono se genera en la combustión de 1 L de etanol a 27 °C y 0,9 atm?

c) ¿A qué se llama "bioetanol" y cómo se obtiene?

d) ¿Qué ventajas tiene el etanol frente a los combustibles fósiles?

22. La energía que proporciona una golosina de glucosa ($C_6H_{12}O_6$) es la misma si la digerimos en nuestro cuerpo que si la quemamos en el aire; la única diferencia está en lo rápido que se libera la energía y, en consecuencia, la temperatura que se alcanza en cada caso.

a) Escribe la ecuación termoquímica de la combustión de un mol de glucosa si en esta se liberan 2800 kJ.

b) Calcula la energía que proporciona una golosina que contiene 18 g de glucosa.

c) ¿Por qué los médicos recomiendan evitar un consumo excesivo de golosinas?

23. La hidrazina (N_2H_4) es un líquido que se emplea para propulsar cohetes espaciales. Dicho propelente reacciona en la cámara de combustión con el comburente, tetraóxido de dinitrógeno en estado líquido, produciendo hidrógeno, nitrógeno y agua. Estos gases, expulsados a elevada presión y temperatura, producen el empuje necesario para acelerar el cohete.

a) Escribe la ecuación termoquímica ajustada sabiendo que por cada mol de combustible se desprenden 525 kJ.

b) Calcula la energía liberada al reaccionar 140 g de hidrazina.

c) Calcula el volumen de nitrógeno que se desprende a 1000 °C de temperatura y 5 atm de presión.

24. La dinamita es un explosivo inventado en 1867 por Alfred Nobel, al empapar nitroglicerina (1,2,3-trinitroxipropano) líquida en un material absorbente. Cuando explota, se libera una gran cantidad de energía, según la ecuación:

$$4\ C_3H_5(NO_3)_3\ (l) \rightarrow 12\ CO_2\ (g) + 10\ H_2O\ (g) + 6\ N_2\ (g) + O_2\ (g) + 5700\ kJ$$

a) Clasifica la reacción química e indica la energía que se desprende por cada mol de nitroglicerina.

b) Calcula la energía que se desprende al explotar un cartucho que contiene 100 g de nitroglicerina.

c) Determina la cantidad de dióxido de carbono emitida a la atmósfera en condiciones estándar.

d) Averigua otras aplicaciones de la nitroglicerina.

Velocidad de reacción

25. El carburo de calcio, CaC_2, es un sólido que al reaccionar con el agua produce acetileno (un combustible gaseoso) e hidróxido de calcio.

a) Escribe la ecuación ajustada.

b) ¿Qué procedimiento seguirías en el laboratorio para medir la velocidad media de esta reacción?

26. Una cinta de magnesio de 0,15 g tarda 10 s en arder con oxígeno. Escribe la ecuación y calcula la velocidad media de la reacción expresada en g/s y en mol/s.

27. Al añadir un trozo de 10 g de carbonato de calcio al ácido clorhídrico se observa que al cabo de quince minutos su masa se ha reducido a la cuarta parte. Calcula la velocidad media, en mol/s y g/min, de:

a) La descomposición del carbonato de calcio.

b) La formación del dióxido de carbono.

28. Considera los coeficientes estequiométricos de la ecuación de síntesis del amoniaco:

$$N_2(g) + 3\,H_2(g) \rightarrow 2\,NH_3(g)$$

¿Qué relación entre las siguientes velocidades es la correcta?

a) La velocidad de descomposición del nitrógeno es el triple que la velocidad de descomposición del hidrógeno.

b) La velocidad de descomposición del nitrógeno es el doble que la velocidad de formación del amoniaco.

c) La velocidad de descomposición del hidrógeno es mayor que la velocidad de formación del amoniaco.

29. Los datos de la tabla muestran la variación de la concentración de un reactivo respecto al tiempo.

Tiempo (s)	0	40	80	120
Concentración (mol/L)	3	2	1,5	1,2

a) Calcula la velocidad de reacción media para cada intervalo de tiempo.

b) ¿Por qué no son iguales los valores medios obtenidos?

c) Si disminuye la temperatura a la que se produce la reacción, ¿habrá algún cambio en la velocidad?

30. En la tabla se muestran los datos de la variación en los moles y en el tiempo transcurrido para dos reacciones distintas.

Reacción	Variación en los moles	Tiempo (s)
$AB \rightarrow A + B$	Se descomponen 5 mol de reactivo	10
$C + D \rightarrow CD$	Se forman 8 mol de producto	32

a) Halla la velocidad media para cada reacción, expresada en mol/s.

b) En la primera reacción, ¿qué cantidad de AB se habrá descompuesto en 2,5 s?

c) En la segunda reacción, ¿cuánto tiempo habrá transcurrido al formarse 6 mol de CD?

SOLUCIÓN

a) La velocidad de reacción se calcula a partir del cociente entre la variación en los moles y el tiempo que ha transcurrido, que podemos denominar $t_{reacción}$

Para las dos reacciones propuestas, consideramos la cantidad de reactivo, AB, descompuesto, y la cantidad de producto, CD, formado, respectivamente:

$$v_{AB} = \frac{\text{cantidad de AB descompuesto}}{t_{reacción}} = \frac{(5\,\text{mol})}{(10\,\text{s})} = 0{,}5\,\text{mol/s}$$

$$v_{CD} = \frac{\text{cantidad de CD formado}}{t_{reacción}} = \frac{(8\,\text{mol})}{(32\,\text{s})} = 0{,}25\,\text{mol/s}$$

b) Si suponemos que la velocidad de reacción media calculada para la descomposición del reactivo AB, que es de 0,5 mol/s, se mantiene constante a lo largo de todo el proceso, podemos hallar, despejando, la cantidad de este reactivo que se ha descompuesto en 2,5 s:

$$v_{AB} = \frac{\text{cantidad de AB descompuesto}}{t_{reacción}}$$

$$\text{cantidad de AB descompuesto} = v_{AB} \cdot t_{reacción}$$

Sustituyendo datos resulta: cantidad de AB descompuesto = = (0,5 mol/L) (2,5 s) = 1,25 mol.

c) Como en el apartado anterior, si suponemos que la velocidad de reacción media calculada para la formación del producto CD, que es de 0,25 mol/s, se mantiene constante, podemos calcular, despejando, cuánto tiempo es necesario para obtener 6 mol de dicho producto:

$$v_{CD} = \frac{\text{cantidad de CD formado}}{t_{reacción}}$$

$$t_{reacción} = \frac{\text{cantidad de CD formado}}{v_{CD}}$$

Sustituyendo datos resulta:

$$t_{reacción} = \frac{(6\,\text{mol})}{(0{,}25\,\text{mol/s})} = 24\,\text{s}$$

31. **Indica, de manera razonada, el efecto general que sobre la velocidad de una reacción tiene:**

a) **Aumentar la concentración de los reactivos.**

b) **Disminuir la temperatura.**

c) **Pulverizar un reactivo.**

d) **Añadir un inhibidor.**

SOLUCIÓN

a) Aumentar la concentración supone incrementar el número de partículas por unidad de volumen y, con ello, el número de choques por unidad de tiempo. En consecuencia, la velocidad de reacción crece.

b) Disminuir la temperatura produce una reducción en la velocidad media de las partículas y, por tanto, en el número de choques por unidad de tiempo. Como resultado, la velocidad de reacción desciende.

c) Pulverizar un reactivo aumenta su grado de división y su área superficial, favoreciendo los choques entre partículas. Así pues, la velocidad de reacción crece.

d) Añadir un inhibidor eleva la energía de activación de la reacción. Por consiguiente, la velocidad de la reacción disminuye.

32. ¿Cómo podrías acelerar el proceso de disolución de una pastilla de vitamina C efervescente en agua?

33. Razona de qué formas podrías aumentar la velocidad de reacción entre un metal, como el cinc, y el ácido sulfúrico.

34. El yoduro de potasio y el nitrato de plomo reaccionan muy rápido cuando se encuentran en disolución. ¿Cómo crees que lo harían si los mezcláramos pulverizados en estado sólido? ¿Por qué?

35. Infórmate sobre el trabajo que realizan los entomólogos forenses y su relación con la velocidad de reacción.

36. Señala las opciones correctas relativas a los catalizadores.

a) Aceleran las reacciones químicas.

b) Reaccionan con los reactivos para formar los productos.

c) No se consumen durante la reacción.

d) Actúan aumentando la energía desprendida en la reacción.

e) Sirven para todas las reacciones en general.

Repercusiones medioambientales

37. La normativa establece un control de la emisión de gases contaminantes en todos los vehículos.

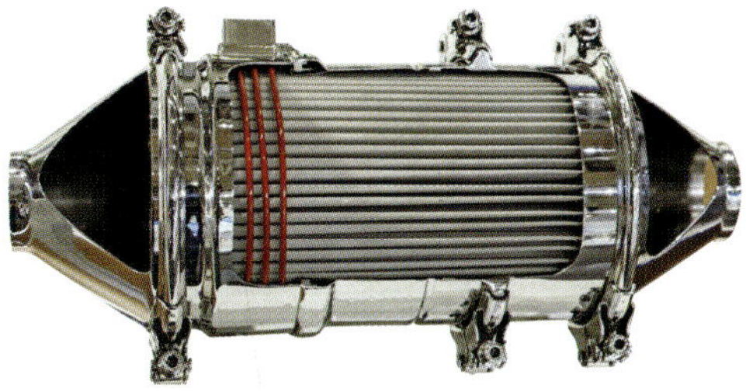

a) ¿Qué productos se originan en la combustión completa de los hidrocarburos de la gasolina?

b) ¿Qué gases tóxicos formados en el motor se emiten por los tubos de escape?

c) ¿Qué función tienen los catalizadores de los vehículos?

d) ¿Por qué el catalizador está extendido sobre un soporte en forma de panal?

38. Infórmate sobre el peligro del monóxido de carbono en la salud de las personas y en el medioambiente.

39. El dióxido de azufre y el dióxido de nitrógeno son dos gases responsables de la lluvia ácida.

a) ¿En qué tipo de reacciones se generan?

b) ¿Qué ácidos se forman al disolverse en la lluvia?

c) Calcula los moles de dichos ácidos que se producen a partir de 10 g de cada uno de los óxidos.

d) Indaga acerca de los problemas medioambientales que origina la lluvia ácida y exponlos en clase.

40. El ozono (O_3) se produce en las capas altas de la atmósfera por reacción entre el oxígeno molecular y el oxígeno atómico, gracias a la acción catalítica de la radiación ultravioleta. Por cada mol de ozono formado se desprenden 106 kJ.

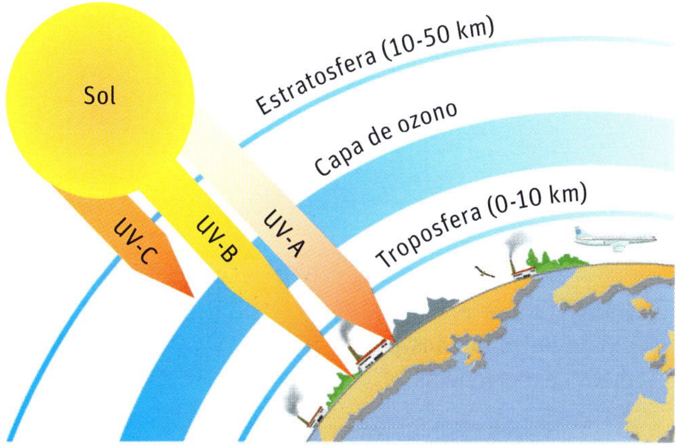

a) Realiza el diagrama energético e indica las sustancias que intervienen.

b) ¿Qué efecto protector tiene la capa de ozono para la salud de las personas?

c) Busca información sobre el agujero en la capa de ozono y haz una pequeña presentación en clase.

Ponte a prueba

Deshidratación del azúcar de mesa

El azúcar común, o de mesa, se obtiene de la caña de azúcar y de la remolacha azucarera. Está compuesto por sacarosa, $C_{12}H_{22}O_{11}$, un glúcido, o carbohidrato, presente en numerosos alimentos. Con ayuda de tu profesor:

- Introduce 100 mL de ácido sulfúrico, H_2SO_4, concentrado en un vaso de precipitados de 250 mL.
- Deposita 50 g de sacarosa en otro vaso de precipitados alargado.
- Vierte con cuidado el ácido sulfúrico en el vaso que contiene la sacarosa.

1. Esta reacción se denomina "carbonización" o "deshidratación".

a) ¿Qué elemento químico es el sólido negro que se forma?

b) ¿Qué otros productos crees que se desprenden en los vapores blancos que observas?

2. Toca el exterior del vaso donde tiene lugar la reacción.

a) ¿Se desprende o se absorbe energía?

b) Indica si la reacción es exotérmica o endotérmica.

¿El hierro arde?

Todos los metales se oxidan en presencia de oxígeno y forman óxidos metálicos, excepto los metales nobles, como el oro o el platino, en los cuales el proceso es tan lento que, a efectos prácticos, puede considerarse que no se oxidan.

El hierro expuesto al aire reacciona con el oxígeno y se oxida al cabo del tiempo; además, en determinadas condiciones, es posible que el hierro se oxide tan rápidamente que origine una reacción de combustión.

Investigación 1

- Enciende un mechero Bunsen y coloca sobre la llama algún objeto de hierro por unos segundos.
- Repite la experiencia, pero arroja esta vez sobre la llama hierro pulverizado.

Investigación 2

- Acerca la llama de una cerilla, o una pila de 9 V, a un estropajo normal de acero.
- Repite la experiencia con un estropajo de lana de acero extrafina.

1. Indica la diferencia que existe entre las dos primeras experiencias.

a) ¿A qué se deben los distintos fenómenos observados?

b) Explica el efecto a partir de la teoría de las colisiones.

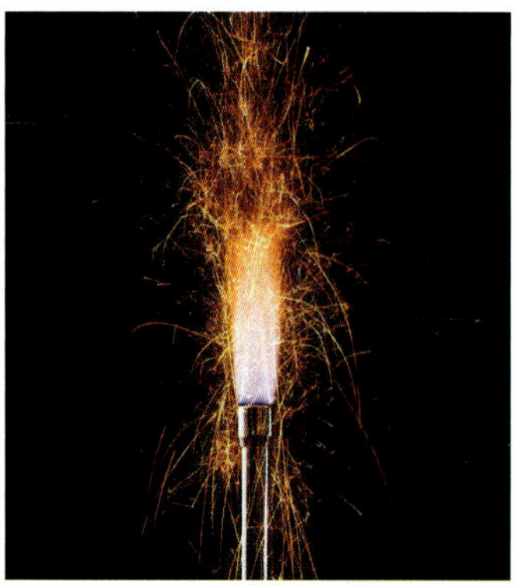

2. Indica en qué se distinguen los estropajos de ambas experiencias.

a) ¿Qué diferencia hay al acercar la llama, o la pila, a cada estropajo?

b) Explica el efecto a partir de la teoría de las colisiones.

Ralentización de reacciones químicas indeseables

En ocasiones no interesa acelerar las reacciones químicas, sino ralentizarlas, para lo cual se emplean sustancias llamadas inhibidores.

En el caso de las reacciones que originan productos perjudiciales para las propiedades y el aspecto de los alimentos, se recurre a inhibidores que retrasan su descomposición y oxidación: los conservantes alimentarios y los antioxidantes.

- Secciona un cuarto de manzana, frota con el jugo de un limón una de las superficies que resultan del corte y deja el trozo expuesto al aire.
- Observa las dos superficies del trozo de manzana tras un par de horas.

1. ¿Qué diferencias encuentras entre ambas superficies de la manzana?
2. ¿Qué efecto produce el jugo de limón sobre la manzana?
3. ¿Qué sustancias químicas contiene el limón que actúan como conservante y antioxidante?
4. Indica otras formas capaces de ralentizar la oxidación de una manzana cortada.

AUTOEVALUACIÓN

1. Corrige las frases que sean incorrectas.

a) La energía de una reacción química es la suma de la energía de los reactivos y de los productos.

b) Al romper un enlace químico se desprende energía.

c) Si los productos tienen más energía que los reactivos, el proceso es exotérmico.

d) Un proceso es endotérmico si la energía liberada al formar nuevos enlaces es menor que la energía absorbida al romper los enlaces de los reactivos.

2. ¿Endotérmico o exotérmico?

a) $H_2O(s) \rightarrow H_2O(l)$

b) $C_3H_8(g) + 5\ O_2(g) \rightarrow 3\ CO_2(g) + 4\ H_2O(g)$

c) $CaCO_3(s) + 179\ kJ \rightarrow CaO(s) + CO_2(g)$

d) $4\ Fe(s) + 3\ O_2(g) \rightarrow 2\ Fe_2O_3(s) + 1648\ kJ$

3. Al cabo de medio minuto, 4 g de una sustancia reaccionan y su cantidad se reduce a la mitad. ¿Cuál es la velocidad media de la reacción? (Dato: Masa molar = 2 g/mol)

a) 4 mol/s

b) 4 g/min

c) 2 mol/min

d) 4 mol/min

4. Justifica qué afirmaciones acerca de la velocidad de una reacción química son correctas.

a) Mide el aumento en la cantidad de reactivos por unidad de tiempo.

b) Es inversamente proporcional al número de colisiones moleculares.

c) Es independiente de la naturaleza de los reactivos.

d) Puede ser modificada añadiendo determinadas sustancias químicas.

5. ¿En qué casos aumenta el número de choques eficaces entre partículas y la velocidad de reacción?

a) Al elevar la concentración de los reactivos.

b) Al disminuir la superficie de contacto entre reactivos.

c) Al aumentar la temperatura.

d) Al añadir el catalizador adecuado.

6. Indica cómo puedes disminuir la velocidad de descomposición de un alimento.

a) Rociándolo con agua.

b) Poniéndolo al sol.

c) Cortándolo en trozos pequeños.

d) Envolviéndolo en papel de aluminio.

smSaviadigital.com VALORA LO APRENDIDO > Autoevaluación con sus soluciones

6 Introducción a la química del carbono

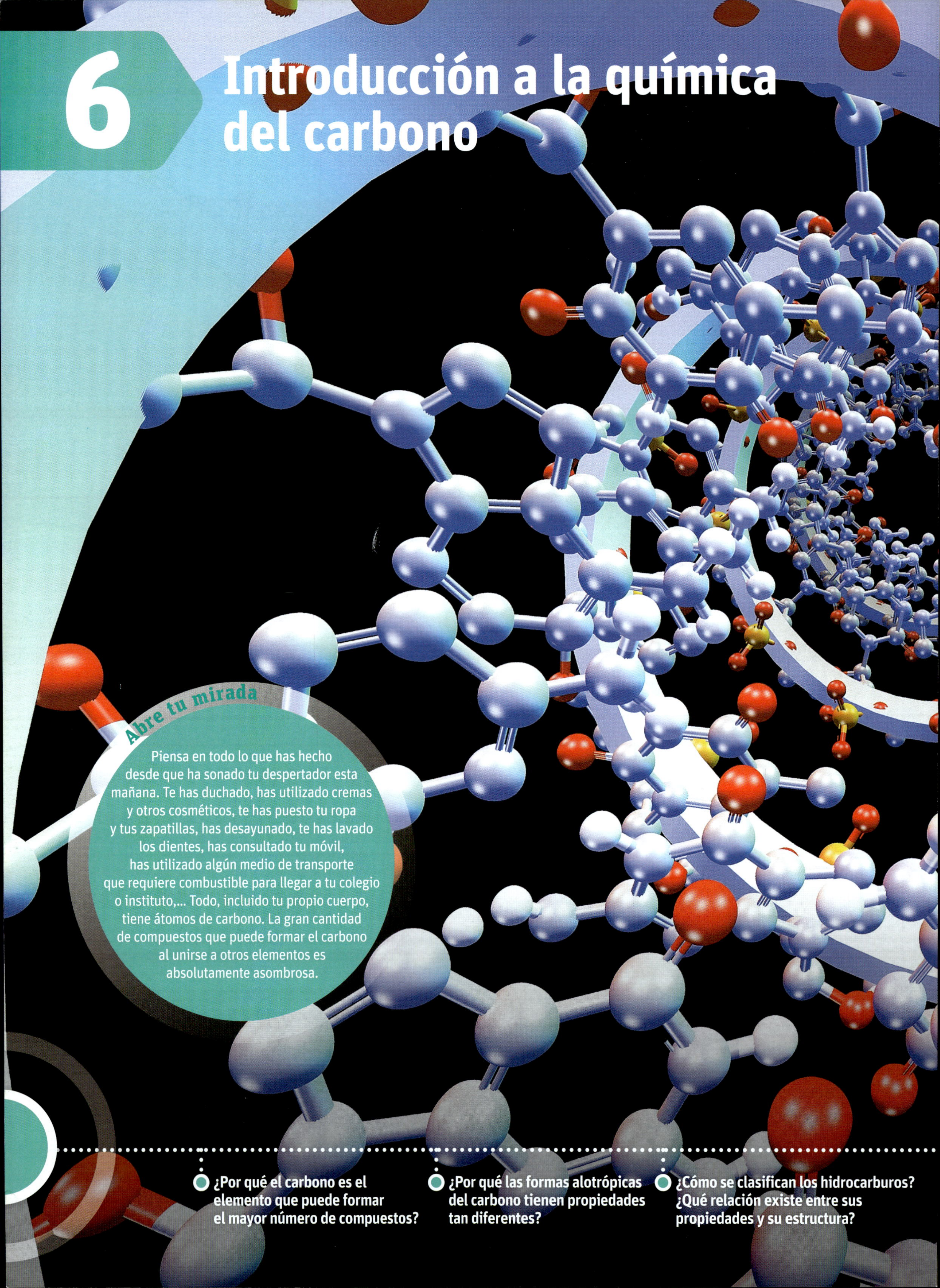

Abre tu mirada

Piensa en todo lo que has hecho desde que ha sonado tu despertador esta mañana. Te has duchado, has utilizado cremas y otros cosméticos, te has puesto tu ropa y tus zapatillas, has desayunado, te has lavado los dientes, has consultado tu móvil, has utilizado algún medio de transporte que requiere combustible para llegar a tu colegio o instituto,... Todo, incluido tu propio cuerpo, tiene átomos de carbono. La gran cantidad de compuestos que puede formar el carbono al unirse a otros elementos es absolutamente asombrosa.

- **¿Por qué el carbono es el elemento que puede formar el mayor número de compuestos?**
- **¿Por qué las formas alotrópicas del carbono tienen propiedades tan diferentes?**
- **¿Cómo se clasifican los hidrocarburos? ¿Qué relación existe entre sus propiedades y su estructura?**

Analiza y determina

Son muchos los compuestos orgánicos de origen natural y muy diversas sus aplicaciones.

a La seda es una fibra natural de tipo proteico, producida por ciertos artrópodos. ¿Por qué sus propiedades abren nuevas posibilidades en el campo de la regeneración de tejidos?

b Se están desarrollando nuevos fármacos de origen marino, muchos de ellos con carácter antitumoral. ¿Qué ventajas crees que presentan frente a los fármacos tradicionales?

c El geraniol, un alcohol natural fragante que se suele emplear en la elaboración de perfumes, está presente en flores como geranios y rosas. ¿Cómo crees que lo usan las abejas?

Piensa y reflexiona

La palabra *orgánico* tiene varios significados. Así, se habla de:

a) Explica cada uno de estos términos.

b) Un anuncio publicitario dice: "Compre vitamina C natural, obtenida a partir de organismos vivos." ¿Son diferentes la vitamina C natural y la sintética?

c) ¿Todas las sustancias orgánicas provienen de organismos vivos?

Y tú, ¿qué opinas?

La mayor parte del gas natural y de los derivados del petróleo se utilizan como combustibles. Al ser fuentes de energía no renovables, muchos científicos creen que se deberían reservar para la síntesis de sustancias. Busca los argumentos a favor y en contra que se esgrimen en este debate y plasma tu opinión por escrito.

- **¿Cuáles son los principales grupos funcionales y series homólogas?**
- **¿Cuáles son los cuatro grandes grupos de compuestos que forman los seres vivos?**
- **¿Cuáles son los combustibles fósiles y sus derivados y qué aplicaciones tienen?**

1 El átomo de carbono y sus enlaces

Figura 6.1. La química "orgánica" se llama así porque durante mucho tiempo se creyó que los compuestos de carbono solo los podían sintetizar los seres vivos.

El carbono es el único elemento que tiene una rama de la química dedicada únicamente al estudio de sus compuestos.

Hoy en día son millones los compuestos orgánicos conocidos. La mayoría de los compuestos orgánicos se sintetizan a partir de moléculas pequeñas que suelen obtenerse a partir del craqueo del petróleo (como el eteno, el etanol, la acetona o el benceno).

¿Por qué puede formar tantos compuestos el carbono?

La gran capacidad de combinación del carbono se debe a su **estructura electrónica**. El átomo de carbono tiene seis electrones distribuidos en dos capas. Su configuración electrónica es $1s^2\ 2s^2\ 2p^2$ (fig. 6.2). Los cuatro electrones que tiene en su última capa le permiten formar **cuatro enlaces covalentes simples**, rodeándose así de ocho electrones (regla del octeto). El átomo de carbono se combina, por ejemplo, con cuatro átomos de hidrógeno para formar una molécula de metano, CH_4 (fig. 6.3).

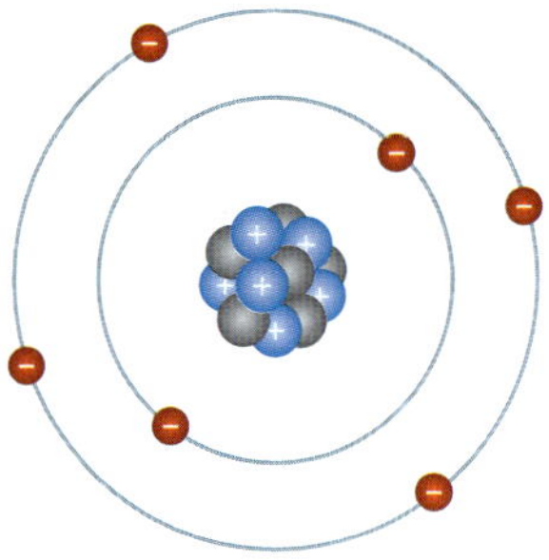

Figura 6.2. Estructura del átomo de carbono.

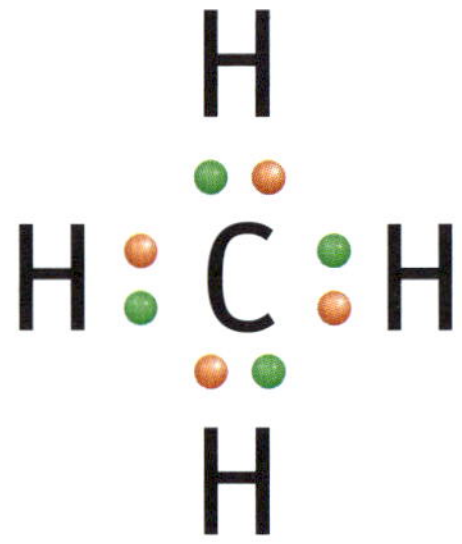

Figura 6.3. Diagrama de la molécula de metano.

Así, las razones por las que se pueden formar tantos compuestos con carbono son:

- Los átomos de carbono pueden enlazarse entre sí mediante enlaces simples, dobles y triples, y pueden formar cadenas muy largas que pueden ser lineales, ramificadas o cíclicas.
- El átomo de carbono se enlaza fácilmente con otros elementos, como el hidrógeno, el oxígeno, el nitrógeno y el azufre, lo que aumenta la variabilidad de las moléculas que puede formar.

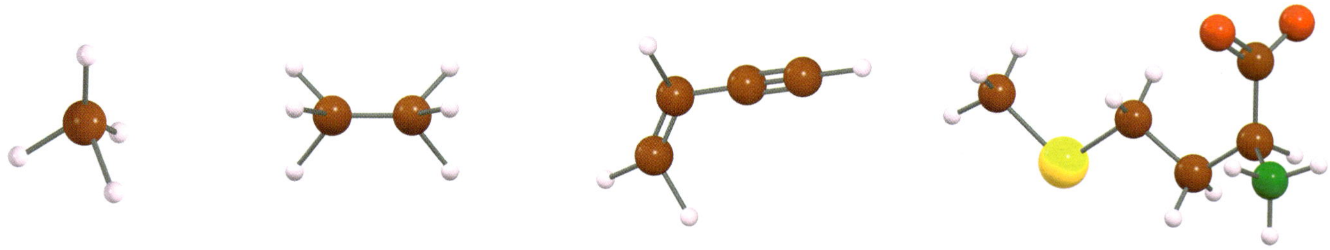

El C puede formar cuatro enlaces... → ... y los átomos de C se unen entre sí... → ... mediante enlaces simples, dobles o triples... → ... en cadenas que también pueden tener átomos de H, O, N y S.

ACTIVIDADES

1. Dibuja los diagramas de Lewis de las moléculas de etano (C_2H_6) y propano (C_3H_8).
2. ¿Cuántos enlaces más puede formar un átomo de carbono que está unido a otro por enlace triple? Justifica tu respuesta.

Formas alotrópicas del carbono

El carbono presenta diferentes formas alotrópicas. Las más conocidas son el **grafito** y el **diamante**, pero recientemente se han obtenido **fullerenos**, **nanotubos de carbono** y **grafeno**.

GRAFITO

Cada átomo de carbono forma tres enlaces covalentes con otros tres átomos de carbono, todos en el mismo plano, formando extensas capas bidimensionales.

Estas capas están débilmente unidas entre ellas por el cuarto electrón de cada átomo, que tiene libertad de movimiento. El grafito es blando y conductor.

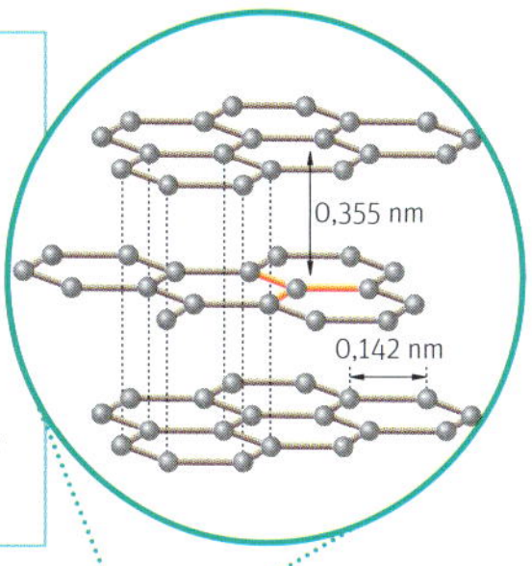

DIAMANTE

Cada átomo de carbono forma cuatro enlaces covalentes con otros cuatro carbonos, constituyendo una red tridimensional.

No hay ningún electrón libre que pueda moverse por la red cristalina. El diamante es duro y no conduce la corriente eléctrica.

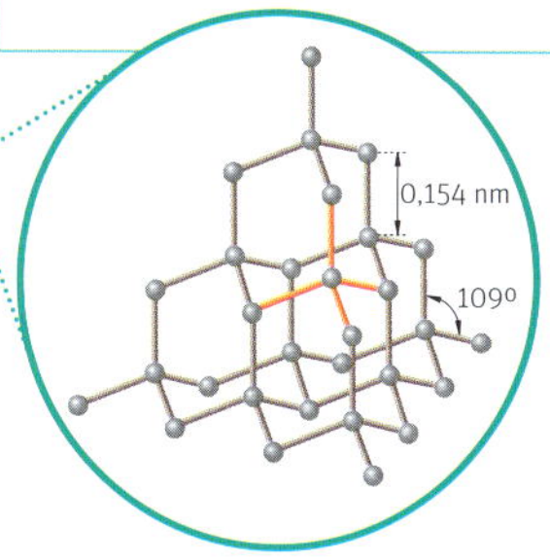

FULLERENOS

Estructuras moleculares de átomos de carbono unidos entre sí. La primera molécula sintetizada fue la de 60 átomos de carbono, C_{60}. Después del diamante y el grafito. es la forma alotrópica del carbono más estable.

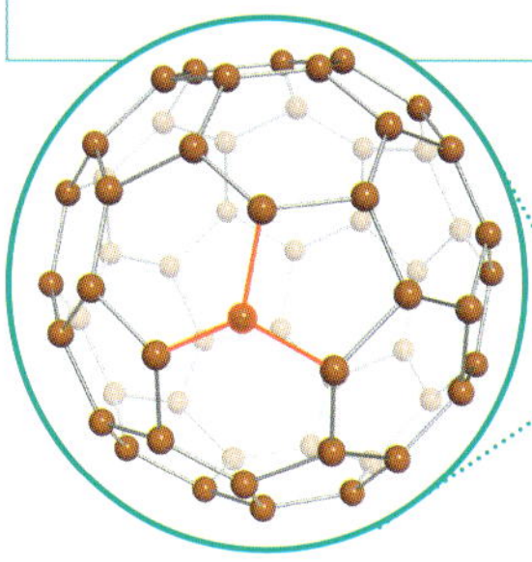

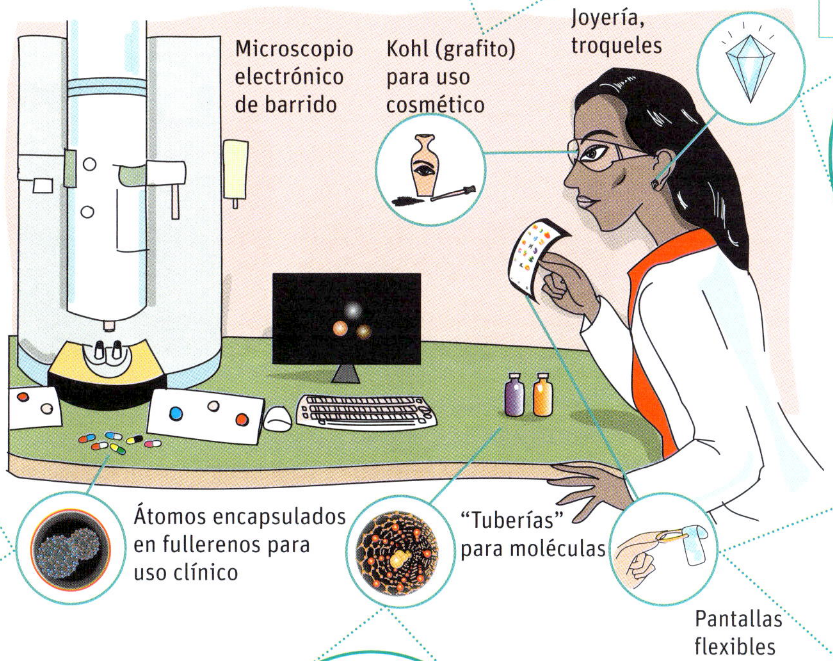

NANOTUBOS DE CARBONO

Estructuras cilíndricas formadas por una o varias capas de grafito cerradas sobre sí mismas. Tienen una resistencia a la tracción unas veinte veces mayor que la del acero.

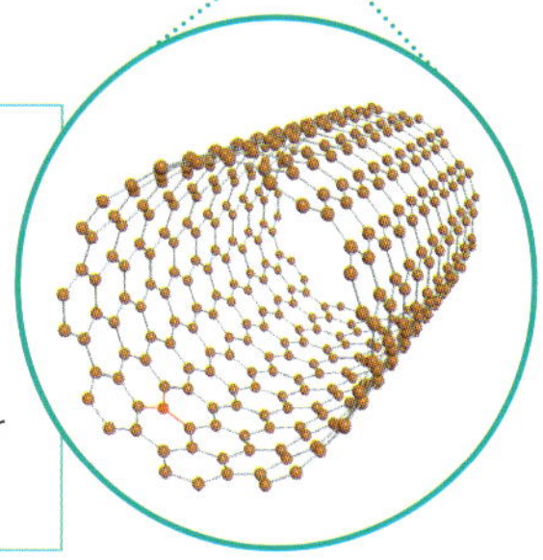

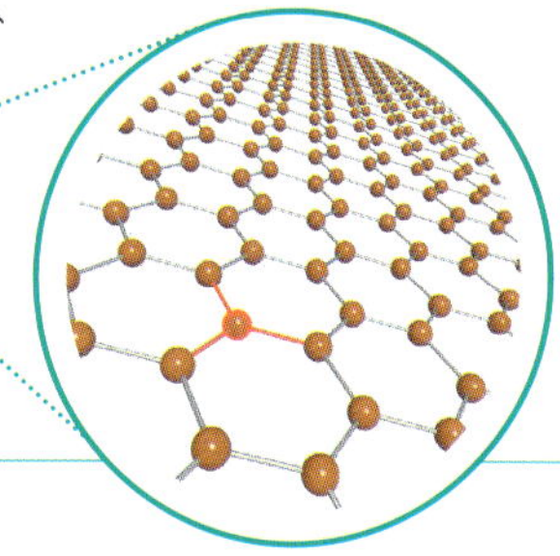

GRAFENO

Formado por una estructura bidimensional de una única capa de átomos de carbono. Su resistencia a la tracción es cien veces mayor que la del acero y presenta una alta conductividad eléctrica.

ACTIVIDADES

3. Explica la tabla a partir del modelo estructural del grafito y el diamante.

Propiedades del grafito	Propiedades del diamante
Blando Conduce la corriente eléctrica Densidad = 2,3 g cm^{-3}	Extraordinariamente duro No conduce la corriente eléctrica Densidad = 3,5 g cm^{-3}

4. Busca información sobre las propiedades y aplicaciones de los nanotubos y del grafeno y haz un resumen.

En la Web

Las distintas formas alotrópicas del carbono presentan diferencias en su estructura y propiedades. Esto hace que las aplicaciones de cada una de estas formas alotrópicas sean muy diversas.

• www.e-sm.net/svfq4eso06_01

2 Hidrocarburos

Te interesa saber

Los **alcanos** se nombran mediante un **prefijo** (que indica el número de átomos de carbono de la cadena) y el sufijo **-ano**.

Longitud	Prefijo
C_1	met-
C_2	et-
C_3	prop-
C_4	but-
C_5	pent-
C_6	hex-
C_7	hept-
C_8	oct-
C_9	non-
C_{10}	dec-

Los hidrocarburos son compuestos de carbono formados únicamente por dos elementos: carbono e hidrógeno. Según el enlace de sus carbonos, se clasifican en:

- **Alcanos**. Todos los enlaces C – C son covalentes simples.
- **Alquenos**. Tienen al menos un doble enlace C=C en su estructura.
- **Alquinos**. Tienen al menos un triple enlace C≡C en su estructura.

Alcanos

Los **alcanos** son los hidrocarburos más sencillos. Tienen todos los átomos de carbono unidos por **enlaces simples**.

INVESTIGA

Las fotografías siguientes están relacionadas con algún tipo de alcano. ¿De qué tipo se trata en cada caso? ¿De dónde provienen esos alcanos?

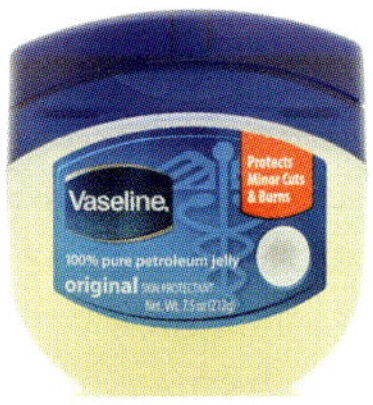

Para representar la estructura tridimensional de los alcanos se usan **modelos de bolas y varillas**, que permiten apreciar mejor los ángulos de enlace, y **modelos compactos de bolas**, que reflejan con más exactitud la forma de las moléculas.

Nombre	Modelo compacto de bolas	Modelo de bolas y varillas	Fórmula estructural o desarrollada	Fórmula condensada o semidesarrollada	Fórmula molecular
Metano			$\mathrm{H{-}\overset{H}{\underset{H}{C}}{-}H}$	CH_4	CH_4
Etano	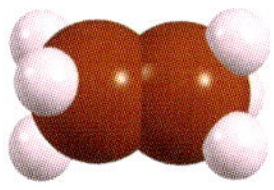	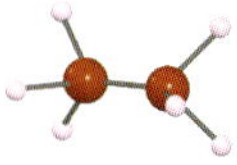	$\mathrm{H{-}\overset{H}{\underset{H}{C}}{-}\overset{H}{\underset{H}{C}}{-}H}$	$CH_3\text{-}CH_3$	C_2H_6
Propano	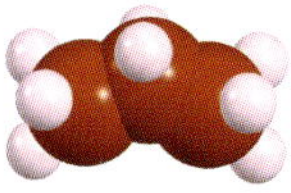	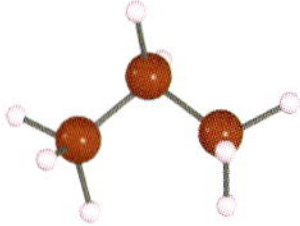	$\mathrm{H{-}\overset{H}{\underset{H}{C}}{-}\overset{H}{\underset{H}{C}}{-}\overset{H}{\underset{H}{C}}{-}H}$	$CH_3\text{-}CH_2\text{-}CH_3$	C_3H_8
Butano	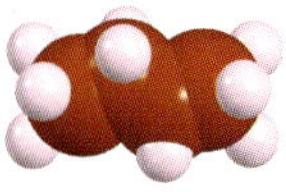	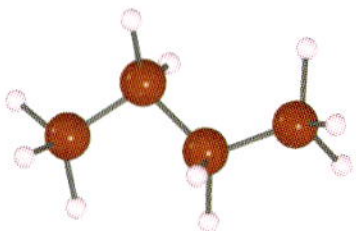	$\mathrm{H{-}\overset{H}{\underset{H}{C}}{-}\overset{H}{\underset{H}{C}}{-}\overset{H}{\underset{H}{C}}{-}\overset{H}{\underset{H}{C}}{-}H}$	$CH_3\text{-}CH_2\text{-}CH_2\text{-}CH_3$	C_4H_{10}

smSaviadigital.com PRACTICA > Modelos moleculares

Propiedades de los alcanos

Propiedades de los alcanos		
	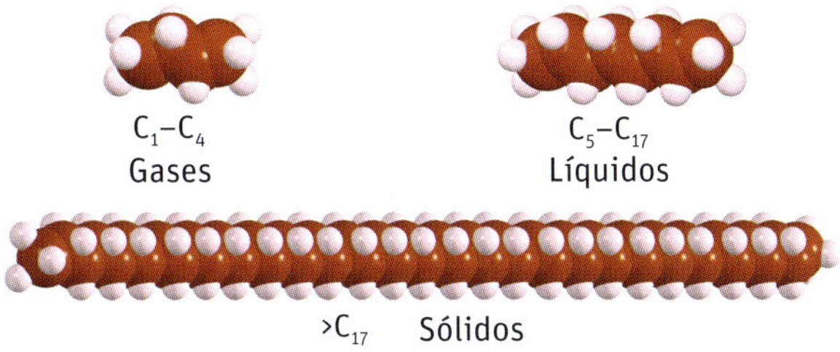	
Son **insolubles** en agua, pues sus moléculas no son polares. Las **densidades** de los alcanos líquidos son menores que la del agua, por lo que, en contacto con esta, flotan.	Las **temperaturas de fusión y ebullición** aumentan con la longitud de cadena. Los alcanos de cadena corta (metano, etano, propano y butano) son **gases** a temperatura ambiente. Los que tienen entre 5 y 17 átomos de carbono son **líquidos** y los que tienen más de 17 son **sólidos**.	En general, son **poco reactivos** (por la estabilidad de los enlaces C–C), pero **buenos combustibles**; con oxígeno desprenden dióxido de carbono, vapor de agua y una gran cantidad de energía.

Isomería

Los **isómeros** son compuestos con la misma fórmula molecular pero con diferente fórmula estructural y, por tanto, con propiedades diferentes.

Butano (C_4H_{10})	Isobutano (C_4H_{10})
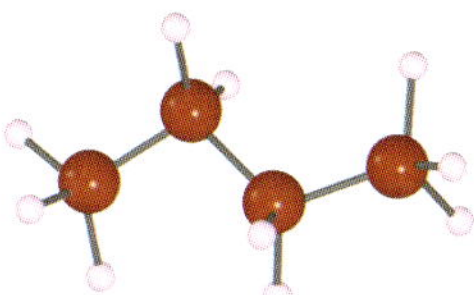 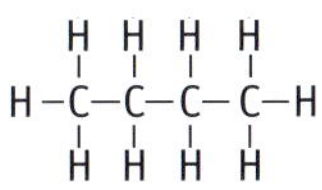 Hierve a 0 °C	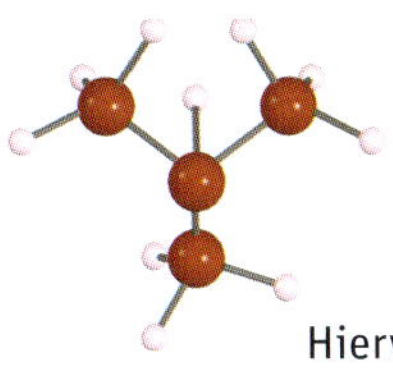 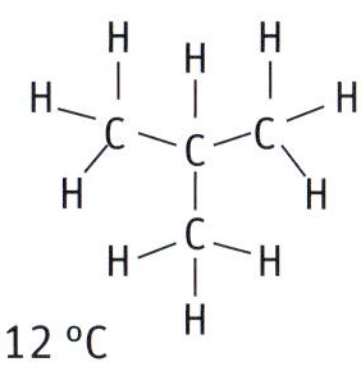 Hierve a −12 °C

El hecho de que el butano hierva a una temperatura superior a la del isobutano induce a pensar que las fuerzas de atracción (fuerzas intermoleculares) son más intensas en las moléculas lineales que en las moléculas ramificadas. Así, en este caso, para el butano es preciso aumentar más la temperatura y, por tanto, la energía cinética media de las moléculas para que estas puedan separarse y pasar al estado gaseoso.

Isómeros de un alcano y sus temperaturas de ebullición relativas

1. Para los tres isómeros del pentano: a) escribe sus fórmulas desarrolladas e identifica si son lineales o ramificados; b) ordénalos por temperatura de ebullición decreciente, justificando tu respuesta.

SOLUCIÓN

a) $CH_3-CH_2-CH_2-CH_2-CH_3$ 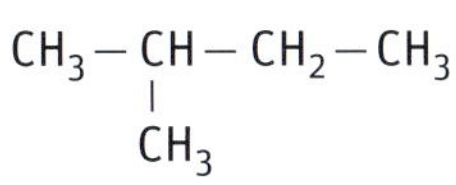 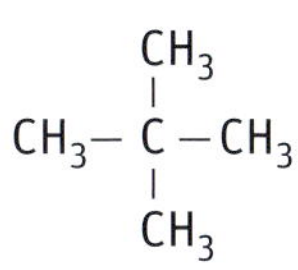

El primero es lineal y los otros dos, ramificados.

b) Están escritos en orden de temperatura decreciente. Cuanto más ramificada es su estructura, menores son las fuerzas intermoleculares y, en consecuencia, menor es la temperatura de ebullición.

Te interesa saber

Un **radical alquilo** es un grupo de átomos inestable, derivado de un alcano que ha perdido un átomo de hidrógeno.

CH_3- metilo

CH_3-CH_2- etilo

$CH_3-CH_2-CH_2-$ propilo

El isobutano también se denomina metilpropano, ya que el grupo metilo, CH_3-, sustituye a un hidrógeno del segundo carbono del propano.

ACTIVIDADES

5. Escribe las fórmulas desarrollada, semidesarrollada y molecular de la molécula de hexano. Construye su modelo molecular usando bolas y varillas.

6. Explica el aumento de la temperatura de ebullición de los alcanos lineales al aumentar la longitud de la cadena en función de la intensidad de las fuerzas intermoleculares. ¿De qué tipo de fuerzas se trata?

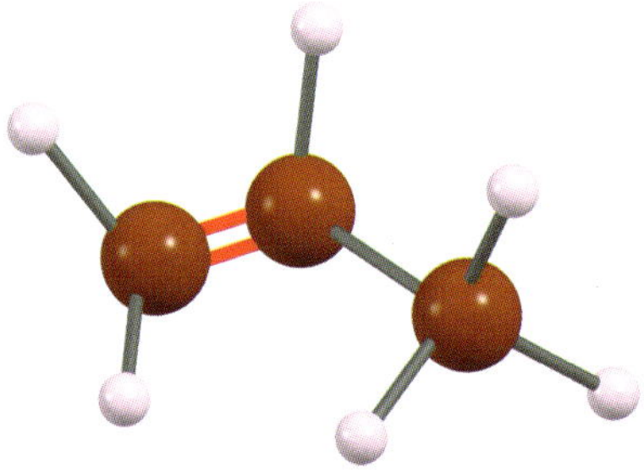

Figura 6.4. Molécula de propeno (propileno).

Alquenos

Los **alquenos** son hidrocarburos que contienen uno o más **dobles enlaces** C=C en su estructura. Los alquenos se denominan como los alcanos, pero cambiando la terminación –ano por –**eno**.

Fórmula semidesarrollada	Nombre
$CH_2{=}CH_2$	et**eno** (o etil**eno**)
$CH_3{-}CH{=}CH_2$	prop**eno** (o propil**eno**)
$CH_3{-}CH_2{-}CH{=}CH_2$	but-1-**eno***
$CH_3{-}CH{=}CH{-}CH_3$	but-2-**eno***

* El numeral localiza la posición del primer carbono del doble enlace. Se numera empezando por el extremo más próximo al doble enlace.

Las moléculas de but-1-eno y de but-2-eno son isómeros de posición, pues tienen la misma fórmula molecular, pero el doble enlace se encuentra entre átomos de carbono diferentes.

Los alquenos se pueden obtener por **craqueo** del petróleo. Por ejemplo, cuando se rompe el decano ($C_{10}H_{22}$) se obtienen octano (C_8H_{18}) y eteno (C_2H_4).

$$C_{10}H_{22}(l) \rightarrow C_8H_{18}(l) + CH_2{=}CH_2(g)$$

Arden con oxígeno y dan dióxido de carbono y agua, desprendiendo energía, como los alcanos. Pero son mucho más reactivos que estos, debido al doble enlace.

Una reacción típica de alquenos es la de adición de hidrógeno al doble enlace (**hidrogenación**). También puede adicionarse agua formando alcoholes. La adición de halógenos como Cl_2 o haluros de hidrógeno, como el HCl, da lugar a **derivados halogenados**.

$$CH_2{=}CH_2(g) + H_2(g) \rightarrow CH_3{-}CH_3(g) \text{ (reacción de hidrogenación)}$$

$$CH_2{=}CH_2(g) + Cl_2(g) \rightarrow ClCH_2{-}CH_2Cl(g) \text{ (derivado halogenado)}$$

Las reacciones de **polimerización** por adición se utilizan para sintetizar moléculas grandes (macromoléculas) a partir de otras más pequeñas. Así se obtienen plásticos como el polieteno (o polietileno) de alta y de baja densidad, el polipropeno (o polipropileno)...

Te interesa saber

El eteno, al igual que todos los alquenos y los alquinos, es un **hidrocarburo insaturado**, porque su molécula puede añadir otros átomos.

Los alcanos, como el etano, son **hidrocarburos saturados**, porque no pueden añadir más átomos a su molécula, ya que no tienen dobles enlaces para romper.

Polietileno (PE)

Polipropileno (PP)

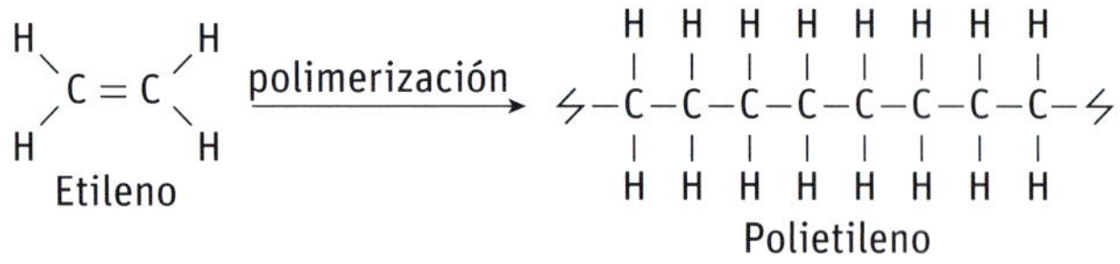

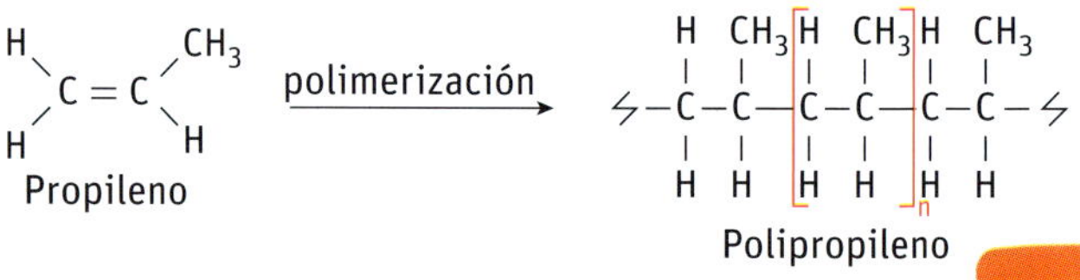

ACTIVIDADES

7. Con un equipo de modelos moleculares, construye los del eteno (C_2H_4), propeno (C_3H_6) y buteno (C_4H_8). ¿Cuántas moléculas de buteno has podido construir? ¿Cómo son entre sí?

Alquinos 

Los **alquinos** son hidrocarburos que contienen al menos un **triple enlace** entre sus carbonos. Se nombran como los alcanos, pero cambiando la terminación –ano por –**ino**.

En la Web

Estructura de algunos plásticos.

www.e-sm.net/svfq4eso06_02

Fórmula semidesarrollada	Nombre
CH≡CH	etino (o acetileno)
CH_3–C≡CH	propino
CH_3–CH_2–C≡CH	but-1-ino*
CH_3–C≡C–CH_3	but-2-ino*

* El numeral localiza la posición del primer carbono del triple enlace. Se numera empezando por el extremo más próximo al triple enlace.

El etino o acetileno

El etino, CH≡CH, es el alquino más sencillo. Se obtiene a partir del petróleo o del gas natural. También a partir de la reacción del carburo de calcio con el agua.

$$CaC_2(s) + 2\ H_2O(l) \rightarrow C_2H_2(g) + Ca(OH)_2(s)$$

Su combustión produce una llama muy brillante, que se aprovecha en las lámparas de carburo para iluminar el interior de cuevas subterráneas o minas.

Su combustión con oxígeno puro puede alcanzar los 3500 °C. Una aplicación de esta reacción es el **soplete acetilénico**, con el que se pueden cortar metales (llega a fundir acero) y realizar soldaduras oxiacetilénicas.

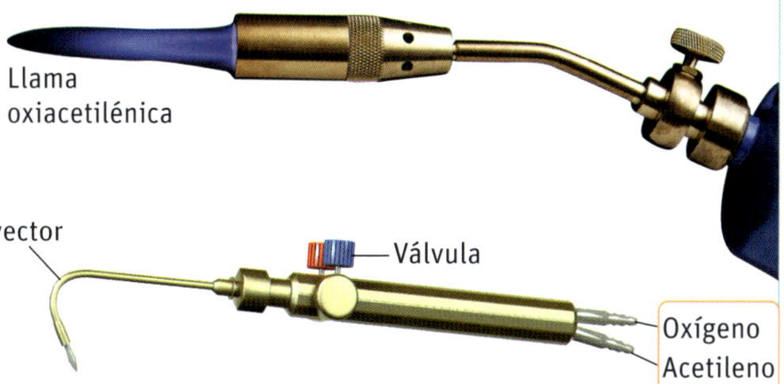

$$C_2H_2(g) + 5/2\ O_2(g) \longrightarrow 2\ CO_2(g) + H_2O(g) + 1300\ kJ$$

El famoso PVC

Las propiedades químicas más importantes de los alquinos se deben a la presencia de enlaces triples, sobre los que pueden llevarse a cabo reacciones de adición, similares a las de los alquenos. Por ejemplo, la adición de cloruro de hidrógeno (HCl) al etino produce **cloruro de vinilo**.

$$HC{\equiv}CH(g) + HCl(g) \rightarrow H_2C{=}CHCl(g)$$

El vinilo es el radical etenilo (CH_2=CH–) y es de aquí de donde el H_2C=CHCl toma su nombre de cloruro de vinilo. A partir de este compuesto se obtiene por polimerización el **policloruro de vinilo, el famoso PVC**, que se emplea para fabricar envases, tuberías, canalizaciones, ventanas, persianas, materiales eléctricos...

Cloruro de vinilo

Policloruro de vinilo (PVC)

ACTIVIDADES

8. Con un equipo de modelos moleculares, construye los del etino (C_2H_2), propino (C_3H_4) y butino (C_4H_6). ¿Cuántas moléculas de butino has podido construir? ¿Cómo son entre sí?

9. El PVC es un polímero muy polémico por su potencial peligro para la salud. En algunos países está prohibido envasar agua mineral en botellas de PVC. Busca información sobre esta controversia y redacta un pequeño informe.

10. Observa los esquemas del soplete acetilénico del cuadro superior y de una lámpara de carburo de la derecha. Explica cómo funcionan.

Lámpara de carburo

3 Grupos funcionales

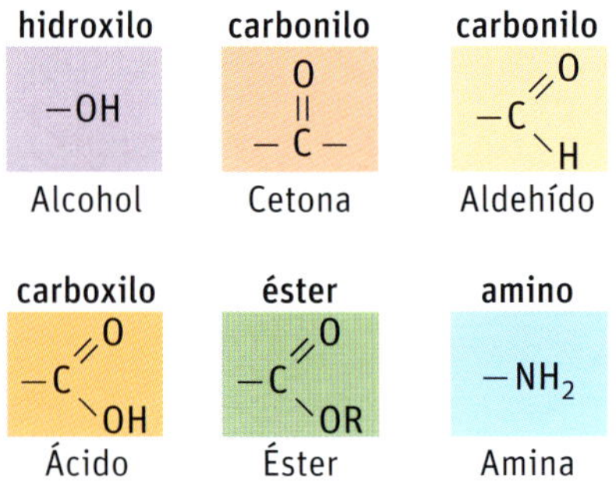

Figura 6.5. Grupos funcionales.

Un **grupo funcional** es un grupo de átomos unidos por enlaces covalentes que confiere a una molécula propiedades químicas características. Una **serie homóloga** es un conjunto de compuestos con el mismo grupo funcional, pero diferente número de átomos de carbono.

Serie homóloga	Fórmula	Grupo funcional	Sufijo	Ejemplos
Alcoholes	R–OH	hidroxilo	-ol	CH_3–CHOH–CH_3 propan-2-ol
Éteres	R–O–R′	éter	-eter	CH_3–O–CH_3 dimetiléter
Aldehídos	R–CHO	carbonilo	-al	CH_3–CH_2–CHO propanal
Cetonas	R–CO–R′	carbonilo	-ona	CH_3–CO–CH_3 propanona
Ácidos carboxílicos	R–COOH	carboxilo	-oico	CH_3–COOH ácido etanoico
Ésteres	R–COOR′	éster	R-ato de R′-ilo	CH_3–COO–CH_3 etanoato de metilo
Aminas	R–NH_2 R–NH–R′ R–N(R″)–R′	amino	-amina	CH_3–NH_2 metilamina CH_3–NH–CH_3 dimetilamina CH_3–N(CH_3)–CH_2–CH_3 etildimetilamina

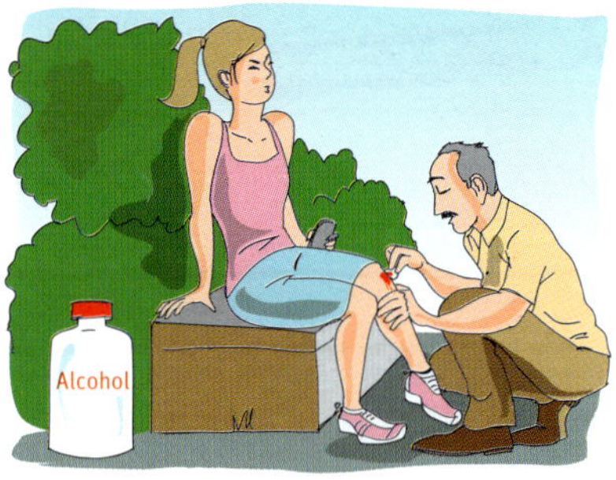

Figura 6.6. El alcohol etílico se usa como desinfectante.

Alcoholes

Los **alcoholes** (R–OH) pueden considerarse derivados de los hidrocarburos al sustituir un átomo de hidrógeno por un **grupo** –**OH**.

Metanol (alcohol metílico, CH_3–OH)	Etanol (alcohol etílico, CH_3–CH_2–OH)
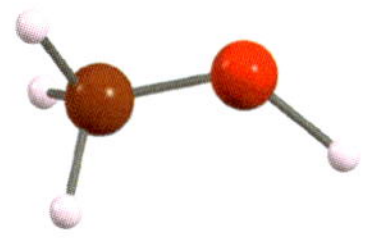 También llamado alcohol de madera o de quemar. Es muy tóxico (su ingesta puede causar ceguera o incluso la muerte).	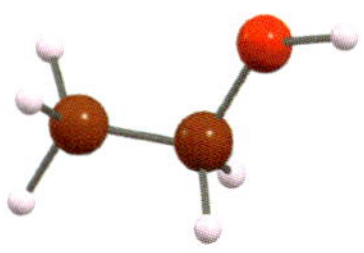 Constituyente de bebidas alcohólicas como el vino o la cerveza. Normalmente es utilizado como antiséptico.

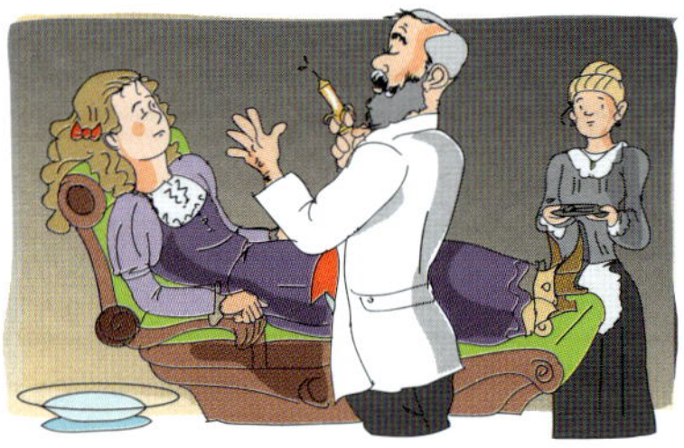

Figura 6.7. En 1846 se usó por primera vez el éter como anestesia.

Éteres

Los **éteres** (R–O–R') son compuestos formados por dos radicales alquilo unidos mediante un átomo de oxígeno.

Son compuestos muy inflamables que pueden llegar a explotar con el aire. El **dietiléter** (éter etílico o, genéricamente, éter) es un líquido que hierve a 36 °C y que se utiliza principalmente como disolvente para muchas sustancias que son insolubles en agua.

ACTIVIDADES

11. Indica el grupo funcional y el nombre de estos compuestos: CH_3–CH_2OH, CH_3–CHO, CH_3–O–CH_3, H–COOH, CH_3–NH–CH_3.

12. Escribe la reacción industrial de obtención de etanol por adición de agua al eteno.

Aldehídos y cetonas  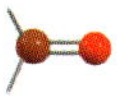

Los **aldehídos** (**R–CHO**) son compuestos orgánicos que contienen el grupo carbonilo, **C=O**, en el extremo de la cadena carbonada.

Las **cetonas** (**R–CO–R'**), al igual que los aldehídos, se caracterizan por tener el grupo carbonilo, **C=O**, pero en este caso se encuentra unido a dos radicales alquilo.

El aldehído más simple es el **metanal** o **formaldehído** (HCHO). Es un gas a temperatura ambiente. En forma de solución acuosa al 40 % (formol), se usa como conservador de especímenes biológicos y para embalsamar cadáveres. Su uso está controlado pues es cancerígeno.

La cetona más simple es la **propanona** o **acetona** (CH_3–CO–CH_3), que es un disolvente común de materiales orgánicos como grasas, cauchos, barnices...

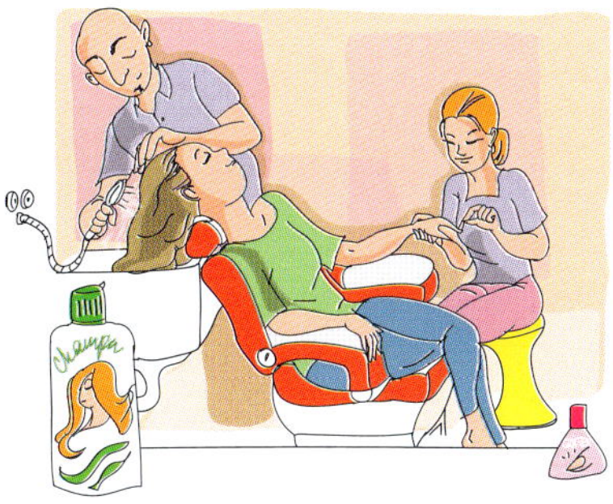

Figura 6.8. El formaldehído se utiliza como conservante en productos cosméticos. La acetona es el principal componente de los quitaesmaltes.

Ácidos 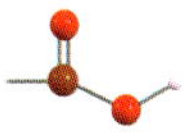

Los **ácidos carboxílicos** (**R–COOH**) son ácidos orgánicos que tienen en su molécula el grupo funcional **carboxilo**.

El **ácido metanoico** o **ácido fórmico**, HCOOH, es el ácido carboxílico más simple. Se obtuvo por primera vez por destilación destructiva de hormigas (en latín *formica* es "hormiga").

El **ácido etanoico** o **ácido acético**, CH_3–COOH, se obtiene por oxidación del alcohol del vino, que produce una solución que contiene entre un 4 % y un 10 % de ácido acético (vinagre).

El **ácido butanoico** o **butírico** huele muy mal. Le confiere el olor a la mantequilla rancia (en latín, *butȳrum* significa "mantequilla") y es uno de los componentes del sudor corporal.

Figura 6.9. El ácido butírico da su olor al sudor corporal.

Ésteres 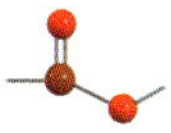

Los **ésteres** (**R–COOR'**) son derivados de los ácidos carboxílicos que resultan de sustituir el grupo –OH por el grupo **–OR'**, donde R' es un radical alquilo.

Se obtienen por reacción de un ácido carboxílico y un alcohol. Se utilizan en los perfumes y como saborizantes artificiales en productos alimentarios.

Figura 6.10. Los ésteres dan olores agradables a las flores y las frutas.

Aminas 

Las **aminas** tienen por fórmula **NH_2–R, H–NR_2 o NR_3**, donde R son radicales alquilo.

Se consideran derivados del **amoniaco**, NH_3. La **etilamina**, CH_3–CH_2–NH_2, es una de las más simples. Se utilizan para la fabricación de caucho sintético y colorantes. Cuando las proteínas se degradan, producen aminas de olor desagradable.

Figura 6.11. La anilina o fenilamina se emplea para fabricar tintes.

ACTIVIDADES

13. Resume las aplicaciones más importantes del éter dietílico, el formaldehído, el ácido acético, los ésteres y las aminas.

14. Investiga cuál es el éster causante del olor característico de los plátanos, las manzanas, las naranjas, las piñas y las uvas.

4 El carbono, base de la vida

Todos los seres vivos están formados por compuestos de carbono. Hay cuatro grandes grupos: los **glúcidos** (o hidratos de carbono), los **lípidos** (aceites y grasas, esteroides y ceras), las **proteínas** y los **ácidos nucleicos**.

GLÚCIDOS

También se denominan hidratos de carbono. Se clasifican en:

- **Monosacáridos**, como la **glucosa**, molécula de la que las células obtienen la energía; la **fructosa** (en fruta y miel); y la **galactosa** (en la leche).
- **Disacáridos**, formados por dos moléculas de monosacáridos unidas entre sí. Como los monosacáridos, son solubles en agua, de sabor dulce y cristalizables. La **sacarosa** (comúnmente llamada azúcar) está formada por una molécula de glucosa y una de fructosa.
- **Polisacáridos**. Son macromoléculas formadas por largas cadenas de monosacáridos. No son azúcares, ya que carecen de sabor dulce y no cristalizan. Hay polisacáridos con función estructural (como la **celulosa** en los vegetales) y con función de reserva energética (como el **almidón** en los vegetales y el **glucógeno** en los animales).

Figura 6.12. Las ceras se han utilizado tradicionalmente para hacer velas y encerar, como impermeabilizantes...

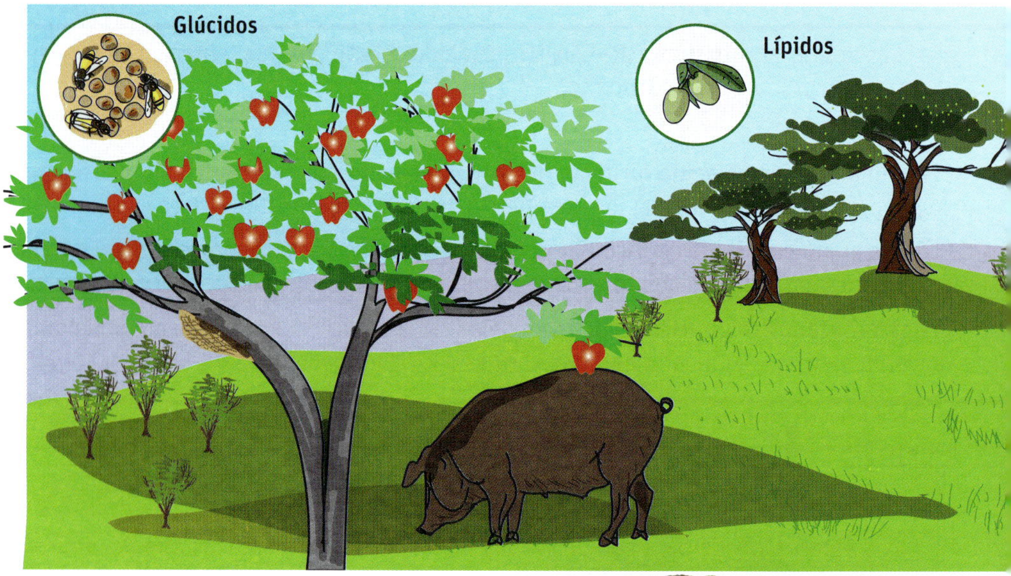

LÍPIDOS

Insolubles en agua y solubles en disolventes orgánicos. Los **aceites** y las **grasas**, las **ceras** y los **esteroides** son lípidos.

- Los **aceites** y **grasas** representan la principal reserva energética de animales y vegetales, y actúan como aislantes térmicos. Son ésteres de ácidos grasos (ácidos carboxílicos de cadena larga, C_{10}–C_{20}, insaturados o no) y glicerina (1, 2, 3-propanotriol).

  Las **grasas de origen vegetal** o **aceites** son generalmente insaturadas, con temperatura de fusión baja y líquidas a temperatura ambiente. De este tipo son el aceite de oliva, el de palma... Las **grasas de origen animal** en su mayoría son saturadas, con temperaturas de fusión elevadas y, a temperatura ambiente, sólidas. Grasas de este tipo son la mantequilla y los sebos animales.
- Las **ceras** son ésteres de ácidos grasos de cadena larga (C_{14}–C_{36}) y monoalcoholes, también de cadena larga (C_{16}–C_{30}). Las ceras recubren e impermeabilizan piel, pelo y plumas en los vertebrados, y las hojas, flores, frutos y tallos jóvenes en las plantas.
- Los **esteroides** tienen gran importancia biológica en los animales y las plantas. El colesterol y las hormonas sexuales son esteroides.

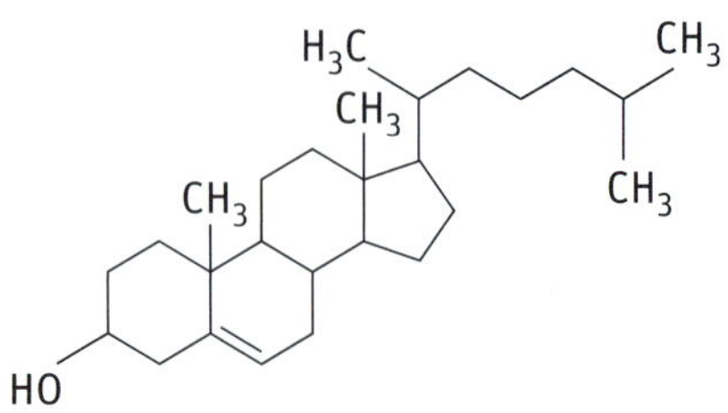

Figura 6.13. El colesterol es un esteroide.

PROTEÍNAS

Son macromoléculas formadas por largas cadenas de pequeñas moléculas denominadas **aminoácidos**.

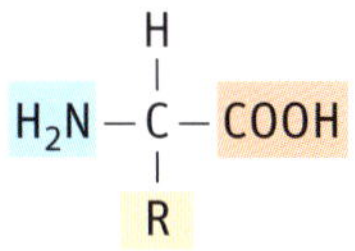

Los aminoácidos poseen en su molécula un grupo carboxílico (–COOH), un grupo amino ($-NH_2$) y una cadena lateral o grupo R (R de radical) con una estructura diferente en cada aminoácido. Su fórmula general es $H_2N-CHR-COOH$.

Son sólidos, solubles en agua, cristalizables y con temperaturas de fusión altas, por encima de los 200 °C.

Las proteínas tienen funciones muy diversas en el organismo: actúan como material estructural, forman las fibras musculares que nos permiten movernos, facilitan el transporte de pequeñas moléculas e iones por todo el cuerpo, catalizan muchas reacciones químicas (las proteínas que cumplen esta función son las enzimas) y forman parte del sistema inmunológico.

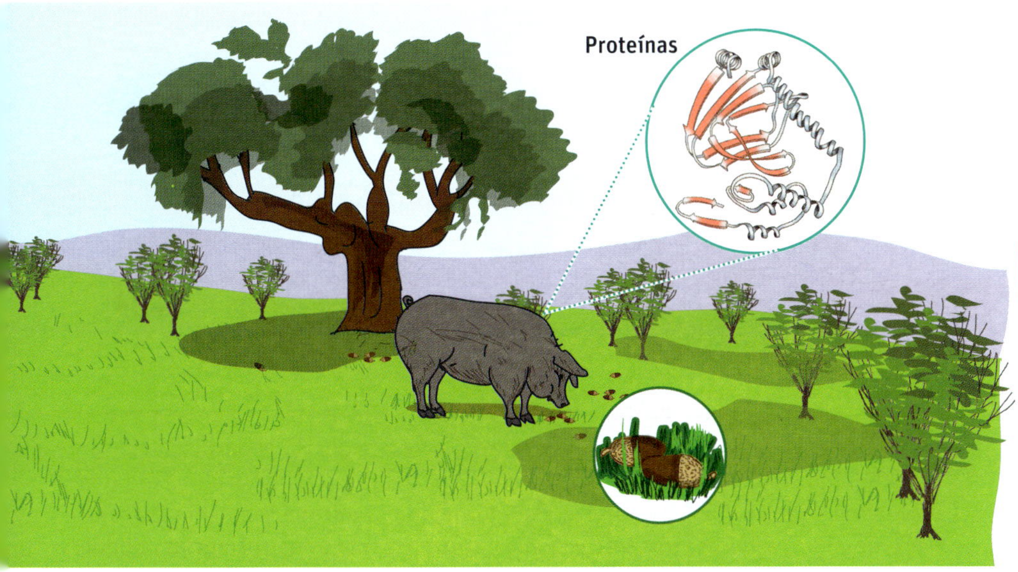

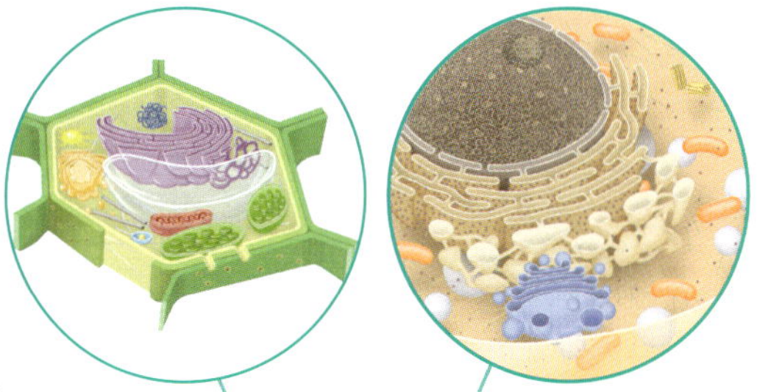

El ADN está en los núcleos de las células vegetales y animales.

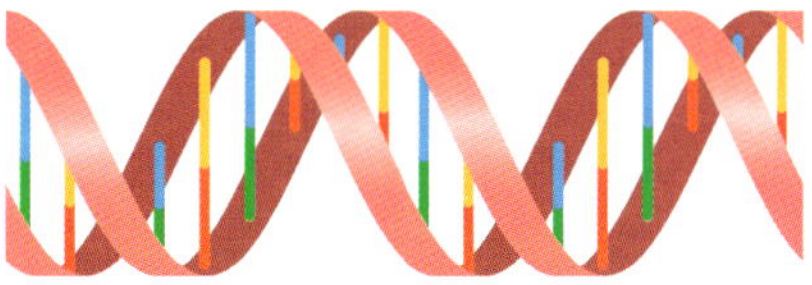

Figura 6.14. Fragmento de ADN.

ÁCIDOS NUCLEICOS

Son las moléculas que llevan la información genética necesaria para la vida. Son polímeros cuyos monómeros son las moléculas llamadas **nucleótidos**.

Hay dos tipos de ácidos nucleicos: el **ácido desoxirribonucleico (ADN)** y el **ácido ribonucleico (ARN)**, cuya función es transmitir la información del ADN que permite fabricar las proteínas.

ACTIVIDADES

15. Los azúcares son glúcidos con sabor dulce. Busca en internet y dibuja o escribe en tu cuaderno:

a) Las fórmulas estructurales de los monosacáridos glucosa, fructosa y galactosa, y de los disacáridos sacarosa y lactosa.

b) Las reacciones de hidrólisis de la sacarosa y de la lactosa. ¿Qué productos se obtienen?

c) La estructura de los polisacáridos: almidón y celulosa.

En la Web

Los seres vivos están formados por compuestos de carbono. Los cuatro grandes grupos (glúcidos, lípidos, proteínas y ácidos nucleicos) presentan características diferentes y desempeñan distintas funciones en el organismo.

• www.e-sm.net/svfq4eso06_03

5 La combustión de compuestos de carbono

Las materias primas más utilizadas en la obtención industrial de los **hidrocarburos** y de la mayoría de los compuestos de carbono son el **gas natural** y el **petróleo** que, junto con el **carbón**, son usadas como combustibles. Se denominan **combustibles fósiles** porque se formaron en el subsuelo a partir de restos de plantas y animales descompuestos por bacterias anaerobias a lo largo de millones de años.

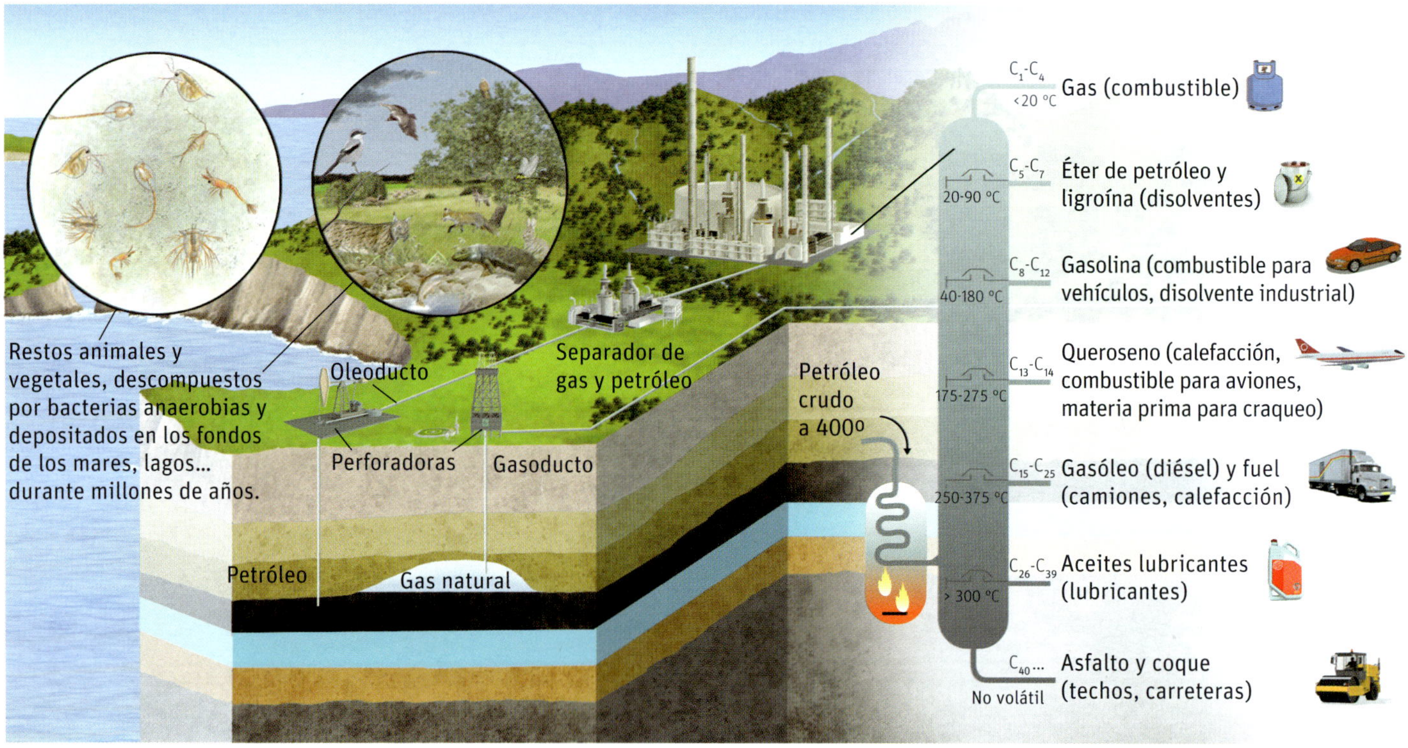

GAS NATURAL

Es una mezcla de hidrocarburos gaseosos constituida en un 90 % en volumen por metano (CH_4). El resto está formado por nitrógeno, etano, butano, agua, gases ácidos como CO_2 o H_2S y trazas de hidrocarburos más pesados (condensados).

Una vez extraído del subsuelo es canalizado a una planta de procesamiento, donde se eliminan el agua, los gases ácidos y el nitrógeno. El resultado es el "gas natural" que se utiliza en las centrales térmicas y para cocinar y calentar hogares.

El metano es el combustible fósil menos contaminante. Arde con una llama azulada y tiene gran poder calorífico.

$$CH_4(g) + 2\,O_2(g) \rightarrow CO_2(g) + 2\,H_2O(g)$$

PETRÓLEO

Es un líquido negro, espeso y pestilente que se acumula en las rocas porosas a una profundidad de 3 o 4 km bajo tierra. Está formado por una mezcla de un gran número de hidrocarburos. Una vez extraído, se transporta a las **refinerías**, donde mediante **destilación fraccionada** se separa en fracciones, como el gas propano, el gas butano, las gasolinas, el queroseno, el gasóleo y el fuel, que se usan como combustibles.

- **Gasolina.** Es una mezcla de alcanos de entre 8 y 12 átomos de carbono. Si se usan gasolinas formadas por alcanos con facilidad para inflamarse, se produce un autoencendido y una detonación prematura, que puede provocar graves daños en las bielas del motor y que disminuye el rendimiento de este.
- **Gasóleo.** Fracción líquida que destila a una temperatura más alta que las gasolinas, formada principalmente por una mezcla de hidrocarburos saturados de 15 a 25 carbonos en la cadena. Se emplea como combustible para calderas de calefacción y para los motores diésel.

  En las gasolineras, aparte del gasóleo (o gasoil), se suministra **biodiésel**, que es un combustible obtenido a partir de aceites vegetales o grasas animales, que se mezcla con el gasóleo en diferentes proporciones.

Todos los hidrocarburos reaccionan con oxígeno, proporcionando dióxido de carbono, agua y energía. Estos procesos se denominan **reacciones de combustión**.

$$\text{Hidrocarburos} + O_2(g) \rightarrow CO_2(g) + H_2O(g) + \text{Energía}$$

OBSERVA

Octanaje o índice de octano de las gasolinas

Es una escala que sirve para medir la resistencia que presenta una gasolina a detonar. Se atribuye al isooctano una capacidad antidetonante de 100 y al *n*-heptano una de 0. De este modo una gasolina de 95 octanos tiene una capacidad antidetonante equivalente a la de una mezcla formada por el 95 % de isooctano y el 5 % de *n*-heptano.

En las gasolineras se encuentra gasolina de 95 y de 98 octanos. Esta última se recomienda para aprovechar al máximo la potencia de los coches deportivos.

$$CH_3-CH_2-CH_2-CH_2-CH_2-CH_2-CH_3$$

n-heptano

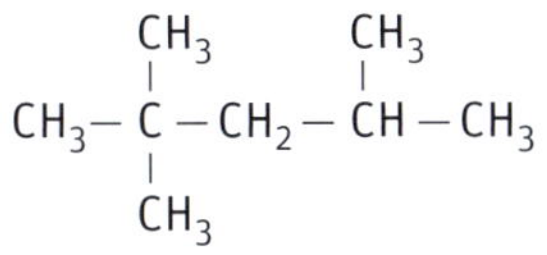

Isooctano

Número o índice de cetano de los gasóleos

Es una escala para valorar la capacidad de ignición del carburante en un motor, y constituye la característica más significativa en relación con el encendido a baja temperatura.

El número de cetano se establece tomando como referencia dos hidrocarburos: el *n*-hexadecano (cetano), con un período corto de ignición, al que se le asigna el número de cetano 100, y el alfa-metilnaftaleno, con un período largo de ignición al que se le asigna el número de cetano 0.

$$CH_3-(CH_2)_{14}-CH_3$$

Cetano (*n*-hexadecano)

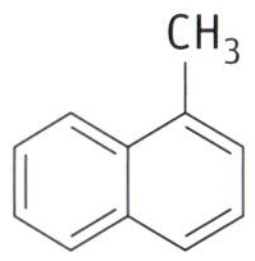

Alfa-metilnaftaleno

¿Qué es el craqueo?

La demanda de las fracciones con menos de 12 carbonos para fabricar gasolinas y plásticos es muy superior a la de otras fracciones más pesadas. Por ello estas fracciones se someten a procesos de **craqueo catalítico**, que implica la rotura de las cadenas carbonadas a altas temperaturas y presiones por medio de catalizadores.

El craqueo, además de alcanos volátiles útiles para la fabricación de gasolinas, produce fragmentos insaturados, como el eteno, que es la materia prima para la fabricación de plásticos como el polietileno.

Figura 6.15. Refinería petrolífera.

Biocombustibles

Un **biocombustible** o **agrocombustible** es un combustible obtenido de la biomasa, sobre todo de vegetales y de seres vivos que fijan la energía del sol mediante fotosíntesis, o de residuos, como por ejemplo la fracción orgánica de los residuos sólidos urbanos.

- La primera generación de biocombustibles estuvo formada por el **bioetanol**, extraído de la caña de azúcar, el trigo o el maíz, y el biodiésel, extraído de la colza, el girasol o la palma.
- La segunda generación se obtiene a partir de la **madera**, los tallos, las hojas y la paja.
- La tercera generación se basa en la capacidad de algunas **microalgas** para multiplicarse rápidamente y acumular aceites y azúcares.

Figura 6.16. Biocombustibles.

ACTIVIDADES

16. Las ventajas de los biocombustibles frente a los combustibles fósiles es un tema controvertido. Consulta en el artículo www.e-sm.net/sv.fq4eso06_04 sus ventajas y desventajas. Redacta un informe que exponga tu opinión.

Repasa lo aprendido

1 ¿Por qué el carbono es el elemento que puede formar el mayor número de compuestos?

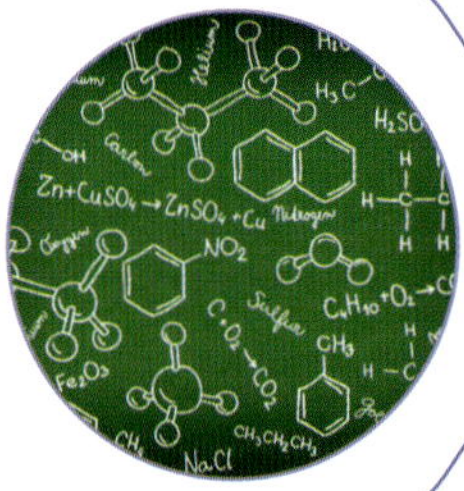

- El átomo de **carbono** puede formar **enlaces simples, dobles y triples**; puede enlazarse con otros átomos de carbono, formando **cadenas** muy largas que pueden ser **lineales, ramificadas o cíclicas**, y también **con otros elementos** como el hidrógeno, el oxígeno, el nitrógeno...

2 ¿Por qué las formas alotrópicas del carbono tienen propiedades tan diferentes?

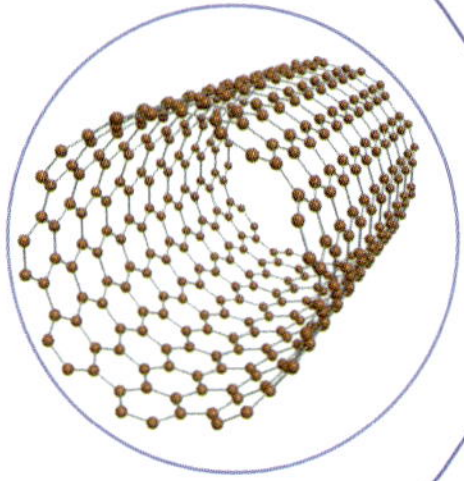

- Las distintas **formas alotrópicas** del carbono presentan diferencias en la forma de enlazar sus átomos, lo cual condiciona su estructura y propiedades. Esto hace que las aplicaciones de cada una de estas formas alotrópicas sean muy diversas.

3 ¿Cómo se clasifican los hidrocarburos? ¿Qué relación existe entre sus propiedades y su estructura?

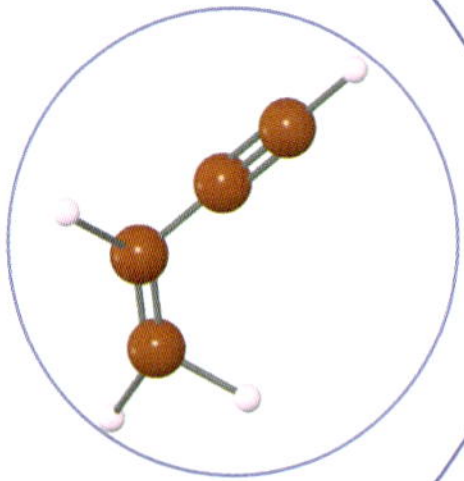

- Se clasifican en **alcanos** (enlaces simples), **alquenos** (algún enlace doble) y **alquinos** (algún enlace triple).
- Todos ellos son **insolubles en agua** y **reaccionan con el oxígeno** del aire; los alquenos y los alquinos son más reactivos que los alcanos y presentan **reacciones características de adición sobre el doble o triple enlace**.

4 ¿Cuáles son los principales grupos funcionales y series homólogas?

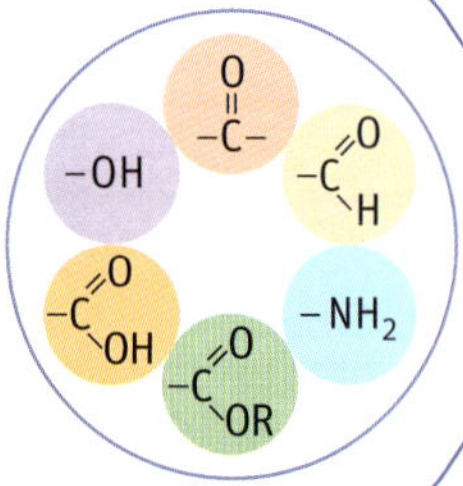

- Los principales grupos funcionales y las series homólogas a los que van asociados son: **hidroxilo** (alcoholes), **carbonilo** (aldehídos y cetonas), **carboxilo** (ácidos orgánicos), **éster** (ésteres) y **amina** (aminas).

5 ¿Cuáles son los cuatro grandes grupos de compuestos que forman los seres vivos?

- Los cuatro grandes grupos de compuestos que forman los seres vivos son los **glúcidos** (o hidratos de carbono), los **lípidos** (aceites y grasas, esteroides y ceras), las **proteínas** y los **ácidos nucleicos**.

6 ¿Cuáles son los combustibles fósiles y sus derivados y qué aplicaciones tienen?

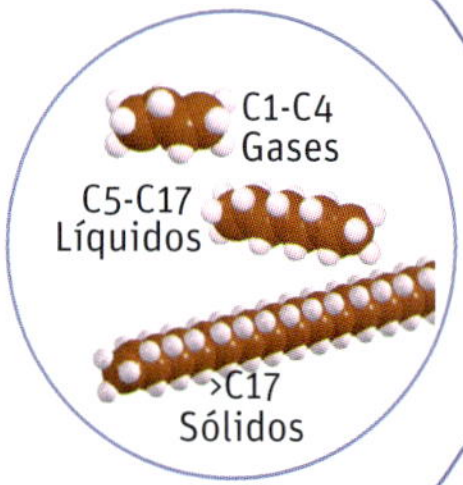

- El **carbón**, el **gas natural** y el **petróleo** son combustibles fósiles.
- Por **destilación fraccionada del petróleo** se obtiene toda una serie de fracciones (éter de petróleo, gasolina, gasóleo, aceites lubricantes, asfalto...) que se diferencian por su temperatura de ebullición.
- Se utilizan como **combustibles** y también como **materia prima para la síntesis de moléculas orgánicas**, como por ejemplo, los plásticos.

Procedimientos de la ciencia

Obtención del jabón

Una de las finalidades de la química es la obtención de nuevas sustancias por síntesis. Desde muy antiguo, se ha obtenido jabón mezclando cenizas (tienen carácter básico) con grasas de diferente origen vegetal o animal. En realidad, aunque no se supiera, se estaba realizando una reacción de saponificación.

Con la producción industrial de sosa cáustica (hidróxido de sodio) se pudo fabricar jabón en grandes cantidades, mediante la siguiente reacción:

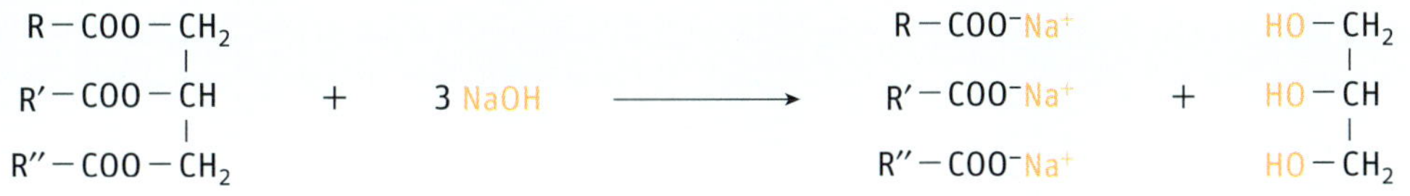

Aceite (éster de glicerina y ácido graso) | Sosa cáustica (hidróxido de sodio) | Jabón (sal sódica de ácido graso) | Glicerina (propanotriol)

PROCEDIMIENTO

1. Mide 4 mL de agua destilada con una probeta y colócalos en un tubo de ensayo.
2. Colócate unas gafas de protección, toma 1,5 g de hidróxido de sodio (ten cuidado de que no te toque la piel, es cáustico) y añádelos al agua del tubo de ensayo.
3. Tapa el tubo con un tapón y agítalo hasta que se disuelva todo el hidróxido de sodio. El tubo se calentará mucho.
4. Mide 8 mL de aceite de oliva y añádelos a la disolución del tubo de ensayo. Mide 2 mL de etanol y añádelos también.
5. Prepara una disolución acuosa de NaCl en otro tubo y vierte el contenido del primer tubo sobre este en un baño de hielo.
6. Tapa el tubo y agita vigorosamente hasta que la mezcla se transforme en un sólido, que es el jabón.
7. Para sacar el jabón del tubo de ensayo basta con calentar con suavidad la parte inferior del tubo de ensayo con una llama.

smSaviadigital.com OBSERVA › Fabricación de jabón

ACTIVIDADES

17. Puesto que el agua y el aceite son inmiscibles, la reacción se produce en la interfase entre ambos. ¿Qué influencia tiene este factor en la velocidad de la reacción y en la conveniencia de agitar para que tenga lugar más rápidamente?

18. ¿Qué función juega el etanol en la reacción?

19. Investiga la fabricación del jabón a lo largo de la historia y escribe un breve texto explicativo.

Actividades

El átomo de carbono y sus enlaces

20. Los átomos de carbono pueden formar cuatro enlaces covalentes, generando distintos tipos de cadenas. ¿Qué diferencia hay entre las cadenas lineales, ramificadas y cíclicas?

21. Los átomos de carbono se enlazan entre sí con tres tipos diferentes de enlaces: sencillos, dobles y triples.

a) ¿A qué se debe que las distancias y ángulos de enlace sean diferentes en los distintos tipos de enlaces?

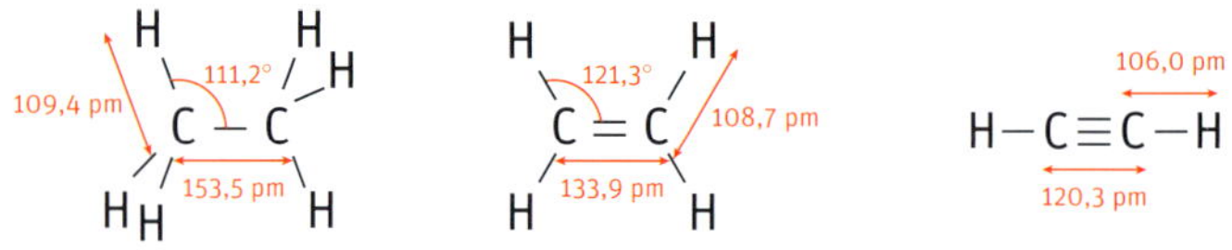

b) Expresa en metros las longitudes de enlace que aparecen en las fórmulas moleculares.

c) Escribe la fórmula y el nombre de tres alcanos, tres alquenos y tres alquinos.

22. Para representar las moléculas se utilizan modelos moleculares de bolas y varillas o compactos de bolas.

a) ¿Cuál es la ventaja de cada uno de los modelos?

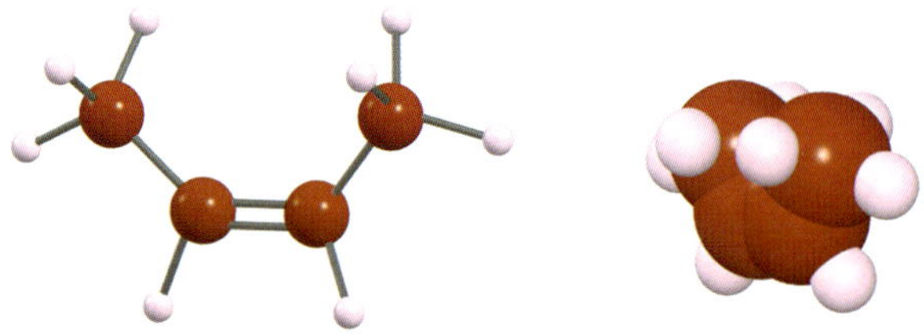

b) Escribe la fórmula de esta molécula, indicando los enlaces entre los átomos de carbono.

23. Los átomos de carbono pueden formar enlaces covalentes con otros elementos, tales como H, O, N, Cl. Busca en internet información de la longitud media de los enlaces siguientes:

C–H, C–Cl, C–O, C=O, C–N, C=N, C≡N

24. Teniendo en cuenta la cantidad de enlaces covalentes que puede formar cada uno de los elementos que intervienen, imagina moléculas con dos átomos de carbono y...

a) ...los átomos de hidrógeno correspondientes.

b) ...un átomo de oxígeno y átomos de hidrógeno.

c) ...un átomo de cloro y átomos de hidrógeno.

d) ...un átomo de nitrógeno y átomos de hidrógeno.

25. La denominación de fullerenos se estableció en honor de Richard Buckminster Fuller, un arquitecto estadounidense que construyó diversas cúpulas geodésicas a lo largo de su vida. Busca información sobre cuáles son las aplicaciones actuales de los fullerenos.

26. El carbono grafito es negro, mientras que el carbono diamante refleja la luz y brilla, lo que lo hace muy apreciado en joyería. Busca información sobre las características del enlace que hace que tengan propiedades ópticas tan diferentes.

Hidrocarburos

27. Dibuja la fórmula estructural y la fórmula condensada del heptano.

SOLUCIÓN

El nombre de heptano indica que el compuesto es un alcano (-ano) con siete (hept-) átomos de carbono unidos por enlaces sencillos.

C–C–C–C–C–C–C

Cada átomo de carbono debe tener cuatro enlaces covalentes; por tanto, se deben agregar suficientes átomos de hidrógeno para que cada uno de ellos tenga 4 enlaces.

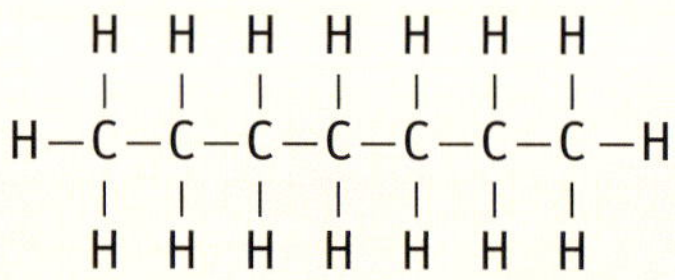

Para escribir la fórmula condensada, se indica mediante un subíndice el número de átomos de hidrógeno unidos a cada átomo de carbono. Fíjate en que el carbono de cada extremo tiene tres átomos de hidrógeno, mientras que los átomos de carbono intermedios tienen cada uno solo dos átomos de hidrógeno.

$$CH_3–CH_2–CH_2–CH_2–CH_2–CH_2–CH_3$$

Puesto que hay cinco grupos consecutivos $–CH_2$, también se puede escribir la estructura así:

$$CH_3–(CH_2)_5–CH_3$$

28. Las denominadas bombonas de butano en realidad contienen una mezcla de propano y butano. Ambos son gases a temperatura ambiente. Sin embargo, si balanceamos una bombona de butano observaremos que hay un líquido en su interior. Lo mismo ocurre si observamos el líquido que contiene un encendedor de butano. ¿A qué se debe esta aparente contradicción?

29. Escribe las fórmulas molecular, estructural y semidesarrollada (condensada) del pentano.

30. Si te fijas en las fórmulas moleculares de los alcanos, verás que se puede inferir que la fórmula general de este tipo de hidrocarburos es C_nH_{2n+2}, en la que *n* es el número de átomos de carbono.

a) Razona por qué es esta la fórmula general de los alcanos.

b) Deduce la fórmula molecular del octano (alcano de ocho átomos de carbono) y del nonano (de nueve carbonos).

31. Escribe las estructuras de los isómeros del pentano.

32. La tabla siguiente muestra la temperatura de fusión y la temperatura de ebullición de una serie de alcanos.

Alcano	Fórmula molecular	Temperatura de fusión, T_f (°C)	Temperatura de ebullición, T_e (°C)
Metano	CH_4	−183	−162
Etano	C_2H_6	−172	−89
Propano	C_3H_8	−188	−42
Butano	C_4H_{10}	−138	0
Pentano	C_5H_{12}	−130	36
Hexano	C_6H_{14}	−95	69
Heptano	C_7H_{16}	−91	98
Octano	C_8H_{18}	−57	126
Decano	$C_{10}H_{22}$	−30	174
Octodecano	$C_{18}H_{38}$	26	316
Eicosano	$C_{20}H_{42}$	37	343

a) ¿Cuáles son gases a temperatura ambiente? ¿Cuáles son líquidos? ¿Cuáles son sólidos?

b) ¿Qué relación cualitativa existe entre las temperaturas de fusión y de ebullición y el número de átomos que forman las moléculas de los alcanos?

c) Representa gráficamente la temperatura de ebullición en función del número de átomos de carbono de las moléculas.

d) Explica la variación de la temperatura de ebullición con el número de átomos de las moléculas en relación a la intensidad de las fuerzas intermoleculares.

33. Escribe y nombra los cuatro primeros alquenos lineales. Indica las moléculas que son isómeras.

34. Escribe y ajusta la ecuación química de la reacción de craqueo del decano que da lugar a octano y a eteno.

35. Los cicloalcanos son compuestos cíclicos que contienen solo enlaces sencillos. El más simple de la serie es el ciclopropano. La molécula se puede representar por la fórmula semidesarrollada o por un simple triángulo, que solo indica el esqueleto carbonado.

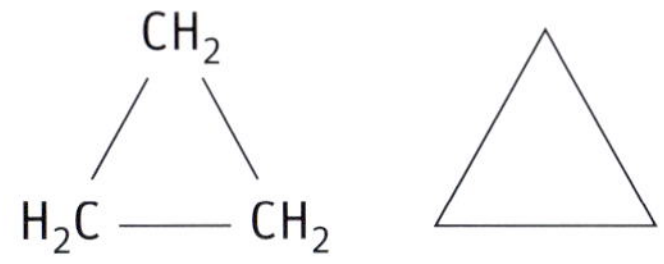

Escribe las fórmulas semidesarrolladas del ciclobutano, del ciclopentano y del ciclohexano, y sus fórmulas simplificadas.

36. Indica si las dos estructuras de cada conjunto representan el mismo compuesto o compuestos isómeros.

a) 

b) 

c) 

d) 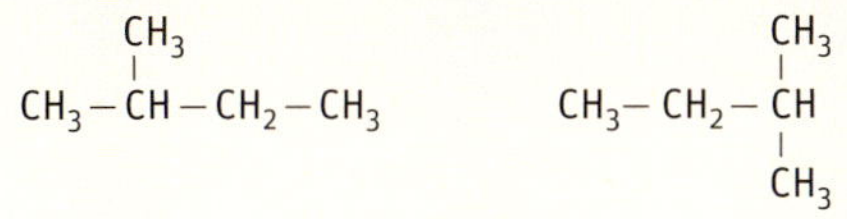

e) 

SOLUCIÓN

a) Son la misma molécula.

b) Son la misma molécula, pero dibujada de modo diferente.

c) Son moléculas isómeras. En la primera, el grupo metilo se encuentra en el carbono 3 de la cadena principal, y en la segunda se encuentra en el carbono 2.

d) Se trata de la misma molécula. La única diferencia es que el último grupo $-CH_3$ se ha dibujado hacia abajo en lugar de hacerlo en línea recta.

e) Son moléculas isómeras. En la primera el grupo metilo se encuentra en la posición del carbono 3, y en la segunda en la posición del carbono 2.

37. Escribe y ajusta la ecuación química de la reacción de hidrogenación del propeno. ¿Por qué decimos que el propeno se ha saturado?

38. De un compuesto orgánico se sabe que es un hidrocarburo pero no si es hexano o hexeno. Al hacerlo reaccionar con bromo, que es de color rojizo, el color rojo desaparece. ¿Qué compuesto es de los dos? ¿Cómo lo sabes?

Actividades

39. Los hidrocarburos clorados tienen muchos usos, pero presentan muchos peligros. Busca información de las propiedades, aplicaciones y peligros que presentan los cuatro compuestos clorados derivados del metano: clorometano, diclorometano, triclorometano y tetraclorometano.

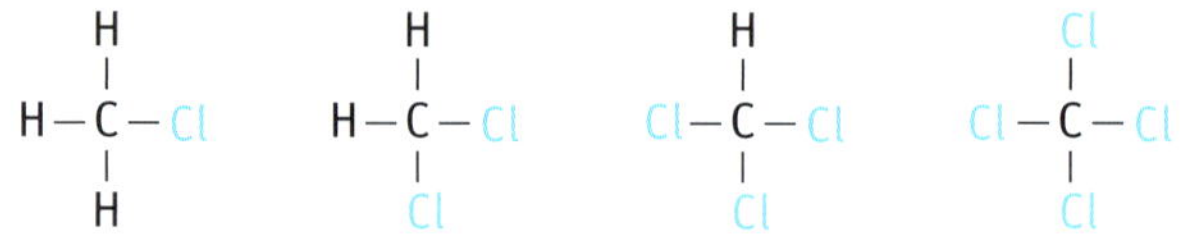

Cloruro de metilo | Cloruro de metileno | Cloroformo | Tetracloruro de carbono

40. Los compuestos del carbono que contienen flúor además de cloro se denominan clorofluorocarbonos y se han utilizado como propelentes en los envases de aerosoles y desodorantes, y también como líquido refrigerante en las neveras y aparatos de aire acondicionado. Fueron prohibidos por dar lugar a reacciones químicas que consumen el ozono de la estratosfera. Busca información sobre este problema y de los compuestos que se utilizan actualmente como sustitutos.

41. El acetileno se puede obtener en el laboratorio mediante la reacción entre el carburo de calcio y el agua, recogiéndose en una probeta graduada invertida llena de agua salada.

a) Escribe y ajusta la ecuación de la reacción.

b) Si se han recogido 50,0 cm^3 de acetileno medidos a 0 °C y 1 atm, ¿qué masa de CaC_2 se ha utilizado como reactivo?

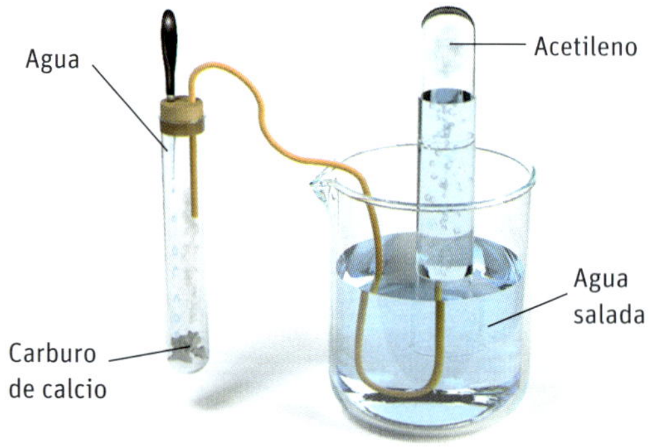

42. Clasifica los siguientes compuestos químicos como:

- Alcanos, alquenos o alquinos
- Saturados o insaturados
- De cadena lineal, ramificada o cíclica

a) 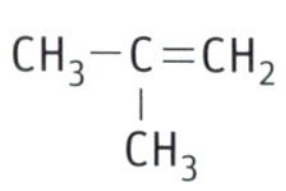

c) 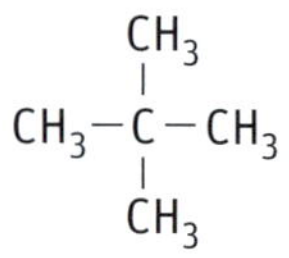

b) $CH_3-C\equiv C-CH_3$

d) 

Grupos funcionales

43. Identifica el grupo funcional presente en cada una de las moléculas y nombra el compuesto.

a) CH_3-CHOH-CH_2-CH_3

b) CH_3-O-CH_2-CH_3

c) CH_3-CH_2-COOH

d) CH_3-CH_2-CHO

e) CH_3-CH_2-NH-CH_3

f) CH_3-CH_2-CH_2-CO-CH_2-CH_3

44. La figura muestra el aparato que se puede utilizar para realizar la destilación destructiva de la madera con el fin de obtener metanol.

a) Describe el aparato y cómo funciona.

b) A escala industrial, el metanol se obtiene de la reacción catalizada entre el monóxido de carbono y el hidrógeno. Escribe y ajusta la ecuación química de esta reacción.

45. El etilenglicol (etanodiol) es un alcohol que se usa en la mayor parte de los anticongelantes. Se obtiene a partir del óxido de etileno (un éter cíclico), que reacciona con el agua en presencia de un ácido que actúa como catalizador. Escribe la ecuación de la reacción.

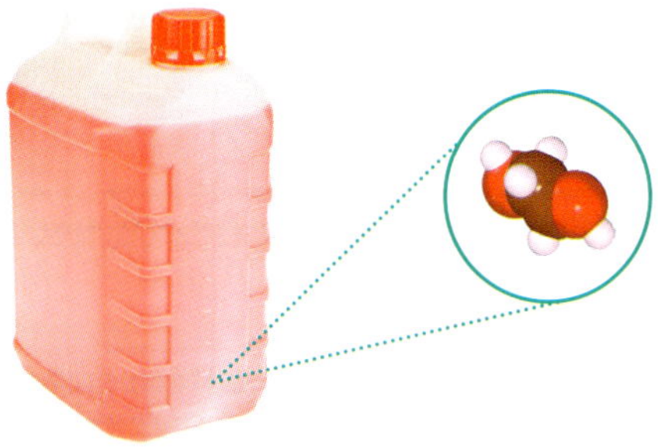

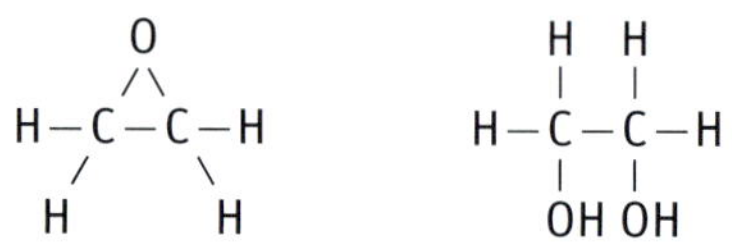

46. Escribe la fórmula estructural semidesarrollada de los isómeros de posición del butanol y del pentanol y nómbralos.

47. a) Escribe la fórmula semidesarrollada del etanol y del dimetiléter.

b) ¿Son isómeros? ¿Por qué?

c) Si lo son, ¿qué tipo de isomería presentan? Justifica la respuesta en cada caso.

SOLUCIÓN

a) CH_3-CH_2-OH CH_3-O-CH_3

b) Son isómeros, puesto que tienen la misma fórmula molecular: C_2H_6O.

c) Este tipo de isomería se denomina de función, porque lo que cambia entre las dos moléculas es el grupo funcional (en la primera es el grupo hidroxilo, y en la segunda, el grupo éter).

48. a) Escribe la fórmula desarrollada o semidesarrollada del propanal y de la propanona.

b) ¿Son isómeros? ¿Por qué?

c) Si lo son, ¿qué tipo de isomería presentan?

49. **Una primera oxidación del etanol produce etanal y una oxidación más intensa produce ácido etanoico (ácido acético). Escribe las ecuaciones químicas de estas dos reacciones.**

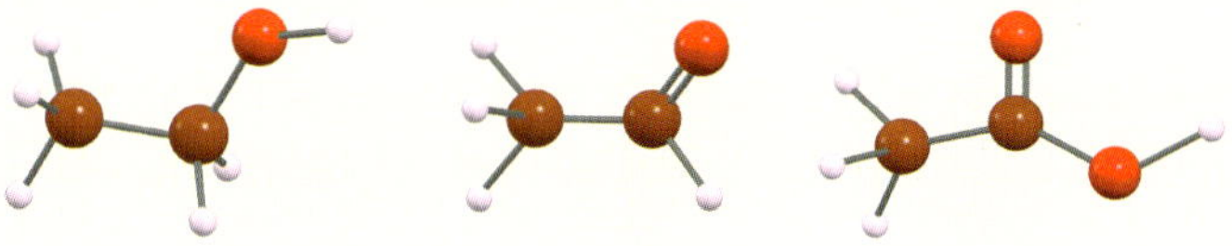

Etanol Etanal Ácido etanoico

SOLUCIÓN

$CH_3-CH_2OH + 1/2\ O_2 \rightarrow CH_3-CHO + H_2O$

$CH_3-CHO + 1/2\ O_2 \rightarrow CH_3-COOH$

50. Escribe la fórmula estructural del alcohol que se puede oxidar para obtener propanona.

51. Escribe la fórmula estructural de los compuestos siguientes.

a) Etilmetilcetona c) Acetato de etilo

b) Ácido butírico d) Dimetilamina

52. El etanoato de metilo proviene de la reacción del ácido etanoico con el metanol, en la que también se libera agua. Escribe la ecuación de esta reacción.

53. Escribe en tu cuaderno el nombre de los siguientes compuestos.

a) $CH_3-CH_2-CH_2-OH$

b) $CH_3-CH_2-O-CH_3$

c) $CH_3-CH_2-CH_2-CH_3-CH_2-CH_2-NH_2$

d) $CH_3-CH_2-\ CH_3-CH_2-COOH$

El carbono, la base de la vida

54. La aspirina (ácido acetilsalicílico) es un éster producto de la reacción del grupo –OH del ácido salicílico con el grupo –COOH del ácido acético (en esta reacción también se forma agua).

a) ¿Qué representa el hexágono con el círculo interior?

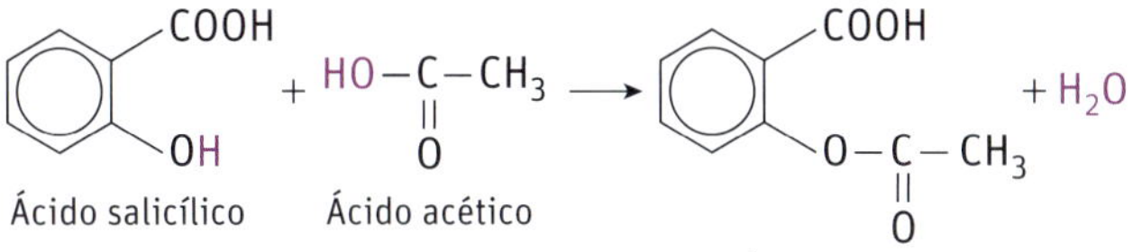

Ácido salicílico Ácido acético Ácido acetilsalicílico (aspirina)

b) Consulta en internet cómo tuvo lugar el descubrimiento de este medicamento y haz un breve resumen en tu cuaderno.

55. La sacarosa es un disacárido constituido por la unión de una molécula de glucosa y una de fructosa, con pérdida de una molécula de agua.

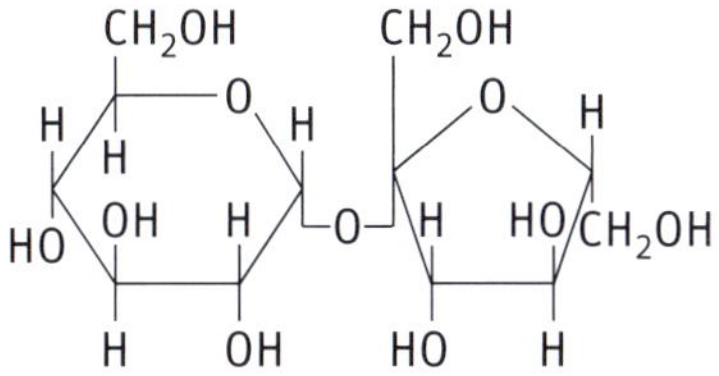

a) Escribe la fórmula molecular de la sacarosa.

b) ¿Qué porcentaje de la masa de una molécula de sacarosa corresponde a carbono?

La combustión de los compuestos del carbono

56. La combustión del butano genera dióxido de carbono y agua, según la reacción:

$$C_4H_{10}(g) + 13/2\ O_2(g) \rightarrow 4\ CO_2(g) + 5\ H_2O(l)$$

Si reaccionan completamente 290 g de butano, calcula:

a) La masa de oxígeno necesaria para la combustión completa del butano.

b) La masa de agua que se obtiene.

57. Para elevar el índice de octano se utilizó inicialmente una sustancia llamada tetraetilo de plomo. Sin embargo, esta sustancia es tóxica y además estropeaba los convertidores catalíticos que se utilizan para reducir los gases contaminantes que salen por el tubo de escape. Actualmente se agregan otros elevadores del índice de octano, como el éter metil-ter-butílico (MTBE) y alcoholes como el metanol y el etanol.

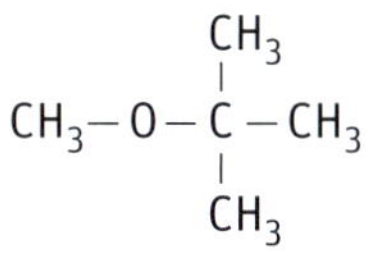

Busca información sobre la fórmula del MTBE y sobre la acción que producen los alcoholes.

Ponte a prueba

Propiedades y estructura de los alcanos

La temperatura de ebullición y la densidad de los hidrocarburos están relacionadas con la geometría de las moléculas y las fuerzas intermoleculares. Observa las temperaturas de ebullición y las densidades del *n*-octano, el isooctano y el ciclooctano. El *n*-octano y el isooctano son isómeros. El ciclooctano tiene el mismo número de carbonos. Todos ellos son líquidos a temperatura ambiente.

Sustancia	*n*-octano	Isooctano	Ciclooctano
Fórmula molecular	C_8H_{18}	C_8H_{18}	C_8H_{16}
Fórmula semidesarrollada	$CH_3{-}(CH_2)_6{-}CH_3$	$(CH_3)_3{-}C{-}CH_2{-}CH{-}(CH_3)_2$	$(CH_2)_8$
Temperatura de ebullición (°C)	125, 5	99,3	151
Densidad (g/cm³)	0,703	0,688	0,830

Observa la forma de las moléculas a través de las fórmulas estructurales y de los modelos moleculares.

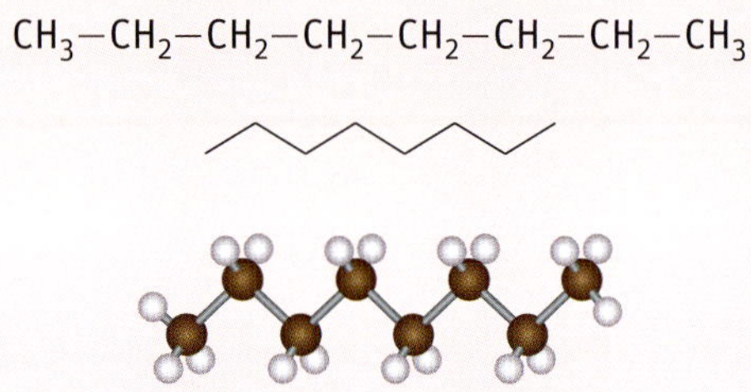

n-octano

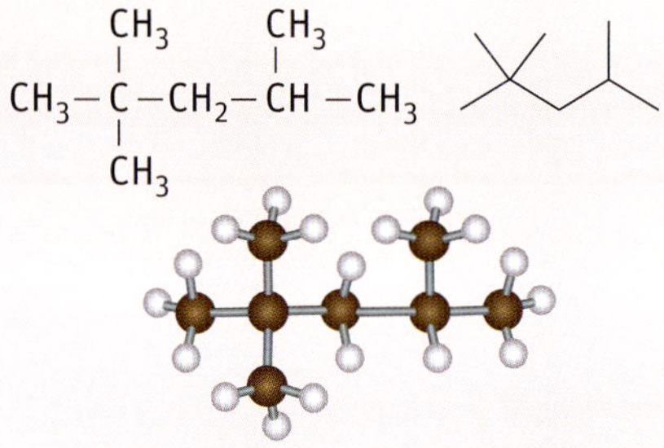

Isooctano

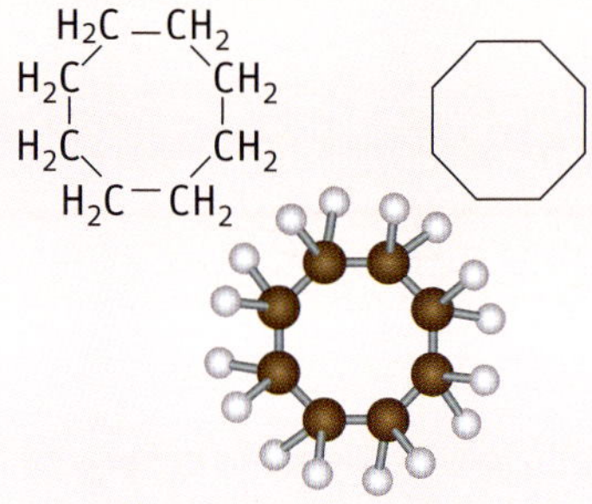

Ciclooctano

1. Describe las diferencias que presentan en su estructura las moléculas de los hidrocarburos *n*-octano, isooctano y ciclooctano.
2. Relaciona los valores de densidad de los tres alcanos con la geometría de sus moléculas, así como con la probable distancia media entre las moléculas de estas sustancias en estado líquido.
3. Relaciona la temperatura de ebullición de los tres alcanos con la intensidad de las fuerzas intermoleculares, y estas con la geometría de las moléculas y la distancia media entre ellas.
4. Compara tus explicaciones con las de tus compañeros e investiga en páginas web especializadas la explicación que se propone.

Combustión de una vela

Una vela está formada por una mezcla de parafinas, que son hidrocarburos con cadenas carbonadas de entre 23 y 30 átomos de carbono. En la primera unidad hemos observado la combustión de una vela y cómo se apaga al colocar un vaso sobre ella. Entonces se hicieron varias hipótesis explicativas como ejemplo de uno de los procesos de la metodología científica.

Ahora, con el conocimiento de la composición de las parafinas, podemos precisar más el proceso que tiene lugar y los productos que se forman.

1. Supongamos que la vela está formada por una única parafina de 24 átomos de carbono. Escribe la ecuación de la reacción de combustión que tiene lugar cuando se quema dicha vela.
2. ¿Por qué se apaga la vela al colocar un vaso encima?
3. Explica por qué se empañan las paredes internas del vaso.

Oxidación del jugo de manzana

Las frutas frescas como las manzanas contienen todos los ingredientes para un proceso de fermentación: fructosa, levadura (que se encuentra en la piel de la manzana) y agua. El proceso de fermentación es catalizado por un conjunto de enzimas (zimasa) que da lugar a etanol y dióxido de carbono.

Este proceso se utiliza en la fabricación de la sidra y del vino cuando se parte de la uva.

1. Escribe la ecuación ajustada de la reacción de fermentación de la fructosa, $C_6H_{12}O_6$.
2. Busca información del procedimiento que podrías seguir en el laboratorio o en tu casa para realizar esta fermentación.
3. En exceso de oxígeno se produce vinagre de manzana. Escribe la ecuación de la reacción de oxidación del etanol a ácido acético.
4. Busca información sobre cómo procederías para obtener vinagre de manzana.

AUTOEVALUACIÓN

1. ¿Cuáles de las siguientes afirmaciones son verdaderas? Justifica tu respuesta.

a) Un alcano solo contiene enlaces C–C simples.

b) Un alqueno solo contiene enlaces dobles C=C.

c) Un alqueno solo puede contener un enlace C=C.

d) Un alqueno contiene como mínimo un enlace C=C.

2. Clasifica los siguientes pares de moléculas como isómeras, homólogas, idénticas o nada de lo anterior.

a) $CH_3-CH_2-CH_3$ y $CH_3-CH_2-CH_2-CH_3$

b) 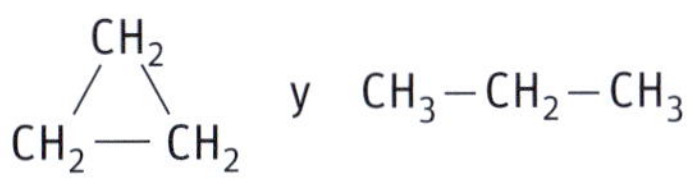

c) 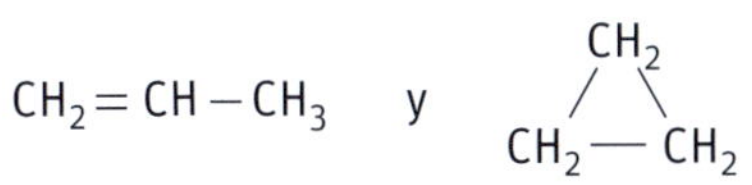

d) 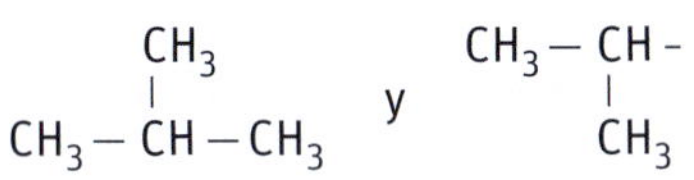

3. Identifica el grupo funcional presente en cada una de las siguientes moléculas y nombra el compuesto.

a) CH_3-CH_2-CH_2-CH_2OH

b) CH_3-CH_2-O-CH_2-CH_3-CH_3

c) CH_3-CH_2-CH_2-COOH

d) CH_3-COO-CH_2-CH_3

e) CH_3-CH_2-CH_2-CHO

f) CH_3-CH_2-NH-CH_2-CH_3

4. Escribe la fórmula estructural de cada uno de los compuestos siguientes.

a) butan-2-ol

b) propanal

c) acetona

d) etilmetilcetona

e) ácido acético

f) propanato de etilo

g) etilamina

h) trimetilamina

5. Considera el grupo de compuestos siguientes.

i) $CH_3-CH_2-CH_2-O-CH_3$

ii) 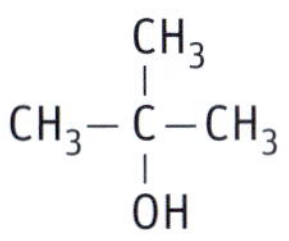

iii) 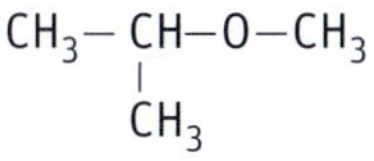

iv) $CH_3-CH_2-O-CH_2-CH_3$

a) ¿Qué grupo funcional caracteriza cada compuesto?

b) ¿Cuáles son isómeros?

c) ¿Cuáles son isómeros de posición?

d) ¿Cuáles son isómeros de función?

6. Completa e iguala las ecuaciones químicas siguientes.

a) CH_3-CH_3 + $O_2 \rightarrow$ ●●●

b) CH_2=CH_2 + $Cl_2 \rightarrow$ ●●●

c) CH_2=CH_2 + HCl $\rightarrow$ ●●●

d) CH_3-CH=CH_2 + $H_2O \rightarrow$ ●●●

e) CH_3-CHOH-CH_3 + $O_2 \rightarrow$ ●●●

f) $C_6H_{12}O_6 \xrightarrow{\text{levadura}}$ ●●●

PROYECTO DE INVESTIGACIÓN

¿QUÉ DETERGENTE ES MÁS EFICAZ?

Muchos anuncios afirman que determinados detergentes son más eficaces que otros para eliminar las manchas de la ropa. El objetivo de nuestra investigación es planificar un método que nos permita comprobarlo. Consensuad una respuesta a la cuestión: ¿qué significa que un detergente sea más eficaz?

PLANIFICACIÓN DE LA INVESTIGACIÓN

- ¿Cómo se puede comparar la eficacia limpiadora de dos detergentes?
- ¿Cuáles son las variables que deben ser controladas durante el desarrollo de la investigación?
- Contrastad las variables que habéis propuesto con la lista siguiente para aseguraros de que controláis todas las variables: el tipo de suciedad (grasa, pigmento, chocolate...), la intensidad de la mancha, el tipo de tejido, la concentración de la disolución del detergente, la temperatura del agua, el grado de agitación y el tiempo de lavado.
- Redactad cómo vais a llevar a cabo la investigación y mostradlo a vuestro profesor.

REALIZACIÓN DE LA INVESTIGACIÓN Y COMUNICACIÓN DEL RESULTADO

- Llevad a cabo la investigación controlando las variables con el máximo de exactitud y precisión que podáis. A modo de ejemplo:

Echad dos gotas iguales de aceite y dos de chocolate en un trapo y cortadlo en dos trozos iguales.

Lavad cada uno de los trozos con uno de los dos detergentes, manteniendo fijas las demás variables.

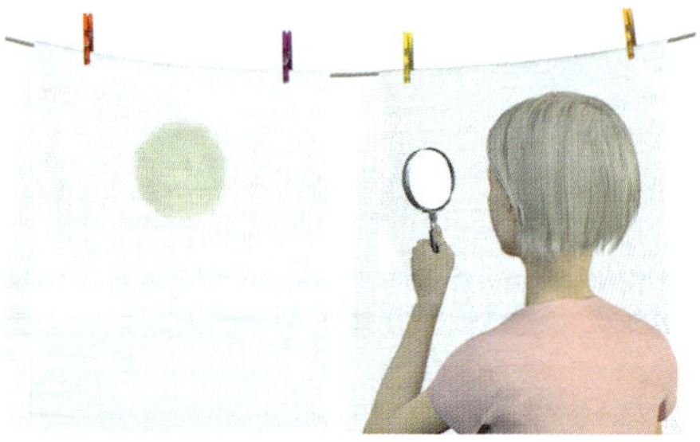

Ponedlos a secar en las mismas condiciones. ¿Qué detergente ha sido más eficaz para cada una de las manchas?

- Tomad nota del resultado de vuestro experimento y comparadlo con el obtenido por otros grupos que hayan trabajado con los mismos detergentes.
- Escribid un informe con los siguientes apartados: objetivo y planificación de la investigación, así como realización, expresión y evaluación del resultado. Utilizad los dibujos que os sean precisos.

COMPRENDIENDO LA FORMA DE ACTUAR DE UN DETERGENTE

- Cualquier sustancia que, añadida al agua, logra estos tres objetivos, es un detergente: 1. Conseguir que el agua moje las fibras; 2. Separar la grasa de las fibras; 3. Suspender la suciedad en el agua para que pueda ser eliminada.
- ¿Qué es la tensión superficial y qué es una sustancia tensoactiva?
- ¿Qué problema medioambiental causaron los primeros detergentes (ABS)? ¿Cómo han resuelto el problema los llamados detergentes LAS?
- ¿Qué diferencia hay entre la estructura de un detergente y un jabón? ¿Cuál es la ventaja del uso de detergentes frente al de los jabones?

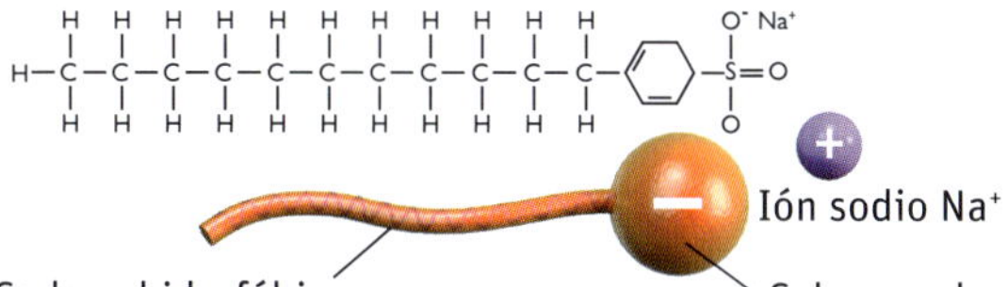

Una molécula de detergente tiene dos partes diferenciadas: una larga cadena hidrofóbica (se orienta hacia la grasa) y una cabeza polar (hidrofílica).

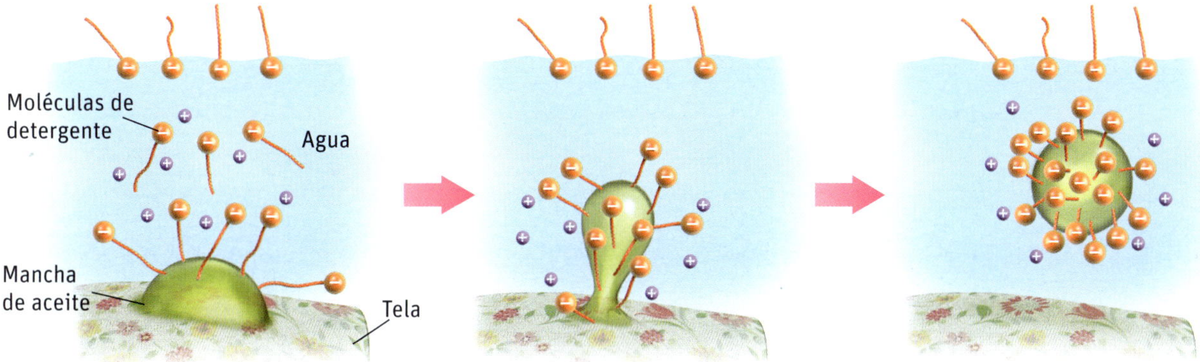

Cuando un detergente se disuelve en agua, los iones sodio se separan. Algunos de los aniones se sitúan en la superficie del agua disminuyendo su tensión superficial. Otros orientan su parte hidrofóbica hacia la grasa que hay en la tela y las cabezas polares hacia el agua. La agitación de la tela y el agua caliente en el lavado favorecen que las gotas de aceite se desprendan de la tela rodeadas por los aniones del detergente y que, arrastradas por el agua de lavado, sean eliminadas.

Relaciónalo con tu entorno

- Observa la lista de ingredientes que contiene el detergente en polvo que utilizas en tu casa para la lavadora y anota todas las sustancias que contiene en una tabla como la que se muestra.
- Busca en internet información sobre la función de los distintos componentes de un detergente y completa la tabla.

Componente	Ejemplo	Función
Agente tensoactivo	●●●	●●●
Constructores o potenciadores	●●●	●●●
Enzimas	●●●	●●●
Inhibidores de corrosión	●●●	●●●
Blanqueadores ópticos	●●●	●●●
Relleno	●●●	●●●
Perfumes	●●●	●●●

Especialmente indicado para eliminar la grasa difícil. Su fórmula concentrada permite lavar hasta 4 veces más, dejando un olor agradable. Gracias a su tapón dosificador le permite un uso más económico.

Contiene entre otros ingredientes:	
Menos del 5%	Tensioactivos no Iónicos.
Entre el 15% y menos del 30%	Tensioactivos Aniónicos.
Otros	Perfume, Methylchloroisothiazolinone, Methylisothiazolinone, Limonene.

No ingerir. Manténgase fuera del alcance de los niños. En caso de accidente, consultar al Servicio Médico de Información Toxicológica, tel 915620420. Provoca lesiones oculares graves. Provoca irritación cutánea. Mantener fuera del alcance de los niños. Leer la etiqueta antes del uso. EN CASO DE CONTACTO CON LA PIEL: Lavar con agua y jabón abundantes. EN CASO DE CONTACTO CON LOS OJOS: Aclarar cuidadosamente con agua durante varios minutos. Quitar las lentes de contacto, si lleva y resulta fácil. Seguir aclarando. Eliminar el contenido/el recipiente conforme a la legislación vigente de tratamiento de residuos. EUH208: Contiene Mezcla de: 5-cloro-2-metil-2H-isotiazol-3-ona [EC no. 247-500-7]; 2-metil-2H-isotiazol-3-ona [EC no. 220-239-6] (3:1). Puede provocar una reacción alérgica

7 Estudio del movimiento

Abre tu mirada

Los coches de Fórmula 1 son obras maestras de ingeniería que incorporan los últimos adelantos en la industria de automoción. En una recta pueden llegar a superar velocidades de 350 km/h, lo cual prácticamente triplica la velocidad máxima permitida para circular por autopista (120 km/h).

Los velocímetros de los coches de carreras ofrecen el dato de la velocidad en MPH. ¿Qué significan estas siglas? ¿Qué datos se necesitan para pasarlo al sistema internacional de unidades?

- **Las variables que describen el movimiento, ¿dependen del observador?**
- **¿Es lo mismo rapidez que velocidad? ¿Basta con un número para expresar ambas magnitudes?**
- **¿Qué magnitud permite estudiar el cambio de velocidad experimentado por un móvil?**

Analiza y determina

La fotografía muestra una prueba de 100 m lisos, en la que un ser humano puede alcanzar su máxima velocidad.

a Si un atleta recorre esa distancia en 9,60 s, ¿cuál es su velocidad media?

b Un atleta ha recorrido los últimos 50 m de la carrera en 4,11 s. Compara la velocidad en este tramo con la velocidad media.

c Explica la diferencia entre los valores obtenidos en las dos preguntas anteriores.

Piensa y reflexiona

Sarah, un guepardo del zoo de Cincinnati, realizó la misma carrera de 100 m lisos. ¿Adivinas qué marca hizo?

Puedes ver la respuesta en www.e-sm.net/svfq4eso07_01.

Y tú, ¿qué opinas?

La velocidad máxima permitida en autovía es de 110 km/h en Suecia y Suiza, de 120 km/h en España y Portugal y de 130 km/h en Alemania y Francia. ¿Crees que sería útil establecer los mismos límites de velocidad en toda la Unión Europea? Debate en clase por qué es importante establecer estos límites de velocidad.

- **¿Cómo se estudian los movimientos rectilíneos?**
- **¿Qué caracteriza la caída de un objeto en la Tierra?**
- **¿De qué variables depende la descripción del movimiento circular uniforme?**

1 Sistema de referencia. Magnitudes cinemáticas

En un universo en el que todo fluye y cambia, el movimiento está presente en todos los fenómenos naturales. Sin embargo, este concepto tan familiar, tan de sentido común, esconde numerosos secretos que la física ha tratado de resolver a lo largo de muchos siglos.

ANALIZA

Una pasajera sostiene una pelota dentro de un tren en movimiento. En un momento dado, arroja la pelota verticalmente hacia arriba y la recoge de nuevo. A continuación, levanta la mano y suelta la pelota, que rebota y vuelve a la mano de la pasajera.

En ambos casos, ¿qué movimiento realiza la pelota tal como lo describiría la pasajera del tren? ¿Cuál sería la trayectoria que vería un observador situado en reposo en el exterior del tren?

- Desde el punto de vista de la pasajera, la pelota realiza un movimiento vertical que sube y baja (primer caso), o baja y sube (segundo caso): en el primer caso, la pelota asciende, se detiene y vuelve a su punto de partida; en el segundo caso, desciende, rebota y vuelve también al punto de partida.
- Pero la trayectoria que ve el observador exterior es la que muestra la línea punteada azul: desde su punto de vista, la pelota, a la vez que sube y baja, se desplaza a la derecha a la misma velocidad que el tren.

Es decir, la descripción del movimiento depende del punto de vista del observador. Un objeto puede estar en movimiento respecto a un observador y en reposo respecto a otro.

Todo movimiento es **relativo al observador**, el cual se constituye en origen de un **sistema de referencia** desde el que se describe lo que se ve y se mide.

El sistema de referencia elegido permite definir la **trayectoria**, que es la línea que describe un móvil durante su movimiento.

ACTIVIDADES

1. Estudia el movimiento de la pelota del apartado ANALIZA respecto a un observador exterior estacionario. Su trayectoria, ¿es circular, elíptica o parabólica? Dibuja la trayectoria de la pelota, si el tren se moviera muy despacio.

2. Describe y dibuja la trayectoria seguida por un corredor de 100 m lisos, una piedra atada a una cuerda que haces girar por encima de tu cabeza y la Tierra en su movimiento alrededor del Sol.

Magnitudes cinemáticas

Para describir el movimiento de un cuerpo debemos conocer qué **posición** ocupa en cada momento respecto de un origen de referencia. Esto puede hacerse de varios modos:

Descripción escalar del movimiento

Si se quiere conocer la posición que ocupa un ciclista que se desplaza sobre una trayectoria conocida, basta con saber a cuántos metros de la salida está en cada momento.

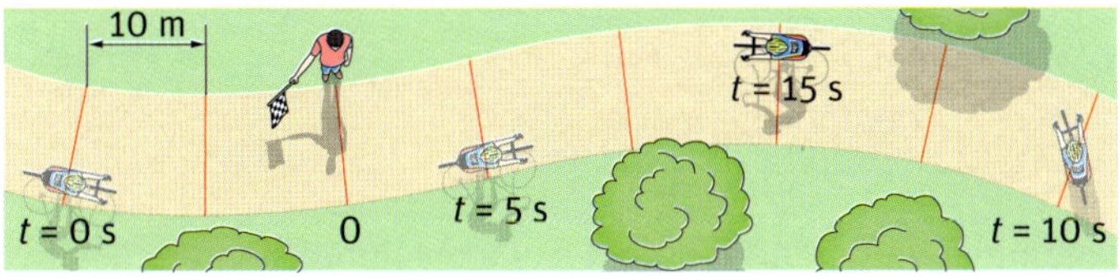

La **trayectoria** es el camino que sigue el móvil. El **origen** es el punto de la trayectoria respecto del que se toman las medidas de la posición del móvil. Las variables de observación son la **posición**, *s*, y el tiempo, *t*.

La **posición** es el lugar donde se encuentra el móvil y se determina por su distancia al origen contada sobre la trayectoria. La posición inicial, en $t = 0$, es s_0. El **tiempo** es el instante en el que ocupa la posición *s*. La relación *s*-*t* determina el movimiento, pero la gráfica *s*-*t* no tiene nada que ver con el dibujo de la trayectoria.

Descripción vectorial del movimiento

Si se quiere saber dónde se encuentra un pájaro que se mueve libremente, es necesario conocer las coordenadas de cada punto ocupado por el mismo.

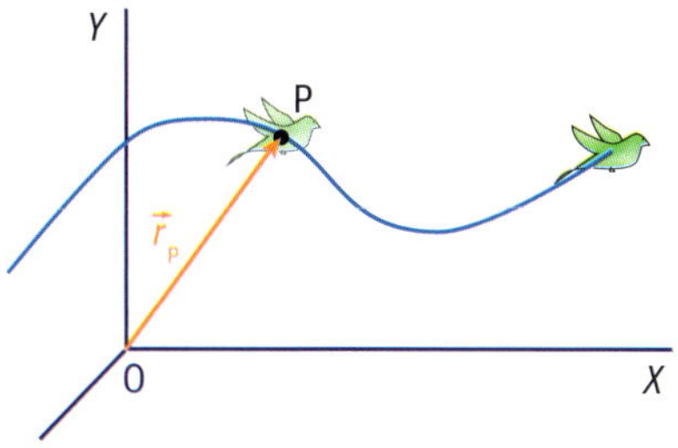

El **origen** es el punto de referencia. Puede estar o no en la trayectoria. El **vector de posición** ($\vec{r}$) es el vector que une el origen con el punto donde está el móvil. Las variables de observación son el **vector de posición**, $\vec{r}$, y el **tiempo**, *t*.

La relación $\vec{r}$-*t* determina el movimiento. El extremo del vector de posición "dibuja" la trayectoria.

Describe el movimiento mediante una tabla de datos

1. El dibujo de arriba muestra las posiciones que ocupa un ciclista en una serie de instantes. Haz una tabla *posición-tiempo* y calcula el espacio total recorrido.

SOLUCIÓN

El ciclista inicia su movimiento cuando se encuentra en $s = -20$ m. Esta posición inicial se denomina s_0, y la final, s_f. Desde $t = 0$ s hasta $t = 10$ s, el ciclista avanza 70 m; desde $t = 10$ s hasta $t = 15$ s, el móvil retrocede 20 m. El espacio total recorrido será la suma, es decir, 90 m.

Posición, *s* (m)	Tiempo, *t* (s)
$s_0 = -20$	0
$s_1 = 10$	5
$s_2 = 50$	10
$s_f = 30$	15

Como se puede ver, el espacio recorrido por un móvil no coincide necesariamente con su desplazamiento real. Por eso es necesario definir el *desplazamiento*.

El **desplazamiento sobre la trayectoria**, o simplemente **desplazamiento**, es la magnitud que expresa el cambio de posición que experimenta el móvil.

El incremento de una magnitud se expresa con la letra griega delta, Δ. Así, el desplazamiento se puede expresar como el incremento entre la posición final y la inicial:

$$\Delta s = s_f - s_0$$

Como hemos visto, el **espacio recorrido**, *e*, es la distancia total recorrida sobre la trayectoria. Esta magnitud se considera siempre positiva, y solo coincide con el desplazamiento cuando el móvil no retrocede por el mismo camino.

Ten en cuenta

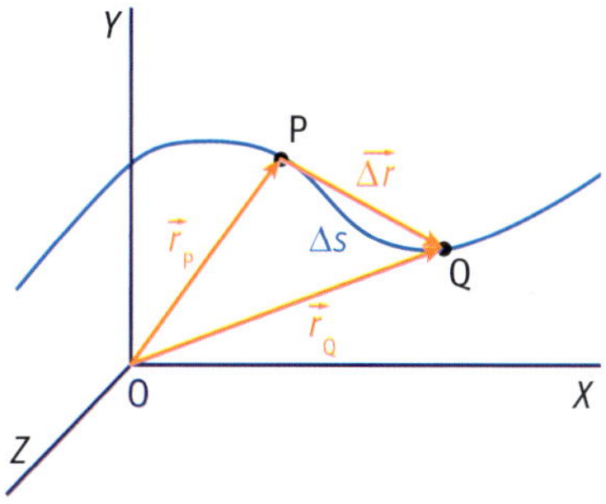

En la descripción vectorial del movimiento de un cuerpo se utiliza el **vector desplazamiento**, que es la diferencia entre los vectores de posición final e inicial:

$$\Delta\vec{r} = \vec{r}_Q - \vec{r}_P = \vec{r}_f - \vec{r}_0$$

ACTIVIDADES

3. Calcula el desplazamiento del ciclista. ¿Coincide con el espacio recorrido? ¿Por qué?

2 Velocidad

Resulta intuitivo que, cuanto más velozmente se mueve un objeto, menos tiempo tarda en recorrer una distancia dada. Por ejemplo, si un ciclista recorre 48 km en 2 horas, podemos deducir que de media ha recorrido 24 km cada hora. Dicho numero, 24 km/h, representa una nueva magnitud, la velocidad media.

Ten en cuenta

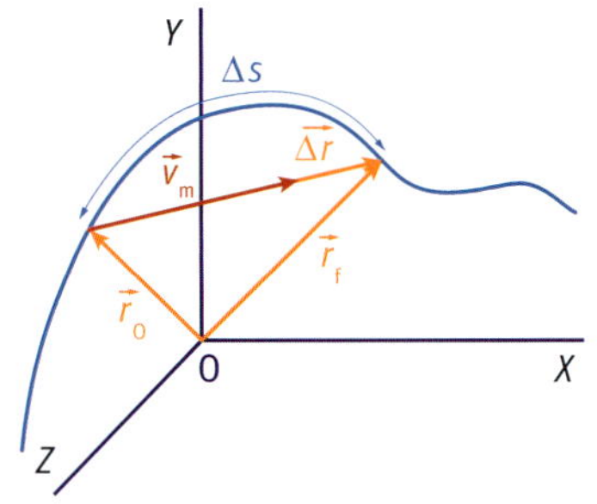

En la descripción vectorial del movimiento de un cuerpo se utiliza el vector **velocidad media**, que es la relación entre el vector desplazamiento y el tiempo empleado:

$$\vec{v}_m = \frac{\Delta\vec{r}}{\Delta t} = \frac{\vec{r}_f - \vec{r}_0}{t_f - t_0}$$

Este vector tiene la misma dirección y sentido que el vector desplazamiento.

Velocidad media escalar y rapidez media

La **velocidad media escalar** es la relación entre el espacio recorrido por el móvil y el tiempo empleado. También puede denominarse **rapidez media**.

$$v_m = \frac{\text{espacio recorrido}}{\text{tiempo empleado}} = \frac{e}{\Delta t}$$

Para abreviar, se suele denominar **velocidad media**. Es una magnitud siempre positiva.

Puede darse el caso de que un móvil vaya en un sentido sin regresar por el mismo camino. En ese supuesto, el espacio recorrido coincide con el desplazamiento sobre la trayectoria y la velocidad media se puede expresar como:

$$v_m = \frac{\text{desplazamiento}}{\text{tiempo empleado}} = \frac{\Delta s}{\Delta t} = \frac{s_f - s_0}{t_f - t_0}$$

La unidad de velocidad en el sistema internacional es el m/s. Sin embargo, con frecuencia se emplean otras unidades, como el km/h.

$$1\,\text{km/h} = \frac{(1\,\text{km})}{(1\,\text{h})} \cdot \frac{(1000\,\text{m})}{(1\,\text{km})} \cdot \frac{(1\,\text{h})}{(3600\,\text{s})} = \frac{1}{3{,}6}\frac{\text{m}}{\text{s}} = 0{,}28\,\text{m/s} \Rightarrow 1\text{ m/s} = 3{,}6\text{ km/h}$$

Calcula la velocidad media

2. Un atleta está dando vueltas por la pista de la imagen. Su entrenador pone en marcha el cronómetro cuando el atleta está en A y mide el tiempo cuando pasa por B y por C. En la tabla puedes ver los tiempos que ha tomado. Determina, para el recorrido descrito, la velocidad media escalar. Si sigue a ese ritmo, ¿cuánto tiempo tardará en dar la vuelta completa?

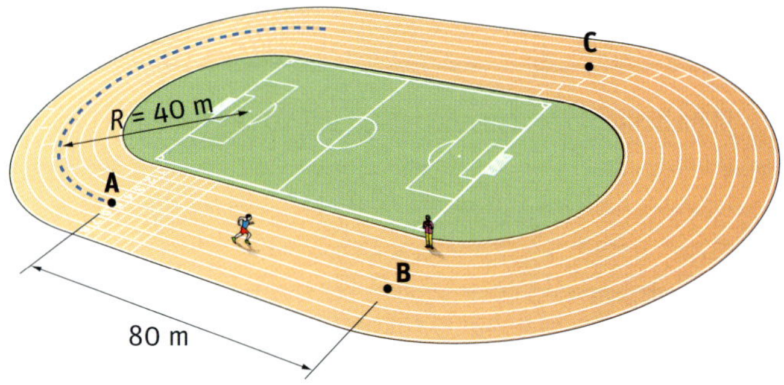

Posición	A	B	C	A
Tiempo, t (s)	0	9	23	●●●

SOLUCIÓN

El atleta ha recorrido un tramo recto de 80 m y una semicircunferencia:

$$e = (80\text{ m}) + \pi(40\text{ m}) = 205{,}7\text{ m} \Rightarrow v_m = \frac{e}{\Delta t} = \frac{(205{,}7\text{ m})}{(23\text{ s})} = 8{,}9\text{ m/s}$$

Tardará 46 segundos en dar la vuelta completa, ya que el espacio recorrido es el doble que de A a C.

ACTIVIDADES

4. Ordena de mayor a menor las siguientes velocidades: 18 m/min; 12 km/h; 3,5 m/s; 0,19 km/min.

5. Un atleta recorre los 100 metros lisos en 10,2 s, y un nadador los nada en 54,0 s. Calcula y compara sus velocidades medias.

Velocidad instantánea

ANALIZA

Imagina que te encuentras presenciando un rally junto a tres amigos con la intención de conocer la velocidad que lleva un coche en ciertos puntos de la carrera. Te colocas a 30 m de la salida de una curva y tus amigos están separados 30 m entre sí. Cuando el coche asoma por la curva, ponéis el cronómetro en marcha a la vez, y lo detenéis al cruzar delante de vosotros. Con los datos completáis la tabla y os preguntáis de qué modo se podría calcular la velocidad en cada punto.

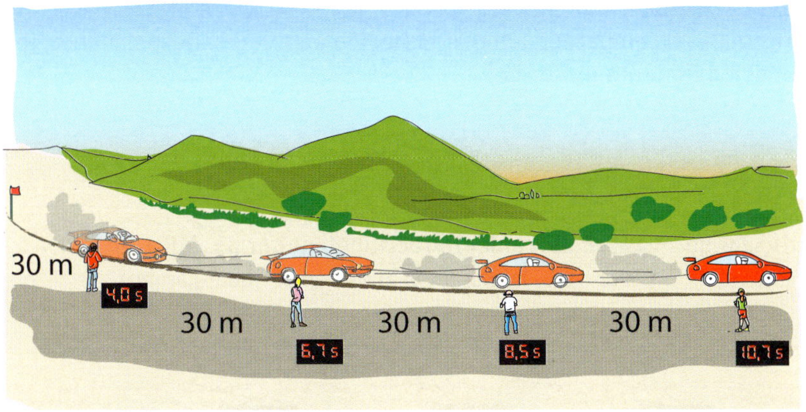

Tramo	s (m)	t (s)	$s_f - s_0 = \Delta s$ (m)
1	30	4,0	30
2	60	6,7	60 – 30 = 30
3	90	8,5	90 – 60 = 30
4	120	10,7	120 – 90 = 30

Tramo	$t_f - t_0 = \Delta t$ (s)	$v_m = \Delta s/\Delta t$ (m/s)
1	4,0	30 m/4 s = 7,5 m/s
2	6,7 – 4,0 = 2,7	30 m/2,7 s = 11,1 m/s
3	8,5 – 6,7 = 1,8	30 m/1,8 s = 16,7 m/s
4	10,7 – 8,5 = 2,2	30 m/2,2 s = 13,6 m/s

Después de realizar los cálculos os dais cuenta de que todas las velocidades son diferentes. Tu amigo Juan dice que así solo conseguís saber la velocidad media en cada tramo, no la velocidad en un instante, a no ser que reduzcáis muchísimo la distancia entre vosotros.

La **velocidad instantánea** es la que tiene un móvil en un instante de su recorrido. Siguiendo las ideas deducidas del experimento, en efecto se puede considerar que, si el intervalo elegido es suficientemente pequeño (un instante), la velocidad media coincidirá con la velocidad en ese instante.

smSaviadigital.com INVESTIGA

A los mandos de un Fórmula 1.

La **velocidad instantánea** es el valor límite que toma la velocidad media cuando el incremento de tiempo es infinitamente pequeño. Se representa por $\vec{v}$.

INTERPRETA

La velocidad instantánea, al igual que la velocidad media, es un vector. Interpreta los gráficos tratando de extraer una conclusión sobre el vector velocidad instantánea.

Como puede verse en los dibujos, el vector velocidad media, $\vec{v}_m$ (que es secante a la trayectoria y cuya dirección coincide con la de $\Delta\vec{r}$) se convierte en el vector $\vec{v}$ (tangente a la trayectoria) cuando el intervalo elegido es suficientemente pequeño.

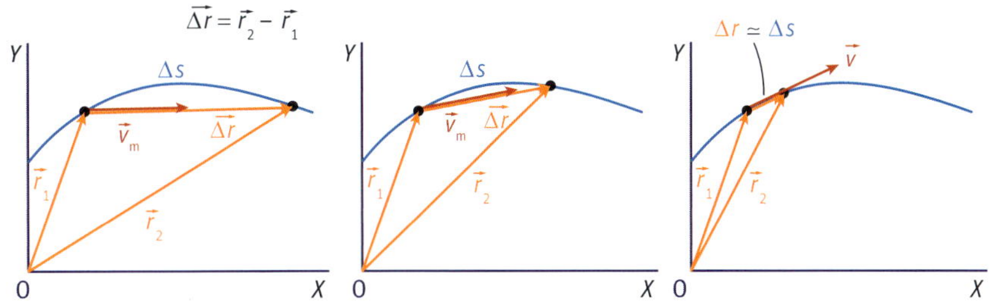

Así pues, en todos los casos la velocidad instantánea es **tangente a la trayectoria** e indica la dirección y el sentido del desplazamiento del móvil.

3 Movimiento uniforme y movimiento rectilíneo uniforme

Un **movimiento uniforme**, o **MU**, es aquel en el que se mantiene constante el módulo de la velocidad.

La velocidad del móvil es constante en módulo, y por tanto es igual a su **velocidad media**. En el MU el móvil no retrocede, luego:

$$v_m = \frac{\Delta s}{\Delta t} = \frac{s_f - s_0}{t_f - t_0} = \frac{s_f - s_0}{t_f - 0} = v$$

En esta expresión, se ha empezado a tomar el tiempo en $t_0 = 0$ s. Despejando s_f, resulta la **ecuación del movimiento uniforme**:

$$s_f = s_0 + vt$$

Un caso particular del MU es el **movimiento rectilíneo uniforme, MRU**, en el que la trayectoria es una recta. En este caso, la distancia al origen se suele llamar *x*.

EXPERIMENTA

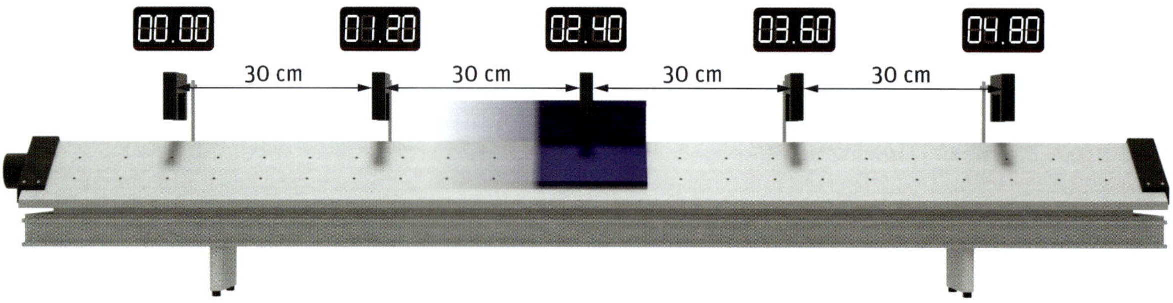

x (m)	*t* (s)	Δ*s* (m)	Δ*t* (s)	Δ*s*/Δ*t* (m/s)
0	0	—	—	—
0,3	1,2	0,3	1,2	0,3/1,2 = 0,25
0,6	2,4	0,3	1,2	0,3/1,2 = 0,25
0,9	3,6	0,3	1,2	0,3/1,2 = 0,25
1,2	4,8	0,3	1,2	0,3/1,2 = 0,25

Disponemos de un riel neumático, en cuya superficie existen unos orificios por los que se insufla aire, de modo que la pieza móvil azul puede deslizarse por él sin rozamiento. Los sensores verticales permiten tomar el tiempo de paso de la pieza móvil cuando se mueve de izquierda a derecha.

En cierta experiencia se han cronometrado los tiempos y se han obtenido los valores de la tabla. Analizando los datos, se observa que, a tiempos iguales, los desplazamientos de la pieza móvil también son iguales. En otras palabras, la velocidad permanece constante todo el trayecto. Es decir, la pieza móvil describe un movimiento rectilíneo uniforme.

smSaviadigital.com ANALIZA

Gráficas del MRU

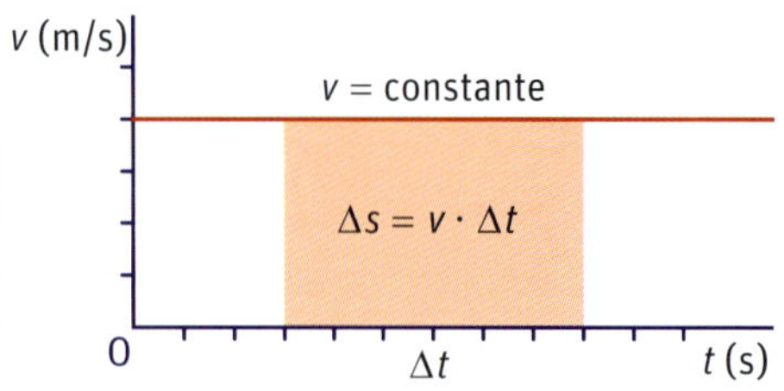

El área encerrada entre la gráfica *v*-*t* y el eje de tiempos coincide con el espacio recorrido, ya que el móvil no cambia de sentido.

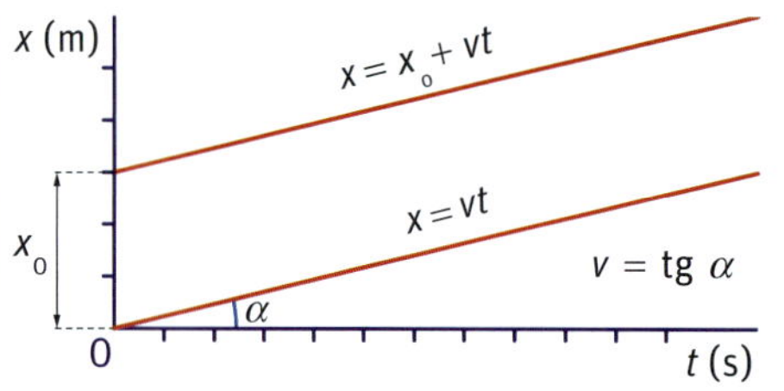

La gráfica *x*-*t* corresponde a una recta de **pendiente** ***v*** (la tangente del ángulo que forma con el eje *X*). La ordenada en el origen, x_0, es la posición inicial.

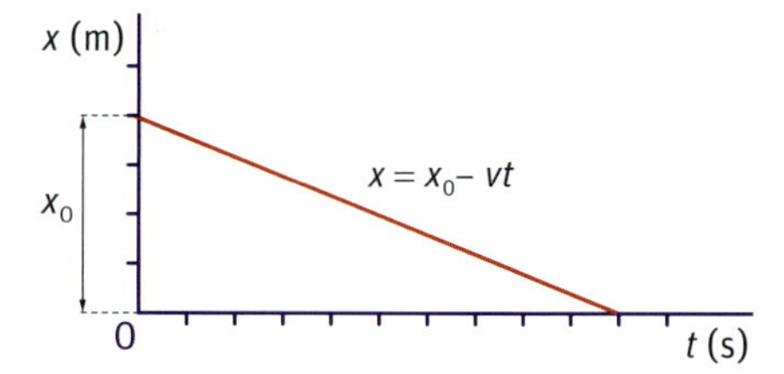

En este caso la pendiente es negativa y corresponde a un móvil que se acerca al origen con velocidad negativa.

Resuelve problemas de móviles que van al encuentro

3. **Dos coches salen simultáneamente en sentido contrario de dos puntos A y B separados 180 m. El que parte de A viaja a 20 m/s, y el otro, a 25 m/s. ¿En qué instante y en qué punto se encuentran?**

SOLUCIÓN

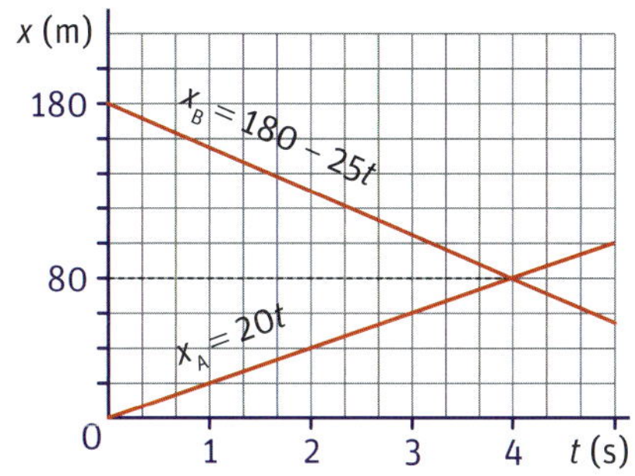

En primer lugar, se debe hacer un dibujo de la situación y escribir las ecuaciones del movimiento tomando un origen claro del sistema de referencia, en este caso el punto O. A continuación, se deben escribir las expresiones de las posiciones.

Cuando los móviles se encuentran, sus posiciones, x_A y x_B, coinciden, es decir:

$$20t = 180 - 25t$$

Si se despeja el tiempo, se obtiene $t = 4$ s. En esos 4 s, el coche A habrá recorrido (20 m/s) · (4 s) = 80 m. En otras palabras, en el momento del cruce se encuentran a 80 m del punto de partida de este coche. La gráfica posición-tiempo correspondiente a los dos coches permite comprobar el resultado.

4. **El dibujo representa la situación de un coche que se mueve a 54 km/h persiguiendo al autobús, cuya velocidad es de 36 km/h. ¿En qué momento y en qué punto el coche alcanzará al autobús?**

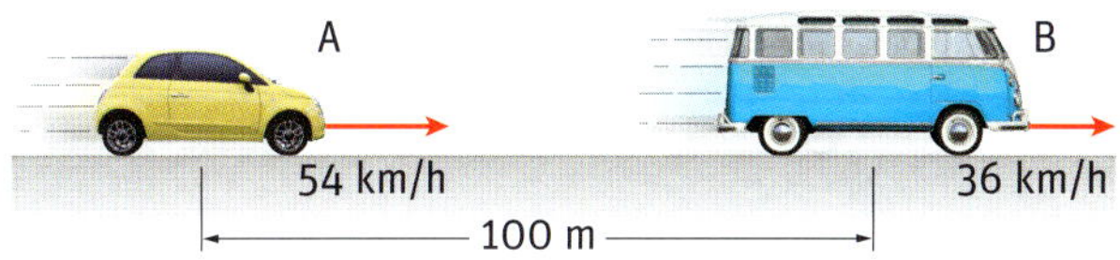

SOLUCIÓN

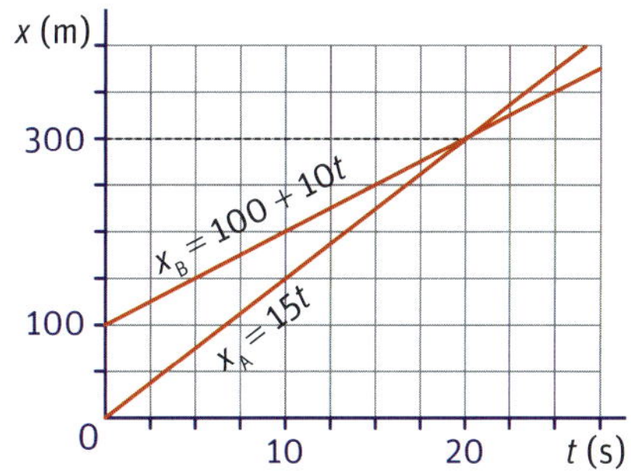

Pasamos las velocidades al SI: 54 km/h = 15 m/s y 36 km/h = 10 m/s.
Las expresiones de las posiciones de ambos cuerpos son las siguientes:

$$x_A = 0 + 15t \qquad x_B = 100 + 10t$$

En el momento en que el coche alcanza al autobús, se cumple que $x_A = x_B$, es decir:

$$0 + 15t = 100 + 10t$$

Despejando, se obtiene $t = 20$ s. En ese tiempo el coche ha recorrido (15 m/s) · (20 s) = = 300 m. Es decir, los dos vehículos se encuentran a 300 m de la posición inicial del coche al cabo de 20 s de su partida. Si se representan las gráficas de posición, se obtienen dos rectas que convergen en el punto de encuentro.

5. **Imagina ahora que el coche y el autobús del ejercicio anterior salen del mismo punto, pero el coche empieza a circular media hora más tarde. ¿En qué momento y en qué punto alcanzará al autobús?**

SOLUCIÓN

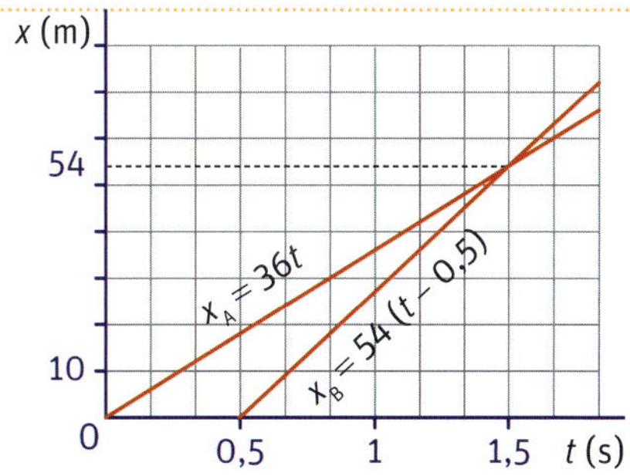

En este caso se pueden mantener las unidades originales del enunciado, km y h. Al igualar las posiciones, $x_A = x_B$, hay que tener en cuenta que el coche empieza a circular media hora (0,5 h) después que el autobús, luego la igualdad será:

$$36t = 54(t - 0{,}5)$$

Despejando, se obtiene $t = 1{,}5$ h. Es decir, el coche alcanza al autobús tras 1 h de marcha, 1,5 h después de que el autobús empezara a circular. Sustituyendo en cualquiera de las expresiones, se obtiene que el coche alcanza al autobús a 54 km de la salida.

ACTIVIDADES

6. Una furgoneta circula por una carretera a 55 km/h. Diez kilómetros atrás, un coche circula en el mismo sentido a 85 km/h. ¿En cuánto tiempo alcanzará el coche a la furgoneta? ¿A qué distancia se producirá el encuentro?

4 Aceleración

Es evidente que la velocidad de un objeto puede cambiar. De hecho no es fácil ni frecuente que un móvil mantenga su velocidad constante durante largos períodos de tiempo. Resulta por tanto necesario un concepto que ayude a expresar el cambio que experimenta la velocidad. Este nuevo concepto se denomina **aceleración**.

INTERPRETA

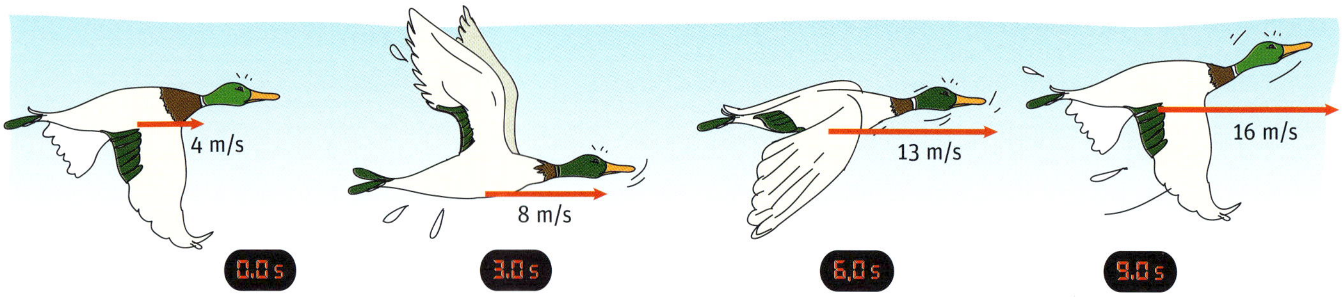

t (s)	v (m/s)	Δv (m/s)	Δt (s)	$\Delta v/\Delta t$ (m/s²)
0	4	—	—	—
3	8	4	3	4/3 = 1,3 m/s²
6	13	5	3	5/3 = 1,7 m/s²
9	16	3	3	3/3 = 1,0 m/s²

El pato de la figura vuela a una velocidad de 4 m/s y de pronto percibe la presencia de un halcón, que le hace aumentar la velocidad a un ritmo determinado. El dibujo expresa ese ritmo de cambio, pero, a fin de analizarlo más detenidamente, se han recogido los datos en una tabla.

En el primer tramo, la velocidad aumenta 4 m/s durante 3 s, es decir, se incrementa a un ritmo de 1,3 m/s cada segundo. Como se ve, no se trata de medir el cambio de velocidad, sino la rapidez con que se produce dicho cambio. ¿Cómo puede expresarse esta rapidez de cambio?

Valores aproximados de algunas aceleraciones	
Hombre que arranca a correr	< 2 m/s²
Coche frenando	< 10 m/s²
Avión despegando	12 m/s²
Balón de fútbol en el golpeo	100 m/s²
Pelota de tenis en el golpeo	1000 m/s²
Pelota de golf en el golpeo	10 000 m/s²

La **aceleración** es la variación de la velocidad que experimenta un móvil en la unidad de tiempo. Su unidad en el SI es: (m/s)/s = m/s².

Al igual que se ha hecho previamente con la velocidad, se distingue la *aceleración media* de la *instantánea*.

La **aceleración media** entre dos instantes, t_0 y t_f, es el cociente entre el incremento experimentado por la velocidad y el tiempo transcurrido.

$$a_m = \frac{\Delta v}{\Delta t} = \frac{v_f - v_0}{t_f - t_0}$$

Por su parte, la **aceleración instantánea** es el valor límite que toma la aceleración media cuando el intervalo de tiempo es infinitamente pequeño.

Del mismo modo que sucede con el desplazamiento y con la velocidad, para definir completamente la aceleración de un movimiento es preciso tener en cuenta su carácter **vectorial**.

ACTIVIDADES

7. Un águila imperial echa a volar y alcanza una velocidad de 10 km/h en t = 1 s y de 20 km/h en t = 2 s. ¿Se puede decir que su aceleración es de 10 km/h cada segundo? Exprésalo en unidades del SI.

Interpreta correctamente el dato de la aceleración

6. A partir de los datos de la tabla, calcula la velocidad con que sale disparada una pelota de golf, si el tiempo de contacto con el palo es de 0,005 s.

SOLUCIÓN

$$10\,000 \text{ m/s}^2 = \frac{\Delta v}{\Delta t} = \frac{v_f - 0}{(0{,}005 \text{ s})} \Rightarrow v_f = (10\,000 \text{ m/s}^2)\cdot(0{,}005 \text{ s}) = 50 \text{ m/s}$$

Tipos de aceleración

REFLEXIONA

Los dibujos muestran tres situaciones en las cuales se produce un cambio en el vector velocidad. ¿Hay aceleración en los tres casos?

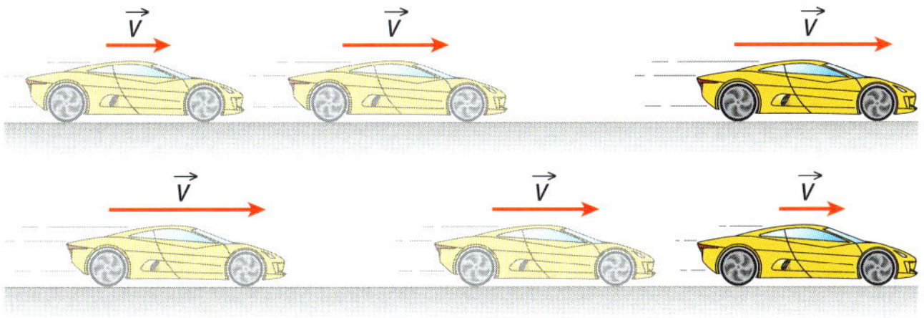

En estos dos casos, cambia el valor del módulo de la velocidad al tiempo que se mantiene su dirección y sentido.

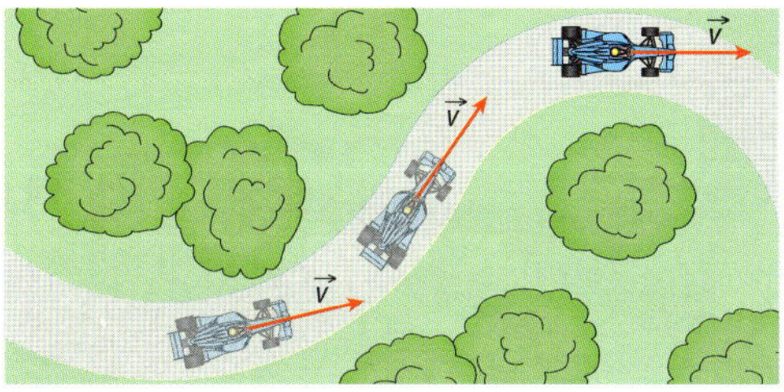

En este caso, el móvil describe curvas en las que se mantiene constante el módulo de la velocidad pero cambia su dirección.

Como sabemos, la velocidad es un vector, $\vec{v}$, que queda descrito mediante su módulo, dirección y sentido. Habrá aceleración siempre que cambie alguna de las magnitudes de dicho vector. Veamos los tipos de aceleración en el caso de un coche que describe una trayectoria rectilínea, y de otro coche que entra en un tramo con curvas.

Si la velocidad cambia de módulo…

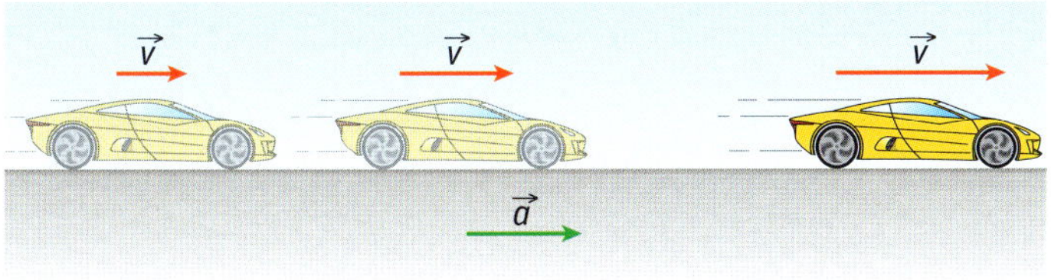

El conductor pisa el acelerador de modo que aumenta paulatinamente la velocidad hasta un determinado valor. En este caso **la aceleración es positiva**.

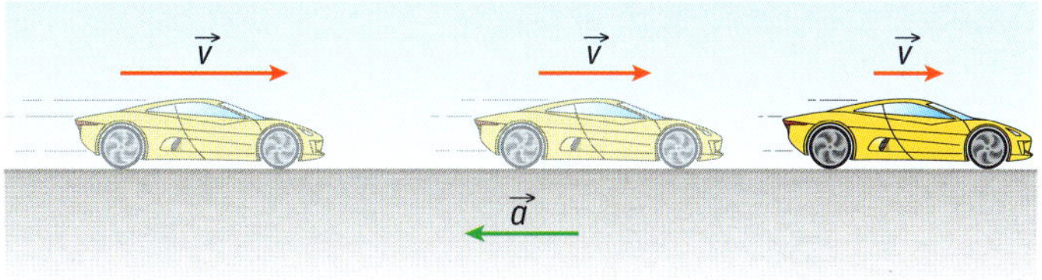

El coche frena desde una determinada velocidad hasta otra velocidad menor. En este caso **la aceleración es negativa** y se llama **deceleración**.

Si la velocidad cambia de dirección…

Otro coche describe una trayectoria circular en la que mantiene constante el módulo de su velocidad pero cambia su dirección. En este caso se habla de **aceleración normal** o **centrípeta**, que se representa con un vector perpendicular a la trayectoria y dirigido hacia el centro de la curva. Si la trayectoria es una circunferencia de radio R, se puede demostrar que el módulo de la aceleración normal es igual a:

$$a_n = \frac{v^2}{R}$$

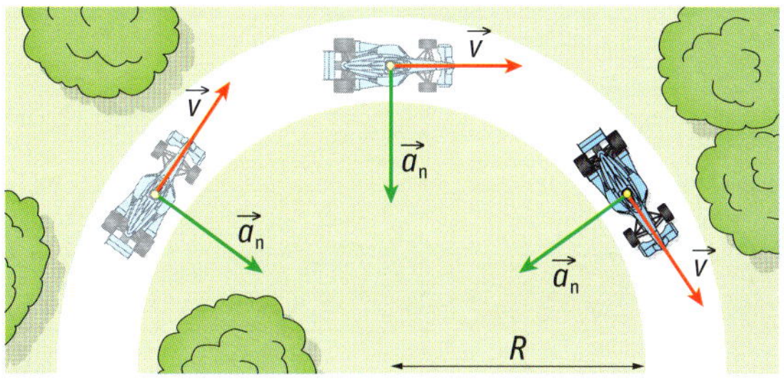

Por tanto, el vector aceleración puede tener: la misma dirección y sentido que la velocidad; la misma dirección pero sentido opuesto al de la velocidad, y una dirección distinta de la velocidad, como sucede en un movimiento curvilíneo.

ACTIVIDADES

8. Explica el significado de los signos atribuidos a la aceleración en las dos situaciones del dibujo. A continuación, calcula su valor numérico.

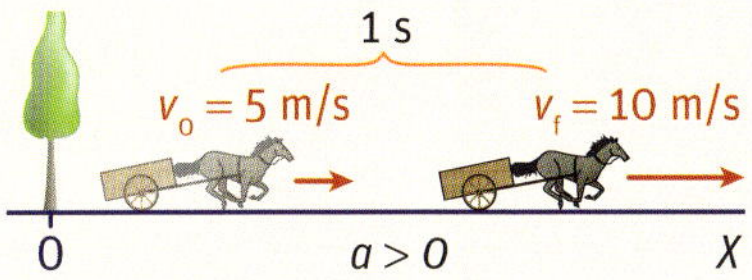

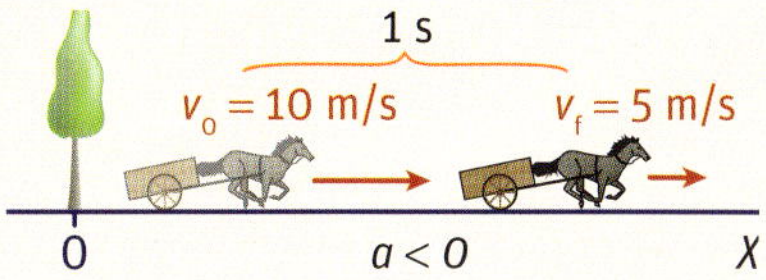

5 Movimiento rectilíneo uniformemente acelerado

ANALIZA

Imagina que estás manejando un simulador de Fórmula 1 que permite registrar la velocidad alcanzada en diferentes instantes.

Se han obtenido los datos que aparecen en la tabla. Puedes comprobar que la velocidad del coche aumenta uniformemente, a un ritmo de 10 m/s cada segundo.

t (s)	v (m/s)	Δv (m/s)	Δt (s)	$\Delta v/\Delta t$ (m/s^2)
0	0	—	—	—
1,25	12,5	12,5	1,25	10,0
2,50	25,0	12,5	1,25	10,0
3,75	37,5	12,5	1,25	10,0

Cuando esto ocurre, se dice que el **movimiento es uniformemente variado**, más conocido como *movimiento uniformemente acelerado*.

Un **movimiento rectilíneo uniformemente acelerado, MRUA**, es aquel que describe una trayectoria rectilínea y mantiene una aceleración constante y distinta de cero. Esta aceleración es debida únicamente al cambio del módulo de la velocidad.

Si en la definición de la aceleración media se empieza a tomar el tiempo en $t_0 = 0$:

$$a_m = \frac{\Delta v}{\Delta t} = \frac{v_f - v_0}{t_f - t_0} = \frac{v_f - v_0}{t_f - 0} = a \quad \Rightarrow \quad v_f - v_0 = at$$

Despejando v_f, resulta la **ecuación de la velocidad** del MRUA:

$$v_f = v_0 + at$$

Por otro lado, la velocidad media, v_m, se puede expresar de dos maneras:

$$v_m = \frac{\Delta s}{\Delta t} = \frac{s_f - s_0}{t_f - t_0} \quad \text{y} \quad v_m = \frac{1}{2}(v_0 + v_f)$$

La segunda expresión se deduce de la variación uniforme de la velocidad. Despejando Δs en la primera expresión e introduciendo el valor de v_m de la segunda, resulta:

$$\Delta s = v_m t = \frac{1}{2}(v_0 + v_f)t$$

Si se sustituye la velocidad final por la expresión hallada anteriormente, resulta la **ecuación de la posición** del MRUA:

$$\Delta s = s_f - s_0 = \frac{1}{2}(v_0 + at + v_0)t = v_0 t + \frac{1}{2}at^2$$

$$s_f = s_0 + v_0 t + \frac{1}{2}at^2$$

Esta ecuación permite obtener la posición (s_f) y el desplazamiento ($s_f - s_0$), que coincide con el espacio recorrido si el móvil no cambia de sentido. Si parte de $s_0 = 0$, resulta:

$$s_f = v_0 t + \frac{1}{2}at^2$$

Amplía

La variable t se puede expresar así:

$$t = \frac{v_f - v_0}{a}$$

Sustituyendo en la ecuación de la posición, resulta:

$$\Delta s = v_0 \frac{v_f - v_0}{a} + \frac{1}{2}a\left(\frac{v_f - v_0}{a}\right)^2$$

Operando, resulta una expresión independiente del tiempo, muy útil para resolver problemas:

$$v_f^2 - v_0^2 = 2a\Delta s$$

ACTIVIDADES

9. Si el Fórmula 1 del simulador parte del reposo desde el origen de coordenadas y recorre una larga recta, calcula, en unidades del SI:
   a) El tiempo que necesita para adquirir una velocidad de 220 km/h.
   b) La distancia que habrá recorrido el coche hasta ese momento.

En la página 146 se han estudiado las gráficas velocidad-tiempo y posición-tiempo del movimiento rectilíneo uniforme. A continuación se muestran las del movimiento uniformemente acelerado (la dirección de la trayectoria se ha hecho coincidir con el eje X).

Gráficas del MRUA

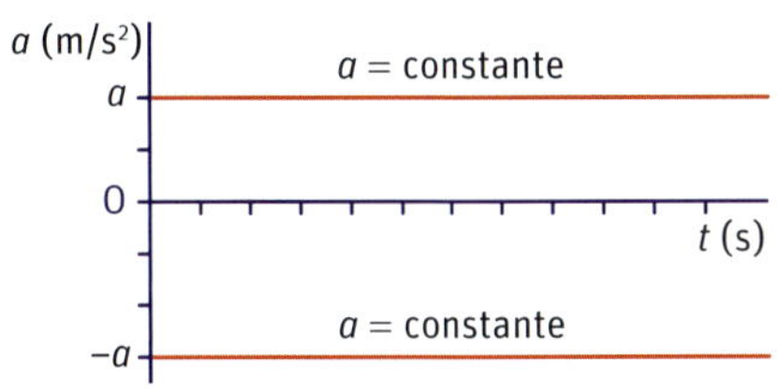

La gráfica de la aceleración frente al tiempo es una **recta horizontal**, cuya altura puede ser positiva (si se acelera) o negativa (si se frena).

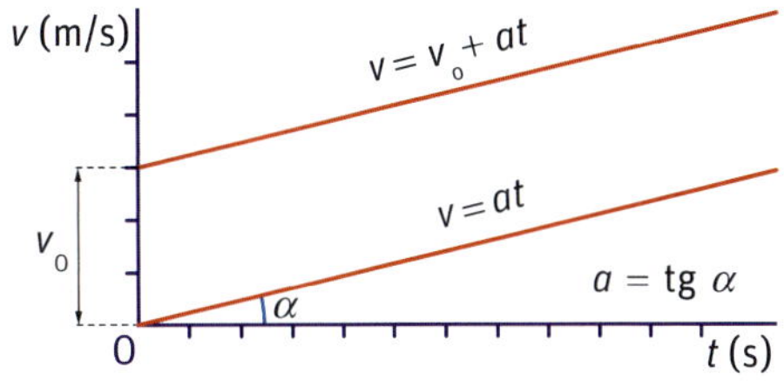

La **aceleración** viene dada por la **pendiente de la gráfica**, que coincide con la tangente del ángulo que forma con el eje de tiempos.

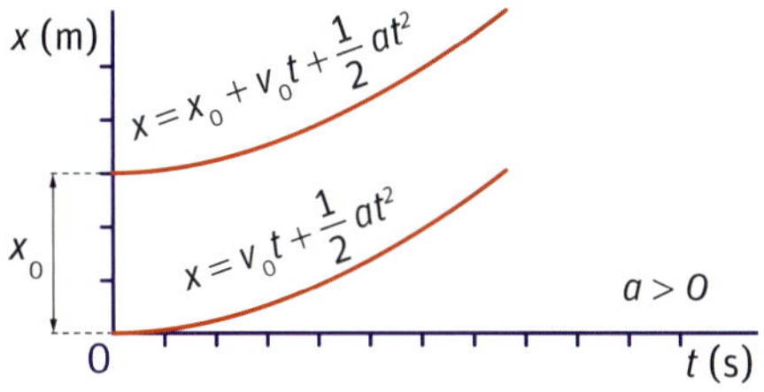

Tal como corresponde a una función de segundo grado, la gráfica espacio-tiempo es una **parábola**. En este caso la **aceleración es positiva**.

Igual que sucede en el MRU, el área encerrada bajo la gráfica v-t coincide con el desplazamiento, y con el espacio recorrido si el móvil no cambia de sentido. Como se ve en la imagen de la derecha, esta área consta de un triángulo y un rectángulo. El área del rectángulo es $S_1 = v_0 \cdot t$. Por su parte, el área del triángulo es:

$$S_2 = \frac{1}{2}\text{base}\cdot\text{altura} = \frac{1}{2}t(v_f - v_0) = \frac{1}{2}at^2$$

La suma de ambas áreas coincide por tanto con el espacio recorrido:

$$S_1 + S_2 = v_0 t + \frac{1}{2}at^2$$

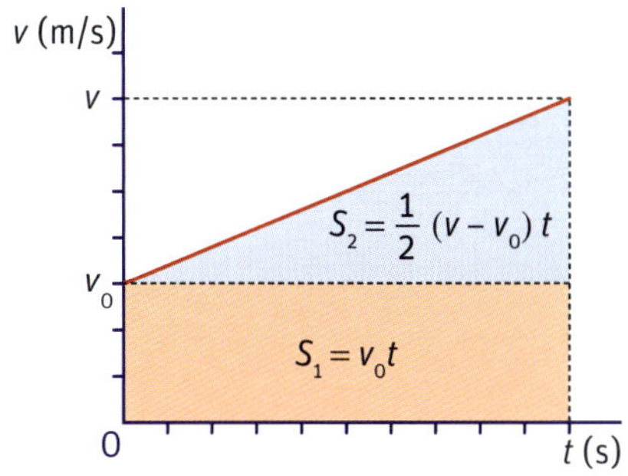

Resuelve un movimiento a partir de sus gráficas

7. **Un camión arranca desde $x_0 = 0$ y sigue una trayectoria rectilínea, que queda descrita por las gráficas adjuntas.**

a) Deduce las ecuaciones del movimiento.

b) ¿Qué velocidad llevará y qué distancia habrá recorrido al cabo de 10 s?

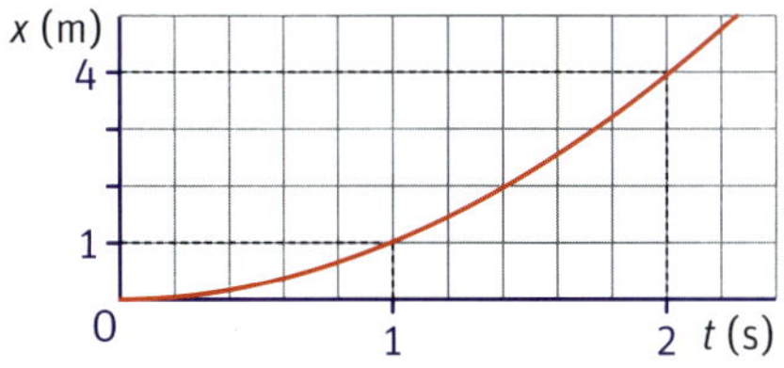

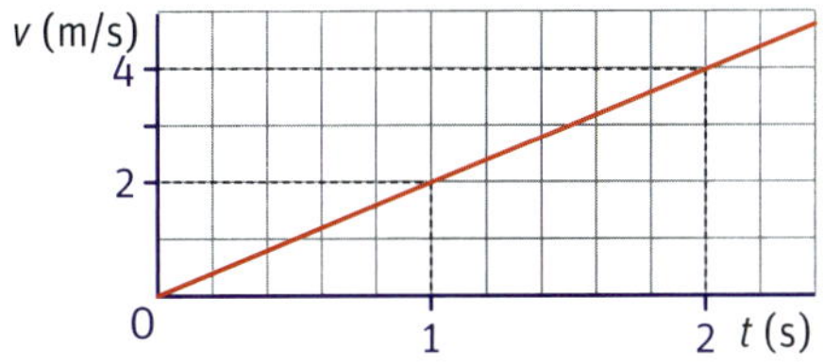

SOLUCIÓN

De las gráficas se pueden extraer fácilmente los siguientes datos: $a = 2$ m/s²; $v_0 = 0$ m/s.

a) Ecuación de la velocidad: $v_f = 2t$

Ecuación de la posición: $x = 0 + \frac{1}{2}2t^2 = t^2$

b) Para $t = 10$ s; $v_f = (2 \text{ m/s}^2) \cdot (10 \text{ s}) = 20$ m/s. Para $t = 10$ s; $x = 10^2 = 100$ m.

ACTIVIDADES

10. smSaviadigital.com APLICA

a) Entra en esta simulación e introduce los siguientes valores: $s_0 = 10$ m; $v_0 = 6$ m/s; $a = 4$ m/s². Pon el puntero en $t = 2$ s y podrás leer el valor de la posición y de la velocidad en ese instante. Compáralo con el cálculo numérico a partir de las ecuaciones estudiadas.

b) ¿Cómo se calcula el espacio recorrido? ¿Coincide con el desplazamiento?

c) Responde a los apartados anteriores haciendo ahora $s_0 = 0$. ¿Qué gráficas cambian y en qué?

d) ¿Qué magnitud hay que modificar para obtener un MRU?

6 La caída libre

REFLEXIONA

Galileo fue el primer científico que se atrevió a rechazar la hipótesis de Aristóteles según la cual un objeto pesado, como una esfera de hierro de 100 kg, llega al suelo antes que un objeto más ligero, como una bola de 1 kg, si ambas se sueltan desde cierta altura. Argumenta tu opinión al respecto.

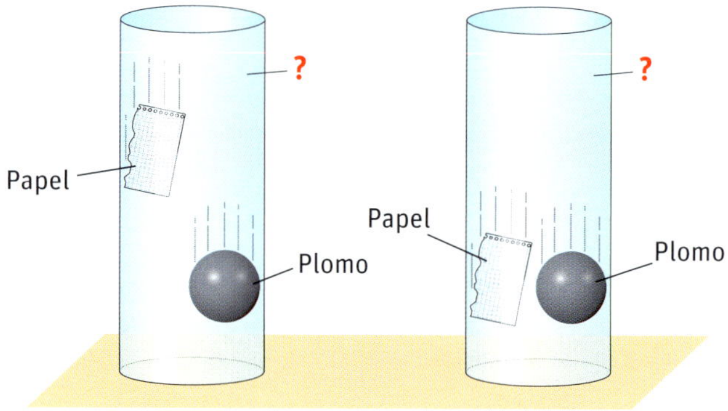

Imagina que dejamos caer una bola de plomo y un trozo de papel en un tubo cilíndrico de varios metros de altura. El sentido común parece decirnos que la bola de plomo llegará abajo antes que el papel. Analiza ambos tubos y explica lo que ves. ¿Qué puede haber dentro del tubo en cada caso?

smSaviadigital.com OBSERVA

Como puede verse en el vídeo, en ausencia de rozamiento (como ocurre en la superficie de la Luna), dos cuerpos cualesquiera caen exactamente igual, con la misma aceleración.

ANALIZA

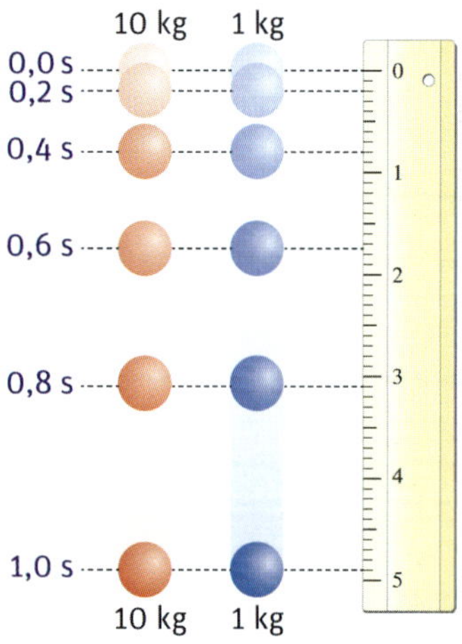

Se pretende analizar la caída libre de un objeto tomando instantáneas a intervalos regulares y midiendo sus posiciones en una escala. En la imagen se muestran los datos obtenidos con dos bolas de distinta masa. Se han ordenado los datos en una tabla y se ha representado la distancia recorrida, s, en función del cuadrado del tiempo, t^2:

s (m)	0	0,2	0,8	1,8	3,1	4,9
t (s)	0	0,2	0,4	0,6	0,8	1,0
t^2 (s)	0,00	0,04	0,16	0,36	0,64	1,00

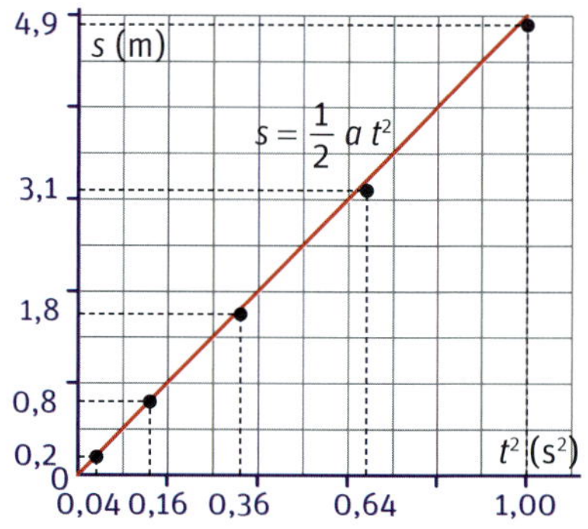

La gráfica que se obtiene es una recta que pasa por el origen y cuya pendiente resulta ser 4,9. A partir de la ecuación de un MRUA se halla la aceleración, a:

$$a = \frac{2s}{t^2}$$

Sustituyendo en cualquier pareja de valores s–t, se obtiene un valor de $a \approx 10$ m/s^2.

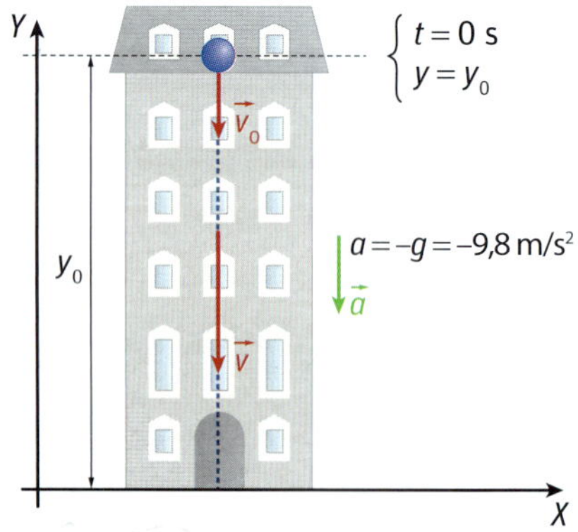

Se denomina **caída libre** al movimiento de un cuerpo sometido únicamente a la acción de la gravedad. Se trata de un MRUA, cuya aceleración en la Tierra vale $g = 9{,}8$ m/s^2.

Para un observador situado en el suelo y considerando el movimiento en el eje Y, las ecuaciones de un objeto que cae con velocidad inicial v_0 son:

$$v_f = v_0 + at$$

$$y = y_0 + v_0 t + \frac{1}{2} a t^2$$

$$v_f^2 = v_0^2 + 2a(y - y_0)$$

Tanto la velocidad inicial como la aceleración son negativas. La aceleración tiene un valor constante $a = -g = -9{,}8$ m/s^2.

Lanzamiento vertical hacia arriba

Si un objeto se lanza verticalmente hacia arriba, se puede considerar un eje vertical con origen en el suelo. Las ecuaciones son similares al caso anterior, si bien ahora la velocidad inicial, v_0, es positiva. En el caso general, la altura inicial, y_0, no es nula. Sin embargo, también se puede situar el origen en el punto de lanzamiento, en cuyo caso la altura inicial sería $y_0 = 0$.

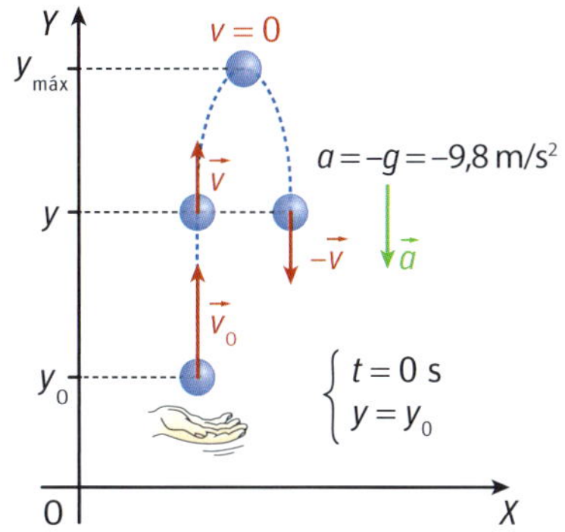

$$\left.\begin{array}{l} v_f = v_0 + at \\ y = y_0 + v_0 t + \frac{1}{2}at^2 \end{array}\right\} \quad \boxed{v_f^2 = v_0^2 + 2a(y - y_0)}$$

La velocidad inicial es positiva, mientras que la aceleración es negativa. La aceleración tiene un valor constante $a = -g = -9,8$ m/s².

Resuelve un lanzamiento vertical hacia arriba

8. Desde la azotea de un edificio de 30 m de altura se lanza una piedra verticalmente hacia arriba con velocidad inicial de 15 m/s. Halla todas las variables en cada una de las siguientes posiciones:

a) El punto A de máxima altura.

b) El punto B, en que ha recorrido la mitad de la altura del edificio.

c) El punto C, en que llega al suelo.

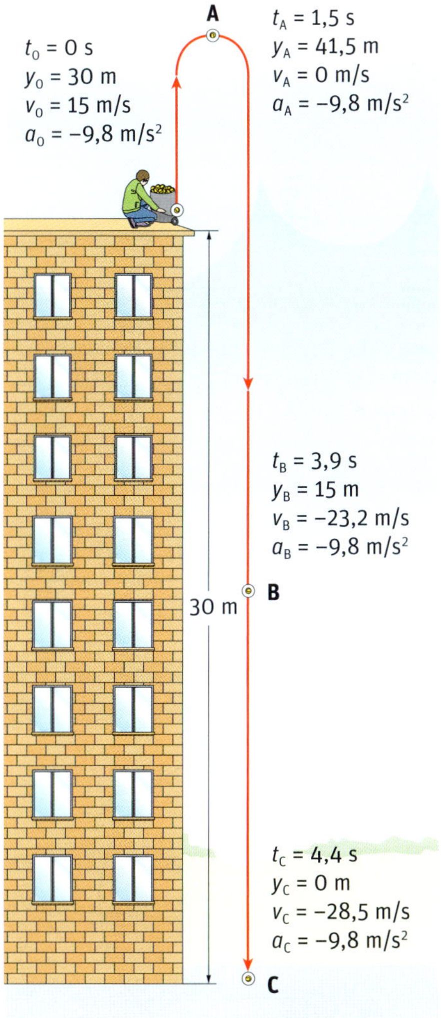

SOLUCIÓN

a) La piedra alcanza la máxima altura en el momento en que se anula su velocidad; la ecuación de la velocidad permite calcular el tiempo transcurrido y, con este, se calcula la altura alcanzada, teniendo en cuenta que $y_0 = 0$:

$$(0 \text{ m/s}) = (15 \text{ m/s}) - (9,8 \text{ m/s}^2) \cdot t \quad \Rightarrow \quad t = 1,5 \text{ s}$$

$$y = 30 + 15t - 4,9t^2 \Rightarrow y = (30 \text{ m}) + (15 \text{ m/s}) \cdot (1,5 \text{ s}) - (4,9 \text{ m/s}^2) \cdot (1,5 \text{ s})^2$$

$$y = 41,5 \text{ m}$$

b) Sabemos que, en el punto B, la altura de la piedra es $y = 15$ m, luego podemos calcular el tiempo empleado en llegar a ese punto resolviendo una ecuación de segundo grado:

$$15 = 30 + 15t - 4,9t^2\ ;\ 4,9t^2 - 15t - 15 = 0 \quad \Rightarrow \quad t = 3,9 \text{ s}$$

La velocidad de la piedra en ese punto será:

$$v = (15 \text{ m/s}) - (9,8 \text{ m/s}^2) \cdot (3,9 \text{ s}) = -23,2 \text{ m/s}$$

c) La altura de la piedra es $y = 0$ m, luego podemos calcular el tiempo empleado en llegar a ese punto resolviendo de nuevo una ecuación de segundo grado:

$$0 = 30 + 15t - 4,9t^2\ ;\quad 4,9t^2 - 15t - 30 = 0 \quad \Rightarrow \quad t = 4,4 \text{ s}$$

La velocidad de la piedra en ese punto será:

$$v = (15 \text{ m/s}) - (9,8 \text{ m/s}^2) \cdot (4,4 \text{ s}) = -28,1 \text{ m/s}$$

ACTIVIDADES

11. smSaviadigital.com APLICA

Entra en esta simulación y sitúa los datos de partida en la posición 50 m y con velocidad inicial 20 m/s. Determina para las posiciones indicadas el tiempo, la posición, la velocidad y la aceleración en tu cuaderno y comprueba después que el *applet* los reproduce adecuadamente.

a) La posición más elevada que alcanza el objeto.

b) El instante en que el objeto vuelve a pasar por el punto de lanzamiento.

c) El momento en que impacta en el suelo.

7 Movimiento circular uniforme

REFLEXIONA

El *London Eye*, la gran noria de Londres, tiene un radio de 60 m y da una vuelta completa cada 30 minutos, de tal modo que ni siquiera tiene que detenerse para que suban los pasajeros. ¿Cómo es posible esto?

El movimiento de la noria es uniforme y se pueden emplear las ecuaciones vistas para el MU para calcular la velocidad de un punto de la periferia. En efecto, se puede considerar que el espacio recorrido por ese punto de la periferia en una vuelta completa es $2\pi R$, esto es, la longitud de la circunferencia externa. Puesto que recorre este espacio en 30 min, resulta:

$$v = \frac{\text{espacio recorrido en una vuelta}}{\text{tiempo empleado}} = \frac{2\pi R}{T} = \frac{2\pi \cdot (60\text{ m})}{(30\text{ min})(60\text{ s/min})} = 0{,}21\text{ m/s}$$

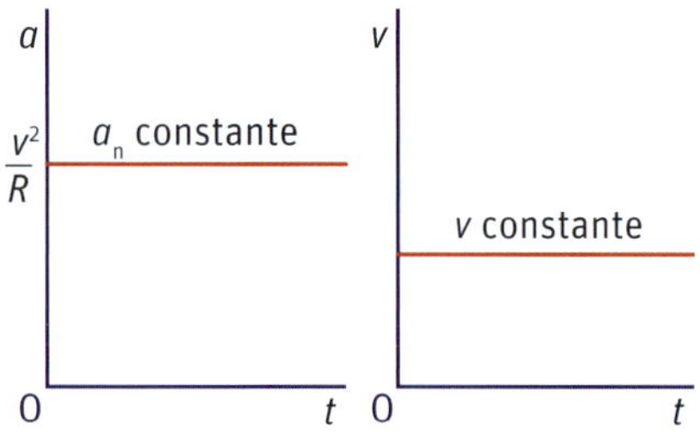

Figura 7.1. En un movimiento circular uniforme, las gráficas *a-t* y *v-t* son rectas de pendiente nula.

Recuerda

Se denomina **radián** (rad) al ángulo central de una circunferencia cuyo arco tiene la misma longitud que el radio.

La velocidad angular se expresa normalmente en rad/s.

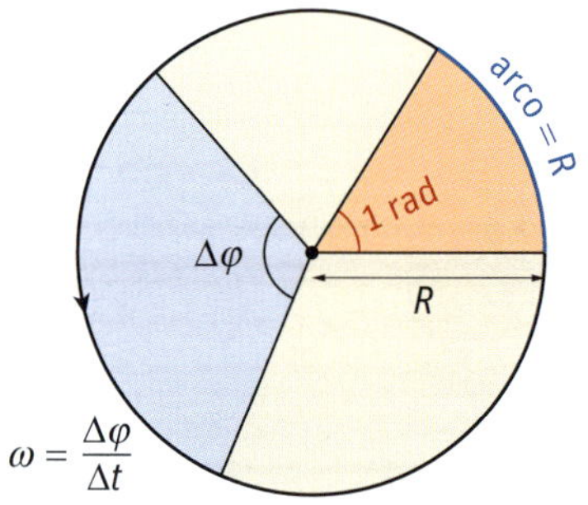

ACTIVIDADES

12. Calcula la velocidad angular, la frecuencia y la aceleración normal del *London Eye*.

El ejemplo anterior permite analizar la mayoría de las magnitudes necesarias para describir el *movimiento circular uniforme* de un cuerpo:

- El módulo de su **velocidad lineal**, *v*, no cambia para un punto dado, si bien es mayor en la periferia que en un punto próximo al eje.
- La ecuación del movimiento será la del MU: $s = s_0 + vt$
- Aparece una magnitud nueva debida a la variación de dirección del vector $\vec{v}$, llamada **aceleración normal** o **centrípeta**, que ya hemos estudiado:

$$a_n = \frac{v^2}{R}$$

- El **período**, *T*, es el tiempo que tarda el cuerpo en dar una vuelta completa.
- Se denomina **frecuencia**, *f*, al inverso del período; representa el número de vueltas que el cuerpo da en 1 s. Se mide en s^{-1} o rps (revoluciones por segundo), que también se denomina **hertzio** (Hz).

$$f = \frac{1}{T}$$

Un **movimiento circular uniforme, MCU**, es aquel cuya trayectoria es una circunferencia y cuya velocidad permanece constante en módulo, pero cambia continuamente de dirección por ser tangente a la trayectoria. Por tanto, este movimiento tiene aceleración.

Velocidad angular

Del mismo modo que se define la velocidad lineal como el cociente entre los metros lineales recorridos y el tiempo empleado, se puede definir la **velocidad angular**, ω, como el cociente entre el ángulo recorrido y el tiempo empleado en recorrerlo:

$$\omega = \frac{\Delta\varphi}{\Delta t}$$

La velocidad angular se puede expresar como el cociente entre el ángulo en radianes de una vuelta completa, 2π, y el tiempo que tarda en recorrerla, *T*. Además, la velocidad lineal puede expresarse también como el cociente entre la circunferencia recorrida, $2\pi R$, y el tiempo que tarda en recorrerla, *T*. Por tanto:

$$\omega = \frac{2\pi}{T} \text{ (equivalente a } \omega = 2\pi f\text{)}; \quad v = \frac{2\pi R}{T} \Rightarrow \boxed{v = \omega R}$$

8 Clasificación de movimientos

A lo largo de esta unidad han aparecido muchos términos vinculados a distintos conceptos físicos. Es preciso definir y relacionar claramente dichos conceptos con el fin de construir un esquema conceptual claro que permita abordar el estudio del movimiento.

REFLEXIONA

Lee la frase siguiente: "La **cinemática** estudia el movimiento a partir de conceptos y magnitudes como sistema de referencia, trayectoria, tiempo, posición, velocidad y aceleración. Permite clasificar los movimientos, según su trayectoria, en rectilíneos y curvilíneos; y según su rapidez, en uniformes o acelerados".

A partir de esta frase se puede construir el mapa conceptual de la derecha.

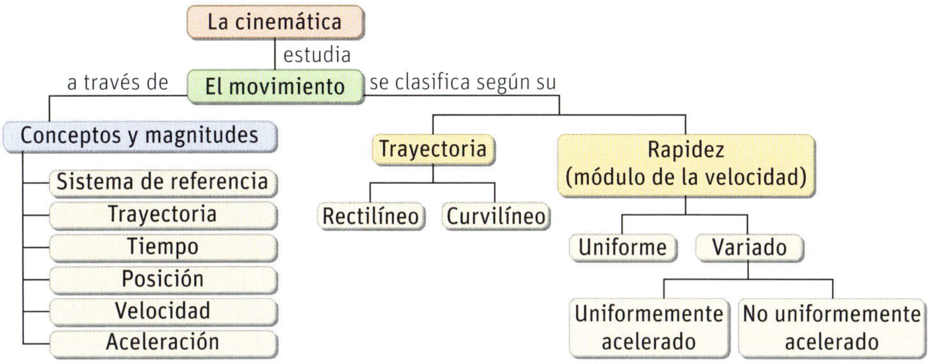

Clasificación de los movimientos según la trayectoria

- Un **movimiento rectilíneo** se caracteriza porque su trayectoria es una recta. La velocidad no cambia de dirección (la dirección de la recta), pero puede cambiar de sentido.
- Un **movimiento curvilíneo** se caracteriza porque su trayectoria es una curva. La velocidad –que es en todo momento tangente a la trayectoria– cambia de dirección.

OBSERVA

Una parte de la carrera de 400 m lisos tiene trayectoria circular, donde cambia la dirección de $\vec{v}$, por lo que existe aceleración, cuya dirección se puede deducir observando la inclinación de los corredores.

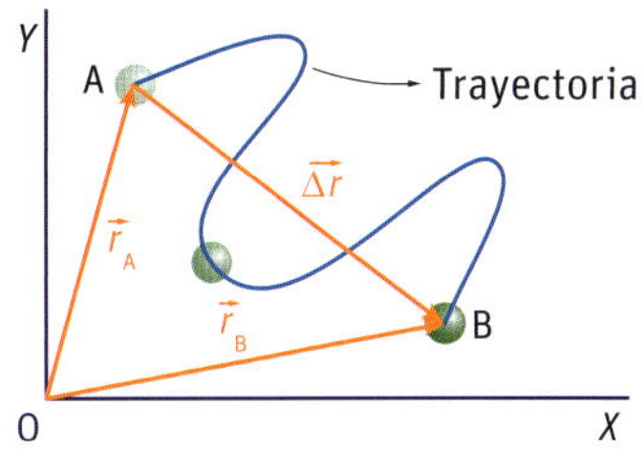

La trayectoria de ciertos movimientos es errática, por lo que resultan muy difíciles de estudiar. Pero, si se conoce la variación del vector de posición a lo largo del tiempo, es posible predecir el resto de variables.

Clasificación de los movimientos según el módulo de la velocidad

- Si el módulo de la velocidad es constante, se dice que el **movimiento** es **uniforme**. La gráfica *v*-*t* muestra una línea horizontal, sea cual sea la trayectoria.
- Si cambia el módulo de la velocidad, el **movimiento** es **variado**. Puede ser uniformemente acelerado o, simplemente, acelerado.
- Si la trayectoria es circular y cambia tanto el módulo como la dirección de la velocidad, aparecen dos aceleraciones: la **tangencial**, que surge del cambio en el módulo de $\vec{v}$, y la **normal** o **centrípeta**, que surge del cambio en la dirección de $\vec{v}$.

ACTIVIDADES

13. Justifica razonadamente si las siguientes afirmaciones son verdaderas o falsas:

a) El movimiento del plato de un microondas es uniforme y curvilíneo.

b) Ningún movimiento uniforme puede tener aceleración.

c) En los movimientos rectilíneos no cambia la dirección ni el sentido del vector velocidad.

d) Según cómo se lance un balón al aire, puede resultar un movimiento rectilíneo o parabólico.

Repasa lo aprendido

1 Las variables que describen el movimiento, ¿dependen del observador?

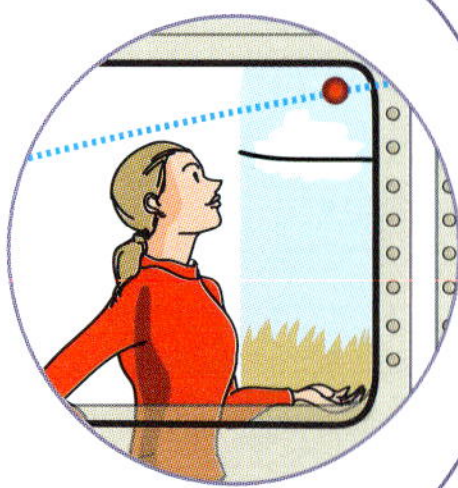

El observador se sitúa en el origen de un **sistema de referencia** respecto al cual se mide todo: la **trayectoria**, o línea seguida por el móvil; su **posición**, s; el **desplazamiento** experimentado, Δs; la **velocidad**, y la **aceleración**.

2 ¿Es lo mismo rapidez que velocidad? ¿Basta con un número para expresar ambas magnitudes?

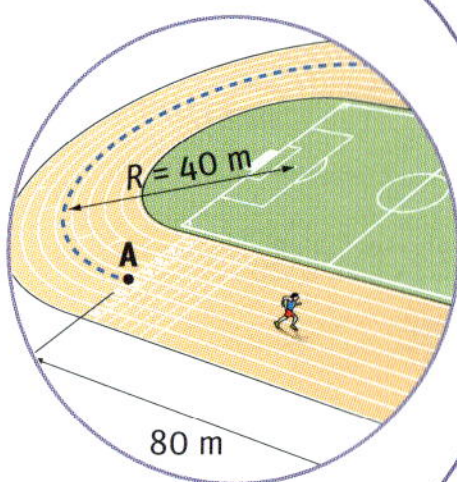

La **velocidad media** es la relación entre el **espacio recorrido sobre la trayectoria** por el móvil y el tiempo empleado.

$$v_m = \frac{\text{espacio recorrido}}{\text{tiempo empleado}}$$

La **velocidad instantánea** es la que tiene el móvil en un instante del recorrido. Se trata de un **vector tangente a la trayectoria**, cuyo módulo puede llamarse **rapidez**.

3 ¿Qué magnitud permite estudiar el cambio de velocidad experimentado por un móvil?

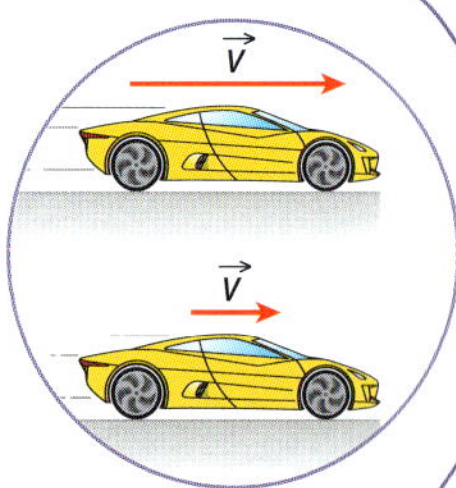

La **aceleración** es la magnitud que estudia la variación de la velocidad en la unidad de tiempo. En los movimientos rectilíneos, solo puede variar el módulo de la velocidad y no su dirección, mientras que en los movimientos circulares uniformes varían la dirección y el sentido, pero no el módulo, y se habla de **aceleración normal**:

Movimientos rectilíneos: $a_m = \frac{\Delta v}{\Delta t} = \frac{v_f - v_0}{t_f - t_0}$

Movimientos circulares uniformes: $a_n = v^2/R$

4 ¿Cómo se estudian los movimientos rectilíneos?

El **MRU** es aquel que mantiene su velocidad constante en módulo, dirección y sentido. Se describe con la ecuación:

$$s_f = s_0 + vt$$

El **MRUA** es aquel movimiento rectilíneo que mantiene su aceleración constante. Se describe mediante las ecuaciones:

$$v_f = v_0 + at \qquad \Delta s = v_0 t + \frac{1}{2}at^2$$

5 ¿Qué caracteriza la caída de un objeto en la Tierra?

Se denomina **caída libre** al movimiento de un cuerpo sometido únicamente a la acción de la **gravedad**: $a = -g = -9{,}8$ m/s^2. Se describe mediante las ecuaciones del MRUA, teniendo en cuenta el signo negativo de la aceleración:

$$v_f = v_0 + at \qquad y = y_0 + v_0 t + \frac{1}{2}at^2$$

6 ¿De qué variables depende la descripción del movimiento circular uniforme?

En un **movimiento circular uniforme, MCU**, se mantiene constante el módulo de la velocidad pero cambia su dirección.

$$\omega = \frac{2\pi}{T} \qquad v = \frac{2\pi R}{T} \qquad v = \omega R \qquad T = \frac{1}{f}$$

El **período** es el tiempo que tarda el móvil en dar una vuelta, y la **frecuencia** es el número de vueltas que da por unidad de tiempo.

Procedimientos de la ciencia

Cómo calcular una distancia de seguridad

El número de víctimas mortales en accidentes de tráfico ha experimentado una bajada sostenida desde 1990. Sin embargo, las cifras siguen siendo elevadas: un total de 1126 personas fallecieron en las carreteras en 2015. Las consecuencias se miden en millones de euros en pérdidas y en mucho dolor personal. Muchos de estos accidentes tienen lugar por no guardar la adecuada distancia de seguridad. El código de circulación exige que "todo conductor que circule detrás de otro debe dejar entre ambos un espacio libre que le permita detenerse sin colisionar con él".

Para hallar la distancia de seguridad se deben tener en cuenta dos factores, el *tiempo de reacción* y el *tiempo de frenado*.

1 MEDIR EL TIEMPO DE REACCIÓN

Desde que el conductor percibe la necesidad de frenar hasta que pisa el freno transcurren unos 0,8 s. Por supuesto, la edad, el cansancio y el alcohol influyen mucho en el tiempo de reacción. Por ejemplo, si un coche circula a 50 km/h con MRU, la distancia recorrida durante el tiempo de reacción será:

$$v = 50 \text{ km/h} = 13{,}9 \text{ m/s}$$

$$s_{\text{reacción}} = vt \Rightarrow s_{\text{reacción}} = (13{,}9 \text{ m/s}) \cdot (0{,}8 \text{ s}) = 11{,}1 \text{ m}$$

2 MEDIR EL TIEMPO DE FRENADA

El tiempo de frenada es el que transcurre desde que se acciona el freno hasta que el coche se detiene. Las condiciones de la carretera y el estado de las ruedas influyen mucho en el tiempo de frenada. En circunstancias normales, un coche frena disminuyendo la velocidad a razón de 9 m/s^2. Si v_0 = 50 km/h, el espacio recorrido en este tramo será:

$$s_{\text{frenado}} = \frac{v_f^2 - v_0^2}{2a} = \frac{0 - (13{,}9 \text{ m/s})^2}{2 \cdot (-9 \text{ m/s}^2)} = 10{,}7 \text{ m}$$

Velocidad inicial: **50 km/h** Distancias (expresadas en metros)	Estado de la calzada
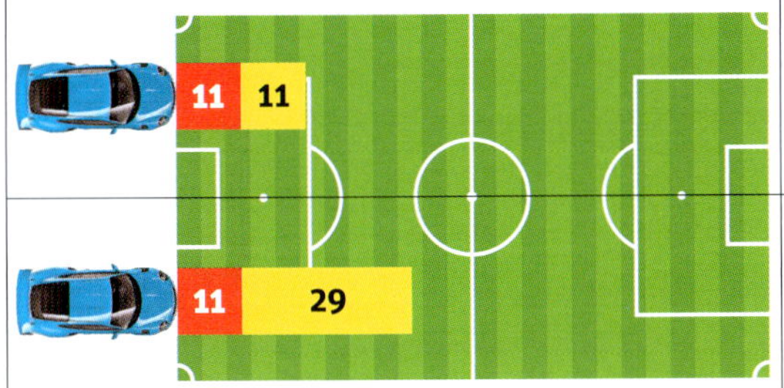 11 11	Seca
11 29	Mojada

Velocidad inicial: **100 km/h** Distancias (expresadas en metros)	Estado de la calzada
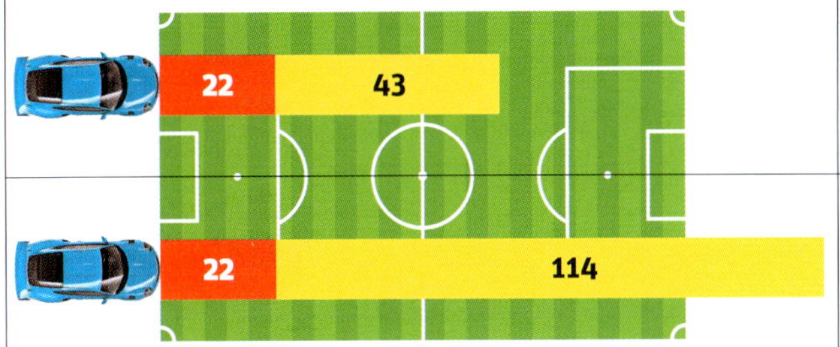 22 43	Seca
22 114	Mojada

Por lo tanto, en condiciones óptimas, la distancia total que necesita un vehículo que circula a 50 km/h para detenerse es:

$$s_{\text{reacción}} + s_{\text{frenado}} = (11{,}1 + 10{,}7) \text{ m} = 21{,}8 \text{ m}$$

ACTIVIDADES

14. Como puede verse en el dibujo superior, cuando se duplica la velocidad, la distancia de reacción se duplica, mientras que la de frenado se ve multiplicada por cuatro. ¿Puedes explicar por qué?

15. La DGT proponía el "truco de los dos segundos" para calcular la distancia de seguridad de manera aproximada. Interpreta el dibujo. ¿Es una buena aproximación?

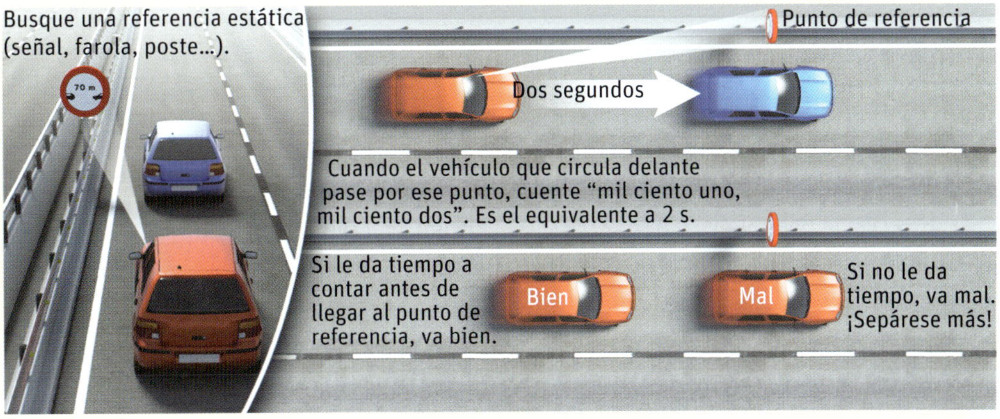

Actividades

Magnitudes cinemáticas

16. Razona si las siguientes afirmaciones son verdaderas o falsas:

a) La posición de un móvil depende del punto de vista del observador; no así su trayectoria.

b) La posición de un objeto viene descrita por un número; no necesita una magnitud vectorial.

c) El espacio recorrido no coincide necesariamente con el desplazamiento.

d) Los movimientos cuyo módulo de la velocidad es constante son uniformes, no tienen aceleración.

17. Una mosca cruza volando el diámetro de un pozo circular de 2 m de radio. Su amiga la hormiga tiene que bordear el pozo desde A hasta B.

Calcula en cada caso sus posiciones inicial y final, el espacio recorrido y el desplazamiento.

18. Los dibujos señalan las posiciones iniciales y finales de dos ciclistas y el tiempo empleado por cada uno. Trata de razonar cuál es el más rápido en cada caso (no respondas basándote solo en tu intuición).

19. El dibujo muestra el recorrido que hace un nadador en un río. Incluye información sobre el origen (punto de vista del observador), posiciones, distancias y sentido de la marcha.

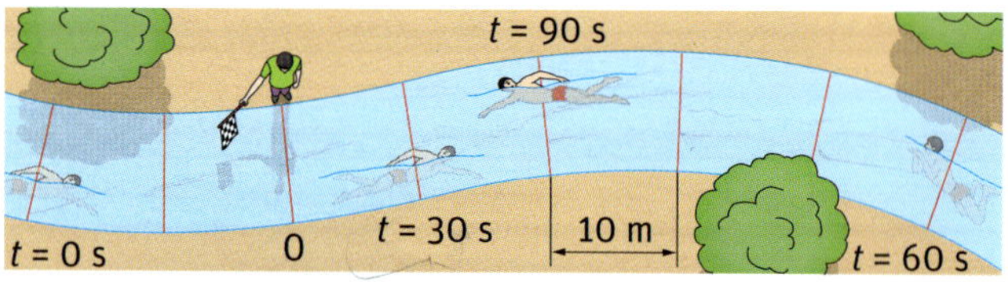

a) Haz una tabla de valores posición-tiempo.

b) Calcula la distancia total recorrida desde la posición inicial a la final. ¿Coincide con el desplazamiento? ¿Por qué?

c) Calcula la velocidad media en unidades del SI, en cada tramo y en el recorrido total.

20. Un coche se mueve con velocidad de 24 m/s. Frena uniformemente y logra detenerse en 6 s. Halla su velocidad media y su aceleración media durante el tiempo de frenado.

21. Una lanzadera espacial alcanzó en 2 min una velocidad de $2{,}9 \cdot 10^4$ km/h. Calcula su aceleración media en el SI. Si la lanzadera fuera capaz de mantener esa aceleración durante una hora, ¿qué velocidad final adquiriría?

22. Un coche teledirigido de pruebas recorre un trayecto marcado por la siguiente tabla de datos:

t (s)	0	1	2	3	4	5	6	7	8
x (m)	0	2,3	9,2	20,4	36,8	57,5	50	40,2	20,7

a) Dibuja la gráfica x-t. ¿Cuál será la trayectoria del coche?

b) Calcula el espacio total recorrido sabiendo que a los 5 s el coche da la vuelta.

c) Calcula la velocidad media entre los instantes t = 4 s y t = 8 s.

Movimiento rectilíneo uniforme

23. La figura representa la situación inicial de un móvil que se desplaza a velocidad constante. Calcula:

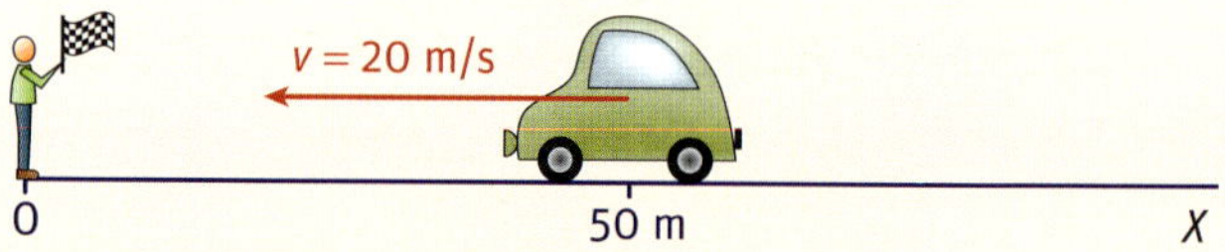

a) La ecuación del movimiento y la gráfica s-t.

b) La posición y el desplazamiento a los 6 s.

c) El tiempo que tarda en pasar por el origen.

SOLUCIÓN

a) Observando la figura se obtienen los datos:

x_0 = 50 m; v_0 = −20 m/s

La ecuación del movimiento será:

$$x = x_0 + vt$$

Es decir:

$$x = 50 + (-20) \cdot t = 50 - 20t$$

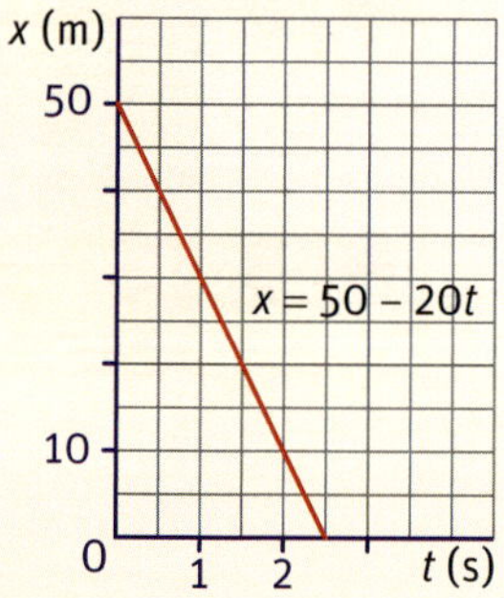

La gráfica es una recta de pendiente negativa.

b) Para t = 6 s; x = (50 m) − (20 m/s) · (6 s) = −70 m

El desplazamiento será:

$$\Delta x = x_f - x_0 = (-70 - 50)\text{ m} = -120\text{ m}$$

c) Cuando pasa por el origen, x_f = 0, es decir:

$$0 = (50\text{ m}) - (20\text{ m/s}) \cdot t \Rightarrow t = 2{,}5\text{ s}$$

24. La posición de un móvil que se desplaza con movimiento rectilíneo viene dada por: $x = -5 + 15 \cdot t$ (unidades en SI).

a) Deduce la posición inicial y haz la gráfica x-t.

b) ¿Qué tiempo tarda en desplazarse 90 m?

c) Halla el tiempo que tarda en pasar por el origen.

25. **La gráfica representa el movimiento de un corredor, en unidades del SI.**

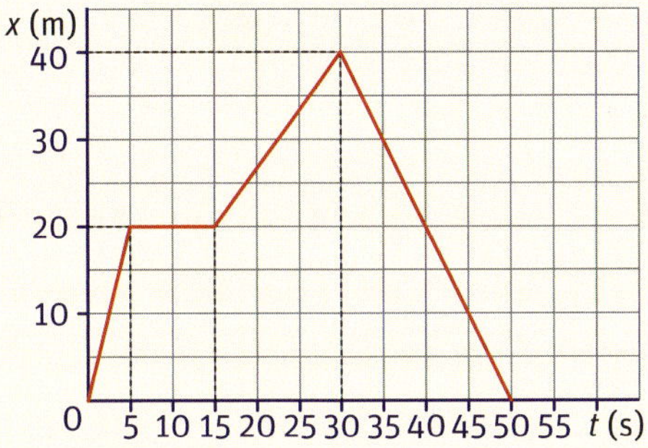

a) **Describe lo que hace el corredor.**

b) **Calcula la velocidad que lleva en cada tramo y haz la gráfica *v-t*. ¿Qué espacio recorre en el último de ellos?**

SOLUCIÓN

a) El corredor se desplaza los 20 primeros metros con velocidad constante, durante 5 s. Se detiene 10 s y vuelve a correr con velocidad constante en el mismo sentido durante 15 s. En ese momento da la vuelta y regresa al punto de partida.

b) La velocidad es la pendiente de la recta, es decir:

Tramo 1: $v = \text{tg}\,\alpha = \dfrac{\Delta x}{\Delta t} = \dfrac{(20-0)\text{ m}}{(5-0)\text{ s}} = 4{,}0\text{ m/s}$

Tramo 2: velocidad nula

Tramo 3: $v = \text{tg}\,\alpha = \dfrac{\Delta x}{\Delta t} = \dfrac{(40-20)\text{ m}}{(30-15)\text{ s}} = 1{,}3\text{ m/s}$

Tramo 4: $v = \text{tg}\,\alpha = \dfrac{\Delta x}{\Delta t} = \dfrac{(0-40)\text{ m}}{(50-30)\text{ s}} = -2{,}0\text{ m}$

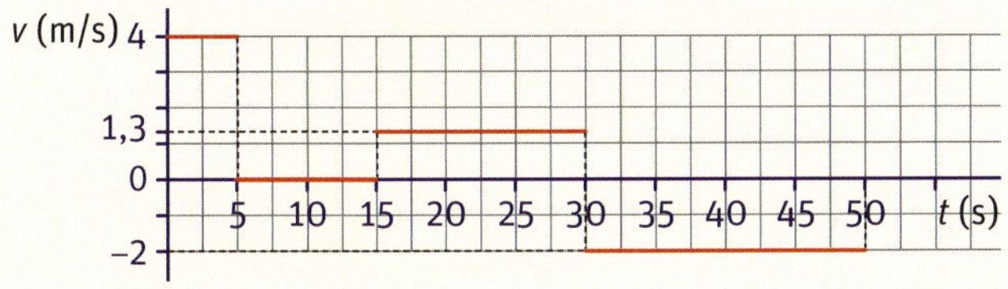

Observando la gráfica del enunciado se ve que recorre 40 m.

26. La gráfica representa el trayecto realizado por un ciclista durante dos horas. Describe su movimiento y calcula:

a) La ecuación del movimiento en el primer tramo.

b) El desplazamiento y el espacio recorrido en la última hora.

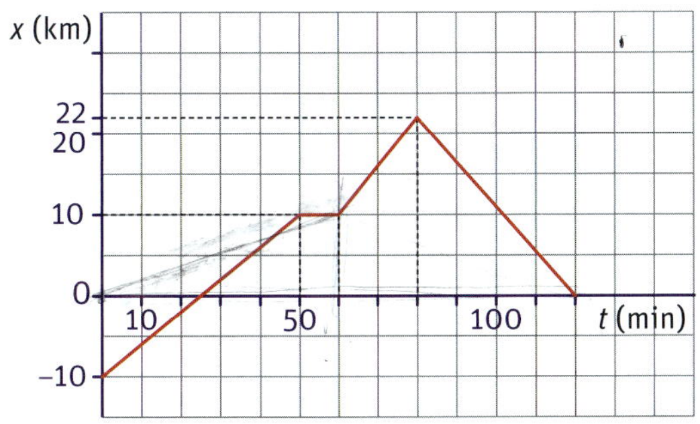

27. Las dos gráficas siguientes representan los movimientos de dos coches, A y B, en dos situaciones diferentes.

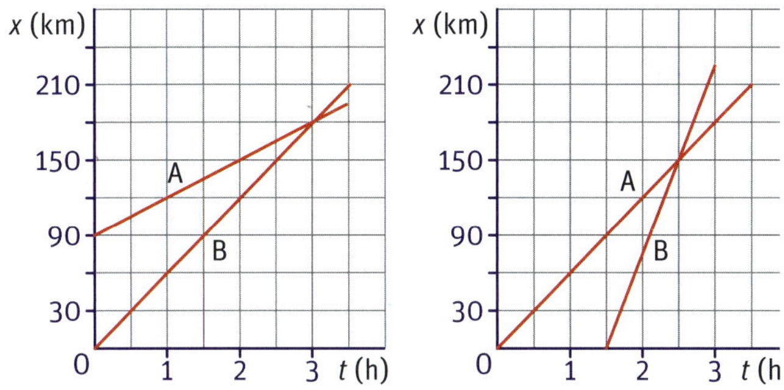

a) ¿Hay algún instante en que ambos coches tengan la misma velocidad? Si es así, calcúlala.

b) Si se encuentran en algún momento, ¿cuándo lo hacen?

c) Explica si uno de los coches ha salido antes que el otro, o si ha salido con ventaja. ¿Qué distancia recorre cada coche hasta encontrarse?

28. Dos pueblos distan entre sí 195 km. Simultáneamente salen de cada uno de ellos, y en sentidos contrarios, dos ciclistas con velocidades constantes de 25 km/h y 40 km/h. ¿En qué punto de la carretera se encontrarán y cuándo se producirá el encuentro? Resuelve el problema gráfica y numéricamente.

29. Un coche sale de cierto punto con una velocidad constante de 70 km/h. Media hora más tarde sale otro coche en su persecución desde el mismo punto, a 100 km/h. Escribe las ecuaciones del movimiento y deduce cuándo y dónde el segundo coche alcanza al primero.

30. Un guepardo está persiguiendo a una gacela que corre a 90 km/h. Le separa de ella una distancia de 20 m y lleva una velocidad de 97,2 km/h, que es capaz de mantener constante durante 9 s. ¿Alcanzará a la gacela?

Movimiento rectilíneo uniformemente acelerado

31. **Un coche arranca desde el reposo con aceleración constante de 0,5 m/s². ¿Qué velocidad tendrá al cabo de un minuto? ¿Qué distancia habrá recorrido?**

SOLUCIÓN

$$v_f = v_0 + at \Rightarrow v_f = 0 + (0{,}5\text{ m/s}^2)\,(60\text{ s}) = 30\text{ m/s}$$

$$s = v_0 t + \frac{1}{2}at^2 = 0 + \frac{1}{2}(0{,}5\text{ m/s}^2)(60\text{ s})^2 = 900\text{ m}$$

Actividades

32. Un tren AVE alcanza una velocidad de 290 km/h en 3 min y 30 s. Un ciclista puede alcanzar una velocidad máxima de 54 km/h en 30 s. Si ambos parten del reposo:

a) ¿Qué móvil desarrolla más aceleración? ¿Qué conclusión puede extraerse sobre v y sobre a?

b) Si ambos quieren frenar en 10 s, ¿qué aceleración media de frenado necesitan? ¿Qué distancia recorre cada uno en ese tiempo?

33. La siguiente gráfica *v*-*t* se refiere a la trayectoria rectilínea seguida por una motocicleta. Interpreta el movimiento y calcula el espacio total recorrido.

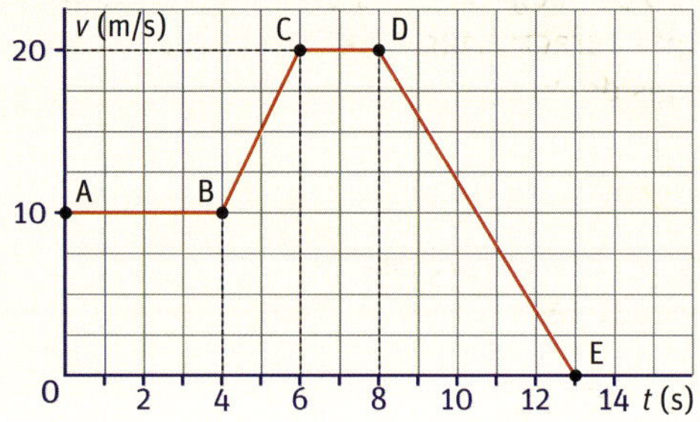

SOLUCIÓN

A lo largo del tramo AB, la moto mantiene una velocidad constante de 10 m/s y, por tanto, la aceleración es cero. A continuación, acelera desde B hasta C; la pendiente de la recta es la aceleración:

$$a_{BC} = \text{tg}\,\alpha = \frac{\Delta v}{\Delta t} = \frac{(20-10)\ \text{m/s}}{(6-4)\ \text{s}} = 5\ \text{m/s}^2$$

Entre C y D se mueve también a velocidad constante, v = 20 m/s. Por último, frena hasta pararse en E, con esta aceleración:

$$a_{DE} = \text{tg}\,\alpha = \frac{\Delta v}{\Delta t} = \frac{(0-20)\ \text{m/s}}{(13-8)\ \text{s}} = -4\ \text{m/s}^2$$

El espacio total recorrido coincide con el área encerrada bajo la gráfica *v*-*t*. Es decir:

$$s = (40 + 30 + 40 + 50)\ \text{m} = 160\ \text{m}$$

34. Interpreta las gráficas siguientes correspondientes a dos movimientos rectilíneos. Calcula la aceleración en cada tramo de la gráfica A y en la gráfica B. A continuación, calcula el espacio total recorrido en ambos casos.

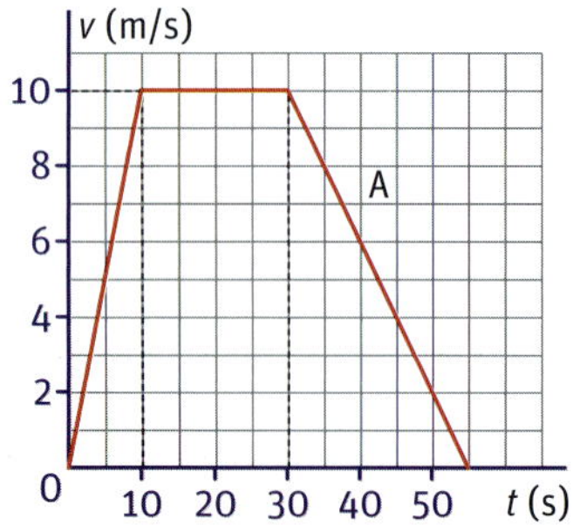

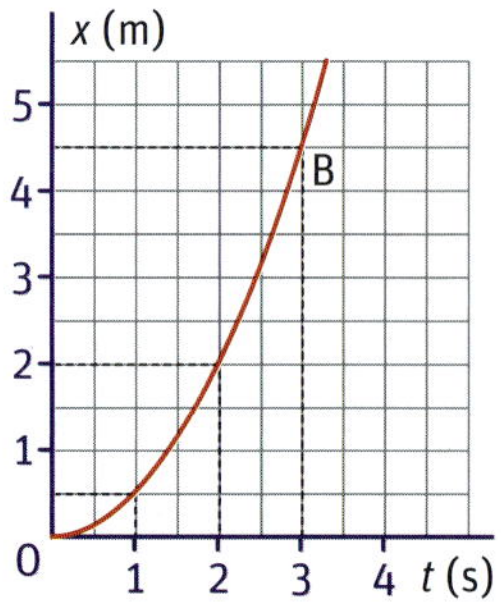

35. Una motocicleta se mueve a 18 km/h mientras cruza una zona de niños durante 4 s. Al salir de dicha zona, acelera hasta alcanzar la velocidad de 21 m/s en 8 s.

a) Escribe las ecuaciones correspondientes a los dos tramos y completa la tabla de datos siguiente:

t (s)	0	2	4	6	8	10	12
s (m)	0	●●●	●●●	●●●	●●●	●●●	●●●
v (m/s)	●●●	●●●	●●●	●●●	●●●	●●●	●●●

b) Seguidamente, entra en la simulación www.e-sm.net/svfq4eso07_02 y reproduce el problema.

36. Un coche está detenido frente a un semáforo. Se enciende la luz verde y arranca. Justo en ese momento, una bicicleta lo adelanta a una velocidad constante de 40 km/h. Por su parte, el coche acelera de modo que alcanza los 50 km/h en 10 s.

a) Dibuja las gráficas *v*-*t* de los dos movimientos.

b) ¿Qué tiempo tardará el coche en tener la velocidad de la bicicleta? En dicho instante, ¿qué ventaja lleva esta?

c) Deduce en qué momento alcanza el coche a la bici.

Caída libre

37. ¿Cuánto tarda en llegar al suelo un objeto que se deja caer desde 50 m? ¿Con qué velocidad impacta contra el suelo?

SOLUCIÓN

Los datos son: v_0 = 0 m/s (pues se deja caer); altura inicial, y_0 = 0 m; $a = -g = -9{,}8\ \text{m/s}^2$. Se adopta un eje vertical con origen en el suelo. Cuando el objeto llega al suelo, y = 0, luego:

$$y = y_0 + v_0\,t + \frac{1}{2}at^2$$

$$0 = 50\,\text{m} + 0 + \frac{1}{2}(-9{,}8\ \text{m/s}^2)t^2 \Rightarrow t = 3{,}2\ \text{s}$$

La velocidad se calcula a partir de este tiempo:

$$v_f = v_0 + a \cdot t \Rightarrow v_f = 0 + (-9{,}8\ \text{m/s}^2) \cdot (3{,}2\ \text{s}) = -31{,}3\ \text{m/s}$$

38. La altura de la torre de Pisa es de 55 m. Si se desprecia la fricción con el aire:

a) ¿Cuánto tardará en llegar al suelo un objeto que se deja caer desde lo alto?

b) ¿Con qué velocidad llegará?

39. Desde la terraza de un edificio se deja caer un cuerpo que tarda 4 s en llegar al suelo. Calcula la altura del edificio y la velocidad en el momento de llegar al suelo. A continuación, halla el tiempo de caída si el cuerpo se lanza con una velocidad de 8 m/s hacia abajo.

40. Un balón lanzado verticalmente desde el suelo alcanza una altura de 16 m. Calcula la velocidad inicial con que se lanzó y el tiempo que ha tardado en llegar a esa altura.

SOLUCIÓN

Se toma como origen el suelo y sentido positivo hacia arriba. En el punto más alto de la trayectoria, $y = 16$ m, $g = -9{,}8$ m/s^2 y $v_f = 0$ m/s, ya que el balón se para en dicho punto. Puesto que no conocemos ni v_0 ni t, es mejor usar la ecuación siguiente:

$$v_f^2 - v_0^2 = 2(-g)y \quad \Rightarrow \quad 0 - v_0^2 = 2(-9{,}8\,\text{m/s}^2)(16\,\text{m})$$
$$v_0 = 17{,}7\,\text{m/s}$$

Sustituyendo en la ecuación de la velocidad, resulta:

$$v_f = v_0 - gt; \quad 0 = 17{,}7 - (9{,}8\,\text{m/s}^2)t$$

de donde $t = 1{,}8$ s.

41. Razona si las siguientes afirmaciones referidas al dibujo son verdaderas o falsas:

a) La velocidad en el punto más alto es cero.

b) La velocidad cuando vuelve a pasar por el punto de lanzamiento es −20 m/s.

c) La posición puede ser negativa, pero el tiempo no.

d) El valor de h es de 25,5 m.

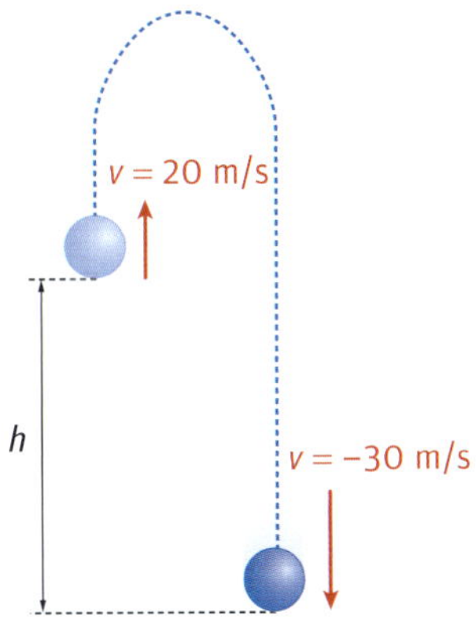

42. La niña del dibujo ha lanzado la pelota hacia arriba y la ha vuelto a recoger.

a) Calcula el tiempo total transcurrido. ¿Qué desplazamiento experimenta la pelota?

b) ¿Qué velocidad lleva cuando se encuentra en la posición del dibujo, a mitad de recorrido?

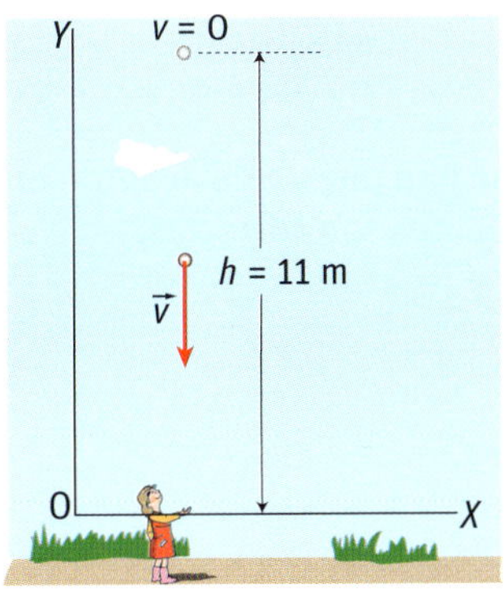

43. El piloto de una avioneta es eyectado de su asiento y sale disparado verticalmente con una velocidad de 15 m/s. Si se encuentra a 200 m de altura, calcula:

a) La altura máxima y el tiempo que tardará en alcanzarla.

b) ¿Qué tiempo transcurre hasta que se abre el paracaídas, si lo hace cuando se encuentra a 120 m sobre el suelo y bajando?

Movimiento circular uniforme

44. Una piedra atada a una cuerda gira con movimiento circular uniforme de radio 80 cm a una velocidad de 2 rps (revoluciones por segundo). Calcula el valor de todas las variables que caracterizan este movimiento, expresándolo en unidades del SI.

SOLUCIÓN

Los datos que da el problema son: $R = 0{,}8$ m y $f = 2$ vueltas por segundo, es decir, $f = 2$ Hz (o 2 s^{-1}). Por tanto:

Período: $T = \dfrac{1}{f} = \dfrac{1}{(2\,\text{s}^{-1})} = 0{,}5\,\text{s}$

Velocidad lineal: $v = \dfrac{2\pi \cdot R}{T} = \dfrac{2\pi \cdot (0{,}8\,\text{m})}{(0{,}5\,\text{s})} = 10\,\text{m/s}$

Velocidad angular: $\omega = \dfrac{2\pi}{T} = \dfrac{(2\pi)\,\text{rad}}{(0{,}5\,\text{s})} = 4\pi\,\text{rad/s}$

Aceleración normal: $a_n = \dfrac{v^2}{R} = \dfrac{(10\,\text{m/s})^2}{(0{,}8\,\text{m})} = 125\,\text{m/s}^2$

45. La Luna se encuentra a 384 000 km de la Tierra y su período aproximado es de 27 días. Su movimiento alrededor de la Tierra se puede aproximar a un MCU. Calcula todas sus variables en unidades del SI.

46. Un disco de vinilo tiene un diámetro de 30 cm y gira a 33 rpm (revoluciones por minuto). ¿A qué velocidad lineal se desplaza una mosca posada a 9 cm del centro del disco? Compara las velocidades angulares y lineales de este movimiento con las del ejercicio anterior.

47. El plato de un microondas gira a 3,5 rad/s. ¿Cuántas vueltas da en el minuto que emplea en calentar un vaso de leche?

48. El CD de un ordenador gira a 540 rpm. ¿Cuántas vueltas deberá dar para reproducir una canción de 3 min?

Ponte a prueba

La velocidad del cuerpo humano

Las pruebas de 100 m lisos han sido analizadas cada vez más de cerca con ayuda de la tecnología. Te proponemos que observes con detenimiento alguna de las carreras más emblemáticas de la historia, por ejemplo, la del atleta jamaicano Usain Bolt en el campeonato mundial de atletismo celebrado en Berlín en 2009. Puedes visionar la carrera en el enlace www.e-sm.net/svfq4eso07_03. Los datos de los tiempos de Bolt comparados con los de otros atletas se muestran en la tabla.

Atleta	Primeros 50 m	Últimos 50 m
Bolt 2009	5,47 s	4,11 s
Bolt 2008	5,50 s	4,19 s
Powell 2005	5,54 s	4,23 s
Montgomery 2002	5,54 s	4,24 s
Green 1999	5,57 s	4,24 s
Lewis 1988	5,61 s	4,25 s

1. A partir de los "datos comparados" con otros atletas, deduce la velocidad media de cada uno.

2. Estudia cada tramo de la carrera de Berlín en la tabla de la derecha y complétala en tu cuaderno añadiendo los valores de la velocidad para cada tramo de 10 m, en m/s y en km/h. A continuación, representa la velocidad adquirida en cada tramo de 10 m frente al espacio recorrido.

   Puedes estudiar la distribución de los esfuerzos en una prueba de 100 m en www.e-sm.net/svfq4eso07_04.

3. Extrae conclusiones y redacta un informe.

Carrera de Usain Bolt – Berlín 2009					
s (m)	t_{total} (s)	$t_{parcial}$ (s)	s (m)	t_{total} (s)	$t_{parcial}$ (s)
0	0,15	—	—	—	—
10	1,89	1,74	60	6,29	0,82
20	2,88	0,99	70	7,10	0,81
30	3,78	0,90	80	7,92	0,82
40	4,64	0,86	90	8,75	0,83
50	5,47	0,83	100	9,58	0,83

Caída por un plano inclinado. Emulando a Galileo

Los alumnos de una clase han desarrollado un experimento de caída por un plano inclinado que imita los experimentos de Galileo. La bola se ha dejado caer sin velocidad inicial desde el punto más alto. Han colocado una chapa metálica en las posiciones 0,3 m, 0,6 m, etc., y, cada vez que la bola golpeaba una chapa, detenían el cronómetro. Varios alumnos tomaban cada medida y han hecho una media de valores, que se recoge en la tabla.

s (m)	0	0,3	0,6	0,9	1,2	1,5	1,8
t (s)	0	1,10	1,55	1,90	2,20	2,45	2,70
t^2 (s^2)	●●	●●	●●	●●	●●	●●	●●

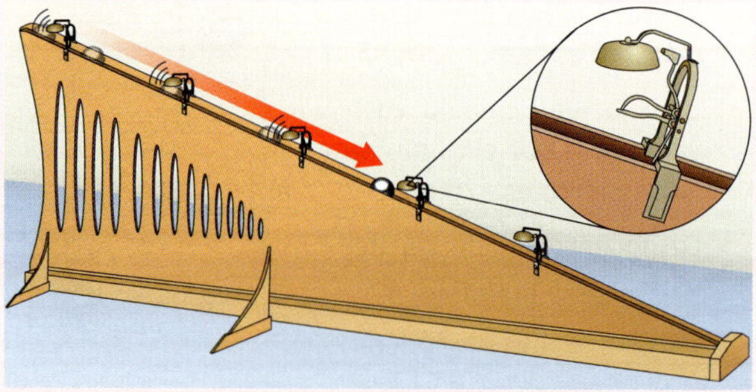

Rampa similar a la empleada por Galileo.

1. Al tratar de representar las gráficas de s frente a t y frente a t^2 no se han puesto de acuerdo en el resultado. Completa la tabla del enunciado en tu cuaderno y valora cuáles de las opciones siguientes son correctas:

   a) La representación de s frente a t es una recta que pasa por el origen.

   b) La pendiente de esa recta es la velocidad.

   c) La representación de s frente a t^2 es una recta que pasa por el origen.

   d) La pendiente de esta última recta es la aceleración.

Galileo y los principios del movimiento

A través de experimentos como el descrito, Galileo Galilei presentó los principios del movimiento. Describió el movimiento uniformemente acelerado como aquel en el cual “variaciones iguales de velocidad ocurren en iguales intervalos de tiempo”. Dicha medición no resultaba fácil en tiempos de Galileo, pues a principios del siglo XVII aún no había relojes suficientemente precisos con los que medir fracciones de segundo. En cuanto a las velocidades, cuando resultaban demasiado elevadas, las “diluía” disminuyendo la inclinación del plano.

1. A partir de los datos del apartado anterior, representa s frente a t^2 y deduce el valor de la aceleración del movimiento. ¿Qué ecuación permite calcular la velocidad, si la bola parte del reposo?

Completa en tu cuaderno la tabla para intervalos regulares de tiempo. ¿Corresponden dichos intervalos a variaciones regulares de velocidad?

t (s)	0	0,5	1,0	1,5	2,0	2,5
v (m/s)	●●●	●●●	●●●	●●●	●●●	●●●

2. Representa la gráfica v-t y deduce el valor de la pendiente. ¿Qué valor se debería obtener?

AUTOEVALUACIÓN

1. Con la información que te proporciona el dibujo, indica sin son verdaderas o falsas las afirmaciones:

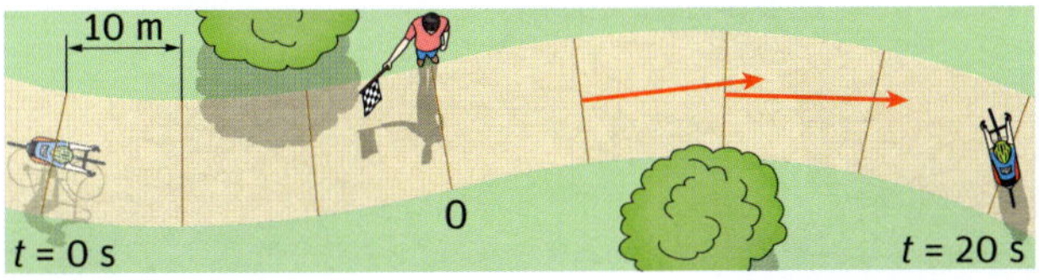

a) La posición inicial del móvil es $s_0 = -30$ m y depende del origen elegido.

b) Con los datos del dibujo se puede afirmar que el movimiento es rectilíneo uniforme.

c) El desplazamiento no coincide con la trayectoria, pero sí con el espacio recorrido.

d) Los vectores rojos pueden referirse a la velocidad instantánea del móvil en ese punto.

2. De las siguientes gráficas:

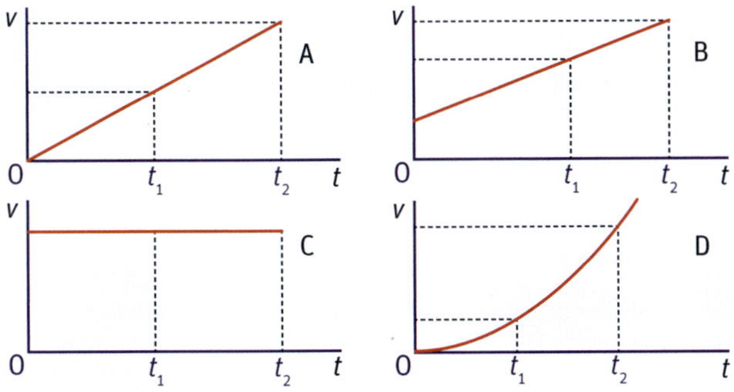

a) Solo A y B podrían corresponder a un MRUA.

b) A, C y D podrían corresponder a un MRUA.

c) A y B podrían corresponder a un MCU.

d) A, B y C podrían corresponder a un MRU.

3. Analiza la gráfica y señala las afirmaciones correctas:

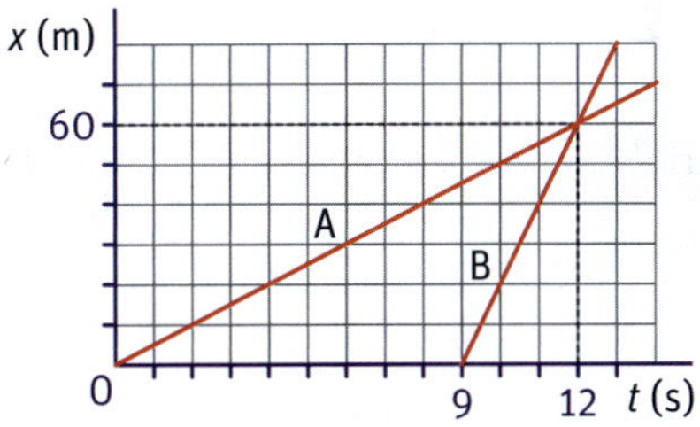

a) El móvil B persigue al A, que lleva 9 m de ventaja.

b) El móvil A sale al encuentro del B con 9 s de retraso.

c) La ecuación que resuelve el problema es: $5t = 20(t - 9)$.

d) Los móviles se encuentran a los 60 s de iniciada la persecución.

4. El cuerpo de la imagen es lanzado hacia arriba desde el suelo. ¿Qué afirmación es correcta?

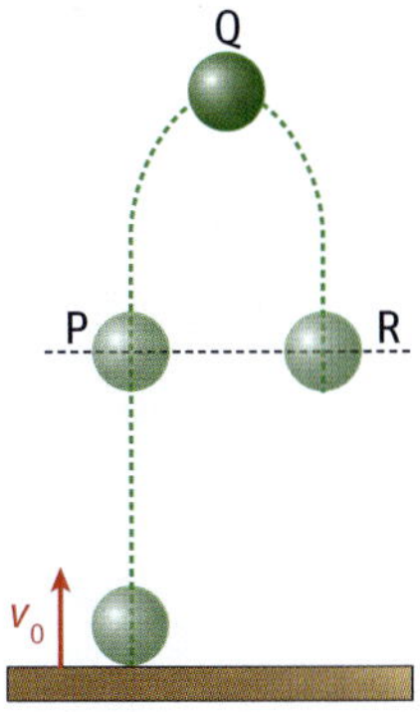

a) Tarda más tiempo en ir de P a Q que de Q a R.

b) En los puntos P y R la aceleración de la gravedad tiene distinto sentido.

c) En Q la velocidad es máxima.

d) En P y R la rapidez es la misma.

5. A los 50 min del inicio de una prueba ciclista, un participante ha recorrido 15,70 km. Si el radio de las ruedas de la bicicleta mide 0,25 m, la frecuencia media de giro de las ruedas ha sido:

a) 200 rpm

b) 9995 s^{-1}

c) 12 000 rps

d) 3,33 s

smSaviadigital.com VALORA LO APRENDIDO > Autoevaluación con sus soluciones

8 Las leyes de Newton

Abre tu mirada

Para que un corredor de cien metros lisos consiga una buena marca, es fundamental su preparación física y su experiencia en esta prueba; también son importantes la calidad técnica de sus zapatillas y el correcto estado del pavimento sobre el que se desarrolla la carrera. Pero de nada serviría todo esto sin la "colaboración" de la **tercera ley de Newton**, que permite al corredor salir disparado en la salida y avanzar a gran velocidad hasta la meta.

- ¿Qué son las fuerzas y cómo se miden?
- ¿Cómo se suman y descomponen las fuerzas?
- ¿Cómo se comporta un cuerpo sobre el que actúa una fuerza resultante nula?

Analiza y determina

En los motores a reacción, la propulsión se debe a la expulsión de los gases generados en la ignición del combustible: los gases salen despedidos hacia atrás y, como reacción, la nave es impulsada hacia delante.

a ¿Cómo funcionan los cohetes de los fuegos artificiales? ¿Y los cohetes espaciales?

b El calamar volador se impulsa sobre la superficie del agua lanzando chorros de agua. Explica este movimiento.

c Los astronautas se desplazan en el espacio mediante una unidad de maniobra tripulada. Busca información y explica cómo funciona.

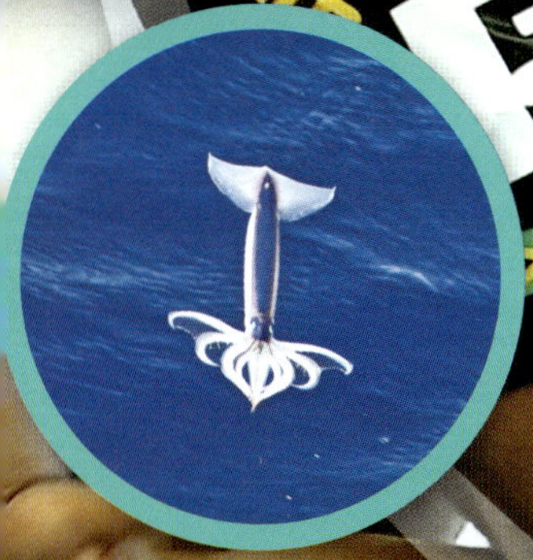

Observa y decide

¿De dónde procede la fuerza que proporciona el movimiento en los siguientes casos?

a) Una bola de billar.

b) Un monopatín cuesta abajo.

c) La cuerda de una guitarra.

d) Un pájaro en vuelo.

Y tú, ¿qué opinas?

En un arma de fuego, el proyectil sale disparado a una gran velocidad hacia delante, mientras que el arma sufre una fuerte sacudida hacia atrás. Este efecto puede provocar un accidente si no se sujeta bien el arma. Ahora bien, el auténtico peligro de estos dispositivos es su capacidad de causar daños físicos, con frecuencia irreparables, en las personas que reciben los impactos de proyectil. Debate con tus compañeros sobre la conveniencia de permitir el comercio de armas.

- ¿Qué relación existe entre la fuerza que actúa sobre un cuerpo y la aceleración que adquiere?
- ¿Por qué se dice que las fuerzas siempre actúan por parejas?
- ¿Cómo se aplican los principios de la dinámica a la resolución de problemas de la vida cotidiana?

1 La fuerza como interacción. Efectos de las fuerzas

La palabra *fuerza* es comúnmente usada en el lenguaje cotidiano, de modo que todos tenemos una idea intuitiva de su significado, aunque esta no siempre coincide con el que adquiere en el lenguaje de la ciencia.

Palabras como *tirar, empujar, atraer, sostener, golpear...* suponen la existencia de dos cuerpos que interaccionan.

REFLEXIONA

Observa los siguientes ejemplos. En cada uno de ellos, la línea punteada delimita un objeto sobre el que se realiza una fuerza.

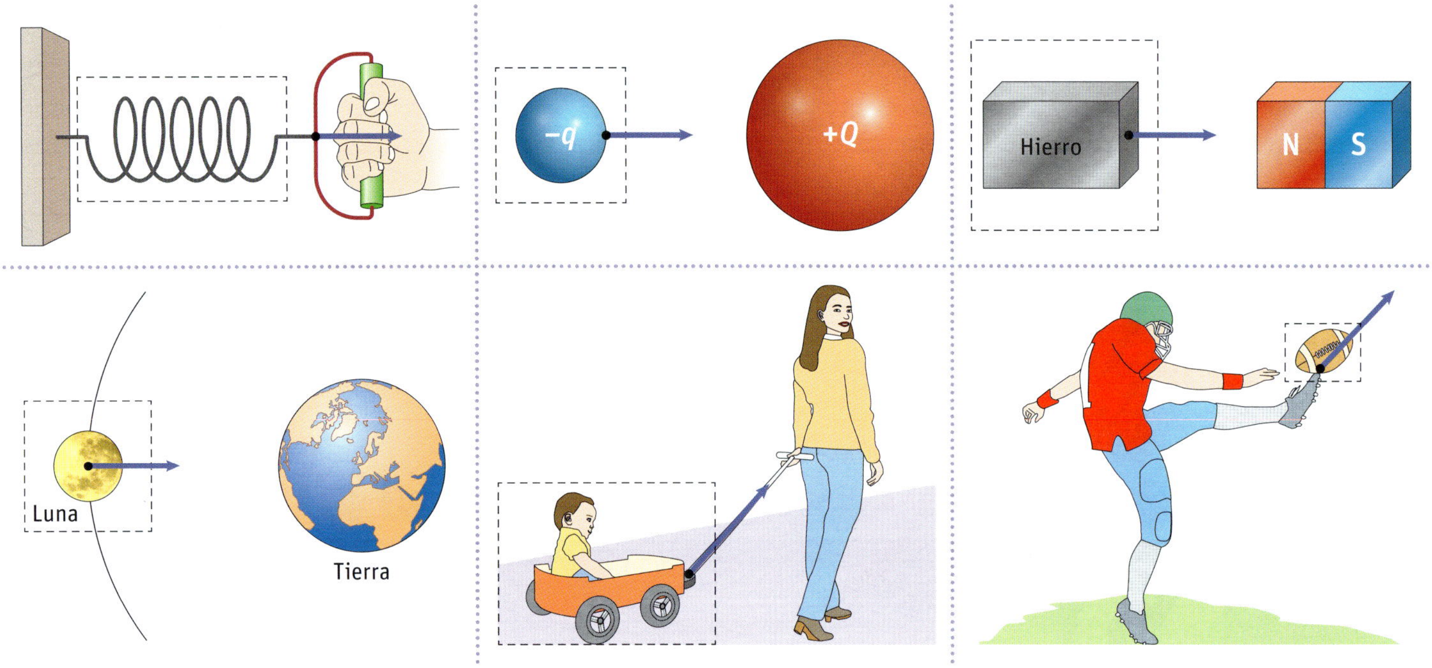

¿Qué significa la flecha azul y por qué es necesaria? ¿Cuáles de las fuerzas representadas son de contacto y cuáles se ejercen a distancia?

> La palabra **fuerza** se utiliza en el lenguaje científico como una medida de la intensidad de una interacción entre dos cuerpos.

Esta interacción puede ser de dos tipos:

- **Fuerzas de contacto.** Son aquellas en las que el cuerpo que ejerce la acción o realiza la fuerza está en contacto directo con el cuerpo que soporta la acción o sobre el que actúa.
- **Fuerzas a distancia.** Son aquellas en que un cuerpo realiza una acción sobre otro sin estar en contacto con él. Se trata de las denominadas **fuerzas de campo**.

Efectos de las fuerzas

Como puede verse en los ejemplos anteriores, las fuerzas pueden producir un cambio en el movimiento de los cuerpos, o bien, si estos son elásticos, los pueden deformar. Estos efectos dependen de las características internas del cuerpo y de su entorno.

> Una fuerza es toda interacción capaz de modificar el estado de reposo o movimiento de un cuerpo, o de producir deformaciones en él.

ACTIVIDADES

1. En los dibujos de esta página solo se ha representado la acción de uno de los cuerpos sobre el otro. Identifica en cada caso qué cuerpo realiza la acción y sobre qué la realiza.

   ¿Cuál es el efecto en cada caso? Explica la respuesta.

El dinamómetro y la ley de Hooke

La deformación que producen algunos tipos de fuerzas en un cuerpo elástico, como un muelle o un resorte, puede utilizarse para medir dichas fuerzas.

La unidad de fuerza usada en el sistema internacional es el **newton** (N).

Para entender a cuánto equivale 1 N, hay que recordar que una masa de 1 kg situada en la superficie de la Tierra es atraída por esta con una fuerza de 9,8 N.

EXPERIMENTA

Cuelga de un muelle pesas de masa creciente. Anota en una tabla la longitud que alcanza el resorte para cada masa. Representa seguidamente la fuerza ejercida por la pesa frente al alargamiento. Observa que existe una relación lineal entre ambas magnitudes. Dicha relación viene dada por la pendiente de la recta, que coincide con la tangente del ángulo que forma con el eje *X*.

Fuerza *F* (N)	Longitud *L* (cm)	Alargamiento Δ*L* (cm)
0	3,5	0
5	4,4	0,9
10	5,5	2
15	6,6	3,1
22,5	8	4,5

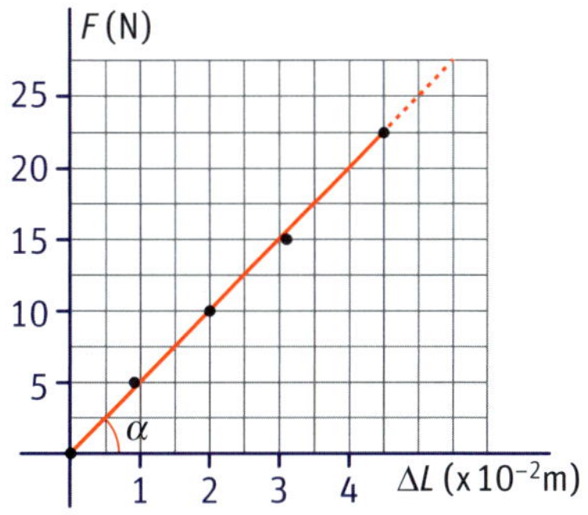

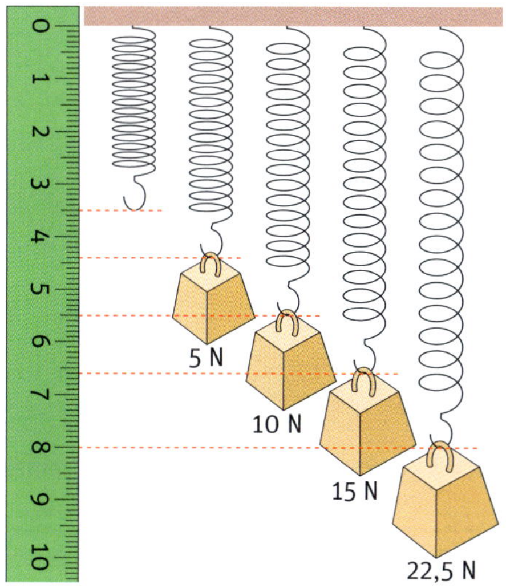

Para calcular la pendiente se debe elegir un punto alejado de la recta, pues así se comete menos error. En unidades del SI resulta:

$$k = \text{tg}\,\alpha = \frac{F\,(\text{N})}{\Delta L\,(\text{m})} = \frac{(22{,}5\ \text{N})}{(4{,}5 \cdot 10^{-2}\ \text{m})} = 500\ \text{N/m}$$

El científico inglés **Robert Hooke** (1635-1703) sistematizó el experimento que acabamos de realizar y estableció la ley que lleva su nombre.

La **ley de Hooke** establece que las **fuerzas aplicadas** sobre cuerpos elásticos ideales son directamente proporcionales a los alargamientos producidos:

$$F = k\Delta L$$

La constante *k* recibe el nombre de **constante elástica del muelle**. A partir de ella se puede determinar el valor de una fuerza midiendo el alargamiento que produce en el muelle (dentro de los límites de elasticidad del resorte).

Mide una fuerza con el dinamómetro

1. **Hemos colocado una pesa desconocida en el dinamómetro calibrado de nuestro experimento y hemos comprobado que la longitud del muelle era de 7,2 cm. ¿Qué fuerza ejerce la pesa sobre el resorte?**

SOLUCIÓN

Basta con sustituir en la expresión de la ley de Hooke:

$$F = k\Delta L \Rightarrow F = (500\ \text{N/m})[(7{,}2 - 3{,}5) \cdot 10^{-2}\ \text{m}] = 18{,}5\ \text{N}$$

ACTIVIDADES

calcular K

2 Para calibrar un dinamómetro se han tomado las siguientes medidas de su longitud:

F (N)	0	4	8	12	16
L (cm)	45	51	58	65	76

a) Haz una representación gráfica que permita deducir su constante de elasticidad.

b) ¿Qué es el límite de elasticidad? ¿Serviría este dinamómetro para medir un peso desconocido de entre 30 N y 50 N?

2 Carácter vectorial de las fuerzas

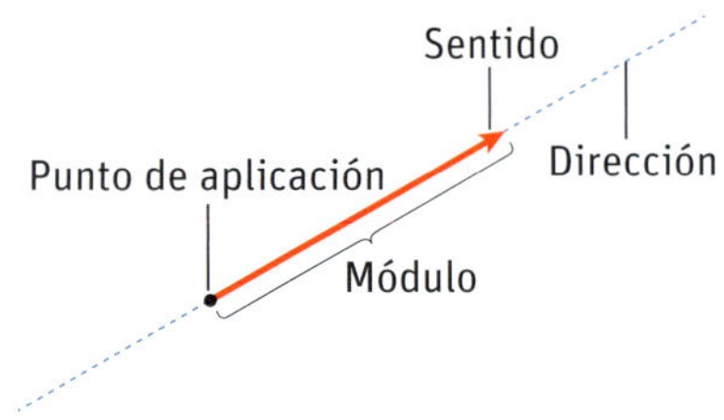

Figura 8.1. Componentes de un vector.

Para manifestar su carácter vectorial, escribimos la fuerza como $\vec{F}$. Como sabes, los elementos que caracterizan una fuerza son: su punto de aplicación, que es el punto del cuerpo donde actúa la fuerza y coincide con el origen del vector; el módulo o intensidad de la fuerza, que viene dado por la longitud del vector; la dirección de la recta que contiene al vector, y el sentido, que viene indicado por la punta de la flecha.

REFLEXIONA

Como es lógico, el efecto del taco sobre la bola depende de cómo se efectúe el golpe. Analiza el dibujo y deduce los factores que determinan ese efecto.

- ¿Cómo se debe golpear la bola blanca para que la bola verde entre por el orificio central superior?

Composición o suma de fuerzas

Se denominan fuerzas concurrentes aquellas que están aplicadas en el mismo punto. La fuerza resultante, $\vec{R}$, de un conjunto de fuerzas es aquella que produce el mismo efecto que el conjunto de fuerzas a las que sustituye.

Fuerzas concurrentes de igual dirección	Fuerzas concurrentes perpendiculares	Fuerzas concurrentes cualesquiera
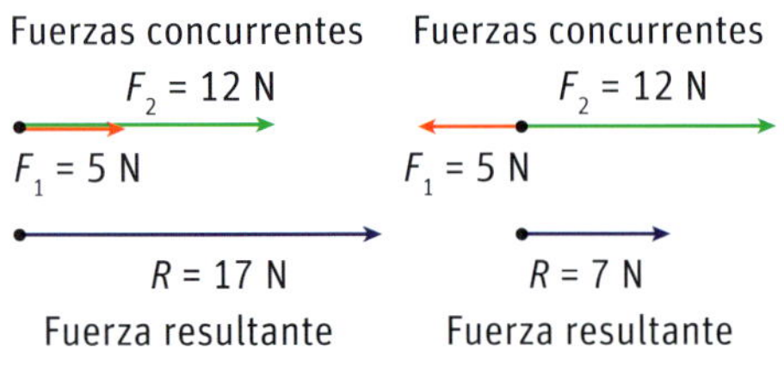 La resultante tiene la misma dirección y su intensidad es la suma algebraica de las fuerzas concurrentes.	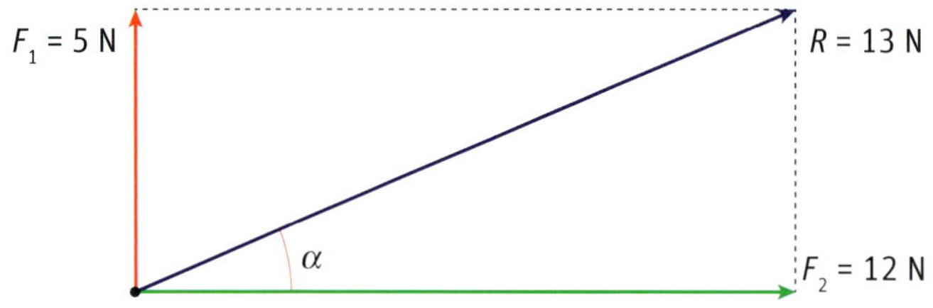 La resultante es la hipotenusa del triángulo rectángulo formado por las concurrentes. Forma un ángulo α con X. El módulo de la fuerza resultante es: $R=\sqrt{5^2+12^2}=13\,\text{N}$, y su dirección viene dada por tg $\alpha = F_1/F_2 = 5/12$.	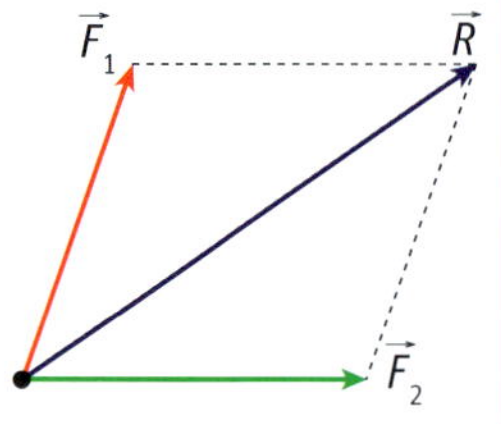 La resultante se calcula mediante la regla del paralelogramo.

Fuerza resultante y fuerza equilibrante

En ocasiones es preciso encontrar una única fuerza que equilibre un conjunto de fuerzas. Para ello se debe proceder en dos pasos:

- Primero se halla la fuerza resultante, $\vec{R}$, del sistema de fuerzas.

A continuación se dibuja una fuerza de igual módulo y dirección pero distinto sentido a $\vec{R}$, que se denomina **equilibrante** del sistema, $\vec{E}$.

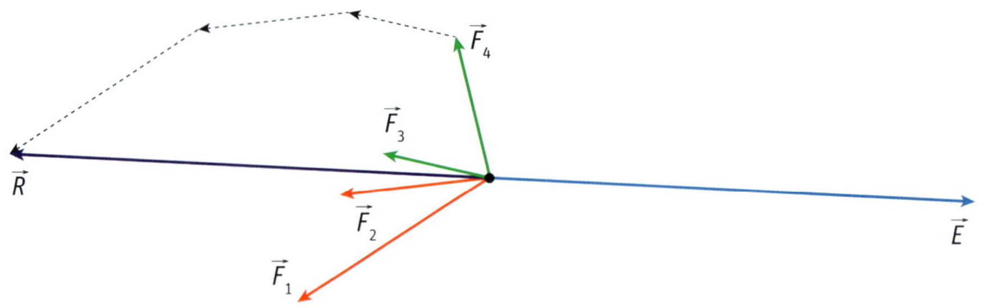

ACTIVIDADES

3. ¿Cómo se ha obtenido el vector $\vec{R}$ que aparece en el último apartado? Interpreta los vectores punteados y deduce el procedimiento para sumar fuerzas denominado "método del polígono". Puedes ver el procedimiento en www.e-sm.net/svfq4eso08_01.

Descomposición de fuerzas

Como hemos visto, el método seguido para componer dos fuerzas concurrentes perpendiculares permite conocer dos datos: la fuerza resultante final y el ángulo que forma dicha resultante con el eje *X*. También es posible realizar el proceso inverso, es decir, descomponer una fuerza en dos componentes perpendiculares entre sí, que normalmente se sitúan en los respectivos ejes cartesianos *X* e *Y*.

Descomposición de una fuerza en sus componentes X e Y

2. **Con la barca del dibujo se pretende cruzar un río, para lo cual se la somete a una fuerza de 500 N. El barquero sabe que esa fuerza es el resultado de la reacción del agua al remar en la dirección de *Y* y de la tracción que hace el agua (F_x), que le impulsa hacia la derecha. También sabe que el rumbo de la barca forma 37° con la orilla. ¿Cómo puede conocer la fuerza que hace el agua?**

Datos: sen 37° = 3/5; cos 37° = 4/5

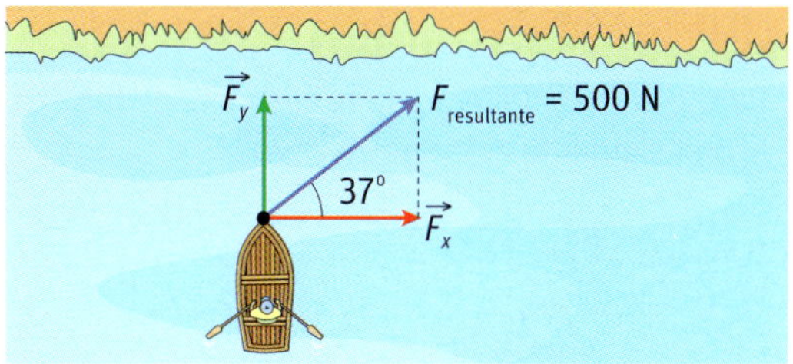

SOLUCIÓN

Las expresiones trigonométricas de seno y coseno relacionan los catetos con la hipotenusa de un triángulo rectángulo. Por tanto, se puede escribir:

$$\text{sen}\,37° = \frac{F_y}{F} \Rightarrow F_y = F \cdot \text{sen}\,37° \Rightarrow F_y = (500\,\text{N}) \cdot \frac{3}{5} = 300\,\text{N} \qquad \cos 37° = \frac{F_x}{F} \Rightarrow F_x = F \cdot \cos 37° \Rightarrow F_x = (500\,\text{N}) \cdot \frac{4}{5} = 400\,\text{N}$$

Así pues, la fuerza en dirección perpendicular a la corriente es F_y = 300 N. La fuerza de arrastre que hace el agua vale: F_x = 400 N.

smSaviadigital.com APLICA

Descomposición de una fuerza en un plano inclinado

3. **Un bloque descansa sobre un plano inclinado 37° sobre la horizontal. Sobre él actúa una fuerza *F* = 800 N, tal como indica la figura. Descompón gráfica y analíticamente la fuerza *F* en dos componentes, una en dirección longitudinal al plano y otra perpendicular a él.**

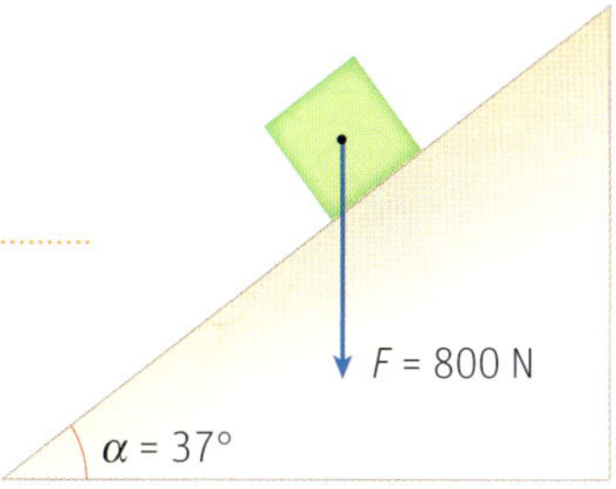

SOLUCIÓN

Para hacer la descomposición gráfica, se trazan paralelas a los ejes hasta constituir un rectángulo sobre ellos. Seguidamente se busca un ángulo que tenga sus lados perpendiculares a los lados del plano que constituyen el ángulo de 37°, con lo que valdrá lo mismo. Sobre ese ángulo se construye el triángulo rectángulo en el que se aplicarán las definiciones de seno y coseno. Es decir:

$$F_x = -F \cdot \text{sen}\,37° \Rightarrow F_x = (-800\,\text{N}) \cdot \frac{3}{5} = -480\,\text{N}$$

$$F_y = -F \cdot \cos 37° \Rightarrow F_y = (-800\,\text{N}) \cdot \frac{4}{5} = -640\,\text{N}$$

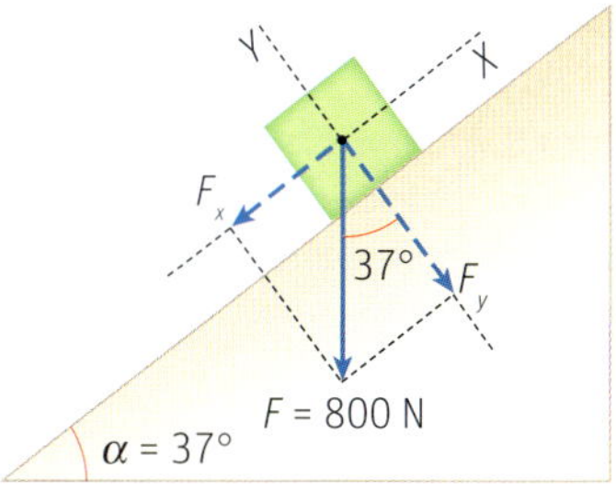

Como puede verse, dados los ejes que hemos elegido, ambas componentes son negativas; sin embargo, esto no siempre es así.

ACTIVIDADES

4. Una fuerza $\vec{F}_1$ de 90 N forma un ángulo de 45° con el eje *X*. Descompón esta fuerza en sus ejes *X* e *Y*. Seguidamente, súmale el vector $\vec{F}_2$ de 100 N, que tiene el sentido positivo del eje *X*. Halla la resultante final y la equilibrante.

3 Primera ley de Newton. Principio de inercia

El filósofo griego **Aristóteles** (384–322 a. C.), al igual que otros muchos después de él, afirmó que la materia tiende a un estado natural de reposo y que es necesaria la acción de una fuerza para que un cuerpo conserve su estado de movimiento. Una observación superficial de estos hechos parece darle la razón: si dejamos de hacer fuerza sobre un cuerpo, este se para.

Sin embargo, en este caso nuestra experiencia sensorial y nuestro sentido común pueden resultar engañosos, como demostró **Galileo Galilei** (1564-1642) hace unos cuatrocientos años.

ANALIZA

Para estudiar el efecto de la ausencia de fuerzas sobre un cuerpo, Galileo hizo uso de esferas y planos inclinados muy pulidos y realizó el siguiente montaje:

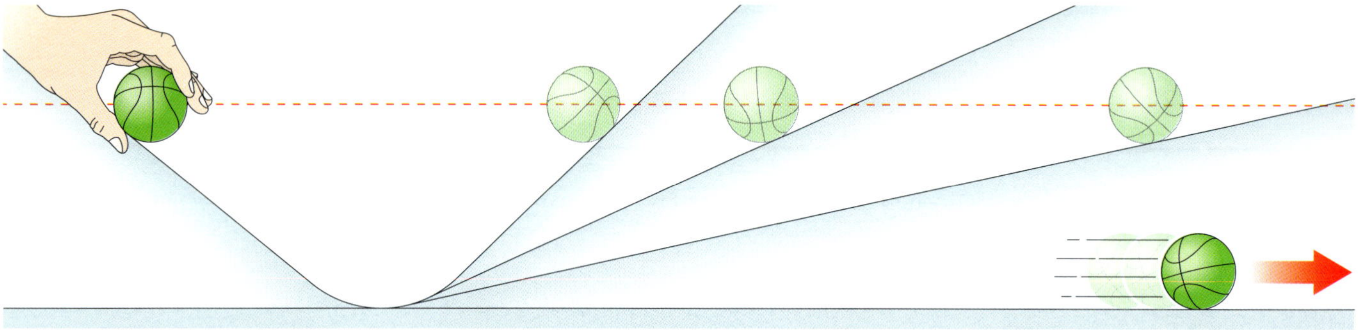

En cada prueba, Galileo situaba una esfera a la misma altura en un plano inclinado y dejaba que descendiera y subiera por otro plano inclinado. Observó que la bola subía aproximadamente hasta la misma altura inicial. A medida que disminuía la inclinación del plano de subida, la bola, a fin de llegar a la misma altura, recorría cada vez más distancia. Y se preguntó: ¿qué ocurriría si, en el límite, el plano de la derecha fuera horizontal?

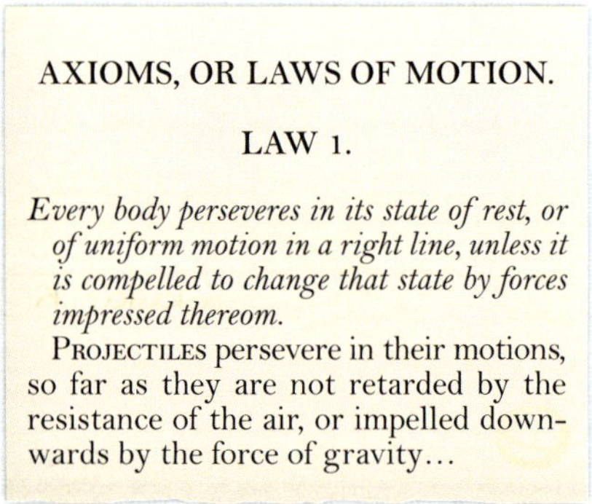

AXIOMS, OR LAWS OF MOTION.

LAW I.

Every body perseveres in its state of rest, or of uniform motion in a right line, unless it is compelled to change that state by forces impressed thereon.

PROJECTILES persevere in their motions, so far as they are not retarded by the resistance of the air, or impelled downwards by the force of gravity...

Figura 8.2. Enunciado original de la primera ley de Newton, extraído de su obra *Philosophiæ naturalis principia mathematica (Principios matemáticos de la filosofía natural).*

Primera ley de Newton

Galileo razonó que, en el caso ideal de que el plano fuera infinitamente largo y no hubiese rozamiento, la esfera continuaría moviéndose indefinidamente, tratando de alcanzar la altura desde la que se lanzó. Concluyó que los cuerpos en movimiento mantienen "un movimiento uniforme y perpetuo" a menos que algo los detenga.

La conclusión a la que llegó Galileo se conoce como *primer principio de la dinámica* y fue recogido por **Isaac Newton** (1642-1727). Se puede enunciar así:

Si sobre un cuerpo no actúa ninguna fuerza o la fuerza neta resultante que actúa sobre él es cero, el cuerpo mantiene su velocidad constante: si está en reposo, sigue en reposo; si está en movimiento, sigue con movimiento rectilíneo uniforme.

Del mismo modo, si un cuerpo tiene una velocidad constante, puede afirmarse que la fuerza neta que actúa sobre él es nula.

$$\vec{F}_{neta} = 0 \quad \Leftrightarrow \quad \vec{v} = \text{constante}$$

ACTIVIDADES

5. ¿Qué falta en la siguiente expresión para que sea correcta? Razona tu respuesta.

$$\vec{F}_{neta} = 0 \quad \Leftrightarrow \quad v = \text{constante}$$

Principio de inercia

OBSERVA

Numerosos fenómenos cotidianos se explican basándose en la primera ley de Newton, es decir, en esa tendencia de todos los cuerpos a seguir en el estado de movimiento en que se encontraban. Observa los siguientes y explícalos a la luz de la primera ley.

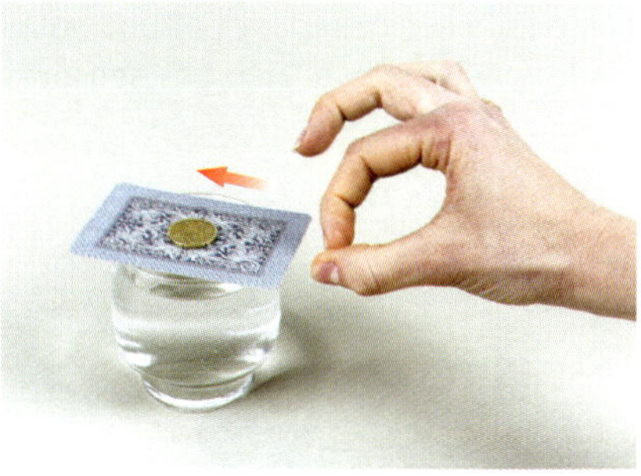

smSaviadigital.com OBSERVA

La tendencia natural a conservar el estado de reposo o el movimiento rectilíneo uniforme es un atributo propio de los cuerpos y recibe el nombre de **inercia**.

¿Es lo mismo equilibrio que reposo?

Un cuerpo está en reposo cuando su velocidad es cero ($v = 0$ m/s) y está en equilibrio cuando la fuerza neta sobre él es cero ($F_{neta} = 0$ N). Así, pueden darse las siguientes situaciones:

- Que el cuerpo esté en equilibrio y en reposo, como le ocurre a un coche aparcado.
- Que el cuerpo esté en reposo pero no en equilibrio, como le sucede a una piedra lanzada hacia arriba en el punto más alto. En él su velocidad es cero, pero la fuerza resultante no lo es, ya que sigue actuando el peso, ¡luego no está en equilibrio!
- Que el cuerpo esté en equilibrio y no en reposo, por ejemplo un coche que corre por una carretera horizontal con movimiento rectilíneo uniforme. La $F_{neta} = 0$ N, pero su $v \neq 0$ m/s.

Para saber más

Los sistemas de referencia en los que se cumplen las leyes de Newton se denominan **sistemas de referencia inerciales**.

Deduce si se cumple el principio de inercia

4. **La sonda espacial *Voyager 1* fue lanzada el 5 de septiembre de 1977. Habiendo superado los 20 000 millones de km de distancia al Sol, la sonda ya ha salido del sistema solar y ha entrado en el "espacio exterior". Imagina que se encuentra muy alejada de todo objeto celeste y que se mueve a una velocidad constante de 30 000 m/s. Indica las fuerzas que actúan sobre la sonda.**

SOLUCIÓN

La sonda *Voyager 1* constituye un buen ejemplo de movimiento inercial. La velocidad constante, por grande que sea, indica que la fuerza resultante sobre la sonda espacial es prácticamente cero.

El movimiento de la sonda también pone de manifiesto el hecho de que son necesarios dos cuerpos para que exista interacción.

ACTIVIDADES

6. Un paracaidista cae con su paracaídas abierto a una velocidad constante de 6 m/s. Identifica y dibuja las fuerzas que actúan sobre él. ¿Se puede decir que se encuentra en equilibrio?

4 Segunda ley de Newton. Principio fundamental de la dinámica

Según la primera ley de Newton, cuando la fuerza neta o resultante que actúa sobre un cuerpo es cero, su velocidad permanece constante. Del mismo modo, puede afirmarse que, si existe una fuerza resultante actuando sobre un cuerpo, su velocidad varía. Ahora bien, ¿de qué depende dicha variación?

ANALIZA

En un riel de aire se ha situado una pieza móvil de 250 g, a la que se ha atado un hilo que recorre todo el carril, pasa por una polea y tiene colgado un peso de 0,1 N. Se ha liberado la pieza móvil desde el reposo y se ha dejado que recorra el riel. Los sensores verticales permiten tomar el tiempo de paso del móvil cada 30 cm.

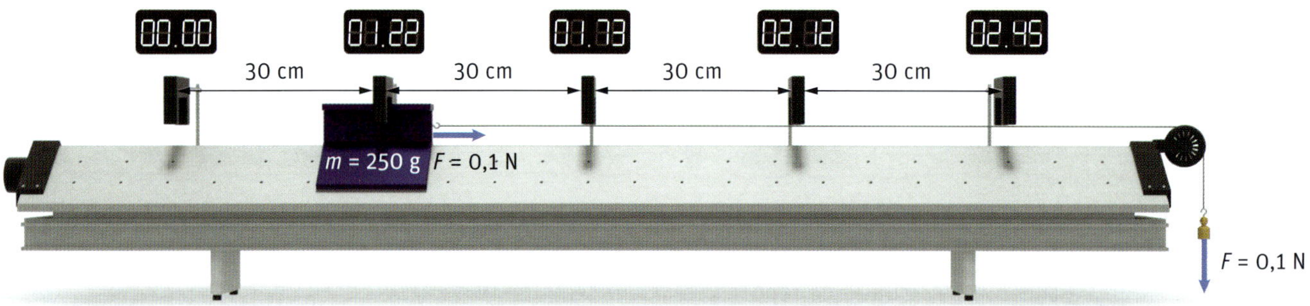

s (m)	t (s)	a (m/s²)
0	0	—
0,3	1,22	0,4
0,6	1,73	0,4
0,9	2,12	0,4
1,2	2,45	0,4

Se han recogido los tiempos y las distancias en una tabla. Las ecuaciones de la unidad 7 permiten deducir la aceleración en cada tramo, que resulta ser constante e igual a 0,4 m/s^2.

Es decir, la fuerza que ejerce la pesa sobre la pieza móvil produce sobre esta una aceleración constante.

Si se calcula la relación entre fuerza y aceleración, resulta que F/a = (0,1 N)/(0,4 m/s^2) = = 0,25 kg, que es exactamente... ¡la masa del móvil!

- ¿Qué crees que ocurriría si la fuerza fuese el doble?, ¿y si duplicamos la masa del móvil?

ACTIVIDADES

7. Observa las siguientes experiencias, elabora una tabla de datos y extrae una conclusión.

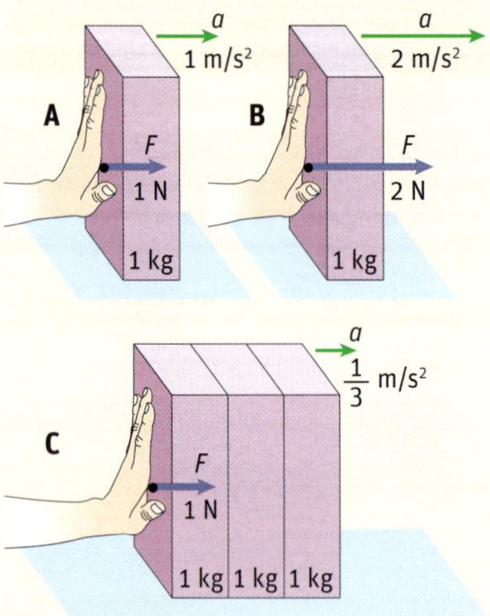

Si se emplean móviles de distinta masa y se cuelgan diferentes pesas, se puede generalizar el resultado obtenido, con lo que se llega a la **segunda ley de Newton** o **principio fundamental de la dinámica**.

> La relación entre la fuerza resultante que actúa sobre un cuerpo y la aceleración que adquiere es constante para cada cuerpo.
>
> $$\frac{\vec{F}_{neta}}{\vec{a}} = m = \text{constante}$$

Esta constante es una medida de la oposición que presenta el cuerpo a ser acelerado, es decir, de su inercia. La segunda ley sirve así como definición de la *masa inercial*.

> La **masa inercial** de un objeto es el cociente o relación que existe entre la fuerza resultante que actúa sobre él y la aceleración que adquiere.

La expresión más común de la segunda ley dice que la fuerza neta o resultante que actúa sobre un cuerpo es proporcional a la aceleración que adquiere:

$$\vec{F}_{neta} = m\vec{a}$$

Si expresamos esta ley en unidades del SI, resulta que **1 N = (1 kg)(1 m/s^2)**.

Aplica la segunda ley de Newton

5. **Un coche de 900 kg pasa de 0 a 100 km/h en 8 segundos con aceleración constante. Casi inmediatamente, se encuentra con un obstáculo y aplica los frenos, consiguiendo detenerse en 10 s.**

a) ¿Cuál de las dos imágenes de la derecha corresponde a cada situación?

b) Calcula la fuerza resultante en ambos casos y dibuja su dirección y sentido.

c) ¿Qué espacio total ha recorrido el coche?

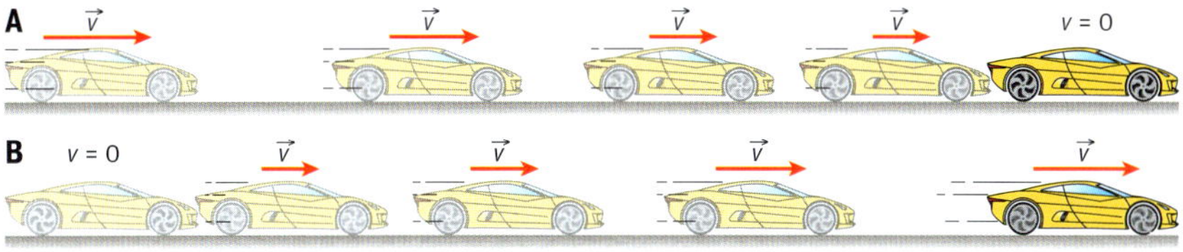

SOLUCIÓN

a) La primera imagen muestra un descenso de velocidad. Por tanto, corresponde a la frenada, que es debida a una fuerza deceleradora. La segunda imagen muestra un aumento de velocidad, provocado por una fuerza aceleradora.

b) Se pasan los datos al SI y se aplican las ecuaciones del MRUA. En ambos casos, se cumple que $v_f = v_0 + at$. Sustituyendo:

En la frenada: $0 = 27{,}78 + a \cdot 10 \Rightarrow a = -2{,}78\ \text{m/s}^2 \Rightarrow F = ma = (900\ \text{kg})(-2{,}78\ \text{m/s}^2) = -2502\ \text{N}$

En la aceleración: $27{,}78 = 0 + a \cdot 8 \Rightarrow a = 3{,}47\ \text{m/s}^2 \Rightarrow F = ma = (900\ \text{kg})(3{,}47\ \text{m/s}^2) = 3125\ \text{N}$

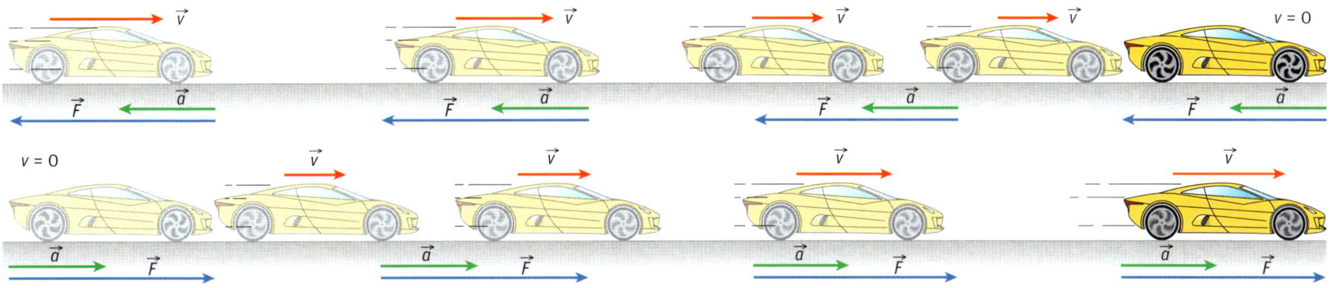

El sentido de $\vec{a}$ se corresponde con el sentido de $\vec{F}$, pero no siempre coincide con el sentido de la velocidad.

c) Para calcular la distancia recorrida, usamos la ecuación del MRUA: $v_f^2 - v_0^2 = 2a\Delta s$.

$$\left.\begin{array}{l} 27{,}78^2 - 0 = 2 \cdot 3{,}47 \cdot \Delta s_{\text{aceleración}} \Rightarrow \Delta s_{\text{aceleración}} = 111{,}2\ \text{m} \\ 0 - 27{,}78^2 = 2 \cdot (-2{,}78) \cdot \Delta s_{\text{frenada}} \Rightarrow \Delta s_{\text{frenada}} = 138{,}8\ \text{m} \end{array}\right\} \Rightarrow s_{\text{total recorrido}} = (111{,}2 + 138{,}8)\ \text{m} = 250\ \text{m}$$

6. **Para arrastrar una barca de 150 kg se ejercen dos fuerzas de 400 N perpendiculares entre sí. ¿Cómo será el movimiento de la barca si la fuerza de rozamiento del agua es de 550 N?**

SOLUCIÓN

La composición de fuerzas es como se muestra en la figura de la derecha. La fuerza resultante de tracción será:

$$R = \sqrt{F_1^2 + F_2^2} = \sqrt{400^2 + 400^2} = 566\ \text{N}$$

Esta fuerza es ligeramente superior a la fuerza de rozamiento que opone el agua, por lo que la fuerza neta produce una aceleración hacia la derecha:

$$566 - 550 = 150 \cdot a \Rightarrow a = 0{,}11\ \text{m/s}^2$$

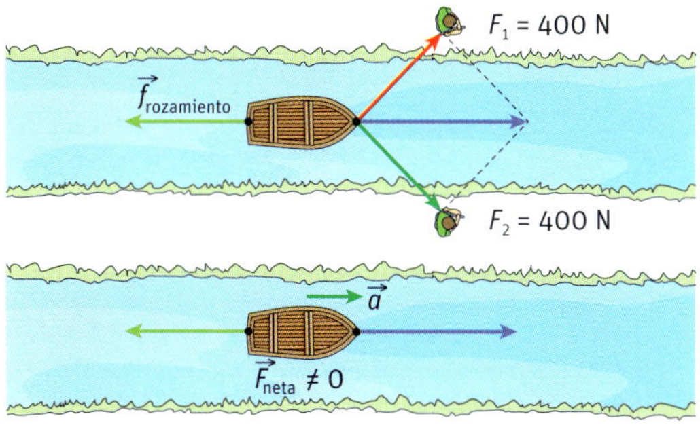

ACTIVIDADES

8. Sobre un objeto de 30 kg de masa actúan cuatro fuerzas: 10 N en sentido norte, 20 N en sentido oeste, 12 N en sentido sur y 12 N en sentido este. Calcula la aceleración que adquiere el objeto y dibuja su dirección y sentido.

5 Tercera ley de Newton. Fuerzas de acción y reacción

Como se ha visto, el concepto de fuerza supone la existencia de dos cuerpos que interaccionan. Newton fue el primer científico en darse cuenta de que, si había dos cuerpos, debía haber dos fuerzas y dos efectos. El objeto de la tercera ley es el análisis de dichas parejas de fuerzas y sus efectos.

EXPERIMENTA Y ANALIZA

Fija con cinta un imán sobre la carrocería de un coche de juguete. Acércale otro imán para comprobar que el coche recorre cierta distancia hasta que el rozamiento lo detiene. Ahora bien, ¿qué crees que sucederá si también se fija el segundo imán, a fin de que siga empujando todo el rato al imán que está montado sobre el techo del coche?

- En el caso 2 se puede pensar que el coche no parará nunca. Sin embargo, no se mueve en absoluto. ¿Sabrías explicar por qué?

Figura 8.3. Tercera ley de Newton.

En la primera experiencia, el imán situado sobre el coche constituye un cuerpo y el imán en la mano constituye el segundo cuerpo. Puede haber interacción entre ellos e impulsarse mutuamente. Sin embargo, al atar el segundo imán al coche, ambos constituyen un solo objeto, con lo que se confirma experimentalmente que un cuerpo no puede cambiar por sí mismo su estado de movimiento.

Si un cuerpo A ejerce una fuerza, denominada **acción**, sobre otro cuerpo B ($\vec{F}_{AB}$), este produce a su vez sobre el primero otra fuerza ($\vec{F}_{BA}$), llamada **reacción**, de la misma intensidad y sentido contrario:

$$\vec{F}_{AB} = -\vec{F}_{BA}$$

Esta ley deja patente que las **fuerzas** deben ser entendidas como **interacciones entre cuerpos**. Sin embargo, es preciso matizar bien las características de estas fuerzas:

- Las fuerzas siempre se presentan por parejas, son simultáneas y no importa a cuál denominemos acción y a cuál reacción.
- Las fuerzas son iguales y opuestas, pero nunca se anulan entre sí cuando se aplican sobre objetos diferentes, es decir, no pueden sumarse. Esta es la razón de que se mueva el cochecito del ejemplo en la primera posición: solo actúa una fuerza sobre el mismo.
- Las dos fuerzas son iguales, pero pueden producir efectos diferentes en cada cuerpo.

Ten en cuenta

Aunque el término "acción-reacción" sugiere que la acción es la causa de la reacción, en realidad ambas fuerzas son simultáneas.

ACTIVIDADES

9. Interpreta las interacciones siguientes, definiendo las parejas de fuerzas que actúan y sus efectos en cada cuerpo.

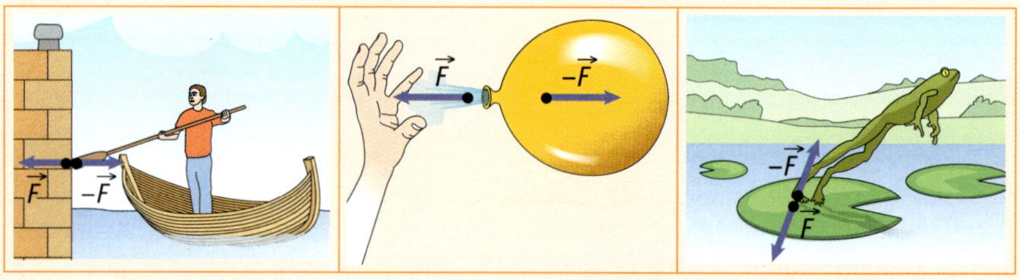

Define y dibuja correctamente las parejas de acción-reacción

7. La imagen de la derecha muestra un hombre, una cuerda y un bloque. Estudia las acciones que se ejercen mutuamente, sin considerar otros objetos o actores que podrían intervenir. Define quién realiza cada acción, sobre quién o qué se realiza y dónde se aplica. ¿Cuáles son de acción y cuáles son de reacción?

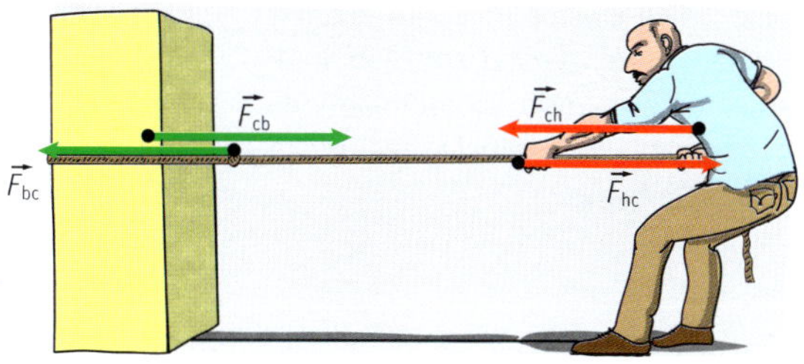

SOLUCIÓN

Se ordenan las fuerzas en una tabla, poniendo en la misma columna las parejas de acción y reacción:

Parejas de fuerzas acción-reacción	¿Quién la realiza?	¿Sobre quién actúa?	Punto de aplicación
F_{hc}	El hombre	La cuerda	La cuerda
F_{ch}	La cuerda	El hombre	El hombre

Parejas de fuerzas acción-reacción	¿Quién la realiza?	¿Sobre quién actúa?	Punto de aplicación
F_{cb}	La cuerda	El bloque	El bloque
F_{bc}	El bloque	La cuerda	La cuerda

Como se observa, si aislamos los objetos de estudio, nunca coinciden las dos fuerzas de una pareja en un cuerpo. Es decir, no se pueden anular entre sí. Es preciso un razonamiento dinámico específico para cada cuerpo.

- El hombre se moverá hacia la izquierda, a no ser que el rozamiento de sus zapatos con el suelo se lo impida.
- En ausencia de rozamiento, el bloque se moverá hacia la derecha.
- En el caso de la cuerda hay que componer dos fuerzas para decidir su resultante. Si $F_{hc} > F_{bc}$, se moverá hacia la derecha con MRUA. Si $F_{hc} = F_{bc}$, permanecerá en reposo o se moverá con MRU.

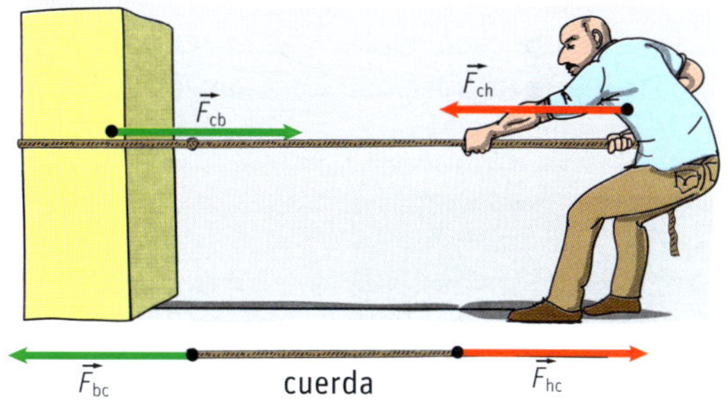

Demuestra que las fuerzas de acción y reacción producen efectos diferentes

8. Laura y Daniel, de 50 kg y 75 kg, respectivamente, se encuentran sobre una pista de hockey sobre patines sin rozamiento. Daniel empuja a Laura con una fuerza de 50 N. ¿Qué aceleración adquiere cada uno? ¿Qué habría ocurrido si Daniel hubiera dado el mismo empujón a la barandilla?

SOLUCIÓN

La fuerza que Daniel ejerce sobre Laura (F_{DL}) se aplica y actúa en Laura, luego su efecto depende de la masa de Laura. Se aplica la segunda ley en ausencia de rozamiento:

$$F_{DL} = m_{Laura}\, a_{Laura} \quad \Rightarrow \quad a_{Laura} = \frac{(50\ \text{N})}{(50\ \text{kg})} = 1\ \text{m/s}^2$$

Simultáneamente, Laura ejerce una fuerza igual y opuesta sobre Daniel, que produce una aceleración en sentido contrario:

$$F_{LD} = m_{Daniel}\, a_{Daniel} \quad \Rightarrow \quad a_{Daniel} = -\frac{(50\ \text{N})}{(75\ \text{kg})} = -0{,}67\ \text{m/s}^2$$

Si Daniel empujara la barandilla con la misma fuerza, recibiría una reacción idéntica de −50 N y adquiriría la misma aceleración de retroceso. La barandilla, que está fija al suelo, absorbería la fuerza recibida sin que tuviera lugar ningún efecto perceptible.

smSaviadigital.com OBSERVA

ACTIVIDADES

10. Al principio de la unidad se ha mencionado el curioso movimiento de algunos calamares, que son capaces de "volar" por el aire a una velocidad de 40 km/h. A la luz de la tercera ley de Newton, explica este fenómeno y realiza un dibujo ilustrativo.

6 Las tres leyes de Newton en la vida cotidiana

Amplía

La mecánica clásica presenta algunas limitaciones, pero estas solo son apreciables en el mundo subatómico y en movimientos con velocidades próximas a la de la luz.

El conjunto de las leyes de Newton, junto con la ley de gravitación universal y las aportaciones de algunos científicos posteriores, constituye el sistema teórico denominado **mecánica clásica**, que permite abordar con éxito el estudio de numerosos problemas en los que intervienen objetos, máquinas, proyectiles, cohetes, satélites, etc.

Cuando se abordan los problemas de mecánica clásica, resulta interesante saber relacionar los tres principios, a fin de extraer la información combinada de todos ellos. A continuación aparecen seis situaciones cuyo estudio se puede abordar a partir de los tres principios de la dinámica, y después se plantea una serie de ejercicios sobre las situaciones descritas.

ANALIZA

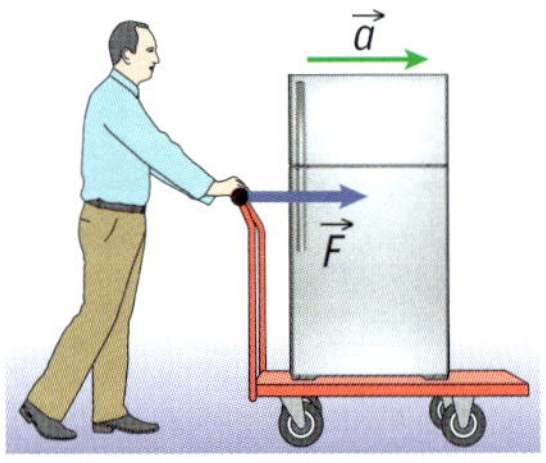

1. ¿Qué ocurre si se duplica la fuerza de tracción? ¿Y si se duplica la masa?

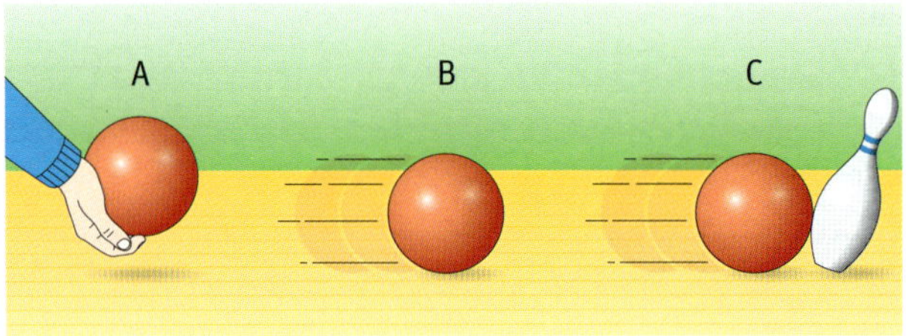

2. Imagina que estás jugando a los bolos. Identifica las fuerzas que actúan sobre la bola desde que esta sale de tu mano hasta que golpea el bolo (situaciones A, B y C).

3. ¿Por qué debemos usar cinturones de seguridad? ¿Qué conceptos están relacionados con esta situación?

4. ¿Qué variables es preciso conocer para determinar la fuerza que hace el futbolista con el pie?

5. Existe una famosa paradoja relacionada con la tercera ley, según la cual si la fuerza que hace el tractor sobre el remolque es igual y opuesta a la que hace el remolque sobre el tractor, este no se movería. ¿Cómo lo explicas?

6. ¿Qué cuerpo ejerce la fuerza que impulsa al cohete durante el despegue? Explícalo en términos de una de las tres leyes.

Relaciona la fuerza, la masa y la aceleración

9. **El hombre de la situación 1 del apartado ANALIZA empuja el carro con una fuerza de 25 N, con lo que arranca con una aceleración de 0,2 m/s². ¿Qué carga está transportando si la masa del carrito es de 25 kg?**

SOLUCIÓN

Aplicando la segunda ley de Newton:

$$F_{neta} = ma \quad \Rightarrow \quad 25 = m \cdot 0{,}2 \quad \Rightarrow \quad m = 125 \text{ kg}$$

Si se descuenta la masa del carrito, la masa de la carga es $m_{carga} = 100$ kg.

ACTIVIDADES

11. En el ejercicio resuelto 9, ¿qué ocurre si se duplica la carga? ¿Qué aceleración resulta si hay un rozamiento de 25 N?

Identifica y dibuja fuerzas

10. El jugador de la situación 2 del ANALIZA ha lanzado la bola. Dibuja y explica las fuerzas que actúan sobre la bola en las tres situaciones que se muestran a la derecha, considerando solo la dirección horizontal del movimiento.

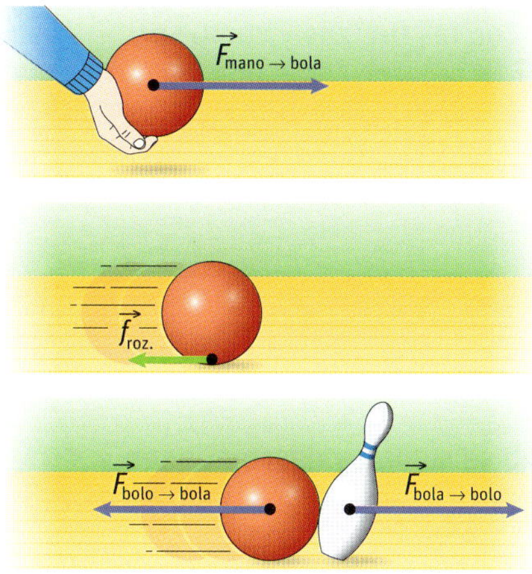

SOLUCIÓN

- Mientras la bola está siendo lanzada, es decir, mientras está en la mano, esta realiza una fuerza sobre la bola proporcionándole una aceleración y, en consecuencia, una velocidad.
- Cuando la bola va sobre la pista, la mano ya no interviene y el movimiento depende de lo pulido que esté el suelo. Habrá una fuerza de rozamiento que le restará algo de velocidad.
- Cuando la bola golpea el bolo hay dos fuerzas: la que realiza la bola sobre el bolo y la que este hace sobre la bola, en sentido contrario.

Comprueba la importancia del cinturón de seguridad

11. El vehículo de la situación 3 tiene una masa de 1350 kg, incluyendo los pasajeros. El conductor circula con una velocidad de 32 m/s y se encuentra con un camión de 20 000 kg volcado en la carretera a 50 m de distancia. Solo consigue frenar con una aceleración de −4 m/s² debido al mal estado de las ruedas.

a) ¿Consigue detenerse a tiempo? Si no es así, ¿qué ocurre al chocar con el camión?

b) Si el choque dura 0,15 s hasta que se para el coche, ¿qué fuerza soportan el coche y sus ocupantes, supuesta constante? ¿Qué fuerza actúa sobre el camión?

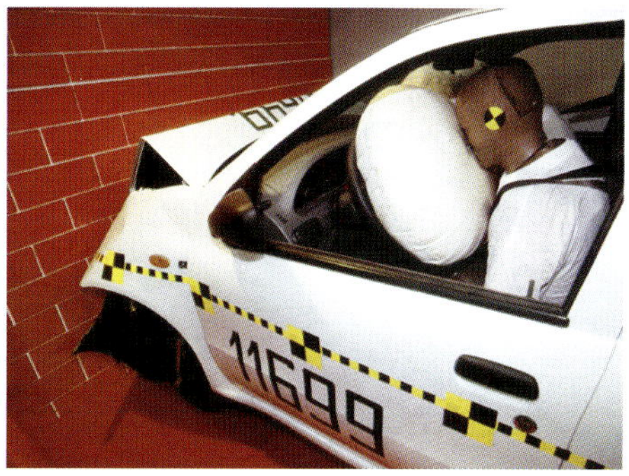

Figura 8.4. Para estudiar la efectividad y las consecuencias sobre el cuerpo humano de los distintos sistemas de seguridad de los vehículos, se hacen pruebas de choque con maniquíes.

SOLUCIÓN

a) Aplicamos la ecuación del MRUA para saber su velocidad final después de recorrer 50 m, y queda:

$$v_f^2 - v_0^2 = 2a\Delta s \quad \Rightarrow \quad v_f^2 - 32^2 = 2\cdot(-4)(50) \quad \Rightarrow \quad v_f = 25\,\text{m/s}$$

Es decir, no solo no se detiene, sino que su velocidad en el momento del choque es muy elevada, de unos 90 km/h. Inicialmente, la inercia hace que todo siga moviéndose a 25 m/s. Si el coche choca y los ocupantes no llevan puesto el cinturón de seguridad, seguirán moviéndose hasta estrellarse contra un objeto que los detenga.

b) La fuerza que ejerce el coche sobre el camión es la misma que este ejerce sobre el coche. Para calcularla, deducimos primero la aceleración de frenado en 0,15 s. Sabemos que $v_f = v_0 + at$. Sustituyendo, resulta:

$$0 = 25 + a \cdot 0{,}15 \quad \Rightarrow \quad a = -166{,}7\ \text{m/s}^2$$

La fuerza del choque es enorme:

$$F_{neta} = ma = (1350\ \text{kg})(-166{,}7\ \text{m/s}^2) = -2{,}25 \cdot 10^5\ \text{N}$$

Esta es la misma fuerza que actúa sobre el camión, arrastrándolo una pequeña distancia.

ACTIVIDADES

12. Un futbolista puede provocar una aceleración en el balón de 100 m/s² al golpearlo. ¿Qué otro dato se necesita para calcular la fuerza que ejerce su pierna?

13. En la situación 5 de la página anterior, si el tractor tira con una fuerza de 440 N y la masa del remolque es de 275 kg, ¿qué fuerza ejerce el remolque sobre el tractor?

Repasa lo aprendido

1 ¿Qué son las fuerzas y cómo se miden?

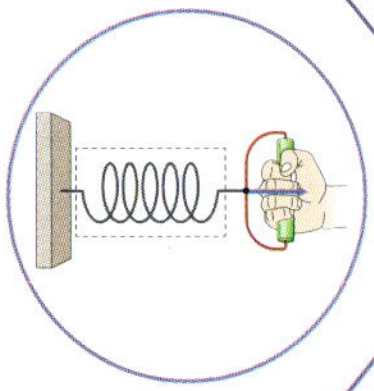

La **fuerza** es una medida de la intensidad de una interacción. Su unidad en el SI es el **newton (N)**.

Las fuerzas se pueden medir con un dinamómetro, un instrumento que obedece la **ley de Hooke**.

2 ¿Cómo se suman y descomponen las fuerzas?

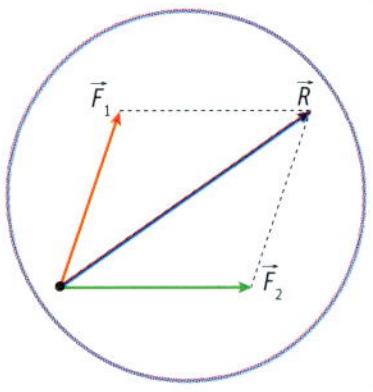

La fuerza es un vector ($\vec{F}$), y los elementos que la definen son: el punto de aplicación, el módulo o intensidad de la fuerza, la dirección y el sentido.

Cuando dos o más fuerzas concurren en un punto, la fuerza resultante ($\vec{R}$) es la suma vectorial de las mismas.

Cada fuerza se puede descomponer en otras dos, mutuamente perpendiculares.

3 ¿Cómo se comporta un cuerpo sobre el que actúa una fuerza resultante nula?

Si sobre un cuerpo no actúa ninguna fuerza o la fuerza neta resultante que actúa sobre él es cero, el cuerpo mantiene su velocidad constante: si está en reposo, sigue en reposo; si está en movimiento, sigue con movimiento rectilíneo uniforme. Esta tendencia natural de los cuerpos recibe el nombre de **inercia**.

$$\vec{F}_{neta} = 0 \quad \Leftrightarrow \quad \vec{v} = \text{constante}$$

4 ¿Qué relación existe entre la fuerza que actúa sobre un cuerpo y la aceleración que adquiere?

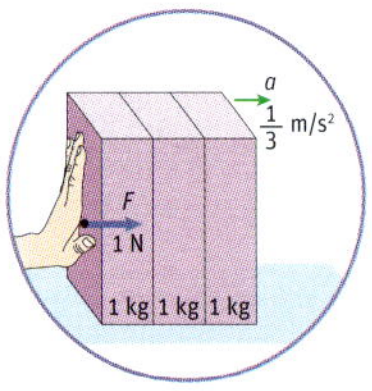

La relación entre la fuerza resultante que actúa sobre un cuerpo y la aceleración que adquiere es constante para cada cuerpo y se denomina **masa inercial**.

$$\frac{\vec{F}_{neta}}{\vec{a}} = m = \text{constante}$$

Es decir:

$$\vec{F}_{neta} = m\vec{a}$$

5 ¿Por qué se dice que las fuerzas siempre actúan por parejas?

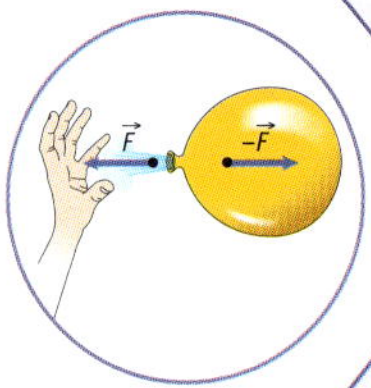

Si un cuerpo A ejerce una fuerza, llamada **acción**, sobre otro cuerpo B ($\vec{F}_{AB}$), este produce sobre el primero otra fuerza, llamada **reacción**, de la misma intensidad y sentido contrario ($\vec{F}_{BA}$).

$$\vec{F}_{AB} = -\vec{F}_{BA}$$

6 ¿Cómo se aplican los principios de la dinámica a la resolución de problemas de la vida cotidiana?

Para resolver los problemas de dinámica se deben seguir estos pasos:

- Identificar y dibujar las fuerzas que actúan sobre un cuerpo.
- Determinar la dirección de la aceleración y elegirla como eje principal del movimiento.
- En ese eje, escribir y resolver la expresión $\vec{F}_{neta} = m\vec{a}$.

smSaviadigital.com VALORA LO APRENDIDO › Resumen de la unidad

Suma de fuerzas concurrentes

Un petrolero es llevado a puerto por cuatro remolcadores, cada uno de los cuales ejerce una fuerza de 12 000 N, en las direcciones que se indican en el dibujo. En esta sección vamos a determinar, gráfica y trigonométricamente, la resultante de las fuerzas. Utilizaremos una regla en la que 1 cm equivale a 4000 N.

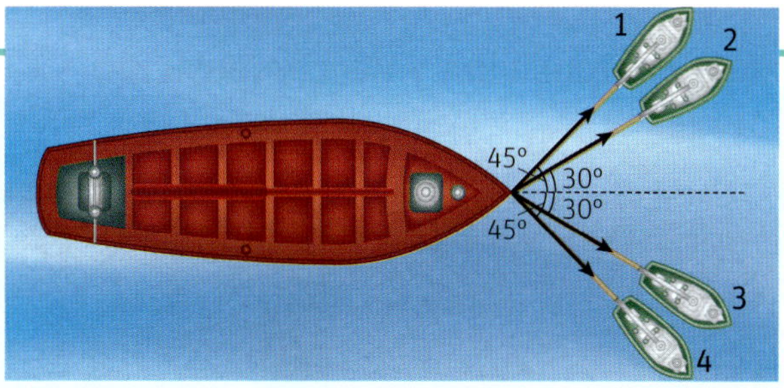

1 RESOLUCIÓN GRÁFICA

Con un transportador y haciendo uso de la regla se dibujan las fuerzas, cuya longitud debe ser de 3 cm (que equivalen a 12 000 N). La regla del paralelogramo permite sumar las fuerzas dos a dos: los remolcadores 1 y 4 dan una resultante $\vec{F}_{1-4}$, y los remolcadores 2 y 3 dan una resultante más larga, $\vec{F}_{2-3}$. Dada la simetría del problema, ambas resultantes llevan la dirección del movimiento, por lo que podemos sumarlas:

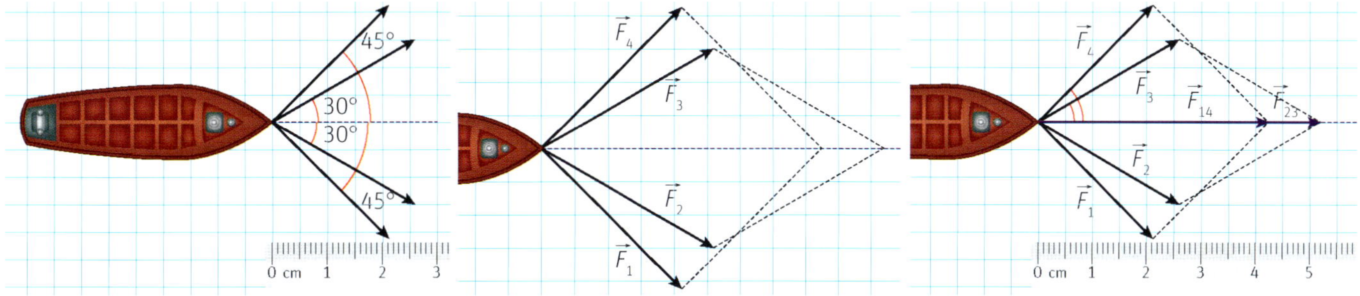

Midiendo con la regla, resulta aproximadamente que $R = F_{1-4} + F_{2-3} = 4{,}2 + 5{,}2 = 9{,}4$ cm. Haciendo el cambio según la escala, se obtiene $R = (9{,}4 \text{ cm})(4000 \text{ N/cm}) = 37\,600$ N.

2 RESOLUCIÓN TRIGONOMÉTRICA

Para resolver el ejercicio mediante trigonometría, basta con descomponer las fuerzas y aplicar la definición de seno y coseno. Las componentes en el eje X son:

$$F_{1x} = F_{4x} = (12\,000 \text{ N}) \cdot \cos 45° = 8485 \text{ N}$$

$$F_{2x} = F_{3x} = (12\,000 \text{ N}) \cdot \cos 30° = 10\,392 \text{ N}$$

Sumando las cuatro componentes, resulta:

$$R_x = 2 \cdot (8485 \text{ N}) + 2 \cdot (10\,392 \text{ N}) = 37\,754 \text{ N}$$

Por lo que respecta al eje Y, dada la simetría de los vectores las componentes se van anulando dos a dos, con lo que la resultante Y es cero.

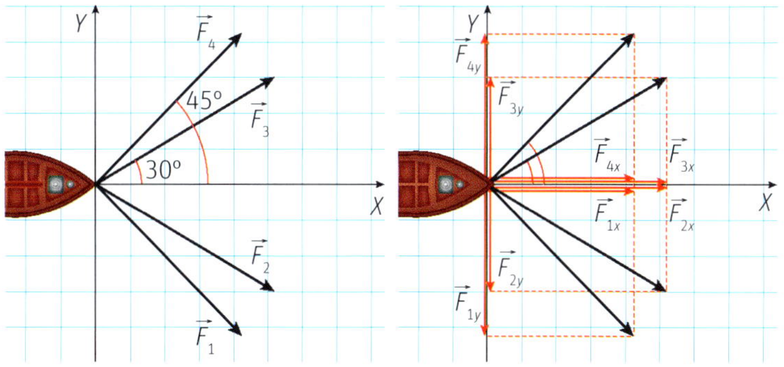

Como resultante final, queda $R = 37\,754$ N. Comparado con el dato real obtenido mediante trigonometría, el error cometido en la resolución gráfica resulta pequeño, de tan solo 154 N.

ACTIVIDADES

14. El auriga de la imagen dispone de tres caballos que tiran del carro con las fuerzas que se muestran.

a) Haz la composición gráfica para calcular la fuerza resultante sobre el carro.

b) Haz la resolución trigonométrica suponiendo que las fuerzas de 2000 N forman 37° con la fuerza de 2500 N. Datos: sen 37° = 3/5; cos 37° = 4/5

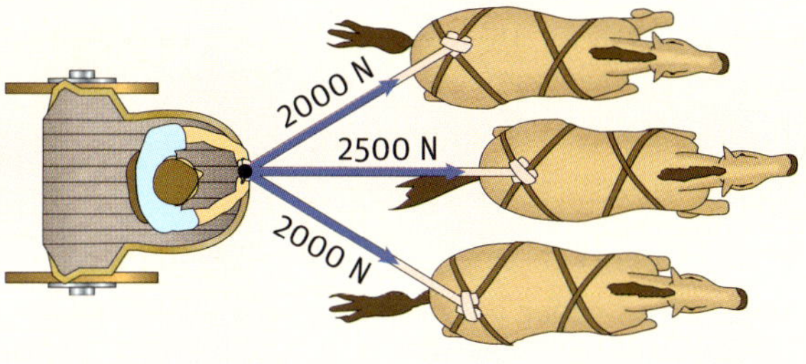

Medida, composición y descomposición de fuerzas

15. Con la intención de calibrar un dinamómetro, se ha realizado la experiencia que se muestra en el dibujo. Explica en qué consiste.

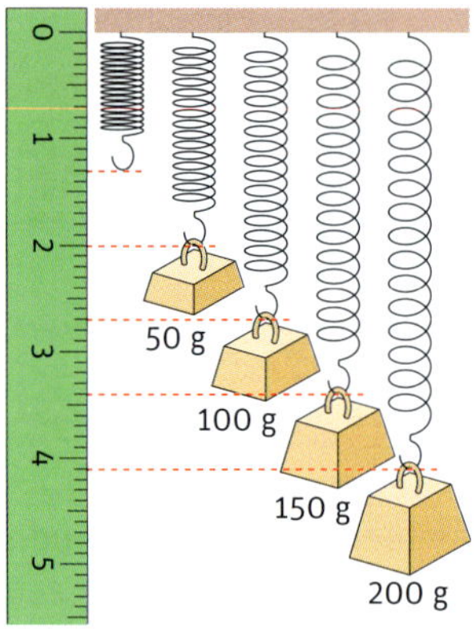

a) Haz con mucho cuidado las lecturas en la regla y elabora una tabla de datos adecuada, teniendo en cuenta que una pesa de 100 g realiza una fuerza aproximada de 1 N.

b) Representa la fuerza frente al alargamiento y, a través de la pendiente de la gráfica, obtén el valor de la constante del resorte en unidades del SI.

c) Se ha añadido un trozo de masilla a la pesa de 100 g y el muelle se ha alargado hasta 3,1 cm. ¿Qué masa corresponde a la masilla?

d) A continuación, entra en www.e-sm.net/svfq4eso08_02 y realiza el experimento. ¿Son creíbles los valores del alargamiento a medida que cuelgas las pesas? Calcula la constante del resorte y la masa de las bolas azules.

16. Los muelles de un remolque están calibrados para soportar su peso. Cuando se carga el remolque con 2100 kg de trigo, la fuerza ejercida (20 580 N) comprime los muelles 5,5 cm. Considerando que los muelles se comportan como un resorte ideal, calcula:

a) La longitud que desciende el remolque si se carga con 28 000 N.

b) La carga que lleva si ha descendido 4,2 cm.

SOLUCIÓN

a) Se calcula primero la constante del resorte:

$$F = k\Delta L \Rightarrow k = \frac{F}{\Delta L} = \frac{(20\,580\ \text{N})}{(5{,}5 \cdot 10^{-2}\ \text{m})} = 3{,}7 \cdot 10^5\ \text{N/m}$$

Si la fuerza aplicada es de 28 000 N, el muelle se comprime:

$$F = k\Delta L \Rightarrow \Delta L = \frac{F}{k} = \frac{(28\,000\ \text{N})}{(3{,}7 \cdot 10^5\ \text{N/m})} = 0{,}075\ \text{m} = 7{,}5\ \text{cm}$$

b) $F = k\Delta L \Rightarrow F = (3{,}7 \cdot 10^5\ \text{N/m})(4{,}2 \cdot 10^{-2}\ \text{m}) = 1{,}6 \cdot 10^4\ \text{N}$

17. Se ejerce una fuerza de 200 N sobre un resorte cuya longitud es de 12 cm y se observa que la longitud del resorte alcanza un valor de 17 cm. Calcula:

a) La constante elástica del resorte.

b) El alargamiento si se aplica una fuerza de 250 N.

c) La fuerza que se debe aplicar para que la longitud del resorte sea de 20 cm.

18. El dinamómetro del dibujo mide en unidades del SI. Interpreta el dibujo. Calcula la fuerza resultante y el ángulo α.

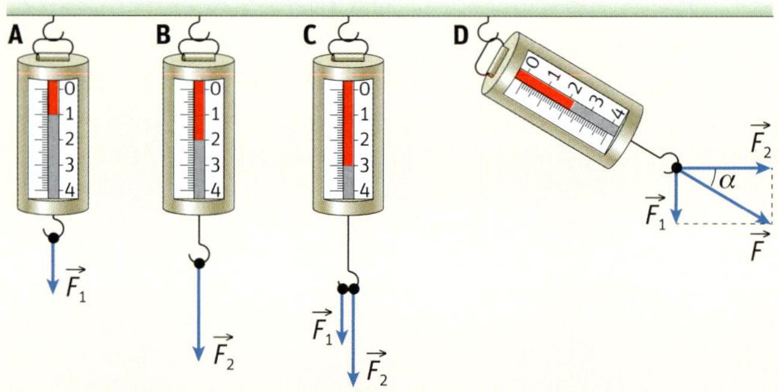

SOLUCIÓN

En las situaciones **A** y **B** aparece el valor de las fuerzas $\vec{F}_1$ y $\vec{F}_2$ y se muestra su carácter vectorial. En el caso **C**, puesto que coinciden la dirección y el sentido de las dos fuerzas, se pueden sumar, y resulta $R = 1\ \text{N} + 2\ \text{N} = 3\ \text{N}$.

En el caso **D**, las fuerzas son mutuamente perpendiculares, por lo que la resultante será:

$$R = \sqrt{F_1^2 + F_2^2} = \sqrt{1^2 + 2^2} = \sqrt{5} = 2{,}24\ \text{N}$$

$$\text{tg}\,\alpha = \frac{F_1}{F_2} \Rightarrow \alpha = \text{arctg}\,\frac{1}{2} = 26{,}6°$$

19. Halla la fuerza resultante y la fuerza equilibrante de los sistemas de fuerzas representados.

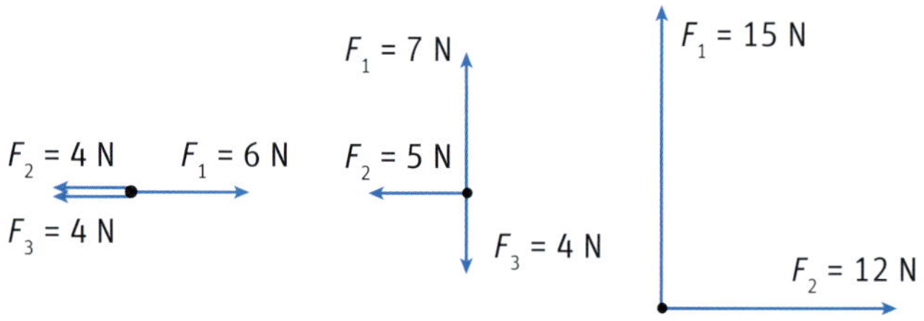

20. Descompón las fuerzas representadas en los ejes indicados.

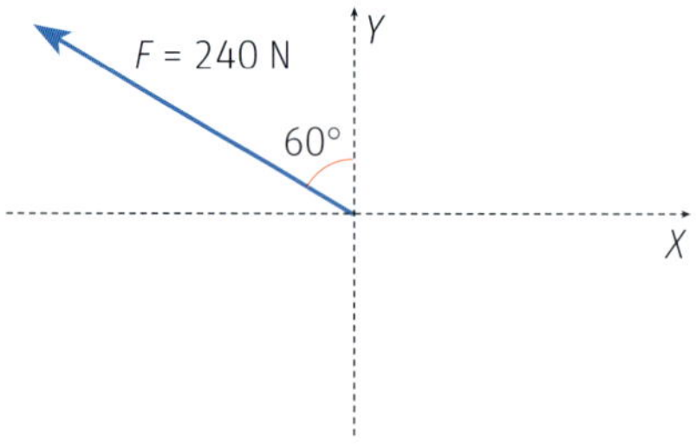

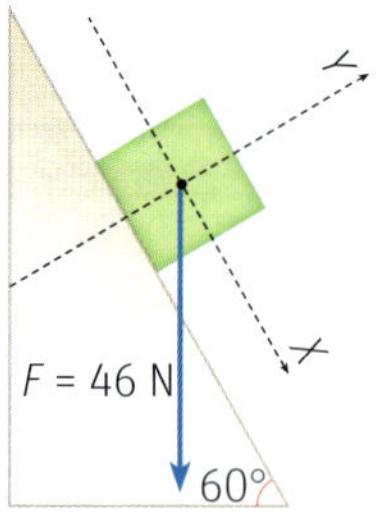

21. Halla la resultante del sistema de fuerzas que se muestra en la imagen, descomponiendo previamente la fuerza de 16 N. Después, halla la fuerza equilibrante de este conjunto de fuerzas.

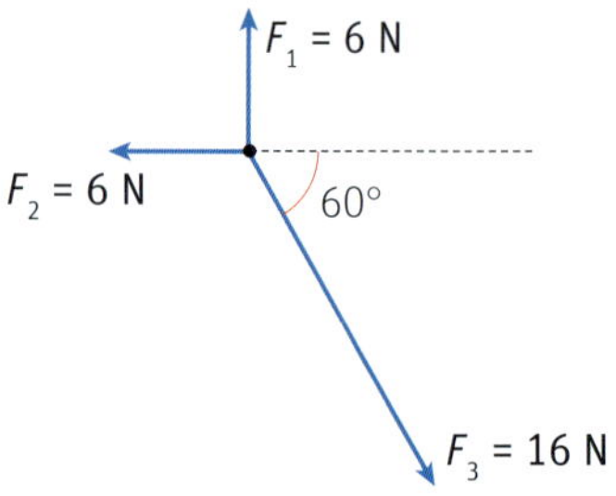

22. Cada uno de los perros tira del trineo con una fuerza de 150 N. Las cuerdas laterales azules forman un ángulo de 30° con la cuerda central. Calcula la fuerza resultante.

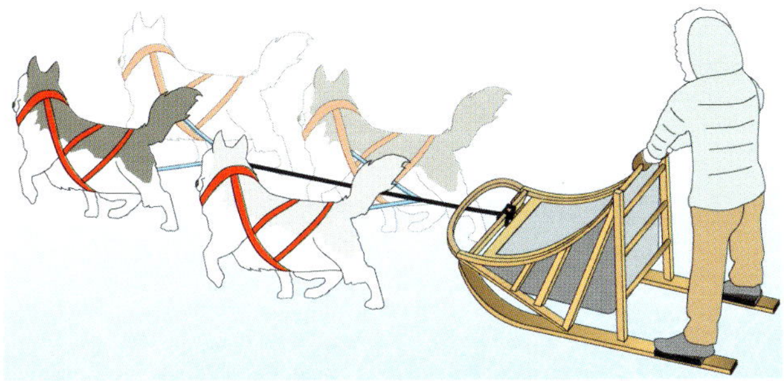

Primera ley de Newton

23. Razona si las siguientes afirmaciones son verdaderas o falsas.

a) Si la fuerza neta que actúa sobre un objeto es cero, este permanece en reposo.

b) Si un cuerpo está en movimiento, existe una fuerza resultante actuando sobre él.

c) Una partícula libre mantiene su velocidad constante.

d) Un cuerpo no puede cambiar por sí mismo su estado de movimiento.

24. Del espejo retrovisor de un automóvil cuelga un objeto. Cuando el coche arranca, ¿qué ocurre con el objeto? ¿Se puede decir que se va para atrás?

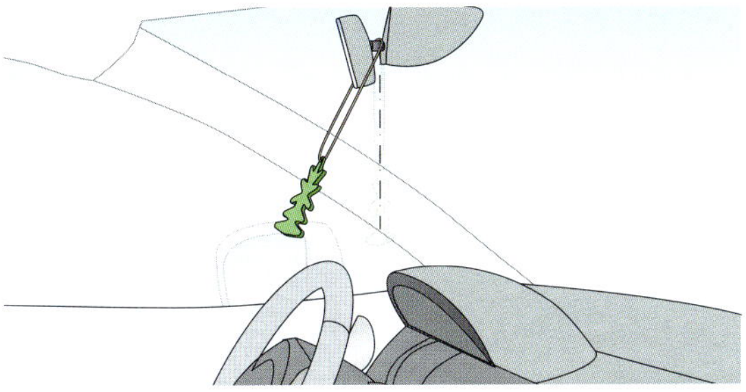

25. Sobre un velero actúa la fuerza del motor de 900 N, y perpendicularmente a ella, la del viento, de 750 N. Si se mueve con MRU, ¿qué fuerza de rozamiento actúa sobre el barco?

26. El muelle de la imagen se ha comprimido y después se ha soltado, con lo que la caja ha salido despedida hacia la derecha.

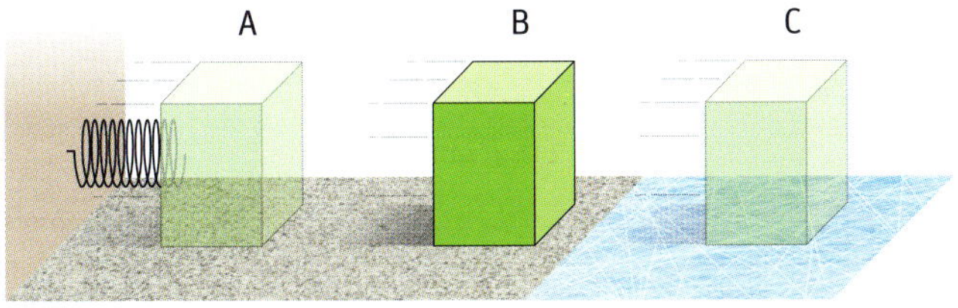

a) Identifica las fuerzas que actúan sobre ella en la dirección del movimiento: i) mientras es empujada por el muelle (A); ii) mientras se desplaza por el suelo (B).

b) ¿Qué sucederá si, a partir de cierta distancia, el suelo es de hielo y la caja se puede desplazar sin rozamiento? (C).

c) ¿En qué situación llevará un MRU?

Segunda ley de Newton

27. Razona si las siguientes afirmaciones son verdaderas o falsas.

a) Un cuerpo se mueve siempre en la dirección y sentido en que actúa la fuerza resultante.

b) La aceleración de un cuerpo siempre tiene la misma dirección y sentido que la fuerza resultante.

c) Las fuerzas son proporcionales a las velocidades que provocan en los cuerpos.

28. Sobre un cuerpo de 3 kg actúan tres fuerzas: 150 N en sentido norte, 200 N en sentido este y 450 N en sentido oeste. Dibújalas y calcula la aceleración que adquiere el cuerpo.

29. Una moto y su conductor tienen una masa total de 450 kg y realizan un trayecto cuya gráfica *v*-*t* es la siguiente:

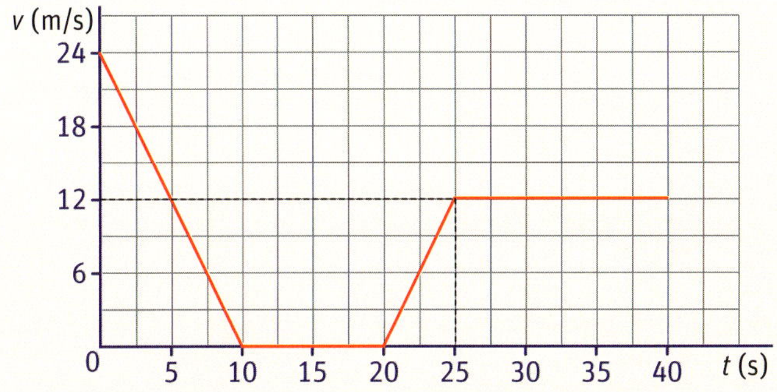

Calcula y representa la fuerza resultante sobre cada tramo, suponiendo que la moto va por una carretera recta.

SOLUCIÓN

La pendiente de la gráfica *v*-*t* es la aceleración del móvil:

- Tramo 1. La aceleración es negativa o de frenado:

$$a_1 = \frac{\Delta v}{\Delta t} = \frac{0-24}{10-0} = -2{,}4\ \text{m/s}^2; \quad F = m\,a = 450 \cdot (-2{,}4) = -1080\ \text{N}$$

- Tramo 2. La velocidad es constante y vale 0; la aceleración y la fuerza también son nulas.
- Tramo 3. La aceleración y la fuerza son positivas:

$$a_3 = \frac{\Delta v}{\Delta t} = \frac{12-0}{25-20} = 2{,}4\ \text{m/s}^2; \quad F = ma = 450 \cdot 2{,}4 = 1080\ \text{N}$$

- Tramo 4. La velocidad es constante. Por tanto, la aceleración y la fuerza también son nulas.

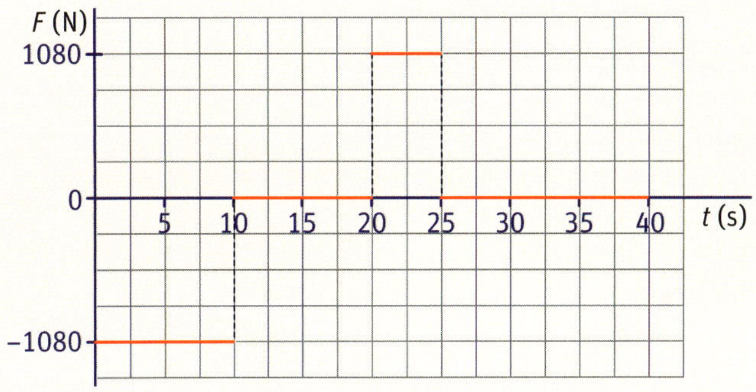

30. Un móvil de 20 kg de masa realiza un trayecto rectilíneo cuya gráfica *v-t* es la siguiente:

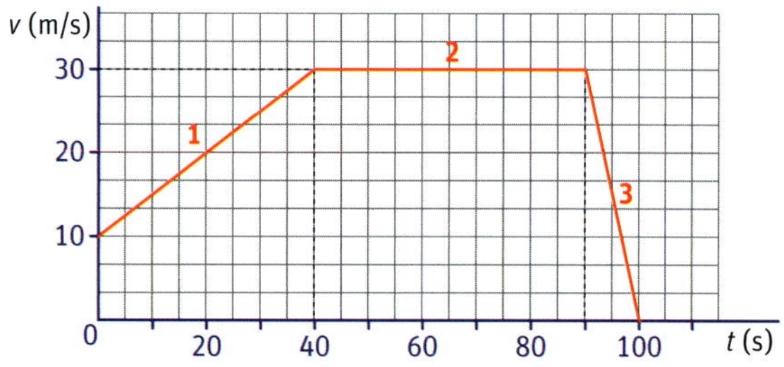

Calcula y representa la fuerza resultante en cada tramo.

Tercera ley de Newton

31. Una persona está de pie con su maletín esperando el autobús. Argumenta la veracidad de las siguientes afirmaciones.

a) La fuerza que hace la persona sobre el maletín es igual y opuesta a la que hace el maletín sobre la persona.

b) La afirmación anterior es cierta incluso si la persona está subiendo al autobús.

c) La fuerza que hace la persona sobre el maletín es la fuerza de reacción al peso del maletín.

32. Un hombre de 76 kg está subido a una barca de 130 kg junto a la orilla. Toma impulso y salta a tierra con una aceleración de 0,25 m/s². ¿Crees que la barca adquirirá una aceleración de –0,25 m/s²?

SOLUCIÓN

Eso solo ocurriría si las masas fueran iguales. La fuerza que hace la barca sobre el hombre para darle impulso vale: $F_{bh} = m_h a_h = (76\ kg)(0{,}25\ m/s^2) = 19\ N$. Por tanto, la fuerza de reacción será $F_{hb} = -19\ N$. Así pues:

$$-19 = 130 \cdot a_b$$

de donde se obtiene $a_b = -0{,}15\ m/s^2$. Lógicamente, la barca adquiere menos aceleración, pues tiene una masa mayor.

33. Explica el significado del dibujo y quién hace cada fuerza.

a) Indica la fuerza de reacción a la fuerza de 2000 N. ¿Sobre qué cuerpo se aplica?

b) Si la masa de la barca es de 220 kg y parte del reposo, ¿qué velocidad tendrá al cabo de 5 s?

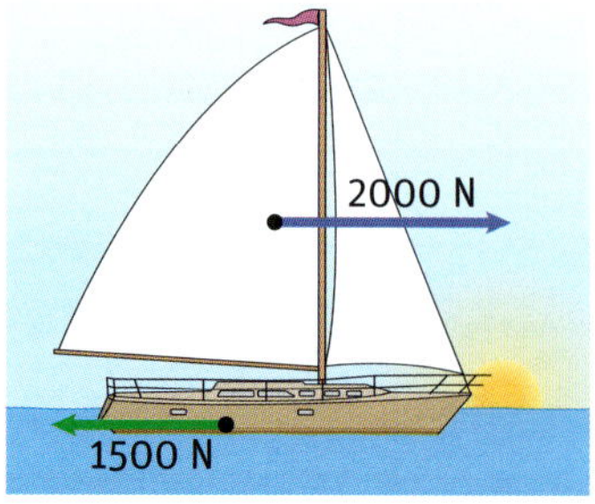

Aplicación de las leyes de Newton a la resolución de problemas

34. Una fuerza $\vec{F}$ actúa sobre un cuerpo de masa m y le comunica una aceleración a. Calcula:

a) La fuerza necesaria para comunicar a una masa $2m$ la misma aceleración a.

b) La aceleración que comunica la fuerza $\vec{F}$ a un cuerpo de masa $3m$.

c) La masa de un cuerpo si adquiere una aceleración $a/2$ al aplicarle una fuerza $2\vec{F}$ en la misma dirección y sentido.

d) La aceleración que tendrá el cuerpo si se le aplican dos fuerzas $\vec{F}$ que forman un ángulo de 90°.

35. Un muchacho y su bicicleta tienen una masa de 60 kg y se mueven a una velocidad de 6 m/s. Calcula la fuerza necesaria para detenerse en 8 s.

a) ¿Quién la realiza y dónde se aplica?

b) ¿Qué diferencia hay con la forma de detenerse que se aprecia en el dibujo?

SOLUCIÓN

a) Puesto que se reduce la velocidad, la aceleración y la fuerza son negativas (de frenado). La realizan los frenos y se aplica en las ruedas de la bicicleta.

Usando las expresiones del MRUA, se calcula a:

$$v_f = v_0 + at \Rightarrow 0 = 6 + a \cdot 8$$
$$a = -0{,}75\ m/s^2$$

La fuerza de frenado vale:

$$F = ma = (60\ kg)(-0{,}75\ m/s^2) = -45\ N$$

b) En este caso, la colisión ocurre en mucho menos tiempo, de modo que la aceleración y la fuerza de frenado son mucho mayores (además, la fuerza solo se aplica en una rueda), por lo que la inercia del ciclista puede provocar un grave accidente.

36. Halla la intensidad de una fuerza constante tal que, al aplicarla sobre un cuerpo de 12 kg, le comunica:

a) Una aceleración de 0,25 m/s².

b) Una velocidad de 3 m/s a los 15 s de empezar a moverse.

c) Una aceleración capaz de hacerle recorrer 8 m en 10 s partiendo del reposo.

d) Una disminución de velocidad de 20 m/s a 4 m/s en un recorrido de 80 m.

e) Después de resolver los apartados anteriores, entra en la simulación www.e-sm.net/svfq4eso08_03, traslada los datos al simulador y comprueba que son ciertos todos los resultados obtenidos.

37. Los patinadores de la imagen tiran cada uno de la cuerda con una fuerza de 180 N y el tirón dura 1,5 segundos.

a) ¿Qué velocidad adquiere cada uno al cabo de ese tiempo?

b) Resuelve el problema de nuevo suponiendo que el patinador A soporta un rozamiento de 35 N, y el B, de 50 N.

38. Una bola de billar, de masa 160 g, se desplaza a 3 m/s de velocidad. Al chocar frontalmente con otra bola de igual masa y en reposo, se detiene. Si el choque ha durado 0,12 s, calcula:

a) La aceleración de frenada y la fuerza del impacto.

b) La velocidad a la que sale despedida la segunda bola.

39. Un saltador de trampolín de 75 kg de masa salta desde una altura de 10 m. Dentro del agua, el rozamiento lo detiene en 0,65 s. Calcula la deceleración y la fuerza de frenada a que está sometido el saltador. Haz una valoración.

SOLUCIÓN

Se calcula primero la velocidad con la que llega al agua tras una caída libre de 10 m:

$$v_f^2 - v_0^2 = 2a\Delta s \Rightarrow v_f^2 - 0 = 2\cdot(9{,}8)(10)$$
$$v_f = 14 \text{ m/s}$$

Para detenerse en 0,65 s, la deceleración será:

$$v_f = v_0 + at \Rightarrow 0 = 14 + a\cdot 0{,}65$$

De donde se obtiene que $a = -21{,}5$ m/s^2. Esta aceleración permite determinar la fuerza provocada por el rozamiento del agua sobre el saltador:

$$F = ma = (75 \text{ kg})(-21{,}5 \text{ m/s}^2) = -1{,}61 \cdot 10^3 \text{ N}$$

Esta fuerza es muy intensa y puede suponer un fuerte impacto. Si el tiempo de frenada fuera aún menor (por ejemplo, al chocar contra el suelo), las consecuencias serían muy graves.

40. El patinador de la imagen desciende por una pendiente de 30 m en las condiciones que se muestran en el dibujo. Si las masas del joven y del monopatín suman 50 kg, calcula la velocidad al final de su carrera.

41. smSaviadigital.com APLICA

Entra en esta simulación y ve haciendo simultáneamente en ella y en tu cuaderno las experiencias que se piden.

a) Pestaña *Movimiento.* Aplica una fuerza de 130 N sobre un objeto de 50 kg. ¿Por qué aumenta continuamente su velocidad? Fíjate en el velocímetro y determina durante cuánto tiempo habrá actuado la fuerza. ¿Qué tipo de movimiento seguirá la caja a partir del momento en que deja de actuar la fuerza? Compruébalo.

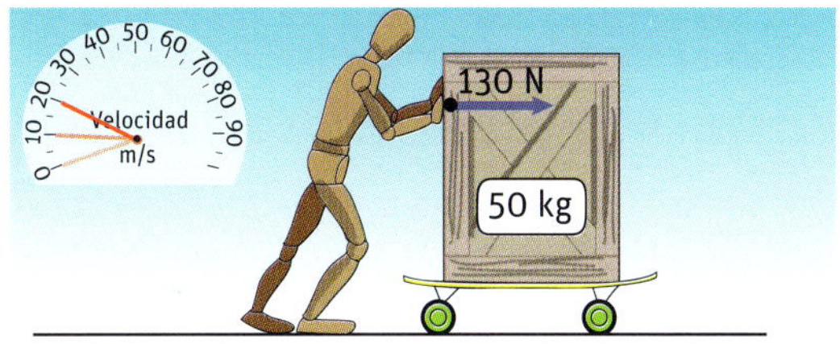

b) Pestaña *Fricción.* Sitúa a la niña sobre la caja y aplica la misma fuerza. El objeto no se mueve. ¿Por qué? Seguidamente, aumenta la fuerza de tracción hasta 430 N. ¿Cuál es la fuerza neta y qué aceleración adquiere el sistema? ¿Qué tiempo le cuesta adquirir la velocidad indicada en el dibujo?

c) A partir de ese momento, reduce la fuerza de tracción hasta compensar totalmente el rozamiento. ¿Qué movimiento seguirá el conjunto?

d) Describe lo que ocurriría con la niña si la fuerza de tracción fuera instantáneamente muy fuerte.

e) Pestaña *Acceleration Lab.* Coloca un cubo con agua y aplica una fuerza de 249 N. Observa y describe lo que ocurre. Si reduces la fuerza a 125 N, ¿se moverá la cubeta? Compruébalo en el simulador.

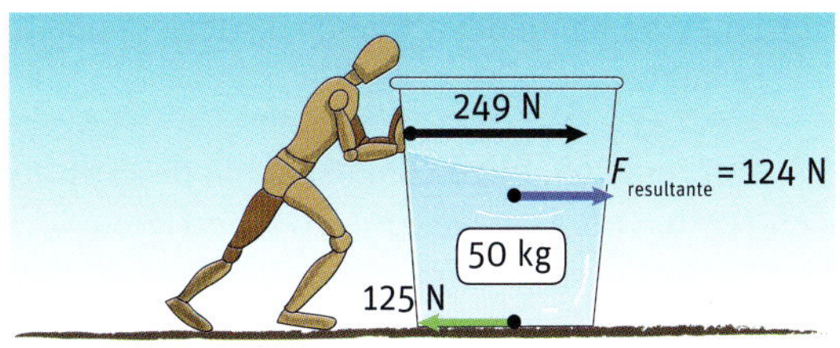

42. Calcula la fuerza que ejerce el primer vagón sobre el segundo y la aceleración del tren, en ausencia del rozamiento.

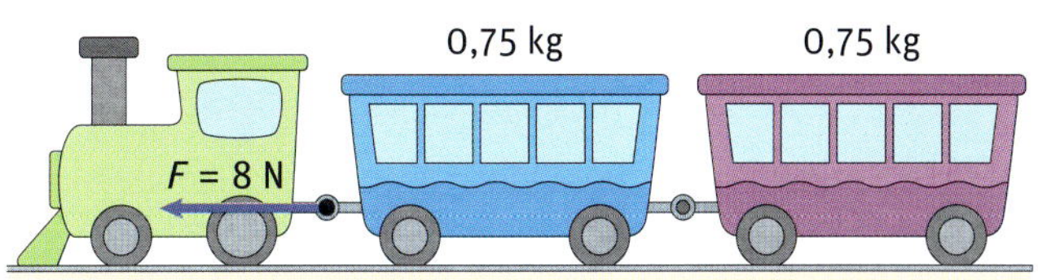

Ponte a prueba

¿Se anulan las fuerzas?

Queremos estudiar las interacciones que se ejercen mutuamente un palo de golf y una bola en el momento del golpe.

1. Sobre las fuerzas podemos decir:
   a) La fuerza que hace el palo sobre la bola es siempre mayor que la que hace la bola sobre el palo.
   b) Ambas son fuerzas de acción y reacción y se aplican sobre el mismo cuerpo.
   c) Son fuerzas iguales en intensidad y opuestas, por lo que: $\vec{F}_{pb} = -\vec{F}_{bp}$.
   d) Ambas fuerzas se anulan y no producen movimiento en el palo de golf.
2. Sobre los efectos de las fuerzas podemos decir:
   a) Las fuerzas, al ser iguales, tienen los mismos efectos.
   b) Al ser $m_{palo} > m_{bola}$, resulta que $a_{palo} < a_{bola}$.
   c) La aceleración que adquiere la bola será $a_b = F_{pb}/m_p$.
   d) En consecuencia, la aceleración que adquiere el palo de golf será $a_p = F_{bp}/m_b$.

Elige el sistema de estudio

El tractor de la figura tira con una fuerza de 550 N sobre el primer remolque, que a su vez arrastra otro remolque idéntico. La masa de cada remolque vacío es de 125 kg y llevan una carga de arena de 200 kg cada uno.

1. Dibuja con cuidado las fuerzas que se ejercen entre sí y decide razonadamente qué opción hace verdaderas las siguientes afirmaciones.
   a) En el momento del arranque, la fuerza que realiza el tractor sobre el primer remolque es *mayor / igual / menor* que la que hace el primer remolque sobre el segundo.
   b) La fuerza que realiza el tractor sobre el primer remolque es *mayor / igual / menor* que la que hace dicho remolque sobre el propio tractor.
   c) En el momento del arranque, la aceleración a que se ve sometido el remolque 1 es *mayor / igual / menor* que la aceleración del remolque 2.
2. A continuación, elige como sistema de estudio ambos remolques conjuntamente y decide si el razonamiento que se indica es correcto o no. En caso contrario, corrígelo.

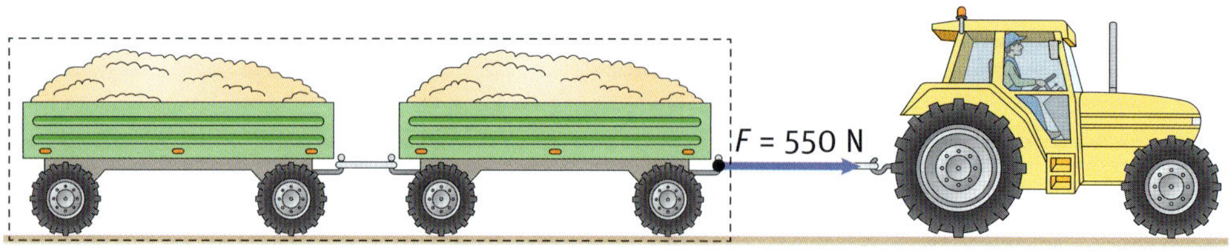

   a) La fuerza de 550 N es la que hace el tractor sobre el sistema elegido.
   b) Se puede aplicar la segunda ley de este modo: $F = m_{sistema}\, a_{sistema} \quad \Rightarrow \quad 550 = 325 \cdot a$
   c) La aceleración es la misma en todas las partes del sistema y vale 0,846 m/s^2.

El límite de elasticidad

A un resorte que cuelga verticalmente se le aplican distintas fuerzas, que producen diferentes alargamientos. Los datos se han recogido en una tabla y se han representado los valores obtenidos, tal como se vio al principio de la unidad. Sin embargo, al hacer la gráfica F–ΔL no se obtiene lo esperado.

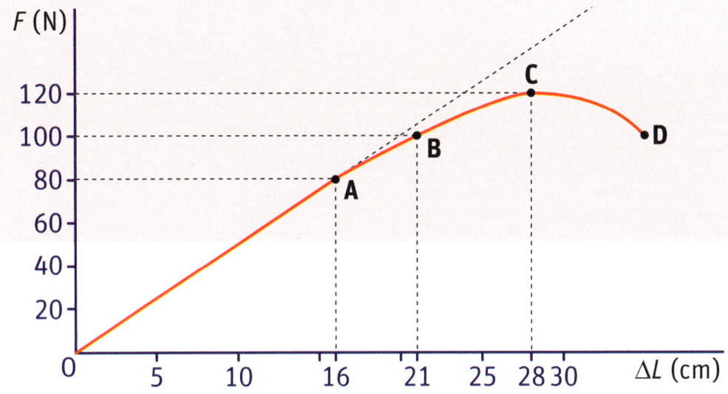

1. ¿Qué crees que ha ocurrido? ¿Qué significado tiene la pendiente de la gráfica en su lado recto? ¿Es posible calcular la constante elástica del resorte?

2. ¿En qué tramo de la gráfica tiene el muelle un comportamiento elástico ideal? Explica lo que ocurre a partir del punto *A*.

AUTOEVALUACIÓN

1. Despreciando el peso de las cuerdas y de la argolla, se puede decir que:

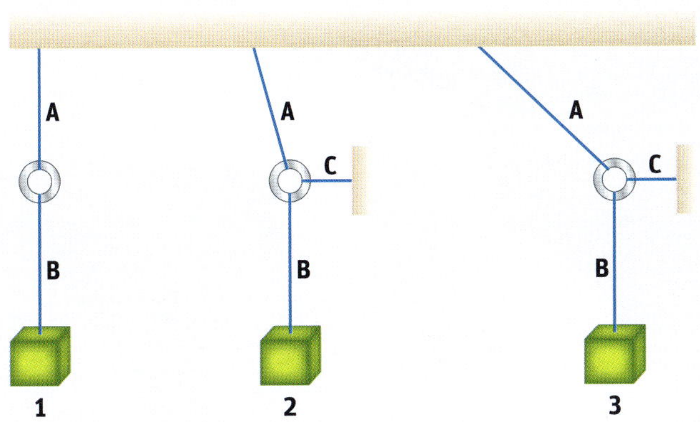

a) En 1, la cuerda A hace más fuerza que B.

b) La cuerda A hace más fuerza en 1 que en 2.

c) La cuerda A hace más fuerza en 3 que en 2.

d) En 2, la suma de las fuerzas que hacen B y C coincide con la fuerza que hace A.

2. Un coche parte del reposo y, al cabo de un tiempo t_1, alcanza una velocidad *v*, que mantiene hasta el instante t_2. A partir de ese momento aplica los frenos y se detiene en el instante t_3. La gráfica *F* - *t* del movimiento será:

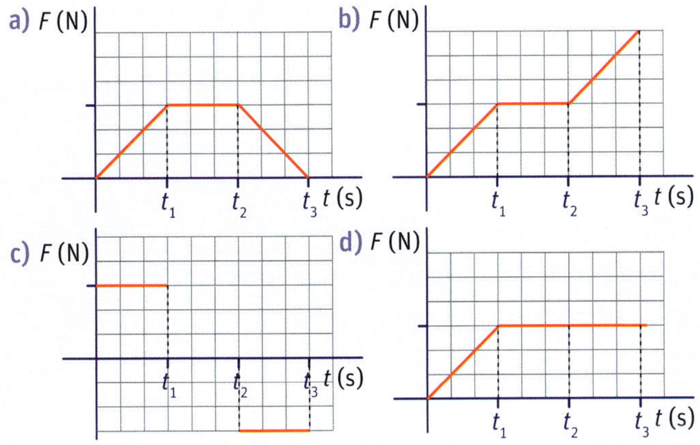

3. Sobre un objeto de masa *m* se aplica una fuerza constante que genera una aceleración a_0. Si la masa se reduce en un 50 % manteniendo la misma fuerza, la aceleración del objeto será:

a) $2a_0$ b) $a_0/2$ c) $3a_0/2$ d) $4a_0$

4. La masa de una moto GP es de 420 kg. Al arrancar consigue los 160 km/h en solo 8 s. El valor de la fuerza que la impulsa es de:

a) 8400 N b) 2333 N c) 5,550 N d) 4200 N

5. Dos hermanos están montados sobre sendos patines. La masa del niño pequeño es de 35 kg y su hermano tiene el doble de masa. El niño pequeño trata de mover a su hermano tirando de la cuerda. Señala las frases correctas.

a) No lo conseguirá porque el hermano mayor tiene demasiada masa.

b) Solo se moverá el hermano pequeño hacia la izquierda.

c) Se moverán ambos con la misma aceleración.

d) Recorrerá más distancia el niño pequeño.

6. Supón que el hermano mayor adquiere una aceleración de 0,3 m/s² hacia la derecha. Podemos decir que:

a) La aceleración que adquiere el hermano pequeño es de −0,3 m/s².

b) La fuerza que actúa sobre el hermano mayor es de 31,5 N.

c) La fuerza que actúa sobre el hermano pequeño es de −21 N.

d) La aceleración que adquiere el hermano pequeño es de −0,6 m/s².

smSaviadigital.com VALORA LO APRENDIDO > Autoevaluación con sus soluciones

9 Fuerzas de especial interés

Abre tu mirada

Con frecuencia se escucha que los astronautas que orbitan la Tierra están experimentando la denominada "gravedad cero". Sin embargo, la fuerza de la gravedad sobre la nave y sobre los astronautas, si bien inferior a la que existe en la superficie terrestre, no es nula. La sensación de gravedad cero se debe a que tanto la nave como el astronauta giran alrededor del planeta con la misma aceleración, en una especie de "caída libre".

- ¿Qué es la fuerza centrípeta?
- ¿Cómo se enuncia la ley de gravitación universal?
- Si todos los objetos caen hacia la Tierra, ¿por qué no cae la Luna?

Piensa y reflexiona

¿Cuáles de los siguientes fenómenos se explican gracias a la fuerza de la gravedad?

a) La atracción entre dos imanes.

b) La caída de los objetos.

c) Las mareas.

d) La atracción protón-electrón.

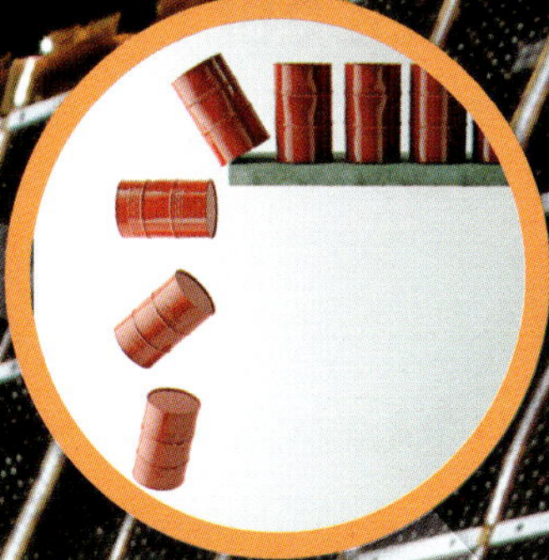

Analiza y determina

¿Crees que la fricción o rozamiento es un problema para llevar a cabo nuestras actividades diarias? ¿En qué situaciones ayuda y en cuáles perjudica?

Y tú, ¿qué opinas?

Desde hace unos años, algunas empresas privadas han puesto en marcha programas de turismo espacial privado, que permitirán a las personas que lo deseen realizar viajes por el espacio. Como es lógico, este tipo de viaje o aventura espacial solo será accesible a personas con un elevado poder adquisitivo. Debate con tus compañeros sobre esta nueva “oferta turística”.

- ¿Qué fenómenos naturales se pueden explicar a través de las fuerzas gravitatorias?
- ¿Qué nombres reciben algunas fuerzas de especial interés?

1 Dinámica del movimiento circular

En la naturaleza se pueden observar multitud de movimientos circulares, en los que la velocidad cambia continuamente de dirección. Como hemos estudiado en la unidad 8, este cambio se debe a la acción de una fuerza.

REFLEXIONA

En cada una de estas situaciones, ¿hacia dónde se dirige la fuerza responsable del cambio de movimiento?

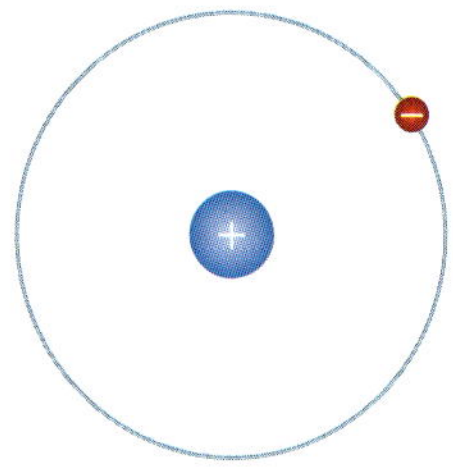

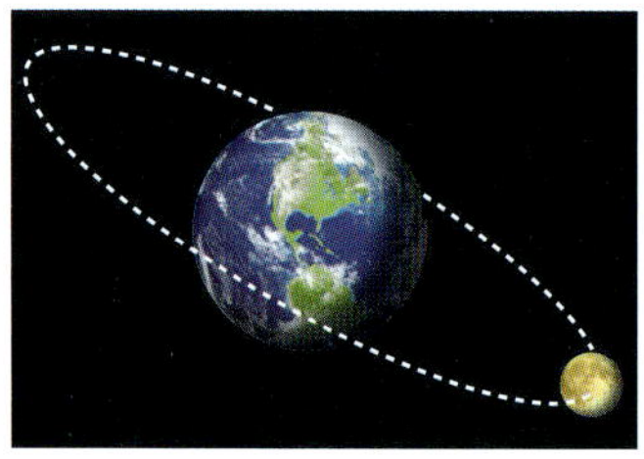

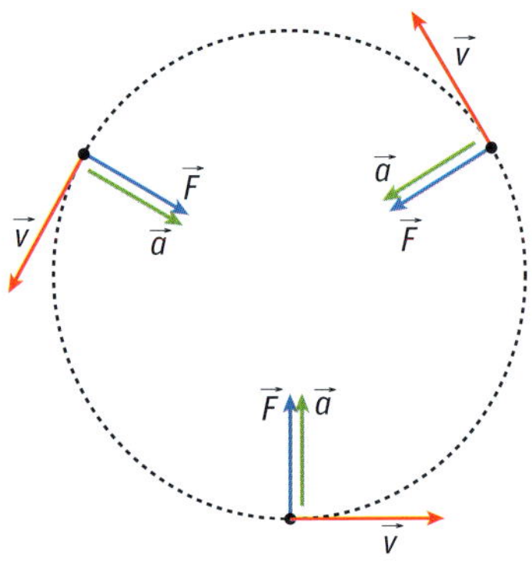

Figura 9.1. En el movimiento circular uniforme, tanto la aceleración como la fuerza neta están dirigidas hacia el centro de la circunferencia.

En estos ejemplos, la aceleración del cuerpo que se mueve va dirigida hacia el centro de su trayectoria. Se denomina **aceleración normal** o **centrípeta** y, como se vio, su valor es:

$$a_n = \frac{v^2}{R} = \omega^2 R$$

Al estudiar los principios de la dinámica, se estableció una relación entre la fuerza que actúa sobre un objeto y la aceleración que adquiere. Si dicha aceleración va dirigida hacia el centro, debe existir en todo movimiento circular una fuerza dirigida igualmente hacia el centro de la trayectoria, que se denomina **fuerza normal** o **centrípeta**.

Razona qué ocurre si desaparece la fuerza centrípeta

1. **Sobre una mesa se ha dispuesto un tubo grueso de plástico transparente doblado en forma de circunferencia (incompleta). Se ha lanzado una bola de acero por un extremo. ¿Qué trayectoria seguirá la bola al salir del tubo?**

Imagina ahora que sobre la misma mesa tenemos otra bola atada a un hilo que se ha fijado por el otro extremo con un clavo. De las cuatro trayectorias que se muestran en el dibujo, ¿cuál seguirá la bola si se rompe el hilo?

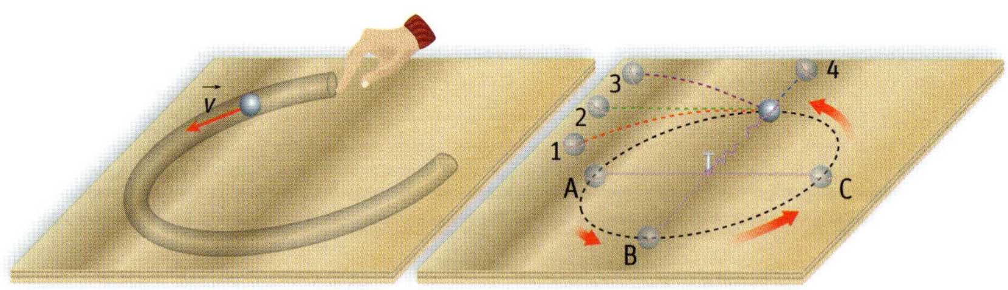

SOLUCIÓN

Dentro del tubo, las fuerzas que actúan sobre la bola la obligan a "torcer" continuamente. Una vez que queda liberada, esas fuerzas desaparecen y la bola mantiene un movimiento rectilíneo uniforme, suponiendo que no haya rozamiento.

Aplicando la misma consideración al segundo caso, se ve que las trayectorias 1, 3 y 4 son imposibles. En efecto, sabemos que, en ausencia de una fuerza resultante, un objeto mantiene su movimiento rectilíneo y uniforme. Las trayectorias 1 y 3 no son rectilíneas. Además, dado que la velocidad es tangente a la trayectoria en cada punto, la trayectoria 4 tampoco es posible. La trayectoria que sigue la bola es la 2.

ACTIVIDADES

1. smSaviadigital.com **OBSERVA**

Entra en esta simulación y observa lo qué ocurriría si desapareciese la fuerza centrípeta en las situaciones mostradas en el elemento "REFLEXIONA" de esta misma página.

La segunda ley aplicada al movimiento circular uniforme

Si se aplica la segunda ley de Newton a la situación descrita en la página anterior, obtenemos una expresión para la fuerza centrípeta:

$$\vec{F}_n = m\vec{a}_n \Rightarrow \boxed{F_n = m\frac{v^2}{R}}$$

El efecto de la fuerza centrípeta no es modificar el módulo de la velocidad del objeto, sino hacer que cambie continuamente de dirección.

Deduce otras expresiones para la fuerza centrípeta

2. A partir de las expresiones cinemáticas estudiadas para el movimiento circular uniforme, deduce y explica la expresión $F_n = m\omega^2 R$. A continuación, expresa la velocidad y la fuerza normal en función del período del movimiento circular.

SOLUCIÓN

La velocidad lineal y angular de un MCU vienen relacionadas por el radio de la trayectoria, $v = \omega R$. Si se sustituye en la expresión de la segunda ley, resulta:

$$F_n = m\frac{v^2}{R} = m\frac{(\omega R)^2}{R} = m\omega^2 R$$

Puesto que la velocidad angular puede expresarse como $\omega = 2\pi/T$, resulta:

$$v = \omega R = \frac{2\pi R}{T} \qquad F_n = m\omega^2 R = m\frac{4\pi^2}{T^2}R$$

Aplica la segunda ley al movimiento circular uniforme

3. Observa la imagen. Una pequeña bola de plástico o corcho se ha atado a una cuerda que se ha hecho pasar por un tubo cilíndrico. En el otro extremo se ha atado un contrapeso que tensiona la cuerda. Si se comienza a hacer girar la bola a una velocidad adecuada, el contrapeso queda equilibrado en una posición.

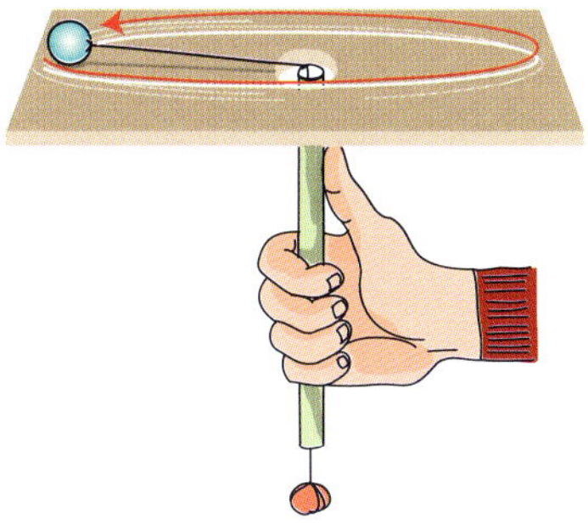

a) Dibuja el vector de la fuerza que actúa sobre la bola. A continuación, dibuja los vectores velocidad y aceleración en la masa que gira.

b) Si la masa que gira es de 120 g y la cuerda ejerce sobre ella una fuerza de 15 N, ¿qué velocidad lineal habrá adquirido cuando el radio de giro sea de 40 cm?

c) Calcula la fuerza necesaria para que la masa dé cuatro vueltas cada segundo manteniendo el radio de giro del apartado anterior.

SOLUCIÓN

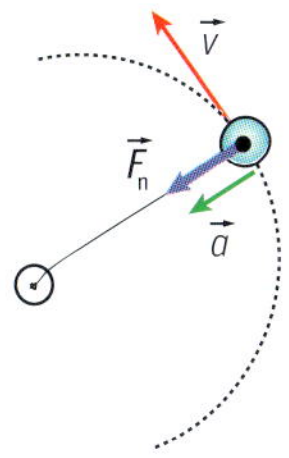

a) Los vectores están dispuestos tal como indica la figura de la derecha.

b) Se despeja la velocidad en la expresión de la fuerza normal y se meten los valores:

$$v^2 = \frac{F_n R}{m} \Rightarrow v = \sqrt{\frac{F_n R}{m}} = \sqrt{\frac{(15\,\text{N})(0{,}4\,\text{m})}{(0{,}12\,\text{kg})}} = 7{,}1\,\text{m/s}$$

c) Si la masa da cuatro vueltas cada segundo, dado que cada vuelta son 2π radianes, la velocidad angular será $\omega = 8\pi$ rad/s. Por tanto, la fuerza necesaria será:

$$F_n = m\omega^2 R = (0{,}12\text{ kg})(8\pi\text{ rad/s})^2(0{,}4\text{ m}) = 30{,}3\text{ N}$$

2 Ley de gravitación universal. El peso

Figura 9.2. ¿Por qué no se cae la Luna como lo hace la manzana? ¿O quizá sí está cayendo?

Isaac Newton se preguntó por qué los cuerpos celestes giran unos en torno a otros mientras que los objetos abandonados a cierta altura caen hacia la Tierra. Partiendo de las teorías de Copérnico, Kepler y Galileo, Newton consiguió formular una ley de aplicación universal que se convirtió rápidamente en uno de los pilares de la física.

REFLEXIONA

Disponemos una plomada colgada de un hilo. ¿Qué dirección marca? ¿Qué trayectoria seguirá si cortamos el hilo?

Imagina que hubiera un agujero interminable sobre el suelo. ¿Qué movimiento describiría la plomada?

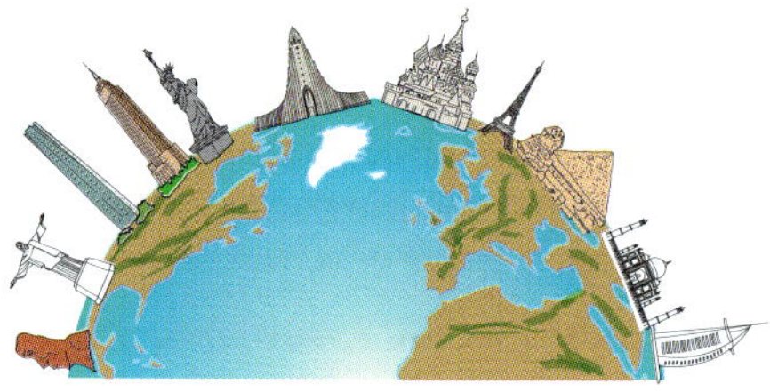

Si fuera posible observar los objetos que hay en la superficie de nuestro planeta "desde fuera", los veríamos alineados de un modo peculiar. ¿A qué se debe esto? ¿Qué los mantiene "pegados" a su posición?

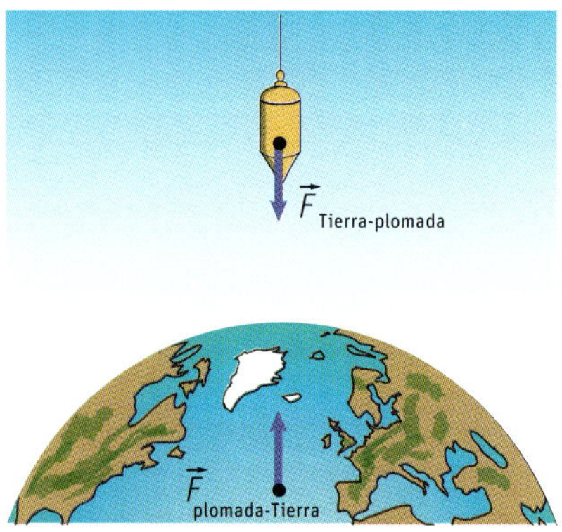

Figura 9.3. La fuerza que ejerce la Tierra sobre la plomada es, en módulo, igual que la que ejerce la plomada sobre la Tierra, pero de sentido contrario.

Debe existir una fuerza que actúa sobre la plomada, dirigida en todo momento hacia el centro de la Tierra. De acuerdo con la tercera ley, la plomada ejerce a su vez una fuerza de atracción sobre la Tierra, igual y opuesta a la anterior. Newton estableció que dichas fuerzas son solo un caso particular de fuerzas que aparecen entre cada pareja de cuerpos y estableció su **ley de gravitación universal**:

Todo par de cuerpos separados una distancia r se atraen entre sí con una fuerza directamente proporcional al producto de sus masas, m_1 y m_2, e inversamente proporcional al cuadrado de la distancia entre ellos:

$$F = G\frac{m_1 m_2}{r^2}$$

En esta expresión, m_1 y m_2 son las masas de los cuerpos, expresadas en kg; r es la distancia en metros entre los centros de gravedad de cada cuerpo, y G es la **constante de gravitación universal**, cuyo valor es:

$$G = 6{,}67 \cdot 10^{-11}\ \text{N m}^2/\text{kg}^2$$

ACTIVIDADES

2. Interpreta la expresión siguiente, referida a la Tierra y a una plomada situada cerca de su superficie.

$$F = \left(6{,}67 \cdot 10^{-11}\ \frac{\text{Nm}^2}{\text{kg}^2}\right) \cdot \frac{M_T\, m_p}{(6{,}37 \cdot 10^6\ \text{m})^2}$$

a) ¿Qué significan las letras M_T y m_p? ¿De dónde procede el valor $6{,}37 \cdot 10^6$ m?

b) ¿Qué datos se necesitan para calcular la fuerza con que se atraen la Tierra y la plomada?

Calcula la fuerza con que se atraen dos cuerpos

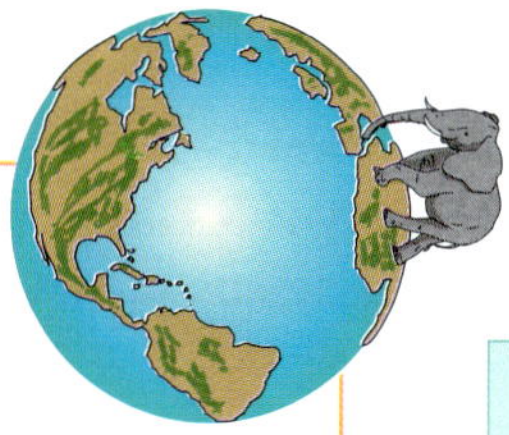

4. Calcula la fuerza con que se atraen mutuamente la Tierra y un elefante de 6500 kg situado en su superficie.

Calcula después la fuerza con que se atraen dos portaviones de 10^5 t cada uno separados 150 m.

Datos: $M_T = 5{,}97 \cdot 10^{24}$ kg; $R_T = 6370$ km

SOLUCIÓN

En el primer caso se supone que toda la masa de la Tierra se encuentra en el centro de masas, situado en su centro:

$$F = \left(6{,}67 \cdot 10^{-11}\ \frac{\text{Nm}^2}{\text{kg}^2}\right) \cdot \frac{(5{,}97 \cdot 10^{24}\ \text{kg})(6500\ \text{kg})}{(6{,}37 \cdot 10^6\ \text{m})^2} = 6{,}38 \cdot 10^4\ \text{N}$$

En el caso de los portaviones, la fuerza resulta insignificante:

$$F = \left(6{,}67 \cdot 10^{-11}\ \frac{\text{Nm}^2}{\text{kg}^2}\right) \cdot \frac{(10^8\ \text{kg})(10^8\ \text{kg})}{(150\ \text{m})^2} = 29{,}6\ \text{N}$$

Cuerpo	m (kg)	R (m)
Sol	$1{,}99 \cdot 10^{30}$	$6{,}96 \cdot 10^8$
Luna	$7{,}35 \cdot 10^{22}$	$1{,}74 \cdot 10^6$
Mercurio	$3{,}30 \cdot 10^{23}$	$2{,}43 \cdot 10^6$
Venus	$4{,}87 \cdot 10^{24}$	$6{,}06 \cdot 10^6$
Tierra	$\mathbf{5{,}97 \cdot 10^{24}}$	$\mathbf{6{,}37 \cdot 10^6}$
Marte	$6{,}42 \cdot 10^{23}$	$3{,}43 \cdot 10^6$
Júpiter	$1{,}90 \cdot 10^{27}$	$6{,}99 \cdot 10^7$
Saturno	$5{,}69 \cdot 10^{26}$	$5{,}98 \cdot 10^7$
Urano	$8{,}68 \cdot 10^{25}$	$2{,}33 \cdot 10^7$
Neptuno	$1{,}02 \cdot 10^{26}$	$2{,}21 \cdot 10^7$

El peso

El **peso** es la fuerza con que la Tierra atrae a los cuerpos. Esta fuerza es proporcional a la masa de cada cuerpo.

La expresión de la fuerza gravitatoria se puede expresar así:

$$F\ (\text{peso}) = G\frac{M_T\, m}{R_T^2} = m\left(\frac{G M_T}{R_T^2}\right) = mg$$

La magnitud entre paréntesis, g, es constante en la superficie de la Tierra y su valor es:

$$g = G\frac{M_T}{R_T^2} = \left(6{,}67 \cdot 10^{-11}\ \frac{\text{Nm}^2}{\text{kg}^2}\right) \cdot \frac{(5{,}97 \cdot 10^{24}\ \text{kg})}{(6{,}37 \cdot 10^6\ \text{m})^2} = 9{,}81\ \text{m/s}^2$$

Esta magnitud, conocida como **aceleración de la gravedad**, también expresa la fuerza que la Tierra ejerce sobre cada kilogramo de masa situado en su superficie (9,8 N/kg). Conocida esta magnitud, resulta muy útil expresar el peso como el producto $P = mg$.

Ten en cuenta

El valor de g disminuye con la altura, ya que aumenta el valor del denominador en su expresión matemática:

$$g = G\frac{M_T}{r^2} = G\frac{M_T}{(R_T + h)^2}$$

Calcula el peso a una determinada altura

5. Compara el peso del elefante de 6500 kg en la superficie de la Tierra con el que tendría si estuviera en un Boeing 747 a 12 500 m de altitud.

SOLUCIÓN

A 12 500 m de altitud, el peso del elefante (y de cualquier cuerpo) será lógicamente menor que en la superficie, pues la distancia al centro de la Tierra es mayor:

$$F = \left(6{,}67 \cdot 10^{-11}\ \frac{\text{Nm}^2}{\text{kg}^2}\right) \cdot \frac{(5{,}97 \cdot 10^{24}\ \text{kg})(6500\ \text{kg})}{(6{,}37 \cdot 10^6\ \text{m} + 12500\ \text{m})^2} = 6{,}35 \cdot 10^4\ \text{N}$$

Este peso es solo un 0,4 % menor que el peso en la superficie de la Tierra.

ACTIVIDADES

3. Interpreta el significado del dibujo, en el que se ha despreciado el rozamiento. ¿Cuál es el resultado del cociente en cada caso? ¿Resultarían los tres cocientes iguales si los midiéramos en otro planeta?

$$\frac{F}{m} = \frac{F}{m} = \frac{F}{m}$$

3 La caída libre y los satélites

Hemos estudiado anteriormente la **masa**, *m*, como una propiedad intrínseca de cada objeto, es decir, que acompaña a ese objeto esté donde esté. Por el contrario, el **peso**, *mg*, definido como la fuerza gravitacional que actúa sobre un cuerpo, depende de su masa y de otras variables, como el lugar donde esté ese cuerpo.

La sensación de peso que experimenta un ser vivo le llega del medio que lo rodea; por ejemplo, de la fuerza que ejerce sobre el suelo y de la reacción del suelo sobre aquel.

Caída libre

REFLEXIONA

El ascensor A, que se encuentra detenido, tiene una balanza de baño en el suelo. Si se sube a ella una persona, ¿qué marcará la balanza?

Si se rompiera el cable del ascensor, la aguja de la balanza se pondría en cero. ¿Por qué? ¿Se ha quedado sin peso esa persona? ¿Está en gravedad cero?

Imagina que el ascensor sigue cayendo con la persona en su interior.

Si saca una manzana del bolsillo y la suelta. ¿Qué ocurrirá? ¿Con qué aceleración cae el ascensor? ¿Y la persona? ¿Y la manzana?

En la imagen se observa a un tripulante de la Estación Espacial Internacional (EEI) con algunas piezas de fruta "flotando" junto a él.

Puede parecer sorprendente que aparezca esta imagen junto a las dos anteriores. ¿Qué relación guardan?

smSaviadigital.com OBSERVA

En ambas situaciones se puede decir que las manzanas están "cayendo".

La atracción que ejerce la Tierra sobre la persona o sobre cualquier objeto dentro del ascensor es la misma tanto si este está quieto como si cae. No es posible decir que esa persona se ha quedado sin gravedad. Tampoco es correcto decir que los tripulantes de la estación espacial estén en gravedad cero. De hecho, la aceleración de la gravedad en la órbita que sigue la estación espacial, situada a unos 400 km de altura, es solo un poco menor que en la superficie terrestre, y vale 8,69 m/s^2. Para alcanzar la gravedad cero, la estación debería estar infinitamente alejada de cualquier estrella o planeta.

Al romperse el cable, el ascensor cae con la misma aceleración que la persona y que los demás objetos. En efecto, si se aplica la segunda ley a un ascensor sobre el que solo actúa la gravedad, podremos calcular su aceleración:

$$peso_{ascensor} = m_{ascensor}\, a_{ascensor} \Rightarrow m_{ascensor}\, g = m_{ascensor}\, a_{ascensor} \Rightarrow a_{ascensor} = g$$

Y si se aplica a la persona o a la manzana, resulta:

$$peso_{manzana} = m_{manzana}\, a_{manzana} \Rightarrow m_{manzana}\, g = m_{manzana}\, a_{manzana} \Rightarrow a_{manzana} = g$$

La **caída libre** es el movimiento de un cuerpo bajo la acción exclusiva de la fuerza gravitatoria. Se trata de un movimiento cuya aceleración es el valor de *g* en ese lugar.

ACTIVIDADES

4. Comenta la siguiente frase: "No debe confundirse el término ingravidez con el de caída libre."

5. La aceleración de la gravedad en la superficie de la Luna es g_L = 1,6 m/s^2. ¿Qué distancia recorrerá un objeto durante 2 s en caída libre en la Luna, si parte del reposo? Compáralo con su recorrido en la Tierra.

Satélites en caída libre

Cuando sobre un cuerpo solo actúan fuerzas gravitatorias, dicho cuerpo cae libremente con una aceleración g. Ahora bien, ¿por qué no cae entonces la Luna, o cualquier otro satélite, como la EEI? ¿O sí lo hacen, pero de distinta manera?

INTERPRETA

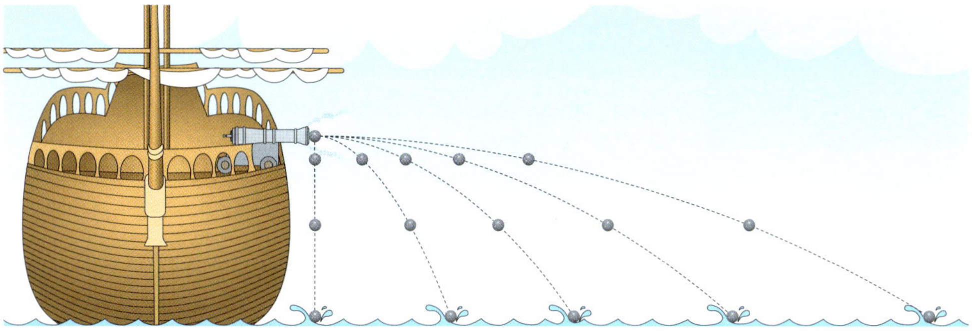

Inicialmente, el cañón del barco ha dejado caer una bala sin ningún impulso. A continuación, lanza sucesivos proyectiles, cada vez con más velocidad. En estos disparos, la bala adquiere cierta velocidad horizontal de salida y recorre trayectorias cada vez más amplias hasta chocar con el agua.

Es posible prolongar el dibujo, suponiendo velocidades crecientes del proyectil y teniendo en cuenta la curvatura de la Tierra. La situación sería entonces similar a la que se muestra a la derecha. En ambos casos puede decirse que **los proyectiles caen libremente**.

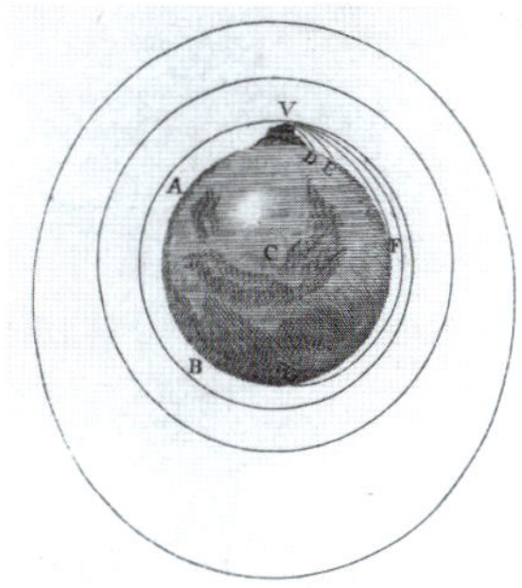

Newton ideó esta situación imaginaria: un cañón situado en la cima de una montaña dispara proyectiles con velocidad creciente, de modo que van cayendo en puntos cada vez más alejados del origen.

smSaviadigital.com OBSERVA

Newton se dio cuenta de que la velocidad horizontal comunicada al proyectil puede llegar a convertirlo en un satélite que recorra una circunferencia alrededor de la Tierra. Puesto que se trata de un movimiento circular uniforme y la única fuerza que actúa sobre el satélite es la atracción gravitatoria, se puede escribir la segunda ley considerando que a es la aceleración normal o centrípeta:

$$F_{\text{Tierra-satélite}} = m_{\text{satélite}}\, a_n = m_{\text{satélite}} \frac{v^2}{r} \Rightarrow G\frac{M_{\text{Tierra}}\, m_{\text{satélite}}}{r^2} = m_{\text{satélite}} \frac{v^2}{r}$$

Despejando la velocidad del proyectil en la órbita, resulta:

$$v_{\text{orbital}} = \sqrt{G\frac{M_{\text{Tierra}}}{r}}$$

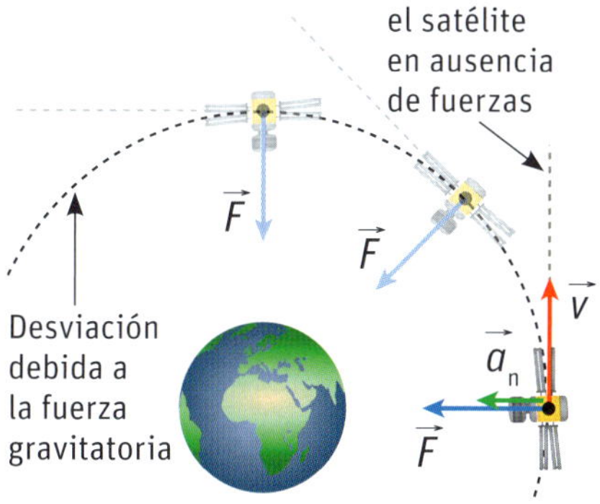

Figura 9.4. La trayectoria circular que sigue un satélite alrededor de la Tierra se debe a la fuerza de la gravedad.

> La **velocidad orbital** de un satélite en su órbita terrestre, v_{orbital}, depende solo de la masa de la Tierra y de la distancia entre ambos cuerpos.

Para concluir, es posible establecer la conexión entre el movimiento del satélite y de la manzana de la página anterior: ambos cuerpos se mueven bajo la acción exclusiva de fuerzas gravitatorias, luego ambos se encuentran en caída libre.

ACTIVIDADES

6. La distancia entre los centros de la Tierra y la Luna es de 380 000 km. ¿Qué otros datos son necesarios para calcular la velocidad de giro de la Luna en torno a la Tierra? A partir de estos datos, calcula la velocidad orbital, la velocidad angular y el período de revolución de la Luna.

4 La ley de gravitación en algunos fenómenos naturales

Figura 9.5. Newton fue el primer científico en dar una explicación certera del movimiento planetario.

Newton aplicó sus principios de la dinámica a los objetos celestes sin una base experimental. Sin embargo, su explicación de los fenómenos gravitatorios funcionaba a la perfección y ofrecía una explicación excelente de muchos fenómenos naturales, como la caída de los cuerpos, el movimiento de la Luna alrededor de la Tierra o de los planetas alrededor del Sol, las mareas o el movimiento de los cometas.

La **ley de gravitación universal** apareció por primera vez en el tercer libro de los *Principia Mathematica* de Newton y supuso la culminación de su labor en este campo. Sin embargo, este trabajo fue en buena medida una continuación de trabajos y descubrimientos llevados a cabo con anterioridad por otros científicos. De ahí que Newton comentara en alguna ocasión: "Si he logrado ver más lejos, ha sido porque he subido a hombros de gigantes".

El movimiento planetario

Unos cincuenta años antes de los *Principia Mathematica*, el astrónomo **Johannes Kepler** (1571-1630) había dado una descripción detallada del movimiento de los planetas con respecto al Sol, basada en los datos recopilados por su maestro **Tycho Brahe** (1546-1601) sobre la posición de los planetas en sus movimientos por el firmamento.

La descripción empírica de Kepler ha pasado a la historia como las tres **leyes de Kepler**, que fueron posteriormente justificadas con la ley de gravitación de Newton.

Leyes de Kepler

Primera ley	Segunda ley	Tercera ley
La trayectoria de cada planeta en torno al Sol es una elipse de baja excentricidad, en uno de cuyos focos se encuentra el Sol.	Cada planeta se mueve de manera que la línea imaginaria trazada desde el Sol al planeta barre áreas iguales en tiempos iguales.	El cuadrado del período de revolución del planeta en torno al Sol es proporcional al cubo de la distancia promedio planeta-Sol.

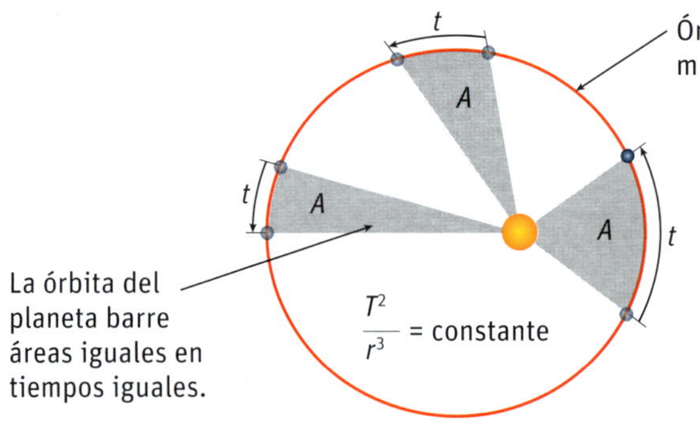

$$\frac{T^2}{r^3} = \text{constante}$$

$$\frac{T^2_{\text{Tierra}}}{r^3_{\text{Tierra}}} = \frac{T^2_{\text{Marte}}}{r^3_{\text{Marte}}} = \frac{T^2_{\text{Júpiter}}}{r^3_{\text{Júpiter}}} = \text{constante}$$

La constante de proporcionalidad de la tercera ley de Kepler es idéntica para todos los planetas, algo que solo puede justificarse mediante la ley de gravitación universal.

ACTIVIDADES

7. smSaviadigital.com PRACTICA

Entra en esta simulación y visualiza el *applet* de cada una de las leyes. Calcula la constante de la tercera ley de Kepler a partir de los datos del satélite del ejemplo.

8. Analiza el significado de la segunda ley de Kepler.

a) ¿Se puede decir que el movimiento del planeta es uniforme?

b) Busca información para saber si la Tierra se mueve más deprisa cuando es verano en el hemisferio norte.

Las mareas

Si bien Kepler sostenía que la acción combinada del Sol y de la Luna era la responsable de las mareas terrestres, esta hipótesis no fue aceptada por otros científicos. Algún tiempo después, este fenómeno encontró explicación a partir de la fuerza de atracción gravitatoria de Newton. En efecto, las mareas son variaciones en el nivel del mar debidas a la atracción gravitatoria que el Sol y la Luna ejercen sobre diferentes puntos de la superficie terrestre.

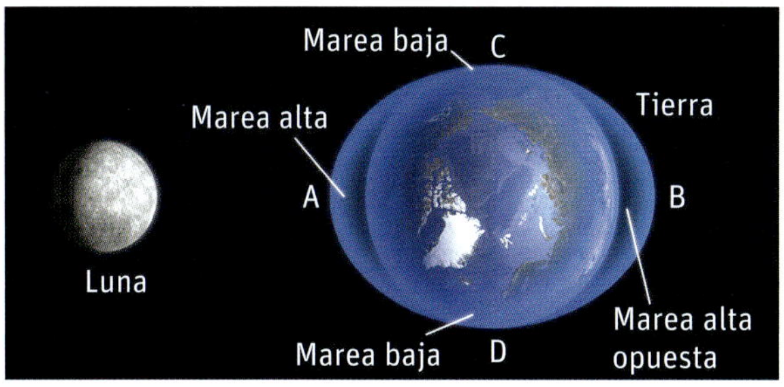

La Tierra gira sobre sí misma de modo que cualquier punto de la superficie se alinea con la Luna dos veces cada veinticuatro horas, lo que produce dos **mareas altas**: una cuando la Luna está en el punto más alto sobre el horizonte (A) y otra cuando está en las antípodas de dicho punto (B). Simultáneamente, mientras la masa de agua se alarga en los puntos mencionados, se produce una **marea baja** en los puntos situados perpendicularmente (C y D).

OBSERVA

El efecto del Sol sobre la masa de agua es menor que el de la Luna, ya que se encuentra mucho más lejos, pero el efecto conjunto de ambos astros da lugar a un tipo particular de mareas.

- Cuando el Sol y la Luna están alineados (luna llena y luna nueva), sus efectos atractivos sobre la masa de agua se suman y producen las **mareas vivas**.
- Cuando los astros están en posiciones perpendiculares (Luna en cuarto creciente y decreciente), se compensan los efectos y tienen lugar **mareas muertas**.

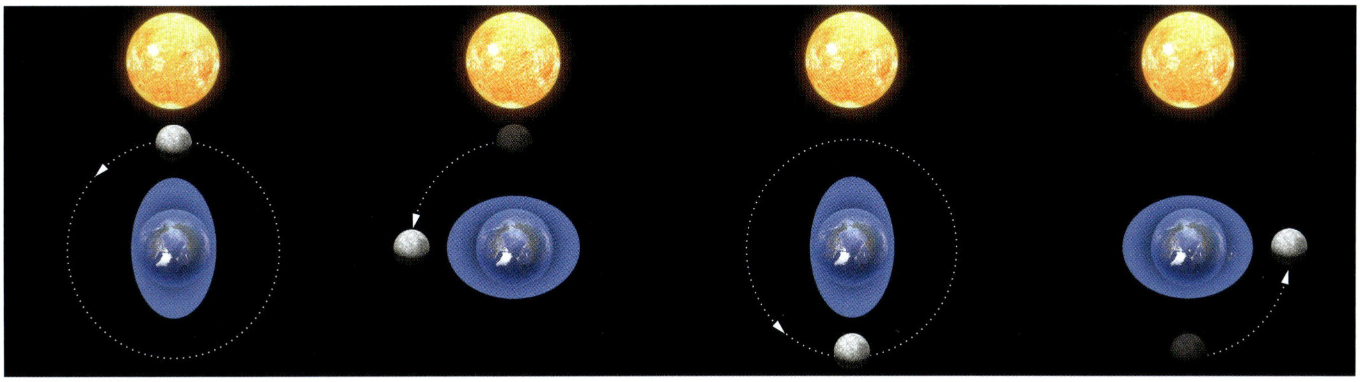

1. Luna nueva; marea viva.
2. Siete días después. Cuarto creciente; marea muerta.
3. Catorce días después. Luna llena; marea viva.
4. Veintiún días después. Cuarto decreciente; marea muerta.

Las trayectorias de los cometas

Un nuevo éxito de la propuesta newtoniana para explicar el funcionamiento del universo tuvo lugar cuando **Edmund Halley** (1656-1742) pudo calcular la órbita elíptica de un cometa y predecir su regreso.

Desde la Antigüedad se tenía noticia de la aparición de estos objetos brillantes de larga cola, si bien no se sospechaba que el mismo cometa retornaba una y otra vez. La ley de gravitación permitió a Halley asegurar que las apariciones de 1607 y 1682 eran del mismo objeto celeste, y que volvería a presentarse en 1758. Cuando en esta última fecha se cumplió su predicción, el cometa fue bautizado con su nombre.

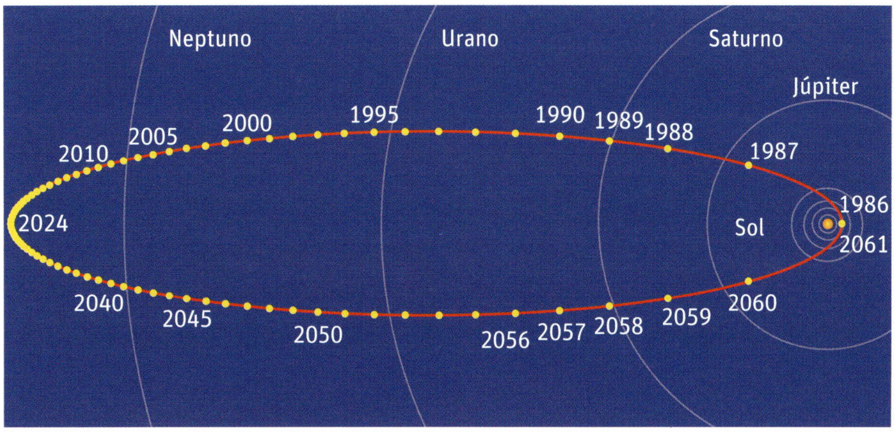

Figura 9.6. La gráfica muestra la posición del cometa Halley desde 1986 hasta su retorno previsto para el año 2061. ¿Dónde está ahora el Halley? ¿Cómo se explica la acumulación de puntos en el extremo más alejado de su órbita?

5 Fuerza peso, fuerza normal, tensión y rozamiento

Para predecir el movimiento de un objeto es preciso conocer las fuerzas que actúan sobre el mismo y hacer uso de los tres principios de la dinámica. Si solo intervienen fuerzas de naturaleza mecánica, puede hablarse de fuerzas peso, fuerzas normales, tensiones y rozamientos.

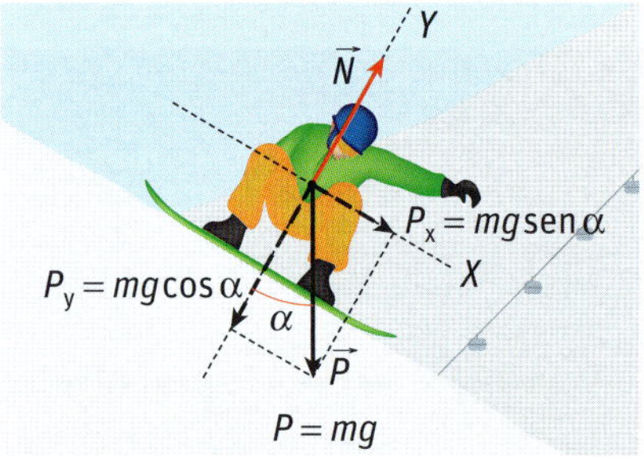

Figura 9.7. La reacción normal N sobre el esquiador equilibra a la componente P_y del peso: $N = mg\cos\alpha$

Fuerza peso y fuerza normal

Como hemos visto, el **peso**, $\vec{P}$, de un cuerpo es la fuerza con que la Tierra lo atrae. Esta fuerza está dirigida en todo momento al centro de la Tierra, se aplica en el centro de gravedad del cuerpo y su valor es mg.

La **fuerza normal**, $\vec{N}$, es la que ejerce una superficie sobre un cuerpo apoyado en ella. Es perpendicularmente a la superficie y se origina como reacción a la fuerza que ejerce el cuerpo sobre la superficie.

En el caso de superficies horizontales, el módulo de la fuerza normal puede coincidir con el módulo del peso, pero no siempre es así.

Analiza las parejas de fuerzas

6. Imagina un balón encima de una mesa. Dibuja las fuerzas que actúan sobre él e indica en una tabla cuáles son parejas de acción y reacción.

SOLUCIÓN

Fuerza (parejas acción-reacción)	¿Quién la realiza?	¿Sobre quién actúa?	Se aplica en...
$P = mg$	La Tierra	El balón	El balón
P'	El balón	La Tierra	La Tierra
N	La mesa	El balón	El balón
N'	El balón	La mesa	La mesa

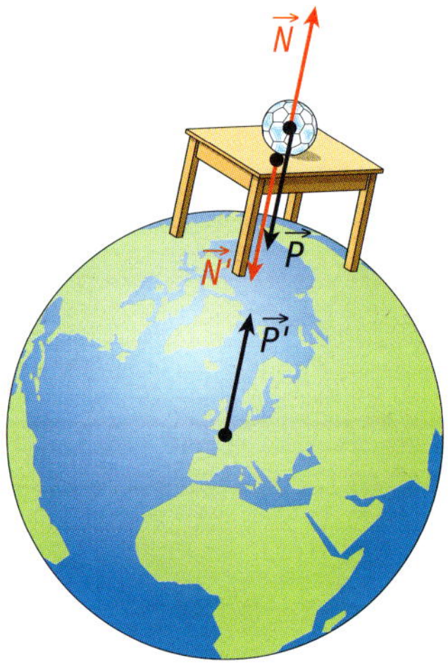

Como puede verse, tanto mg como N se aplican sobre el balón, luego no constituyen una pareja de acción y reacción.

Tensión

Se llama **tensión**, $\vec{T}$, a la fuerza que ejerce un cable o una cuerda sobre un cuerpo.

Con frecuencia se utilizan poleas, que modifican la dirección de la tensión. Todos los puntos de la cuerda o cable soportan la misma tensión. Si se considera la polea y las cuerdas ideales (masas nulas y sin rozamiento), la tensión a ambos lados de la polea es la misma.

Figura 9.8. La tensión es la misma a ambos lados de la polea y vale $T = mg/2$.

ACTIVIDADES

9. smSaviadigital.com PRACTICA

Entra en esta animación y realiza la descomposición con la fuerza 9,8 N y el ángulo 36°. Analiza los resultados. ¿Cuánto vale la fuerza normal?

10. ¿Qué tensión soporta la cuerda de la imagen si la masa de la pesa es de 10 kg?

Fuerza de rozamiento

ANALIZA

Se suele pensar que el rozamiento es una fuerza negativa y contraria al movimiento, pero no siempre es así. En las imágenes siguientes se indica en color verde la fuerza de rozamiento en cada caso. Justifica de dónde surge, en qué casos hace posible el movimiento, cuándo se opone a él y cuándo permite que cambie su dirección.

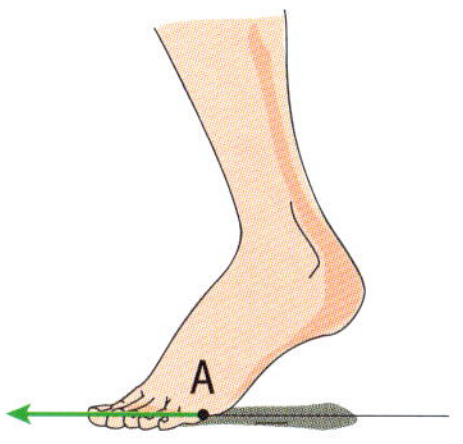

Andamos sobre suelo normal.

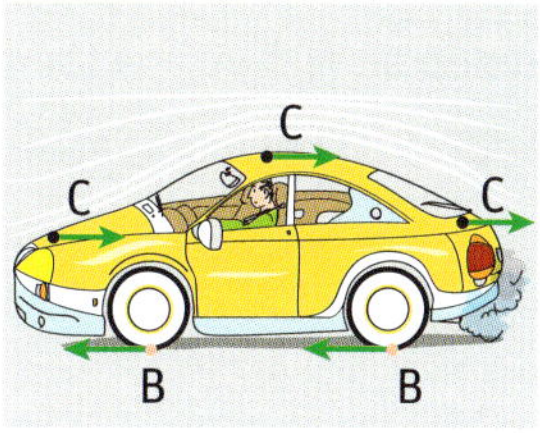

El coche se mueve hacia la izquierda.

El coche toma una curva.

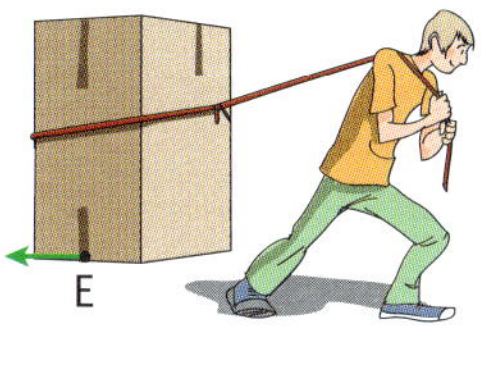

Se arrastra un bloque hacia la derecha.

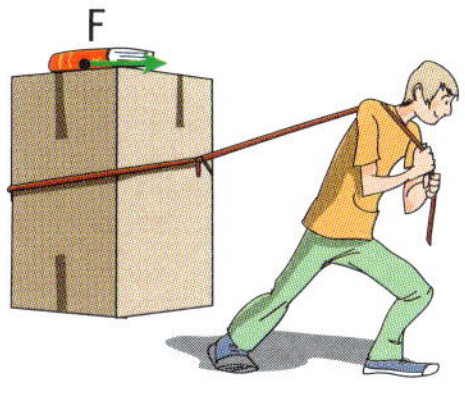

Sobre el bloque se encuentra un libro.

smSaviadigital.com PRACTICA

Las fuerzas de rozamiento forman parte de nuestra vida cotidiana. Muy a menudo **permiten el movimiento**, como ocurre en los casos A, B, D y F. En todas estas situaciones, si el suelo del objeto no ofreciera rozamiento, el movimiento sería incontrolable. En otros casos, el rozamiento sí **dificulta el movimiento**, como ocurre con el aire que frena al coche (C) o cuando se arrastra un objeto (E). Este último caso se conoce como *rozamiento por deslizamiento*.

El **rozamiento por deslizamiento** aparece siempre que las fuerzas aplicadas tienden a desplazar una superficie material sobre otra. Cuando afecta a cuerpos que están en movimiento, se denomina **rozamiento cinético**.

La fuerza de rozamiento cinético tiene estas características:

- Es paralela a las superficies deslizantes y depende de la naturaleza de las mismas.
- Su módulo es proporcional a la fuerza normal que ejerce una superficie sobre la otra:

$$f_{roz} = \mu N$$

La constante adimensional μ, denominada **coeficiente de rozamiento**, es independiente del área de contacto entre las superficies y de la velocidad de deslizamiento.

Te interesa saber

Los puntos de contacto reales entre dos superficies difieren mucho de la imagen macroscópica.

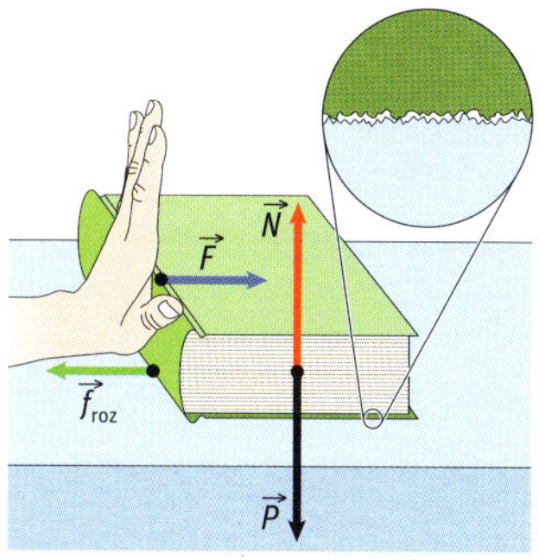

Calcula la fuerza de rozamiento en un plano horizontal

7. **Un libro de 500 g está apoyado en una mesa. Se tira de él con una fuerza de 10 N. Si el coeficiente de rozamiento vale 0,7, calcula la fuerza de rozamiento y la aceleración que adquiere.**

SOLUCIÓN

En este caso, el módulo de la fuerza normal es igual al módulo del peso y su valor es $N = mg = (0{,}5\ \text{kg})(9{,}8\ \text{m/s}^2) = 4{,}9\ \text{N}$. La fuerza de rozamiento valdrá:

$$f_{roz} = \mu N = 0{,}7 \cdot (4{,}9\ \text{N}) = 3{,}4\ \text{N}$$

Se puede aplicar la 2.ª ley de Newton en la dirección del movimiento:

$$F_{neta} = ma \Rightarrow F - f_{roz} = ma \Rightarrow (10\ \text{N} - 3{,}4\ \text{N}) = (0{,}5\ \text{kg})a \Rightarrow a = 13\ \text{m/s}^2$$

ACTIVIDADES

11. En el apartado ANALIZA, la caja que está siendo arrastrada tiene una masa de 80 kg y el coeficiente de rozamiento vale 0,5.

a) Dibuja y calcula todas las fuerzas que actúan sobre la caja si esta se mueve con MRU.

b) ¿Qué fuerza debe realizar el muchacho para que la caja se mueva con una aceleración de 2 m/s²?

6 Dinámica práctica. Ejemplos

La **mecánica clásica**, formada por las tres leyes de Newton más la ley de gravitación universal, constituye la base sobre la que se construyó gran parte de la ciencia hasta el siglo XX. Y no solo porque aportaba una nueva conceptualización del universo que nos rodea, sino porque permitía resolver numerosos problemas de la vida cotidiana.

Calcula fuerzas normales y tensiones en un movimiento vertical

8. **Una caja de 70 kg de masa se encuentra situada sobre el suelo de un montacargas. Identifica y dibuja las fuerzas que actúan sobre la caja. Para simplificar los cálculos, puedes suponer que g = 10 m/s^2.**

a) **Calcula la fuerza que el suelo del montacargas ejerce sobre la caja cuando se mueve a velocidad constante.**

b) **Calcula dicha fuerza cuando el montacargas arranca en la subida y cuando frena al llegar arriba, en ambos casos con una aceleración de 2 m/s^2.**

SOLUCIÓN

Se debe aislar la caja como objeto de estudio: es fácil identificar como únicas fuerzas el **peso**, que es la fuerza que hace la Tierra sobre la caja, y la **normal**, que es la fuerza que ejerce el suelo del montacargas para sostener la caja.

a) Si la velocidad es constante, la fuerza normal coincide con el peso, pues:

$$F_{neta} = 0 \quad \Rightarrow \quad N - mg = 0 \quad \Rightarrow \quad N = mg = (70\ \text{kg})(10\ \text{m/s}^2) = 700\ \text{N}$$

b) Cuando el montacargas arranca, tomamos como positivo el sentido hacia arriba, y la aceleración es positiva:

$$F_{neta} = ma \Rightarrow N - mg = ma \Rightarrow N = m(g + a) = (70\ \text{kg})(12\ \text{m/s}^2) = 840\ \text{N}$$

Es decir, la fuerza normal, hacia arriba, es superior al peso, hacia abajo, razón por la cual el cuerpo acelera hacia arriba.

Cuando el montacargas frena al llegar arriba, la aceleración es negativa:

$$F_{neta} = m(-a) \Rightarrow N - mg = -ma \Rightarrow N = m(g - a) = (70\ \text{kg})(8\ \text{m/s}^2) = 560\ \text{N}$$

En este caso la fuerza normal, hacia arriba, es inferior al peso, hacia abajo, con lo que la aceleración del cuerpo apunta hacia abajo. Como se ve, la fuerza normal no siempre es la misma; "se adapta" al estado de la aceleración de la caja.

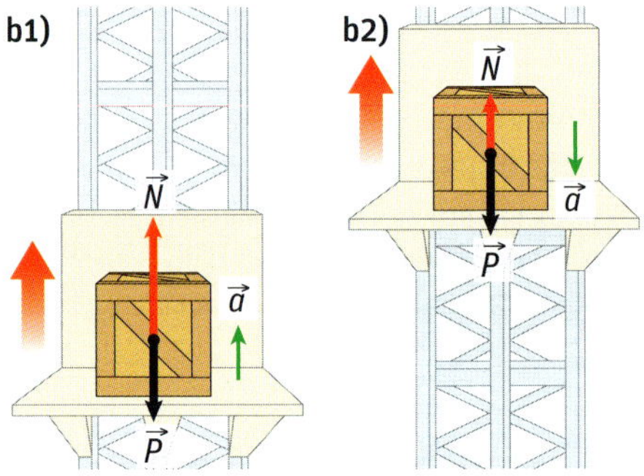

9. **A la hora de diseñar una grúa, es importante tener en cuenta que la tensión que soporta el cable puede ser mayor que el peso que tiene que levantar o bajar.**

a) **La grúa de la imagen sostiene un bloque de ladrillos de 700 kg. Identifica y dibuja todas las fuerzas que actúan sobre el bloque. ¿En qué situación la tensión del cable es mayor que el peso?**

b) **Calcula la tensión que soporta el cable cuando el bloque permanece en reposo a 12 m de altura, cuando arranca para bajar y cuando frena al llegar al suelo, en ambos casos con una aceleración de 1,5 m/s^2.**

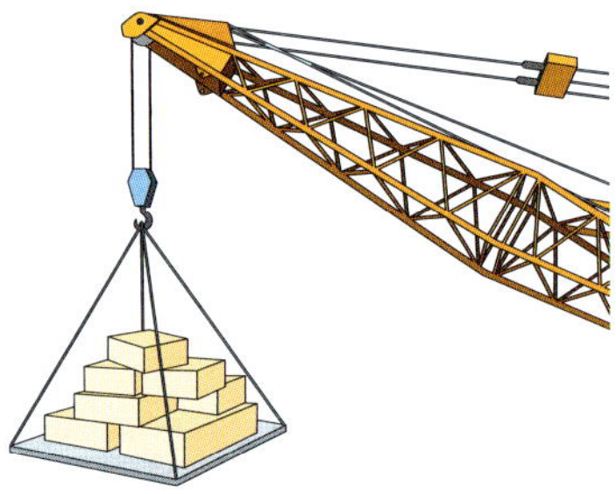

SOLUCIÓN

a) La tensión es mayor que el peso cuando el bloque arranca en la subida y también cuando frena al llegar al suelo, pues en estos casos debe vencer la fuerza peso y, además, imprimir cierta aceleración hacia arriba.

b) Se debe aplicar la segunda ley de Newton. Cuando el bloque permanece en reposo:

$$F_{neta} = 0 \Rightarrow T - mg = 0 \Rightarrow T = mg = (700\ \text{kg})(10\ \text{m/s}^2) = 7000\ \text{N}$$

Cuando el bloque arranca para bajar:

$$F_{neta} = ma \Rightarrow mg - T = ma \Rightarrow T = m(g - a) = (700\ \text{kg})(8{,}5\ \text{m/s}^2) = 5950\ \text{N}$$

Cuando el bloque frena al llegar al suelo, el sentido de la aceleración es hacia arriba, que se toma como positivo y es contrario al sentido de la velocidad:

$$F_{neta} = ma \Rightarrow T - mg = ma \Rightarrow T = m(g + a) = (700\ \text{kg})(11{,}5\ \text{m/s}^2) = 8050\ \text{N}$$

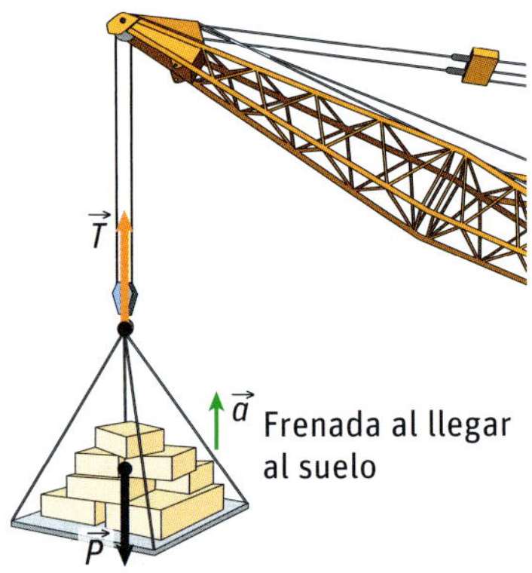

Identifica y dibuja fuerzas

10. **Un trabajador arrastra un baúl de 80 kg de masa sobre un suelo rugoso, tirando de él con una fuerza horizontal de 300 N. Identifica y dibuja todas las fuerzas que actúan sobre el baúl. Calcula el valor de la fuerza de rozamiento y la aceleración con que se desplaza el baúl sabiendo que el coeficiente de rozamiento entre el baúl y el suelo es $\mu = 0{,}3$.**

Nota: Se puede simplificar el valor de g a 10 m/s^2.

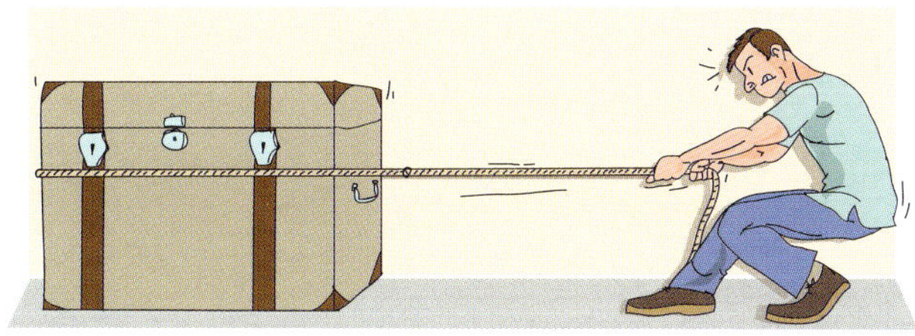

SOLUCIÓN

En primer lugar se aísla el baúl como objeto de estudio y se dibujan sobre él las fuerzas estudiadas: fuerza peso, fuerza normal, tensión y rozamiento. Como puede verse, las fuerzas actúan en dos direcciones mutuamente perpendiculares:

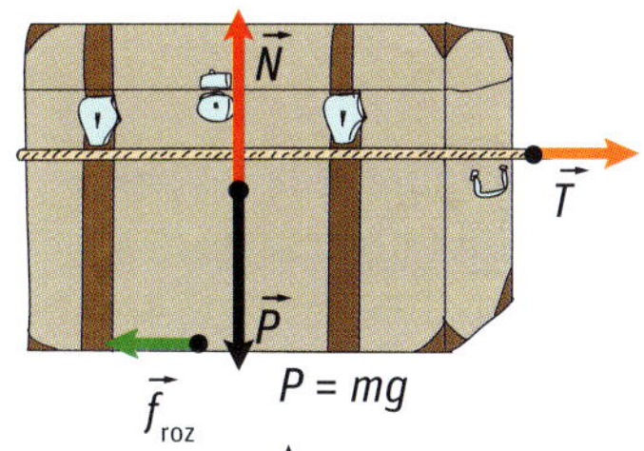

- La tensión, T, actúa horizontalmente hacia la derecha, y la fuerza de rozamiento, $f_{roz} = \mu N$, actúa en sentido contrario. Estas fuerzas producen el movimiento a lo largo del eje X.
- El peso, mg, y la normal que hace el suelo, N, actúan en el eje Y y se anulan mutuamente, ya que no hay aceleración en ese eje.

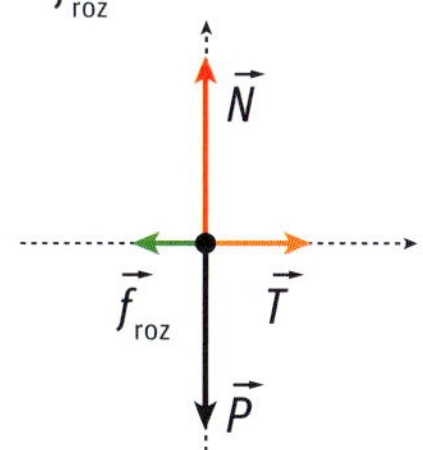

A efectos de cálculo, se pueden situar todas las fuerzas centradas en el origen de coordenadas y escribir la segunda ley de Newton para cada uno de los dos ejes:

Eje X: $F_{\text{neta }x} = ma \Rightarrow T - f_{roz} = ma \Rightarrow T - \mu N = ma$

Eje Y: $F_{\text{neta }y} = 0 \Rightarrow N - mg = 0 \Rightarrow N = mg$

La ecuación en Y permite conocer el valor de N. A partir de N se determina el valor de la fuerza de rozamiento, y a partir de esta se calcula la aceleración del movimiento en X:

$$N = mg = (80\text{ kg})(10\text{ m/s}^2) = 800\text{ N} \Rightarrow f_{roz} = \mu N = 0{,}3 \cdot (800\text{ N}) = 240\text{ N}$$

$$T - f_{roz} = ma \Rightarrow 300 - 240 = 80 \cdot a \Rightarrow a = 0{,}75\text{ m/s}^2$$

11. **El baúl del ejercicio anterior es arrastrado ahora por una fuerza de 300 N que forma 30° con la dirección del movimiento. ¿Modifica esto el valor de la fuerza de rozamiento? Calcula la aceleración con que se moverá el baúl.**

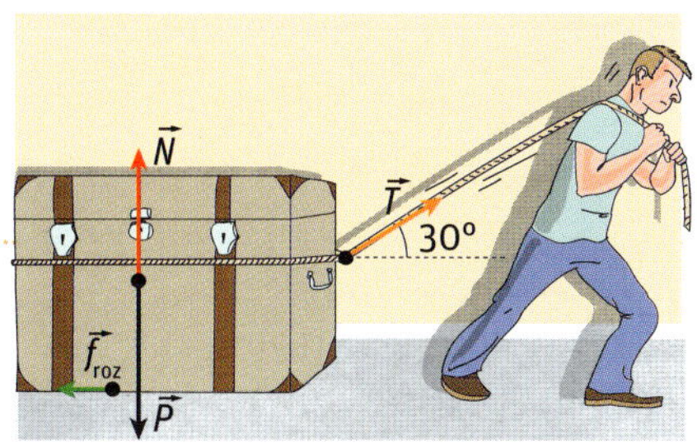

SOLUCIÓN

En primer lugar se debe descomponer T en sus componentes X e Y:

$$T_x = T \cdot \cos 30^\circ = 300 \cdot \frac{\sqrt{3}}{2} = 150\sqrt{3}\text{ N}; \qquad T_y = T \cdot \operatorname{sen} 30^\circ = 300 \cdot \frac{1}{2} = 150\text{ N}$$

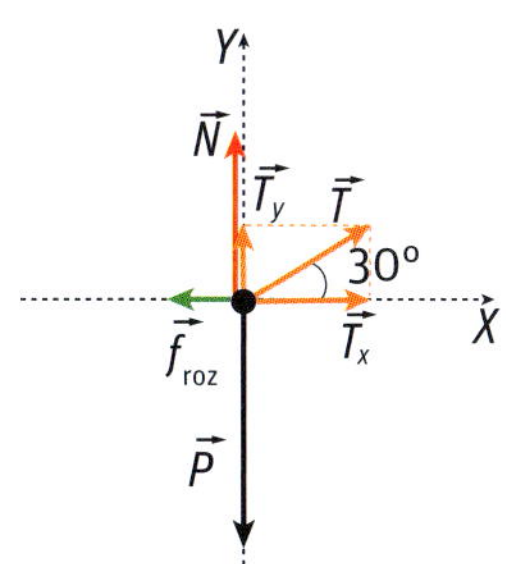

Las fuerzas en ambos ejes han cambiado, con lo que habrán cambiado, por un lado, N y la fuerza de rozamiento, y por otro, la aceleración del baúl:

Eje Y: $F_{\text{neta }y} = 0 \Rightarrow N + T_y - mg = 0 \Rightarrow N = mg - T_y = (800\text{ N} - 150\text{ N}) = 650\text{ N}$

La fuerza de rozamiento será, por tanto, menor: $f_{roz} = \mu N = 0{,}3 \cdot (650\text{ N}) = 195\text{ N}$

Eje X: $F_{\text{neta }x} = ma \Rightarrow T_x - f_{roz} = ma \Rightarrow 150\sqrt{3} - 195 = 80 \cdot a \Rightarrow a = 0{,}81\text{ m/s}^2$

ACTIVIDADES

12. En el ejercicio resuelto 10, ¿qué fuerza deberá realizar el hombre para que el baúl se mueva con velocidad constante? ¿Cambia esto el valor del coeficiente μ?

Repasa lo aprendido

1 ¿Qué es la fuerza centrípeta?

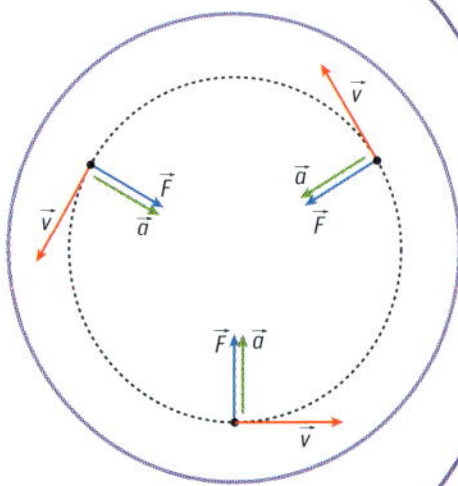

Para que un cuerpo se pueda mover en trayectoria circular y el módulo de la velocidad sea constante, es necesario que exista una fuerza neta dirigida hacia el centro de la circunferencia, que se denomina **fuerza normal** o **centrípeta**.

$$F_n = m\,a_n \quad \Rightarrow \quad F_n = m\frac{v^2}{R}$$

2 ¿Cómo se enuncia la ley de gravitación universal?

Dos cuerpos separados una distancia r se atraen con una fuerza directamente proporcional al producto de sus masas e inversamente proporcional al cuadrado de la distancia que los separa:

$$F = G\frac{m_1 m_2}{r^2}$$

El **peso** es la fuerza con que la Tierra atrae a los cuerpos y es proporcional a la masa de cada cuerpo:

$$F\,(\text{peso}) = G\frac{M_T\, m}{R_T^2} = m\frac{G M_T}{R_T^2} = m g$$

El valor de g en la superficie terrestre es de 9,8 m/s^2.

3 Si todos los objetos caen hacia la Tierra, ¿por qué no cae la Luna?

La **caída libre** es el movimiento de un cuerpo bajo la acción exclusiva de las fuerzas gravitatorias. Un cuerpo, como es el caso de la Luna, puede "caer" permanentemente (orbitar) en torno a la Tierra si mantiene una velocidad adecuada en torno al planeta:

$$v_{\text{orbital}} = \sqrt{G\frac{M_{\text{Tierra}}}{r}}$$

4 ¿Qué fenómenos naturales se pueden explicar a través de las fuerzas gravitatorias?

Las fuerzas gravitatorias explican el movimiento de los planetas, el fenómeno de las mareas y el movimiento de los cometas. La ley de gravitación universal de Newton permite justificar las **leyes de Kepler** sobre el movimiento de los planetas:

1. Los planetas siguen trayectorias elípticas.
2. La línea imaginaria trazada desde el Sol al planeta barre áreas iguales en tiempos iguales.
3. El cuadrado del período de revolución del planeta en torno al Sol es proporcional al cubo de la distancia promedio planeta-Sol.

5 ¿Qué nombre reciben algunas fuerzas de especial interés?

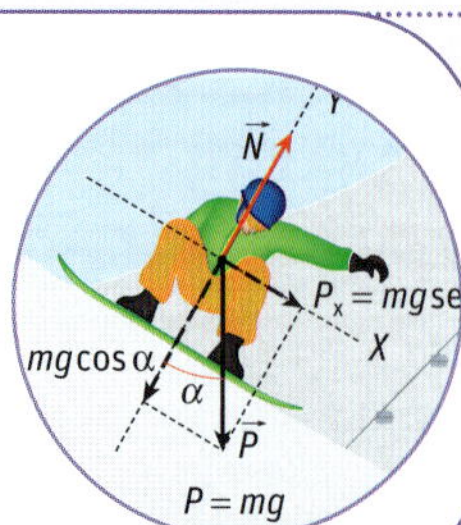

La **normal**, $\vec{N}$, es la fuerza que realiza una superficie sobre un cuerpo perpendicularmente a ella.

Se denomina **tensión**, $\vec{T}$, a la fuerza que ejerce un cable o cuerda sobre un cuerpo.

El **rozamiento por deslizamiento** aparece siempre que se desplaza una superficie material sobre otra. Su valor es proporcional al de la fuerza normal, $f_{roz} = \mu N$.

Procedimientos de la ciencia

Resolución de un problema de dinámica

El **segundo principio de la dinámica** (o segunda ley de Newton) se aplica de modo diferente para cada caso concreto. De ahí la conveniencia de adoptar una estrategia de resolución, tal como se propone en el siguiente problema de dinámica:

Un bloque de 5 kg de masa es arrastrado hacia arriba con una cuerda por un plano inclinado 30°. La cuerda tira del bloque paralelamente al plano con una fuerza de 40 N y el rozamiento entre el bloque y el plano se puede considerar despreciable.

Calcula el valor de la fuerza normal y la aceleración con que ascenderá el bloque.

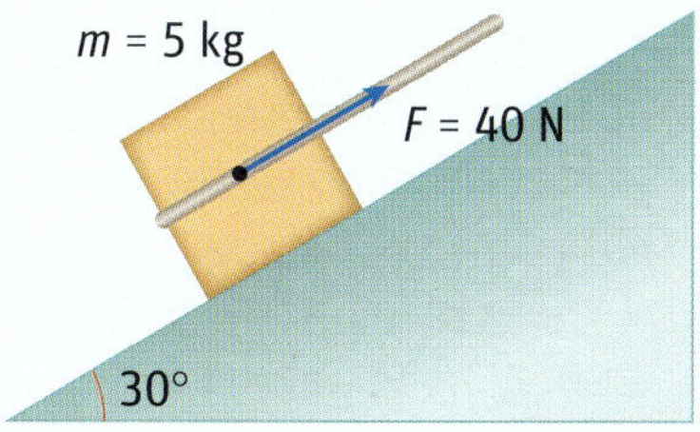

La estrategia de resolución consta de varios pasos:

1 LEER LOS DATOS Y DIBUJAR LAS FUERZAS

Se deben leer con detenimiento los datos y anotarlos en unidades del SI usando los símbolos estudiados. A continuación, se debe aislar el objeto de estudio y dibujar sobre él las posibles fuerzas:

- El **peso**, dirigido hacia el centro de la Tierra.
- La **fuerza normal**, perpendicular a la superficie por donde se desliza el bloque.
- La **tensión**, que tira del cuerpo y está aplicada sobre él.
- La **fuerza de rozamiento**, paralela a las superficies deslizantes.

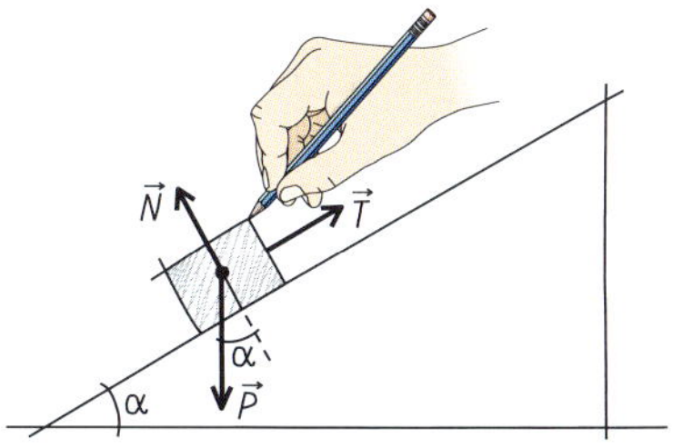

En este caso no hay rozamiento. Si lo hubiera, se debería dibujar paralelamente al plano y en sentido contrario al del movimiento.

2 REALIZAR UN DIAGRAMA DEL CUERPO AISLADO

Para ello, se deben tener en cuenta estos criterios:

- Se coloca el origen de unos ejes *X*-*Y* en el centro del cuerpo y se aplican en dicho punto todas las fuerzas.
- Se toma como eje principal (*X*) el que coincida con la dirección de la aceleración y se aplica la siguiente expresión:

$$\text{Eje } X\text{: } F_{\text{neta } x} = m\,a$$

- Perpendicularmente se coloca el otro eje (*Y*), donde se aplica la expresión:

$$\text{Eje } Y\text{: } F_{\text{neta } y} = 0$$

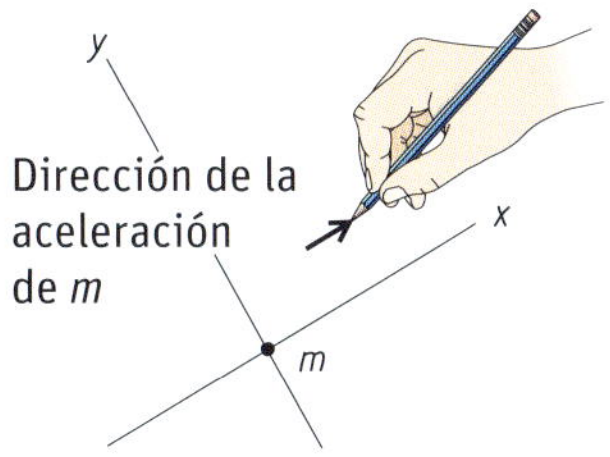

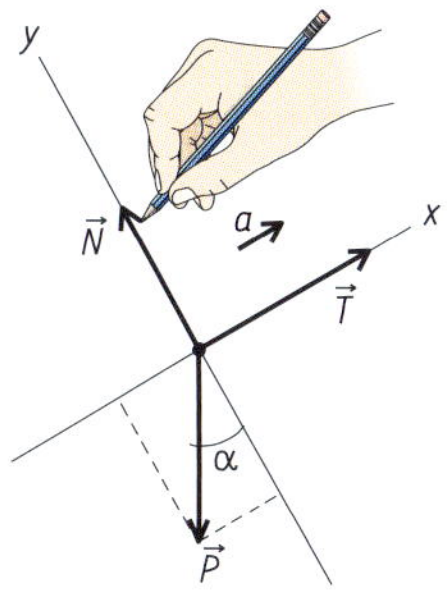

3 ESCRIBIR LAS ECUACIONES DEL MOVIMIENTO

Para ello se deben **descomponer** y llevar a los ejes las fuerzas que no coincidan con ellos, usando el dato del ángulo.

Se escriben dos **ecuaciones del movimiento**, una para cada eje. A continuación, si es preciso, se despeja la variable que se necesite de una ecuación (generalmente la del eje *Y*) y se sustituye en la otra. En este caso las ecuaciones quedan así:

Eje *X*: $F_{\text{neta } x} = T - mg \text{ sen } \alpha = ma \Rightarrow 40 - 50 \cdot \text{sen } 30° = 5 \cdot a$

Despejando, resulta $a = 3$ m/s^2.

Eje *Y*: $F_{\text{neta } y} = N - mg \cos 30° = 0 \Rightarrow \quad N = mg \cos 30° = 50 \cdot \dfrac{\sqrt{3}}{2} = 25\sqrt{3}$ N

Operando, resulta $N = 43$ N.

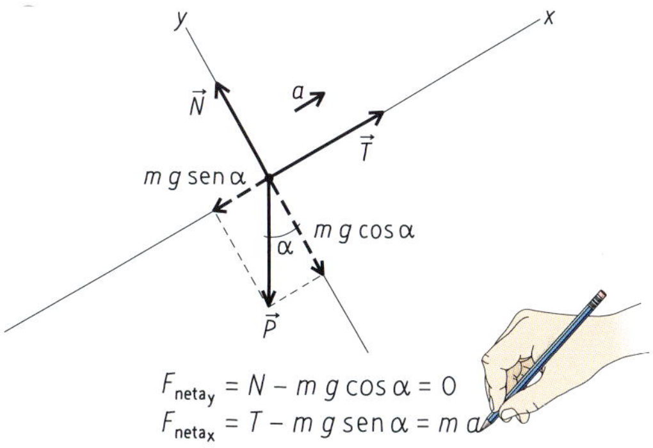

Actividades

Dinámica del movimiento circular

13. Un trineo de 12 kg está atado a una estaca con una cuerda de 1,5 m y realiza un movimiento circular uniforme.

a) Dibuja el vector velocidad, el vector aceleración y la fuerza centrípeta en los puntos A, B y C.

b) Si la máxima tensión que soporta la cuerda es de 200 N, ¿qué velocidad máxima puede adquirir?

c) Describe el movimiento que seguirá si la cuerda se rompe en B.

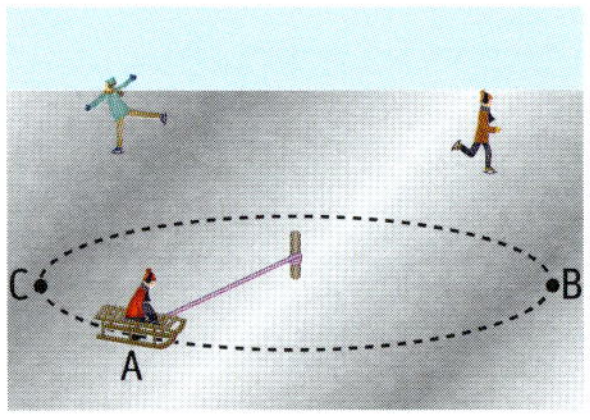

14. Un objeto de 200 g está atado a una cuerda y gira describiendo un círculo horizontal de radio 1,2 m a 3 rps. Halla la aceleración del objeto y la tensión de la cuerda.

SOLUCIÓN

Pasamos los datos al SI: $m = 0{,}2$ kg; $R = 1{,}2$ m;
$\omega = (3 \text{ vueltas/s}) \cdot (2\pi \text{ rad/vuelta}) = 6\pi$ rad/s

A partir de estos datos se calcula directamente a_n:

$$a_n = \frac{v^2}{R} = \omega^2 R = (6\pi \text{ rad/s})^2 (1{,}2 \text{ m}) = 4{,}3 \cdot 10^2 \text{ m/s}^2$$

La tensión de la cuerda hace de fuerza centrípeta, de modo que su valor será:

$$T = F_c = m a_n = (0{,}2 \text{ kg})(4{,}3 \cdot 10^2 \text{ m/s}^2) = 86 \text{ N}$$

15. Un cuerpo de 2 kg de masa gira sobre una mesa, atado a una cuerda, describiendo una circunferencia de 0,5 m de radio. La velocidad de giro es constante e igual a 1 m/s. Determina:

a) La fuerza con que la cuerda tira de él.

b) La máxima velocidad que puede llevar el cuerpo si la cuerda soporta como máximo 20 N.

16. La máxima fuerza centrípeta que cierto asfalto puede ejercer sobre un coche que toma una curva de 20 m de radio es de 6400 N. Si el coche tiene una masa de 900 kg, calcula la máxima velocidad a la que puede circular sin salirse de la curva.

17. Según el modelo atómico de Bohr, se supone que el electrón del átomo de hidrógeno gira con velocidad constante a una distancia de $5{,}3 \cdot 10^{-11}$ m del núcleo.

a) Explica qué variable puede representar cada vector del dibujo.

b) Si suponemos que el electrón se mueve a velocidad $2{,}25 \cdot 10^6$ m/s, calcula la fuerza centrípeta. ¿Qué cuerpo ejerce esta fuerza?

Dato: $m_e = 9{,}1 \cdot 10^{-31}$ kg

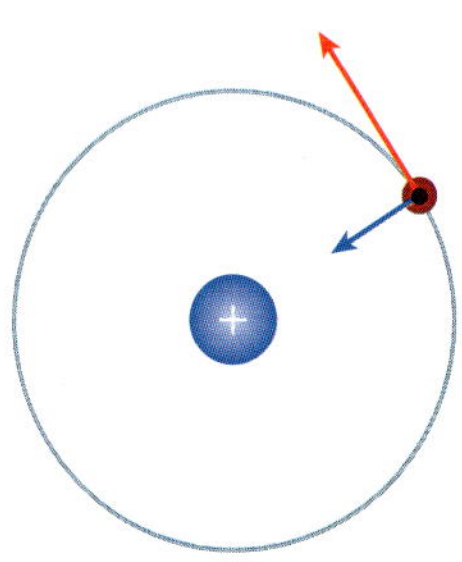

18. smSaviadigital.com PRACTICA

Entra en esta simulación, que representa el movimiento circular de un objeto sobre una plataforma giratoria. El objeto está unido a una cuerda que pasa por el eje de la plataforma y que se encuentra unida a un dinamómetro que muestra la tensión a que está sometida.

a) En la siguiente imagen se representa el movimiento de una masa de 800 g que describe una circunferencia de 40 cm de radio. En el momento descrito, la tensión vale 31,4 N. A partir de ahí, calcula todas las variables del MCU que tiene lugar y explica el significado de los números 1,82 y 9,9.

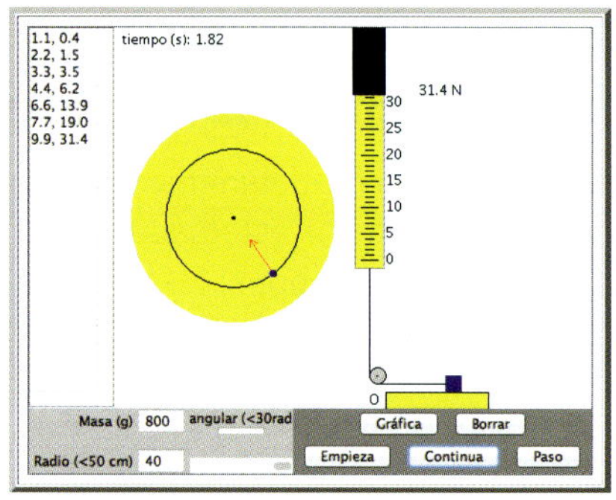

b) Realiza tu propia secuencia de valores y presiona "gráfica". ¿Cuánto vale la pendiente de la recta?

c) Realiza un informe de la experiencia comentando lo que ves: valores, vectores, etc.

Ley de gravitación universal. El peso

19. Estudia numéricamente el movimiento de la Tierra en torno al Sol a partir de estos datos: $G = 6{,}67 \cdot 10^{-11}$ N m²kg⁻²; $M_{Sol} = 2 \cdot 10^{30}$ kg; $M_T = 5{,}97 \cdot 10^{24}$ kg; $r_{Tierra\text{-}Sol} = 1{,}5 \cdot 10^{11}$ m.

a) Calcula la fuerza con que se atraen mutuamente.

b) Aceptando que su trayectoria es circular, dicha fuerza hace el papel de centrípeta. Deduce la velocidad de giro de la Tierra en torno al Sol.

SOLUCIÓN

a) Se aplica la ley de gravitación universal:

$$F = \left(6{,}67 \cdot 10^{-11} \frac{\text{Nm}^2}{\text{kg}^2}\right) \cdot \frac{(2 \cdot 10^{30} \text{ kg})(5{,}97 \cdot 10^{24} \text{ kg})}{(1{,}5 \cdot 10^{11} \text{ m})^2} =$$

b) Como la fuerza gravitatoria es centrípeta:

$$F_{\text{Tierra-Sol}} = M_{\text{Tierra}} \frac{v^2}{r} \Rightarrow 3{,}54 \cdot 10^{22} = 5{,}97 \cdot 10^{24} \cdot \frac{v^2}{1{,}5 \cdot 10^{11}}$$

de donde se obtiene una velocidad $v = 29\,823$ m/s ≅ 30 km/s.

20. Calcula tu peso en la superficie terrestre y en la posición del satélite *Meteosat*, a unos 36 000 km de altitud sobre la superficie de la Tierra.

21. El satélite de la figura tiene una masa de 500 kg y se encuentra a una distancia de $6{,}67 \cdot 10^6$ m del centro de la Tierra.

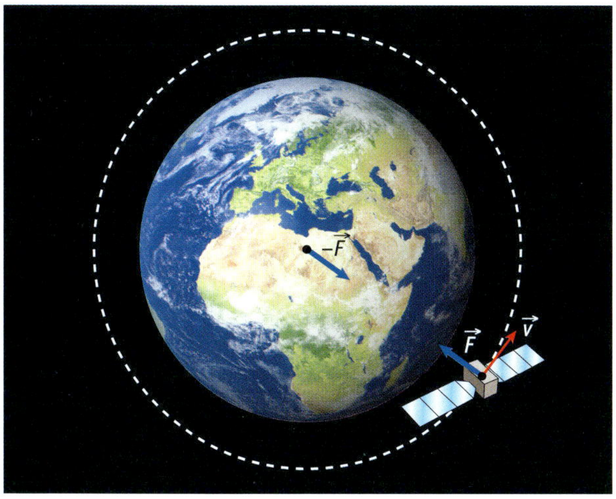

a) Calcula la fuerza con que la Tierra lo atrae y, a partir de ella, deduce la velocidad que lleva.

b) Suponiendo que la trayectoria es circular, halla también su período de revolución mediante la expresión $v = 2\pi r/T$.

c) Entra en el enlace www.e-sm.net/svfq4eso09_01 y haz una simulación de la situación descrita eligiendo la pareja de cuerpos Tierra-satélite. Obtén a partir de la simulación el período del satélite y compáralo con la respuesta anterior.

22. A partir de la expresión de g, deduce su valor en la posición en que se encuentra el satélite del problema 21. Calcula el peso del satélite a esa altura y compáralo con la fuerza obtenida en dicho problema.

SOLUCIÓN

Se utiliza la definición de $g = G\dfrac{M_T}{r^2} = G\dfrac{M_T}{(R_T + h)^2}$.

$$g = \left(6{,}67 \cdot 10^{-11}\,\frac{\text{Nm}^2}{\text{kg}^2}\right) \cdot \frac{(5{,}97 \cdot 10^{24}\ \text{kg})}{(6{,}67 \cdot 10^6\ \text{m})^2} = 8{,}95\ \text{m/s}^2$$

El peso del satélite allá arriba será:

$$mg = (500\ \text{kg})(8{,}95\ \text{m/s}^2) = 4475\ \text{N}$$

Este valor debe coincidir con el obtenido en el problema 21.

23. Razona cuál sería tu peso si:

a) La masa del planeta Tierra se duplicara.

b) El radio del planeta se duplicara.

c) Tanto la masa como el radio se redujeran a la mitad.

d) Asciendes a una altura sobre la superficie igual al propio radio terrestre.

24. Júpiter es un planeta enorme comparado con la Tierra. Su radio es de $7 \cdot 10^7$ m, y su masa, de $1{,}9 \cdot 10^{27}$ kg. Halla:

a) El valor de g en su superficie. ¿Cuánto pesarías allí?

b) El valor de g a la distancia a la que se encuentra su satélite Europa, que es de $6{,}71 \cdot 10^8$ m.

c) ¿Con qué fuerza se atraen Júpiter y Europa?

d) Deduce la velocidad orbital de Europa y su período de revolución. Compara la respuesta con los datos del problema 30.

25. Se ha medido el peso del objeto de la figura en la Luna con un dinamómetro y marca 1,62 N. ¿Cuánto marcaría en la superficie de la Tierra?

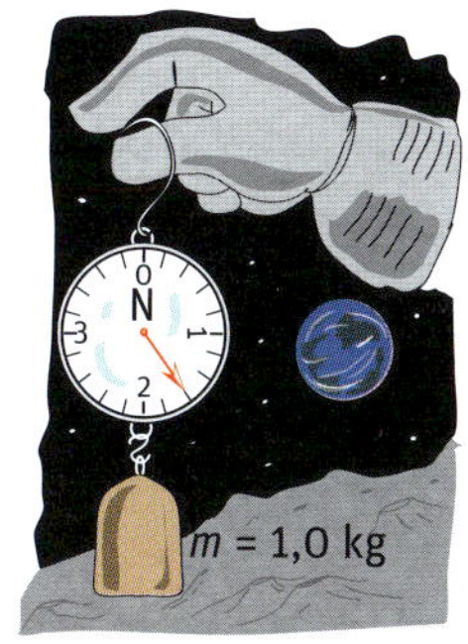

a) Deduce g en la Luna.

b) Sabiendo que el radio de la Luna es de 1740 km, halla la masa de la misma.

Dato: $G = 6{,}67 \cdot 10^{-11}\ \text{N m}^2\text{kg}^{-2}$

Movimiento de planetas y satélites. Caída libre

26. Analiza los dibujos del REFLEXIONA de la página 192 y razona si las siguientes afirmaciones son verdaderas o falsas.

a) La estación espacial y el astronauta tienen un movimiento circular con aceleración cero.

b) El pasajero y el ascensor cuyo cable se ha roto caen libremente.

c) El astronauta dentro de la estación espacial se encuentra en situación de ingravidez.

d) Todos los objetos dentro de la estación espacial "caen" en torno al planeta con la misma velocidad orbital.

27. La distancia Tierra-Sol se conoce como *unidad astronómica* (UA) y vale $1{,}5 \cdot 10^{11}$ m. El período de Marte (su "año") es de 687 días terrestres. Calcula:

a) La distancia promedio de Marte al Sol usando la Tierra como referencia.

b) La velocidad de Marte en su giro alrededor del Sol suponiendo una trayectoria circular.

SOLUCIÓN

a) Se aplica la tercera ley de Kepler y se despeja el radio de la órbita de Marte:

$$\frac{T^2_{\text{Tierra}}}{r^3_{\text{Tierra}}} = \frac{T^2_{\text{Marte}}}{r^3_{\text{Marte}}} \Rightarrow \frac{(365\,\text{días})^2}{(1{,}5 \cdot 10^{11}\,\text{m})^3} = \frac{(687\,\text{días})^2}{r^3_{\text{Marte}}}$$

de donde se obtiene $r_{\text{Marte}} = 2{,}3 \cdot 10^{11}$ m.

b) Puesto que se conoce el radio de la trayectoria y el tiempo de una vuelta, resulta:

$$v = \frac{2\pi r}{T} = \frac{2\pi \cdot 2{,}3 \cdot 10^{11}\,\text{m}}{(687\,\text{días})(24\text{h/día})(3600\text{s/h})} = 2{,}4 \cdot 10^4\ \text{m/s}$$

Actividades

28. La aceleración de la gravedad en la superficie del planeta Marte es de $g_M = 3{,}7$ m/s^2.

a) ¿Qué significa la expresión: "Un objeto se abandona en caída libre sobre la superficie de Marte"?

b) ¿Qué tiempo empleará ese objeto en alcanzar una velocidad de 100 km/h partiendo del reposo? ¿Será más o menos tiempo que si lo hiciera en la Tierra?

29. La distancia promedio Venus-Sol es de $1{,}08 \cdot 10^{11}$ m. Usando como datos la distancia Tierra-Sol y el período de la Tierra en torno al Sol, calcula:

a) La duración en días terrestres del año de Venus.

b) La velocidad de giro del planeta Venus en torno al Sol.

c) La aceleración normal de Venus en torno al Sol.

30. Los datos siguientes se refieren a las lunas o satélites del planeta Júpiter.

Satélite	Masa (kg)	Período (días terrestres)	Distancia media a Júpiter (km)
Ío	$8{,}9 \cdot 10^{22}$	1,77	422 000
Europa	$4{,}9 \cdot 10^{22}$	3,55	671 000
Ganímedes	$1{,}5 \cdot 10^{23}$	7,16	•••
Calisto	$1{,}1 \cdot 10^{23}$	16,7	•••

Si aceptamos que sus órbitas son circulares, calcula:

a) La distancia media a Júpiter de Ganímedes y de Calisto, usando la tercera ley de Kepler y los datos de la tabla.

b) La velocidad del satélite Ío en su órbita alrededor de Júpiter, también llamada velocidad orbital.

31. La velocidad orbital también puede calcularse a partir de la expresión siguiente:

$$v_{\text{orbital}} = \sqrt{G\frac{M}{r}}$$

Si la referimos de nuevo a Ío, ¿qué afirmaciones de las siguientes son verdaderas y cuáles no?

a) La velocidad orbital es la velocidad de giro del satélite Ío sobre sí mismo.

b) v_{orbital} es la velocidad de giro de Júpiter en torno a Ío.

c) La masa M es la masa de Júpiter, no la de Ío.

d) El valor r se refiere al radio de Ío.

32. Una bola de madera tiene 0,5 kg de masa y es de idéntico tamaño que otra bola de hierro de masa 5 kg.

a) Calcula sus pesos y deduce con qué aceleración cae cada una cuando se abandonan libremente en la Tierra, despreciando el rozamiento. ¿Cuál llega antes al suelo?

b) Repite el problema si el rozamiento con el aire es de 1,5 N en ambos casos. ¿Cuál llega antes al suelo? ¿Qué velocidad llevará cada una a los 2 s de soltarla? Saca conclusiones.

Pesos, fuerzas normales, tensiones y fuerzas de rozamiento

33. Razona si las siguientes parejas son de acción-reacción.

a) El peso y la resistencia del aire para un cuerpo que cae a velocidad constante.

b) La fuerza de una mano que mantiene un muelle estirado y la fuerza recuperadora del muelle.

c) El peso y la tensión de la cuerda en una lámpara colgada del techo.

d) Las fuerzas de atracción mutua entre dos imanes.

e) El peso y la normal en un plano horizontal.

34. Una persona realiza una fuerza de 40 N para izar un cuerpo de 2 kg con una polea. Deduce el tipo de movimiento que tendrá lugar.

SOLUCIÓN

En este caso solo tenemos dos fuerzas: la tensión y el peso, que es menor. Por tanto, el cuerpo se mueve con MRUA hacia arriba. Escribiremos esta ecuación:

$$F_{neta} = T - mg = ma$$

$$40 - 2 \cdot 9{,}8 = 2 \cdot a$$

de donde se obtiene $a = 10{,}2$ m/s^2.

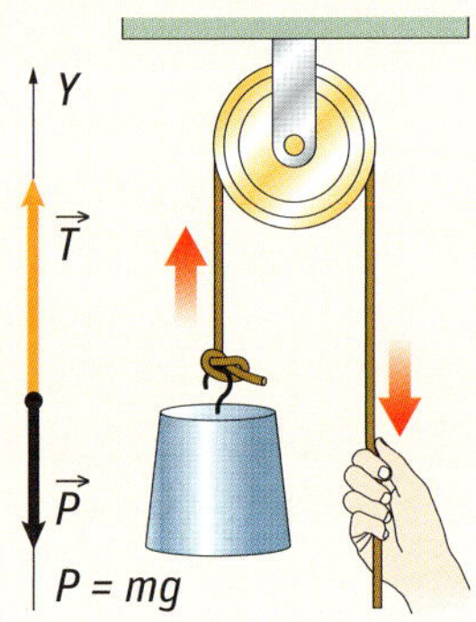

35. Una amiga tuya tiene una masa de 65 kg y quiere subir una pesa de 60 kg con una aceleración de 0,5 m/s^2, haciendo uso de una polea colgada del techo.

a) Identifica y dibuja las fuerzas que actúan sobre la pesa. ¿Qué tensión debe tener la cuerda?

b) Identifica y dibuja las fuerzas que actúan sobre tu amiga. ¿Conseguirá su objetivo?

36. Al tirar del bloque de la figura con el dinamómetro, se observa que se mueve con velocidad constante. Deduce el valor del coeficiente de rozamiento.

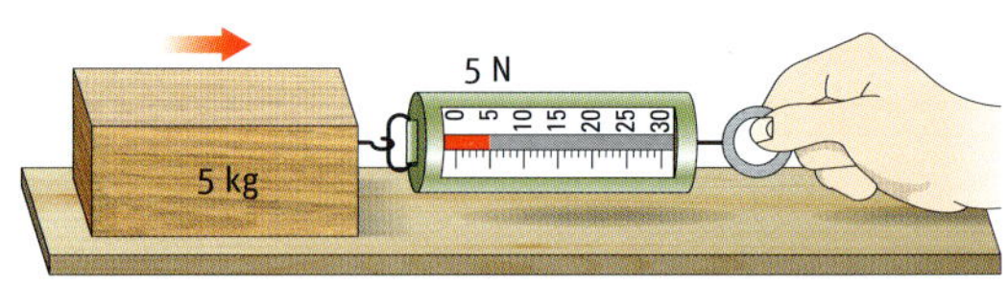

37. Calcula la aceleración con que se moverá el cuerpo de la figura si se tira de él hacia la derecha con una fuerza de 90 N.

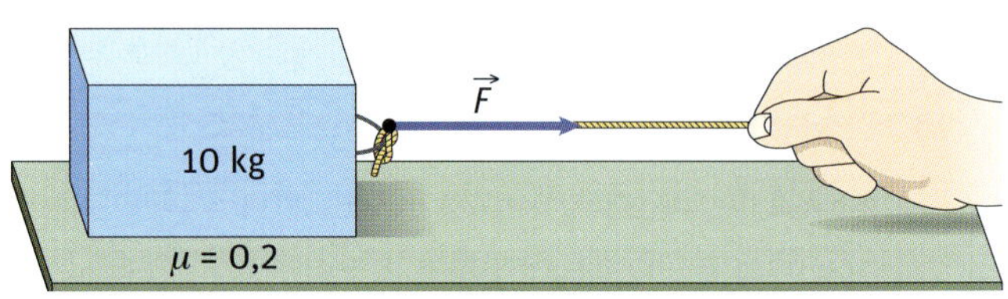

38. **Deduce el valor de la fuerza normal en cada uno de los casos siguientes.**

a) **Un objeto de masa m se apoya en una mesa.**

b) **Sobre el objeto se hace una fuerza con un ángulo $-\alpha$.**

c) **Sobre el objeto se hace una fuerza con un ángulo α.**

SOLUCIÓN

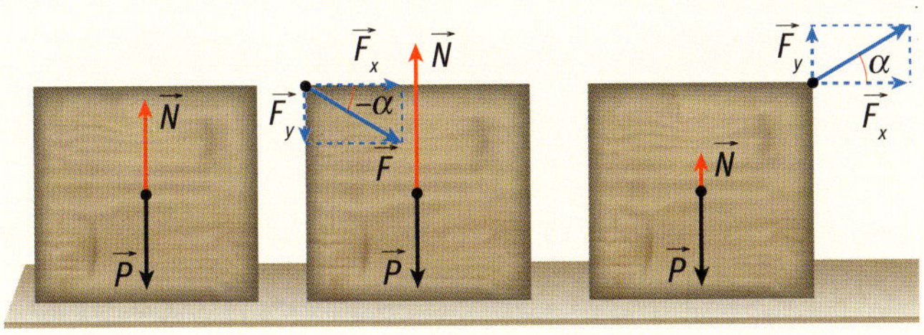

a) La ecuación de las fuerzas en el eje Y es:

$$F_{\text{neta y}} = 0 \Rightarrow N - mg = 0 \Rightarrow N = mg$$

b) En este caso la normal es mayor, ya que debe compensar también la componente F_y.

$$F_{\text{neta y}} = 0 \Rightarrow N - mg - F_y = 0 \Rightarrow N = mg + F\,\text{sen}\,\alpha$$

c) En este otro caso es al revés: la componente F_y va a favor de N y entre ambas compensan a mg.

$$F_{\text{neta y}} = 0 \Rightarrow N + F_y - mg = 0 \Rightarrow N = mg - F\,\text{sen}\,\alpha$$

39. Un padre empuja a su hijo sobre un trineo de las tres formas que se indican.

a) Considera el conjunto hijo-trineo como un solo objeto e identifica y dibuja las fuerzas que actúan sobre él.

b) Justifica razonando en qué situación habrá menor o mayor rozamiento.

c) Si el padre aplica una fuerza de 20 N y la masa del hijo con el trineo es de 40 kg, calcula el valor de la normal en cada caso.

40. Un disco de *hockey* que ha recibido un golpe sale disparado con una velocidad de 18 m/s y recorre 80 m antes de pararse. Dibuja las fuerzas que actúan sobre él mientras se mueve y explica por qué se para. A continuación, calcula la aceleración de frenado y deduce el coeficiente de rozamiento con el hielo.

41. Al coche de la figura se le ha estropeado el freno de mano y cae por la pendiente. Estudia el diagrama de fuerzas, despreciando el rozamiento, y justifica qué afirmaciones son verdaderas.

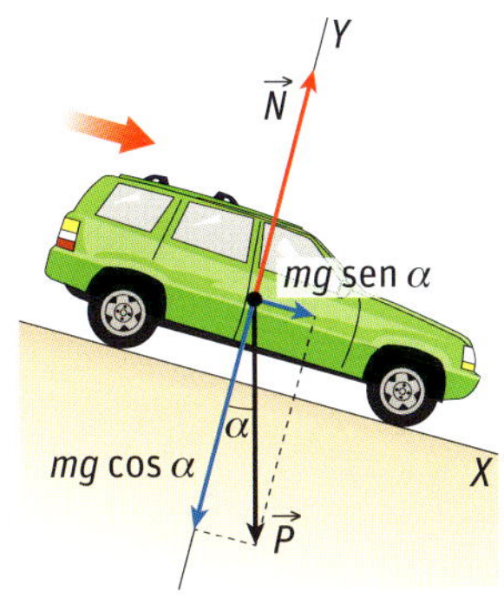

a) La fuerza normal que hace el plano sobre el coche es menor que el peso de este.

b) La ecuación del movimiento es $N - mg\cos\alpha = ma$.

c) El coche cae por el plano con aceleración $a = g\,\text{sen}\,\alpha$.

d) Después de recorrer una distancia s, adquiere una velocidad $v_f = 2gs\,\text{sen}\,\alpha$.

42. **Un vehículo de 800 kg de masa describe una curva de 100 m de radio. El coeficiente de rozamiento entre el vehículo y la carretera es de 0,4. Calcula la velocidad máxima a la que puede tomar dicha curva sin salirse de la carretera.**

SOLUCIÓN

El pavimento ejerce sobre las ruedas una fuerza hacia el centro de la curva, debida al rozamiento con el suelo. Esta fuerza de rozamiento es, por tanto, la fuerza centrípeta.

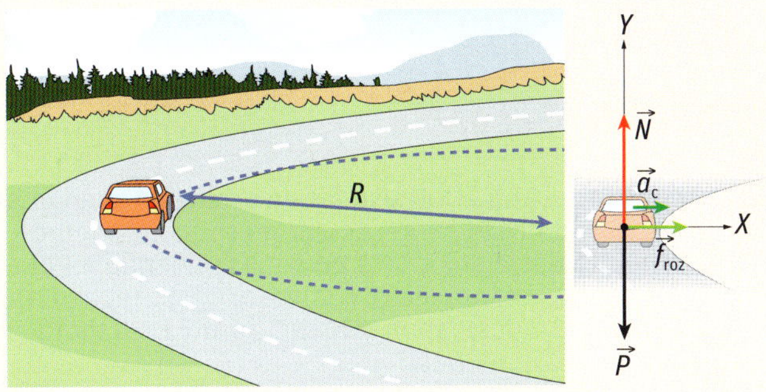

El eje X es el eje principal, ya que coincide con la dirección de la aceleración centrípeta. Las ecuaciones para ambos ejes son:

Eje X: $F_{\text{neta x}} = ma_n \Rightarrow f_{\text{roz}} = m\dfrac{v^2}{r} \Rightarrow \mu N = m\dfrac{v^2}{r}$

Eje Y: $F_{\text{neta y}} = 0 \Rightarrow N - mg = 0 \Rightarrow N = mg$

El valor de N se lleva a la primera ecuación:

$$\mu mg = m\frac{v^2}{r} \quad \Rightarrow \quad v = \sqrt{\mu g r} = 19{,}8\ \text{m/s}$$

Esta será la velocidad máxima con que el coche puede tomar la curva, ya que la fuerza de rozamiento no puede superar el valor de $\mu mg = 0{,}4 \cdot (800\ \text{kg})(9{,}8\ \text{m/s}^2) = 3136$ N.

43. Un buitre negro de 10,25 kg de masa vuela en círculos de 18 m de radio a una velocidad de 45 km/h observando una oveja moribunda. Identifica, dibuja y calcula las fuerzas que actúan sobre el buitre. ¿Quién ejerce estas fuerzas?

Ponte a prueba

¿Cómo se mantiene en el aire un Boeing 747?

Hoy en día sigue resultando sorprendente ver volar una aeronave tan grande y pesada como un Boeing 747. ¿Te has planteado alguna vez qué fuerza lo sostiene?

La sustentación es una fuerza que ejerce el aire sobre las alas y el fuselaje de los aviones. Dicha fuerza no actúa cuando el avión está parado, pero durante el despegue llega a superar al peso, haciendo que el avión se eleve, y en pleno vuelo iguala dicho peso, con lo que el avión se mantiene en el aire.

A pesar de la complejidad de los fenómenos que tienen lugar, el movimiento del avión se puede estudiar a partir de las leyes vistas en este tema.

Puedes consultar el fundamento físico de la sustentación y vuelo de un avión en el enlace www.e-sm.net/svfq4eso09_02.

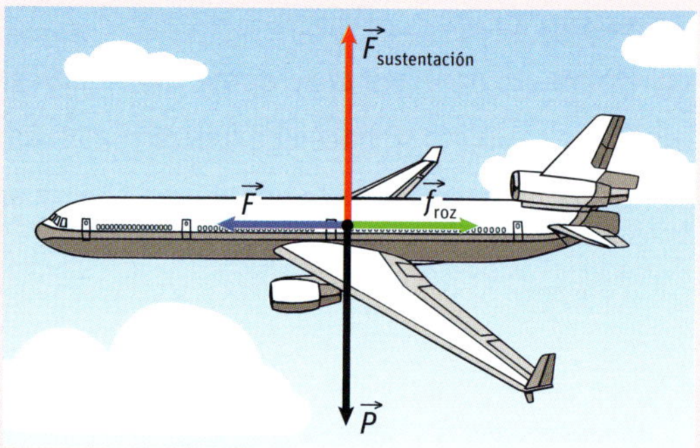

1. Un Boeing 747 tiene una masa de 350 000 kg y se desplaza a una velocidad constante de 850 km/h. Estudia el diagrama de fuerzas de la ilustración e indica si las afirmaciones siguientes son verdaderas o falsas:
   a) La fuerza de empuje, $\vec{F}$, es la reacción a la fuerza que hacen los gases que expulsan los motores.
   b) La fuerza neta que actúa sobre el avión es cero.
   c) $\vec{F}_{\text{sustentación}}$ y $\vec{P}$ son fuerzas de acción y reacción; por eso se anulan.
   d) Tanto $\vec{F}_{\text{sustentación}}$ como $\vec{f}_{roz}$ son realizadas por el aire.
2. Escribe la ecuación de fuerzas en ambos ejes y razona:
   a) ¿Qué fuerza habrá que modificar para lograr que el avión descienda?
   b) ¿Qué fuerza resultante puede hacer que el avión pase de 850 km/h a 950 km/h en un minuto?

Vida en el espacio

En noviembre del año 2000 se puso en órbita la Estación Espacial Internacional (EEI), y desde entonces ha mantenido permanentemente entre dos y seis personas viviendo en el espacio. Se trata de un proyecto conjunto de Europa, Canadá, Rusia, Estados Unidos, Japón y Brasil, junto a colaboraciones particulares de Italia y Australia.

La EEI tiene unas dimensiones algo mayores que un campo de fútbol y una masa de 420 toneladas. En este momento su espacio habitable es comparable al de una casa de cinco dormitorios con dos baños.

1. Sabiendo que la EEI se encuentra en órbita a 400 km de altura sobre la superficie terrestre, analiza los datos de la tabla de la derecha y justifica si las siguientes respuestas son verdaderas o falsas:
   a) El valor de la aceleración de la gravedad en la superficie de la Tierra es de 9,8 m/s², pero en la EEI hay gravedad cero.
   b) A partir de las expresiones de la tabla se concluye que el valor de g disminuye por encima de la superficie de la Tierra, pero no se hace cero en la posición de la EEI.
   c) El valor de g depende de la masa de la Tierra y de la masa de la EEI.
   d) Sustituyendo valores resulta que el valor de g en la EEI es de 8,7 m/s².

Aceleración de la gravedad, g	Expresión	Valor
Superficie de la Tierra	$g_{\text{superficial}} = G\dfrac{M_T}{R_T^2}$	9,8 m/s²
EEI	$g_{EEI} = G\dfrac{M_T}{(R_T + h)^2}$	●●●

2. Enumera las consecuencias positivas que puede tener un proyecto como este para la humanidad. ¿Crees que está justificado el abultado presupuesto necesario para mantenerlo (alrededor de diez mil millones de dólares)?

Meteosat

Los satélites *Meteosat* constituyen la contribución europea al sistema de observación mundial dedicado a la meteorología y la climatología. Con un período de 24 horas y una altitud de 35 800 km, abarcan Europa, África, Oriente Medio, la parte oriental de América del Sur, el océano Atlántico y el océano Índico occidental.

1. Completa en tu cuaderno la tabla de datos comparativa entre un satélite *Meteosat* y la EEI, en la que r es la distancia al centro de la Tierra. Haz uso de la tercera ley de Kepler para calcular el período de rotación de la EEI en horas.

	T (h)	T^2 (h²)	r (km)	r^3 (km³)
Meteosat	●●●	●●●	●●●	●●●
EEI	●●●	●●●	●●●	●●●

2. La Luna completa una vuelta en torno a la Tierra en 28 días. Deduce la distancia entre los centros de la Tierra y la Luna.

3. Calcula el cociente T^2/r^3 para los tres satélites mencionados e interpreta el resultado. ¿Obtendrías el mismo con un satélite de Júpiter?

AUTOEVALUACIÓN

1. Un buen lanzador de martillo puede imprimir a la bola (cuya masa es de 7,26 kg) velocidades muy altas. Si un lanzador consigue una velocidad de 100 km/h en un giro de 1,85 m de radio, determina la fuerza centrípeta necesaria:

   a) 109 N b) 3028,5 N c) 5602,7 N d) 201,7 N

2. El dibujo muestra el movimiento de un planeta en torno a su estrella.

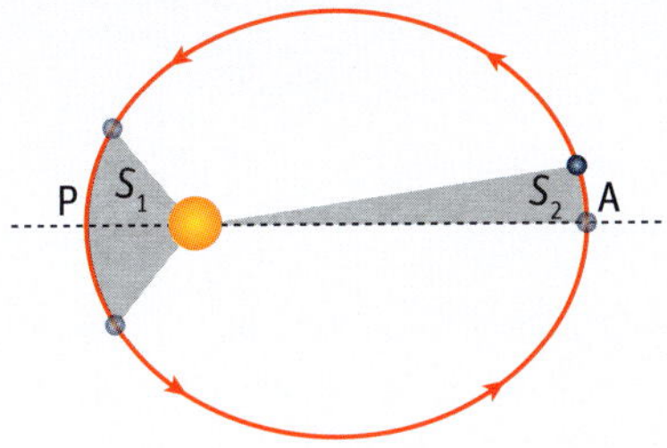

   ¿Cuál de las siguientes afirmaciones es falsa?

   a) La igualdad $S_1 = S_2$ significa que ha recorrido el arco correspondiente en el mismo tiempo.

   b) Una consecuencia de lo anterior es que el planeta se mueve más deprisa en el afelio (A) que en el perihelio (P).

   c) La velocidad en A es perpendicular al radio vector que une el Sol con el planeta en ese punto.

   d) La fuerza de atracción gravitatoria estrella-planeta es mayor en P que en A.

3. La aceleración de la gravedad es de 8,6 m/s² en la superficie de Venus y de 3,7 m/s² en la de Marte. Si el peso de un niño es de 222 N en Marte, su masa y su peso en Venus serán:

   a) 60 kg y 516 N c) 60 kg y 60 N
   b) 60 N y 1909 N d) 25,8 kg y 95,5 N

4. Un satélite de masa 2000 kg se encuentra a una altura sobre la superficie igual al radio terrestre. Por tanto:

   a) Su peso es la mitad que en la superficie.

   b) Dentro del satélite habrá ingravidez.

   c) Su período de revolución será de dos días.

   d) La fuerza con que lo atrae la Tierra es de unos 5000 N.

5. Una nadadora de masa 60 kg se lanza desde un acantilado a 27 m de altura. Si toca el agua 2,5 s después de saltar, la fuerza de rozamiento ejercida por el aire vale:

   a) 58,8 N b) 600 N c) 518,4 N d) 69,6 N

6. Sobre el bloque de la figura actúan las fuerzas indicadas.

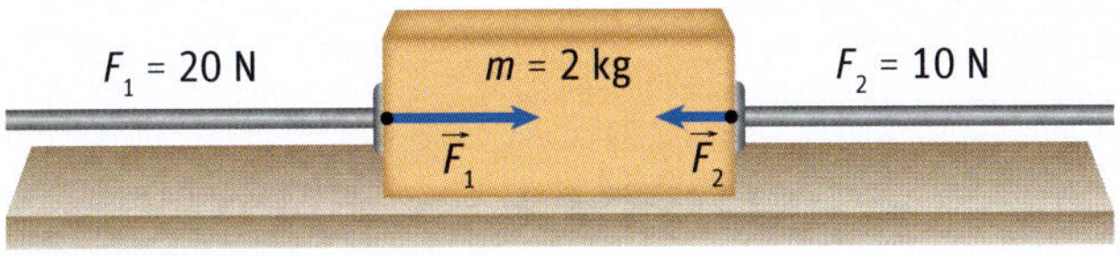

   Si el coeficiente de rozamiento con el plano es $\mu = 0,3$, la aceleración que adquiere el bloque será:

   a) 2 m/s² b) 5 m/s² c) −2 m/s² d) −5 m/s²

7. Se lanza un cuerpo hacia arriba por un plano inclinado. En ausencia de rozamiento y una vez que la mano deja de impulsarlo, el diagrama de fuerzas antes de su descomposición en ejes es:

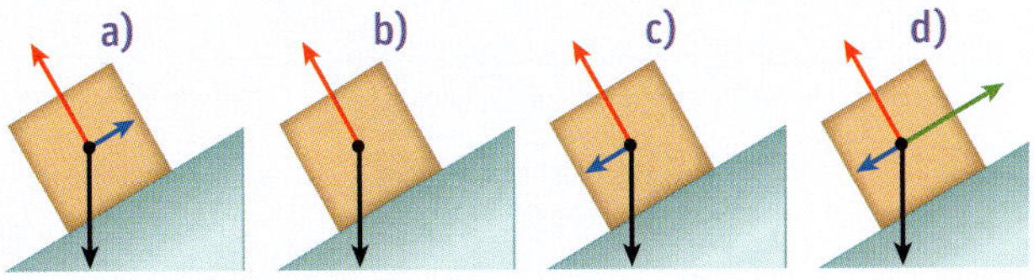

smSaviadigital.com VALORA LO APRENDIDO › Autoevaluación con sus soluciones

10 Hidrostática y física de la atmósfera

Abre tu mirada

Para que el agua potable llegue a nuestras casas y para que, después de su utilización, pueda ser devuelta a los ríos o al mar con la calidad adecuada, es decir, para llevar a cabo el ciclo integral del agua, se necesita una serie de infraestructuras. En todo el proceso deben tenerse en cuenta las leyes que rigen el comportamiento de los fluidos, como es el principio fundamental de la hidrostática, el principio de Pascal, etc.

- ¿Produce el mismo efecto una fuerza concentrada o repartida en una superficie?
- ¿De qué depende la presión ejercida por los fluidos?
- ¿Qué es la presión atmosférica y cómo se mide?
- ¿Por qué flotan los barcos en el agua y suben los globos en el aire?

Piensa y reflexiona

En todos los procesos del ciclo integral del agua se deben tener en cuenta, además de las leyes de la hidrostática, otros aspectos relevantes relacionados con la tecnología.

a ¿Por qué se emplean sifones en el transporte del agua por lugares irregulares?

b ¿Por qué los depósitos de agua en las ciudades se sitúan en lugares elevados?

c ¿En qué casos es preciso emplear bombas de agua?

Analiza y determina

¿Por qué crees que el grosor de la presa de la fotografía es mayor a medida que se acerca a la base?

a) Porque la presión del agua aumenta con la profundidad.

b) Porque es más difícil que se filtre el agua por ella.

c) Para ajustarse mejor a las irregularidades del terreno.

Y tú, ¿qué opinas?

En España, cerca del 50 % de la gestión del agua se encuentra en manos privadas. Este asunto plantea una gran controversia, pues el acceso al agua potable es un derecho universal y hay personas que piensan que su gestión debería ser pública. Plantea un debate en clase sobre este asunto: la gestión del agua, ¿debe ser pública o privada?

- ¿Qué dice el principio de Pascal y qué aplicaciones tiene?
- ¿Cómo se tienen en cuenta las leyes de los fluidos en el abastecimiento del agua?
- ¿Cómo se interpretan los mapas del tiempo?

1 Fuerzas concentradas o repartidas. Concepto de presión

Se pueden comprobar los distintos efectos que produce una misma fuerza repartida en superficies diferentes mediante una experiencia como la siguiente.

EXPERIMENTA

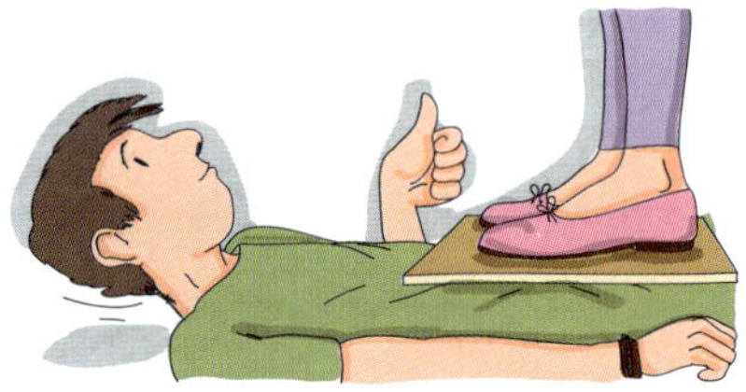

María, de 40 kg de masa, se ha puesto sobre una tabla de 30 cm × 40 cm encima de su amigo. Él está sorprendido de que no le hace daño.

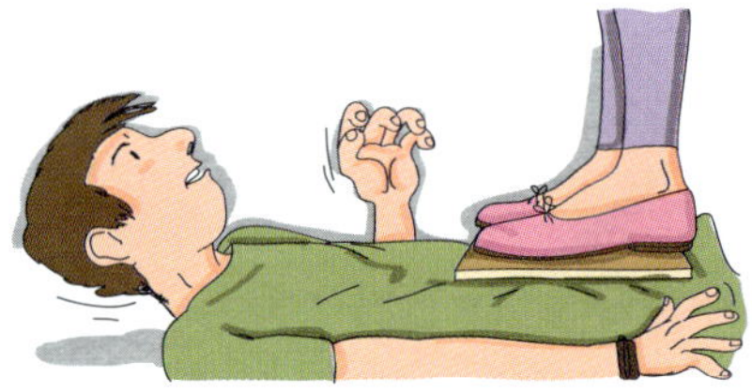

A continuación, María ha elegido una tabla de 20 cm × 30 cm y se ha vuelto a subir. Su amigo se queja, pues le empieza a molestar.

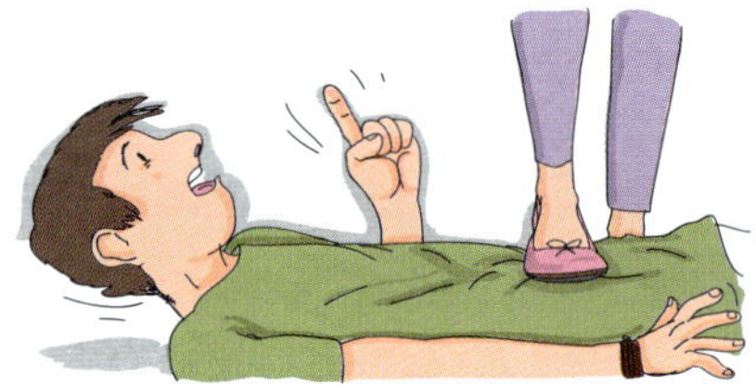

Finalmente, cuando María trata de apoyarse en él con un pie directamente, su amigo no lo permite. En este caso, le podría hacer daño.

Para estudiar estos efectos se define una nueva magnitud, la *presión*.

Ten en cuenta

En los ejemplos estudiados se observa que la presión puede deberse a la fuerza que un cuerpo ejerce sobre otro, o bien al propio peso del cuerpo.

La **presión**, *p*, es la fuerza recibida por unidad de superficie. Si se aplica la misma fuerza, la presión es tanto mayor cuanto menor sea la superficie en que se aplica.

$$p = \frac{F}{S}$$

La unidad de la presión en el SI es el **pascal**, **Pa** (1 Pa = 1 N/m^2).

ACTIVIDADES

1. Calcula la presión que ejerce María sobre su amigo en los dos primeros casos. Haz una estimación de la presión en el tercer caso.
2. ¿Qué presión ejerce el peso de la caja sobre el suelo en cada una de las tres posiciones posibles? ¿Por qué aparece la advertencia?

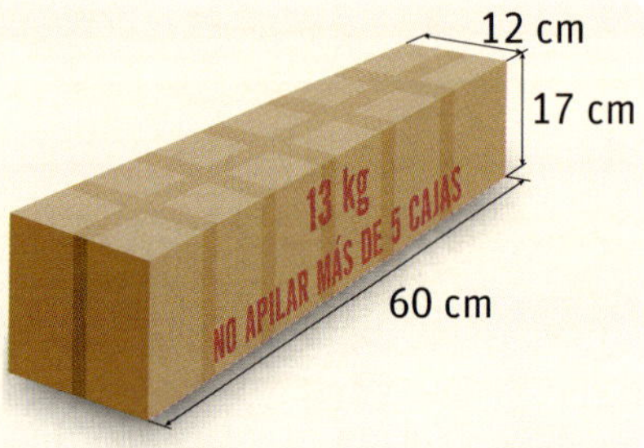

Presión ejercida por los fluidos: líquidos y gases

En los fluidos, esto es, en los líquidos y en los gases, igual que en los sólidos, **su peso es el causante de la presión** que ejercen, pero ¿hacia dónde actúa esa fuerza? A diferencia de los sólidos, en el interior de los fluidos las fuerzas se ejercen **perpendicularmente** en todas las direcciones, sobre las paredes o sobre los objetos que hay en ellos.

EXPERIMENTA

En la botella de agua con un pequeño agujero se comprueba que la presión actúa perpendicularmente a la pared.

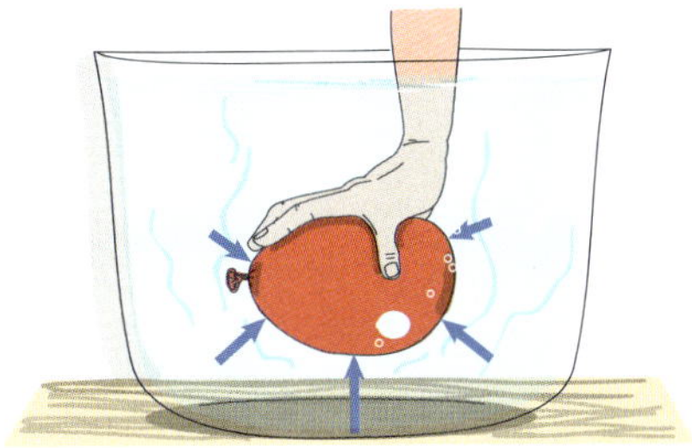

Infla un globo pequeño y mételo a la fuerza dentro del agua. Comprueba que su volumen disminuye.

Si en un balón de plástico inflado se hace un pequeño agujero, el aire sale perpendicularmente a la superficie.

Se denomina **hidrostática** la rama de la física que estudia el comportamiento de los fluidos en reposo.

Utiliza la fórmula de la presión

1. **Observa los vasos comunicantes de la imagen. ¿Qué sucederá al abrir la llave de paso?**

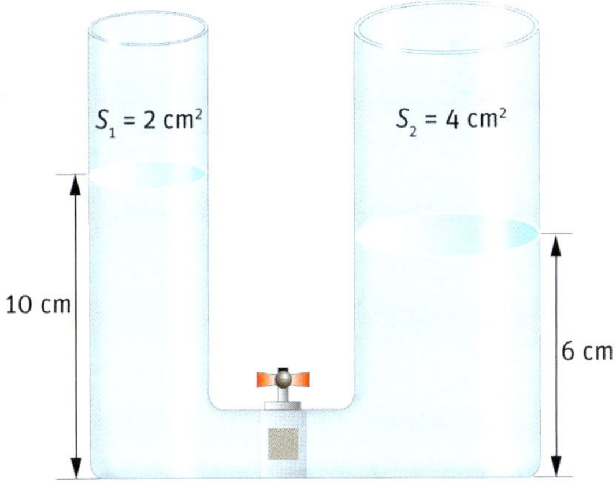

SOLUCIÓN

En el tubo de la izquierda, en la llave de paso la presión del agua es:

$$p_{\text{izq}} = \frac{\text{Peso agua}}{S_1} = \frac{V_1 d_{\text{agua}} g}{S_1} = \frac{S_1 h_1 d_{\text{agua}} g}{S_1} = 0{,}1 \cdot 1000 \cdot 9{,}8 = 980 \text{ Pa}$$

En el tubo de la derecha, al otro lado de la llave, su presión es:

$$p_{\text{dcha}} = \frac{\text{Peso agua}}{S_2} = \frac{V_2 d_{\text{agua}} g}{S_2} = \frac{S_2 h_2 d_{\text{agua}} g}{S_2} = 0{,}06 \cdot 1000 \cdot 9{,}8 = 588 \text{ Pa}$$

$$p_{\text{izq}} > p_{\text{der}} \Rightarrow F_{\text{izq}} = p_{\text{izq}} S_{\text{llave de paso}} > F_{\text{der}} = p_{\text{der}} S_{\text{llave de paso}}$$

En los líquidos, la fuerza es perpendicular a las superficies. Cuando se abra la llave de paso, empujará con más fuerza el tubo con mayor nivel de agua, aunque tenga menos peso encima. Por tanto, pasará agua del tubo de la izquierda al de la derecha hasta que se igualen los niveles, por ser mayor la presión que ejerce aquel en la llave de paso.

ACTIVIDADES

3. Imagina que tenemos unos vasos comunicantes como los del ejercicio resuelto 1, pero los diámetros de ambos vasos son iguales. En cada vaso hay el mismo volumen de dos líquidos, agua a un lado y aceite al otro. ¿Qué pasará al abrir la llave de paso sabiendo que la densidad del aceite es de 916 kg/m³, y la del agua, 1000 kg/m³?

2 Presión en el interior de los líquidos

¿De qué depende la presión en el interior de un líquido? Se planteará una **investigación** cuyo **objetivo** es responder a esta pregunta. Se necesita un aparato de medida de la presión, que será un tubo de plástico transparente con agua, dispuesto en forma de U. El tubo se coloca sobre un soporte con una regla. El extremo libre del tubo se introduce en un recipiente que contiene un líquido. Si cambia la presión en dicho extremo, varían los niveles del agua en la U.

ANALIZA

Hipótesis

Las hipótesis son en este caso los factores que se supone que pueden influir en la presión en el interior del líquido. Serán variables independientes o controladas, según el papel que jueguen al hacer el diseño de la experiencia.

Las **variables independientes** son la profundidad, la densidad del líquido y el volumen de líquido. La **variable dependiente** es la presión del líquido. Cambiará de valor cuando varíen los factores que influyen en ella.

Diseño de la experiencia

Con estos montajes y el aparato de medida se hacen las cuatro experiencias recogidas en el cuadro de valores y se comparan de dos en dos:

- Distinta profundidad (el mismo líquido e igual volumen).
- Distinto líquido (la misma profundidad y el mismo volumen).
- Distinto volumen (la misma profundidad y el mismo líquido).

Realización de la experiencia

Se mide con cada vaso la diferencia de alturas en el tubo, Δl, para calcular la presión que ejerce el líquido.

Cuanto mayor sea Δl, mayor será la presión que ejerce el líquido.

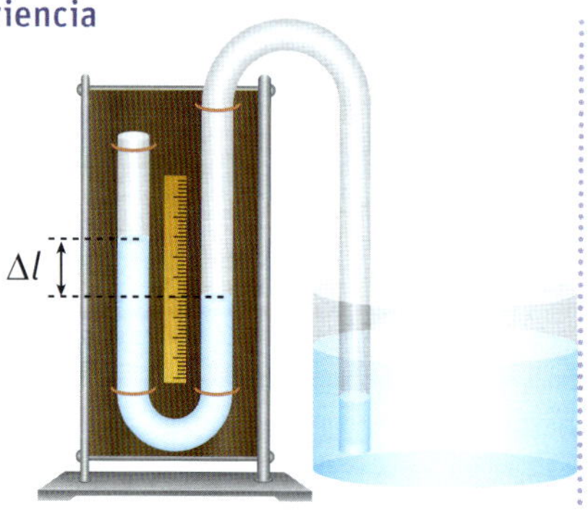

Tabla de valores

Experiencia	Profundidad (cm)	Densidad (kg/m³)	Volumen (cm³)	Presión (Pa)
1	5	1000	400	490
2	10	1000	400	980
3	10	789	400	773
4	10	1000	800	980

smSaviadigital.com PRACTICA

Para contrastar las hipótesis hay que comparar las experiencias adecuadas: comparando 1 y 2 se comprueba que la profundidad sí influye, pues al modificarla y mantener controladas las demás variables, la presión varía; comparando la 2 y la 3 se comprueba que influye la densidad, y comparando la 2 y la 4 se comprueba que el volumen no influye.

La **conclusión** de la investigación es que **la presión en el interior de un líquido depende de la profundidad y de la densidad**, pero no del volumen.

El **principio fundamental de la hidrostática** establece la relación entre la presión en el interior de los líquidos y los factores de que depende. Su ecuación es:

$$p = h\,d\,g$$

ACTIVIDADES

4. Sabiendo que la densidad del agua es de 1000 kg/m^3, ¿cuál será el valor de la presión, debida al agua, en el fondo de una piscina de 3 m de profundidad y en una pared lateral a 1 m de la superficie?

Comprobación del principio fundamental de la hidrostática

Se puede comprobar teóricamente el principio fundamental de la hidrostática determinando la presión que ejerce un líquido en un recipiente cilíndrico de sección S a cierta profundidad, h. Dado que la presión que ejercen los fluidos se debe a su peso, hay que hallar el peso del líquido que queda por encima de cualquier punto de profundidad h:

$$\text{Peso} = mg = d_{\text{líquido}} V g = d_{\text{líquido}} S h g$$

La presión, que es el peso dividido por la superficie donde se apoya, resulta ser:

$$p = \frac{d_{\text{líquido}} S h g}{S} = d_{\text{líquido}} h g$$

Para comprobar experimentalmente la relación de la presión con la profundidad, se puede hacer la siguiente experiencia.

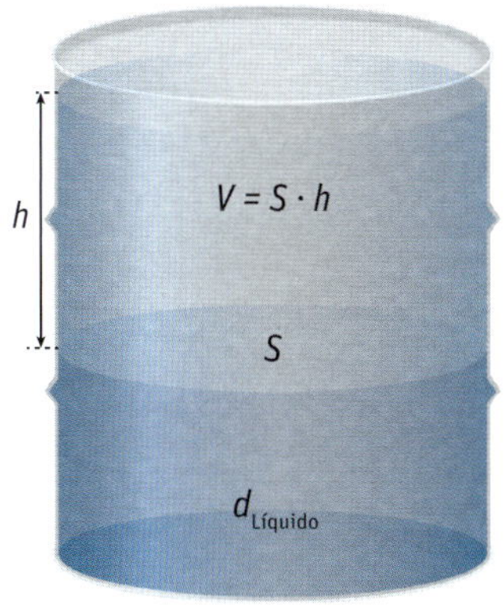

EXPERIMENTA

Al mismo nivel, el líquido tiene la misma presión. Se observa que el líquido sale con la misma velocidad por los dos orificios hechos a la misma altura.

Si se practican orificios de salida a más profundidad, el líquido recibe mayor presión, sale con más velocidad y llega más lejos.

Como se ha visto, para demostrar el principio de la hidrostática es preciso considerar que la densidad es constante en todo el líquido. Efectivamente, el agua, el aceite, el alcohol, etc., mantienen su densidad con la profundidad. En otras palabras, **los líquidos son incompresibles**. Sin embargo, los gases se comprimen por su peso, y su densidad varía con la altura. En consecuencia, **la ecuación del principio de la hidrostática no se cumple para los gases**. Sí se puede utilizar dicha ecuación para hallar el incremento de presión entre dos lugares a diferentes alturas cuando estas no son muy diferentes, pues no será apreciable la variación de la densidad.

$$\Delta p = d_{\text{gas}}\, g (h_2 - h_1)$$

Figura 10.1. En la cima de una montaña de 5000 m, el aire es menos denso que al nivel del mar. Por su parte, en el agua la densidad es prácticamente constante y apenas cambia con la profundidad.

ACTIVIDADES

5. Los tubos conectados como en la figura se llaman vasos comunicantes. El líquido es el mismo en todos ellos. ¿Por qué todos los tubos se quedan al mismo nivel?

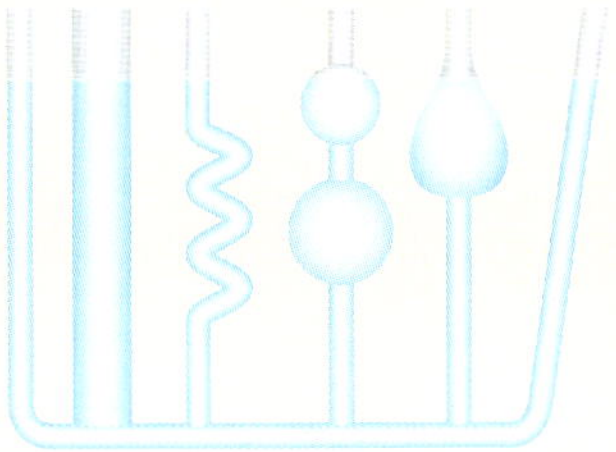

6. Las fuerzas que ejerce la presión del agua sobre la esfera no están bien dibujadas. ¿Por qué?

Repite el dibujo y corrige las flechas.

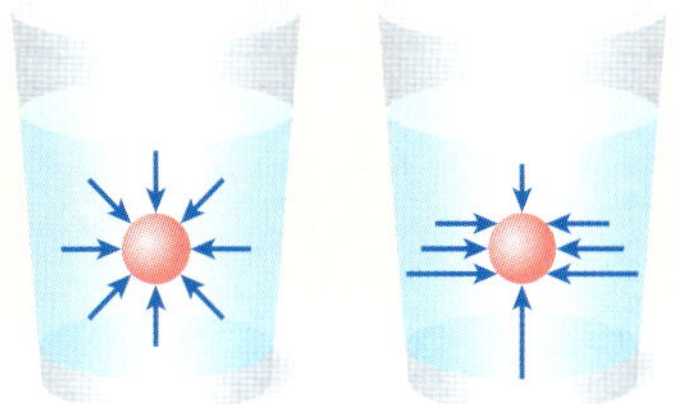

3 La presión atmosférica

Figura 10.2. La larguísima columna de aire equilibra la presión de la columna de mercurio de 0,76 m de altura.

La **presión atmosférica** es la que ejerce la atmósfera debido a su peso.

EXPERIMENTA

Echa un poco de agua en una lata metálica vacía y ponla a hervir destapada. Cuando esté hirviendo, desenchufa el hornillo e, inmediatamente, tapa la lata con su tapón metálico para que no entre el aire.

Retírala con unos guantes aislantes y deja que se enfríe poco a poco. ¿Por qué cruje y se va arrugando?

Si la lata caliente se deja en agua fría, el efecto observado es mucho más rápido.

smSaviadigital.com OBSERVA

Al enfriarse, el vapor de agua del interior se condensa y queda un gran vacío dentro de la lata. La presión atmosférica del exterior es la que aplasta la lata.

Medida de la presión atmosférica

La atmósfera supera los 500 km de altura, pero su densidad disminuye con la altura, hasta llegar al vacío casi perfecto del espacio interestelar. Si bien no es posible calcular la presión atmosférica con el principio de la hidrostática, **Torricelli** (1608-1647) ideó un ingenioso sistema para hallar su valor.

OBSERVA

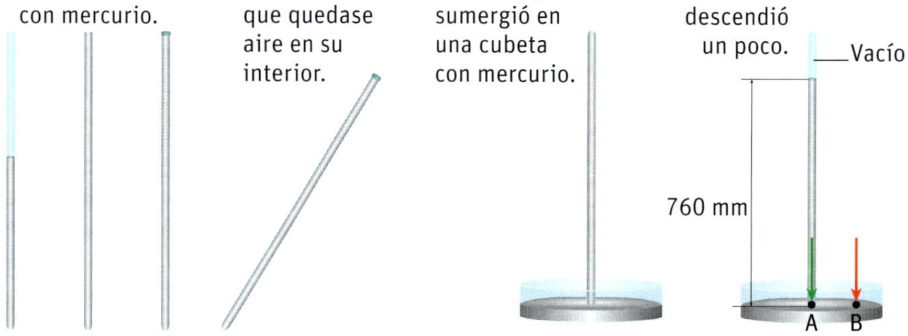

La columna de mercurio descendió hasta que la presión ejercida por dicha columna sobre A se igualó con la presión atmosférica en B. El valor hallado por Torricelli a nivel del mar se llamó **una atmósfera**, **1 atm**, y se tomó como unidad de presión. En el SI, la unidad de presión es el **pascal**, Pa. Su relación con la atmósfera se puede determinar a partir de la densidad del mercurio, 13 600 kg/m^3:

$$1 \text{ atm} = d_{Hg}\, g\, h_{Hg} = (13\,600 \text{ kg/m}^3)(9{,}8 \text{ N/kg})(0{,}76 \text{ m}) = 101\,300 \text{ Pa} = 1013 \text{ hPa}$$

Los aparatos que miden la presión atmosférica se llaman **barómetros**, como el ideado por Torricelli. Los que miden presiones en fluidos se denominan **manómetros**.

ACTIVIDADES

7. smSaviadigital.com APLICA

Observa este vídeo y repite la experiencia en casa. ¿Por qué no se cae la tapa? Dibuja las fuerzas que ejerce la presión atmosférica sobre dicha tapa.

Evolución histórica del concepto de vacío

En el siglo XVII evolucionaron drásticamente dos ideas fundamentales relacionadas con el concepto de presión: que **el vacío existe** y que **el aire pesa**.

Analiza la evolución de una teoría científica

2. Lee el texto siguiente.

Al aspirar con la bomba aspirante como si fuese una jeringuilla, el agua de un pozo sube. En el siglo XVII se pensaba que no podía existir el vacío. Se hablaba del "horror al vacío", que era el causante de que el agua subiera sola, para ocupar ese espacio vacío.

En 1638, Galileo hizo notar que las bombas aspirantes no podían subir el agua más de 10,34 m. ¿Qué había en el espacio de la bomba donde no llegaba el agua? ¡Era el vacío! En 1644, Torricelli, discípulo de Galileo, hizo el experimento descrito en la página anterior. ¿Qué había en la parte alta del tubo cuando el mercurio bajaba hasta quedarse a 76 cm de altura? ¡Era el vacío!

Científicos como Pascal y Descartes, junto a Torricelli, rompieron con las viejas ideas y las sustituyeron por otras con mayor poder explicativo. Consideraron que el peso del aire era la causa de los efectos que se habían atribuido al horror al vacío.

Para contrastar esta hipótesis, se repitió la experiencia de Torricelli al pie de una montaña y en la cima de esta. Según la nueva idea, la presión del aire en la cima, por tener menos peso de aire sobre ella, debería ser menor que al pie de la montaña, por lo que al ascender tendría que bajar la altura de la columna de mercurio, como así ocurrió.

a) ¿Qué teoría inicial explicaba el hecho de que el agua subiese por la bomba aspirante? ¿Qué hechos hicieron poner en duda esta idea?

b) ¿Cuál fue la nueva hipótesis para explicar los fenómenos que la teoría anterior no explicaba?

c) ¿Cómo se contrastó la nueva hipótesis?

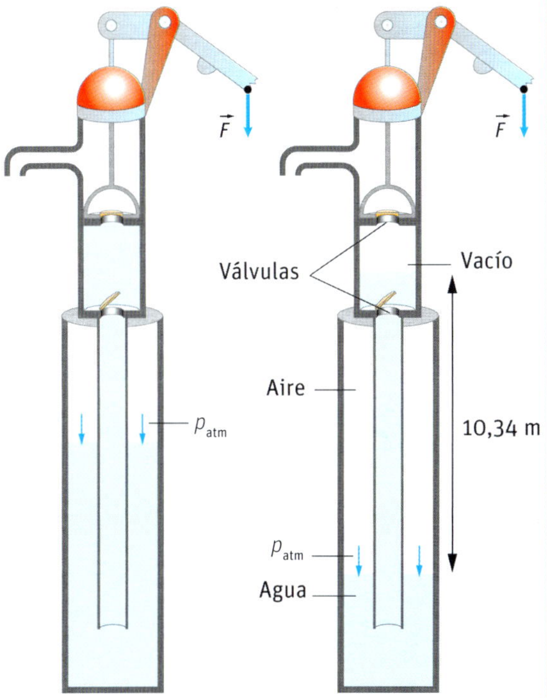

Figura 10.3. En una bomba de agua manual, al subir el émbolo, la presión atmosférica hace subir el agua. Sin embargo, si el agua está a más de 10,34 m de profundidad, no subirá.

SOLUCIÓN

a) La teoría de que no podía existir el vacío. Esta idea fue puesta en duda porque las bombas aspirantes solo subían el agua hasta una cierta altura y porque en el experimento de Torricelli quedaba un espacio vacío en la parte superior del tubo.

b) Que el peso del aire era la causa de los efectos que se habían atribuido al horror al vacío.

c) Con la repetición de la experiencia de Torricelli al pie y en la cima de una montaña, que dio los resultados predichos por la nueva hipótesis.

ACTIVIDADES

8. La bomba de la figura no es capaz de extraer agua si la profundidad de esta es superior a 10,34 m. Explica a qué puede deberse esto.

9. El barómetro A mide su presión al pie de la montaña, y el B, en la cima. Dibuja las fuerzas ejercidas por la atmósfera en la superficie libre del mercurio en los dos casos.

Si la altura del mercurio en el barómetro B es de 9 cm menos que en el A y la densidad del aire es de 1,29 kg/m^3, ¿qué desnivel hay entre la base y la cima de la montaña?

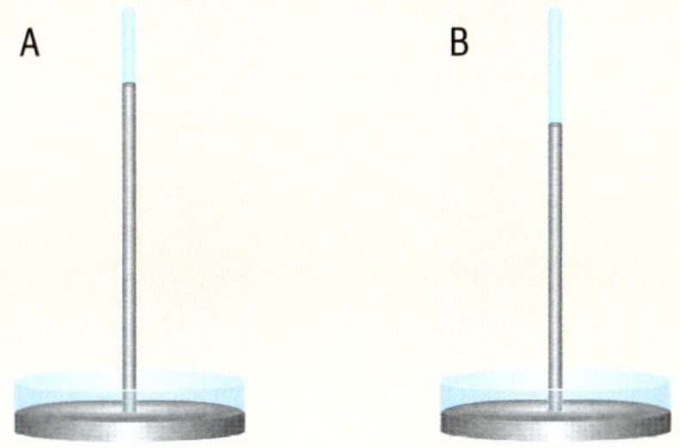

4 Empuje en los fluidos. Principio de Arquímedes

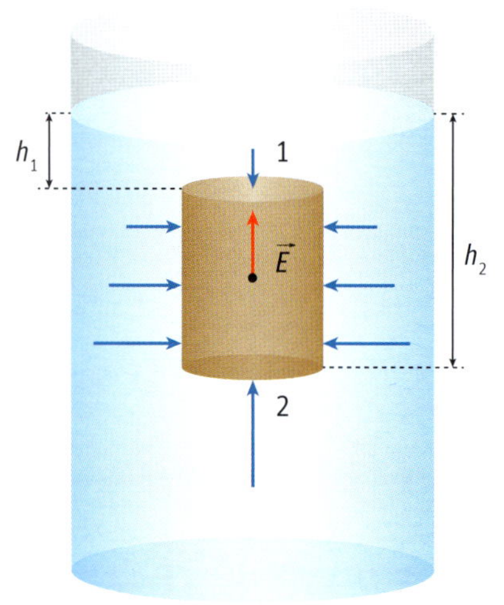

Figura 10.4. Cuando el cilindro está sumergido, el empuje es igual al peso de un cilindro de líquido.

Por experiencia, sabemos que al meternos en el agua sentimos que pesamos menos. De hecho, podemos "hacer el muerto" y flotar en ella aun sin saber nadar. La fuerza que el agua ejerce sobre nosotros, que se denomina **empuje**, es la que hace que nos sintamos tan ligeros en ella. ¿Cómo se puede calcular esta fuerza?

Dos de los conceptos estudiados en la unidad permiten calcularlo:

- El **principio fundamental de la hidrostática**, $p = d\,g\,h$, que establece que, a mayor profundidad en un líquido, mayor es la presión.
- Las **fuerzas que ejercen los fluidos son perpendiculares a las superficies** de los cuerpos que hay en su interior, y están dirigidas hacia ellas.

Observando la figura 10.4 puede calcularse el valor del empuje sobre el cilindro de sección S y altura $h_2 - h_1$. Las fuerzas que el líquido ejerce sobre el cuerpo son:

- Fuerza en la tapa de superficie S: $\downarrow F_1 = p_1 S = d_1 g h_1 S$
- Fuerza en la base de superficie S: $\uparrow F_2 = p_2 S = d_2 g h_2 S$

Las fuerzas laterales se anulan entre sí. Por tanto, la fuerza resultante sobre el cuerpo, que es el **empuje**, E, valdrá:

$$\uparrow E = F_2 - F_1 = d_{\text{líquido}}\, g\, S\,(h_2 - h_1) = d_{\text{líquido}}\, g\, V_{\text{cuerpo}}$$

Ahora bien, el producto $d_l V_{\text{cuerpo}}$ es **la masa de un volumen de líquido idéntico al volumen del cuerpo**, m_l. Al multiplicarla por g, resulta el peso de dicho volumen de líquido, es decir:

$$E = m_{\text{líquido}}\, g$$

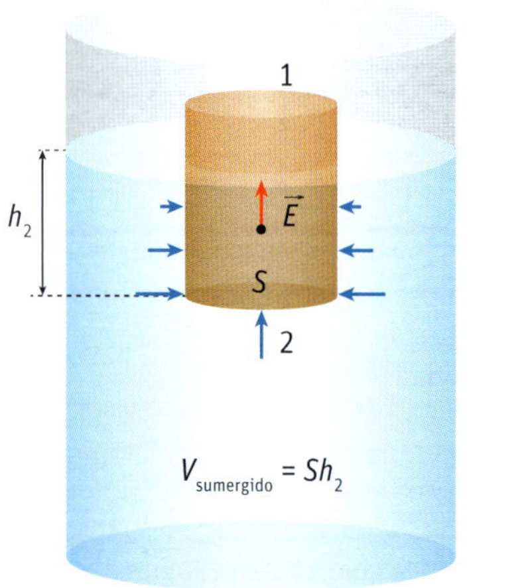

Figura 10.5. Cuando el cuerpo está flotando, el empuje es igual al peso de un cilindro de líquido equivalente a la parte sumergida del cuerpo.

El **principio de Arquímedes** establece que el empuje que recibe un cuerpo al introducirse en un fluido es una fuerza vertical y dirigida hacia arriba cuyo valor es el **peso de un volumen de fluido igual al del cuerpo sumergido**.

$$\uparrow E = d_{\text{fluido}}\, g\, V_{\text{cuerpo sumergido}}$$

Si el cilindro está flotando y h_2 es la altura del trozo sumergido (figura 10.5), la fuerza debida al líquido en la tapa del cilindro, F_1, es 0. Por tanto, el valor del empuje es:

$$\uparrow E = \uparrow F_2 = d_{\text{líquido}}\, g\, S\, h_2 = d_{\text{líquido}}\, g\, V_{\text{sumergido del cuerpo}}$$

El principio de Arquímedes, descubierto en el siglo III a. C. por el físico griego Arquímedes, es igualmente válido para los gases. En tal caso, el empuje es:

$$\uparrow E = F_2 - F_1 = d_{\text{gas}}\, g\, S\,(h_2 - h_1) = d_{\text{gas}}\, g\, V_{\text{cuerpo}}$$

La densidad del gas se considera constante en ese tramo de alturas.

ACTIVIDADES

10. Se han echado dos bolas de igual tamaño al agua, una de acero y la otra de aluminio.

a) ¿Cuál de ellas pesa más?

b) ¿Cuál recibe más empuje?

c) Diseña una experiencia para comprobar si el empuje depende o no de la masa de las bolas.

11. Un globo aerostático asciende al encender los quemadores. ¿Por qué se eleva al encender el fuego?

Si el volumen de un globo es de unos 2200 m^3 y la densidad del aire exterior es de 1,29 kg/m^3, ¿qué empuje recibe?

Comportamiento de los cuerpos sumergidos en fluidos

Al abandonar un cuerpo en el interior de un líquido pueden ocurrir tres cosas: que se hunda, que se quede suspendido en su interior como un submarino, o que flote.

Cuerpo más denso que el líquido	Cuerpo igual de denso que el líquido	Cuerpo menos denso que el líquido	
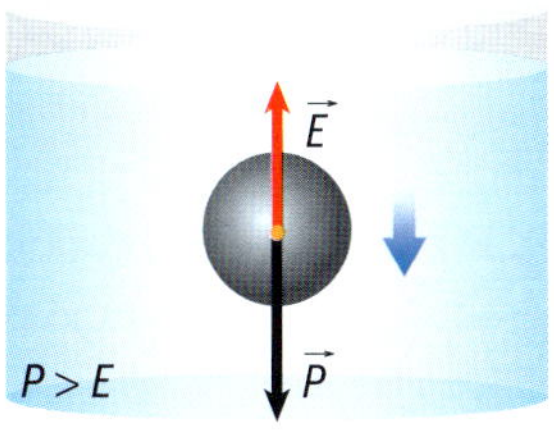	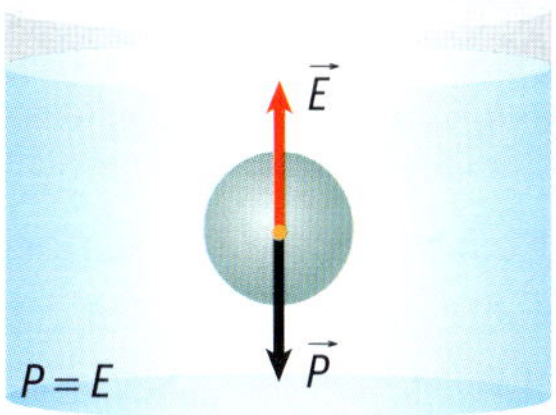	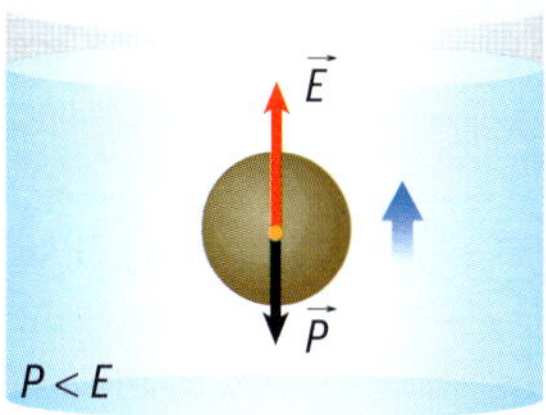	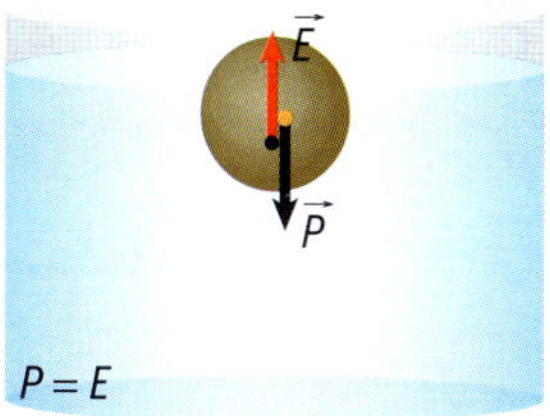
El cuerpo se hunde hasta llegar al fondo del líquido: $d_c > d_l \Rightarrow d_c V_c g > d_l V_c g$ $P > E$	El cuerpo se queda suspendido en el interior del líquido: $d_c = d_l \Rightarrow d_c V_c g = d_l V_c g$ $P = E$	El cuerpo sube hasta que sale a flote: $d_c < d_l \Rightarrow d_c V_c g < d_l V_c g$ $P < E$	Una vez que el cuerpo sale a flote, se alcanza el equilibrio: $P = E = d_{\text{líquido}} V_{\text{sumergido}}\, g$

Los cuerpos más densos que los fluidos se hunden hasta el fondo, los menos densos suben y quedan flotando, y los que tienen la misma densidad quedan sumergidos sin hundirse.

smSaviadigital.com PRACTICA

REFLEXIONA Y EXPERIMENTA

Un huevo se encuentra en el fondo de un recipiente lleno de agua. ¿Cómo se puede lograr que flote?

Para que el huevo salga a flote, añadimos sal al líquido.

Cuando un cuerpo, como el huevo del ejemplo, está sumergido en un líquido, su peso es mayor que el empuje que experimenta. Si se va añadiendo sal, aumenta la densidad del líquido, con lo que va aumentando también el empuje, hasta que el huevo flota.

¿Qué volumen queda sumergido cuando flota un corcho?

3. Un corcho de 80 cm^3 se echa al agua. La densidad del corcho es de 0,25 g/cm^3, y la del agua, de 1 g/cm^3. ¿Qué volumen de corcho queda sumergido en el agua?

SOLUCIÓN

Cuando el corcho flota, su peso es igual al empuje que experimenta, $P_{\text{corcho}} = E$

$$d_{\text{corcho}} V_{\text{corcho}}\, g = d_{\text{agua}} V_{\text{corcho sumergido}}\, g$$

$$\frac{V_{\text{corcho}}}{V_{\text{corcho sumergido}}} = \frac{d_{\text{agua}}}{d_{\text{corcho}}} \Rightarrow V_{\text{corcho sumergido}} = V_{\text{corcho}} \frac{d_{\text{corcho}}}{d_{\text{agua}}} = 80 \cdot \frac{0{,}25}{1} = 20\ \text{cm}^3$$

Te interesa saber

Si los grandes cargueros están fabricados en hierro, un material mucho más denso que el agua, y mucha de la carga que transportan tiene también una gran densidad, ¿cómo pueden flotar en el agua?

En el barco hay grandes espacios de aire cuya densidad es muy pequeña, de modo que la densidad promedio del barco es menor que la del agua, y por ello flota.

5 La transmisión de presiones. El principio de Pascal

Figura 10.6. Experimento de Pascal.

Se dice que el científico francés **Blaise Pascal** (1623-1662) realizó ante el público el experimento que se ve en la figura. En un tonel de vino lleno de agua cuyas uniones estaban bien selladas introdujo un tubo delgado de gran longitud. Logró reventar el tonel echando tan solo una jarra de agua al tubo. Esta experiencia fue una constatación del principio enunciado por él, denominado **principio de Pascal**:

> Cuando se ejerce una presión externa sobre un líquido en equilibrio, dicha presión se transmite a todo el líquido con igual intensidad y en todas las direcciones.

El poco peso del agua que Pascal vertió en el tubo actuó en una pequeña superficie, con lo que realizó una gran presión en la parte superior del tonel. Al transmitirse a todos los puntos del agua con la misma intensidad, esta presión, que se añadió a la del propio peso del líquido, consiguió romper el tonel.

En los gases, que no son incompresibles, la presión no se transmite íntegramente y una parte de ella se emplea en comprimirlos.

Aplicaciones prácticas del principio de Pascal

La aplicación más conocida del principio de Pascal es la **prensa hidráulica**. Al ejercer una fuerza $\vec{F}_1$ sobre una superficie pequeña S_1 se realiza una presión $p_1 = F_1/S_1$. Esta presión, que se transmite a todo el líquido, se aplica a la superficie S_2, que es mayor que S_1, con lo que la fuerza $\vec{F}_2$ hacia arriba también será mayor:

$$p_1 = p_2 \Rightarrow \boxed{\frac{F_1}{S_1} = \frac{F_2}{S_2}} \Rightarrow F_2 = F_1 \frac{S_2}{S_1}$$

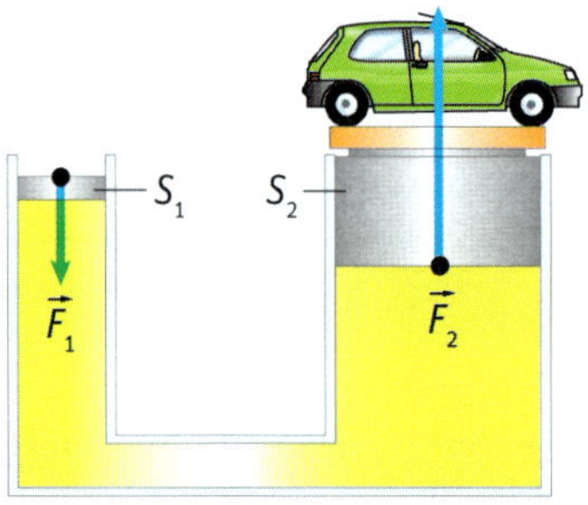

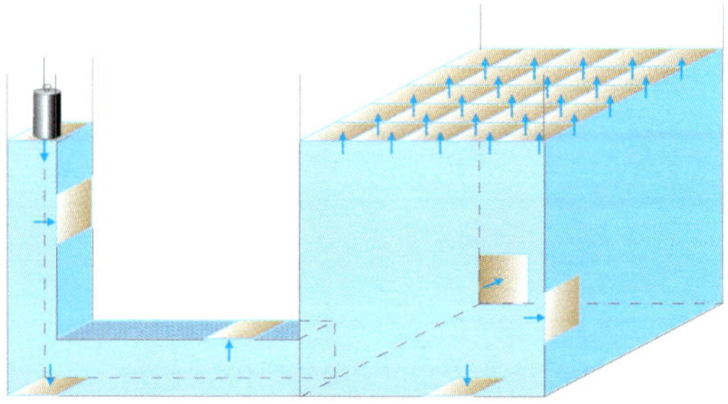

Figura 10.7. Muchas obras de ingeniería, como el famoso puente de la Torre de Londres, incorporan sistemas hidráulicos basados en el principio de Pascal.

Así, si la superficie donde se apoya el coche es 25 veces mayor que la superficie donde se aplica la fuerza, la fuerza que se consigue hacer para elevarlo es también 25 veces mayor, como se ve en el esquema de la derecha. Es decir, **las prensas hidráulicas multiplican las fuerzas**. Al mismo tiempo, el coche subirá una altura 25 veces menor que la que baja el émbolo pequeño, ya que el volumen de agua que baja en el émbolo pequeño es el mismo que el que sube en el grande.

Otra aplicación del principio de Pascal donde se transmite la presión en un líquido tiene lugar en las excavadoras. En smSaviadigital.com OBSERVA se puede ver el montaje de una grúa hidráulica casera (hecha con un pulverizador).

ACTIVIDADES

12. Se va a subir con una prensa hidráulica un coche de 1500 kg de masa. Si la superficie del émbolo grande es 50 veces mayor que la del pequeño, ¿qué fuerza hay que hacer en el émbolo pequeño? Dibuja las fuerzas sobre cada uno de los émbolos.

13. Si Pascal hubiese utilizado un tubo 10 veces más grueso en su experimento, habría vertido mucha más cantidad de agua sobre el tonel. ¿Se hubiese reventado antes de alcanzar la altura a la que él lo llenó para romperlo? Razona la respuesta.

Algunas aplicaciones de la hidrostática

El **sifón** es un dispositivo que permite a los líquidos salvar algún obstáculo. Tiene forma de U en unos casos y de U invertida en otros.

IDENTIFICA

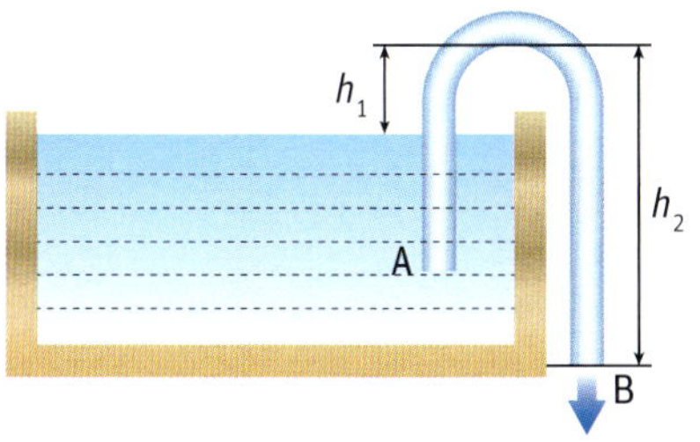

Para que funcione, el sifón debe estar lleno de líquido. La diferencia de presión que hace fluir el agua será entonces $\Delta p = d_{\text{líquido}}\, g\,(h_2 - h_1)$. En consecuencia, el agua saldrá por B.

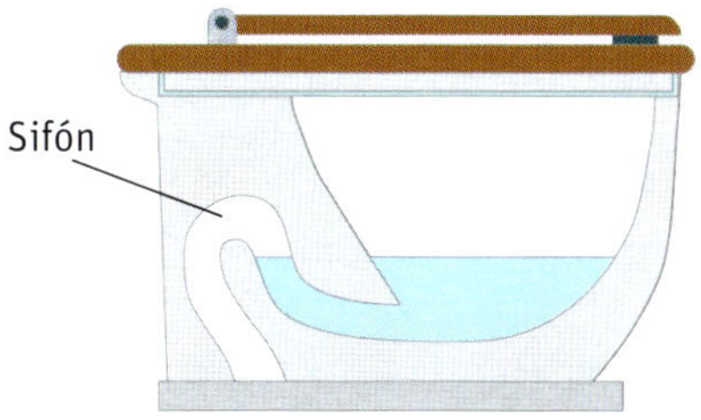

El desagüe de muchos inodoros tiene un doble sifón en U que facilita la evacuación de las aguas fecales cada vez que se utiliza, además de taponar los olores que podrían venir de la cañería.

En el transporte del agua por un canal que sortea distintas alturas, el sifón en U funciona como los vasos comunicantes, pero con el agua en movimiento. El agua va del canal más alto al más bajo.

smSaviadigital.com OBSERVA

Como se ve, gracias al sifón se puede vaciar una pecera sin volcarla, mientras que el canal de agua puede pasar por debajo de la tierra y dejar libre un camino o carretera.

Medida de la presión en los fluidos. Manómetros

Manómetro de tubo abierto

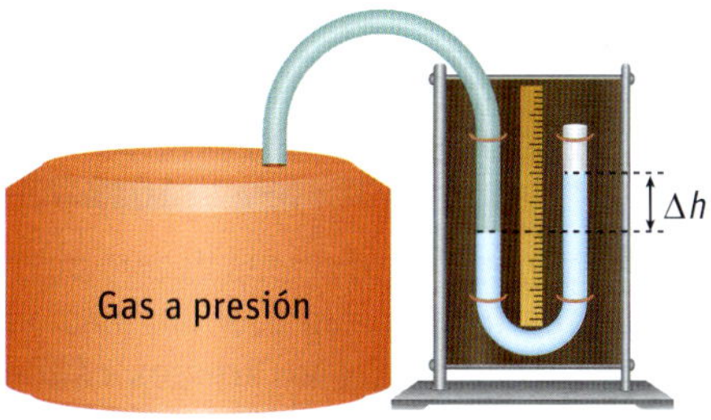

El **manómetro simple** consta de una goma transparente en forma de U. A partir de la presión atmosférica y de Δh se determina la presión, $p_{\text{gas}} = p_{\text{atmosférica}} + d_{\text{líquido}}\, g\, \Delta h$.

Manómetro metálico

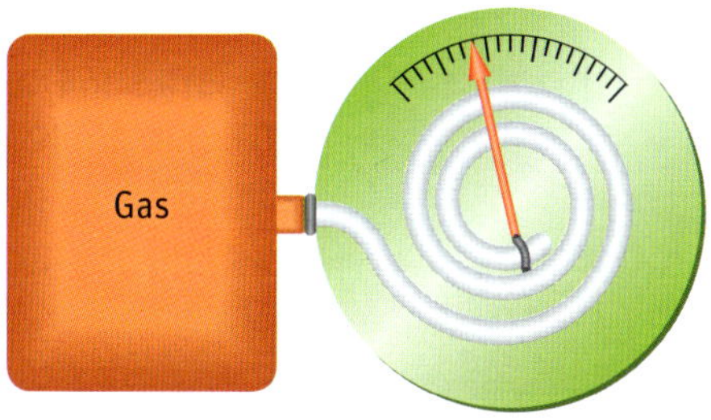

El **manómetro metálico** se basa en la elasticidad de los metales: al entrar el fluido a presión por el tubo, lo deforma y hace girar la aguja, que indica la presión.

Nombre de la unidad	Equivalencia en pascales
Atmósfera (atm)	1 atm = 101 300 Pa 1 atm = 1013 hPa 1 atm = 1013 mbar
Bar (bar)	1 bar = 10^5 Pa 1 mbar = 1 hPa
Milímetro de mercurio (mmHg)	1 mmHg = 133,3 Pa

Utilizan manómetros las calderas de agua caliente, los buceadores para saber el aire que les queda, los frigoríficos para controlar la presión del líquido refrigerante, etc.

Mide la altura con la ayuda de un barómetro

4. Un barómetro mide 760 mmHg en el portal de un bloque de pisos y 757 mmHg en su azotea. ¿A qué altura está la azotea respecto del portal? La densidad del aire es de 1,29 kg/m^3.

SOLUCIÓN

La disminución de la presión es de 3 mmHg = 400 Pa. La densidad del aire se considera constante en la altura del edificio, luego:

$\Delta p = 400 \text{ Pa} = d_{\text{aire}}\, g\, \Delta h \Rightarrow \Delta h = 31{,}6$ m será la altura a la que está la azotea por encima del portal.

6 El tiempo atmosférico

Para interpretar un mapa es preciso conocer algunos conceptos previos.

OBSERVA

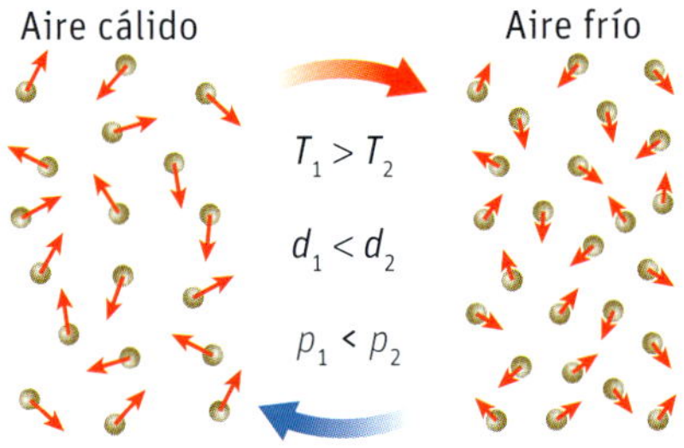

El aire caliente se eleva en el aire frío

Al calentarse, el aire se hace menos denso y asciende. El aire frío, más denso, se mueve por debajo para ocupar su lugar. Entre ellos se originan corrientes de convección.

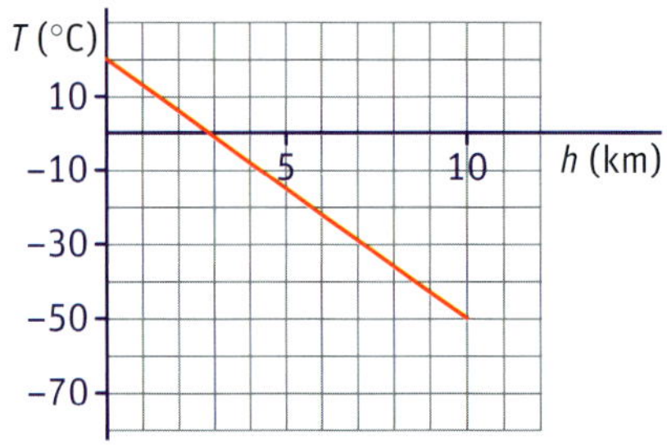

La temperatura de la troposfera disminuye con la altura

Como se observa en la gráfica, en la **troposfera**, que es donde se desarrollan los fenómenos meteorológicos, la temperatura disminuye con la altura.

A mayor temperatura, mayor es la *HS*

La **humedad de saturación**, *HS*, es la cantidad máxima de vapor de agua que puede contener 1 m³ de aire sin condensarse y, por tanto, sin formar gotas de agua. Si *T* aumenta, *HS* aumenta.

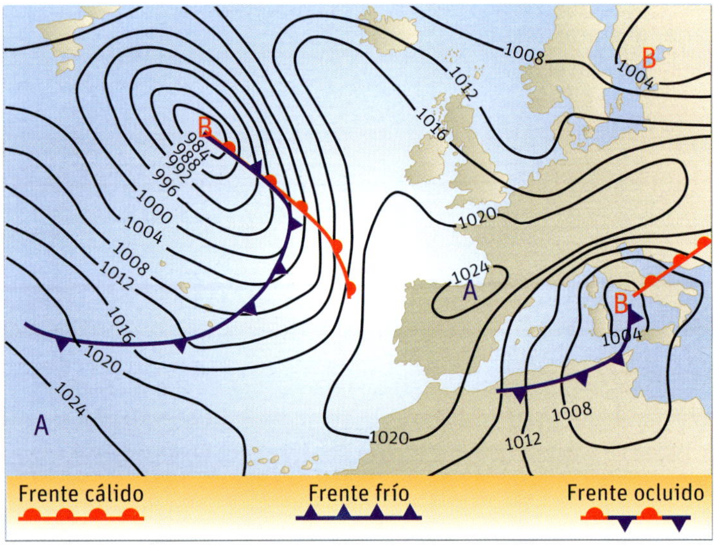

Las corrientes de convección crean zonas de altas y de bajas presiones, por lo que la presión atmosférica en un lugar puede cambiar no solo en función de la altura. El **mapa del tiempo** indica la situación de la atmósfera en un momento dado.

- Las **isobaras** son líneas imaginarias que unen los puntos de la atmósfera que tienen **la misma presión atmosférica**. Esta se expresa en hPa (o mbar). Las isobaras se dibujan separadas de cuatro en cuatro hectopascales.
- Un **anticiclón**, **A**, es una zona de altas presiones, superiores a 1013 hPa (o 1013 mb), mientras que una **borrasca**, **B**, es una zona de bajas presiones, inferiores a 1013 hPa (o 1013 mb).
- Un **frente** es la línea de choque entre dos masas de aire de distinta temperatura. Los **frentes fríos** se representan mediante líneas azules con pequeños triángulos, y los **frentes cálidos**, con semicírculos de color rojo. Por su parte, los **frentes ocluidos** se forman cuando un frente frío alcanza a uno cálido.

Frente frío	Frente cálido
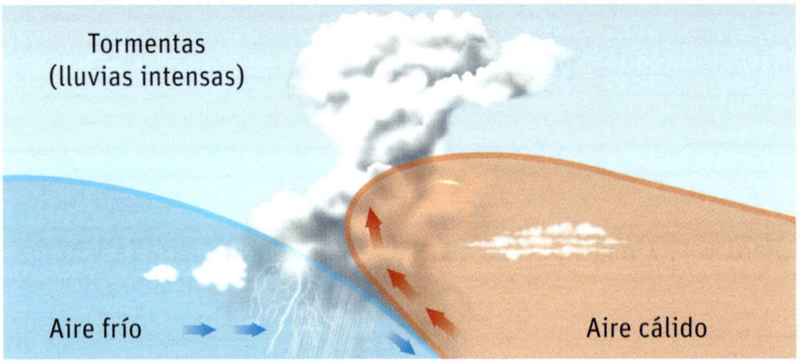	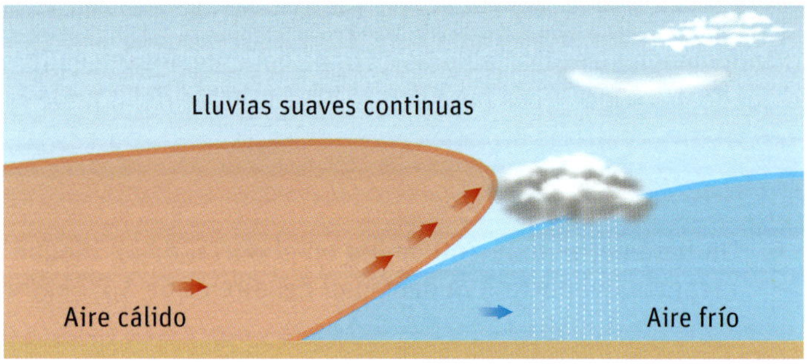
Las masas frías empujan a las cálidas, y estas, de menor densidad, se elevan. A medida que ascienden, baja la temperatura, la *HS* es menor y el vapor de agua se condensa, con lo que se forman nubes. Los frentes fríos suelen dar lugar a lluvias cortas e intensas.	Las masas cálidas empujan a las frías, ascienden suavemente sobre las mismas y dan lugar a nubes que pueden generar lluvias, menos intensas pero de mayor duración que las de un frente frío.

OBSERVA

Dirección y sentido del viento

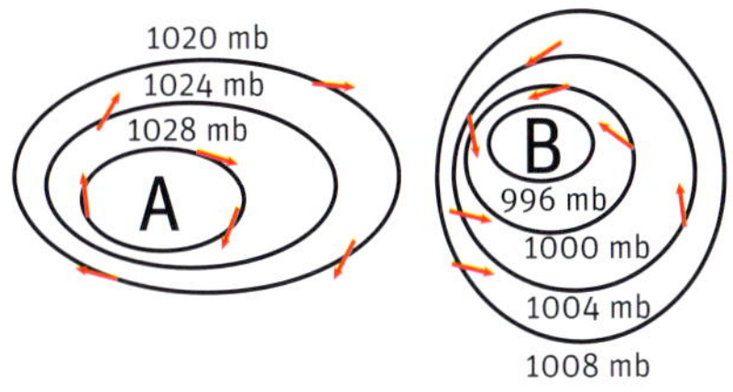

Los **vientos** van de mayores a menores presiones. En los anticiclones, de dentro hacia fuera, y en las borrascas, al revés. Además, en el hemisferio norte, debido a la rotación de la Tierra, giran en el sentido de las agujas del reloj en los anticiclones y al contrario en las borrascas.

Velocidad del viento

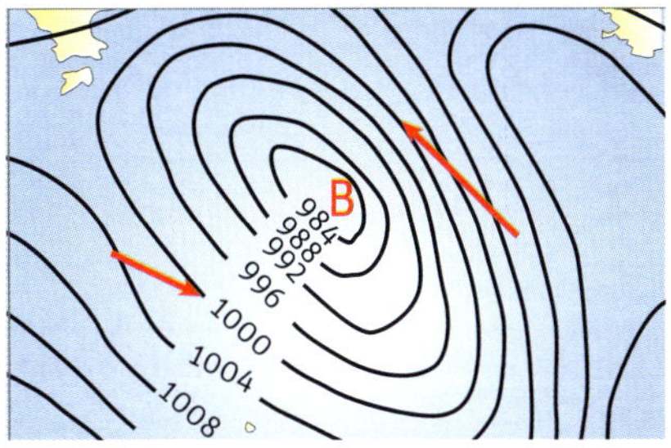

La **velocidad del viento** está relacionada con lo juntas que estén las isobaras entre sí. Cuanto más próximas estén, más rápidamente está variando la presión y mayor será la velocidad. La separación entre las isobaras se denomina **gradiente de presión**.

Comportamiento de los frentes

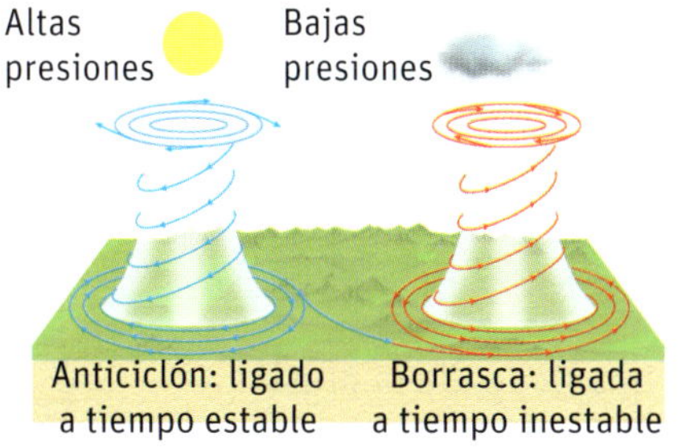

- Los frentes están asociados a las borrascas.
- Los anticiclones desvían las borrascas y sus frentes asociados.
- Tanto las borrascas como los anticiclones se desplazan de oeste a este en el hemisferio norte.

Interpreta un mapa del tiempo

5. La meteorología es una profesión con mucho futuro. Uno de sus cometidos es predecir el tiempo, y para ello estudia e interpreta los mapas del tiempo.

Observa el mapa del tiempo de la derecha y contesta a las preguntas:

a) Marca en el mapa el anticiclón y la borrasca, un frente frío y un frente cálido.

b) En el anticiclón, ¿qué dirección y sentido tendrá el viento? ¿Serán vientos fuertes? Razona las respuestas.

c) En la borrasca, ¿qué dirección y sentido tendrá el viento?

d) ¿En qué zonas de la borrasca será más fuerte el viento?

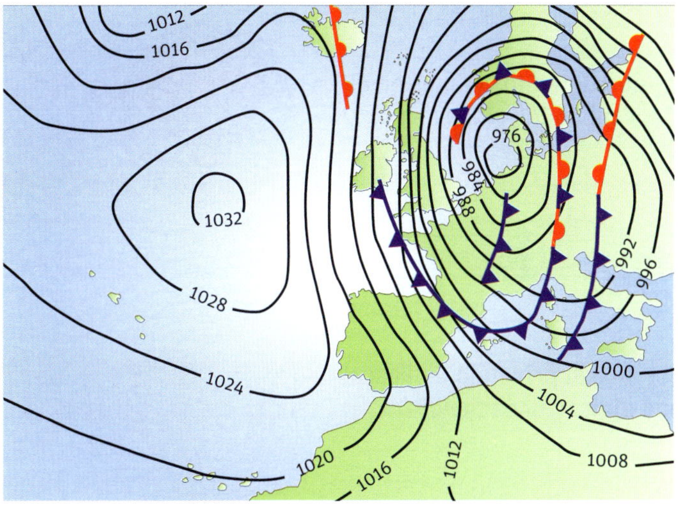

SOLUCIÓN

b) La dirección del viento va de mayores a menores presiones. Por tanto, en el anticiclón irá del interior hacia el exterior. Debido a la rotación de la Tierra, va girando en el sentido de las agujas del reloj en el hemisferio norte. Los vientos no serán muy fuertes, pues las isobaras no están muy juntas, pero serán más fuertes en la parte este del anticiclón que en la parte oeste, donde las isobaras están más separadas.

c) En las borrascas, el viento se dirige hacia su interior y, además, con sentido de giro contrario a las agujas del reloj por estar en el hemisferio norte.

d) Los vientos más fuertes estarán en Gran Bretaña, por hallarse ahí situado el mayor gradiente de presión, es decir, donde las isobaras están más juntas.

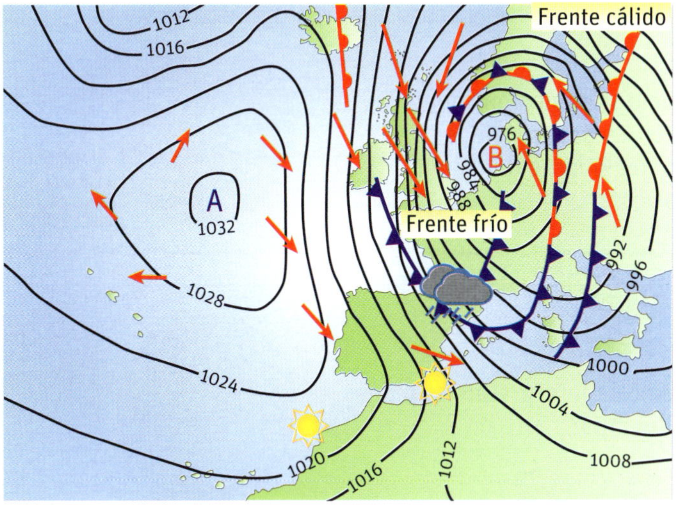

Repasa lo aprendido

1 ¿Produce el mismo efecto una fuerza concentrada o repartida en una superficie?

El efecto que tiene una fuerza depende de la superficie en que se aplique. Se amplifica si se aplica en superficies pequeñas y se hace menor en las grandes. Su efecto lo determina la **presión**:

$$p = \frac{F}{S}$$

2 ¿De qué depende la presión ejercida por los fluidos?

Depende de la **densidad del fluido**, de la **altura de fluido que tenga encima** y de la **gravedad**.

Su expresión para los líquidos es:

$$p = d_{\text{líquido}}\, h\, g$$

3 ¿Qué es la presión atmosférica y cómo se mide?

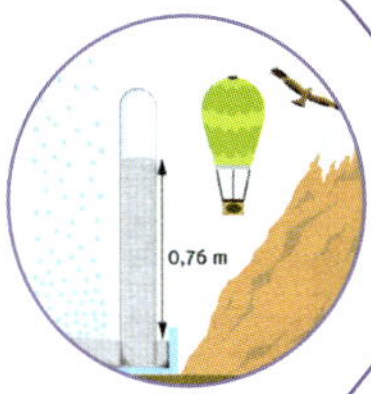

La presión atmosférica es la presión que ejerce la atmósfera debido a su peso. Se mide con el barómetro.

La presión atmosférica disminuye con la altura.

4 ¿Por qué flotan los barcos en el agua y suben los globos en el aire?

Los barcos y los globos aerostáticos flotan debido al empuje que los fluidos hacen sobre ellos.

$$E = d_{\text{líquido}}\, g\, V_{\text{sumergido}}$$

- El barco flota porque tiene menos densidad que el agua.
- El globo sube porque tiene una densidad menor que el aire, aunque puede variarla para subir y bajar.

5 ¿Qué dice el principio de Pascal y qué aplicaciones tiene?

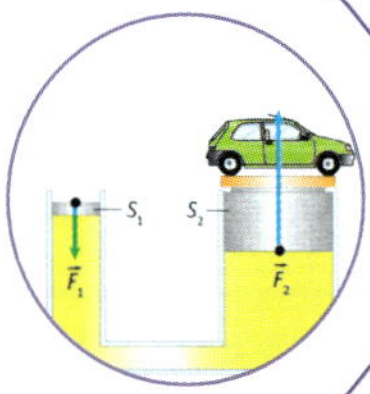

El **principio de Pascal** dice que la presión ejercida sobre un líquido se transmite a todos sus puntos con la misma intensidad.

$$\frac{F_2}{S_2} = \frac{F_1}{S_1}$$

Este principio es el fundamento de muchas máquinas, como la prensa hidráulica, que multiplican la fuerza aplicada.

6 ¿Cómo se tienen en cuenta las leyes de los fluidos en el abastecimiento del agua?

- El grosor de las **presas** aumenta con la profundidad.
- Los **sifones** se construyen para que las canalizaciones de agua puedan superar desniveles de terreno.
- Los **depósitos** de distribución de agua se sitúan en lugares altos.
- Las **bombas** se emplean para elevar el agua, etc.

7 ¿Cómo se interpretan los mapas del tiempo?

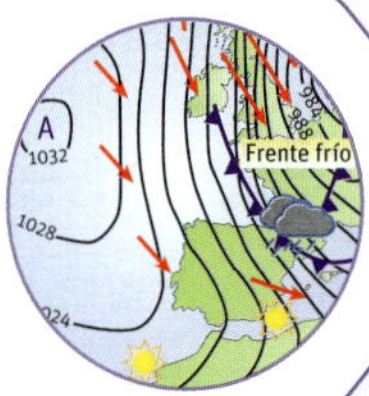

Para interpretar un mapa del tiempo hay que saber identificar los elementos del mapa que influyen en el comportamiento del tiempo atmosférico, como los **anticiclones**, las **borrascas**, los **frentes**, los **gradientes de presión**... y, a partir de ellos, hacer una predicción del tiempo esperado.

smSaviadigital.com VALORA LO APRENDIDO › Resumen de la unidad

Procedimientos de la ciencia

Medida experimental de densidades aplicando la hidrostática

La **densidad** de un cuerpo es la masa por unidad de volumen del mismo, **densidad** = **masa/volumen**. Por tanto, si se miden su masa y su volumen experimentalmente, se puede calcular su densidad, como ya se ha hecho en los cursos anteriores.

Ahora bien, ¿es posible calcular la densidad de otra manera?

En este apartado vamos a calcular la densidad de distintos cuerpos aplicando las leyes que rigen la hidrostática.

1 DENSIDAD DE UN SÓLIDO QUE SE HUNDE EN UN LÍQUIDO DE DENSIDAD CONOCIDA

Haz el montaje de la figura y aplica el teorema de Arquímedes.

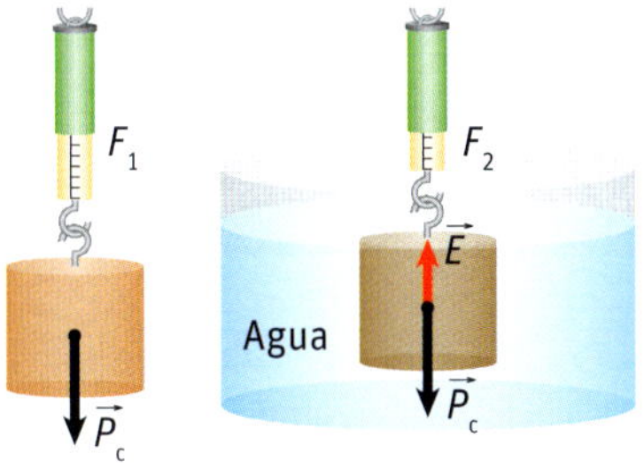

El peso del cuerpo es $P_c = F_1$, y su masa es $m_c = P_c/g$. El empuje medido experimentalmente es $E = P_c - F_2 = F_1 - F_2$. Por otro lado, el empuje es $E = d_{agua}\, g\, V_c$, luego:

$$V_c = \frac{E}{d_{agua}\, g}$$

A partir del valor experimental del empuje y de la densidad del agua se puede calcular el volumen del cuerpo. La densidad de este será:

$$d_c = \frac{m_c}{V_c} = \frac{P_c/g}{E/(d_{agua}\, g)} = \frac{F_1 d_{agua}}{F_1 - F_2}$$

2 DENSIDAD DE UN LÍQUIDO CONOCIDO EL VOLUMEN DEL SÓLIDO QUE SE HUNDE EN ÉL

Haz el montaje de la figura y aplica el teorema de Arquímedes.

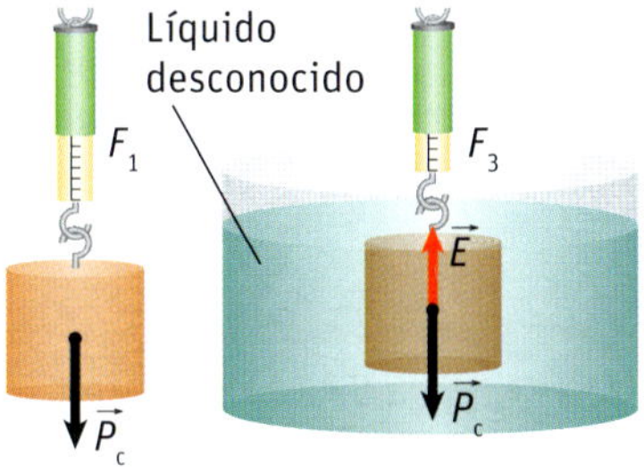

El peso del cuerpo es $P_c = F_1$. El empuje medido experimentalmente es:

$$E = F_1 - F_3 = d_{líquido}\, g\, V_c$$

En este caso, sí se conoce el volumen del cuerpo. Por tanto, la densidad del líquido en función de los datos que se pueden medir o que se conocen es:

$$d_{líquido} = \frac{E}{gV_c} = \frac{F_1 - F_3}{gV_c}$$

3 DENSIDAD DE UN LÍQUIDO CONOCIDA LA DE OTRO LÍQUIDO INMISCIBLE EN ÉL

Aplica el principio fundamental de la hidrostática en este montaje.

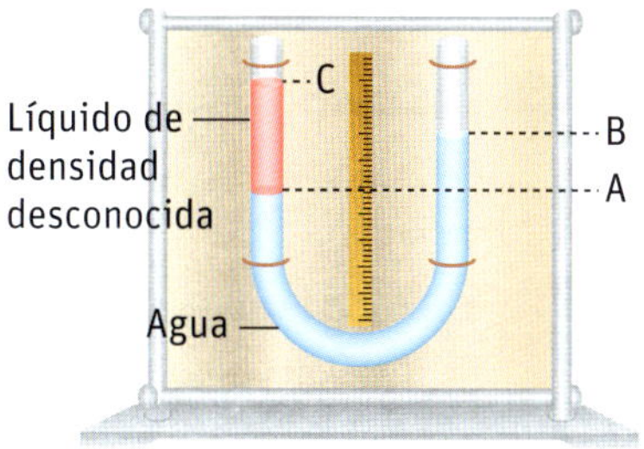

La presión en A es igual a ambos lados del tubo en U. En la rama izquierda, la presión ejercida por la columna de líquido de densidad desconocida, $d_{líquido}$, vale:

$$p_{l\,A\,izq} = d_{líquido}\, g\, (h_C - h_A) = d_{líquido}\, g\, h_{líquido}$$

En la rama derecha, la presión de la columna de agua vale:

$$p_{l\,A\,dcha} = d_{agua}\, g\, (h_B - h_A) = d_{agua}\, g\, h_{agua}$$

Ambas presiones son iguales, luego:

$$d_{líquido}\, g\, h_{líquido} = d_{agua}\, g\, h_{agua}$$

$$d_{líquido} = \frac{d_{agua}\, h_{agua}}{h_{líquido}}$$

ACTIVIDADES

14. Observa los resultados de la experiencia que ilustra la figura y responde a las preguntas.

a) ¿Qué volumen tiene el cuerpo?

b) Calcula la densidad del líquido desconocido.

c) ¿Cuál es la densidad del cuerpo?

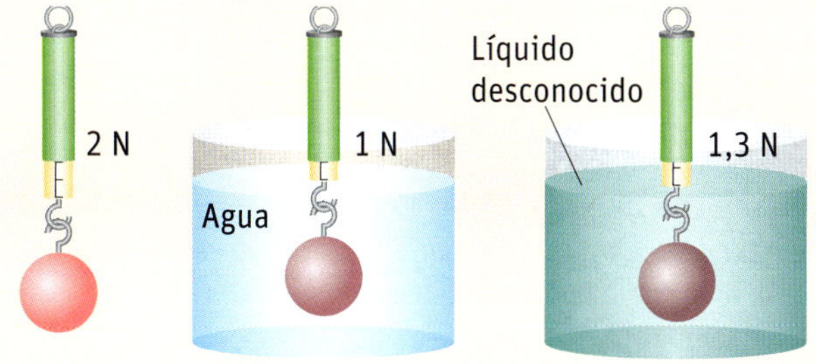

Actividades

La presión y los factores de que depende

15. Calcula la presión que se ejerce sobre una tabla con un clavo de 0,1 mm^2 de superficie en la punta, cuando se aplica sobre él una fuerza de 4 N.

16. ¿Qué presión recibe una persona que está buceando a 4 m de profundidad en una piscina?

Sus pulmones, ¿tendrán un volumen mayor o menor que en la superficie?

17. Completa la siguiente tabla:

Fuerza (N)	5	●●●	●●●	50
Superficie (m^2)	0,0005	0,001	0,005	●●●
Presión (Pa)	●●●	10 000	5000	5000

18. smSaviadigital.com OBSERVA

En este vídeo se ve a una persona acostada en una cama de faquir.

a) ¿Por qué no se pincha?

b) ¿Por qué se acuesta primero la persona con mucho cuidado?

c) Divide el peso entre el número de pinchos. ¿Qué peso soporta cada uno?

19. ¿Qué presión ejerce una mujer de 53 kg sobre el suelo cuando va con zapatos planos si la superficie de estos es de 150 cm^2?

Cuando va con tacones, la superficie de contacto pasa a ser de 65 cm^2. ¿Cuánto aumenta en este caso su presión?

SOLUCIÓN

La presión que ejerce la mujer al usar zapatos planos es:

$$p = \frac{(53\ \text{kg})(9{,}8\ \text{m/s}^2)}{(0{,}015\ \text{m}^2)} = 34\,627\ \text{Pa}$$

Cuando utiliza zapatos de tacón, la presión es:

$$p = \frac{(53\ \text{kg})(9{,}8\ \text{m/s}^2)}{(0{,}0065\ \text{m}^2)} = 79\,908\ \text{Pa}$$

Es decir, ha aumentado 45 281 Pa.

20. A Paco se le ha caído el teléfono móvil con la pantalla hacia abajo desde una altura de 50 cm contra el suelo, que tenía piedrecitas, y se le ha roto la pantalla. A David se le ha caído desde 1 m a un suelo liso, también con la pantalla hacia abajo, pero no se le ha roto.

Indica una posible razón que justifique los hechos descritos.

21. Para administrar por vía intravenosa un suero a un enfermo, se cuelga una bolsa de un soporte a una cierta altura. Si la densidad de la disolución es de 1030 kg/m^3 y la presión sanguínea en las venas es de 20 mmHg, ¿a qué altura mínima tiene que estar colgada la bolsa?

22. Con esta experiencia se quiere medir la densidad de un líquido desconocido inmiscible en agua.

a) Deduce si es más o menos denso que el agua.

b) Calcula su densidad sabiendo la del agua.

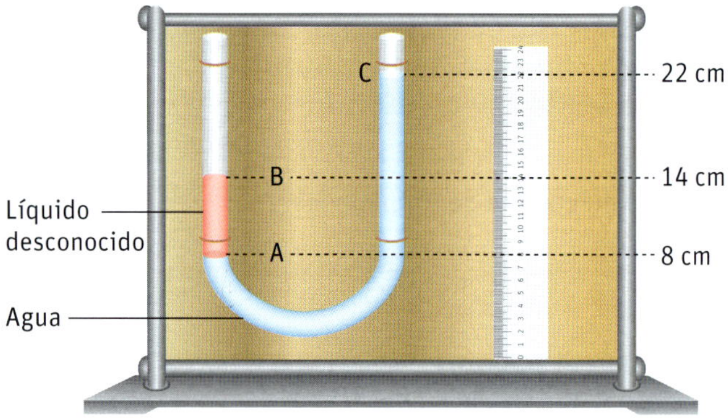

23. En una ciudad solo se dispone de agua durante unas horas. Para tener agua todo el día, una vivienda tiene instalado un depósito donde se recoge el agua cuando llega a la misma. ¿Cómo se puede utilizar una goma transparente para saber el agua que queda en el depósito?

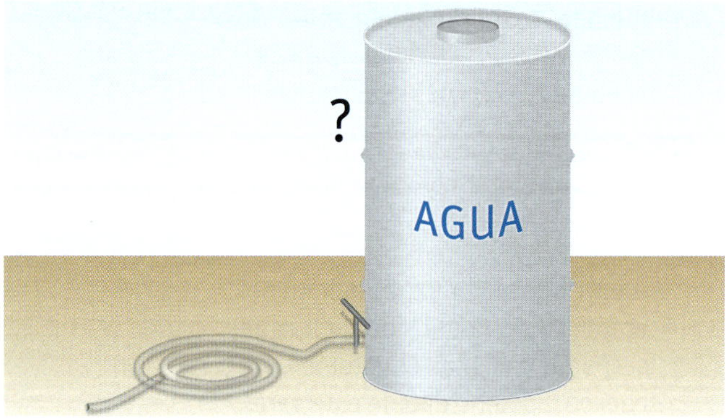

24. A los pocos años de admitir la existencia del vacío se hizo la siguiente experiencia. Con una bomba de vacío se fue sacando poco a poco el aire de la campana donde estaba el barómetro de Torricelli. En la imagen se observa un montaje actual.

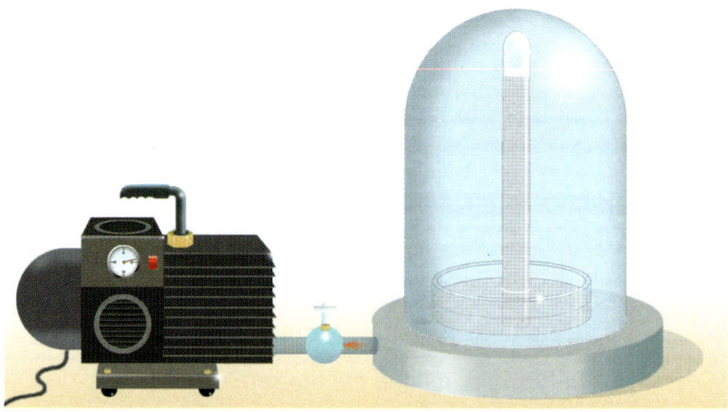

a) ¿Qué pasó con la columna de mercurio?

b) ¿Qué se pretendía probar con esta experiencia?

25. Calcula la longitud que habría tenido la columna del experimento de Torricelli si hubiese hecho el experimento con agua. Dato: d_{agua} = 1000 kg/m^3

26. Se han tomado medidas de presión con un barómetro de Torricelli: en Valencia al nivel del mar, en Palencia a 750 m de altura, en la cima del Aneto a 3404 m de altura y en la cima del Mont Blanc a 4810 m de altura.

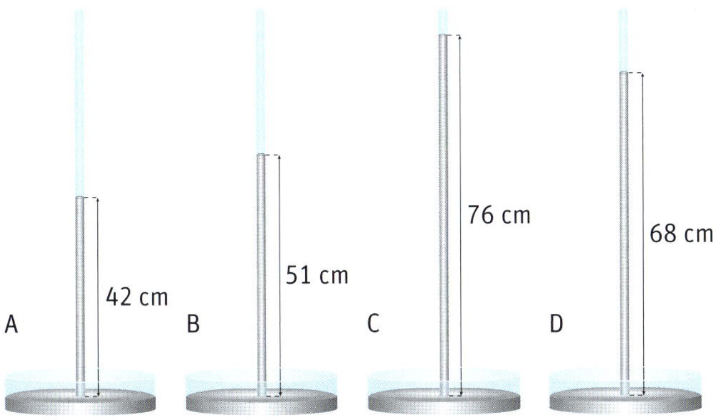

a) Indica a qué lugar corresponden cada una de las cuatro medidas realizadas, razonando la respuesta.

b) ¿Qué presión marcaba cada barómetro?

27. Juan escala una montaña y quiere saber qué desnivel ha subido. No tiene altímetro, pero sí un barómetro manejable que ha indicado 760 mmHg en el lugar de donde salió y 700 mmHg en la cima de la montaña. ¿Qué altura ha subido Juan si la densidad del aire es constante y vale 1,29 kg/m^3?

Dato: densidad del mercurio, d_{Hg} = 13 600,0 kg/m^3

SOLUCIÓN

La presión en el lugar de salida, p_0, ha sido:

$$p_{abajo} = (0{,}76\ \text{m})(13\,600\ \text{kg/m}^3)(9{,}8\ \text{N/kg}) = 101\,293\ \text{Pa}$$

La presión en el punto más alto es de 700 mmHg, es decir:

$$p_f = (0{,}7\ \text{m})(13\,600\ \text{kg/m}^3)(9{,}8\ \text{N/kg}) = 93\,296\ \text{Pa}$$

La presión ha disminuido en (101 293 − 93 296) Pa = 7997 Pa. La diferencia de presión se debe a la diferencia de altura, ya que en lo alto de la montaña el peso del aire que hay por encima es menor.

$$7997 = d_{aire}\, g\, h_{montaña}$$

A partir de esta expresión se puede calcular el desnivel que ha subido Juan, que resulta ser: $h_{montaña}$ = 633 m.

28. Un montañero sube al pico de una montaña de 1000 m de altura desde la base. Si en la base el barómetro marcaba 760 mmHg, ¿qué presión marcará en la cima?

29. En un avión se ha producido una brecha en la bodega donde van las maletas. La presión exterior es de 280 hPa. Cuando se cerró herméticamente el avión, su presión atmosférica era de 1 atm. Compara las presiones en el interior y el exterior y predice qué puede suceder.

30. El 8 de mayo de 1654 tuvo lugar en la ciudad alemana de Magdeburgo una exhibición conocida como "Los hemisferios de Magdeburgo", que se reproduce en este grabado histórico.

En la experiencia se trataba de separar dos semiesferas metálicas de unos 50 cm de diámetro unidas entre sí por simple contacto y que formaban una esfera como la del dibujo. El aire de la esfera se había extraído con una bomba de vacío.

Se necesitaron dos grupos de ocho caballos a cada lado para lograr separar las dos semiesferas. Sin embargo, cuando se dejaba entrar de nuevo el aire, las semiesferas se separaban sin ninguna dificultad.

a) ¿Qué impedía separar las semiesferas si en su interior solo había vacío?

b) Si la presión atmosférica ese día en Magdeburgo era de 1 atm, ¿qué fuerza unía las semiesferas o hemisferios?

31. Un bañista está sentado en el borde de una piscina con los pies en el agua. Para simplificar los cálculos se supone un esquema de pie como el de la figura. Dibuja las fuerzas que recibe el bañista en una pierna y calcula la fuerza resultante que ejerce el agua sobre ella.

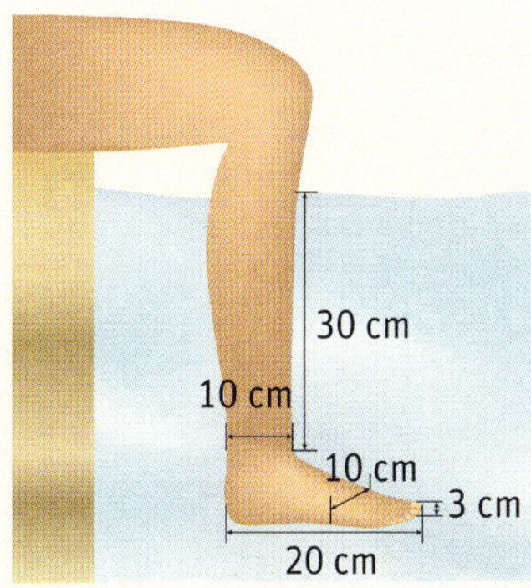

SOLUCIÓN

Las fuerzas laterales se anulan entre sí al ser iguales y de sentido contrario. La fuerza hacia arriba en la planta inferior es:

$$\uparrow F = p\,S = d_{agua}\, g\, h\, S$$

Del mismo modo se puede determinar la fuerza que ejerce el agua hacia abajo en el empeine del pie. Sustituyendo los términos, resulta lo siguiente:

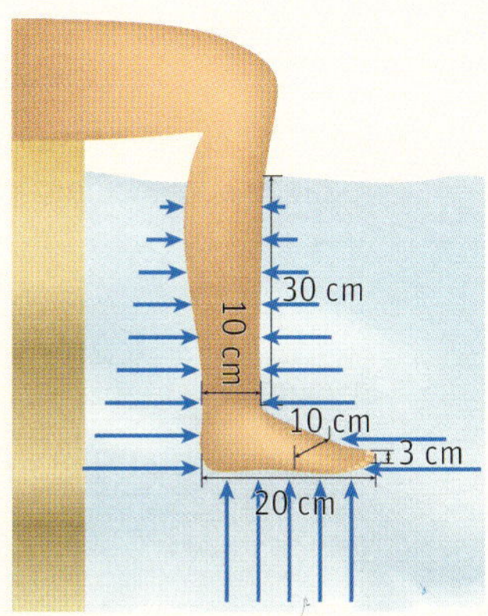

$$\uparrow F = (1000\ \text{kg/m}^3)(9{,}8\ \text{N/kg})(0{,}33\ \text{m})(0{,}2\ \text{m})(0{,}1\ \text{m}) = 64{,}7\ \text{N}$$

$$\downarrow F = (1000\ \text{kg/m}^3)(9{,}8\ \text{N/kg})(0{,}3\ \text{m})(0{,}1\ \text{m})(0{,}1\ \text{m}) = 29{,}4\ \text{N}$$

La fuerza resultante será de 35,3 N y dirigida hacia arriba.

Actividades

El empuje y los factores de que depende

32. ¿Qué presión hay en los puntos A, B y C? ¿Y en los puntos D, E y F? La presión atmosférica en la superficie del líquido tiene el valor de 1 atm.

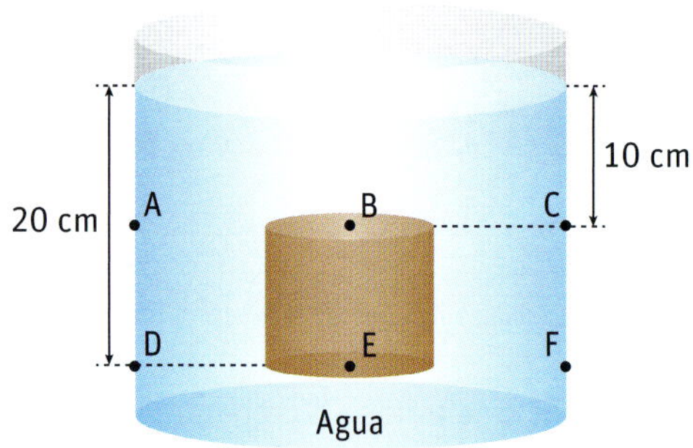

33. Dibuja las fuerzas que ejerce el líquido sobre la superficie de estas figuras sumergidas.

34. **Un trozo de una rama de árbol de 0,0160 m³ de volumen se ha caído a una piscina y ha quedado flotando. La densidad de su madera es de 700 kg/m³.**

a) **¿Qué empuje recibe? ¿Cuál es el peso de la madera?**

b) **¿Qué volumen de la madera sobresale del agua? ¿Qué porcentaje sobresale de su volumen total?**

SOLUCIÓN

a) Si está flotando, está en equilibrio, es decir, el empuje que recibe es igual al peso de la rama:

$$E = P_{rama} = V\,d\,g = (0{,}0160\ m^3)(700\ kg/m^3)(9{,}8\ N/kg)$$

$$E = P_{rama} = 109{,}8\ N$$

b) A partir de la expresión del empuje se puede determinar el volumen sumergido:

$$E = d_{agua}\,g\,V_{sumergido\ del\ cuerpo} = 109{,}8\ N$$

$$V_{sumergido\ del\ cuerpo} = 0{,}0112\ m^3$$

El volumen que sobresale es, por tanto, de 0,0048 m³, luego:

$$\%\ vol. = \frac{(0{,}0048\ m^3)}{(0{,}016\ m^3)} \cdot 100 = 30\ \%\ \text{que sobresale}$$

35. Para hacer un dique se suelta en el mar un bloque de hormigón de 2,5 m³ de volumen, cuya densidad es d = 2300 kg/m³. Si la densidad del agua marina es de 1028 kg/m³, calcula el empuje que recibe el bloque y la fuerza total que actúa sobre el mismo cuando está sumergido.

36. Un bañista está nadando y después bucea a 2 m y a 4 m de profundidad. ¿Cuándo recibe mayor empuje del agua? Razona la respuesta.

37. Un objeto que tiene un volumen de 50 cm³ se introduce completamente en glicerina, de densidad 1260 kg/m³. ¿Qué empuje recibe?

38. Un niño está flotando con corchos. Pesa 20 kg y tiene un volumen de 22 L, incluyendo los corchos.

a) ¿Qué empuje recibe?

b) ¿Qué volumen tiene sumergido?

c) ¿Qué porcentaje de volumen sobresale del agua?

39. La vejiga natatoria de los peces les permite subir y bajar dentro del agua al poder variar su volumen.

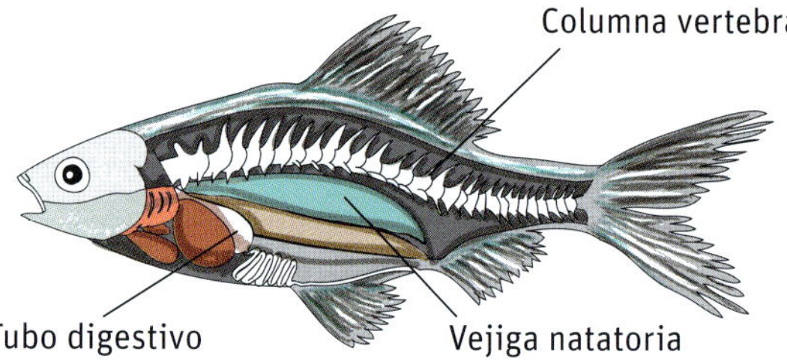

a) ¿Qué hacen los peces cuando quieren hundirse a mayor profundidad? Razona la respuesta.

b) ¿Qué hacen cuando quieren subir? Razona la respuesta.

40. Un cilindro colgado de un dinamómetro se mete en el agua poco a poco. Mientras se introduce se van tomando las medidas que se recogen en el cuadro.

Altura sumergida (cm)	0	10	20	30	40	50	60
Fuerza (N)	57	46	41	36	32	32	32

a) ¿Qué volumen y qué densidad tiene el cilindro?

b) Con los datos de la tabla, razona si el empuje aumenta o disminuye a medida que se sumerge el cilindro.

c) ¿En cuál de los tramos, que van de 10 en 10 cm, está la altura del cilindro?

41. Un barco tiene una masa de 2000 toneladas.

a) ¿Cómo puede flotar si está formado por materiales muy pesados y además lleva carga?

b) ¿Cuál es su empuje?

c) ¿Cuál es el volumen sumergido sabiendo que el agua del mar tiene una densidad de 1028 kg/m³?

42. José tiene un volumen de 70 dm³ y una masa de 69,5 kg. Halla:

a) El empuje que el aire atmosférico (d = 1,29 kg/m³) ejerce sobre él.

b) Su peso real (en el vacío).

c) Su peso aparente (en el aire).

43. Un **densímetro** es un aparato que permite medir la densidad de los líquidos. Para construir uno, introduce unas cuantas piedrecitas en el interior de un tubo de ensayo y sumérgelo en varios líquidos de densidad conocida para marcar la escala de densidades graduada.

Si la densidad de la leche de vaca es de 1032 kg/m³ y se le echa agua, ¿se hundirá o se elevará más el densímetro?

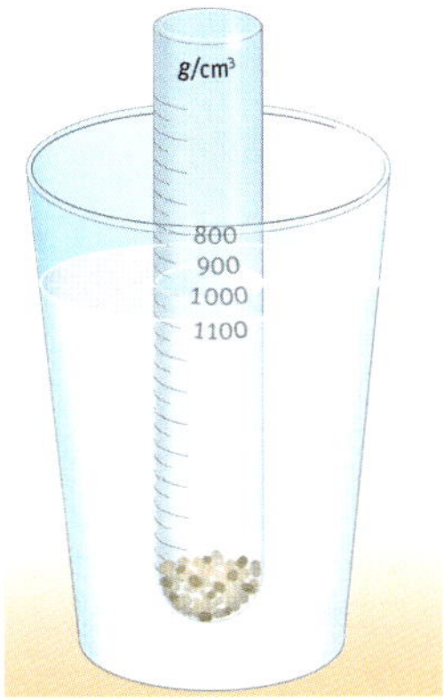

44. smSaviadigital.com PRACTICA

El montaje de la figura se denomina "ludión". Se echa agua en una botella de plástico sin llenarla del todo y, después, se mete un globo muy poco hinchado con arena en su interior para que quede flotando, pero con muy poco volumen sobresaliendo, es decir, con una densidad muy parecida a la del agua, como nuestro cuerpo. Cuando se cierra la botella y se aprieta con las manos, el globo baja. Cuando se suelta, el globo sube. ¿A qué crees que se debe esto?

SOLUCIÓN

Una vez cerrada la botella, sobre el peso del globo no se puede influir, pero sí sobre el empuje. Al comprimir la botella con las manos, el globo se comprime, es decir, se reduce su volumen; en consecuencia, disminuye su empuje y se hunde. Al soltar la botella, disminuye la presión, recupera volumen y el globo sube.

45. ¿Qué ocurriría si en la botella del ejercicio anterior, en vez del globo, se pone un botecito de cristal cerrado, con arena suficiente para que quede flotando, pero sobresaliendo muy poco? ¿Se hundirá también al apretar la botella? Razona la respuesta.

Aplicaciones de la hidrostática

46. En un elevador de coches, la fuerza máxima que puede realizarse es de 600 N. Las superficies de los émbolos son de 2 cm² y 100 cm², respectivamente.

a) ¿En cuál de los émbolos hay que hacer la fuerza para poder levantar un coche?

b) ¿Qué peso máximo puede tener el coche para conseguir levantarlo?

47. Cuando un coche se queda sin gasolina, esta se puede trasvasar desde otro depósito con una goma haciendo uso del efecto sifón. Observa las figuras y explica este fenómeno.

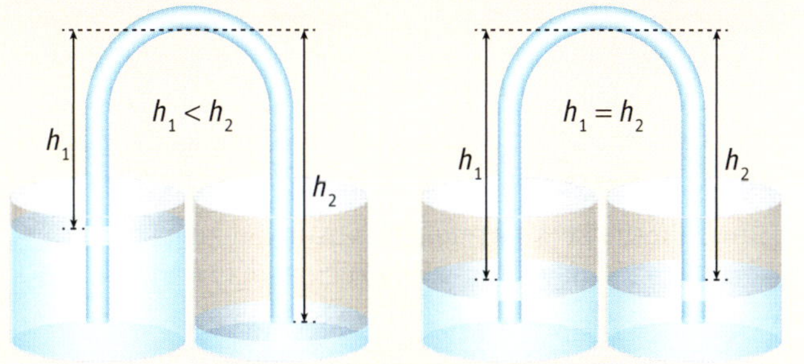

Pasa líquido de A a B — Equilibrio (deja de pasar líquido)

SOLUCIÓN

En la primera figura se consigue trasvasar el líquido del depósito A al depósito B porque hay una diferencia de presión:

$$\Delta p = d_{\text{gasolina}}\, g\,(h_2 - h_1)$$

Para que esto ocurra, la goma debe estar llena de gasolina, lo cual se consigue absorbiéndola del depósito lleno con un aparato adecuado. La gasolina deja de pasar cuando se igualan las presiones, es decir, cuando $h_2 = h_1$.

48. Observa de nuevo la figura del ejercicio anterior y contesta estas preguntas:

a) ¿Qué pasaría si la base del depósito B estuviera por encima del depósito A?

b) ¿Y si estuviese a menor altura?

49. Identifica en este mapa los siguientes elementos.

a) Las zonas de actividad atmosférica, los anticiclones y las borrascas, y pon en ellos sus símbolos.

b) Un frente frío, uno caliente y uno ocluido.

c) Las zonas donde se originarán los vientos más fuertes, así como su dirección y sentido.

d) Haz una estimación del tiempo que hará en Gran Bretaña, Irlanda y España.

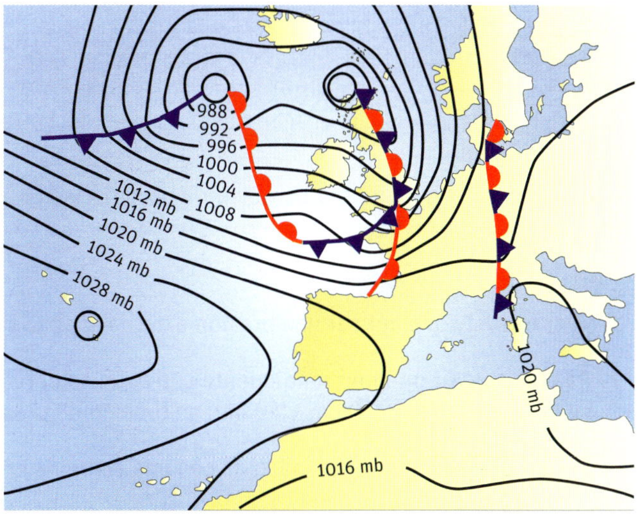

Ponte a prueba

Ósmosis directa

Se denomina **ósmosis** el paso que tiene lugar entre dos líquidos o gases, que tienen distinta concentración y que son capaces de mezclarse, estando separados por una membrana semipermeable. Estas membranas tienen poros de tamaño molecular que solo pueden atravesar las partículas más pequeñas de las disoluciones, pero no las de mayor tamaño, como son gran parte de las moléculas de soluto.

La **membrana semipermeable**, que no pueden atravesar los solutos de mayor tamaño, hace que haya un tránsito neto de las partículas de la disolución diluida hacia la concentrada. Este paso se interrumpe cuando la presión en la disolución concentrada, llamada **presión osmótica**, lo impide, alcanzando así el **equilibrio**.

La ósmosis se realiza en diversos procesos naturales; por ejemplo, el que permite a las células vivas extraer el agua que necesitan de la sangre o a las raíces absorber el agua de la tierra húmeda.

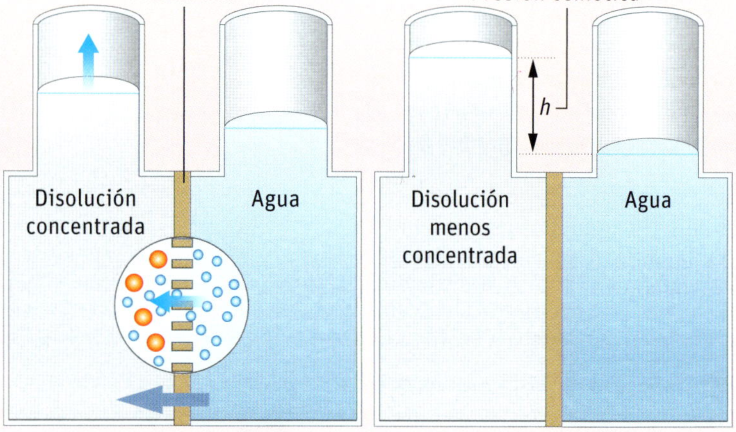

El agua fluye hacia donde hay una alta concentración salina

Equilibrio

En el enlace www.e-sm.net/svfq4eso10_01 puedes obtener más información sobre el concepto de presión osmótica.

1. Los náufragos, cuando acaban con el agua dulce, pueden morir de sed aun estando rodeados de agua. Si beben el agua del mar, se deshidratan más. ¿A qué se debe esto?
2. En las excursiones de alta montaña, los montañeros suelen llevar sales para añadirlas al agua de nieve que van a beber, pues, si no lo hacen, pueden sufrir descomposición de vientre. El agua destilada tampoco es conveniente para la salud. ¿Qué ocurre en las células si se ingiere?

Ósmosis inversa

La **ósmosis inversa** está presente en la purificación que se hace en las potabilizadoras cuando el agua proviene de aguas salobres, así como en las plantas potabilizadoras de agua de mar.

En el proceso se separan el agua salobre y el agua pura con la membrana semipermeable adecuada, que solo permite el paso de las moléculas de agua. Como hemos visto, de manera natural tendría lugar un proceso de ósmosis hasta alcanzar el equilibrio.

Ahora bien, si se aplica externamente una presión mayor sobre el agua salobre, tiene lugar la ósmosis inversa, que obliga a pasar agua del depósito de agua salobre al depósito de agua pura, con lo que el agua salobre queda mucho más concentrada.

Al agua pura así obtenida hay que añadirle posteriormente algunas sales para hacerla potable.

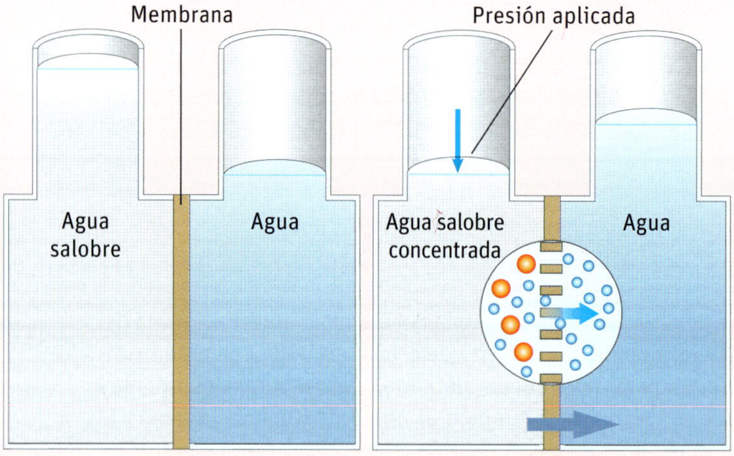

Al aplicar una presión suficiente, el flujo de agua se invierte.

1. ¿Por qué hay que aplicar una presión externa al agua salobre?
2. Para conseguir un buen rendimiento con agua salobre, en el que se puede aprovechar hasta el 80 % del agua, la presión que se ejerce está entre 10 bar y 40 bar, en función de la salinidad. Expresa este valor en atmósferas y en pascales.
3. Para conseguir la presión indicada con una columna de agua salobre de densidad 1010 kg/m^3, ¿qué altura tendría que tener?

Botellas aplastadas

Al llegar a casa de una excursión a Peñalara, que tiene 2428 m de altura, Raquel ha encontrado aplastada la botella de agua que había abierto en la cima para beber. Se supone que la temperatura en casa y en la cima son similares y que el tapón estaba bien cerrado.

1. La razón de que la botella se haya deformado es...
   a) Se ha aplastado en el macuto con los demás bultos.
   b) Hay más presión en su casa que en Peñalara.
   c) El aire es menos agradable en la casa que en Peñalara.
   d) La temperatura en casa es menor que en Peñalara.
2. De las respuestas dadas, ¿cuál no es científica? Razona la respuesta.

AUTOEVALUACIÓN

1. Una chica cuya masa es de 52 kg, ¿qué presión ejerce sobre el suelo cuando va con zapato plano y con cada uno de los zapatos que aparecen en la imagen? La superficie de su planta es de 200 cm².

Porcentaje de superficie sobre el total:

100 % | 76 % | 57 % | 22 %

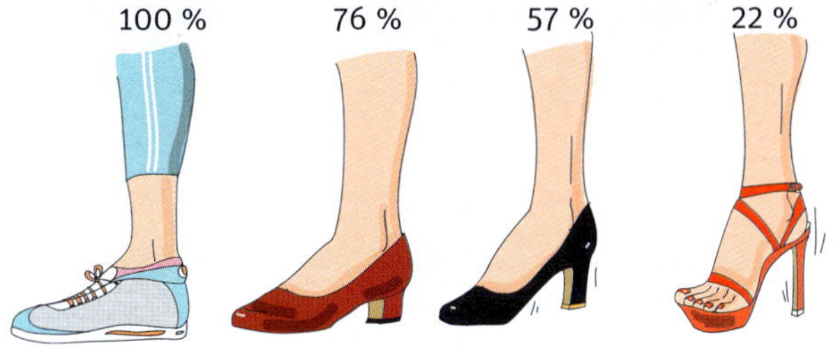

   a) 255 hPa; 194 hPa; 145 hPa; 56 hPa
   b) 26 hPa; 20 hPa; 15 hPa; 6 hPa
   c) 255 hPa; 336 hPa; 447 hPa; 1158 hPa
   d) 26 hPa; 34 hPa; 46 hPa; 118 hPa

2. ¿Cuál es la presión del gas encerrado respecto a la presión atmosférica del lugar?

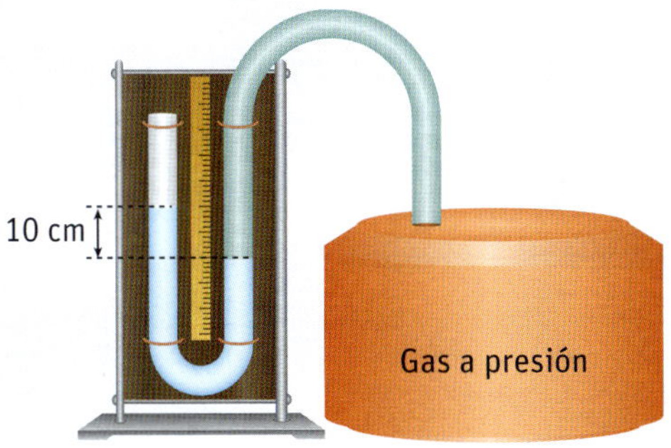

   a) Es mayor en 980 Pa.
   b) Es mayor en 1 atm + 980 Pa.
   c) Es menor en 980 Pa.
   d) Es menor en 1 atm – 980 Pa.

3. En la experiencia de la ilustración, dos bolas iguales de aluminio y plomo se pesan fuera y dentro del agua. ¿Qué se pretende comprobar? ¿Qué se ha comprobado con los resultados de la experiencia?

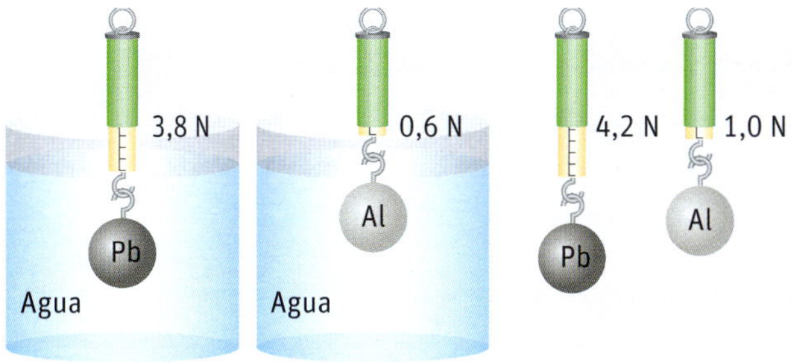

   a) Si el empuje del agua depende del volumen del cuerpo. Se comprueba que sí depende.
   b) Si el empuje del agua depende del volumen del cuerpo. Se comprueba que no depende.
   c) Si el empuje del agua depende del peso del cuerpo. Se comprueba que sí depende.
   d) Si el empuje del agua depende del peso del cuerpo. Se comprueba que no depende.

4. En una experiencia real, el dinamómetro de la ilustración marca las fuerzas F_1, F_2 y F_3, respectivamente. Ordena las fuerzas que marcará de mayor a menor.

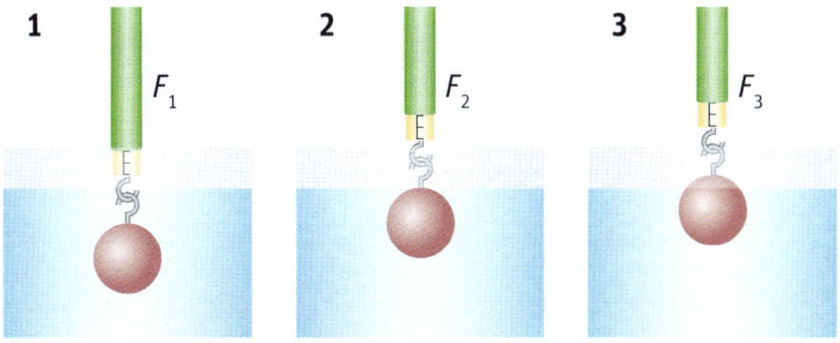

   a) $F_1 > F_2 > F_3$
   b) $F_3 > F_2 > F_1$
   c) $F_3 > F_2 = F_1$
   d) $F_1 = F_2 > F_3$

smSaviadigital.com VALORA LO APRENDIDO > Autoevaluación con sus soluciones

11 Energía mecánica y trabajo

Abre tu mirada

El 26 de abril de 1960, la señora Maxwell Rogers, de Tampa (Florida), fue capaz de levantar un coche a pulso para liberar a su hijo, que había quedado atrapado al ceder el gato mientras lo reparaba. El hijo logró salir con algunos rasguños, pero la madre tuvo que ser hospitalizada con fractura de varias vértebras.

- ¿Qué se entiende por energía y en qué formas se presenta?
- ¿Cuáles son los procesos de transferencia de energía?
- ¿Cómo se calcula la energía transferida mediante trabajo?
- ¿Qué es la energía mecánica? ¿En qué condiciones se conserva?

Piensa y reflexiona

Mientras la señora Maxwell levantaba el coche y lo sostenía, estaba haciendo un terrible esfuerzo. Sin embargo, no todo el rato realizaba trabajo. La idea común que se tiene de trabajo, asociado al esfuerzo, no coincide con su concepto científico.

a ¿Realizaba trabajo la señora Maxwell mientras levantaba el coche, mientras lo sostenía en lo alto o mientras lo soltaba?

b ¿Se realiza trabajo sobre un coche que va por una carretera horizontal con movimiento uniforme?

c ¿Realizamos trabajo al efectuar una tarea intelectual, como estudiar?

Analiza y determina

La señora Maxwell logró levantar a pulso el coche, pero, si hacemos uso de ciertas máquinas, podemos conseguir el mismo efecto aplicando un esfuerzo mucho menor. Por ejemplo, el gato del coche permite levantarlo sin riesgo para nuestra salud. ¿En cuáles de las siguientes máquinas se aplica menos fuerza que la que ejerce la propia máquina?

a) Una bicicleta.

b) Una polea simple.

c) Una pinza de coger pasteles.

d) El mango de una cuchara cuando hace de palanca.

Y tú, ¿qué opinas?

El teléfono móvil es una máquina muy útil si se hace un buen uso del mismo, como cuando un ciclista accidentado logra pedir ayuda gracias a él; sin embargo, en otros casos puede llegar a dificultar la comunicación directa entre amigos. Actualmente hay muchas personas que están "enganchadas al móvil". Debate sobre el tema con tus compañeros y expresa por escrito tus conclusiones.

- ¿Cómo se mide la eficacia del trabajo? ¿Qué es la potencia?
- ¿Qué son las máquinas? ¿Ahorran energía?
- ¿Cómo se mide el rendimiento de las máquinas?

1 ¿Qué es la energía y en qué formas se presenta?

En la Web

En este enlace puedes repasar los conceptos de energía cinética y energía potencial.

www.e-sm.net/svfq4eso11_01

La energía se encuentra a nuestro alrededor y en nosotros mismos. Tienen energía los alimentos que tomamos para reponer la que perdemos durante las actividades, el aire que difunde la luz creando un ambiente luminoso o que en su movimiento puede mover las aspas de un molino, una persona dormida que calienta la cama, etc.

> La **energía** es la propiedad que tienen los cuerpos o sistemas materiales que les permite producir cambios en ellos mismos o en su entorno.

Esa capacidad de producir cambios que poseen los sistemas materiales proviene de distintas causas, y por eso recibe diferentes nombres. Se habla así de **energía cinética**, **potencial**, **eléctrica**, **química**, **térmica**, **interna**...

La unidad de la energía en el SI es el **julio**, **J** (1 J = 1 N m).

OBSERVA

Energía cinética, E_c

Es la energía debida al **movimiento**. Depende de la masa y de la velocidad. La energía cinética del coche es superior a la de la bicicleta. Si chocasen a la misma velocidad contra otro cuerpo, el coche realizaría mucho más trabajo.

Su fórmula es: $E_c = \frac{1}{2}mv^2$

Energía potencial gravitatoria, E_{pg}

Es la energía que tiene un cuerpo por su **posición en el campo gravitatorio**, el terrestre en este caso. Depende de su peso, mg, y de la altura respecto del nivel que se tome como referencia, h.

Su fórmula es: $E_{pg} = mgh$

Energía potencial elástica, E_{pe}

Es la energía que tiene un cuerpo por su **posición en un medio elástico**, como una goma estirada, de modo que, al quedar libre, el cuerpo sale disparado. Depende de la constante elástica de la goma, k, y del estiramiento, x.

Su fórmula es: $E_{pe} = \frac{1}{2}kx^2$

Energía eléctrica. Es la **energía potencial** que poseen las cargas eléctricas por su **posición dentro de un campo eléctrico**.

Energía térmica. Está relacionada con la temperatura de los cuerpos y es debida a la **energía cinética** de las partículas que los forman.

Energía química. Es la **energía potencial** de las partículas en la estructura atómica del cuerpo o sistema considerado. Está ligada a los enlaces entre las partículas.

Se denomina **energía interna de un cuerpo** a la suma de las energías química y térmica, y depende del tipo de sustancia, de su masa y de su temperatura. Para su cálculo habría que sumar las energías cinética y potencial de las partículas que lo forman.

Cuando se considera el cuerpo o sistema físico como un todo, con una masa m, la suma de su energía cinética y su energía potencial se denomina **energía mecánica**.

ACTIVIDADES

1. Representa la energía cinética de un ciclista con su bicicleta (masa total = 100 kg) frente a su velocidad, desde el reposo hasta que alcanza 10 m/s. Calcula la energía cada 2 m/s.
2. Un nadador de 60 kg está en un trampolín a 3 m sobre el agua. Calcula su energía potencial cuando está arriba, cuando ha caído 2 m y cuando llega al agua.

Clasificación de los tipos de energía

Todos los tipos de energía pueden englobarse dentro de la energía cinética o la potencial, o de una combinación de ambas.

En el esquema siguiente se clasifican **los tipos de energía por la causa que los origina**. Se indican en color azul las energías referidas al sistema como un todo, y en color rojo las energías debidas al conjunto de las partículas.

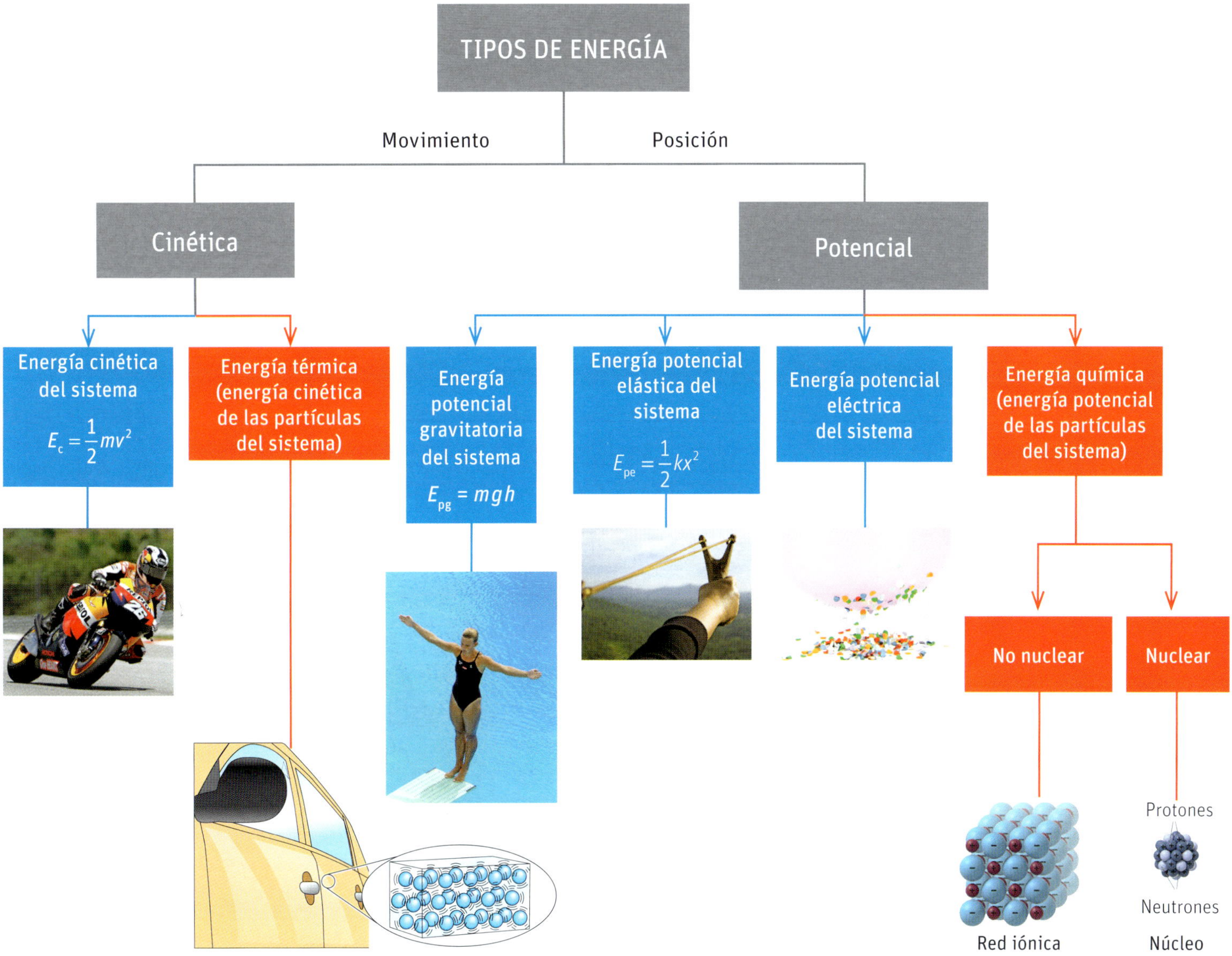

También se suele clasificar la energía por las fuentes de las que proviene, por lo que es importante diferenciar claramente entre fuentes y tipos de energía.

ACTIVIDADES

3. Haz un esquema con la clasificación de las fuentes de energías según sean renovables o no renovables. En cada una de ellas, indica el tipo de energía que contienen.

4. Indica qué tipo de energía, cinética o potencial, se aprovecha en las siguientes fuentes de energía: eólica, hidráulica y mareomotriz. Razona la respuesta.

2 ¿Cómo se intercambia la energía entre distintos sistemas?

Los deportistas que se van a lanzar desde lo alto de un risco (pág. 232) tienen $E_c = 0$ y $E_p = mgh$. Al dejarse caer van perdiendo energía potencial y ganando energía cinética.

La **energía** de un sistema se puede transformar de unas formas en otras.

Además de poder transformarse, en la relación de unos sistemas con otros, continuamente se están produciendo intercambios de energía, como se observa en las siguientes situaciones, aunque la **energía total se mantiene siempre constante en los procesos.**

IDENTIFICA

Identifica las situaciones en que el intercambio energético se ha realizado mientras un sistema hace fuerza sobre otro cuando se desplazan, y aquellas en que el intercambio ha sido consecuencia de tener distinta temperatura.

En las situaciones 1, 3 y 5 el intercambio de energía se ha hecho mediante **trabajo**, mientras que en las situaciones 2, 4 y 6 se ha hecho mediante **calor**. Tanto los sistemas que pierden energía como los que la ganan cambian con respecto a su estado anterior, tal como se observa en estas dos situaciones.

ANALIZA

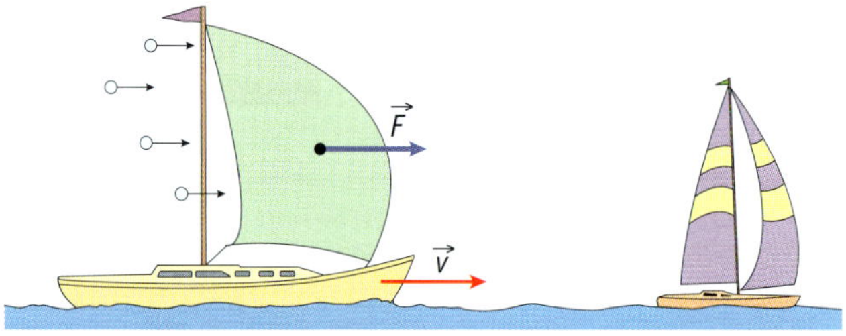

Las velas reciben energía del viento: el barco aumenta su velocidad. El viento pierde energía: se frena.

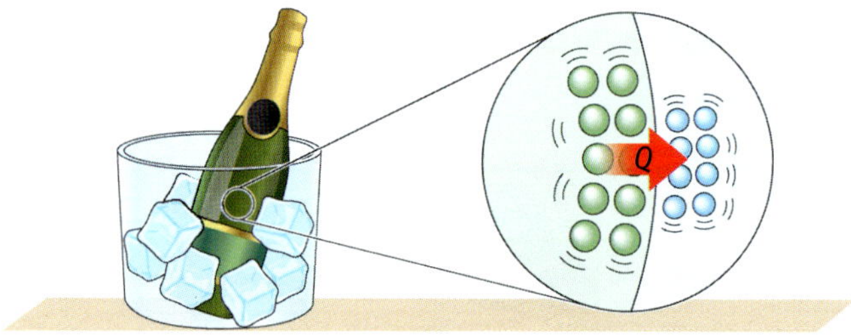

La botella de champán pierde energía: queda más fría. Los hielos reciben energía de la botella: se van fundiendo.

Los cuerpos, o sistemas, intercambian energía mediante dos métodos:

- Mediante **trabajo**, si un cuerpo recibe de otro una fuerza mientras lo desplaza.
- Mediante **calor**, si intercambian energía por tener distinta temperatura.

ACTIVIDADES

5. Describe otras dos situaciones del apartado IDENTIFICA, indicando los intercambios de energía y los cambios observados.

3 El trabajo

Acabamos de ver que una forma de transferir energía de un sistema a otro es mediante **trabajo**, pero ¿cómo podemos calcularlo?

La fuerza resultante $\vec{F}$ provoca en el cuerpo un desplazamiento $\vec{d}$ y, por tanto, ejerce un trabajo sobre el mismo. En el proceso intervienen varios factores: la fuerza resultante que actúa sobre el cuerpo, $\vec{F}$; el desplazamiento recorrido mientras actúa la fuerza, $\vec{d}$, y el ángulo α que forman $\vec{F}$ y $\vec{d}$.

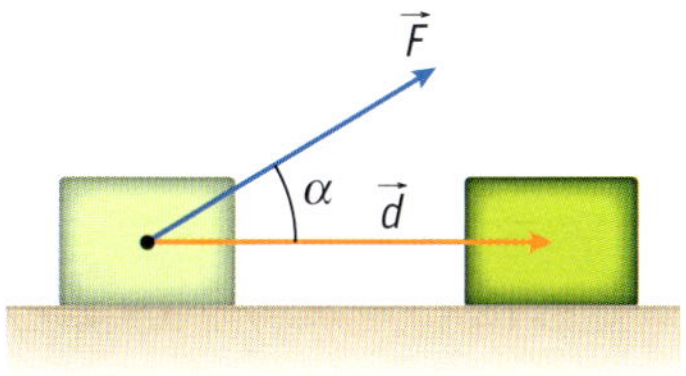

smSaviadigital.com ANALIZA

En esta animación puedes ver cómo varía el trabajo en función de los vectores fuerza y desplazamiento.

Si la fuerza es constante y también lo es el ángulo que forman $\vec{F}$ y $\vec{d}$, la expresión del trabajo es:

$$W = Fd\cos\alpha$$

$F_d = F\cos\alpha$ es la proyección de F sobre d. Solo realiza trabajo dicha proyección de la fuerza sobre el desplazamiento, es decir, $W = F_d\, d$.

Te interesa saber

- Aunque la fuerza y el desplazamiento son vectores, el trabajo es un escalar.
- La unidad de trabajo, al igual que la de la energía, es el julio (J).

El signo del trabajo

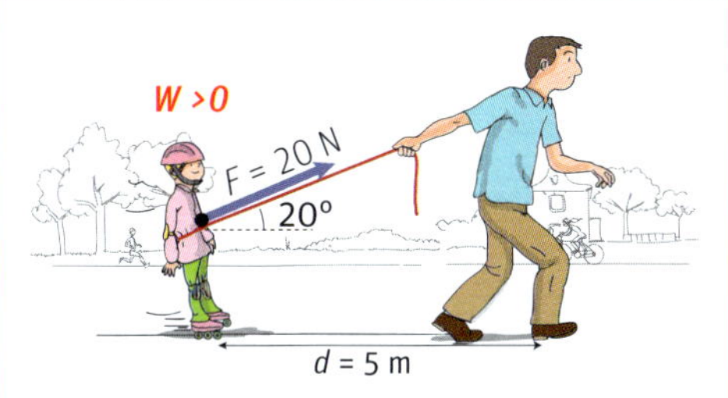

$W = (20\text{ N})(5\text{ m})\cos 20° = 94\text{ J}$

El padre acelera al niño y hace un trabajo positivo de 94 J. La proyección F_d es $(20\text{ N})\cos 20° = 18{,}8\text{ N}$. El trabajo es $W = (18{,}8\text{ N})(5\text{ m}) = 94\text{ J}$.

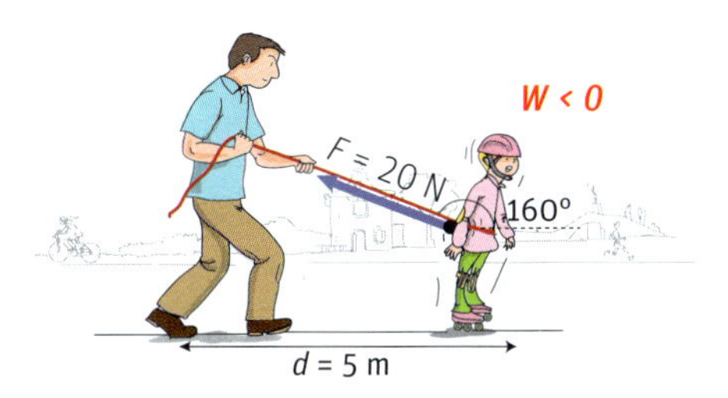

$W = (20\text{ N})(5\text{ m})\cos 160° = -94\text{ J}$

El padre frena al niño haciendo un trabajo negativo. La proyección F_d es $(20\text{ N})\cos 160° = -18{,}8\text{ N}$. Su trabajo es $W = (-18{,}8\text{ N})(5\text{ m}) = -94\text{ J}$.

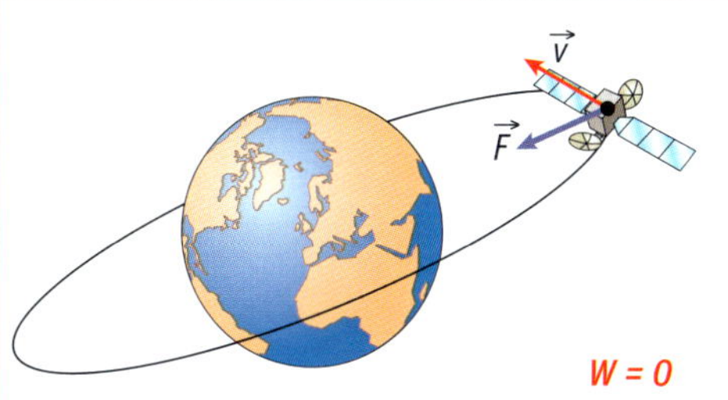

$W = Fd\cos 90° = 0\text{ J}$

El satélite va siempre igual de rápido, solo cambia la dirección de la velocidad, que es en todo momento perpendicular a la fuerza gravitatoria.

Trabajo de varias fuerzas que actúan sobre un cuerpo

Cuando actúan varias fuerzas sobre un sistema, el trabajo total es la suma de los trabajos que realiza cada una de ellas, como se muestra en el siguiente ejemplo:

Calcula el trabajo total

1. ¡Comienza la carrera! El trabajo realizado por cada una de las cuatro fuerzas al desplazarse 6 m es:

Datos:
$f_{roz} = 15\text{ N}$
$F_{perros} = 120\text{ N}$

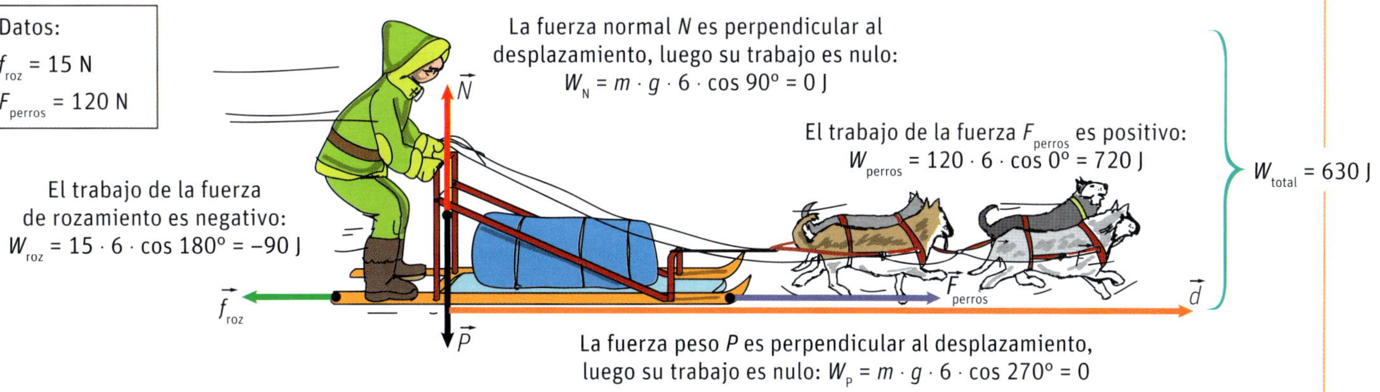

También puede hallarse la fuerza resultante y calcular su trabajo: $F_{resultante} = 105\text{ N} \Rightarrow W_{total} = (105\text{ N})(6\text{ m})\cos 0° = 630\text{ J}$

Amplía

Calcula el valor del trabajo realizado por una fuerza F_d de 10 N al actuar durante 6 m. Observa la gráfica:

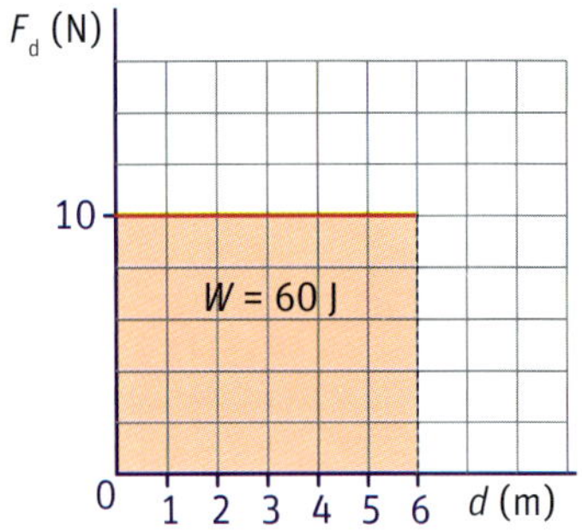

Comprueba que el área rayada es el trabajo que hace una fuerza F, cuya proyección en d vale F_d, actuando a lo largo de una distancia d.

El trabajo modifica la energía cinética

Cuando se realiza trabajo sobre un cuerpo, su energía cinética varía.

OBSERVA

Al arrancar el coche, el trabajo es positivo, con lo cual aumenta su velocidad y, por tanto, su energía cinética.

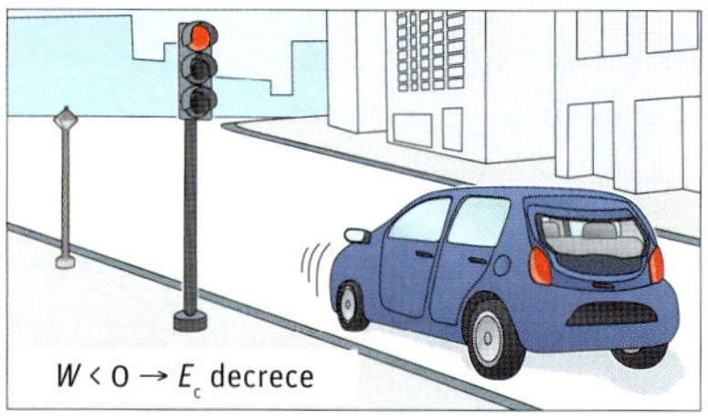

Al frenar, el trabajo es negativo, con lo cual disminuye la energía cinética del coche, hasta pararlo.

Cuando el coche cambia su velocidad de v_0 a v_f, su energía cinética varía:

$$E_{cf} - E_{c0} = \frac{mv_f^2}{2} - \frac{mv_0^2}{2} = \frac{m}{2}(v_f^2 - v_0^2)$$

El trabajo de la fuerza resultante sobre un cuerpo es igual a la variación de su energía cinética, $\boldsymbol{W = E_{cf} - E_{c0}}$.

Podemos comprobar esta igualdad en el caso de un movimiento rectilíneo uniformemente acelerado, donde se cumple que $v_f^2 - v_0^2 = 2da$, siendo a la aceleración. Por tanto:

$$E_{cf} - E_{c0} = \frac{m}{2} \cdot 2da = mad = Fd = W$$

La muerte de Gwen Stacy

2. Cuando el Duende Verde empuja a Gwen Stacy, la novia de Spiderman, de 55 kg, desde lo alto de la torre del puente George Washington, a 184 m sobre el agua, Spiderman consigue, en el último momento, atraparla en su red elástica evitando el golpe con el río. Sin embargo, al subirla comprueba que ha muerto.

a) En ausencia de rozamiento, ¿qué energía cinética y qué velocidad llevaba Gwen si Spiderman la alcanzó cuando ya había caído 150 m?

b) ¿Qué trabajo se realiza sobre Gwen desde que Spiderman la atrapa con la red elástica hasta que consigue pararla frenando en 30 m? ¿Qué fuerza de frenado recibió Gwen de la red de Spiderman, y que dio lugar a su muerte?

SOLUCIÓN

a) Durante la caída, la fuerza peso ha realizado un trabajo:

$$\left.\begin{aligned} W_{peso} &= (55\text{ kg})(9{,}8\text{ m/s}^2)(150\text{ m}) = 80\,850\text{ J} \\ E_{cf} - E_{c0} &= \frac{1}{2} \cdot 55 \cdot v_f^2 - 0 \end{aligned}\right\} \quad 80\,850 = \frac{1}{2} \cdot 55 \cdot v_f^2 \quad \Rightarrow v_f = 54{,}2\text{ m/s}$$

b) El trabajo realizado por la fuerza de frenado es $W_{frenado} = E_{cf} - E_{c0} = 0 - 80\,850\text{ J} = -80\,850\text{ J}$.

Por tanto, la fuerza resultante media, F_R, dirigida hacia arriba, es: $-80\,850\text{ J} = F_R \cdot (30\text{ m}) \cos 180° \Rightarrow F_R = 2695\text{ N}$

Al ser el peso de Gwen de 539 N hacia abajo, la red ejerció una fuerza hacia arriba de 2695 N + 539 N = 3234 N. Esta fuerza resultó ser tan grande que la mató.

Trabajo realizado por el peso

Cuando subimos o bajamos, la Tierra siempre nos atrae, y esa fuerza, el peso, realiza un trabajo sobre nosotros, que puede ser positivo o negativo.

OBSERVA

El peso de cada kilo de agua que cae desde lo alto de la cascada de Maletsunyane (Lesotho), cuya altura es h = 190 m, realiza un trabajo, W:

$$W = Fh \cos 0^\circ = mgh$$

$$W = (1\text{ kg})(9{,}8\text{ N/kg})(190\text{ m}) = 1862\text{ J}$$

El trabajo, W, que hace el peso de 60 kg en la subida del salto en la cama elástica, hasta que llega al punto más alto, h = 4 m, en el que se para, es:

$$W = mgh \cos 180^\circ$$

$$W = (60\text{ kg})(9{,}8\text{ N/kg})(4\text{ m})(-1) = -2352\text{ J}$$

El trabajo del peso del agua al caer desde lo alto de la cascada hasta la base coincide con el valor de su energía potencial arriba (mgh), tomando como referencia la base, donde la energía potencial es nula. Se puede decir que el trabajo realizado por el peso ha sido $W = mgh = E_{p0} - E_{pf}$. Al ser el peso la única fuerza que actúa, su trabajo será igual al incremento de la energía cinética, $W = E_{p0} - E_{pf} = E_{cf} - E_{c0} > 0$. El trabajo del peso es positivo y el agua aumenta su energía cinética.

Lo mismo ocurre con el trabajo realizado por el peso del saltador de la cama elástica. En el punto inicial, el más bajo, E_{p0} = 0 y el trabajo realizado puede expresarse así: $W = -mgh = 0 - mgh = E_{p0} - E_{pf}$. En la subida del atleta, al ser el trabajo de la fuerza peso negativo, esta frena al atleta y su energía cinética disminuye, $W = E_{p0} - E_{pf} = E_{cf} - E_{c0} < 0$.

CALCULA

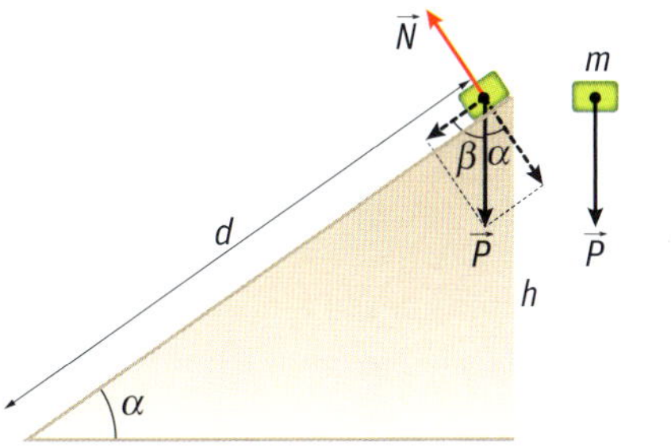

Si el bloque cae verticalmente, el trabajo que hace el peso es $W = mgh$. Si cae por el plano inclinado de recorrido d y sin rozamiento, $W_P = Pd\cos\beta$.

$$\cos\beta = \text{sen}\,\alpha \Rightarrow W_P = mgd\,\text{sen}\,\alpha$$

Al ser $d\,\text{sen}\,\alpha = h$, el trabajo del peso vuelve a ser $W_P = mgh = E_{p0} - E_{pf}$, independientemente del camino seguido.

El trabajo que realiza el peso sobre un cuerpo se expresa como $W_P = E_{p0} - E_{pf}$, y es independiente del camino que sigue el cuerpo.

Ten en cuenta

El trabajo que hará el atleta al elevar las pesas, ¿es positivo, negativo o cero?

$$W_{atleta} = Fh = mgh$$

El trabajo que ha hecho el atleta es positivo y ha servido para aumentar la energía potencial de las pesas. Sin embargo, el trabajo que ha hecho la fuerza peso es negativo:

$$W_{peso} = mgh \cos 180^\circ = -mgh$$

Como el trabajo total de ambas fuerzas es nulo, W_{total} = 0, no hay variación de la energía cinética.

ACTIVIDADES

6. Un atleta eleva una pesa de 100 kg una altura de 1 m. ¿Qué trabajo hace mientras sube la pesa? ¿Y mientras la sostiene arriba? ¿Y cuando la baja? ¿Qué trabajo realiza en total sobre la pesa?

4 Energía mecánica. Principio de conservación

Ten en cuenta

La saltadora de pértiga empieza adquiriendo energía cinética; una parte de esta energía se convierte en energía elástica de la pértiga. Durante el salto, la energía es devuelta a la atleta, que aumenta así su energía potencial gravitatoria hasta que llega al punto más alto. Después se transforma en cinética al caer sobre la colchoneta. Despreciando rozamientos:

$E_{c0} = E_{pg} + E_{pe} + E_c$ (en la subida) = $= E_{pg}$ (arriba) = E_c (en la colchoneta)

Se llama **energía mecánica**, E_m, de un sistema a la suma de las energías cinética y potencial, $E_m = E_c + E_p$.

La **energía mecánica** de un sistema es la que posee debido a su movimiento y a su posición, es decir, es la **energía cinética más la potencial**. Esta energía se transfiere de unos sistemas a otros mediante trabajo.

Principio de conservación de la energía mecánica

Si sobre un cuerpo la fuerza resultante que actúa produciendo trabajo es solo su peso, sabemos que $W = E_{p0} - E_{pf} = E_{cf} - E_{c0}$, de lo que se deduce que $E_{p0} + E_{c0} = E_{cf} + E_{pf}$, o lo que es lo mismo, $E_{m0} = E_{mf}$. La energía mecánica del sistema se mantiene constante.

La energía mecánica de un sistema se conserva cuando sobre él solo actúan fuerzas, como es el peso, cuyo trabajo se puede expresar como $E_{p0} - E_{pf}$, independientemente del camino seguido. En estos casos, $\boxed{E_{m0} = E_{mf}}$

OBSERVA

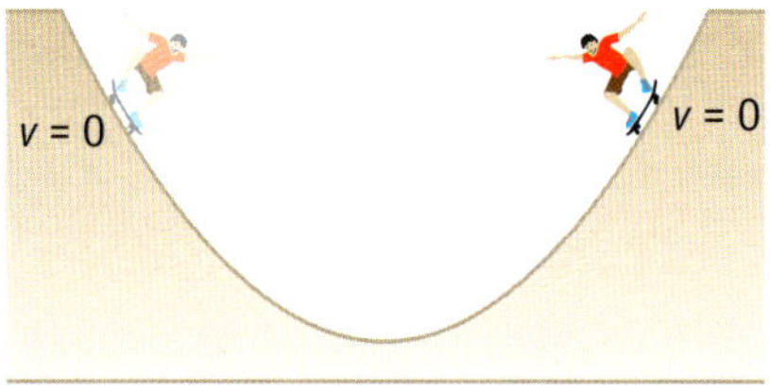

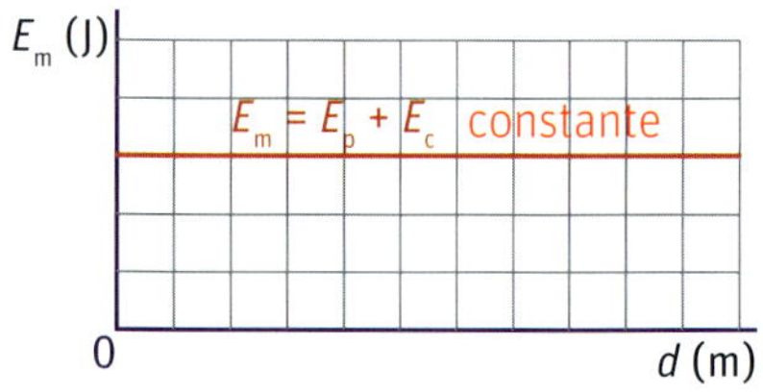

Durante el movimiento del *skate* se intercambian continuamente la energía cinética y la potencial; en ausencia de rozamiento, la energía mecánica se mantiene constante.

Conservación de la energía mecánica

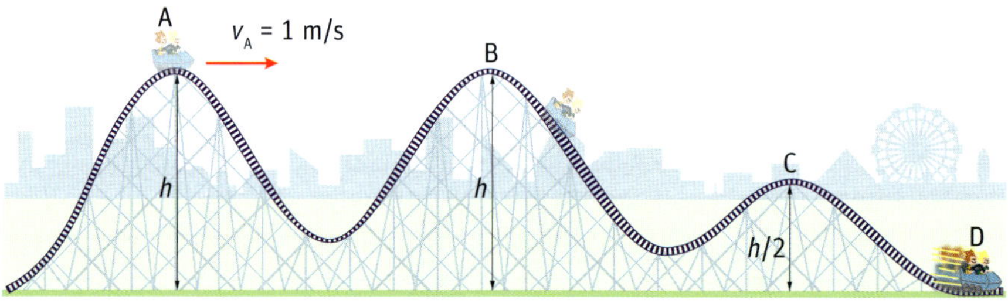

3. En una montaña rusa, un carrito de 200 kg cae sin rozamiento desde el punto A con una velocidad inicial de 1 m/s y siempre en contacto con la vía, hasta D. La altura *h* es de 10 m. ¿Qué velocidad tendrá en los puntos B, C y D?

SOLUCIÓN

Al actuar solo el peso, se conserva la energía mecánica desde A hasta D:

$$E_{pA} + E_{cA} = E_{pB} + E_{cB} = E_{pC} + E_{cC} = E_{pD} + E_{cD}$$

$$E_{pA} + E_{cA} = (200\ \text{kg})(9{,}8\ \text{N/kg})(10\ \text{m}) + (200\ \text{kg})(1\ \text{m/s})^2/2 = E_{mA} = 19\,700\ \text{J} = E_{pB} + E_{cB}$$

Como la E_{pB} es la misma que en A, también lo será su energía cinética. La velocidad en B será, por tanto, $v_B = 1$ m/s. Por otro lado, $E_{mA} = 19\,700$ J $= E_{pC} + E_{cC}$. Como $E_{pC} = E_{pA}/2$, la energía cinética en C será $E_{cC} = 19\,700 - 9\,800 = 9\,900$ J, de donde se calcula $v_C = 9{,}95$ m/s. Por último, como $E_{pD} = 0$ J, $E_{cD} = 19\,700$ J y $v_D = 14{,}04$ m/s.

No siempre se conserva la energía mecánica

Si en un péndulo no hubiese rozamiento, estaría moviéndose eternamente, siempre con la misma energía mecánica. Los relojes de péndulo necesitan que se les dé cuerda, con lo que acumulan energía elástica en un muelle, que va liberándola poco a poco para que sus oscilaciones no vayan disminuyendo hasta pararse. Es decir, el reloj de péndulo real no mantiene su energía mecánica.

En la bajada de muchos puertos, se pueden observar carriles de frenada de emergencia. El suelo de dichos carriles presenta un rozamiento mayor que el pavimento de la carretera, lo que facilita una frenada rápida en casos de necesidad. En ellos no se cumple el principio de conservación de la energía mecánica, pero sí se conserva la energía total. La energía cinética del vehículo se transforma en **energía térmica**: se calientan las ruedas, el suelo y el aire, con lo que aumenta la energía interna de cada uno.

Figura 11.1. Los carriles de frenada se emplean para asegurar una frenada segura en situaciones de emergencia.

La energía mecánica de un sistema no se conserva cuando realizan trabajo las fuerzas de rozamiento. En estos casos: $E_{mf} = E_{m0} + W_{rozamiento}$

OBSERVA

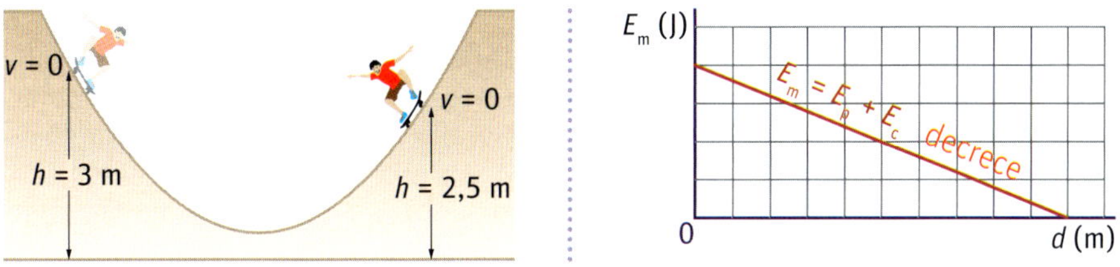

En este caso también se intercambian la energía cinética y la potencial; sin embargo, al haber rozamiento, la energía mecánica va disminuyendo progresivamente.

No siempre se conserva la energía mecánica

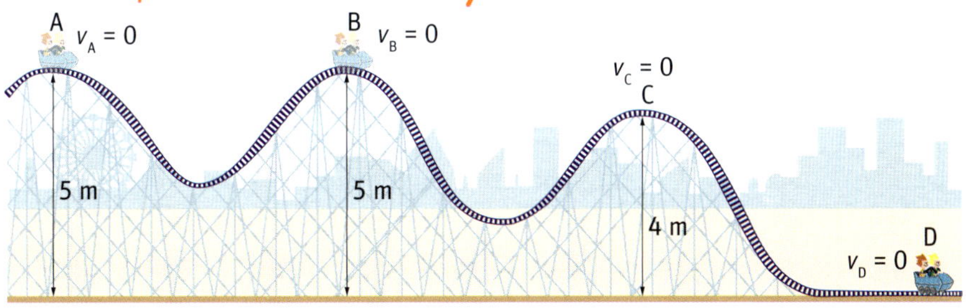

4. El carrito de 200 kg de la montaña rusa cae desde A hasta que se para en D. ¿Qué tiene que ocurrir para que llegue al punto B? ¿Qué trabajo han hecho las fuerzas de rozamiento entre B y C? ¿Y entre C y D?

SOLUCIÓN

Para que llegue hasta B es preciso que no haya rozamiento. De ese modo la energía mecánica se conserva en todo el trayecto. Si el carrito llega a C con velocidad nula, sí ha habido rozamiento en ese tramo, y ese rozamiento habrá realizado un trabajo:

$$E_{mC} - E_{mB} = W_{roz\,B \to C} = (200\,kg)(9{,}8\,N/kg)(4\,m) - (200\,kg)(9{,}8\,N/kg)(5\,m) = -1960\,J$$

Lo mismo habrá sucedido en el tramo que va de C a D:

$$E_{mD} - E_{mC} = W_{rozamiento\,C \to D} = 0 - (200\,kg)(9{,}8\,N/kg)(4\,m) = -7840\,J$$

En la Web

En la siguiente dirección puedes acceder a una animación de una pista de patinaje. Puedes elegir mover al patinador con o sin rozamiento. Observa el movimiento en los dos casos y justifica cuándo se conserva la E_m y cuándo no. ¿Crees que es bueno que se conserve la E_m?

www.e-sm.net/svfq4eso11_02

ACTIVIDADES

7. Un aficionado al *skate* acaba de comprar un monopatín. Le han asegurado que es un nuevo modelo que ofrece mucha menos resistencia. ¿Cómo puede comprobarlo?

5 La eficacia del trabajo. Concepto de potencia

Figura 11.2. Las grúas mecánicas desarrollan una potencia muy superior a la que puede desarrollar una persona.

Las grúas para mudanzas consiguen realizar los traslados mucho más rápidamente que si los hacen manualmente unos operarios. El trabajo realizado es el mismo, pero la grúa emplea mucho menos tiempo. Se dice que posee más **potencia**.

Se define **potencia** como la energía transferida en la unidad de tiempo.

$$\text{Potencia} = \frac{\text{Energía transferida}}{\text{Tiempo que dura el intercambio}} \Rightarrow P = \frac{E_{\text{transferida}}}{\Delta t}$$

Si la energía se aporta realizando un trabajo, se llama **potencia mecánica** y su expresión es $P = W/\Delta t$. La unidad de potencia en el SI es el vatio, **W** (1 W = 1 J/s).

EXPERIMENTA

¿Quién desarrolla una mayor potencia?

Mide y anota la altura de unas escaleras y anota también tu masa. A continuación, sube las escaleras lo más rápido que puedas. Tus compañeros medirán el tiempo que tardas en subir haciendo uso de un cronómetro.

El trabajo que has hecho es igual al que hace tu peso en sentido contrario. Por tanto, $W = mgh = E_{pf} - E_{p0}$, de valor positivo. La potencia que has desarrollado será $P = mgh/t$. Compárala con los valores obtenidos por tus compañeros.

Te interesa saber

No debes confundir W (símbolo del trabajo) con W (unidad de potencia).

Al mirar las características de cualquier electrodoméstico, uno de los datos más relevantes es el valor de su potencia, que se reconoce fácilmente por su unidad, el W. La potencia de un aparato indica la energía que aporta por unidad de tiempo de funcionamiento.

¿Sabías qué?

Cuando las máquinas de vapor sustituyeron a los coches de caballos para viajar, se definió la unidad de potencia, el **caballo de vapor** o **CV**, que equivale aproximadamente a la potencia de tracción de un caballo.

REFLEXIONA

Raquel quiere comprar un coche que no gaste mucho. En una revista especializada encuentra que, para un utilitario, la potencia ideal es de unos 100 CV. Esta unidad de potencia no pertenece al SI, pero es una forma muy habitual de indicar la potencia de los coches. Se llama **caballo de vapor, CV**, y su relación con el vatio es:

1 CV = 735 W

¿Es el **kilovatio-hora, kW h**, una unidad de potencia? La unidad de potencia, el kW, aparece multiplicada por una unidad de tiempo, la hora. El kWh es, por tanto, una **unidad de energía**. En los recibos de la electricidad, la energía consumida en el intervalo de tiempo especificado viene expresada en kilovatios-hora (kWh); si se expresase en julios, las cifras serían altísimas. El kWh no es una unidad del SI. Su equivalencia en julios es 1 kWh = (1000 W)(1 h) = (1000 J/s)(3600 s) = $3{,}6 \cdot 10^6$ J.

Unidades de energía	Unidades de potencia
julio (J) 1 kJ = 10^3 J 1 MJ = 10^6 J	vatio (W) 1 kW = 10^3 W 1 MW = 10^6 W
caloría (cal) = 4,18 J 1 kcal = 10^3 cal = 4180 J	caballo de vapor (CV) = 735 W
1 kilovatio-hora (kW h) = $3{,}6 \cdot 10^6$ J	---

Potencia mecánica y velocidad

Cuando un coche que tiene un motor de potencia *P* va por la carretera con una velocidad *v*, la fuerza hacia delante que impulsa el automóvil se calcula más fácilmente cuando la potencia se expresa en función de la velocidad.

Si un coche lleva un movimiento uniforme con velocidad $\vec{v}$, la fuerza que impulsa al automóvil tiene el sentido del movimiento. Puesto que $v = \Delta s/\Delta t$, la potencia mecánica se puede expresar así:

$$P = \frac{W}{\Delta t} = \frac{F\,\Delta s}{\Delta t} = Fv$$

Aunque el movimiento no fuese uniforme, para tramos muy pequeños esa velocidad sería la instantánea y se puede establecer lo siguiente:

La **potencia mecánica** instantánea es el producto de la fuerza recibida, en el sentido de la velocidad, por la velocidad instantánea: $P = Fv$

Cálculos con el motor de un coche

5. **El motor de un coche desarrolla una potencia de 100 CV cuando va a 90 km/h en una carretera con movimiento rectilíneo y uniforme.**

a) **¿Qué fuerza recibe el coche hacia delante?**

b) **¿Cuál es la fuerza de rozamiento sobre el coche durante ese trayecto?**

c) **¿Qué trabajo ha aportado el motor del coche en media hora de funcionamiento a esa velocidad?**

SOLUCIÓN

a) Primero pasamos los CV a julios y los km/h a m/s:

$$100 \text{ CV} = (100 \text{ CV})\,(735 \text{ W/CV}) = 73\,500 \text{ W}$$
$$90 \text{ km/h} = (90\,000 \text{ m})/(3600 \text{ s}) = 25 \text{ m/s}$$

La potencia es $P = Fv$, luego:

$$F = \frac{P}{v} = \frac{(73\,500 \text{ W})}{(25 \text{ m/s})} = 2940 \text{ N}$$

b) Al tener movimiento uniforme, la fuerza resultante sobre el coche es cero, por lo que la fuerza de rozamiento tiene que ser igual y de sentido contrario a la que lo impulsa, o sea, –2940 N.

c) El trabajo total sobre el coche es cero por ir con movimiento uniforme. El motor aporta un trabajo positivo:

$$W = Pt = (73\,500 \text{ W})\,(1800 \text{ s}) = 132\,300 \text{ kJ}$$

El rozamiento realiza un trabajo igual, pero negativo.

Trabajo y potencia de un motor

6. **El motor de un coche tiene menos potencia que el de un camión de transporte. ¿Cuál de los dos realiza más trabajo?**

SOLUCIÓN

No se puede contestar a esta pregunta, pues el trabajo depende del tiempo que estén funcionando los motores: $W = Pt$.

smSaviadigital.com PRACTICA

ACTIVIDADES

8. A continuación se muestra un detalle de la etiqueta de un televisor. ¿Cuál es su potencia?

a) ¿Qué energía eléctrica utiliza en 5 h de funcionamiento?

b) Si el kWh vale 0,12 €, ¿qué dinero ha costado la energía gastada en las 5 h?

9. El motor de un camión desarrolla durante 2 h una potencia de 200 CV.

a) ¿Qué trabajo realiza expresado en kJ y en kWh?

b) ¿Qué fuerza hace cuando va a 90 km/h?

6 Las máquinas

Los pequeños artilugios con los que convivimos, como el cascanueces, el gato del coche, las pinzas, el abrebotellas, el rodillo, el cuchillo, etc., facilitan enormemente el trabajo cotidiano. Todos ellos son máquinas.

Las máquinas transmiten fuerzas y, al hacerlo, las amplifican, las reducen, modifican su dirección o sentido, etc., con lo cual facilitan las tareas.

Las máquinas más elementales, que realizan su trabajo en un solo paso, se llaman **máquinas simples**. La mayoría fueron inventadas en la Antigüedad y han ido evolucionando continuamente en su forma y en los materiales con que se fabrican. Otras realizan pasos encadenados para funcionar, y se denominan **máquinas compuestas**.

REFLEXIONA

Las máquinas simples se pueden agrupar en **tres grandes grupos**, de acuerdo con el principal mecanismo del que derivan: **palanca**, **plano inclinado** o **rueda**.

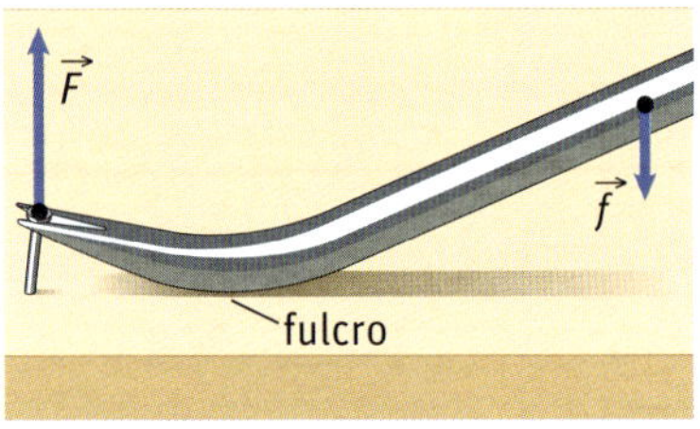

Palanca. Barra que gira en torno a un punto o un eje fijo, denominado fulcro.

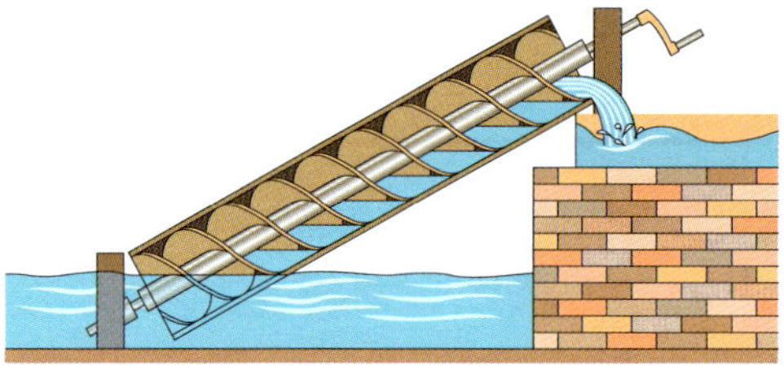

Plano inclinado. Superficie plana que forma un ángulo con la horizontal. El tornillo es un plano inclinado alrededor de un cilindro.

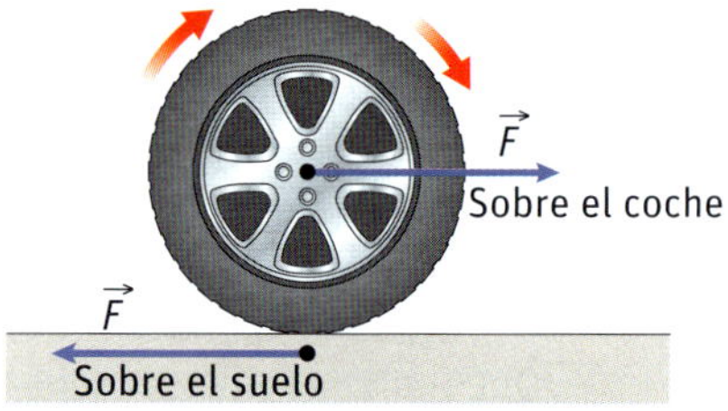

Rueda. Pieza circular que gira alrededor de un eje. Generalmente, este guía el movimiento de la rueda.

Hay máquinas, como la lavadora, la aspiradora, el micrófono, etc., más complejas que las mencionadas, en las que, además de la energía mecánica, intervienen la energía eléctrica, la energía sonora... Ahora bien, ¿pueden las máquinas ahorrar energía?

OBSERVA

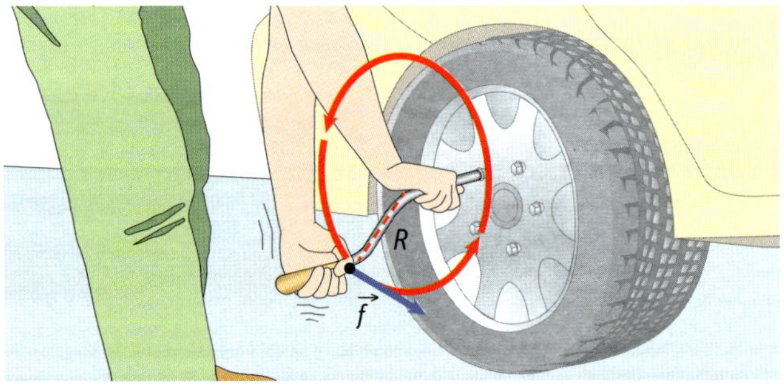

Para cambiar la rueda de un coche hay que aflojar los tornillos. Si se quiere hacer directamente, se tendría que aplicar una fuerza enorme, *F*, sobre el tornillo de radio *r*. Con el brazo de la llave, *R*, **se hace mucha menos fuerza**, *f*.

El valor de la fuerza que transmite la máquina, *F*, es *R*/*r* veces mayor que la fuerza que se debe aplicar para aflojar el tornillo, *f*. Es decir, **se ha hecho el mismo trabajo con una fuerza mucho menor**.

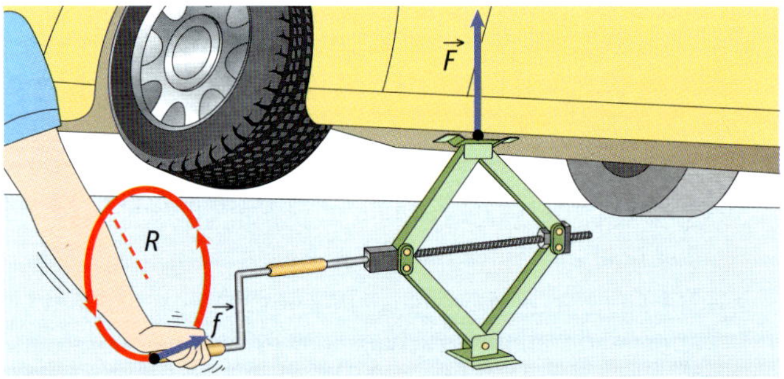

Con el pequeño esfuerzo aplicado en la manivela, *f*, se consigue un enorme esfuerzo capaz de subir el coche, *F*. A medida que gira la manivela, el tornillo va saliendo por la derecha, se estrecha el espacio del gato mecánico y, por tanto, se eleva.

Se ha ahorrado fuerza. El espacio recorrido por la fuerza *f* es mucho mayor que la altura levantada, mientras que la fuerza que levanta el coche, *F*, es mucho mayor que *f*. Con el gato **se hace el mismo trabajo con mucha menos fuerza**.

smSaviadigital.com OBSERVA

Las máquinas no ahorran energía, pero pueden hacer variar sensiblemente las fuerzas, con lo que facilitan mucho el trabajo.

Rendimiento de las máquinas

Al utilizar una batidora, se comprueba que, al igual que sucede con otras máquinas, se calienta. Es decir, una parte de la energía utilizada se pierde en energía térmica, que tiene menos "calidad" que la energía aportada. Por ello se habla de **energía degradada**.

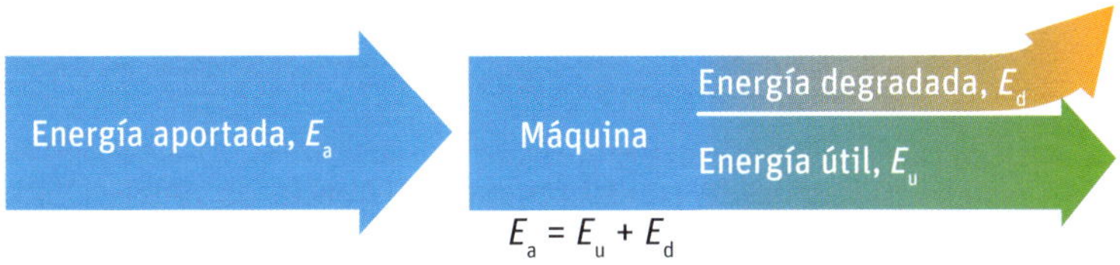

$$E_a = E_u + E_d$$

Las máquinas tienen una limitación en su aprovechamiento. Para indicar dicho aprovechamiento, se define el rendimiento de la máquina, que suele expresarse en tanto por ciento, %, como:

$$\text{Rendimiento } \mu = \frac{\text{Energía útil}}{\text{Energía aportada}} \cdot 100$$

Además puede hablarse de otro rendimiento, relacionado con la utilización poco rentable de la máquina. Por ejemplo, el trabajo que hace un autobús para transportar a una sola persona, aunque sea necesario, no es rentable, ya que, además de la energía empleada en transportar a la persona, el autobús debe transportarse también a sí mismo.

Figura 11.3. La energía aportada es la energía eléctrica, la energía útil es la energía mecánica (rotación de las cuchillas) y la energía degradada es la energía térmica que se desprende.

Calcula trabajos y potencias

7. Una persona de 50 kg sube andando de la planta baja al 5.º piso, que está a 17 m de altura, en dos minutos.

a) ¿Qué trabajo ha realizado y cuál es su potencia? En otra ocasión sube en el ascensor y tarda 15 segundos. ¿Qué trabajo le ha aportado el ascensor y cuál ha sido la potencia que ha desarrollado para ello?

b) Si la potencia desarrollada por el ascensor ha sido de 3 kW, ¿qué energía utiliza en la subida?

c) Teniendo en cuenta que la energía gastada para subir el propio ascensor y la desperdiciada por los rozamientos no constituyen trabajo útil, ¿qué rendimiento ha tenido el ascensor al subir a la persona?

SOLUCIÓN

a) $W = mgh = (50\text{ kg})\,(9{,}8\text{ m/s}^2)\,(17\text{ m}) = 8330\text{ J}$; $P = (8330\text{ J}) / (120\text{ s}) = 69{,}4\text{ W}$

$W_{\text{aportado por el ascensor}} = 8330\text{ J}$; $P_{\text{desarrollada}} = (8330\text{ J})/(15\text{ s}) = 555\text{ W}$

b) $E_{\text{utilizada}} = (3000\text{ W})\,(15\text{ s}) = 4{,}5 \cdot 10^4\text{ J}$

c) $$\mu = \frac{\text{Energía útil}}{\text{Energía aportada}} \cdot 100 = \frac{(8330\text{ J})}{(4{,}5 \cdot 10^4\text{ J})} \cdot 100 = 18{,}5\,\%$$

•En la Web

Los vehículos a motor experimentan continuamente mejoras en cuanto a eficiencia energética, con el fin de reducir el consumo de combustible por kilómetro recorrido. Esto tiene dos importantes ventajas: la económica y la medioambiental.

En el siguiente enlace puedes ver cómo ha evolucionado la eficiencia energética de los vehículos a lo largo del tiempo.

• www.e-sm.net/svfq4eso11_03

ACTIVIDADES

10. La adherencia de los neumáticos con el suelo no solo es importante por razones de seguridad.

a) ¿Podría arrancar un vehículo si no hubiese rozamiento con el suelo?

b) ¿Qué ocurre cuando se dice de un coche que patina?

11. Con una polea que tiene rozamiento se sube un peso de 20 N tirando con un dinamómetro del otro lado, que marca 22 N.

a) ¿Qué trabajo hace el peso al subir 1,5 m? ¿Y la persona que lo sube?

b) ¿Cuál es el rendimiento de la polea?

Repasa lo aprendido

1 ¿Qué se entiende por energía y en qué formas se presenta?

La energía es una **propiedad** de los sistemas que les permite **producir cambios** en ellos mismos o en su entorno.

Se presenta en diferentes formas y **se transforma** de unas en otras.

2 ¿Cuáles son los procesos de transferencia de energía?

Los procesos de transferencia de energía de unos sistemas a otros son dos: mediante **trabajo**, si actúan fuerzas de uno sobre el otro durante un recorrido, y mediante **calor**, cuando la transferencia energética se produce por existir una diferencia de temperatura.

3 ¿Cómo se calcula la energía transferida mediante trabajo?

Si la fuerza es constante y también lo es el ángulo α que forman la fuerza y el desplazamiento, la **expresión del trabajo** es:

$$W = Fd \cos \alpha$$

$$1 \text{ J} = (1 \text{ N})\,(1 \text{ m})$$

Si sobre un sistema el trabajo es positivo, aumenta su energía cinética; si es negativo, la energía cinética disminuye.

4 ¿Qué es la energía mecánica? ¿En qué condiciones se conserva?

La **energía mecánica** de un sistema es la que se debe a su movimiento y posición, $E_m = E_c + E_p$. Se transfiere de unos sistemas a otros mediante la realización de un trabajo.

Cuando los trabajos sobre el sistema se pueden expresar como $E_{p0} - E_{pf}$ independientemente del camino, la energía mecánica se conserva.

5 ¿Cómo se mide la eficacia del trabajo? ¿Qué es la potencia?

La eficacia del trabajo se mide con la **potencia**, que es la energía transferida en la unidad de tiempo.

$$P = \frac{\text{Energía transferida}}{\text{Tiempo empleado}}$$

$$1 \text{ W} = (1 \text{ J})/(1 \text{ s})$$

6 ¿Qué son las máquinas? ¿Ahorran energía?

Las **máquinas** son inventos humanos que facilitan muchas tareas. Pueden modificar las fuerzas, pero no ahorran energía.

7 ¿Cómo se mide el rendimiento de las máquinas?

El **rendimiento** de una máquina mide su aprovechamiento en tanto por ciento, %.

$$\text{Rendimiento } \mu = \frac{\text{Energía útil}}{\text{Energía aportada}} \cdot 100$$

Procedimientos de la ciencia

Clasificación de una serie de elementos

Clasificar un conjunto de elementos consiste en organizarlos en grupos a partir de un criterio determinado, de modo que ningún elemento pertenezca a dos grupos distintos de la clasificación.

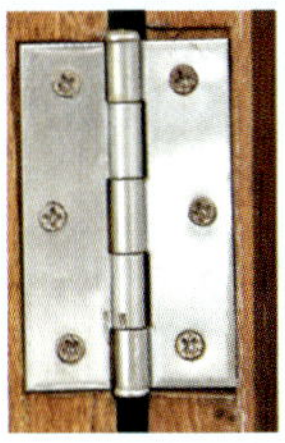

A la vista de la gran cantidad de máquinas diferentes que hay, una primera clasificación podría ser por el **número de pasos** encadenados que tiene que realizar la máquina para hacer su trabajo. Serían **máquinas simples** aquellas cuyo funcionamiento consta de un solo paso, y **máquinas compuestas** si su funcionamiento consta de más pasos.

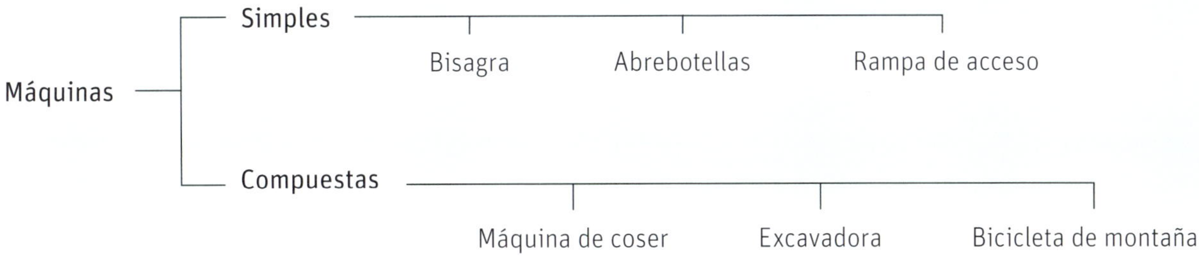

1 HAZ UNA CLASIFICACIÓN AJUSTÁNDOTE A UN CRITERIO

Clasifica las máquinas simples según cuál sea el principal mecanismo del que derivan: la palanca, el plano inclinado o la rueda.

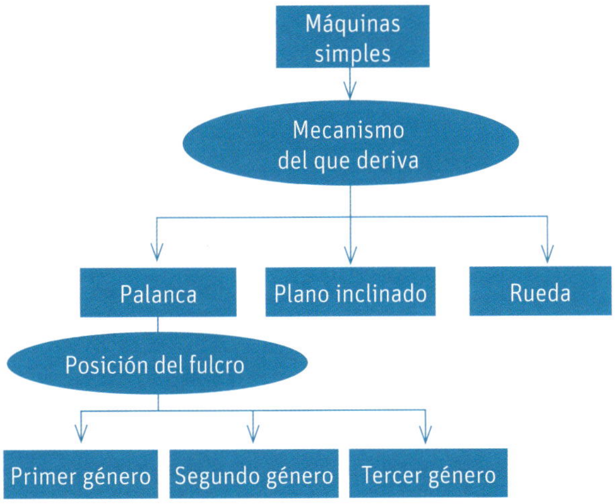

2 DADA UNA CLASIFICACIÓN, IDENTIFICA EL CRITERIO EMPLEADO EN LA MISMA

Observa los dos grupos siguientes e identifica el **criterio que se ha seguido** para clasificarlos así:

Grupo 1	Grupo 2
Pelos cargados de electricidad repeliéndose.	Atleta corriendo en una pista horizontal.
Pájaro posado en una rama.	Bola rodando por el suelo en el juego de la petanca.
Arquero preparado para lanzar una flecha.	Viento moviendo un aspa en una central eólica.

En la tabla aparecen seis hechos o actividades en que se manifiestan distintos tipos de energía. El criterio para clasificarlos ha sido el **tipo de energía del sistema** que puede observarse. En el primer grupo se muestran tres ejemplos de **energía potencial** (eléctrica en el primer caso, gravitatoria en el segundo y elástica en el tercero), mientras que en el segundo grupo aparecen otros tres ejemplos de **energía cinética**.

ACTIVIDADES

12. Cuentas con las siguientes máquinas: ventilador, martillo, sacacorchos y batidora. Clasifícalas en dos grupos según el siguiente criterio: máquinas que utilizan una sola tecnología (solo elementos mecánicos, solo eléctricos, solo electrónicos, etc.) y máquinas que utilizan más de una tecnología.

13. Se tienen dos grupos de palancas:

- Balancín para niños, abrelatas, balanza de platos.
- Carretilla, cascanueces.

Identifica el criterio de clasificación que se ha utilizado.

Actividades

La energía. Transformaciones y transferencias

14. Observa la siguiente imagen y responde las preguntas:

a) ¿Qué tipo de energía pierde el librero y cuál gana el libro?

b) ¿Qué cambios ha habido en ellos?

c) ¿En qué forma se ha transferido la energía?

15. Del alero de un tejado a 20 m del suelo se ha caído un nido abandonado de 1 kg de masa.

a) ¿Cuál era la energía potencial del nido cuando estaba en el alero?

b) ¿Qué transformación de energía tiene lugar en la caída?

c) ¿Con qué velocidad se estrella el nido contra el suelo?

d) Representa gráficamente sus energías potencial y cinética en función de su distancia al suelo.

16. Un esquiador de 70 kg baja una pendiente y llega a la parte llana con una velocidad de 36 km/h.

a) ¿Cuál es su energía cinética cuando llega al llano?

b) ¿Cuál sería la energía cinética de otro esquiador que llegase con la misma velocidad si su masa fuese el doble? ¿Y la de un tercer esquiador, de igual masa que el primero, si llegase con el doble de velocidad?

Trata de resolver este apartado sin aplicar la fórmula de la energía cinética.

17. Al quemar 1 kg de gasolina y 1 kg de alcohol, ¿se desprenderá la misma energía? Razona la respuesta.

18. ¿Quién tiene más energía interna, un coche que está en el garaje en el sótano, o el mismo coche cuando está aparcado en la calle al sol? Razona la respuesta.

19. En el lenguaje cotidiano se emplean expresiones incorrectas cuando se tratan ciertos conceptos científicos. Indica cuáles de estas frases son verdaderas y cuáles son falsas desde una perspectiva científica:

a) Un coche tiene más fuerza cuando está en movimiento que cuando está parado.

b) Un coche tiene más energía cuando está en movimiento que cuando está parado.

c) Un coche tiene más trabajo cuando está en movimiento que cuando está parado.

SOLUCIÓN

Las frases **a)** y **c)** son falsas, mientras que **b)** es verdadera. La fuerza y el trabajo no se poseen. La fuerza se ejerce de un sistema a otro. El trabajo tampoco se posee, es un método de transferencia de energía: los cuerpos pueden intercambiar energía con otros cuerpos mediante trabajo, pero no lo poseen.

20. La siguiente expresión se utiliza cotidianamente: "Esta noche he tenido muchísimo calor". ¿Crees que es correcta o incorrecta desde una perspectiva científica? Si es incorrecta, escribe la correcta.

21. Piensa en dos situaciones cotidianas de intercambio de energía que tienen lugar mediante trabajo y mediante calor.

22. Observa el siguiente cuadro de clasificación de las fuentes de energía. Complétalo e indica qué criterio de clasificación se ha utilizado. A continuación, busca información y describe brevemente cada una de las fuentes de energía.

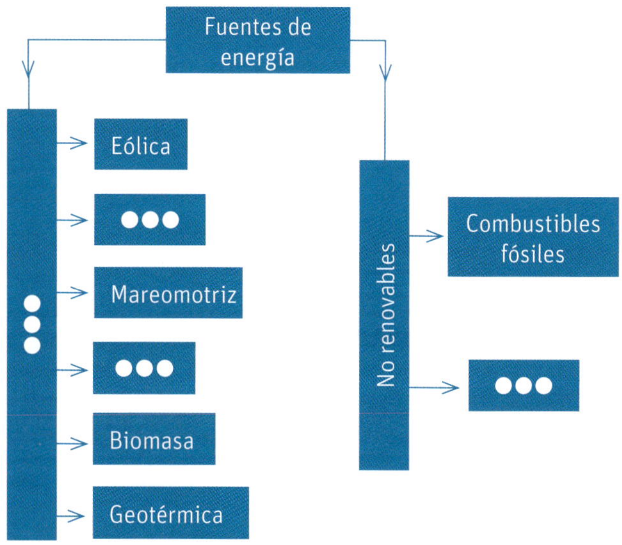

23. En un saque de tenis, la pelota de 58 g sale de la raqueta con una velocidad de 200 km/h.

a) ¿Qué energía cinética lleva?

b) ¿De dónde procede esa energía cinética?

c) En el contacto con la raqueta, la pelota ha ido adquiriendo velocidad. ¿Qué trabajo se ha hecho sobre ella?

24. Las personas perdemos energía interna en las actividades al transmitirla a otros sistemas; por eso necesitamos reponerla con la alimentación. Vamos a hacer una estimación de la energía que necesita una persona sana para su alimentación, empleando las ecuaciones propuestas por la Organización Mundial de la Salud (OMS) en 1985. Se llama *GER* al gasto energético por día en reposo, y *GET* al gasto energético total por día. Dato: 1 kcal = 4180 J

Edad (años)	*GER* (kcal/día)	Factor de actividad (F_a)
Hombres		
10-18	17,5 · *m* + 651	Ligera: 1,5 Moderada: 1,78 Alta: 2,1
30-60	11,6 · *m* + 879	
Mujeres		
10-18	12,2 · *m* + 746	Ligera: 1,56 Moderada: 1,64 Alta: 1,82
30-60	8,7 · *m* + 829	

Además, sabemos que *GET* (kcal/día) = *GER* × F_a.

Si una mujer de 60 kg tiene 50 años y hace una actividad moderada, su *GER* y su *GET* serán:

$$GER = 8{,}7 \cdot 60 + 829 = 1351 \text{ kcal/día}$$

$$GET = (1351 \text{ kcal/día}) \cdot 1{,}64 = 2216 \text{ kcal/día}$$

Sería razonable que esa mujer repusiese mediante la alimentación 2216 kcal cada día, o sea, 9 262 880 J.

Calcula tu *GER* y tu *GET*, así como los de dos personas que conozcas. Exprésalos en kcal/día y en J/día.

25. En el diario *ABC* del día 4 de agosto de 2015 se puede leer la noticia que se resume a continuación:

Pulmón de oro

El ilicitano Francisco Tomás Gómez, con un registro de 36,2 m, ha ganado este año en Elche la cuarta edición del concurso internacional de lanzamiento combinado de hueso de dátil y oliva con la boca. Con el hueso de aceituna en la boca, prepara los pulmones, toma carrerilla y lo lanza, con cuidado de no sobrepasar la línea que convertiría el lanzamiento en nulo. De la misma forma se repite el lanzamiento con el hueso de dátil, un fruto con el que las marcas son más discretas.

a) ¿Por qué llaman al ganador de ese concurso "Pulmón de oro"? ¿Cómo adquiere el hueso su energía?

b) En su mejor lanzamiento, la energía cinética inicial del hueso fue aproximadamente de E_c = 1,5 J. Si la masa del hueso es de 0,70 g, ¿con qué velocidad salió disparado?

c) ¿A qué altura habría subido el hueso si en su mejor lanzamiento lo hubiese dirigido hacia arriba?

d) Justifica que las marcas del concurso al lanzar los huesos de dátiles sean menores.

Cálculo del trabajo y conservación de la energía mecánica de un sistema

26. La persona de la ilustración está empujando un carro de la compra cargado sobre una superficie horizontal. ¿Qué trabajo realiza si recorre con él 5 m hasta llegar a la caja?

27. Una madre hace una fuerza de 100 N para arrastrar a su hijo en su bici. La masa total de la bicicleta más el niño es de 25 kg. La fuerza forma 30° con la horizontal.

a) ¿Qué trabajo hace la madre sobre la bici cuando ha recorrido 100 m?

b) Cuando van a una velocidad de 3 m/s, ¿qué energía cinética tiene el niño con su bici?

c) En este momento, la madre frena hasta que se paran. ¿Qué trabajo ha realizado la madre sobre el niño con su bici?

28. Raquel está subiendo a su amigo David por una rampa:

a) ¿Cuánto vale la proyección sobre el plano del peso del amigo con su silla de ruedas?

b) ¿Qué trabajo hace Raquel, teniendo en cuenta que tiene que subirse también a sí misma?

c) Si la fuerza de rozamiento es de 17 N, ¿qué trabajo realiza Raquel en la subida?

d) Calcula el trabajo total que se ha hecho sobre David.

29. Un camión cargado, de 3000 kg de masa, ha adquirido en la bajada de un puerto una velocidad excesiva de 108 km/h. Al ver una curva cerca, aprovecha un carril de frenada sin pendiente y se mete en él. El carril tiene una longitud de 100 m.

a) ¿Qué energía cinética tiene el camión cuando entra en el carril de frenada?

b) ¿Qué trabajo realizan las fuerzas de rozamiento con el suelo para lograr pararlo?

c) ¿Qué fuerza se ha hecho sobre el camión para llegar a pararlo a un metro del final del carril?

d) Representa la gráfica F_R–*d* y comprueba que el área coincide con el trabajo realizado y que este es negativo.

Actividades

30. Un coche de 800 kg circula por una carretera recta durante 20 km con una velocidad constante de 72 km/h.

a) ¿Qué energía cinética tiene?

b) ¿Cuál es el trabajo total sobre el coche durante ese tramo?

c) ¿Cuál habría sido el trabajo total si el trayecto del coche hubiese tenido curvas?

d) El coche gasta combustible en ese tramo debido al rozamiento. ¿Cuál es el valor de la fuerza de rozamiento si con la combustión de la gasolina se ha conseguido hacer un trabajo de $3 \cdot 10^7$ J?

SOLUCIÓN

a) $E_c = \frac{1}{2} \cdot 800 \cdot 20^2 = 160\,000$ J, ya que 72 km/h = 20 m/s.

b) W = 0 J, ya que no ha variado su energía cinética. La fuerza resultante sobre el coche ha sido de 0 N, ya que no ha variado su velocidad.

c) W = 0 J, ya que no habría variado su energía cinética. En las curvas del recorrido, la fuerza es perpendicular al desplazamiento y no realiza trabajo, pues cos 90° = 0. La fuerza resultante que realiza trabajo es la proyección sobre el desplazamiento, que en este caso es 0 N, ya que el coche no cambia de velocidad.

d) Las fuerzas de rozamiento frenan el coche, por lo que hay que quemar combustible para realizar un trabajo que compense al que hace el rozamiento. Si el trabajo que aporta el combustible es de $3 \cdot 10^7$ J, el del rozamiento tiene que ser de $-3 \cdot 10^7$ J para que el trabajo total sea nulo:

$$W_{roz} = f_{roz.}\, d \cos\alpha = f_{roz.} \cdot (2 \cdot 10^4 \text{ m}) \cdot \cos 180° = -3 \cdot 10^7 \text{ J}$$

La fuerza de rozamiento que se obtiene vale f_r = 1500 N y actúa en sentido contrario al movimiento.

31. Durante una caída, un paracaidista pasa por varias fases. En la primera empieza a caer en caída libre, pero, a medida que aumenta su velocidad, la resistencia con el aire se va haciendo mayor hasta que llega a adquirir una velocidad constante durante un tramo importante de su recorrido, que es la segunda fase. Después, en una tercera fase, a la altura adecuada sobre la superficie de la Tierra, abre el paracaídas hasta llegar al suelo. Cuando se encuentra en la segunda fase:

a) ¿Cuál es el trabajo neto sobre el paracaidista?

b) ¿Qué fuerzas actúan sobre él?

c) ¿Cuánto vale la fuerza de rozamiento?

32. Una patinadora de 50 kg se deja caer de una altura de 5 m por un plano inclinado de 45°, como se ve en la figura.

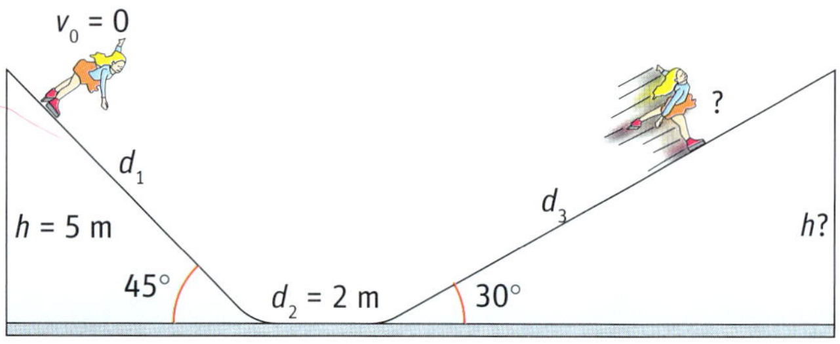

Cuando llega abajo sube por la otra rampa, de 30° de inclinación. Se supone que no hay rozamiento. Calcula:

a) La E_c, E_p y E_m en el punto inicial.

b) El trabajo que hace el peso mientras baja.

c) La energía cinética con la que llega abajo y su velocidad.

d) El trabajo que se realiza sobre la patinadora en los 2 m que recorre en el tramo horizontal.

e) El espacio, d_3, que recorre hasta que se para en la subida.

f) El trabajo que realiza el peso durante la subida hasta que se para.

g) Representa las gráficas E_m-d de todo el movimiento.

h) Describe el movimiento si hubiese rozamiento. ¿Se conserva en tal caso la energía mecánica del sistema? ¿Y la energía total? ¿Qué tipo de energía aparece y en qué se nota?

33. La fotografía estroboscópica permite observar la posición de un cuerpo, en este caso una bola que rebota, a intervalos de tiempo iguales.

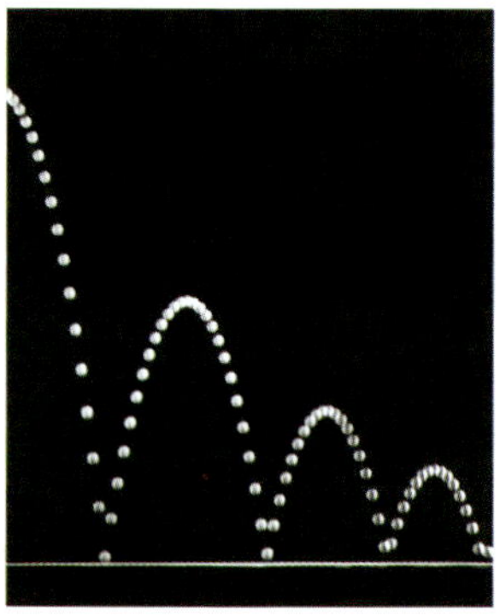

a) ¿Conserva la pelota su energía mecánica?

b) Describe cómo evolucionan los distintos tipos de energía de la pelota e indica sus transformaciones.

c) Si la altura máxima después del primer rebote es de 1 m, ¿cuál será la altura máxima después del segundo rebote si en cada uno de ellos pierde el 50 % de energía?

34. Sobre una persona de 50 kg que está en reposo actúan fuerzas cuyas proyecciones sobre la trayectoria, F_d, se indican en la figura.

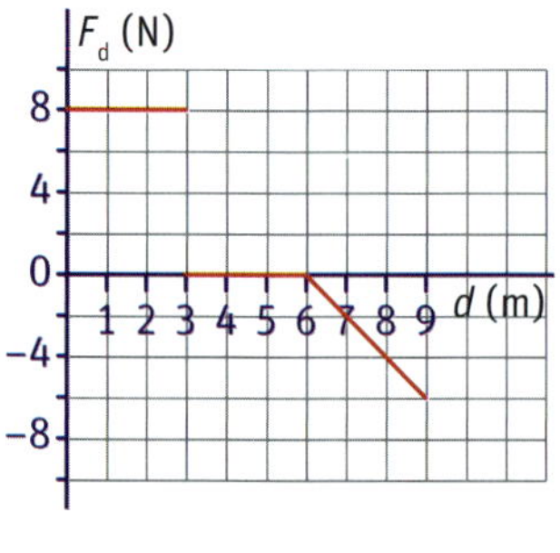

a) Qué trabajo se ha hecho sobre la persona en cada uno de los tres tramos. ¿Y en total?

b) ¿Cuánto ha variado su energía cinética y qué velocidad lleva al final del recorrido marcado?

c) Describe el movimiento de la persona durante el trayecto.

Máquinas, potencia y rendimiento

35. Imagina que has utilizado un exprimidor eléctrico de 20 W durante 5 min para hacer zumo de naranja.

a) ¿Qué cantidad de energía eléctrica se ha gastado?

b) Calcula el valor de la energía cinética de giro aprovechada para exprimir las naranjas si el rendimiento del motor es del 80 %.

c) ¿Dónde se ha ido la energía desaprovechada?

36. El teleférico de Fuente Dé, en los Picos de Europa, tiene un motor principal eléctrico de 140 CV. El desnivel que sube es de 754 m y la masa de la cabina en plena carga es de 2140 kg.

a) ¿Qué energía aporta el motor del teleférico para subir con la cabina en plena carga, sabiendo que lo hace en 3 min?

b) ¿Qué trabajo útil realiza?

c) ¿Qué rendimiento tiene el motor al subir la cabina cargada?

d) ¿Qué pasa con la energía que no se aprovecha?

37. En la balanza romana de la figura se miden masas con una sola pesa de 1 kg, que puede cambiar de posición.

Se supone que el peso de la barra desde el fulcro hasta el extremo es igual al peso de lo que hay al otro lado del fulcro. Si no se pusiese nada en el plato y se quitase la pesa de 1 kg, al coger la balanza por el fulcro, quedaría horizontal.

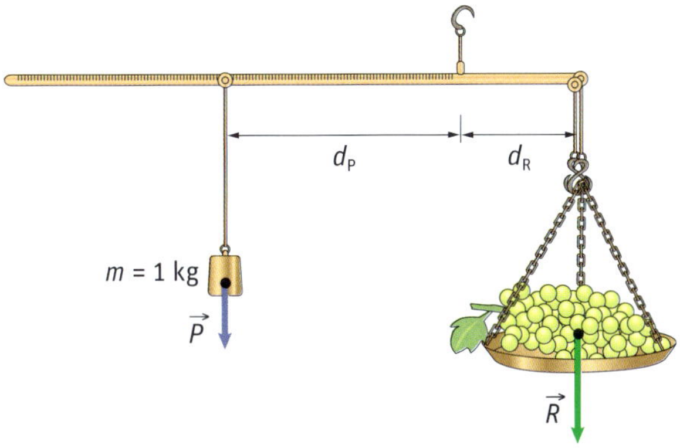

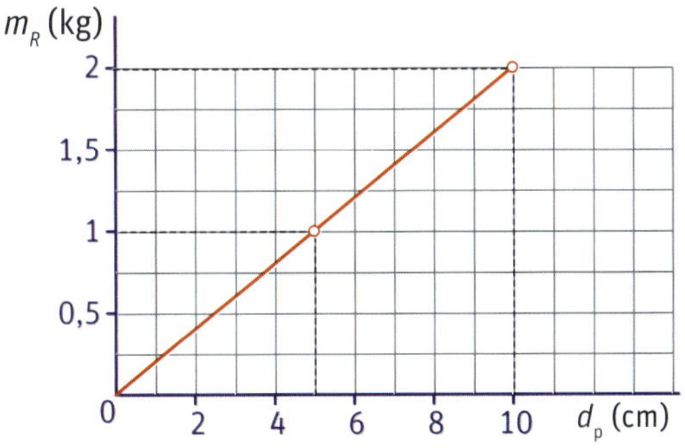

a) ¿Qué tipo de máquina es la balanza romana?

b) ¿Cuánto mide d_p cuando se colocan 2 kg de uvas en la balanza?

c) Dada la gráfica de las masas colocadas en el plato, calcula las distancias d_p cuando se coloquen en él 3 kg y 4 kg, respectivamente.

d) ¿Qué masa de fruta se ha pesado cuando d_p marca 30 cm?

38. Con la polea múltiple o **polipasto** de la figura se quiere subir del mar a la cubierta del barco, situada a 4 m de altura, una red cargada cuya masa es de 300 kg. La polea con dos ranuras de abajo pesa 20 kg. Si se desprecia el peso de las cuerdas y los rozamientos:

a) ¿Qué trabajo habría que realizar para subir la red?

b) Si hay que recoger 8 m de cuerda para subir 2 m la red con los peces, ¿qué fuerza se hace? Ten en cuenta que el trabajo realizado por la fuerza externa debe ser igual al trabajo realizado por el polipasto.

c) Si la subida se realiza en un minuto, ¿qué potencia desarrolla la máquina?

d) Teniendo en cuenta que el trabajo para subir la polea baja no es útil, ¿cuál es el rendimiento?

39. Una lavadora de 2 kW de potencia está funcionando durante hora y media. Su rendimiento es del 70 %. ¿Qué energía ha consumido? ¿Cuál ha sido su energía útil?

40. Realizad un trabajo en grupo sobre las máquinas que se utilizan en un taller mecánico.

a) Distribuid las tareas que hay que realizar: buscar un garaje donde permitan hacerlo, pensar las fotografías que se van a tomar, etc.

b) Analizad las distintas máquinas y buscad cuál es el fundamento en que se basan y qué tarea realizan.

c) Realizad un informe y preparad una presentación en clase utilizando medios informáticos.

41. En la bicicleta de la figura, de un solo piñón, la cadena transmite el movimiento de rotación desde la rueda motora hasta la rueda de engranaje trasera, que a su vez hace mover la rueda trasera de la bicicleta. El radio del pedal es de 18 cm, el doble del de la rueda motora. El ciclista aplica en el pedal una fuerza de 20 N. ¿Qué trabajo hace cada vez que da una vuelta con los pedales?

a) Cada vez que los pedales dan una vuelta, la rueda motora también la da. ¿Qué trabajo hace la fuerza que actúa sobre la rueda motora y cuál es el valor de dicha fuerza?

b) Realiza un trabajo sobre la ventaja de las bicicletas eléctricas y sobre la importancia de la generalización de las bicicletas como medio de transporte en las ciudades.

Ponte a prueba

Juega con ventaja

Los polipastos, que son poleas con varias vueltas de cuerda, cable o cadena, son un elemento esencial de las grúas que levantan grandes masas. Las grúas con sus polipastos hacen posible la construcción de grandes edificios y facilitan la carga y descarga de mercancías pesadas. Constituyen una parte esencial de muchas máquinas empleadas en construcción y en otras ramas de la ingeniería.

Su fundamento es muy sencillo y puede comprenderse bien con un juego que puedes hacer fácilmente en clase o con amigos. Con un par de palos de escoba y una cuerda fuerte, una sola persona puede hacer que se acerquen entre sí dos forzudos jugadores que no quieren hacerlo, de igual manera que un polipasto puede elevar un gran peso aplicando una fuerza mucho menor.

1. Si la chica tira de la cuerda 1 m, ¿cuánto se acercarán los chicos que pretenden no moverse? Pista: La cuerda da tres vueltas en los palos.
2. Si la chica tira de la cuerda con una fuerza de 100 N, ¿qué trabajo hace al recorrer 1 m?
3. ¿Qué trabajo realiza la máquina? ¿Qué fuerza, *R*, ha transmitido?

La potencia de un polipasto

A continuación se estudia la potencia de los polipastos. Es importante observar que en el estudio de las máquinas se emplean los términos "potencia" y "resistencia" para referirse a la fuerza aplicada y a la fuerza resistente:

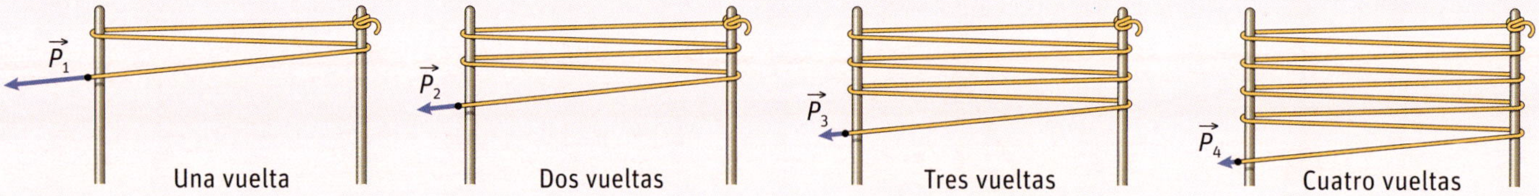

Los recorridos de la potencia *P* y de la resistencia *R* cuando los palos se acercan una distancia *d* serán:

$s_{R1} = d \quad s_{P1} = 2d$ $\qquad$ $s_{R2} = d \quad s_{P2} = 4d$ $\qquad$ $s_{R3} = d \quad s_{P3} = 6d$ $\qquad$ $s_{R4} = d \quad s_{P4} = 8d$

El trabajo para acercar los palos una distancia *d* es el mismo en todas las máquinas:

$P_1 \cdot 2d = R_1 \cdot d \Rightarrow P_1 = R_1/2$ $\qquad$ $P_2 \cdot 4d = R_2 \cdot d \Rightarrow P_2 = R_2/4$ $\qquad$ $P_3 \cdot 6d = R_3 \cdot d \Rightarrow P_3 = R_3/6$ $\qquad$ $P_4 \cdot 8d = R_4 \cdot d \Rightarrow P_4 = R_4/8$

Si la fuerza aplicada sobre los palos es R = 100 N, las potencias aplicadas serán:

P_1 = 50 N $\qquad$ P_2 = 25 N $\qquad$ P_3 = 16,7 N $\qquad$ P_4 = 12,5 N

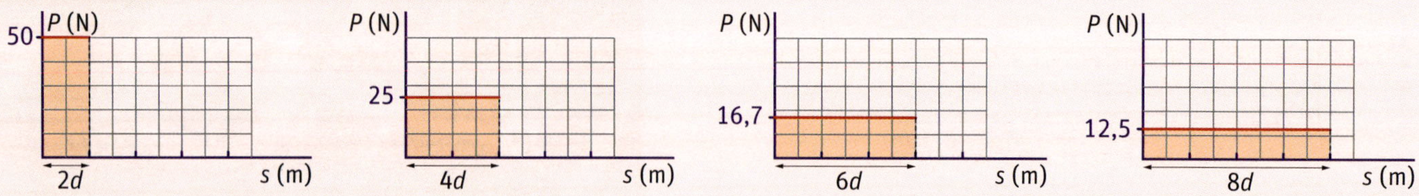

1. Comprueba gráficamente que el trabajo para lograr el mismo resultado es igual en los cuatro casos.
2. Observa las expresiones de la potencia y halla la expresión general de la fuerza *P*, en función de la resistencia *R*, que hay que aplicar para un número *n* de vueltas de la polea.
3. Repite los esquemas en tu cuaderno y señala en ellos las fuerzas de resistencia *R*, que se ejercen sobre los palos.

Intercambios de energía en una central hidroeléctrica

Observa el siguiente esquema de una central hidroeléctrica:

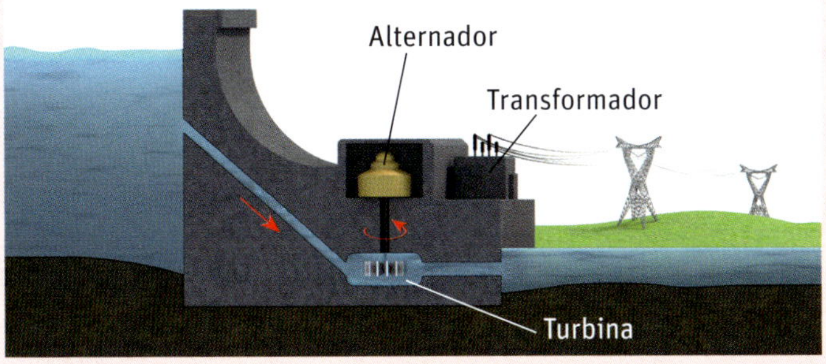

En el camino del agua, en color azul, puede verse cómo se recoge el agua del embalse. Al pasar el agua por la turbina, la hace girar, y luego sigue su camino por el río. El movimiento de la turbina obliga al eje a girar, con lo cual gira también el alternador y se genera la corriente eléctrica que se envía al transformador. Desde ahí sale por los cables de alta tensión. Puedes ver un vídeo del proceso en el enlace www.e-sm.net/svfq4eso11_04.

1. ¿Por qué no se recoge el agua en lo alto del embalse para tener más desnivel? ¿Qué ocurriría si se hiciese así?
2. ¿Qué transformación de energía se ha producido en la caída hasta llegar a la turbina? ¿Con qué velocidad llega el agua a la turbina si h = 8 m?
3. Razona qué tipo de transferencia de energía se produce entre la turbina y el alternador: trabajo o calor.
4. ¿Qué transformación de energía se produce en el alternador?
5. De los distintos tipos de centrales, el rendimiento de las hidroeléctricas es el más elevado. La central de Mequinenza del río Ebro tiene una potencia de 324 MW y un rendimiento del 80 %. Cuando está funcionando 12 h con esa potencia, ¿cuánta energía aporta a la red?

AUTOEVALUACIÓN

1. En relación a las siguientes situaciones, ¿cuáles de las frases que aparecen después son correctas?

Una persona jugando al voleibol que recibe la pelota; un coche en movimiento; sardinas asándose en la barbacoa; una persona frotándose las manos para calentárselas.

a) En los cuatro casos se ha transferido la energía mediante trabajo.

b) En el segundo caso no se sabe si se ha producido trabajo sobre el coche.

c) En el primero y el último caso se ha transferido energía mediante trabajo, y en el tercero, mediante calor.

d) En los dos primeros casos se ha transferido energía mediante trabajo, y en los dos últimos, mediante calor.

2. Una chica arrastra su trineo tirando de la cuerda con una fuerza de 50 N que forma un ángulo de 30° con el camino. Así recorre 100 m. ¿Qué trabajo realiza?

a) 5000 J

b) 4330 J

c) 2500 J

d) 0 J (en la nieve no hay rozamiento)

3. Un montañero de 60 kg y su perro de 30 kg suben por el monte. El montañero ha subido un desnivel de 50 m en 5 min, y el perro, que va delante, lo ha realizado en solo 4 min. ¿Cuál ha hecho la subida con más potencia?

a) El perro, porque ha recorrido el camino en menos tiempo.

b) El hombre, porque ha realizado más trabajo y su potencia ha sido mayor.

c) El perro, porque el trabajo realizado por unidad de tiempo es mayor en su caso.

d) Los dos igual, porque han subido a la misma altura.

4. Una persona lanza un diábolo de 0,3 kg hacia arriba desde 1 m de altura. Se para cuando ha alcanzado 5 m de altura. ¿Con qué energía mecánica y cinética salió?

a) E_m = 11,76 J, E_c = 11,76 J

b) E_m = 14,70 J, E_c = 11,76 J

c) E_m = 11,76 J, E_c = 2,94 J

d) E_m = 3,00 J, E_c = 15 J

5. Observa la gráfica, que se refiere a un cuerpo que cae sin rozamiento.

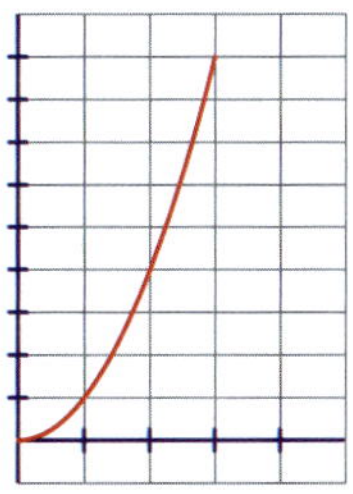

¿Cuál de las siguientes magnitudes puede estar representada en esa gráfica?

a) Su energía cinética frente a su velocidad.

b) Su energía mecánica frente a la velocidad.

c) Su energía potencial frente a la altura.

d) Su energía cinética frente a la altura.

6. Una taladradora tiene una potencia de 300 CV y su rendimiento es del 70 %. ¿Qué trabajo útil realiza en media hora de funcionamiento?

a) $W_{útil}$ = 540 kJ

b) $W_{útil}$ = 396 900 kJ

c) $W_{útil}$ = 277 830 kJ

d) $W_{útil}$ = 378 kJ

smSaviadigital.com VALORA LO APRENDIDO > Autoevaluación con sus soluciones

12 Energía térmica y calor

Abre tu mirada

El fuego ha sido uno de los principales motores del progreso de la humanidad. Gracias a él se obtuvieron los metales a partir de minerales (Edad de los Metales) y hoy día se sigue utilizando en la metalurgia con el mismo fin mediante procedimientos más eficaces. Se utilizó también en las máquinas de vapor, protagonistas indiscutibles de la Primera Revolución Industrial. En las centrales térmicas se emplea para obtener electricidad. Pero el fuego también puede ser devastador, como ocurre en los grandes incendios. Así pues, el control del fuego sigue siendo uno de los grandes retos del ser humano.

- ¿Tienen calor los cuerpos calientes?
- ¿Qué relación hay entre la energía térmica y la temperatura?
- ¿Qué efectos produce el calor sobre los sistemas materiales?
- ¿Cuáles son los mecanismos de transferencia de energía mediante calor?

Analiza y determina

En el lenguaje cotidiano se hace un uso poco preciso de algunos términos científicos. Para comprobarlo, indica, antes y después de acabar la unidad, cuál de las siguientes frases es correcta y escríbelas adecuadamente si no lo son.

a *El Sol tiene mucho más calor que la Luna.*

b *La Tierra devuelve al espacio una cantidad de energía similar a la que recibe del Sol.*

c *La Luna solo tiene energía cuando está iluminada por el Sol.*

Piensa y reflexiona

La normativa de evacuación de edificios en caso de incendio incluye las siguientes recomendaciones de actuación. Justifícalas:

a) Cerrar puertas y ventanas a medida que se abandona el edificio.

b) Cuando haya humo en la habitación en que te encuentras, salir gateando.

c) No utilizar los ascensores.

Y tú, ¿qué opinas?

La investigación en automoción se ha centrado en las mejoras relativas a la seguridad, al rendimiento de los motores y a la disminución de las emisiones contaminantes. Debate con los compañeros sobre las ventajas que aportan las siguientes mejoras: la búsqueda de nuevos combustibles y el desarrollo de motores alternativos como los híbridos o los eléctricos.

- **¿Por qué se suele hablar de escasez de energía si esta se conserva en todos los procesos?**
- **¿Qué son las máquinas térmicas?**
- **¿Qué papel han jugado las máquinas térmicas en el desarrollo de la humanidad?**

1 ¿Tienen calor los cuerpos calientes?

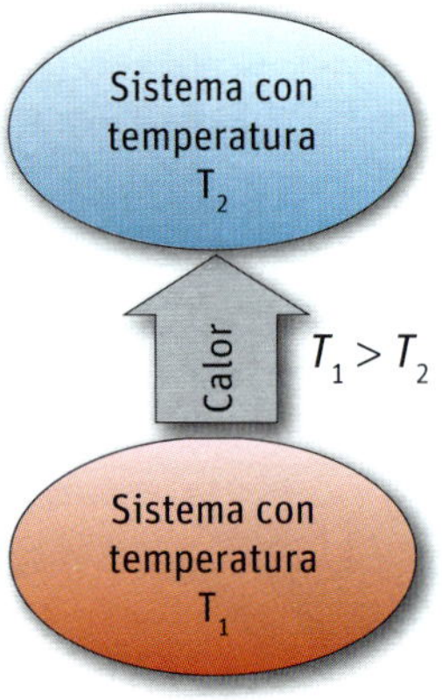

La transferencia de energía de unos sistemas a otros que tienen diferente temperatura se realiza mediante **calor. El calor no es una característica del sistema**. De la misma forma que no se dice que un cuerpo tiene trabajo, tampoco se debe decir que tiene calor. Los cuerpos calientes tienen temperaturas altas, pero no calor.

Los sistemas tienen **energía interna**. Una parte de esta es la denominada **energía térmica**, debida a la **suma de las energías cinéticas** de todas sus partículas. La energía térmica está relacionada con la **temperatura**, que es proporcional a la **energía cinética media** de dichas partículas.

ANALIZA

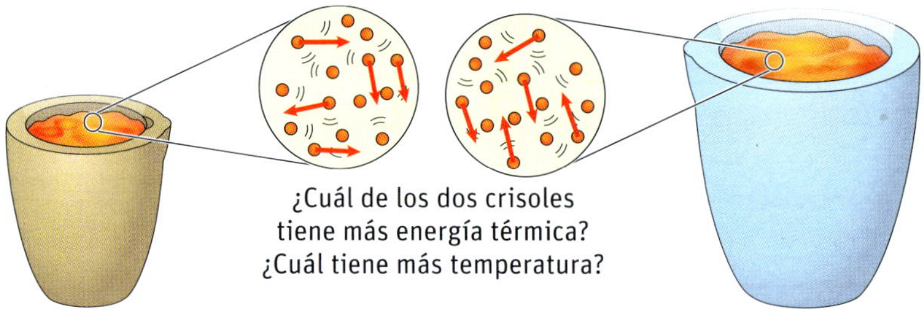

La energía térmica, E_t, es una magnitud extensiva. Su valor depende de la masa del sistema. Es la **suma de las energías cinéticas** de todas las partículas.

$$E_t = \Sigma E_{c\ \text{partículas}}$$

La temperatura es una magnitud intensiva. Su valor no depende de la masa del sistema. Es proporcional a la **energía cinética media** de sus partículas.

$$T = k\, E_{c\ \text{media}}$$

Ten en cuenta

La energía térmica no se puede calcular directamente, pero sí sus variaciones.

Cuanto mayor es la $E_{c\ \text{media}}$ de las partículas del sistema, más alta es su **temperatura.**

El calor se transfiere de los sistemas con mayor temperatura a los sistemas con menor temperatura. Se designa con la letra Q, y su unidad en el SI es el julio, J.

El calor como fluido material

En el siglo XVII, los científicos utilizaban la **teoría del calórico**, que afirmaba que el calor era un fluido llamado *calórico* que pasaba de los cuerpos calientes a los fríos.

Se definió su unidad, la **caloría**, como la cantidad de calor que hay que comunicar a un gramo de agua para que eleve su temperatura 1 °C. A principios del siglo XIX se obtuvieron resultados experimentales que cuestionaban la validez de la teoría del calórico.

El calor como transferencia de energía

A mediados del siglo XIX, el científico inglés J. P. Joule comprobó que se podía aumentar la temperatura de un sistema realizando trabajo sobre el mismo. Para demostrarlo, diseñó y realizó el experimento que puedes encontrar en smSaviadigital.com PRACTICA. Joule dejó de considerar el calor como materia y pasó a considerarlo como energía transferida. Al igualar el trabajo realizado con la energía absorbida por el agua, halló la relación entre la caloría y el julio:

$$1\ \text{cal} = 4{,}18\ \text{J} \qquad 1\ \text{J} = 0{,}24\ \text{cal}$$

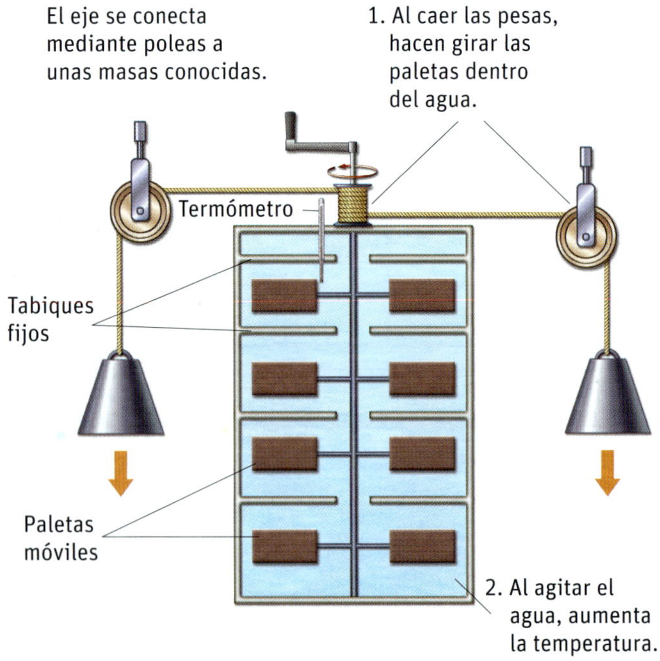

Figura 12.1. Experiencia de Joule.

Medida de la temperatura

Notamos que una persona tiene fiebre solo con tocarle la frente. Aunque con el tacto intuimos el valor de la temperatura, esta medida, que depende del observador, es imprecisa y a veces engañosa. El tacto no es un buen termómetro.

> El **termómetro** es un aparato de medida que tiene alguna característica observable, como es una longitud, una resistencia eléctrica, etc., que varía con la temperatura.

Escalas termométricas

Escala Celsius	Escala Fahrenheit	Escala Kelvin (absoluta)
Es la empleada habitualmente. A la fusión del hielo le corresponden 0 °C, y a la ebullición del agua, 100 °C. Este intervalo se divide en 100 partes iguales, cada una de las cuales es un grado celsius (°C).	Utilizada en países anglosajones. La fusión del hielo corresponde a 32 °F, y la ebullición del agua a 212 °F. La relación con la escala Celsius es: $\frac{T(°C)}{100}=\frac{T(°F)-32}{180}$	Utilizada por los científicos. El cero absoluto (0 K) corresponde a –273 °C. El kelvin (K) es la unidad de temperatura en el SI. La relación con la escala Celsius es: $T(K) = T(°C) + 273$

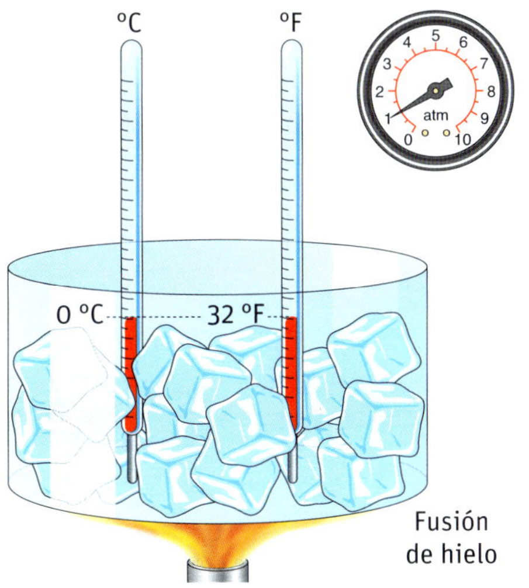

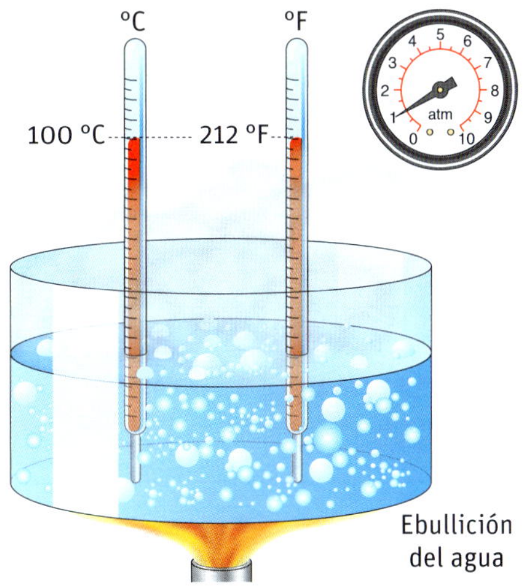

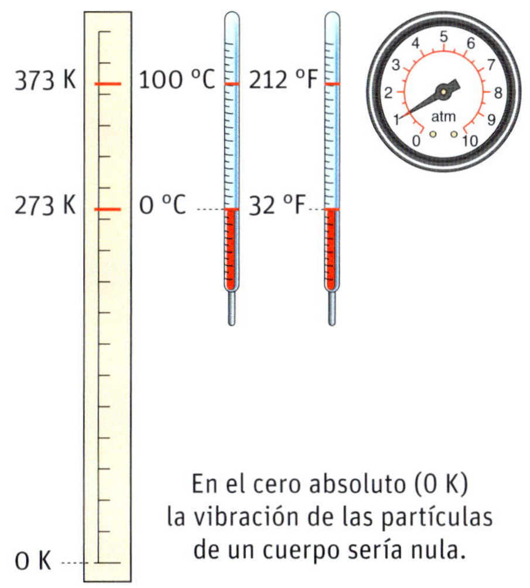

Cambios de escala

1. Según un periódico inglés, la temperatura media del agua del mar durante el verano en la Costa del Sol fue de 73 °F. ¿Cuál es el valor de esta temperatura en la escala Celsius? ¿Y en la escala absoluta?

SOLUCIÓN

$$\frac{T(°C)}{100}=\frac{T(°F)-32}{180} \Rightarrow \frac{T(°C)}{100}=\frac{73-32}{180} \Rightarrow T(°C) = 23\,°C$$

$$T(K) = T(°C)+273 = 296\,K$$

ACTIVIDADES

1. La etiqueta de una botella de leche indica que proporciona un aporte energético de 46 kcal por cada 100 mL de su contenido. ¿Qué energía aporta cada litro de esa leche expresada en J y kJ?

Nutrición

Valores energéticos y nutricionales medios:

	por 100 ml	un vaso 250 ml	% IR*
Valor energético:	195 kJ 46 kcal	488 kJ 116 kcal	6 %
Grasas:	1,6 g	4,0 g	6 %
de las cuales saturadas:	1,0 g	2,5 g	13 %
Hidratos de carbono:	4,8 g	12,0 g	5 %
de los cuales azúcares:	4,8 g	12,0 g	13 %
Proteínas:	3,2 g	8,0 g	16 %
Sal:	0,10 g	0,25 g	4 %

Minerales:

	por 100 ml	% VRN**	un vaso 250 ml	% VRN**
Calcio:	120,00 mg	15 %	300,00 mg	38 %

*IR-Ingesta de Referencia de un adulto medio (8400 kJ/2000 kcal)

(**) VRN: Valores de Referencia de Nutrientes

¡Dieta variada, equilibrada y ejercicio!

2 ¿Qué le ocurre a un sistema al intercambiar calor?

Figura 12.2. Uno de los líquidos de la fotografía está aumentando su temperatura, mientras que el otro no.

Ana y Marcos están tomando un refresco en una terraza. Mientras el refresco de Ana se está calentando, el de Marcos no, ya que en este último aún queda hielo.

> Cuando un sistema intercambia calor, o bien varía su temperatura o bien cambia de estado.

Cuando no hay cambio de estado, ¿de qué depende el calor que hay que aportar a un sistema para variar su temperatura? En la investigación que se plantea para responder a esta pregunta, empezamos por suponer que en el calor que hay que aportar influyen los siguientes factores:

- La masa que se va a calentar.
- La variación de temperatura que se desea obtener, ΔT.
- La clase de material que forma el sistema.
- La temperatura inicial del sistema, T_0.

ANALIZA Y CONCLUYE

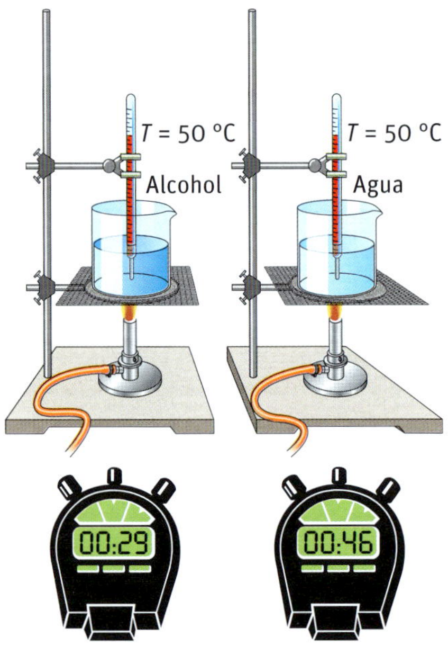

El tiempo de calentamiento es una medida indirecta del calor aportado.

Para corroborar las suposiciones emitidas, se ha realizado una serie de experiencias cuyos resultados se recogen en la tabla siguiente. Observa dichos resultados y compara los datos adecuados para sacar conclusiones.

Experiencia	Masa (kg)	ΔT (°C)	Sustancia	T_0 (°C)	Calor aportado (kJ)
1	0,50	30	Agua	20	62,70
2	0,25	30	Agua	20	31,35
3	0,50	60	Agua	20	125,40
4	0,50	30	Alcohol	20	36,75
5	0,50	60	Agua	10	125,40

Para saber si el calor aportado, Q, depende de la masa, se comparan las experiencias 1 y 2, en las que solo cambia la masa; para saber si depende de ΔT, se comparan las experiencias 1 y 3, en las que solo cambia el ΔT; para saber si depende de la sustancia, se comparan las experiencias 1 y 4, en las que solo cambia la sustancia; por último, para saber si depende de la temperatura inicial, T_0, se comparan las experiencias 3 y 5, en las que solo cambia T_0.

Se observa que el calor aportado depende de la masa, de la variación de temperatura y de la sustancia, pero no de la temperatura inicial.

Sustancia	Calor específico (J/kg °C)
Agua	4180
Alcohol	2450
Hielo	2100
Cobre	390
Aluminio	900
Vapor de agua	1920

> El calor que hay que dar a un sistema para aumentar su temperatura depende de la masa, de la variación de temperatura y de la clase de sustancia. No depende de la temperatura inicial, T_0:

$$Q = m\, c_e\, (T_f - T_0) = m\, c_e\, \Delta T$$

Este proceso es reversible. El calor que recibe un sistema para aumentar su temperatura es el mismo que desprende cuando disminuye su temperatura en la misma cantidad.

La dependencia de la sustancia viene dada por el **calor específico**, c_e, que se define en el SI como el calor que hay que dar a 1 kg de masa para elevar su temperatura 1 K o 1 °C. Se expresa en J/(kg °C).

Equilibrio térmico

Si se añade leche fría a leche muy caliente para que no queme, se transfiere energía de la caliente a la fría hasta que llegan a una temperatura intermedia, igual para las dos, cuyo valor depende de la proporción en que se hayan mezclado. Cuando esto ocurre, se dice que la leche ha alcanzado el **equilibrio térmico**.

EXPERIMENTA

Calcula experimentalmente la temperatura del equilibrio térmico cuando se mezclan dos sistemas a distinta temperatura. Ve midiendo las temperaturas, T_1 y T_2, anótalas en una tabla y represéntalas en una gráfica, hasta que se alcance el equilibrio térmico.

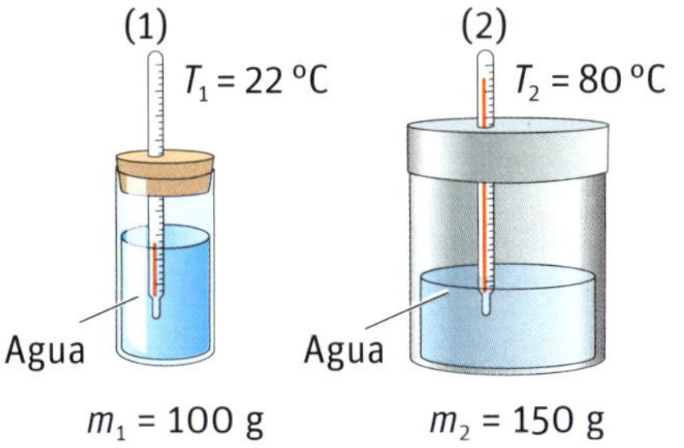

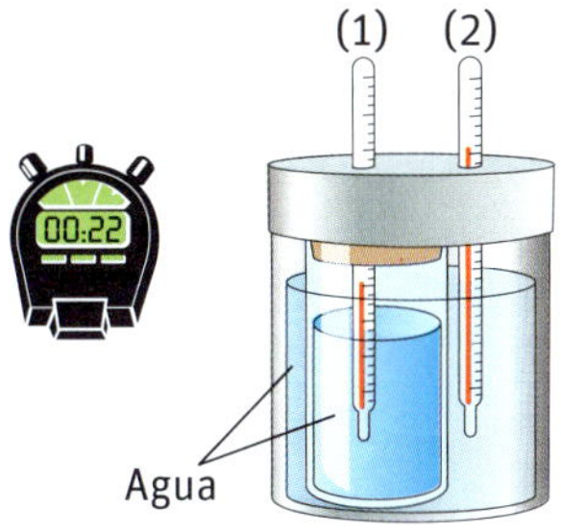

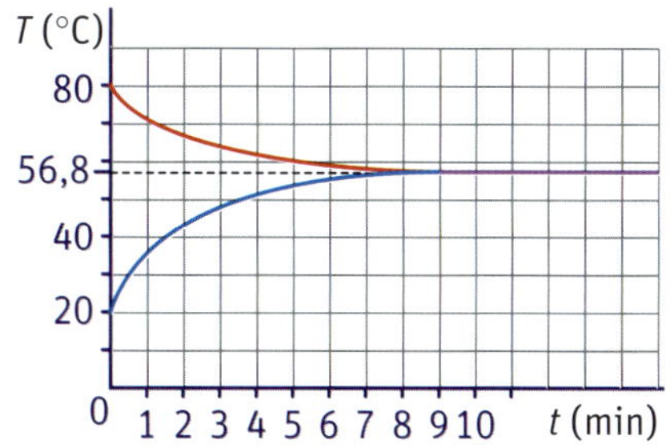

Cuando se alcanza la temperatura de equilibrio, T_e, el calor cedido por el agua caliente es $Q_{cedido} = m_2\, c_e\, (T_{02} - T_e)$, y el recibido por el agua fría es $Q_{recibido} = m_1\, c_e\, (T_e - T_{01})$.

En el equilibrio térmico entre dos sistemas aislados, en que solo se produce intercambio entre ellos, el calor cedido por el más caliente es igual al recibido por el más frío:

$$m_2\, c_{e2}\, (T_{02} - T_e) = m_1\, c_{e1}\, (T_e - T_{01})$$

En el caso de la experiencia planteada, la temperatura de equilibrio sería:

$$0{,}15 \cdot c_{e2} \cdot (80 - T_e) = 0{,}1 \cdot c_{e1} \cdot (T_e - 22)$$

Ahora bien, $c_{e1} = c_{e2} = c_{e\ agua}$, de donde se obtiene $T_e = 56{,}8$ °C.

Calcula el calor específico del granito

2. **Se ha introducido una piedra de granito a 20 °C en agua a 80 °C. Calcula el calor específico del granito a partir de los datos de este experimento.**

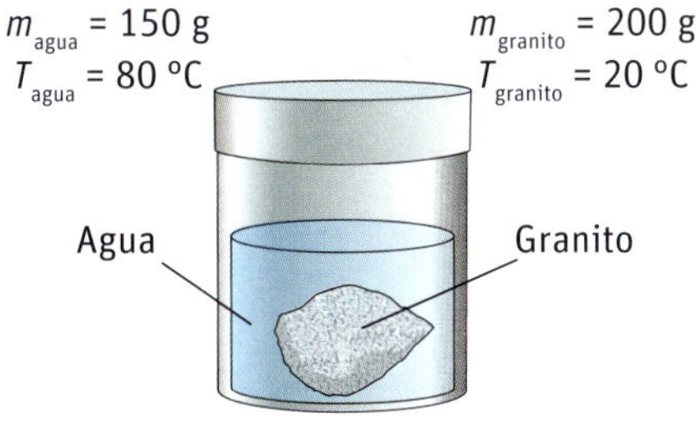

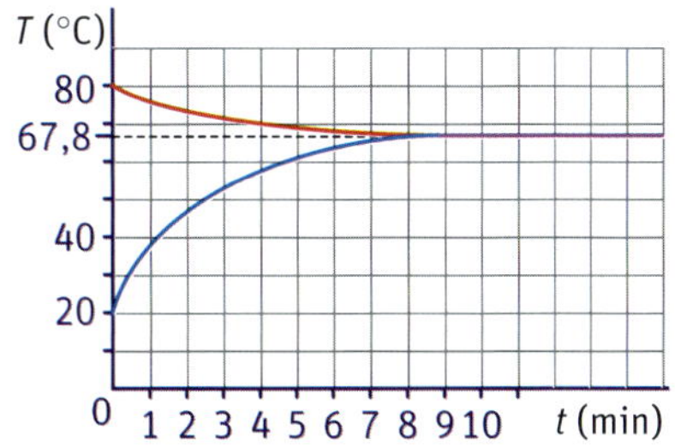

La temperatura de equilibrio viene dada por la línea horizontal en la curva de calentamiento del granito, cuyo valor experimental resulta ser $T_e = 67{,}8$ °C.

$$0{,}2 \cdot c_{e\ granito} \cdot (67{,}8 - 20) = 0{,}15 \cdot 4180 \cdot (80 - 67{,}8)$$

Despejando, se obtiene $c_{e\ granito} = 800$ J/(kg °C).

¿Sabías qué?

En los desiertos, de día se pueden alcanzar temperaturas de hasta 60 °C; sin embargo, por la noche la temperatura baja hasta −10 °C. Busca información sobre las causas de este fenómeno.

ACTIVIDADES

2. Al echar un trozo de hierro de 0,5 kg que está a 400 °C en 1 kg de agua a 25 °C se alcanza el equilibrio térmico a los 45 °C. ¿Cuál es el calor específico del hierro?

3 Cambios de estado

Sustancia	Calor latente (J/kg)	
	Fusión	Vaporización
Agua	$3{,}34 \cdot 10^5$	$2{,}26 \cdot 10^6$
Alcohol	$1{,}04 \cdot 10^5$	$8{,}54 \cdot 10^5$
Aluminio	$3{,}97 \cdot 10^5$	$9{,}45 \cdot 10^6$
Cobre	$1{,}34 \cdot 10^5$	$5{,}06 \cdot 10^6$

Al suministrar energía en forma de calor al agua, la temperatura de esta se eleva. Sin embargo, puede comprobarse que deja de hacerlo cuando empieza a hervir y mientras el agua está hirviendo, pues todo el calor se emplea en el cambio de estado.

> Cuando el intercambio de calor en una sustancia pura está produciendo un cambio de estado, su temperatura no varía.

La energía necesaria para cambiar de estado un kilogramo de una sustancia se llama **calor latente**, L. Por ejemplo, para fundir 1 kg de hielo hay que suministrar 334 400 J, y para vaporizar 1 kg de agua a 100 °C se necesitan 2 257 200 J. En general:

$$Q = m\,L$$

ANALIZA

Hemos calentado una bola de granizo de 1 g desde que se encuentra en estado sólido a −40 °C hasta que se halla en estado gaseoso a 140 °C. Se ha obtenido la siguiente gráfica. Observa la transferencia de calor que se produce en cada una de las etapas:

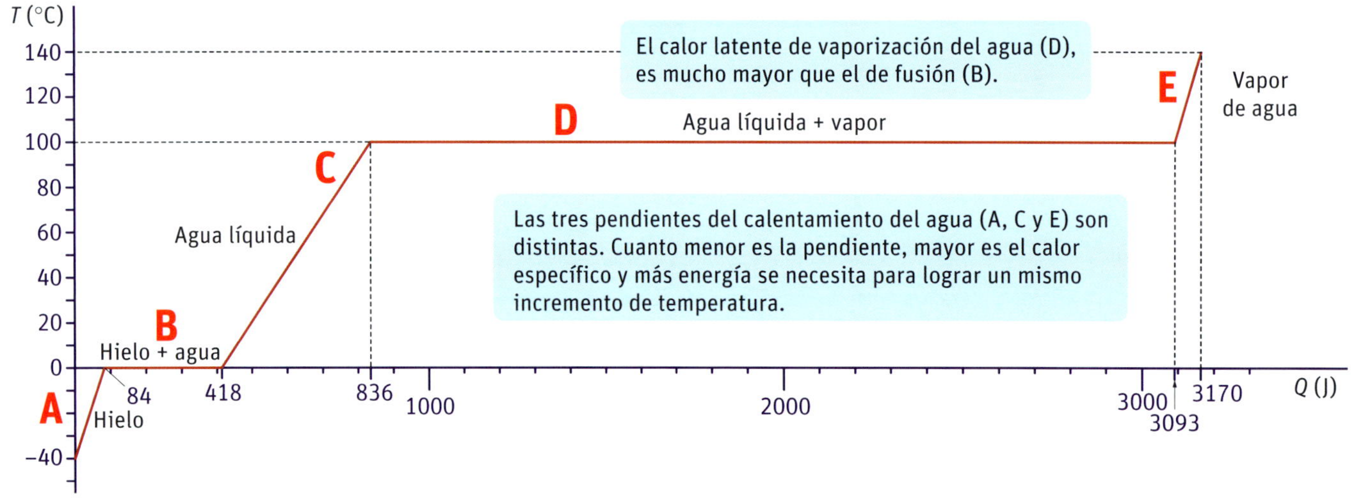

A: El hielo se calienta hasta llegar a 0 °C.
$Q = m\,c_{hielo}\,\Delta T$

B: Se funde el hielo; la temperatura permanece a 0 °C.
$Q = m\,L_f$

C: El agua líquida aumenta su temperatura hasta 100 °C.
$Q = m\,c_{agua}\,\Delta T$

D: Empieza la ebullición; la temperatura permanece a 100 °C.
$Q = m\,L_v$

E: El vapor de agua eleva su temperatura.
$Q = m\,c_{vapor}\,\Delta T$

A partir de estas expresiones es posible calcular la energía total suministrada a la masa de agua en todo el proceso. Si se introducen los valores de los calores específicos y latentes, la masa y las variaciones de temperatura, se obtiene la energía total:

$$Q_{total} = 3170\ \text{J}$$

La **teoría cinética** permite interpretar el proceso descrito:

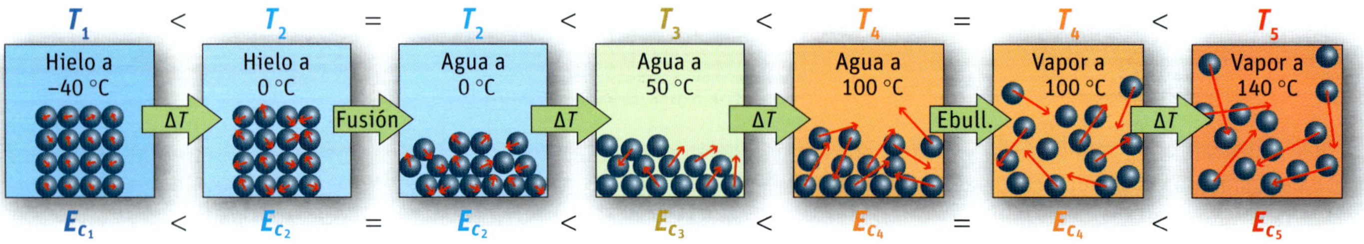

Estos procesos son **reversibles:** en la solidificación y en la condensación de una sustancia se desprende la misma energía que la que se absorbe en la fusión y en la vaporización.

Calcula el calor necesario para calentar un vaso de leche

3. **El vaporizador de una cafetera envía sobre 200 g de leche a 20 °C un chorro de 10 g de vapor a 100 °C, que al condensarse calienta aquella. El calor específico de la leche es de 3888 J/kg °C.**

a) ¿Qué cantidad de calor aporta el vapor al condensarse? ¿Qué temperatura alcanza la leche?

b) ¿Qué calor total ha cedido el vapor? Representa la gráfica Q-T del proceso hasta alcanzar el equilibrio térmico.

SOLUCIÓN

a) Al condensarse el vapor, aporta un calor $Q_c = L_v \cdot 0{,}01 = 2{,}26 \cdot 10^6 \cdot 0{,}01 = 22\,600$ J. En el equilibrio térmico entre el vapor de agua y la leche, el calor total que da el vapor es el que recibe la leche (no se consideran las pérdidas):

$$22\,600 + 0{,}01 \cdot 4180 \cdot (100 - T_e) = 0{,}2 \cdot 3888 \cdot (T_e - 20)$$

Despejando, resulta que la temperatura de equilibrio es $T_e = 51{,}6$ °C.

b) El calor total cedido por el vapor de agua es:

$$Q_{cedido} = 22\,600 + 0{,}01 \cdot 4180 \cdot (100 - 51{,}6) = 24\,600 \text{ J}$$

Es decir, el gran calor latente de vaporización del agua ha conseguido –¡con solo 10 g de vapor!– que la temperatura de 200 g de leche suba de 20 °C a 51,6 °C.

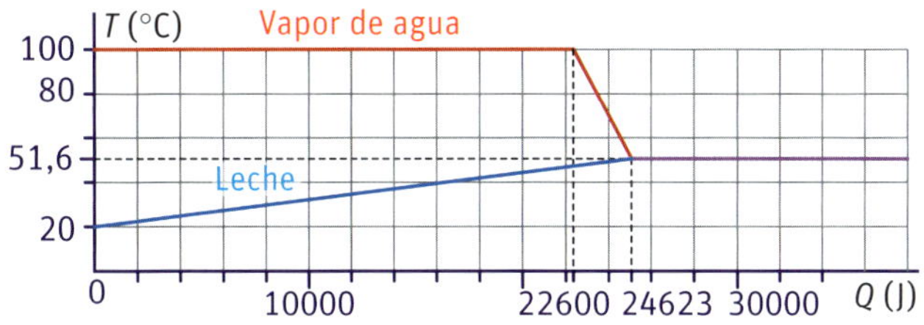

La presión en los cambios de estado

Al observar las tablas de valores de los puntos de fusión o ebullición, puede comprobarse que en ellas se indica también la presión. ¿Por qué se añade este dato?

Sustancia	Punto de ebullición a 1 atm (°C)
Agua	100
Etanol	78
Sal de mesa	1465
Cobre	2300
Ácido acético	118
Hierro	3000

OBSERVA

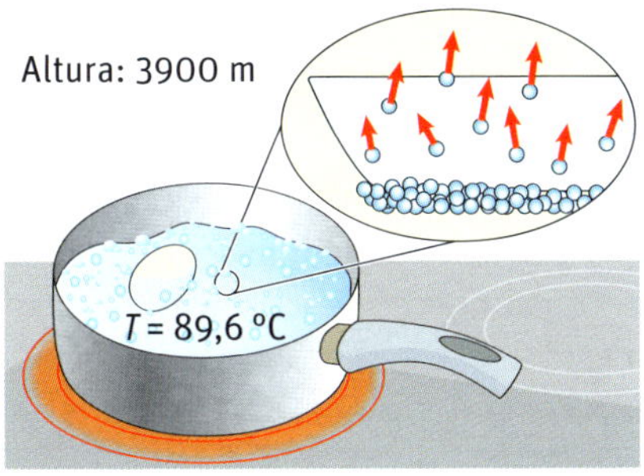

La Paz (Bolivia) está situada a gran altura (3900 m). Por ello su presión atmosférica es mucho menor que si estuviese al nivel del mar. También es menor el punto de ebullición, 89,6 °C, por lo que el huevo tarda más en cocerse.

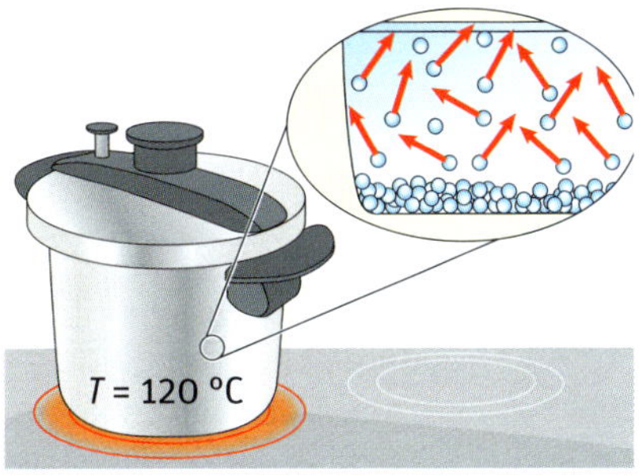

El exceso de presión que originan estas ollas en su interior hace que la ebullición tenga lugar a mayores temperaturas que en las ollas normales, lo que contribuye a que se necesite menos tiempo para cocinar los alimentos.

La temperatura a la que se produce un cambio de estado depende de la presión.

ACTIVIDADES

3. El hilo de la imagen está fundiendo lentamente el hielo. Sin embargo, a medida que lo va atravesando, se vuelve a solidificar. Explica este fenómeno.

4 Dilataciones por efecto del aumento de la temperatura

Cuando aumenta la temperatura de un sistema, salvo raras excepciones, este se dilata, es decir, aumenta de tamaño. Cuando disminuye su temperatura, se contrae, es decir, disminuye su volumen.

Casi todos los cuerpos se dilatan cuando aumenta la temperatura, ya sean sólidos, líquidos o gases. Sin embargo, esta dilatación es mucho mayor en el caso de los gases. Puedes comprobarlo con la siguiente experiencia.

EXPERIMENTA

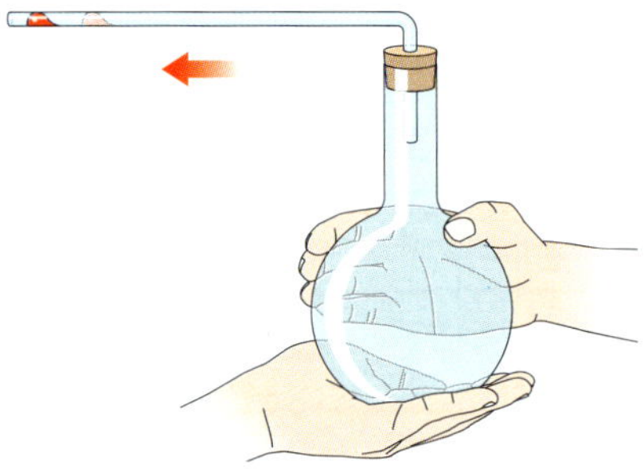

Basta con abrazar el matraz con las manos para que el aire del interior se dilate lo suficiente como para desplazar la gota de agua coloreada.

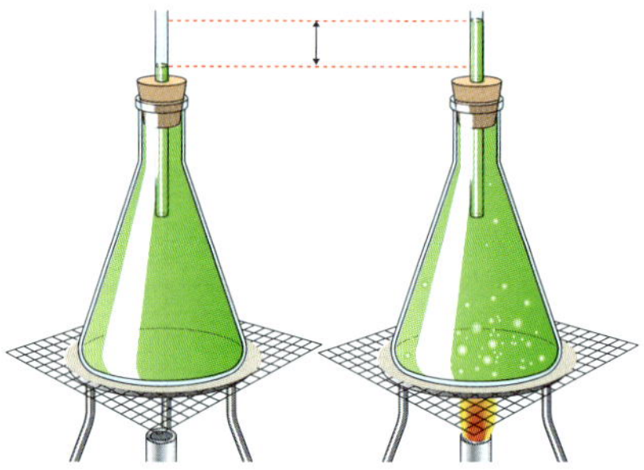

Para conseguir que el agua coloreada suba por el tubo unos centímetros al dilatarse, es preciso calentarla con un mechero.

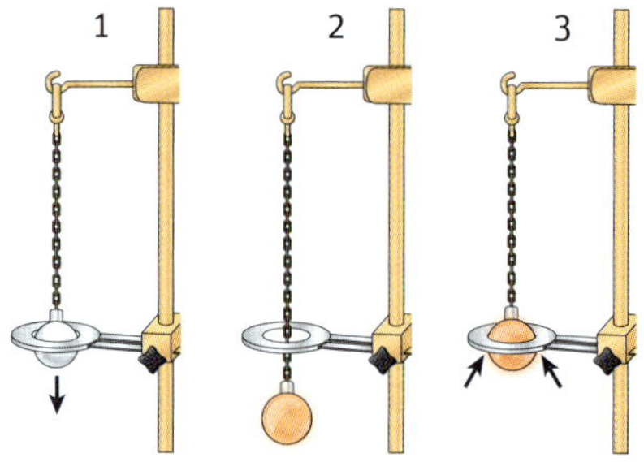

Inicialmente, la bola de acero pasa por el aro. Si se calienta con un mechero, no podrá pasar de nuevo, a menos que el aro se caliente igualmente.

El agua, una excepción muy beneficiosa

Aunque, a partir de los 4 °C, el agua se dilata a medida que recibe calor, igual que la gran mayoría de los sistemas, tiene un comportamiento anómalo entre 0 °C y 4 °C, y también cuando se funde el hielo. En estos casos, al recibir calor, disminuye su volumen.

Esta excepción hace posible la vida de los peces en el agua en lugares muy fríos. Cuando el hielo recibe calor y se funde, disminuye su volumen. El agua del deshielo es por ello más densa que el hielo, y este flota sobre aquella. El agua líquida más densa está a 4 °C y, por tanto, esta es la temperatura del agua más profunda. ¿Has pensado qué ocurriría si el hielo fuese más denso que el agua?

Aplicaciones prácticas de la dilatación

Además del **termómetro** de mercurio o de su sustituto, el **galinstan** (que se emplea para evitar la toxicidad del mercurio), hay otras aplicaciones, como la lámina bimetálica.

La **lámina bimetálica** forma parte de muchos sistemas de control. Está formada por dos láminas unidas entre sí, una de latón y otra de acero. Al calentarse, por ejemplo al producirse un fuego, el latón se dilata mucho más que el acero, con lo que se dobla la placa, que, a la temperatura fijada, toca el tornillo y conecta el circuito de alarma.

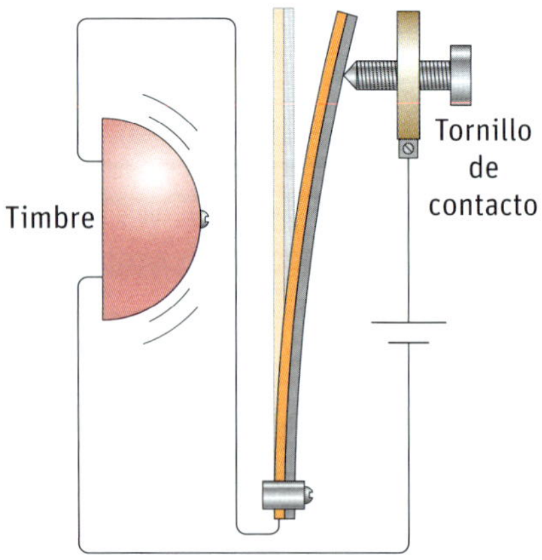

Figura 12.3. Lámina bimetálica.

ACTIVIDADES

4. El termómetro de mercurio solo sirve para medir un tramo de temperaturas. ¿Por qué? ¿Podría utilizarse para calcular la temperatura de fusión del aluminio? Busca los datos que necesites y razona la respuesta.

Dilatación lineal

Ya hemos visto que los sólidos se dilatan, pero ¿cuánto se alarga una barra al calentarla? ¿De qué factores crees que depende la dilatación lineal?

EXPERIMENTA

1. Hipótesis de partida

Buscamos los factores de que depende el alargamiento (ΔL) de una barra de longitud L al calentarla. Son posibles factores: su longitud, su grosor, el aumento de temperatura (ΔT) y el material de que está hecha la barra.

2. Planificación de la investigación

Compararemos el alargamiento entre parejas de barras con: longitudes diferentes (con igual material, grosor y aumento de temperatura); materiales diferentes (con igual longitud, grosor y ΔT); grosores diferentes (con igual longitud, material y ΔT), y distinto aumento de temperatura (con igual longitud, grosor y material).

3. Realización de la experiencia

Con montajes similares a este se van tomando los datos de la tabla y van haciéndose las comparaciones indicadas.

4. Tabla de valores

Experiencia	L_0 (cm)	Sustancia	Grosor (cm^2)	ΔT (°C)	Dilatación lineal, ΔL (cm)
1	60	Aluminio	0,5	300	0,43
2	120	Aluminio	0,5	300	0,86
3	120	Aluminio	1,0	300	0,86
4	120	Cobre	1,0	300	0,61
5	120	Aluminio	1,0	500	1,44

smSaviadigital.com ANALIZA

El aumento de longitud de la barra, o **dilatación lineal,** depende de su longitud inicial, del material con que está hecha y del aumento de temperatura, pero no del grosor.

La ecuación de la dilatación lineal con la temperatura para los sólidos es:

$$\Delta L = \alpha\, L_0\, \Delta T$$

El **coeficiente de dilatación lineal**, α, es distinto para los diferentes materiales. En el SI, α es el aumento de longitud de 1 m al aumentar su temperatura 1 K o 1 °C.

Te interesa saber

Al aumentar la temperatura en los gases, además del volumen, varía la presión. Por ello, γ está definido a presión constante. **Su valor es el mismo en todos los gases:**

$$\gamma = \frac{1}{273}\ °C^{-1}$$

Dilatación cúbica

La dilatación cúbica es el aumento de volumen que experimenta un sistema al aumentar su temperatura. Su expresión es:

$$\Delta V = \gamma\, V_0\, \Delta T$$

En el SI, el coeficiente de dilatación cúbica, γ, es el aumento de volumen de 1 m^3 al aumentar su temperatura 1 K o 1 °C. Su valor aproximado es $\gamma \simeq 3\alpha$.

Saca conclusiones de la investigación planteada

4. En la investigación propuesta, ¿cuál es la variable dependiente? En cada comparación entre dos experiencias, ¿cuál es la variable independiente y cuáles son las controladas?

SOLUCIÓN

La variable dependiente es ΔL. Su valor puede depender o no de las demás variables. La variable independiente es la que se varía arbitrariamente: en la 1.ª comparación, la longitud; en la 2.ª, el material; en la 3.ª, el grosor, y en la 4.ª, el aumento de temperatura, ΔT.

5 Mecanismos de transferencia del calor

Las figuras permiten identificar las diferentes formas en las que se transfiere el calor.

IDENTIFICA

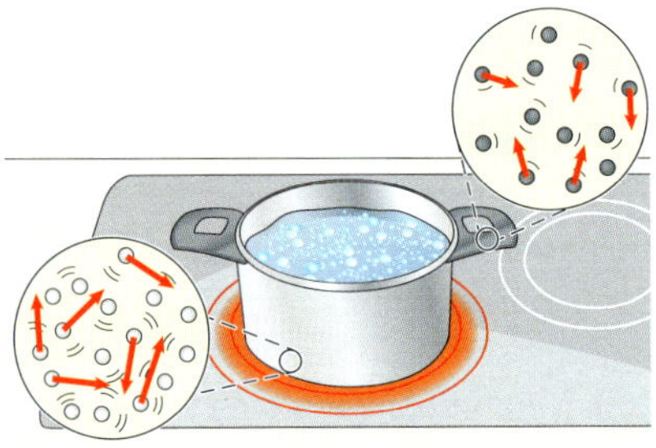

Conducción

Las partículas de la cazuela en contacto con la fuente de calor se mueven más rápidamente y chocan con las de al lado, aumentando su temperatura. Al ser de un material conductor, se calienta rápidamente toda la cazuela. Las asas, de material aislante, transmiten muy mal el calor y casi no se calientan. La conducción se produce por contacto directo sin desplazamiento de materia.

Convección

El agua en contacto con la tetera se calienta por conducción. Al dilatarse, disminuye su densidad y se desplaza hacia arriba, enfriándose. El agua más fría y densa de arriba baja por los laterales, y se calienta. En este proceso se calienta todo el líquido. La convección se produce por desplazamiento de los fluidos, que, al tener distinta temperatura, presentan distinta densidad.

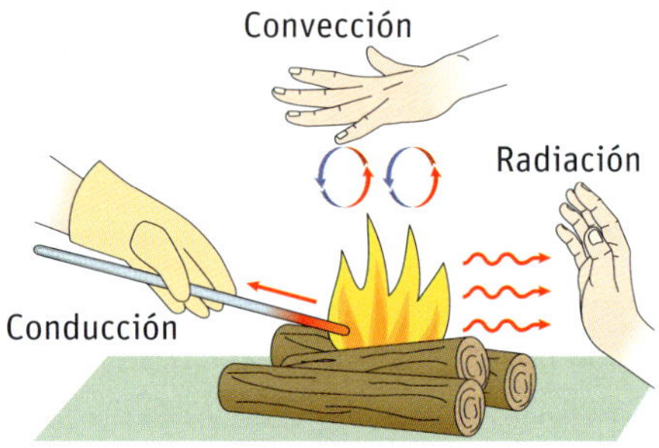

Radiación

Además de por conducción y convección, podemos calentarnos por radiación, sin necesidad de tocar el fuego ni de poner las manos en el aire caliente que sube. El calor que nos llega del Sol se propaga también por radiación. La radiación se produce mediante ondas electromagnéticas, que no requieren un medio material para propagarse.

smSaviadigital.com OBSERVA

Figura 12.4. En la imagen se ilustra la formación de la brisa diurna. ¿Qué ocurrirá por las noches?

Los tres mecanismos estudiados pueden observarse en la playa en un día soleado. Las **brisas costeras** son corrientes de **convección**. Durante el día, por **radiación**, se calienta la arena, por su menor calor específico, mucho antes que el agua.

Además, al evaporarse el agua a temperatura ambiente, absorbe mucho calor sin elevar su temperatura. El resultado es que la superficie de la arena está mucho más caliente que la del agua. Por ello, el aire que está encima de la arena tiene menor densidad y se eleva, creando un vacío, que rellena el aire más frío que está sobre el agua. Así se origina la brisa. Por último, cuando se pasea por la playa descalzo, se siente en las plantas de los pies el calor que aporta la arena por **conducción**.

El calor se puede transmitir de tres formas: por **conducción**, es decir, por contacto y sin desplazamiento de materia; por **radiación**, en forma de ondas electromagnéticas y sin necesidad de medio material, y por **convección**, es decir, con transporte de materia en los fluidos.

Todos los cuerpos emiten radiación. Esta emisión de energía es mayor a medida que aumenta la temperatura. Si un sistema recibe más radiación que la que emite, será **receptor** de radiación y se calentará o cambiará de estado. En caso contrario, si recibe menos energía que la que emite, será un sistema **emisor**.

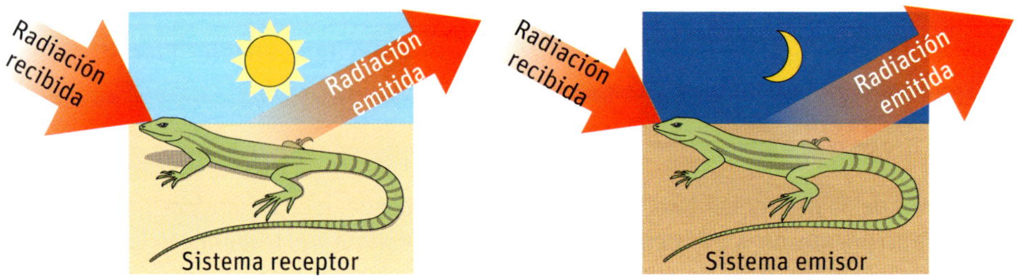

ACTIVIDADES

5. Imagina que un amigo está diseñando su casa y decide poner los radiadores en la parte alta de las habitaciones para que no ocupen lugar a la hora de colocar los muebles. ¿Con qué problema se va a encontrar si toma esa decisión?

Un fenómeno meteorológico frecuente: la inversión térmica

A medida que se sube en la atmósfera, normalmente el aire está más frío. Sin embargo, durante ciertos períodos de tiempo puede alterarse esta distribución de las temperaturas y quedar el aire frío estancado en la parte baja de la atmósfera. En estos casos se dice que se ha producido una **inversión térmica**.

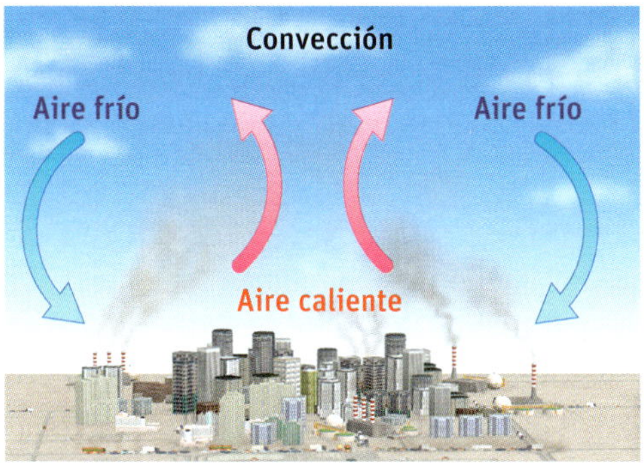

Este fenómeno puede producirse en las noches frías sin nubes. El suelo se enfría rápidamente y el aire frío que hay cerca del mismo, más denso que el caliente, se queda estancado abajo e impide la convección. De este modo la contaminación queda atrapada a baja altura. Durante el día, el Sol vuelve a calentar el suelo y se restablece la situación normal con las corrientes de convección.

¿Cómo aprovechar las formas de transmisión del calor?

Los jerséis y chaquetas de lana, los plumas y otras prendas similares abrigan porque son buenos aislantes de la conducción y de la convección. Además de ser malos conductores térmicos, mantienen el aire retenido en su interior, con lo que evitan las corrientes de convección. Las prendas que mejor abrigan son las que mantienen aislado nuestro cuerpo impidiendo que se enfríe.

Por otro lado, la radiación solar pasa casi sin alterarse por los materiales transparentes, calienta los oscuros, es reflejada en gran medida por los blancos y lo es más aún por los plateados. Por ello se pintan de negro los paneles solares, con lo que aumenta la absorción y se calienta mejor el agua, mientras que los trabajadores de una fundición llevan trajes con revestimiento metálico que reflejan la radiación térmica.

Figura 12.5. En determinados trabajos es preciso emplear trajes y guantes especiales que protegen de la radiación y de la conducción del calor.

¿Qué camiseta se calienta más?

5. Se ha introducido un termómetro en camisetas iguales de distintos colores y se han expuesto al Sol. ¿Qué relación se deduce de la siguiente tabla de valores entre la energía absorbida y el color de las camisetas?

Duración (min)	$T_{\text{camiseta blanca}}$ (°C)	$T_{\text{camiseta roja}}$ (°C)	$T_{\text{camiseta negra}}$ (°C)
0	19,0	19,0	19,0
5	21,5	23,5	26,3
10	24,0	28,0	33,5
15	26,5	32,5	40,8

SOLUCIÓN

A partir de los datos, se comprueba que los colores oscuros absorben más energía que los claros, ya que elevan más la temperatura en el mismo tiempo.

ACTIVIDADES

6. En cierto lugar, el valor medio de la radiación solar que incide durante el día es de 200 W/m^2. Calcula la energía solar que incide en un tejado de 6 m^2 durante 12 h.

6 Conservación de la energía

Figura 12.6. Una lavadora transforma la energía eléctrica en la energía mecánica y térmica necesaria para realizar el lavado.

De todas las formas de energía, la eléctrica es la más solicitada, por su facilidad de utilización, por las numerosas aplicaciones que tiene y porque se aprovecha casi sin pérdidas, con un gran rendimiento. Es, por tanto, una energía de gran calidad.

Basta con apretar un interruptor para que la lavadora realice por sí sola un trabajo tan tedioso como lavar la ropa. Al final del lavado, después de utilizar la energía eléctrica, sigue habiendo la misma energía, pero se ha degradado sin posibilidad de reutilización.

En todo proceso **se conserva la energía**, pero esta puede pasar de unas formas más útiles, de mayor calidad, a otras de menor calidad. Se dice que la energía se ha **degradado** en el proceso.

En el lenguaje común se dice que "se ha gastado" la energía, aunque en realidad, si se tienen en cuenta la lavadora y el entorno, sigue existiendo la misma cantidad; lo que se está indicando es que ya no es posible volver a utilizarla.

También puede producirse energía de alta calidad a partir de otros tipos de calidad inferior, como ocurre en la generación de energía eléctrica en las centrales térmicas. Sin embargo, en estos procesos el rendimiento es pequeño.

OBSERVA

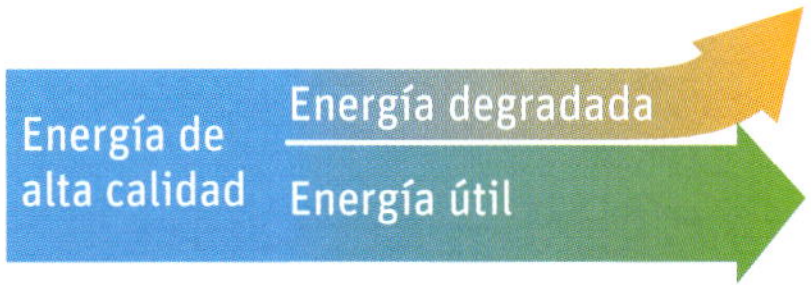

Esquema de la transformación de energía de alta calidad en energía útil con gran aprovechamiento.

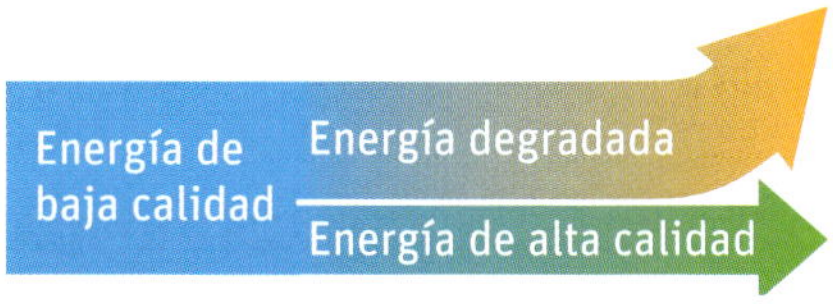

Esquema de la transformación de energía de baja calidad en energía de alta calidad con bajo aprovechamiento.

Ten en cuenta

A partir del gran desarrollo industrial de las últimas décadas se está vertiendo a la atmósfera un exceso de gases de efecto invernadero que está originando un desequilibrio en el balance energético de la Tierra, pues dificultan la emisión natural de su radiación al espacio exterior.

Balance energético de la Tierra

La principal fuente de energía de la Tierra es el Sol. La energía que llega de nuestra estrella se transmite por radiación, atravesando el espacio casi vacío que nos separa de ella.

En la Tierra tiene lugar una enorme cantidad de procesos gracias a esta energía. Ahora bien, nuestro planeta devuelve una cantidad de energía similar a la que recibe. Esta no se gasta en los procesos, pero sí se degrada en muchos de ellos.

La energía que la Tierra recibe del Sol es de mayor calidad que la que la Tierra devuelve al espacio. La mayor parte de la radiación solar que llega a la Tierra es luz visible, mientras que una gran cantidad de la que emite la Tierra es infrarroja, de peor calidad.

ACTIVIDADES

7. Un coche circula por una carretera. Al entrar en una ciudad reduce la velocidad, y al llegar a un semáforo se detiene. ¿Qué ha pasado con la energía que tenía el coche en la carretera?

Transformación del trabajo en calor y viceversa

El calor y el trabajo están muy relacionados: haciendo trabajo sobre un sistema se puede generar calor y calentando un sistema se puede producir trabajo.

OBSERVA

Para inflar las ruedas de las bicicletas se realiza trabajo sobre la bomba. Dicho trabajo hace que el aire se comprima y se caliente. Es decir, con el trabajo se ha generado calor.

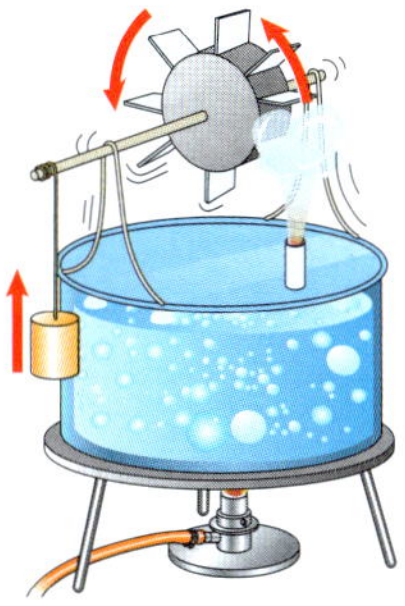

El calor emitido por el mechero hace hervir el agua, y el vapor de agua mueve la rueda generando trabajo. Mediante esta turbina elemental, con el calor se ha producido trabajo.

Amplía

El segundo principio de la termodinámica afirma lo siguiente: "No es posible ninguna transformación cíclica que, funcionando de manera continua, transforme íntegramente el calor absorbido en trabajo. Siempre debe haber emisión de calor".

Máquinas térmicas

Se llaman **máquinas térmicas** los dispositivos que pueden:

- Transformar cíclicamente calor en trabajo. Se denominan **motores térmicos**.
- Enviar energía térmica de un sistema más frío, T_2, a otro más caliente, T_1, aportando trabajo, como ocurre en los **frigoríficos**.

Para producir trabajo, una máquina térmica debe tener al menos dos focos, uno caliente, T_1, y otro frío, T_2. En el esquema del motor térmico puede verse que el trabajo realizado es la diferencia entre el calor aportado por el foco caliente y el cedido al foco frío.

Los motores térmicos aprovechan la gran energía interna que se desprende al quemar combustibles.

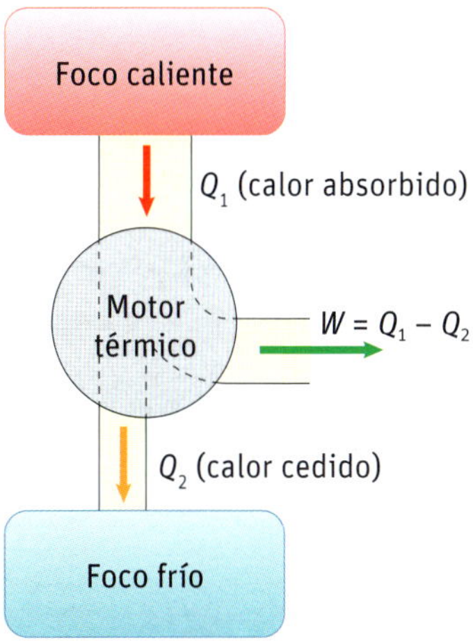

Esquema de un motor térmico

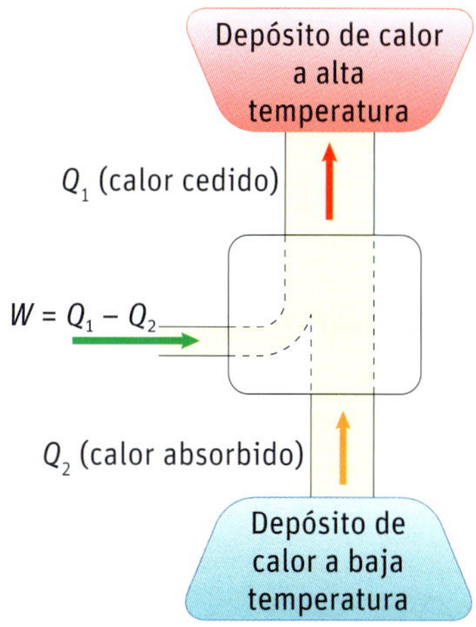

Esquema de un frigorífico

Rendimiento de los motores térmicos

Aplicando la expresión estudiada en la unidad 11, el rendimiento de una máquina térmica será:

$$\mu_{\text{motor térmico}} = \frac{E_{\text{útil}}}{E_{\text{aportada}}} \cdot 100 = \frac{W}{Q_1} \cdot 100$$

Las máquinas térmicas tienen bajos rendimientos. Las máquinas que no son térmicas suelen tener rendimientos mayores que las térmicas. El rendimiento de una central hidroeléctrica se sitúa en torno al 80 %, mientras que el de una central termoeléctrica es del orden del 20 %. Introduciendo mejoras, producto de la investigación tecnológica, se han conseguido rendimientos del 40 % en centrales térmicas de ciclo combinado.

7 Clasificación de los motores térmicos

Los motores térmicos utilizan la energía de los combustibles. Son motores térmicos los motores de combustión de los coches, las turbinas de las centrales térmicas, los motores a reacción de los aviones, etc. Un criterio para clasificar los motores térmicos es por el **lugar en el que se produce la combustión:** en los **motores de combustión externa**, esta se realiza fuera del motor, y en los **motores de combustión interna**, en el interior del motor.

Motores de combustión externa

En ellos se calienta un fluido que, al expansionarse y enfriarse, produce trabajo, como vemos en los siguientes esquemas de funcionamiento.

IDENTIFICA

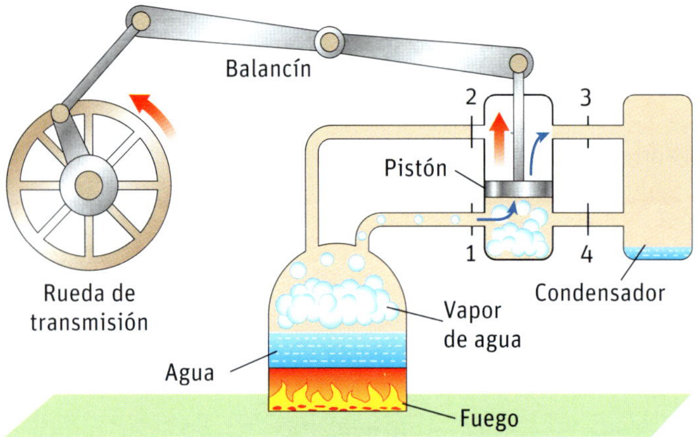

Esquema de la máquina de vapor

El vapor de agua a presión generado en la caldera llega al cilindro empujando el pistón hacia arriba, a la vez que el vapor de arriba pasa al condensador por la válvula 3. Cuando el pistón llega arriba, se cierra la válvula 1 y el vapor de la caldera sale por la 2 y empuja el pistón hacia abajo, sacando el vapor por la válvula 4. Con las cuatro válvulas se regula el proceso.

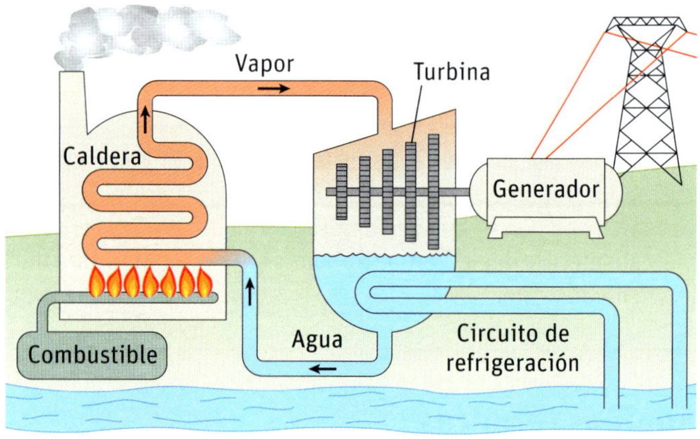

Esquema de una central eléctrica convencional

El vapor de agua a presión que sale de la caldera pasa por la turbina y la hace girar. Esta obliga a girar al eje del generador, que produce corriente eléctrica. El vapor de agua que ha hecho mover la turbina se expande, se enfría y se condensa en el refrigerador, tras lo cual vuelve a la caldera, donde se repite el proceso.

smSaviadigital.com ANALIZA

Evolución de las máquinas térmicas

La máquina de vapor desarrollada por James Watt fue el motor principal de la Primera Revolución Industrial. Gracias a ella aumentó enormemente la capacidad de producción y de movilidad.

Desde 1830 hasta mediados del siglo XX, la locomotora a vapor fue la principal forma de tracción en los ferrocarriles.

Motores de combustión interna

Como ya se ha visto, la combustión en estos motores se realiza en su interior y son **los propios gases de la combustión los que realizan el trabajo**.

IDENTIFICA

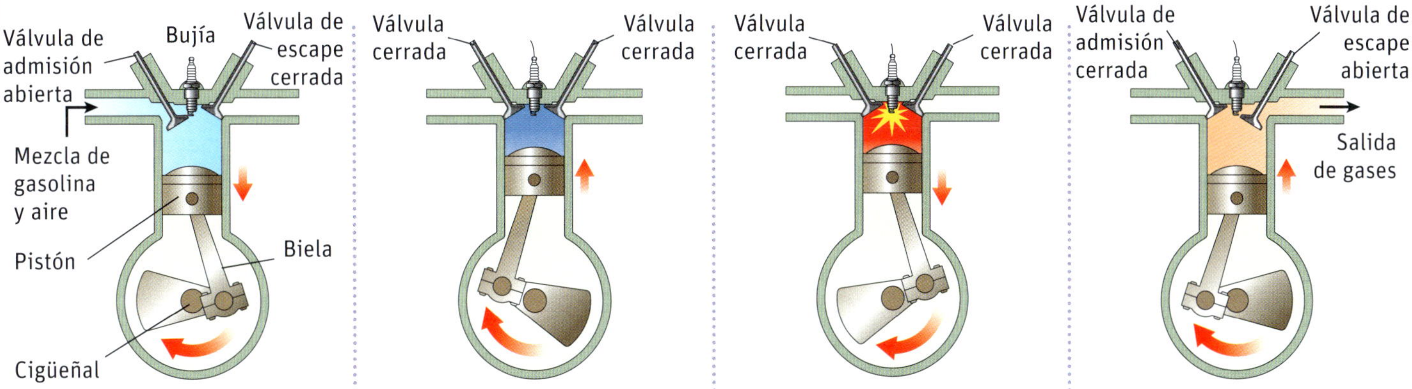

Primer tiempo: admisión. La mezcla de gasolina y aire, preparada en el carburador, entra en el cilindro por la válvula de admisión. El pistón baja.

Segundo tiempo: compresión. El pistón sube. La mezcla de gasolina y aire se comprime hasta el máximo posible y se calienta. Las válvulas están cerradas.

Tercer tiempo: explosión. Se enciende la bujía y salta la chispa que hace explotar la mezcla. Las válvulas siguen cerradas y el pistón baja haciendo trabajo.

Cuarto tiempo: escape. El pistón sube y expulsa los gases quemados por la válvula de escape, que está abierta, mientras la de admisión permanece cerrada.

smSaviadigital.com ANALIZA

El **trabajo** del motor de cuatro tiempos se produce solamente en el tercer tiempo, esto es, en la **explosión**.

Igual que a un columpio, ya en movimiento, se le impulsa cada dos carreras, al motor de cuatro tiempos, cuando está en marcha, se le empuja cada cuatro carreras del émbolo. Para empezar a funcionar, el coche necesita un motor eléctrico, ya que hasta la tercera carrera no recibe el impulso que lo mantiene en movimiento.

PON EN VALOR

En la mayoría de procesos industriales y actividades cotidianas, se generan gases de efecto invernadero, que provocan el denominado calentamiento global.

¿Debemos tomar medidas urgentes?

En 1889 apareció el actual motor de cuatro tiempos de gasolina. En 1903, Henry Ford empezó a construir los primeros coches en serie, accesibles a un amplio sector de la población.

En 1893, Rudolf Diesel desarrolló el motor diésel, utilizado ampliamente en maquinaria agrícola e industrial, en ferrocarriles y en el transporte marítimo.

En el motor a reacción, el aire entra por la parte delantera y se comprime al pasar por el compresor. Se inyecta el combustible y una bujía enciende la mezcla. Los gases de la explosión salen hacia atrás y, como reacción, el avión es impulsado hacia adelante.

Repasa lo aprendido

1 ¿Tienen calor los cuerpos calientes?

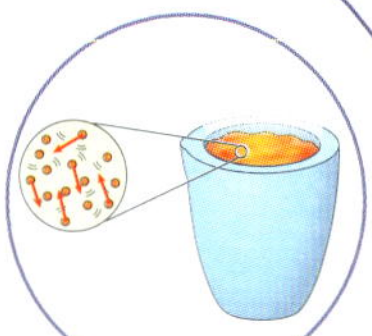

Los cuerpos no tienen calor, tienen temperatura. El calor es la energía que intercambian con otros sistemas por tener diferente temperatura. La dirección del intercambio es siempre de mayor a menor temperatura.

2 ¿Qué relación hay entre la energía térmica y la temperatura?

Un sistema tiene más energía térmica cuanto mayor es su temperatura.

3 ¿Qué efectos produce el calor sobre los sistemas materiales?

Al recibir calor, un sistema puede:

- Elevar su temperatura: $Q = m\, c_e\, \Delta T$
- Cambiar de estado: $Q = m\, L$

Al subir la temperatura, se producen **dilataciones**.

Estos procesos son **reversibles**.

4 ¿Cuáles son los mecanismos de transferencia de energía mediante calor?

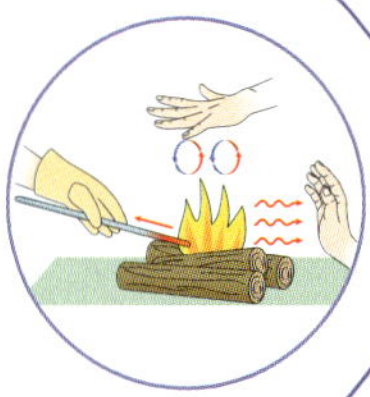

Conducción. Se produce por contacto directo sin desplazamiento de materia.

Convección. Se produce por desplazamiento de los fluidos al variar su densidad por calentarse o enfriarse.

Radiación. Se produce con ondas electromagnéticas, que no requieren medio material para propagarse.

5 ¿Por qué se suele hablar de escasez de energía si esta se conserva en todos los procesos?

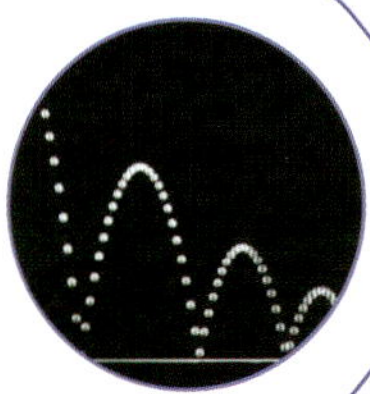

En todo proceso **se conserva la energía**, pero esta puede pasar de unas **formas útiles** a otras **degradadas**.

La energía mecánica de la pelota de la imagen no se conserva, sino que se va degradando paulatinamente a otra forma menos útil. Esta degradación tiene lugar en todas las transferencias energéticas, y puede provocar cierta escasez de energía útil.

6 ¿Qué son las máquinas térmicas?

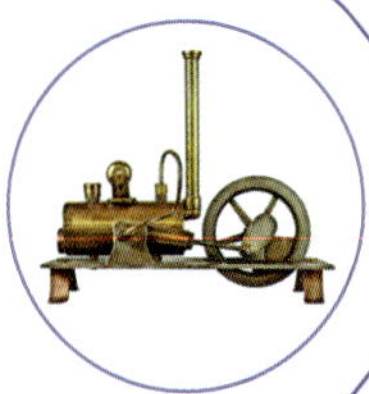

Se llaman **máquinas térmicas** los dispositivos que...

- Transforman cíclicamente calor en trabajo; son los llamados motores térmicos.
- Envían la energía térmica de un nivel térmico inferior, T_2, a otro superior, T_1, aportando trabajo, como los frigoríficos.

7 ¿Qué papel han jugado las máquinas térmicas en el desarrollo de la humanidad?

Las máquinas térmicas han sido la base del desarrollo industrial, como la **máquina de vapor**, principal motor de la Primera Revolución Industrial; los **motores térmicos**, claves para el transporte y la generación de electricidad, o los **frigoríficos**, fundamentales para la seguridad alimentaria, etc.

smSaviadigital.com VALORA LO APRENDIDO > Resumen de la unidad

Procedimientos de la ciencia

Elaboración de conclusiones

Los trabajos, investigaciones y experiencias de carácter científico permiten con frecuencia elaborar conclusiones. Los datos manejados en el proceso científico pueden encontrarse en tablas, gráficas, descripciones de experiencias o investigaciones, etc.

1 DEDUCE CONCLUSIONES A PARTIR DE UNA TABLA DE VALORES

La siguiente tabla muestra los datos tomados de una investigación.

Experiencia	Sustancia	Masa (kg)	ΔT (°C)	Calor o trabajo, Q o W	Energía aportada (kJ)
1	Agua	0,5	30	Q	62,70
2	Agua	0,3	30	Q	37,62
3	Alcohol	0,5	30	Q	36,75
4	Agua	0,5	50	Q	104,50
5	Agua	0,3	30	W	37,62

El objetivo de esta investigación es comprobar qué factores influyen en la energía que hay que dar a un cuerpo para que eleve su temperatura. Esta energía será la **variable dependiente**. Las **hipótesis** son los factores que se han considerado, que son los que están en la tabla: la clase de sustancia, la masa, etc. A su vez, estos factores son las variables, independientes o controladas según el papel que jueguen.

Conclusiones

Las **conclusiones** se obtienen comparando las experiencias de dos en dos:

- Para comprobar si la masa influye en la cantidad de energía que hay que aportar, se comparan las experiencias 1 y 2, en las que la masa **(variable independiente)** varía, pero las demás variables **(variables controladas)** no. Se comprueba que la energía aportada varía; por tanto, la masa sí influye en la energía que hay que aportar. De igual modo se hace con las demás variables.
- Para comprobar si influye el tipo de sustancia, se comparan las experiencias 1 y 3; vemos que sí influye.
- Para comprobar si influye el incremento de temperatura, se comparan las experiencias 1 y 4; se comprueba que sí influye.
- Para comprobar si influye que la energía se aporte en forma de calor o de trabajo se comparan las experiencias 2 y 5; vemos que no influye.

2 DEDUCE CONCLUSIONES A PARTIR DE LA DESCRIPCIÓN DE UNA EXPERIENCIA

En un baño de aceite caliente se meten a la vez cuatro barras metálicas iguales, pero construidas con distintos materiales. Todas ellas tienen un trozo de cera pegado en su extremo. **Se observa** que la cera se cae de las barras por este orden: A, C, D, B.

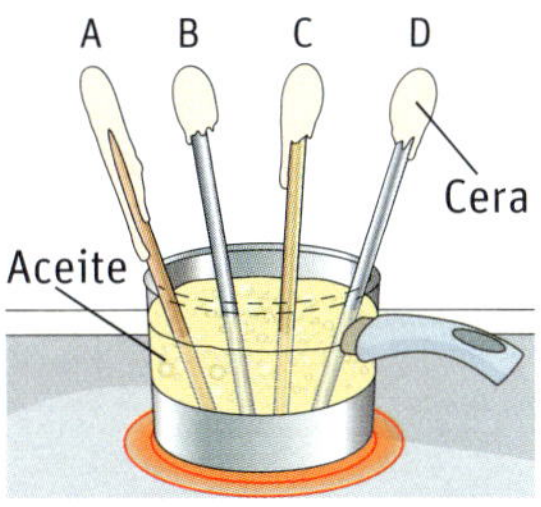

Puede deducirse que **el objetivo** de la experiencia es saber qué metales son mejores conductores. **Se comprueba** que el mejor conductor es A, seguido de C, D y B, por este orden.

3 ELABORA CONCLUSIONES A PARTIR DE UNA GRÁFICA

Se han elaborado dos gráficas Q-T a partir de dos masas de 100 g de sendas sustancias A y B. **Se observa** que, a medida que se da calor, aumenta la temperatura en ambas masas y que no hay cambios de estado.

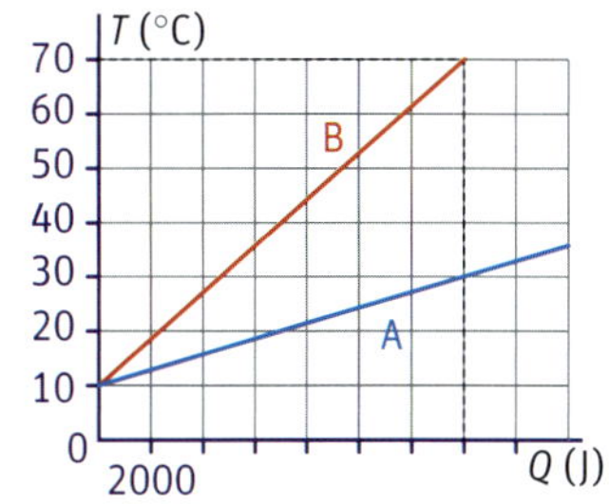

Cuando se aplica el mismo calor a ambas masas, la temperatura sube más en la sustancia B que en la A. Puede **deducirse** que A tiene mayor calor específico que B.

ACTIVIDADES

8. En la experiencia de las dos masas de 100 g (punto 3), ¿por qué se deduce de los datos que A tiene mayor calor específico que B y que no hay cambio de estado? Calcula el calor específico de las dos sustancias.

Actividades

Calor, temperatura y su medida

9. Completa la siguiente frase con una de las opciones: "El agua del grifo contenida en una jarra tiene ●●● que la de un vaso rellenado con ella".

a) La misma energía térmica

b) La misma temperatura

c) El mismo calor

d) La misma energía interna

10. Indica un error de la siguiente frase: "En el espacio interestelar, donde se alcanzan temperaturas de hasta –500 °C, no se podría estar sin trajes especiales por las bajas temperaturas y presiones".

11. Realiza un trabajo de investigación bibliográfica sobre los científicos que crearon las tres escalas de temperatura y su importancia histórica.

12. La agencia meteorológica ha comunicado que la temperatura en Londres durante el día ha variado de 36 °F a 45 °F. ¿En qué época del año son más probables estas temperaturas, en invierno o en verano?

13. Sin utilizar la fórmula, realiza estas conversiones:

a) –10 °C a grados Fahrenheit

b) –50 °F a grados Celsius

SOLUCIÓN

Como sabemos, cada grado Celsius se corresponde con 1,8 grados Fahrenheit. Por otro lado, 32 °F son 0 °C:

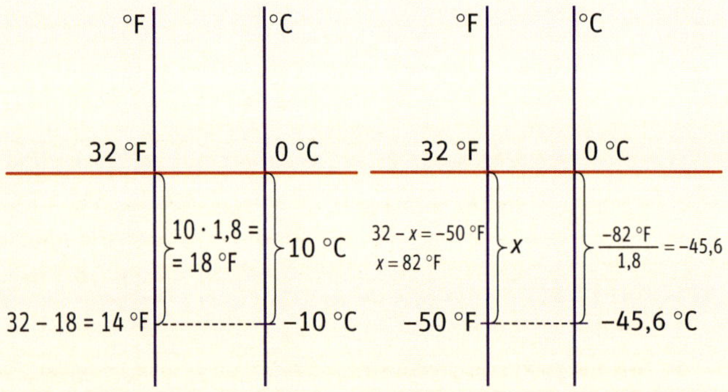

a) –10 °C equivalen a 14 °F.

b) –50 °F son –45,6 °C.

14. Realiza las siguientes conversiones:

a) 80 °C a °F y a K

b) 80 °F a °C y a K

c) –20 °C a °F

d) –20 °F a °C

Después de hacer los cálculos, comprueba los resultados obtenidos en www.e-sm.net/svfq4eso12_01.

15. Con un simple molde de papel para magdalenas es posible hervir agua. Sin embargo, cuando se acaba el agua, el molde se quema. Compruébalo y explica a qué se debe este fenómeno.

16. Haz en casa esta sencilla experiencia: mete una cazuela pequeña con agua dentro de otra cazuela con agua más grande, de modo que la pequeña quede flotando, pero no inestable. Espera a que empiece a hervir el agua de la grande; comprobarás que el agua de la cazuela pequeña no hierve. ¿A qué se debe este fenómeno?

SOLUCIÓN

En la temperatura de ebullición, el metal de la cazuela exterior, a mayor temperatura, le da calor al agua con la que está en contacto y esta hierve. Como la cazuela interior está a la misma temperatura que el agua exterior y que el agua que contiene, no puede aportar calor al agua de su interior para que hierva. Este modo de calentar se llama "al baño María".

Efectos del calor sobre los cuerpos

17. ¿Qué calor hay que comunicar a 0,5 L de agua, que están a 20 °C, para hacer una infusión, si la temperatura de ebullición del agua es de 100 °C en el lugar donde estamos? La densidad del agua es de 1 kg/L.

18. smSaviadigital.com OBSERVA

Observa la experiencia del enlace, donde dos bolas de igual masa, una de cerámica y la otra de metal, calentadas en un horno a la misma temperatura, se ponen sobre un bloque de hielo.

a) ¿Fundirán la misma cantidad de hielo?

b) En la foto se observa el momento en que han dejado de fundir el hielo. Deduce cuál de las bolas tiene mayor calor específico.

c) ¿Cuál de las dos fundirá más rápidamente el hielo? ¿Por qué?

19. Al calentar la misma masa de dos sustancias diferentes, A y B, se obtiene la gráfica dada.

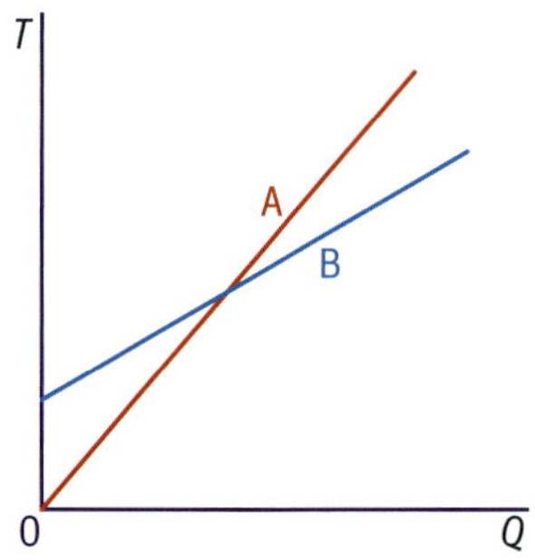

a) Razona si se está produciendo o no un cambio de estado.

b) ¿Cuál de las dos sustancias tiene mayor calor específico? Razona la respuesta.

20. Observando la gráfica de calentamiento del agua se detecta algún error. Responde a los siguientes apartados razonando las respuestas.

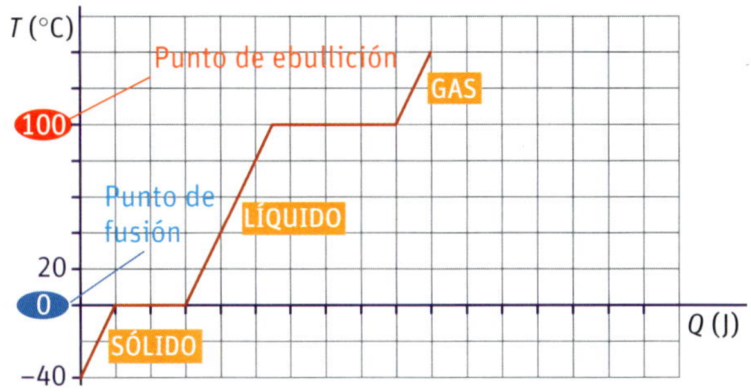

a) Cuando no se están produciendo cambios de estado, todas las rectas tienen la misma pendiente. ¿Es un error o debe ser así? Razona la respuesta.

b) En los tramos horizontales, la longitud de la ebullición es ligeramente mayor que la de fusión. ¿Es un error o debe ser así? Razona la respuesta.

21. Al pedir un refresco en un bar, el camarero saca un vaso con 40 g de hielo a 0 °C y le echa 200 g de limonada, que está a 20 °C. ¿A qué temperatura quedará el refresco?

SOLUCIÓN

No se consideran las pérdidas de calor fuera de la propia mezcla. El calor específico de la limonada se supone igual que el del agua, ya que su valor real es muy similar.

Cuando hay un cambio de estado, lo primero que hay que ver es si la temperatura de la mezcla pudiese ser la del cambio de estado. Si todo el refresco pasase a 0 °C, desprendería un calor Q:

$$Q = m\,c_e\,\Delta T = 0{,}2 \cdot 4180 \cdot 20 = 16\,720 \text{ J}$$

Para fundirse, el hielo necesita un calor Q':

$$Q' = m\,L = 0{,}04 \cdot 334\,400 = 13\,376 \text{ J}$$

Por tanto, la temperatura va a estar por encima de los 0 °C. En la mezcla, el calor aportado por el refresco es igual al calor absorbido por el hielo, es decir:

$$0{,}2 \cdot 4180 \cdot (20 - T_e) = 13\,376 + 0{,}04 \cdot 4180 \cdot (T_e - 0)$$

de donde se obtiene la temperatura de la mezcla:

$$T_e = 3{,}3 \text{ °C}$$

Si el calor que da el refresco no hubiese llegado a fundir el hielo, la mezcla estaría a 0 °C.

22. Se han echado 50 L de agua a la bañera, pero para bañarse se siente demasiado caliente. Con un termómetro se comprueba que está a 50 °C. ¿Qué cantidad de agua a 18 °C hay que echar para que la temperatura quede a 30 °C?

Dato: Densidad del agua = 1 kg/L

23. Si en un calorímetro se meten 100 g de hielo a –10 °C con agua a 50 °C y la mezcla queda a 10 °C, ¿qué cantidad de agua se ha echado?

24. Una aplicación práctica del gran valor que tiene el calor latente de vaporización es el botijo, un sistema tradicional que permite disponer de agua fresca. ¿Cuál es su fundamento?

SOLUCIÓN

El botijo está hecho de un material poroso, de modo que el agua del interior se filtra por los poros manteniéndolo húmedo. El aire seco evapora el agua, para lo cual esta necesita recibir energía, que proporciona el ambiente y la propia agua, que baja así su temperatura. Por esta misma razón se refresca nuestro cuerpo cuando sudamos.

Este fenómeno puede explicarse desde la **teoría cinética**. Al ser la temperatura proporcional a la energía cinética media de las partículas, las más rápidas que llegan a la superficie se evaporan al recibir energía del ambiente, con lo que baja la energía cinética media del sistema y, por tanto, la temperatura.

25. Un botijo barnizado, ¿refresca el agua? Razona la respuesta.

26. ¿Para qué se pone anticongelante en los coches? La temperatura a la que se congela el agua del depósito, ¿es mayor o menor que la del agua sin anticongelante?

Dilataciones

27. La longitud de un tendido eléctrico de aluminio es de 100 km a 0 °C. Cuando su temperatura se eleva hasta 40 °C, la longitud aumenta 96 m. ¿Cuál es el coeficiente de dilatación del aluminio?

28. Los datos obtenidos en una investigación en la que se quiere saber de qué factores depende el aumento de una superficie al elevar su temperatura, o dilatación superficial, se han recogido en la siguiente tabla:

Experiencia	S_0 (cm²)	Sustancia	ΔT °C	ΔS (cm²)
1	200	Aluminio	100	0,96
2	400	Aluminio	100	1,92
3	400	Cobre	100	1,36
4	400	Aluminio	200	3,84

S_0 es la superficie inicial, y ΔS, su dilatación superficial.

a) ¿Qué hipótesis crees que se han propuesto?

b) ¿Cuál ha sido la variable dependiente?

c) ¿Qué experiencias hay que comparar para comprobar si se cumple cada una de las hipótesis formuladas?

Actividades

29. La ecuación que relaciona la dilatación superficial con la superficie inicial, el aumento de temperatura y el tipo de material es $\Delta S = S_0 \beta \Delta T$, donde β, llamado coeficiente de dilatación superficial, es el término que da la dependencia del material, y su valor es distinto para cada material.

Con los datos de la investigación del ejercicio anterior, calcula el valor del coeficiente de dilatación superficial del aluminio y comprueba que es el doble que el coeficiente lineal, que en el caso del aluminio es $\alpha = 2{,}4 \cdot 10^{-5}$ °C^{-1}.

30. Una viga de acero que va a ser utilizada en construcción mide 4 m a 25 °C. Las temperaturas extremas de la zona donde se va a utilizar son de –10 °C a 40 °C. ¿Cuánto se ha dilatado la barra entre ambas temperaturas? ¿Deben tenerse en cuenta o no estas dilataciones en el diseño de la construcción?

Dato: Coeficiente de dilatación del acero = $1{,}2 \cdot 10^{-5}$ °C^{-1}

31. Deduce que el coeficiente de dilatación superficial β es el doble del coeficiente de dilatación lineal α.

SOLUCIÓN

Lo demostraremos en el caso sencillo en que la superficie es un cuadrado de lado l y área S:

$$S_0 = l_0^2 \qquad S = l^2$$

$$S = \left(l_0 + \Delta l_0\right)^2 = \left(l_0 + l_0 \alpha \Delta T\right)^2$$

$$S = l_0^2 + 2 l_0^2 \alpha \Delta T + \left(l_0 \alpha \Delta T\right)^2$$

Como se ve en la figura, el área dilatada S es igual a S_0 más las dos áreas rayadas más el área del pequeño cuadrado.

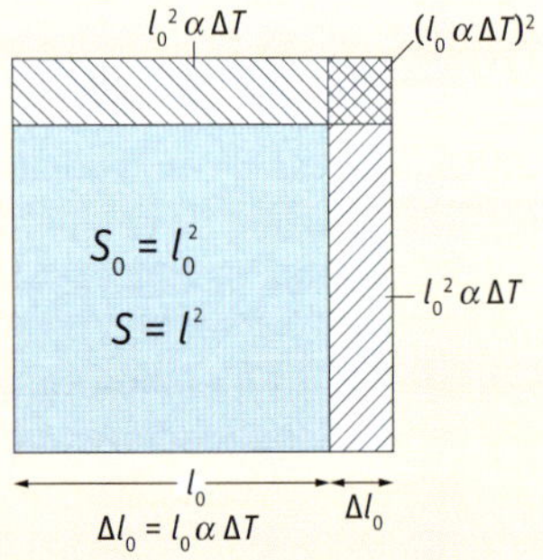

El área de dicho cuadrado se puede despreciar, pues es muy pequeña frente a las otras superficies, de lo que resulta:

$$\Delta S = S - S_0 = 2 l_0^2 \alpha \Delta T = 2 S_0 \alpha \Delta T$$

Comparando con $\Delta S = S_0\, \beta\, \Delta T$, puede decirse que $\beta = 2\alpha$, sabiendo que se comete un ligerísimo error.

32. Si se calientan 20 L de oxígeno desde 20 °C hasta 50 °C:

a) ¿Cuánto aumenta su volumen si su presión se mantiene constante? Recuerda que el coeficiente de dilatación a presión constante de los gases es de 1/273 °C^{-1}.

b) Compara la dilatación cúbica del oxígeno con la del agua en ese mismo intervalo de temperaturas, sabiendo que el coeficiente de dilatación del agua es de $0{,}21 \cdot 10^{-3}$ °C.

c) ¿Cuánto aumentará el volumen si en vez de oxígeno se calienta helio?

33. A una temperatura de 0 °C, una esfera de acero tiene 5 cm de radio. Se calienta hasta 200 °C. Sabiendo que el coeficiente de dilatación lineal del acero es de $1{,}2 \cdot 10^{-5}$ °C^{-1}, ¿cuánto aumentará su volumen?

Mecanismos de transmisión del calor

34. El termo es el aislante por excelencia: impide la conducción, la convección y la radiación; por eso sirve para mantener el café caliente, o el agua fresca cuando vamos de excursión.

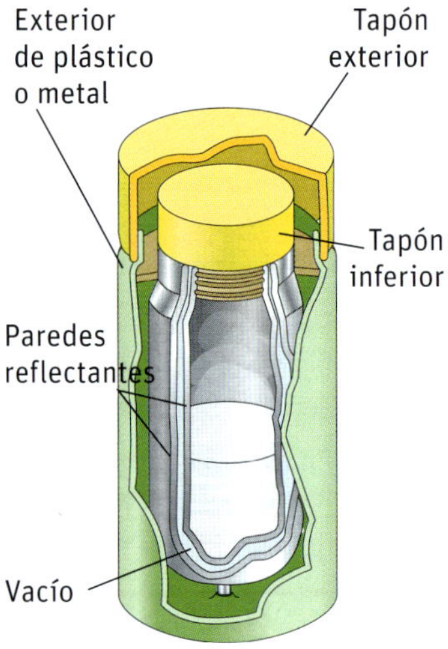

a) ¿Cómo evita el termo que los alimentos de su interior no pierdan o ganen energía por radiación?

b) ¿Cómo aísla los alimentos de la transmisión del calor por convección y conducción?

35. Las normativas de construcción obligan a incorporar completos sistemas de aislamiento en las casas con el fin de ahorrar energía tanto en invierno como en verano. Un avance importante en este terreno ha sido la aparición de los materiales aislantes reflectantes o reflexivos.

Haz un trabajo bibliográfico sobre los nuevos sistemas de aislamiento y los nuevos materiales empleados y explica cuáles son sus ventajas respecto de otros sistemas de aislamiento. Presenta el trabajo en soporte informático.

36. Los lugares costeros tienen climas suaves gracias a las grandes masas de agua que los regulan. Razona cuáles son las causas de este fenómeno.

37. Si el valor medio de la radiación solar incidente durante el día en un determinado lugar es de 50 W/m^2, ¿qué energía solar media incide en 1 m^2 en 1 h?

¿Qué energía incide sobre un colector plano de 15 cm de ancho y 90 cm de largo expuesto durante 8 h a esa radiación solar?

Potencia, máquinas y rendimiento

38. El poder calorífico de un combustible es la energía que se desprende al quemar 1 kg del mismo.

En el caso de la gasolina de 95 octanos, el poder calorífico se sitúa en torno a 44 100 kJ/kg. Si su densidad es de 0,75 kg/L y un coche que lleva esta gasolina gasta de media 6 L cada 100 km, determina la energía que ha aportado cuando recorre 400 km.

39. Un coche de gasolina recorre 200 km. Ha gastado $5 \cdot 10^5$ kJ. La energía aprovechada ha sido de $11 \cdot 10^4$ kJ. ¿Cuál ha sido su rendimiento?

Si el poder calorífico de la gasolina es de 42 700 kJ/kg, ¿qué masa de gasolina se ha gastado?

40. Para cocinar arroz es preciso calentar 500 g de agua de 20 °C a 100 °C. Se emplea un calentador de 600 W, que tarda 6 min en alcanzar esa temperatura.

a) ¿Qué energía ha utilizado el agua para calentarse?

b) ¿Qué energía ha aportado el calentador?

c) ¿Qué energía se ha desperdiciado?

d) ¿Cuál ha sido el rendimiento del calentador?

41. sm**Savia**digital.com **APLICA**

La máquina térmica más antigua que se conoce la construyó Herón de Alejandría en el siglo I d. C. Con una lata y unos tubos, doblados y dispuestos en el mismo sentido de giro, se puede construir una máquina similar a la de la imagen. Echa un poco de agua en el bote colgado, caliéntala y deja que hierva; el bote empezará a girar. De este modo, el calor aportado se ha convertido en trabajo.

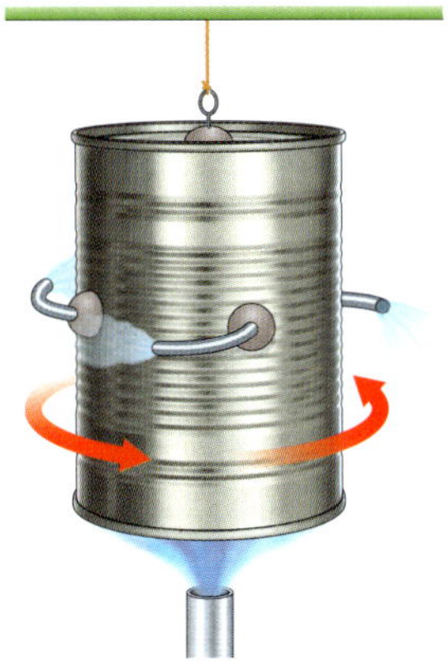

a) ¿Por qué gira la lata cuando sale el vapor del agua que había dentro? ¿Qué pasaría si los tubos enfrentados estuviesen dirigidos hacia el mismo lado?

b) Busca información sobre Herón de Alejandría y su máquina térmica y elabora un breve informe.

42. Observa el esquema del funcionamiento de un motor diésel de cuatro tiempos:

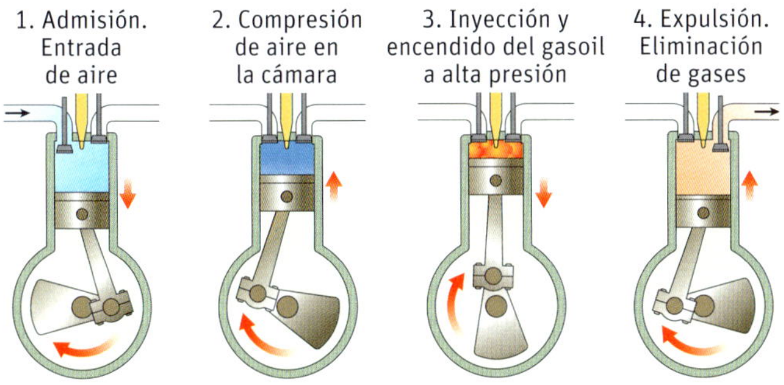

Las diferencias con el motor de gasolina son las siguientes:

- Utiliza **gasoil**, un combustible diferente de la gasolina.
- Su **cámara de compresión** es **mucho menor** que en el motor de gasolina. Esto hace que en la segunda carrera el aire se comprima y se caliente mucho más que la mezcla de aire-gasolina. El combustible se inyecta en la cámara cuando el aire está totalmente comprimido.

Contesta ahora a las siguientes preguntas:

a) ¿Por qué no tiene bujía para producir la explosión?

b) Los motores de gasolina utilizan un **carburador**, que es un espacio donde se mezclan la gasolina y el aire. El acelerador regula la mezcla, pues hace aumentar o disminuir la proporción de gasolina en la misma. ¿Por qué los motores diésel de gasoil no tienen carburador?

43. Observa el cilindro del motor de cuatro tiempos de gasolina y responde a las siguientes cuestiones.

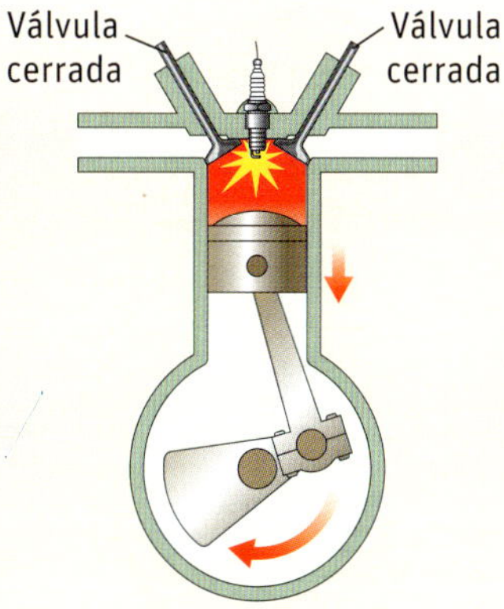

a) ¿Por qué se dice que es de combustión interna?

b) ¿Cuál es el foco caliente? ¿Y el foco frío?

c) ¿Cuál es el fluido que produce el trabajo?

SOLUCIÓN

a) Porque la combustión se realiza en el interior del motor. Los propios gases de la combustión realizan el trabajo.

b) El foco caliente son los gases cuando se produce la explosión, que están a mayor temperatura y en su expansión realizan el trabajo. El foco frío es el ambiente, a donde van los gases que salen por el tubo de escape.

c) El fluido que realiza el proceso y produce el trabajo es la mezcla de gasolina y aire al quemarse.

44. Observa la sencilla turbina de agua de la ilustración.

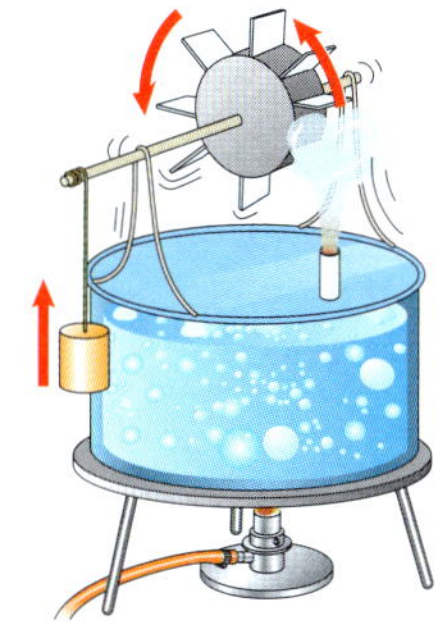

a) ¿Qué clase de máquina de combustión es?

b) ¿Cuál es el foco caliente? ¿Y el foco frío?

c) El fluido que produce el trabajo, ¿es el combustible?

45. *Adaptado de prueba PISA*. La mayor parte de los coches modernos están equipados con un catalizador. Este hace que los gases de escape del coche sean menos perjudiciales para las personas y para el medioambiente. Aproximadamente el 90 % de los gases tóxicos son transformados.

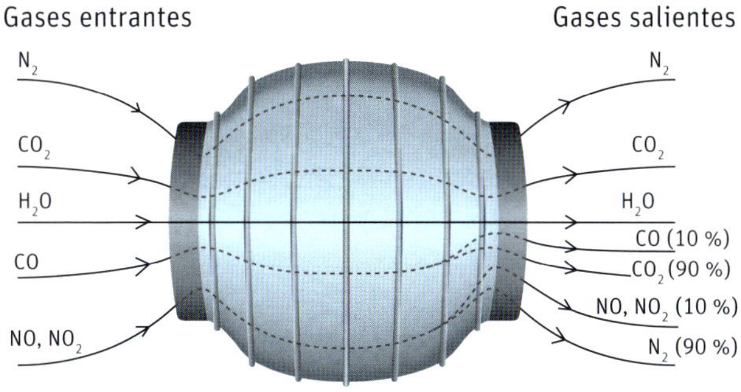

a) Utiliza la información de la figura para explicar cómo el catalizador hace que los gases de escape sean menos perjudiciales.

b) Explica qué es lo que sucede en el catalizador en términos de átomos y de moléculas.

c) ¿Qué problema debería tratar de resolverse para que los gases de escape fueran menos nocivos?

¿Cómo se puede mejorar el rendimiento de los coches?

En el motor de gasolina, la mezcla de gasolina y aire se comprime, y por ello se calienta en la segunda carrera de los cuatro tiempos. Cuando acaba la carrera, en el momento de la máxima compresión, se enciende la bujía y se produce la explosión; en este momento es cuando el motor realiza el trabajo. Cuanto mayor sea la compresión, mayor será el rendimiento del motor. Los coches actuales alcanzan en la compresión volúmenes de tan solo la décima parte del volumen inicial.

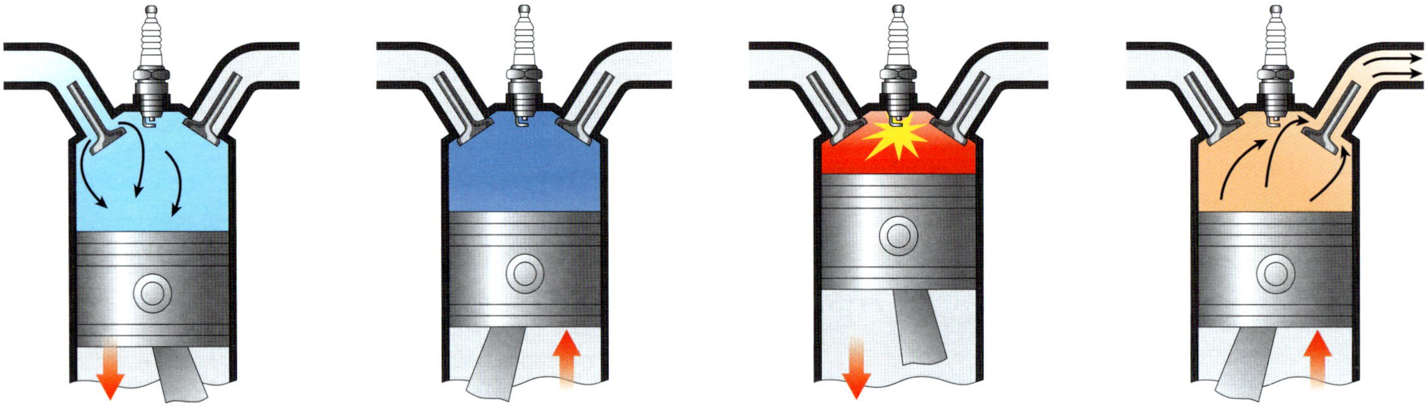

1. ¿Qué tipo de energía se transfiere en la segunda carrera, en la que aumenta la energía interna de los gases y se eleva su temperatura?

2. La cilindrada unitaria de un coche, que es el volumen que barre el pistón dentro del cilindro en cada carrera, es de 400 cm^3. El volumen de la cámara, que es el volumen donde queda comprimida la mezcla en la segunda carrera, es de 50 cm^3.

   Se llama razón de compresión el cociente del volumen total que puede ocupar la mezcla de gasolina y aire y el volumen de la cámara. ¿Cuál es la razón de compresión del motor de este coche?

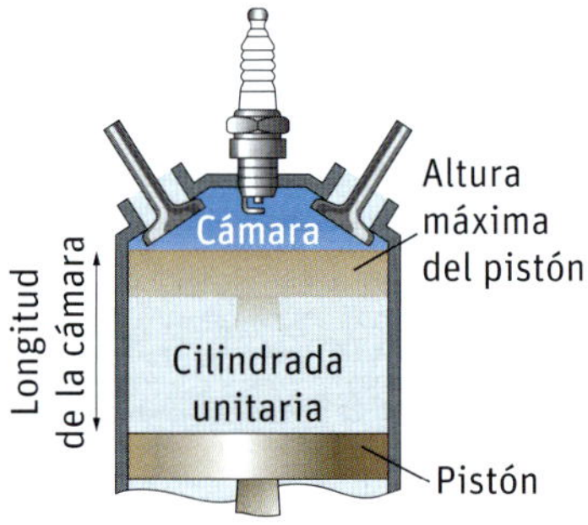

En la segunda carrera de los cuatro tiempos puede producirse el siguiente problema: mientras se comprime la mezcla de gasolina y aire, se calienta tanto que se "autoenciende" y se produce la explosión sin llegar a la máxima compresión. En este caso, la mezcla sufre dos explosiones, una en el autoencendido antes de llegar al final de la carrera y otra cuando se enciende la bujía. Esto produce un ruido característico en el motor, que se llama "picado de biela" o "detonación". Cuando ocurre esto, el empuje debido a la expansión de los gases no se produce en el momento adecuado, por lo que disminuye el rendimiento del motor; además, puede dañarse el interior del cilindro, así como la biela y el cigüeñal.

Cuanto mayor es el índice de octano de la gasolina, más compresión puede recibir sin autoencenderse. Por esta razón las gasolinas con un alto índice de octano consiguen mayores compresiones y, en consecuencia, mayores rendimientos. Algunos de los hidrocarburos que forman la gasolina tienen una tendencia muy baja al autoencendido, mientras que otros la tienen muy alta. Cuanto mayor sea la proporción de hidrocarburos de baja tendencia al autoencendido, mayor será el octanaje.

3. Una gasolina de 98 octanos, ¿presentará mayor o menor facilidad de "picar biela" que una de 95 octanos? ¿Cuál de las dos tendrá mayor rendimiento y por qué?

Otro factor importante en las mezclas que forman las gasolinas es la volatilidad. Cuando el tiempo es muy frío, es difícil vaporizar las gasolinas y al coche le cuesta arrancar. Por eso, las compañías petrolíferas preparan diferentes mezclas para cada época del año. En invierno se aumenta la proporción de componentes volátiles para facilitar la vaporización. En verano, en cambio, si la gasolina es muy volátil, se evapora del depósito, con lo que, además de perderse combustible, se contamina el ambiente.

4. Las compañías petrolíferas cambian cuatro veces al año la composición de las gasolinas. ¿Por qué no lo notamos? ¿Cómo lo notaríamos si no la cambiasen?

¿Con cuál de los calentadores se consigue mayor rendimiento para hacer una infusión?

Se quiere investigar cómo conseguir, con el mayor rendimiento, calentar agua de 20 °C a 100 °C. Para calentar 0,5 L de agua en la placa de vitrocerámica de 1250 W se ha tardado 454 s. Se quiere saber si con otros aparatos se podría conseguir un mejor rendimiento.

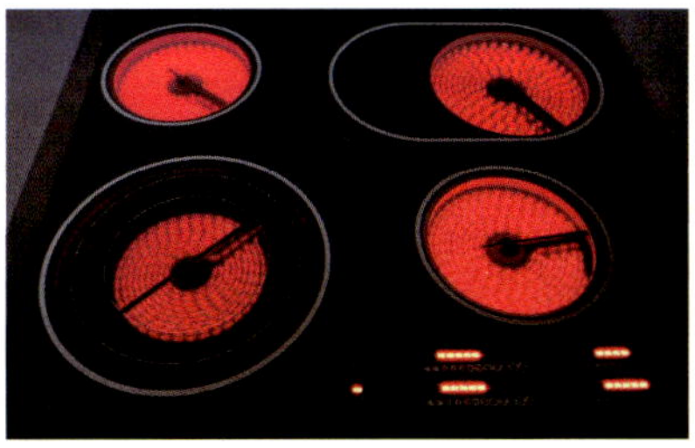

1. ¿Qué cantidad de calor hay que suministrar al agua?
2. ¿Qué energía eléctrica se ha empleado en la placa vitrocerámica? ¿Cuál es el rendimiento obtenido con la vitrocerámica?
3. ¿Qué datos son necesarios para calcular los demás rendimientos?

AUTOEVALUACIÓN

1. Completa la siguiente frase con una de las opciones: "1 kg de vapor de agua a 100 °C tiene más ●●● que 1 kg de agua a 100 °C."

a) Energía interna
b) Calor
c) Temperatura
d) Energía térmica

2. A la vista de la tabla de calores latentes de fusión y vaporización, ¿cuáles de las conclusiones indicadas pueden deducirse de ella y cuáles no?

Sustancia	$L_{fusión}$ (J/g)	$L_{vaporización}$ (J/g)
Agua	334	2257
Alcohol etílico	104	854
Mercurio	12	287
Aluminio	397	9447
Plata	88	2332

a) Los metales tienen calores latentes de vaporización mucho mayores que los no metales.
b) Los calores latentes de vaporización son mucho mayores que los de fusión.
c) Las sustancias líquidas tienen menores calores latentes que los sólidos.
d) Los calores latentes de las distintas sustancias son distintos.

3. La torre Eiffel está construida íntegramente en acero. Su temperatura media es de 6 °C en invierno y de 25 °C en verano. ¿Qué altura tendrá en verano, suponiendo que su altura en invierno es de 324 m?

a) 74 m b) 331,4 m c) 7,4 cm d) 324,07 m

4. Al mezclar 50 g de agua a 80 °C con 10 g de agua a 10 °C se ha obtenido una de estas gráficas.

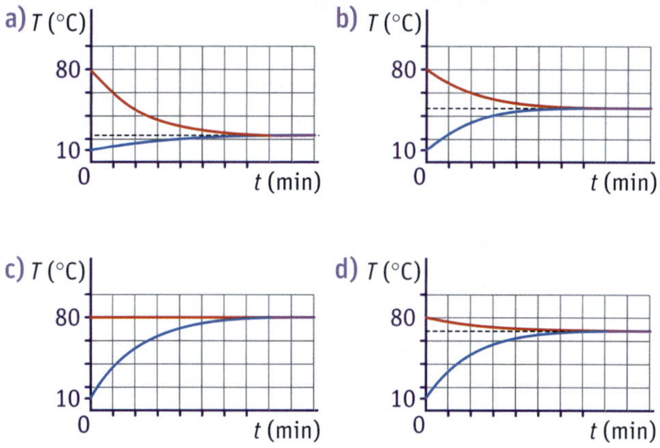

¿Cuál de ellas se ha podido obtener? Razona la respuesta.

5. Observa los dos esquemas siguientes de máquinas térmicas e indica si son correctas estas afirmaciones:

a) A es un frigorífico y B es un motor.
b) A es un motor y B es un frigorífico.
c) A es un frigorífico, pero el esquema B es imposible.
d) Los dos esquemas son imposibles.

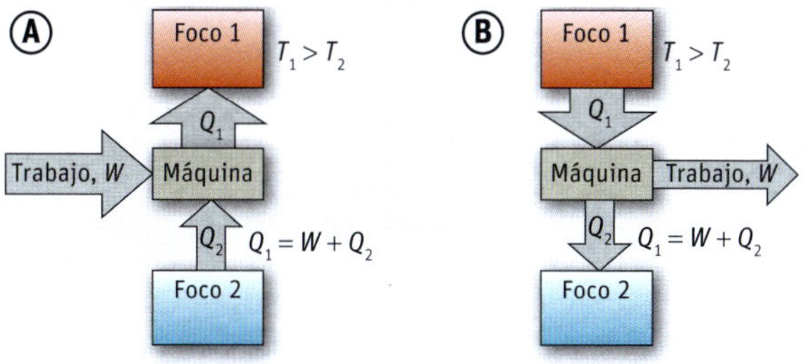

PROYECTO DE INVESTIGACIÓN

¿CAMBIA LA PRESIÓN SI EL AGUA SE MUEVE?

En una visita a la antigua Herrería de Compludo (Monumento Nacional, en la provincia de León) los alumnos observan que en vez del típico fuelle necesario para mantener el fuego de dicha herrería, se utilizaba un ingenio hidraúlico. En la tubería del agua que cae cuando se abre la compuerta de la derecha, hay dos agujeros, A y B, por los que entra el aire exterior, de modo que al dirigirlo por una tubería hacia la llama de la fragua, mantiene encendido el fuego.

A la vista de este hecho se hacen la siguiente pregunta: ¿por qué en vez de salir el agua por los agujeros de la cañería, entra el aire en su interior? Para resolverla, os planteamos esta otra cuestión: ¿cambian las presiones de los fluidos si están en movimiento?

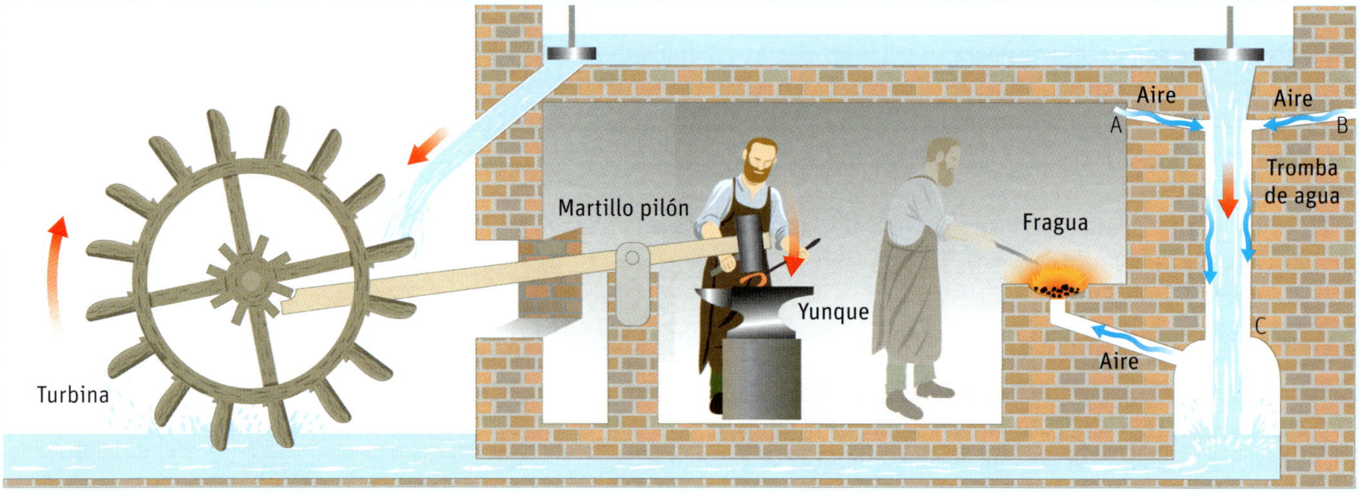

INVESTIGAMOS CON FLUIDOS EN MOVIMIENTO

Con un secador de pelo, lanza horizontalmente aire a distintas velocidades (según la potencia elegida) por encima del tubo conectado a un recipiente con bolitas ligeras.

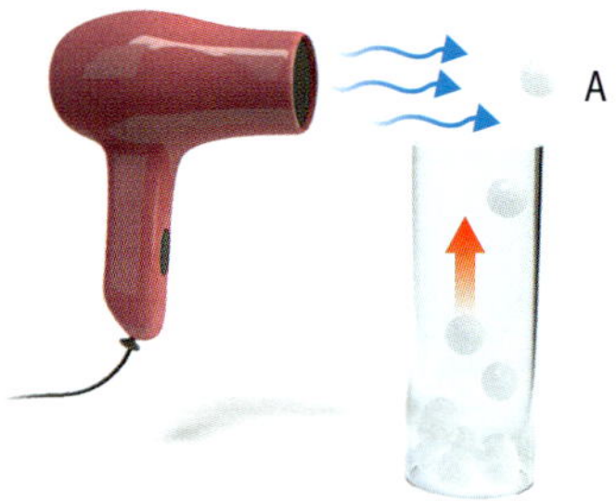

Cuenta la cantidad de bolitas que suben por el tubo al cabo de medio minuto y rellena una tabla como esta:

Velocidad del viento	Baja	Media	Alta
Nº. bolitas que suben	●●●	●●●	●●●
Presión originada en A	p_1	p_2	p_3

Podrás comprobar que cuanto mayor es la velocidad del aire que expulsa el secador, mayor es la cantidad de bolitas que suben.

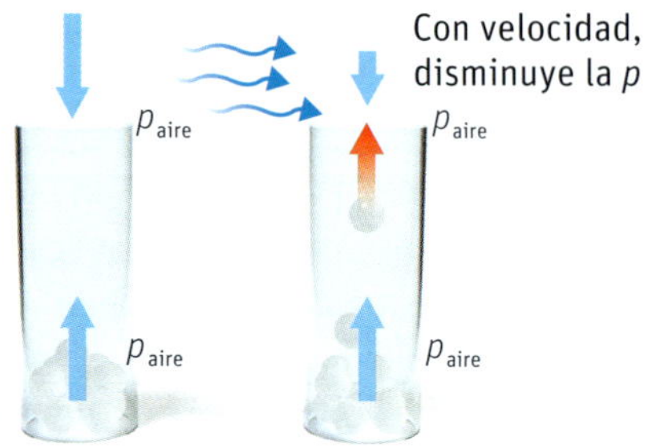

Esto implica que la presión del aire al ponerse en movimiento se ha hecho menor, por lo que las bolitas suben.

De este modo, deducimos que $p_1 > p_2 > p_3$.

La conclusión que podemos extraer es la siguiente: cuanto mayor es la velocidad de los fluidos en movimiento, menor presión producen.

LA CIENCIA EXPLICA

Ahora ya podemos entender el funcionamiento del "fuelle" hidráulico de Compludo.

Si en C hubiera un cerramiento y el tubo se llenase de agua, esta ejercería una presión sobre las paredes, que la haría salir por los agujeros A y B.

Pero, al no estar cerrado en C, el agua cae por el tubo aumentando su velocidad y produciendo una depresión respecto del exterior que hace que entre el aire.

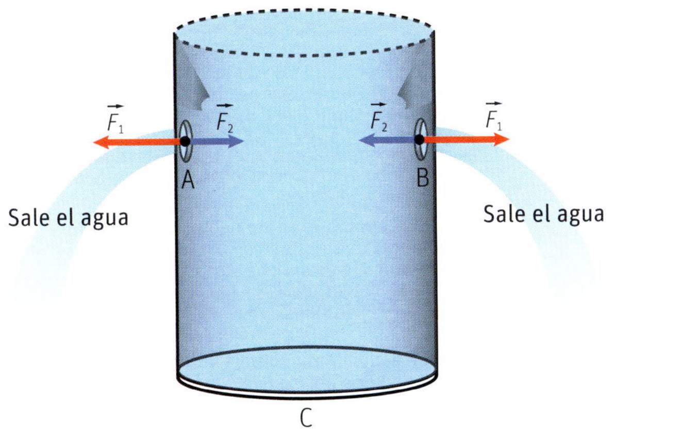

Las fuerzas en A y B son: F_2 hacia dentro del tubo debido a la presión atmosférica (p_{atm}) y F_1 hacia fuera, debida a la presión del agua en reposo.

$$F_1 > F_2$$

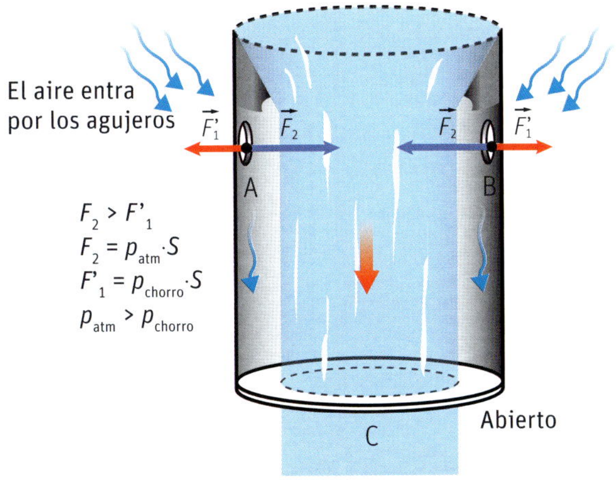

$F_2 > F'_1$
$F_2 = p_{atm} \cdot S$
$F'_1 = p_{chorro} \cdot S$
$p_{atm} > p_{chorro}$

Al caer el chorro, ha disminuido tanto la presión del agua sobre los huecos A y B, que se ha hecho menor que la atmosférica, de modo que el aire de fuera entra en el tubo. Al aumentar la velocidad en la caída, el agua genera más depresión y acelera el aire.

Relaciónalo con tu entorno

Construcciones como las chimeneas y utensilios de uso común, como los pulverizadores, se basan en este fundamento.

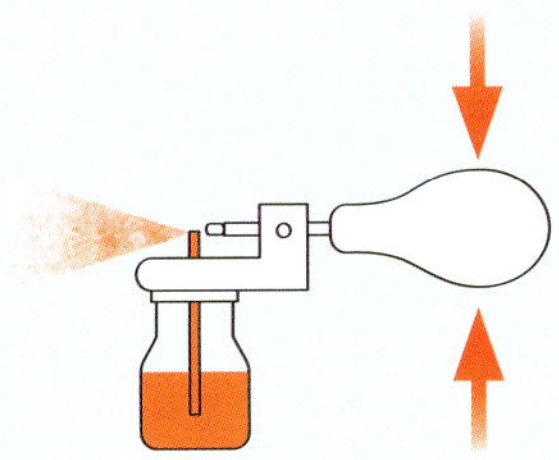

En el pulverizador se genera una baja presión con el chorro de aire en la boca del frasco. Debido a ello se consigue subir el líquido del frasco, que sale pulverizado en pequeñas gotas.

Cuanto más altas son las chimeneas, la velocidad del viento en su boca suele ser más constante y elevada y por lo tanto, mayor la diferencia de presión con la de la base. Esto hace que los humos de la combustión salgan mejor.

Mira el vídeo de los efectos de los fluidos en movimiento al disminuir la presión en sm**Savia**digital.com OBSERVA **Fluidos en movimiento**, en el que puedes ver experimentos que puedes realizar con materiales sencillos.

Los remolinos, los tizones, los huracanes, tienen su fundamento en las grandes depresiones que generan los fluidos cuando adquieren grandes velocidades.

Entra en sm**Savia**digital.com INVESTIGA para saber cómo habría que actuar para escapar de un remolino.

FORMULACIÓN Y NOMENCLATURA QUÍMICAS

La **IUPAC** (Unión Internacional de Química Pura y Aplicada) establece las normas para representar los diferentes elementos y compuestos (**formulación**), así como para nombrarlos (**nomenclatura**). En este anexo se han utilizado las nomenclaturas sistemáticas de **prefijos numerales** y de **números de oxidación** y algunos **nombres tradicionales** aceptados por la IUPAC (2005). Las nomenclaturas de sustitución y de adición, también aceptadas, en general exceden el nivel de este anexo.

FORMULACIÓN QUÍMICA

Valencia y número de oxidación

Valencia

Número de electrones que pierde (valencia +), gana (valencia −) o comparte (covalencia) un átomo al combinarse con otro.

La IUPAC lo ha sustituido por →

Número de oxidación

El número de oxidación de un átomo en un compuesto es un número teórico que indica el número de electrones que el átomo habría perdido o ganado si el compuesto fuera perfectamente iónico. Siempre tiene signo.

Tipos de sustancias

Sustancias elementales

Formadas por un único elemento. Pueden ser atómicas, moleculares o estructuras gigantes.

- Los gases nobles son monotáomicos: He, Ne,...
- Los metales y las sustancias elementales covalentes reticulares son estructuras gigantes. Los metales se representan mediante su símbolo (Fe, Cu, Ag,...). Las estructuras gigantes covalentes son del tipo C(diamante), Si(s)...
- Algunos no metales son moléculas diatómicas: H_2, N_2, O_2, F_2, Cl_2,... Otros se presentan como moléculas poliatómicas: P_4, S_8, O_3,...

Compuestos

Los compuestos son especies químicas formadas por dos o más elementos diferentes. Pueden ser moleculares (CO_2, H_2SO_4,...) o estructuras gigantes (NaCl, SiO_2,...).

Nomenclatura

De composición con prefijos multiplicadores

Las proporciones de los elementos que forman parte del compuesto se indican mediante los prefijos: mono− (1), di− (2), tri− (3), tetra− (4), penta− (5),...

De composición con números de oxidación

Tras el nombre del elemento, se coloca entre paréntesis su estado de oxidación en números romanos (solo si tiene varios posibles).

Tradicional

Corresponde a nombres vulgares muy arraigados por su uso. La utilizaremos solo para hidruros, oxoácidos y oxisales.

Fórmulas

Empírica

Yuxtaposición de los símbolos atómicos con los subíndices enteros que indican su proporción más sencilla en la especie química correspondiente.

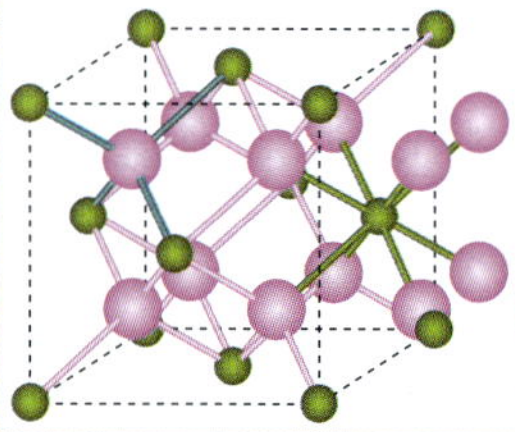

Para las estructuras gigantes (redes cristalinas iónicas, covalentes o metálicas) solo tiene sentido físico hablar de fórmula empírica, ya que no forman moléculas discretas. Por ejemplo, la fórmula de la fluorita, CaF_2, indica que la proporción de los iones de Ca^{2+} y F^- en el cristal es de 1:2.

Molecular

Corresponden a especies químicas formadas por moléculas discretas. Indica la composición real de las moléculas. Por ejemplo, H_2O indica que la molécula de agua posee dos átomos de H y uno de O.
La fórmula molecular de la glucosa es $C_6H_{12}O_6$ y su fórmula empírica, CH_2O (en este caso, la fórmula empírica cabe seis veces en la fórmula molecular).

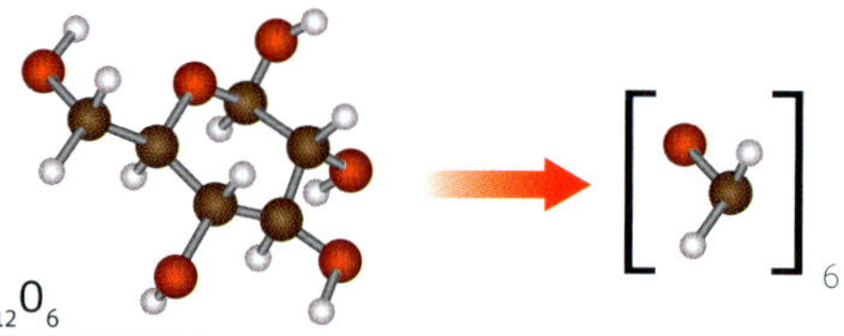

$C_6H_{12}O_6$ $(CH_2O)_6$

Metales	
Li, Na, K, Rb, Cs, Ag	+1
Be, Mg, Ca, Sr, Ba, Zn, Cd	+2
Al	+3
Cu, Hg	+1, +2
Au	+1, +3
Fe, Co, Ni	+2, +3
Cr	+2, +3, +6
Mn	+2, +3, +4,+6, +7
Pt, Sn, Pb	+2, +4

	No metales	
	Con metal o hidrógeno	Con oxígeno
F	−1	−1
Cl, Br, I	−1	+1, +3, +5, +7
S, Se, Te	−2	+2, +4, +6
N, P, As, Sb	−3	+3, +5
C, Si	−4	+4

Reglas para calcular el número de oxidación

- El número de oxidación de un átomo individual en un elemento libre es 0.
- El número de oxidación del oxígeno en sus compuestos es −2, excepto en los peróxidos, que es −1, y en las combinaciones con el flúor, que es +2 o +1 (las normas IUPAC 2005 establecen por convenio que todos los halógenos son más electronegativos que el oxígeno).
- El número de oxidación del hidrógeno siempre es +1, salvo frente a los metales, que es −1.
- El número de oxidación de los metales es siempre positivo.
- El número de oxidación de cualquier ion monoatómico es igual a la carga eléctrica del ion.
- En una especie química neutra, la suma de los números de oxidación de sus átomos multiplicados por los subíndices de estos es 0. En los iones, dicha suma es igual a la carga del ion.

1 Formulación y nomenclatura de química inorgánica

1.1. Iones

Los **iones** son átomos o grupos de átomos que han perdido o ganado electrones y, en consecuencia, tienen carga eléctrica neta. Pueden ser monoatómicos o poliatómicos.

Monoatómicos

Se formulan escribiendo el símbolo del elemento con un exponente igual a su número de oxidación: carga positiva para los **cationes** y carga negativa para los **aniones**.

Nomenclatura de composición con números de oxidación	
Los **cationes se nombran** con la palabra ion y el nombre del elemento con su número de oxidación en números arábigos, entre paréntesis. Li^{+}: ion litio (1+) Cu^{2+}: ion cobre (2+)	Los **aniones se nombran** con la palabra ion, seguida del nombre del elemento terminado en **–uro**. Cl^{-}: ion cloruro (1–) o ion cloruro S^{2-}: ion sulfuro (2–) o ion sulfuro

Poliatómicos

- En los **cationes,** la carga afecta a todo el grupo. Se designan con **nombres tradicionales**.
- En los **aniones**, la carga del ion afecta también a todo el grupo de átomos. Se nombran empleando **la nomenclatura tradicional**, derivada de la de los oxoácidos.

Ten en cuenta

Normalmente, cuando un compuesto iónico neutro se disuelve en agua, se produce un ion positivo o **catión**, y un ion negativo o **anión**. Los hidróxidos, ácidos y sales (binarias y oxisales) en agua originan iones.

Ejemplos de cationes	Ejemplos de aniones
NH_4^{+}: ion amonio	BrO^{-}: ion hipobromito
Hg_2^{2+}: ion dimercurio(+2)	NO_2^{-}: ion nitrito
H_3O^{+}: ion oxonio	SO_4^{2-}: ion sulfato
PH_4^{+}: ion fosfonio	MnO_4^{-}: ion permanganato

1.2. Combinaciones binarias e hidróxidos

	Descripción	Formulación	Nomenclatura de composición	
			con prefijos multiplicadores	con números de oxidación
ÓXIDOS	Combinaciones binarias del oxígeno con un elemento cualquiera. El número de oxidación del oxígeno es –2. • Óxidos metálicos o básicos: de carácter iónico, forman estructuras gigantes. • Óxidos no metálicos o ácidos: sustancias moleculares.	Se coloca el símbolo del elemento y después el del oxígeno. Se intercambian los números de oxidación y se simplifican si es posible. 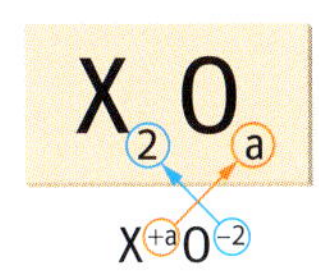	Se escribe la palabra **óxido**, seguida del nombre del otro elemento. Se indica la proporción de los elementos con los prefijos **mono–**, **di–**, **tri–**, **tetra–**,... Fe_2O_3: trióxido de dihierro P_2O_5: pentaóxido de difósforo	Se escriben las palabras **óxido de**, el nombre del otro elemento y su número de oxidación en números romanos y entre paréntesis, si es necesario. SnO: óxido de estaño(II) CaO: óxido de calcio
HALUROS DE OXÍGENO	Combinaciones de oxígeno con un halógeno (F, Cl, Br, I). Se denominan **haluros de oxígeno** y no son óxidos.	Se escribe primero el oxígeno y a la derecha el halógeno y se intercambian sus números de oxidación, simplificando si se puede.	**con prefijos multiplicadores** Se escribe el nombre del halógeno terminado en **– uro** y después **de oxígeno**, precedidos de los prefijos correspondientes. O_3Cl_2: dicloruro de trioxígeno O_7Br_2: dibromuro de heptaoxígeno	
			con prefijos multiplicadores	con números de oxidación
PERÓXIDOS	Combinaciones binarias del oxígeno, que contienen el grupo peróxido, O_2^{2-}. El número de oxidación del oxígeno es –1. Un peróxido muy común, conocido por su nombre tradicional es el H_2O_2 (agua oxigenada).	Se considera el bloque $(O_2)^{2-}$. Para equilibrar las cargas se intercambian los números de oxidación y se simplifica si es posible. 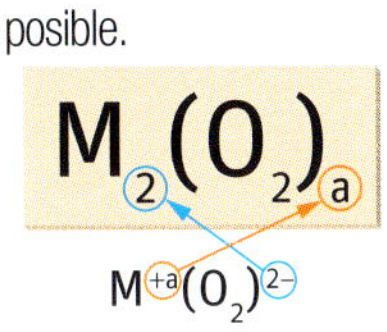	Se escribe la palabra **óxido**, seguida del nombre del otro elemento y en ambos se emplean sus prefijos correspondientes. Na_2O_2: dióxido de disodio ZnO_2: dióxido de cinc	Se escriben **peróxido de** y el nombre del otro elemento con su número de oxidación, en números romanos y entre paréntesis, si es necesario. $Sn(O_2)_2$: peróxido de estaño (IV) CaO_2: peróxido de calcio

FORMULACIÓN Y NOMENCLATURA QUÍMICAS

	Descripción	Formulación	Nomenclatura de composición	
HIDRUROS	Hidruros metálicos: resultan de la unión de un metal con el hidrógeno, con número de oxidación –1.	Se coloca primero el metal, después el hidrógeno y se intercambian los números de oxidación.	**con prefijos multiplicadores** Se escribe **hidruro**, seguido del nombre del metal, con los prefijos correspondientes. AuH_3: trihidruro de oro	**con números de oxidación** Se escribe **hidruro**, el nombre del metal y su número de oxidación, entre paréntesis y en números romanos, si es necesario. NiH_3: hidruro de níquel(III)
	Hidruros no metálicos o progenitores: unión de elementos de los grupos 13 al 17 con el hidrógeno, con número de oxidación +1.	Se coloca el no metal, después el hidrógeno y se intercambian los números de oxidación.	**con prefijos multiplicadores** Se escribe **tri–** o **tetrahidruro**, seguido del nombre del no metal. BH_3: trihidruro de boro CH_4: tetrahidruro de carbono SiH_4: tetrahidruro de silicio NH_3: trihidruro de nitrógeno	**(Nomenclatura de sustitución)** Todos tienen nombre especial. BH_3: borano — PH_3: fosfano CH_4: metano — AsH_3: arsano SiH_4: silano — SbH_3: estibano NH_3: amoniaco — H_2O: agua
HALUROS Y ANFIGENUROS DE HIDRÓGENO	Combinaciones del hidrógeno con los elementos de los grupos 16 y 17 (S, Se, Te, F, Cl, Br, I y At). En estos compuestos el número de oxidación que presenta el hidrógeno es +1.	Se escribe el hidrógeno y después el no metal. Se intercambian los números de oxidación.	**con prefijos multiplicadores** Se escribe el nombre del no metal terminado en **–uro** y se añade **de hidrógeno**. HF: fluoruro de hidrógeno HCl: cloruro de hidrógeno HBr: bromuro de hidrógeno HI: yoduro de hidrógeno H_2S: sulfuro de dihidrógeno H_2Se: seleniuro de dihidrógeno H_2Te: telururo de dihidrógeno	**Nombres de su disolución acuosa** Se escribe la palabra **ácido** seguida del nombre del no metal terminado en **–hídrico**. HF: ácido fluorhídrico HCl: ácido clorhídrico HBr: ácido bromhídrico HI: ácido yodhídrico H_2S: ácido sulfhídrico H_2Se: ácido selenhídrico H_2Te: ácido telurhídrico
SALES BINARIAS	Combinaciones binarias de tipo **metal-no metal**. Son compuestos iónicos que forman cristales y son sólidos a temperatura ambiente.	Se escribe el metal y después el no metal. Se intercambian los números de oxidación, teniendo en cuenta que el no metal actúa con su número de oxidación negativo, y se simplifican si se puede.	**con prefijos multiplicadores** Se escribe el nombre del no metal terminado en **–uro** seguido del metal, utilizando los prefijos ya conocidos. $MgBr_2$: dibromuro de magnesio Na_2S: sulfuro de disodio	**con números de oxidación** Se nombra el no metal terminado en **–uro**, seguido del metal y su número de oxidación, entre paréntesis y en números romanos, si es necesario. FeI_3: yoduro de hierro(III) $PbCl_4$: cloruro de plomo(IV)
NO METAL-NO METAL	Combinaciones binarias de dos **no metales**. Son compuestos moleculares formados por la unión de dos no metales de esta lista: B, Si, C, Sb, As, P, N, H, Te, Se S, At, O, I, Br, Cl, F.	Se escribe el no metal que aparece primero en la lista y después el otro. Se intercambian los números de oxidación, teniendo en cuenta que el segundo no metal es el que actúa con su número de oxidación negativo, y se simplifican si se puede.	**con prefijos multiplicadores** Se escribe el nombre del no metal de la derecha acabado en **–uro**, seguido del nombre del otro no metal, con los prefijos ya conocidos. BCl_3: tricloruro de boro N_2S_5: pentasulfuro de dinitrógeno	**con números de oxidación** Se nombra el no metal de la derecha terminado en **–uro**, el otro no metal y, entre paréntesis y en números romanos, su número de oxidación si es necesario. BF_3: fluoruro de boro(III) SF_6: fluoruro de azufre(VI)
HIDRÓXIDOS	Compuestos formados por la combinación de un metal con el ion $(OH)^-$, llamado hidróxido, al que se asigna carga –1.	Se coloca primero el metal, seguido del grupo OH. Se equilibran las cargas eléctricas, poniendo el grupo OH entre paréntesis cuando sea necesario.	**con prefijos multiplicadores** Se escribe la palabra **hidróxido**, seguida del nombre del metal. Se usan los prefijos para indicar el número de OH. LiOH: hidróxido de litio $Co(OH)_3$: trihidróxido de cobalto	**con números de oxidación** Se escribe la palabra **hidróxido**, seguida del nombre del metal y su número de oxidación, entre paréntesis y en números romanos, si es necesario. $Ca(OH)_2$: hidróxido de calcio $Cu(OH)_2$: hidróxido de cobre(II)

1.3. Combinaciones ternarias y cuaternarias

OXOÁCIDOS

Descripción y Formulación

- Formados por hidrógeno, un no metal y oxígeno. También ciertos metales de transición originan ácidos: el vanadio con número de oxidación +5, el cromo con número +6 y el manganeso con números +4, +6, +7.
- Su fórmula general es $H_xM_yO_z$.
- El número de oxidación del hidrógeno es +1, el del no metal es +m y el del oxígeno es –2.

$$H^{+1}_{x}M^{+m}_{y}O^{-2}_{z}$$

- La suma algebraica de los números de oxidación de cada elemento multiplicados por sus subíndices es 0.

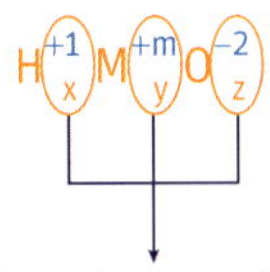

$$x\cdot(+1)+y\cdot(+m)+z\cdot(-2)=0$$

- Por ejemplo, en el H_3PO_4, el número de oxidación del fósforo es:

$$3\cdot(+1)+1\cdot(+m)+4\cdot(-2)=0$$
$$m=+5$$

Nomenclatura

Nombres vulgares (aceptados por la IUPAC)

El nombre empieza por la palabra ácido, seguida de la raíz del átomo central y de los prefijos y sufijos correspondientes a su número de oxidación.

Oxoácidos del cloro

$HClO$	Ácido hipocloroso
$HClO_2$	Ácido cloroso
$HClO_3$	Ácido clórico
$HClO_4$	Ácido perclórico

Oxoácidos del bromo

$HBrO$	Ácido hipobromoso
$HBrO_2$	Ácido bromoso
$HBrO_3$	Ácido brómico
$HBrO_4$	Ácido perbrómico

Oxoácidos del yodo

HIO	Ácido hipoyodoso
HIO_2	Ácido yodoso
HIO_3	Ácido yódico
HIO_4	Ácido peryódico

Oxoácidos del nitrógeno

HNO_2	Ácido nitroso
HNO_3	Ácido nítrico

Oxoácidos del azufre

H_2SO_3	Ácido sulfuroso
H_2SO_4	Ácido sulfúrico

Oxoácidos del selenio

H_2SeO_3	Ácido selenoso
H_2SeO_4	Ácido selénico

Oxoácido principal del fósforo

H_3PO_4	Ácido fosfórico

Oxoácidos del carbono

H_2CO_3	Ácido carbónico

Oxoácidos del boro

H_3BO_3	Ácido bórico

Oxoácidos del silicio

H_4SiO_4	Ácido silícico

OXISALES NEUTRAS

Descripción

- Compuestos ternarios constituidos por un metal, un átomo central (no metal, vanadio, cromo o manganeso) y oxígeno. Proceden de sustituir los átomos de hidrógeno de los oxoácidos por metales.
- Responden a la fórmula general $\mathbf{M_x(m_yO_z)_n}$.

Formulación

- Se formulan escribiendo primero el metal y a continuación el anión formado por el resto del ácido correspondiente sin los hidrógenos (este anión dispondrá de tantas cargas negativas como hidrógenos eliminados). Para formar la sal se equilibran las cargas intercambiando los números de oxidación y simplificando, siempre que sea posible.
- Por ejemplo, el ion fosfato, $PO_4^{\ 3-}$ procede del H_3PO_4 y actúa con número de oxidación –3. Así, la combinación de este anión con el catión Cu^{2+}, origina el $Cu_3(PO_4)_2$.

Nomenclatura

con números de oxidación y tradicional

Se escribe, sin la palabra ion, el nombre del anión del oxoácido del que procede la sal, conforme a la tabla siguiente. Se añade el nombre del metal y cuando sea necesario, su número de oxidación entre paréntesis y en números romanos.

Ácidos	Aniones
hipo-oso	hipo-ito
-oso	-ito
-ico	-ato
per-ico	per-ato

$NaBrO$: hipobromito de sodio

KNO_2: nitrito de potasio

$Cu_3(PO_4)_2$: fosfato de cobre (II)

$KMnO_4$: permanganato de potasio

FORMULACIÓN Y NOMENCLATURA QUÍMICAS

EJERCICIOS PROPUESTOS

1. Copia y completa en tu cuaderno la siguiente tabla.

Fórmula	Nomenclatura de composición con prefijos numerales	Nomenclatura de composición con números de oxidación
PbO	●●●	●●●
●●●	Trióxido de dialuminio	●●●
●●●	●●●	Óxido de arsénico(V)
CaO_2	●●●	●●●
●●●	Hidruro de plata	●●●
Cu_2O	●●●	●●●
●●●	Trisulfuro de diníquel	●●●
●●●	●●●	Hidruro de plomo(II)
H_2Se	●●●	●●●
Sb_2S_3	●●●	●●●
●●●	Hexafluoruro de selenio	●●●
$SrCl_2$	●●●	●●●

2. Indica en tu cuaderno el número de oxidación del no metal en los siguientes oxoácidos.

Fórmula	Número de oxidación	Nombre	Número de oxidación
H_3PO_4	●●●	Ácido nitroso	●●●
HNO_2	●●●	Ácido silícico	●●●
$H_2Cr_2O_7$	●●●	Ácido perbrómico	●●●
H_2SO_4	●●●	Ácido nítrico	●●●
$HBrO_3$	●●●	Ácido bórico	●●●
H_2CO_3	●●●	Ácido sulfuroso	●●●

3. Copia y completa en tu cuaderno la siguiente tabla.

Fórmula	Nomenclatura	Fórmula	Nomenclatura
●●●	Ion fluoruro(1–)	●●●	Nitrito de cobalto(III)
Fe^{3+}	●●●	$Cu(NO_3)_2$	●●●
BrO_3^-	●●●	●●●	Bromato de oro(III)
●●●	Ion carbonato	$MgCO_3$	●●●
●●●	Ion perclorato	●●●	Hipoclorito de sodio
PO_4^{3-}	●●●	$PbSO_4$	●●●
$Cr_2O_7^{2-}$	●●●	●●●	Silicato de magnesio
●●●	Ion sulfito	$K_2Cr_2O_7$	●●●

4. Indica cuáles han sido los errores que se han cometido al formular o nombrar estos compuestos. Corrige el error.

Óxido de aluminio	Al_3O_2	Hidruro de plata	AgH_2
Dióxido de carbono	CO_4	Trihidruro de oro	Au_3H
Diyoduro de pentaóxido	I_5O_2	Hidruro de estaño(IV)	SnH_2
Óxido de oro(III)	AuO_3	Hidruro de calcio	H_2Ca
Dióxido de azufre	S_2O	Hidruro de dimercurio	HgH_2
Diníquel de trióxido	Ni_2O_3	Hidruro de potasio(II)	KH
Óxido de sodio(II)	Na_2O	Hidruro de cadmio(II)	CdH_2
Óxido de carbono	CO_2	Dihidruro de estaño(II)	SnH_2

5. Formula en tu cuaderno los siguientes compuestos binarios.

a) Óxido de plomo(IV)
b) Sulfuro de carbono(IV)
c) Hidruro de oro(III)
d) Dicloruro de pentaoxígeno
e) Trihidruro de boro
f) Peróxido de bario
g) Hidróxido de litio
h) Óxido de mercurio(I)
i) Amoniaco
j) Ácido clorhídrico
k) Óxido de selenio(VI)
l) Dihidróxido de calcio

6. Nombra en tu cuaderno los siguientes compuestos binarios.

a) H_2O
b) Cu_2O
c) SnH_2
d) O_3Br_2
e) AlH_3
f) Na_2O_2
g) IF_7
h) H_2S
i) Na_2O
j) $Al(OH)_3$
k) Co_2Se_3
l) HgTe

7. Nombra y formula en tu cuaderno, según corresponda, los siguientes compuestos:

a) H_2SO_4
b) HClO
c) $HBrO_3$
d) H_2CO_3
e) HNO_3
f) Ácido fosfórico
g) Ácido sulfuroso
h) Ácido bromoso
i) Ácido permangánico

8. Escribe en tu cuaderno el anión y el catión de las siguientes oxisales. Nombra los iones y la sal.

Sal	Anión	Catión
$Au(ClO_3)_3$	●●●	●●●
$NaNO_2$	●●●	●●●
$Fe(NO_3)_2$	●●●	●●●
$Fe_2(SO_4)_3$	●●●	●●●
$CaCO_3$	●●●	●●●

9. Nombra y formula en tu cuaderno, según corresponda, los siguientes compuestos.

a) $Ca(ClO_2)_2$
b) $Mg(NO_3)_2$
c) $Cu_3(PO_4)_2$
d) Sulfito de rubidio
e) Nitrito de plomo (II)
f) Sulfito de sodio
g) Yoduro de potasio
h) Arseniuro de cadmio
i) Ácido bórico
j) Peróxido de sodio
k) Hidróxido de cobre (II)
l) Fosfano
m) Anión dicromato
n) $AuPO_4$
o) $Ca(ClO)_2$
p) $CsNO_3$
q) $LiMnO_4$
r) H_2O

2 Formulación y nomenclatura de química orgánica

Carbono			Oxígeno (y azufre)	
$-\overset{\mid}{\underset{\mid}{C}}-$	$>C=$	$-C\equiv$	$-O-$	$O=$
Nitrógeno			Halógeno	Hidrógeno
$-\underset{\mid}{N}-$	$-N=$	$N\equiv$	$X-$	$H-$

Figura 1. Enlaces que pueden formar los elementos.

La **formulación orgánica** formula y nombra los compuestos cuya base estructural es el carbono, al que acompañan hidrógeno, oxígeno, nitrógeno, azufre y halógenos.

2.1. Hidrocarburos

Los **hidrocarburos** son los compuestos orgánicos más sencillos. Solo contienen átomos de carbono e hidrógeno. En función de los enlaces de carbono que contengan, se clasifican en **alcanos** (C–C), **alquenos** (C=C) y **alquinos** (C≡C).

El nombre sistemático (IUPAC) de un **hidrocarburo de cadena lineal** se compone de:

prefijo	met– (1C)	et– (2C)	prop– (3C)	but– (4C)	pent– (5C)	hex– (6C)	hept– (7C)	oct– (8C)	non– (9C)	dec– (10C)
sufijo	**–ano** (alcanos)			**–eno** (alquenos)			**–ino** (alquinos)			

	Alcanos	Alquenos	Alquinos
Descripción	Solo tienen enlaces simples	Las posiciones de los dobles enlaces se indican mediante un número localizador (la cadena se empieza a numerar por el carbono más próximo al doble enlace). El localizador corresponde al primer carbono del doble enlace y se escribe delante de la terminación, separado por un guión. Se emplean las terminaciones **–eno**, **–dieno**, **–trieno**,…	Tienen al menos un triple enlace. Su nomenclatura sigue las mismas reglas que la de los alquenos; solo hay que sustituir **–eno** por **–ino**.
Ejemplos	CH_4 metano $CH_3{-}CH_3$ etano	$CH_2{=}CH{-}CH_3$ propeno 1 2 3 4 5 6 7 8 $CH_3{=}CH{-}CH{=}CH{-}CH_2{-}CH{=}CH{-}CH_3$ octa-1,3,6-trieno	$CH{\equiv}CH$ etino 6 5 4 3 2 1 $CH_3{-}C{\equiv}C{-}CH_2{-}C{\equiv}CH$ hexa-1,4-diino

Si un hidrocarburo pierde un átomo de hidrógeno de un carbono terminal, se origina un **radical alquílico** cuyo nombre se obtiene sustituyendo su terminación por **–ilo** (CH_3-, metilo; $CH_3{-}CH_2-$, etilo; $CH_3{-}CH_2{-}CH_2-$, propilo; $CH_3{-}CH_2{-}CH_2{-}CH_2-$, butilo,…).

Un **hidrocarburo de cadena ramificada** deriva de un hidrocarburo de cadena lineal, al que se ha sustituido el hidrógeno de un carbono intermedio por un radical alquílico.

Según la IUPAC, para nombrar hidrocarburos ramificados se debe escoger la cadena principal, numerarla e incorporar los radicales correspondientes, terminados en **–il**.

Nomenclatura de hidrocarburos ramificados

1. Elegir la cadena principal.

- Si no hay enlaces dobles o triples, la cadena principal es la de mayor número de átomos de carbono.
- Si hay enlaces dobles o triples, es la que tiene mayor número de estos.
- En caso de igualdad, se elige primero la cadena de mayor número de carbonos.

Ejemplo:

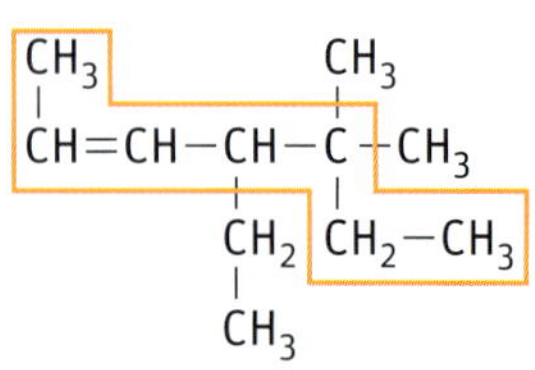

2. Numerar la cadena principal.

- Si no hay enlaces dobles o triples, se comienza por el extremo más próximo a una ramificación.
- Si hay algún enlace doble o triple, se empieza por el extremo más próximo a este.
- En caso de igualdad, se numera asignando a los dobles enlaces los localizadores más bajos.

Ejemplo:

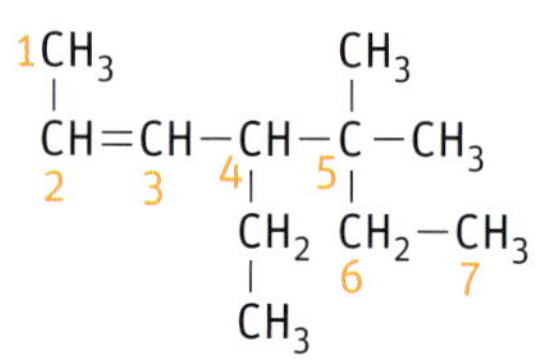

3. Nombrar el hidrocarburo.

- Se nombran primero y alfabéticamente las cadenas ramificadas, como si fueran radicales, sin la **–o** final.
- Delante del nombre de cada radical, y separado por un guión, se indica el número del localizador del carbono de la cadena principal al que va unido.
- Si hay varios radicales iguales, se usan **di–**, **tri–**,…

Ejemplo:

4-etil-5,5-dimetilhept-2-eno

2.2. Derivados halogenados

> Los **derivados halogenados** resultan de sustituir uno o más átomos de hidrógeno en un hidrocarburo por otros tantos átomos de un halógeno (flúor, cloro, bromo o yodo).

Se nombran como en los casos anteriores, considerando y numerando los halógenos como radicales y citándolos en el lugar que les corresponde por orden alfabético.

CH_3Cl clorometano	$CHCl_3$ triclorometano
1 2 Br_2HC-CH_3 1,1-dibromoetano	3 2 1 $CH_3-CH=CHI$ 1-yodoprop-1-eno

2.3. Grupos funcionales

> Se llama **grupo funcional** a un átomo o grupo de átomos que confiere a una molécula sus propiedades químicas características.

Si hay un grupo funcional, la cadena principal se numera dando el localizador más bajo al grupo funcional, que se nombra en último lugar con su terminación propia.

> Los **compuestos oxigenados** están constituidos por carbono, hidrógeno y oxígeno.
>
> Los **compuestos nitrogenados** están constituidos por carbono, hidrógeno y nitrógeno; en algunos casos pueden contener, además, oxígeno.

	Grupo funcional	Nomenclatura	Ejemplos	
Oxigenados	Alcoholes	Se nombran con el radical procedente del alcano terminado en **–ol**. Los polialcoholes terminan en **–diol**, **–triol**,… con sus localizadores.	5 4 3 2 1 $CH_3-CH_2-\underset{CH_3}{\underset{\vert}{CH}}-CHOH-CH_3$ 3-metilpentan-2-ol	4 3 2 1 $CH_3-CHOH-CH_2-CH_2OH$ butano-1,3-diol
	Aldehídos	Este grupo es siempre principio o final de la cadena, por lo que no necesita localizador. Se hacen terminar en **–al**, o **–dial**.	$CH_3-CH_2-C\begin{matrix}{=}O\\ {-}H\end{matrix}$ propanal	1 2 3 4 5 $CHO-CH_2-\underset{CH_2-CH_3}{\underset{\vert}{CH}}-CH_2-CHO$ 3-etilpentanodial
	Cetonas	Este grupo se encuentra en el interior de la estructura carbonada. Se nombran con la raíz del hidrocarburo, terminada en **–ona**, **–diona**,…	$CH_3-\overset{\overset{O}{\Vert}}{C}-CH_3$ propanona (acetona)	4 3 2 1 $CH_3-\underset{CH_2-CH_2-CH_3}{\underset{\vert}{CH}}-CO-CO-CH_3$ 5 6 7 4-metilheptano-2,3-diona
	Ácidos carboxílicos	Al ser principio o final de la cadena, este grupo no necesita localizador. Se nombran con la palabra **ácido** terminada en **–oico** o **–dioico**.	$CH_3-C\begin{matrix}{=}O\\ {-}OH\end{matrix}$ ácido etanoico (ácido acético)	1 2 3 4 5 $COOH-\underset{CH_3}{\underset{\vert}{CH}}-CH_2-CH_2-COOH$ ácido 2-metilpentanodioico
Nitrogenados	Aminas	Se nombran añadiendo **–amina**, **–diamina**,… al nombre del hidrocarburo o de los radicales sustituyentes.	CH_3-NH_2 metilamina	1 2 3 $NH_2-CH_2-\underset{NH_2}{\underset{\vert}{CH}}-CH_3$ propano-1,2-diamina
	Amidas	Derivan de los ácidos carboxílicos, sustituyendo el –OH por $–NH_2$. Se nombran cambiando la terminación **–oico** del ácido por **–amida**.	CH_3-CONH_2 etanamida	$NH_2-CO-CO-NH_2$ etanodiamida

EJERCICIOS PROPUESTOS

10. Nombra o formula, según corresponda, los siguientes compuestos.

a) $CH_3-CH_2-CH_2-CH_2-CH_2-CH_2-CH_3$
b) $CH_3-CH=CH-CH=CH_2$
c) 3-etilhexa-1,5-diino
d) $BrCH_2-CH_2-CH_2-CH_2-CH_2I$
e) $CH_2OH-CH_2-CH=CH-CH_3$
f) $CH_3-CH_2-NH_2$
g) $CH_2=CH-CH_2-\underset{Br}{\underset{|}{C}}=CH-CH=CH_2$
h) ácido 2-metilpentanoico
i) 3,4-dibromopent-1-eno
j) pentano-3-amina
k) 3-metilpentanamida

Soluciones de las actividades

UNIDAD 1

8. a) 83,5 km; b) 0,432 g; c) $5,4 \cdot 10^2$ cm; d) $5,8 \cdot 10^3$ s

10. Error absoluto = 0,01 g; error relativo = 0,29 %

11. a) 1; b) 2; c) 3; d) 4; e) 3; f) 4

12. a) 46,54; b) 46,53; c) 46,53; d) 46,55; e) 46,54; f) 46,53

13. 7,8 g/cm^3 **15.** 103 m/s; 14º dirección NE, por encima de E

30. a) $4,5 \cdot 10^3$ g; b) $5,3 \cdot 10^{-3}$ s; c) $6,5 \cdot 10^3$ K; d) $3 \cdot 10^{-3}$ g; e) $5,6 \cdot 10^{-3}$ kg; f) $3,51 \cdot 10^4$ m; g) $6,2 \cdot 10^{-2}$ m; h) $2 \cdot 10^{-3}$ A

31. a) 3,4 km; b) 1,52 kg; c) 5,32 m^3; d) 6,42 μs; e) 8,2 cm; f) 3,4 cm^3

34. a) 3,2 mm; b) $5,4 \cdot 10^3$ kg; c) 58,0 μm d) 4,5 g e) 34 ng

35. 12,4 t **36.** 5700 s

37. 0,75 s **38.** 0,032 L **39.** $2 \cdot 10^5$ L **40.** 60 dm^3 = 0,060 m^3

41. 330 cm^3 **42.** a) 1,4 m^2; b) $1,4 \cdot 10^2$ dm^2 = $1,4 \cdot 10^4$ cm^2

43. $3,0 \cdot 10^{-29}$ m^3 **44.** 12,5 ± 0,1 g; 0,8 %

45. a) 1,27 mm; b) 0,01, 0,01; 0,02; 0,04; 0,01; 0, 00; 0,02; c) 0,016 mm; d) 1,6 %; e) 1,27 ± 0,02 mm

46. a) 6628 km; b) 3,9%

47. a) 2; b) 2; c) 3; d) 2

48. a) $1,56 \cdot 10^5$ J; b) $1,01 \cdot 10^3$ g; c) 20,1 s ; d) 0,346 g

49. 125,6 m **50.** 25 N

51. 4,2 N

UNIDAD 2

1. $9,1 \cdot 10^{-31}$ kg

21. Aproximadamente 10^{-2} m, es decir, 1 cm.

34. 2, 8, 18 y 32 respectivamente.

35. N.º de protones = N.º de electrones = 21; Z = 21; A=45

UNIDAD 3

58. e) 7,0 cm^3

UNIDAD 4

4. m_i =173 g; m_f = 173 g; m_{CO2} = 44 g

8. 34 g/mol H_2O_2 , 17 g/mol NH_3, 100 g/mol $CaCO_3$

9. a) $6,02 \cdot 10^{24}$ moléculas de H_2O_2 y $2,41 \cdot 10^{25}$ átomos; b) $3,01 \cdot 10^{23}$ moléculas de CCl_4 y $1,51 \cdot 10^{24}$ átomos totales; c) $2,2 \cdot 10^{24}$ moléculas de SiH_4 y $1,1 \cdot 10^{25}$ átomos totales.

10. 4,03 mol; $7,26 \cdot 10^{24}$ átomos totales; $2,42 \cdot 10^{24}$ átomos de Na

13. 8 mol y 184 g de Na; 2 mol y 64 g de O_2 **14.** 50 mL **25.** 80 g de O_2

26.

Masa de azufre (g)	Masa de hidrógeno (g)	Masa de sulfuro de hidrógeno (g)
32,0	2,0	34,0
16,0	1,0	17,0
8,0	0,5	8,5
48,0	3,0	51,0

30.

Sustancia	Mol	Masa (g)	V(L) a 0ºC y 1 atm
Oxigeno, O_2	0,5	16	11,2
Metano, CH_4	4	64	89,6
Neón, Ne	10	200	224

31. a) $9,0 \cdot 10^{21}$ moléculas; b) $4,1 \cdot 10^{23}$ átomos; $1,8 \cdot 10^{23}$ átomos de C; $9,9 \cdot 10^{22}$ átomos de O; $2,0 \cdot 10^{23}$ átomos de H. **32.** $2,5 \cdot 10^{-5}$ mol

32. $2,5 \cdot 10^{-5}$ mol **33.** $1,4 \cdot 10^8$ mol Fe > $1,0 \cdot 10^8$ mol de Al

34. 0,02 mol NaCl; 0,02 mol/L; 430 mL.

35. a) 0,14 mol/L; b) 0,014 mol de $CaCl_2$; 1,6 g de $CaCl_2$

37. a) 1 mol; b) 2 mol; c) 0,75 mol **38.** a) 29,3 g de NaCl ; b) 20 g NaOH

41. 0,5 L HCl; 3 mol Cl_2 = 67,2 L Cl_2 (a 0 ºC y 1 atm) **42.** 999 L de NH_3

43. b) 0,5 mol glucosa; c) 0,6 mol CO_2 y 0,6 mol H_2O; d) 0,45 mol O_2 = 10 L O_2

44. b) 0,94 mol de H_2 = $5,7 \cdot 10^{23}$ moléculas de H_2; c) 21 L H_2

45. b) 0,2 mol de C_2H_5OH ; c) 1,12 mol de $C_6H_{12}O_6$

46. b) 56 L de CO_2 **51.** 0,17 L de H_2SO_4 **52.** 0,4 mol/L KOH

53. b) 1,4 t de H_2SO_4 **56.** 3,5 mol de CO_2 y 7 mol de H_2O

57. a) $6,8 \cdot 10^{-2}$ mol de CO_2; b) 0 mol de CO_2; c) $6,3 \cdot 10^{-2}$ mol de CO_2; d) $6,9 \cdot 10^{-2}$ mol de CO_2 **59.** 22, 3 mol de N_2 y 66,9 mol de H_2

UNIDAD 5

2. a) 1965 kJ; b) 0,05 mol **3.** c) 0,11 mol **4.** c) $2,0 \cdot 10^2$ kJ

5. v = $4,0 \cdot 10^{-4}$ mol/s = $8,0 \cdot 10^{-4}$ mol/(L·s) **6.** 0,04 mol/s

10. v_1 = 10^{-2} g/s, v_2 = $7 \cdot 10^{-4}$ g/s, v_3 = $5 \cdot 10^{-3}$ g/s, v_4 = $1,4 \cdot 10^{-3}$ g/s

14. b) 250 kJ **16.** b) 92 kJ; c) 368 kJ; d) 0,25 mol

18. b)– 482 kJ **19.** b) 282 kJ **21.** a) $2,35 \cdot 10^6$ kJ; b) 940,3 L

22. b) 280 kJ **23.** b) $2,30 \cdot 10^3$ kJ; c) 122 L

24. a) 1425 kJ; b) 627 kJ; c) 30 L

26. v = $1,5 \cdot 10^{-2}$ g/s = $6,25 \cdot 10^{-4}$ mol/s

27. a) 0,50 g/min → $8,3 \cdot 10^{-5}$ mol/s; b) $8,3 \cdot 10^{-5}$ mol/s → 0,22 g/s

29. a) v_1 = 0,025 mol/(L s); v_2 = 0,0125 mol/(L s); v_3 = 0,075 mol/(L s)

39. c) 0,16 mol de H_2SO_4; 0,22 mol de HNO_3

UNIDAD 6

21. b) $1,535 \cdot 10^{-10}$ m; $1,339 \cdot 10^{-10}$ m; $1,203 \cdot 10^{-10}$ m

41. b) 0,14 g

56. a) $1,04 \cdot 10^3$ g ; b) 450 g

UNIDAD 7

3. 50 m **5.** 9,80 m/s; 1,85 m/s **6.** 20 min; 28,3 km

7. 2,8 m/s^2 **8.** 5 m/s^2; – 5 m/s^2 **9.** a) 6,11 s; b) 187 m

10. a) 30 m; 14 m/s; b) 20 m **11.** a) 70 m; b) 4,1 s; c) 5,8 s

12. $3,5 \cdot 10^{-3}$ rad/s; $5,6 \cdot 10^{-4}$ Hz; $7,4 \cdot 10^{-4}$ m/s^2

17. 4 m; 2π m

19. b) 100 m; 40 m; c) $v_{m\,0\text{-}1}$ = 1,0 m/s; $v_{m\,1\text{-}2}$ = 1,3 m/s; $v_{m\,2\text{-}3}$ = – 1 m/s; $v_{m\,tot}$ = 1,1 m/s

UNIDAD 7

20. 12 m/s; −4 m/s² **21.** 68 m/s²; $2{,}4 \cdot 10^5$ m/s

22. **b)** 94,3 m; **c)** 14,3 m/s **24.** **a)** −5 m; **b)** 6 s; **c)** 0,33 s

25. **a)** x = −10 + 0,4 t; **b)** 10 km; 34 km

27. **b)** Caso (I) 3 h; Caso (II) 2,5 h; **c)** Caso (I) A: 90 km; B: 180 km; Caso (II) A: 150 km B: 150 km

28. Se encuentran a 75 km de A, a las 3 h de su partida.

29. 117 km; 1,7 h

32. **a)** 0,4 m/s²; 0,5 m/s²; **b)** −8,1 m/s²; −1,5 m/s²; $4{,}1\cdot10^2$ m; 75 m

34. **(A)** a_1 = 1 m/s²; a_2 = 0; a_3 = −0,4 m/s²; 375 m. **(B)** 1 m/s²; 4,5 m

35.

t (s)	0	2	4	6	8	10	12
s (m)	0	10	20	34	56	86	124
v(m/s)	5	5	5	9	13	17	21

36. **b)** 0,02 h; 0,4 km; **c)** 0,04 h **38.** **a)** 3,4 s; 33 m/s

39. 78 m; 39 m/s; 3,3 s **42.** **a)** 3 s; Δs = 0; **b)** − 10,4 m/s

43. **a)** $2{,}1\cdot10^2$ m; t = 1,5 s; **b)** 5,8 s

45. $4{,}29 \cdot 10^{-7}$ Hz; $1{,}03 \cdot 10^3$ m/s; $2{,}68 \cdot 10^{-6}$ rad/s; $2{,}76 \cdot 10^{-3}$ m/s²

46. 0,3 m/s; 0,5 m/s; 3,5 rad/s **47.** 33 vueltas **48.** 1620 vueltas

UNIDAD 8

4. R_x = 163 N; R_y = 64 N; R = 176 N

8. 0,28 m/s² **11.** 0 m/s² **14.** 5700 N

15. **b)** 71 N/m; **c)** 0,03 kg **17.** **a)** 40 N/cm; **b)** 6,3 cm; **c)** 320 N

19. **a)** −2 N; **b)** 5,8 N; **c)** 19 N

20. I) F_x = −208 N; F_y = 120 N; II) F_x = 40 N; F_y = −23 N

21. R_x = 2 N; R_y = −8 N **22.** 520 N **25.** 1172 N

28. 97,2 m/s² **30.** 10 N; 0 N; −60 N **33.** 12 m/s

34. **a)** $2F$; **b)** $a/3$; **c)** $4m$; **d)** $a \cdot 2^{1/2}$

36. **a)** 3,0 N; **b)** 2,4 N; **c)** 1,9 N **d)** −29 N

37. **a)** v_A = 4,2 m/s; v_B = −3,3 m/s; **b)** v_A = 3,5 m/s; v_B = −2,4 m/s

38. **a)** −25 m/s²; −4,0 N; **b)** 3 m/s

40. 18 m/s **41.** **a)** 7,7 s; **b)** 13 s **42.** 5,3 m/s²

UNIDAD 9

5. 3,2 m; 206 m **6.** $1{,}02\cdot10^3$ m/s; $2{,}8\cdot10^{-6}$ rad/s; 27 días **10.** 50 N

11. **a)** $N = 7{,}8\cdot10^2$ N; $F = F_{roz} = 3{,}9\cdot10^2$ N; **b)** 552 N **12.** 240 N **13.** 5 m/s

15. 4 N; 2,2 m/s **16.** 12 m/s **17.** $8{,}7 \cdot 10^{-8}$ N

18. **a)** ω = 9,9 rad/s; T = 0,63 s; 2,9 vueltas

21. **a)** $4{,}47\cdot10^3$ N; $7{,}72\cdot10^3$ m/s; **b)** 90,5 min

24. **a)** 26 N/kg; **b)** 0,28 N/kg; **c)** $1{,}4\cdot10^{22}$ N; **d)** $1{,}4\cdot10^4$ m/s; 3,5 días

25. **a)** 1,62 N/kg; **b)** $7{,}35\cdot10^{22}$ kg **28.** 7,6 s (Marte); 2,9 s (Tierra)

29. **a)** 229 días; **b)** $3{,}5\cdot10^4$ m/s; **c)** 0,011 m/s²

30. **a)** Ganímedes: $1{,}07\cdot10^6$ km; Calisto: $1{,}88\cdot10^6$ km; **b)** $1{,}73\cdot10^4$ m/s

32. **a)** 4,9 N; 49 N; 9,8 m/s². **b)** Madera: 6,8 m/s²; Hierro: 9,5 m/s²; Madera: 14 m/s; Hierro: 19 m/s

36. 0,1 **37.** 7 m/s² **39.** **c)** 402 N; 392 N; 382 N

40. −2,0 m/s²; 0,20 **43.** 100,45 N; 89 N

UNIDAD 10

1. $3{,}3\cdot10^3$ Pa; $6{,}5\cdot10^3$ Pa; $2{,}0\cdot10^3$ Pa

2. $p_{(cara\ 60x12)} = 1{,}8\cdot10^3$ Pa; $p_{(cara\ 60x17)} = 1{,}2\cdot10^3$ Pa; $p_{(cara\ 12x17)} = 6{,}2\cdot10^3$ Pa

4. $p_{ondo} = 2{,}9\cdot10^4$ Pa; $p_{pared} = 9{,}8\cdot10^3$ Pa **9.** 949 m

11. $2{,}8\cdot10^4$ N **12.** 294 N **15.** $4 \cdot 10^7$ Pa **16.** 140 525 Pa

17.

Fuerza (N)	5	10	25	50
Superficie (m²)	0,0005	0,001	0,005	0,01
Presión (Pa)	10000	10000	5000	5000

21. 26 cm **22.** $2{,}3\cdot10^3$ kg/m³ **25.** 10 m

26. **b)** $5{,}6\cdot10^4$ Pa (A); $6{,}8\cdot10^4$ Pa (B); $1{,}0\cdot10^5$ (C); $9{,}1\cdot10^4$ (D)

28. $8{,}7\cdot10^4$ Pa **30.** 19889 N

32. $p_A = p_B = p_C$ = 102 280 Pa; $p_D = p_E = p_F$ = 103 260 Pa

35. $E = 2{,}5\cdot10^4$ N; $F_T = 3{,}1\cdot10^4$ N **37.** 0,62 N

38. **a)** 196 N; **b)** 20 L; **c)** 9,1 % **40.** **a)** 2500 cm³

42. **a)** 0,88 N; **b)** 681 N; **c)** 680 N **46.** 30 000 N

UNIDAD 11

1. $E_{c2\ m/s}$ = 200 J; $E_{c4\ m/s}$ = 800 J; $E_{c6\ m/s}$ = 1800 J; $E_{c8m/s}$ = 3200 J; $E_{c10\ m/s}$ = 5000 J

2. $1{,}8\cdot10^3$ J; $5{,}9\cdot10^2$ J; 0 J **6.** 980 J; 0 J; −980 J; 0J

8. **a)** 150 W; **b)** $2{,}7\cdot10^6$ J; **c)** 0,75 kWh , 0,09 €

9. **a)** $2{,}9\cdot10^2$ kWh; **b)** 5880 N

11. **a)** −30 J; 33 J; **b)** 91 % **15.** **a)** 196 J; **c)** 20 m/s

16. **a)** 3500 J; **b)** E_{c2} = 7000 J; E_{c3} = 14000 J

23. **a)** 90 J; **c)** 90 J **25.** **b)** Con 66 m/s; **c)** $2{,}2\cdot10^2$ m

26. 300 J **27.** **a)** 8660 J; **b)** 113 J; **c)** −113 J

28. **a)** 392 N; **b)** 1372 J; **c)** 1406 J; **d)** 818 J

29. **a)** $1{,}35\cdot10^6$ J; **b)** − $1{,}35\cdot10^6$ J; **c)** $-1{,}36\cdot10^3$ J **31.** **a)** 0 J

32. **a)** E_c = 0 J; $E_p = E_m$ = 2450 J; **b)** 2450 J; **c)** E_c = 2450 J; v = 9,9 m/s **d)** 0 J **e)** 10 m **f)** −2450 J

33. **c)** 0,5 m **34.** **a)** 24 J; 0 J; −9 J Total 15 J; **b)** 15 J; 0,77 m/s

35. **a)** 6000 J; **b)** 4800 J **36.** **a)** $1{,}85\cdot10^7$ J; **b)** $1{,}6\cdot 10^7$ J; **c)** 86 %

37. **b)** 10 cm; **c)** d_3 = 15 cm; d_4 = 20 cm; **d)** 6 kg

38. **a)** $1{,}3\cdot10^4$ J; **b)** 780 N; **c)** $2{,}2\cdot10^2$ W; **d)** 92 %

39. $1{,}08\cdot10^7$ J = $1{,}08\cdot10^4$ kJ; $7{,}56 \cdot 10^6$ J

41. W = 23 J; **a)** W = 23 J; F = 40 N

UNIDAD 12

1. $1{,}92\cdot10^3$ kJ **2.** 471 J/kg°C **6.** $5{,}2 \cdot 10^7$ J

8. $c_{eA} = 7{,}0\cdot10^3$ J/(kg°C); $c_{eB} = 2{,}3\cdot10^3$ J/(kg°C)

14. **a)** 176 °F y 353 K; **b)** 27 °C y 300 K; **c)** −4 °F; **d)** −29 °C

17. $1{,}7\cdot10^5$ J **22.** 83 L **23.** 0,24 kg **27.** $2{,}4\cdot10^{-5}$ C⁻¹

29. $4{,}8\cdot10^{-5}$ C⁻¹ **30.** 2,4 mm **32.** **a)** 2,2 L; **b)** 0,13 L; **c)** 2,2 L

33. 1,3 cm³ **37.** $1{,}8\cdot10^6$ J; $1{,}9\cdot10^6$ J **38.** $7{,}9\cdot10^5$ kJ

39. 11,7 kg

40. **a)** $1{,}67\cdot10^5$ J; **b)** $2{,}16\cdot10^5$ J; **c)** $4{,}90\cdot10^5$ J; **d)** 77,3 %

El libro de **Física y Química para 4.º ESO** forma parte del Proyecto Editorial de Educación Secundaria de SM. En su realización ha participado el siguiente equipo:

Autoría
Ana Cañas, Jesús Ángel Viguera, Aureli Caamaño, Fernando I. de Prada

Asesoría científica
J. G. L. de Guereñu

Edición
Rocío A. Medina, Manuel Reyes, Daniel Omar Romero, María Garrido (edición digital)

Corrección
Ricardo Ramírez

Ilustración
ARCHIVO SM, Ricardo de Arce Borda, Ramón Colera Cañas, Pablo Jurado, Santiago Alberto Moralejo, Félix Moreno Arrastio, Jacinto Rodriguez Montoro, Myriam Alicia García Marquet, Juan Francisco Cobos Hernández, Ariel Alejandro Gómez, Diego Conte Peralta, Nicolás Fernández Prímola, EL OJO DEL HURACÁN, Antonio Muñoz Tenllado, Luis Mosquera Arancibia

Fotografía
Javier Calbet, Juan Baraja, José Manuel Navia, Sergio Cuesta, María Pía Hidalgo / ARCHIVO SM; Schmidbauer, Sergio Dotta Jr, Pedro Carrion Juarez, Peter Rey; Jose Antonio Nicoli / Dreamstime; Shawn Riley / iStock; CONTACTO; EFE; ALAMY IMAGES; PHOVOIR; PHOTOLINK; INGIMAGE; THINKSTOCK; Dotta; 123RF; SHUTTERSTOCK; GETTY IMAGES; AGE FOTOSTOCK; ESA / ATG medialab

Edición gráfica
Juan Baraja

Diseño de cubierta e interiores
Estudio SM

Responsable de proyecto
Ángel Rubio

Coordinación de contenidos digitales
Mara Mañas

Coordinación editorial de Ciencias
Laura Pérez

Dirección de Arte del proyecto
Mario Dequel

Dirección editorial
Aída Moya

ISBN general: 978-84-675-8698-5
ISBN Andalucía: 978-84-675-8637-4
Depósito legal: M-03370-2016
Impreso en la UE / *Printed in EU*